ŒUVRES

DE LAVOISIER

ŒUVRES

DE LAVOISIER

PUBLIÉES PAR LES SOINS

DU MINISTRE DE L'INSTRUCTION PUBLIQUE

TOME V

MÉMOIRES DE GÉOLOGIE ET DE MINÉRALOGIE
NOTES ET MÉMOIRES DIVERS DE CHIMIE
MÉMOIRES SCIENTIFIQUES ET ADMINISTRATIFS
SUR LA PRODUCTION DU SALPÊTRE ET SUR LA RÉGIE DES POUDRES

PARIS
IMPRIMERIE NATIONALE

M DCCC XCII

AVERTISSEMENT DE L'ÉDITEUR.

Dans le rapport qu'il présenta en 1846 à l'Académie des sciences, M. Dumas prévoyait que la publication des œuvres de Lavoisier devait comprendre six volumes in-quarto. Outre les quatre volumes consacrés presque entièrement à la chimie, un cinquième volume devait, suivant lui, renfermer les mémoires de géologie, les travaux relatifs aux expériences sur la formation du salpêtre, etc.; et un sixième volume de mélanges était nécessaire pour *faire connaître la vie de Lavoisier et ses travaux sous d'autres rapports.* C'est en 1861 seulement que M. Dumas fut chargé officiellement de réaliser le projet qu'il avait formé, en 1835, de donner au public la collection complète des œuvres de Lavoisier.

Quatre volumes parurent de 1864 à 1868; mais les nombreuses occupations de M. Dumas, son âge avancé, ne lui permirent pas de prendre une connaissance complète des manuscrits de Lavoisier et de terminer la publication qu'il avait entreprise. Néanmoins il ne s'en désintéressa jamais; il commença même à faire copier, pour le cinquième volume, deux ou trois mémoires de géologie et un mémoire sur la détermination du titre du salpêtre. En mourant, il confia à M. Debray le soin de terminer cette publication. M. Debray n'avait pu encore s'occuper de ce travail, quand il me demanda de m'associer à lui pour le mener à bonne fin. Malheureusement une mort prématurée vint enlever

M. Debray, et je restai seul chargé de terminer l'œuvre entreprise par M. Dumas.

L'examen des manuscrits m'a bientôt démontré qu'un cinquième volume serait rempli tout entier par les mémoires scientifiques (géologie, chimie, salpêtre), et qu'un sixième volume devrait être consacré aux mémoires de finances, d'agriculture, d'économie politique, sciences auxquelles Lavoisier avait consacré une si grande part de son activité.

Le cinquième volume renferme trois grandes divisions : géologie et minéralogie, chimie, poudres et salpêtre.

Les mémoires de géologie et de minéralogie sont surtout des travaux de jeunesse; les recherches personnelles de Lavoisier ont en effet fourni les matériaux nécessaires pour établir les seize premières cartes de l'*Atlas minéralogique* paru en 1787 sous le nom de Guettard et Monnet. Il avait à cet effet exécuté un grand nombre de voyages dont il a laissé les résultats rédigés sous forme de mémoires, ordinairement intitulés : *Observations minéralogiques sur*....., ou sous forme de *journal*.

M. Fouqué, membre de l'Institut, a bien voulu faire l'examen de ce volumineux dossier; non seulement il a choisi les documents qui lui paraissaient de nature à être publiés, mais encore il a eu l'obligeance de les annoter[1].

Les mémoires de chimie ne sont pas de ceux qui augmenteront la gloire du fondateur de la science, mais ils renferment des faits intéressants et permettent de suivre la marche de ses idées.

Les travaux sur la poudre et le salpêtre forment la plus grande partie de ce volume; les uns sont purement scientifiques et relatifs surtout à la formation du salpêtre et aux moyens d'en augmenter la production en France, les autres sont d'ordre administratif et

[1] Les notes dues à M. Fouqué sont indiquées par l'initiale F.

font connaître la récolte du salpêtre sur notre sol pendant un quart de siècle. Il est facile de voir que c'est aux travaux de Lavoisier que la France envahie fut redevable des procédés qui lui permirent de retirer de son sol le salpêtre nécessaire aux quatorze armées qu'elle avait sur la frontière.

Ces mémoires témoignent en outre de la prodigieuse activité de Lavoisier, de son ardent patriotisme et de la conscience avec laquelle il remplissait les devoirs qu'il s'était imposés.

Le sixième volume, dont l'impression est commencée, comprendra les mémoires d'économie politique, de finances, d'agriculture, entre autres les travaux du Comité d'agriculture, ceux de l'Assemblée provinciale de l'Orléanais, de la Commission des poids et mesures, la *Richesse territoriale de la France*, augmentée de pièces inédites, un important travail sur la Ferme générale, un grand nombre de rapports à l'Académie, etc.

Nous avons eu le soin d'indiquer à chaque mémoire s'il est reproduit d'après un manuscrit autographe ou s'il a déjà été imprimé. La mention que l'on trouvera quelquefois : *manuscrit en partie autographe*, s'explique par les habitudes de travail de Lavoisier. Il commençait par faire une première rédaction qu'il faisait mettre au net par son secrétaire, et, sur cette copie, il modifiait sa rédaction primitive. Ce sont ces manuscrits que nous appelons *en partie autographes*, mais qui, comme on peut s'en assurer quand le brouillon primitif a été conservé, sont tout entiers de la rédaction de Lavoisier.

Décembre 1891.

ÉDOUARD GRIMAUX.

MÉMOIRES
DE LAVOISIER.

GÉOLOGIE ET MINÉRALOGIE.

OBSERVATIONS
D'HISTOIRE NATURELLE
FAITES AUX ENVIRONS DE MÉZIÈRES
EN SEPTEMBRE 1764[1].

Mézières est placé sur la Meuse au bout de la Champagne, à l'extrémité de la bande calcaire. Il est assez vraisemblable que le contour des Ardennes est à peu près la ligne de séparation de la bande schisteuse et du calcaire. Sans doute les terrains schisteux, moins fertiles que les autres, n'auront pas paru mériter la peine d'être défrichés. On aura trouvé plus de profit à les laisser en forêt; on se sera contenté de porter la culture jusqu'au pied des montagnes. Quoi qu'il en soit, il est constant que toutes les ardoisières des environs de Mézières sont dans les Ardennes, telles par exemple que l'ardoisière Barnabe, l'ardoisière Saint-Louis, l'ardoisière Rigaut, l'ardoisière de Narcy, etc., et ainsi des autres, à moins qu'on n'en veuille excepter celle de Rimogne, qui n'en est qu'à un très petit quart de lieue. Comme nous avons été

[1] Manuscrit autographe.

IMPRIMERIE NATIONALE.

à cette dernière, je vais exposer la manière dont les bancs calcaires et ceux de schiste sont arrangés.

De Mézières jusqu'à Lonny-lès-Renwez, on ne quitte pas le pays calcaire; ce n'est qu'après cet endroit, à peu près à une portée de fusil, qu'on trouve le commencement des schistes. Ce passage est frappant en ce que les schistes y sont d'un beau rouge. Ils sont par petits feuillets inclinés, mêlés de beaux morceaux de quartz blanc. Ce changement de terrain se trouve dans une petite vallée. En la remontant du côté de Rimogne, on voit toujours les schistes, avec cette différence, cependant, qu'ils sont couverts de quelques pouces de matière calcaire. Peu à peu, à mesure qu'on monte, le filet de matière calcaire augmente et l'on s'aperçoit qu'on est rentré dans le pays calcaire. Il continue ainsi presque jusqu'au pied de l'ardoisière, où l'on retrouve les schistes.

L'ardoisière de Rimogne n'a rien de remarquable. On y a trouvé autrefois, au rapport des ouvriers, des empreintes de fougères dans les premiers bancs et quelques pyrites cubiques. Elle a 420 pieds de profondeur perpendiculaire à très peu près. L'ardoise du fond est meilleure et plus colorée que celle des bancs d'en haut. Cette dernière est quelquefois verdâtre. On y trouve dans quelques-unes des points pyriteux jaunes.

Quant à la partie calcaire des environs de Mézières, on y trouve grand nombre de carrières de pierres à bâtir. Les plus proches sont celles de Saint-Laurent et celle de Romery. Cette dernière principalement est très considérable; elle a 900 toises de longueur sur 64 pieds de hauteur, ouverte en plein air. Celle de Saint-Laurent est sur la même côte de la Meuse dans le haut près du village du même nom. On peut voir l'une et l'autre sur la carte de M. de Cassini.

Comme j'ai mesuré avec soin tous les bancs de ces carrières, je vais en donner l'explication d'après la carte que j'ai construite pour mieux donner l'idée du terrain.

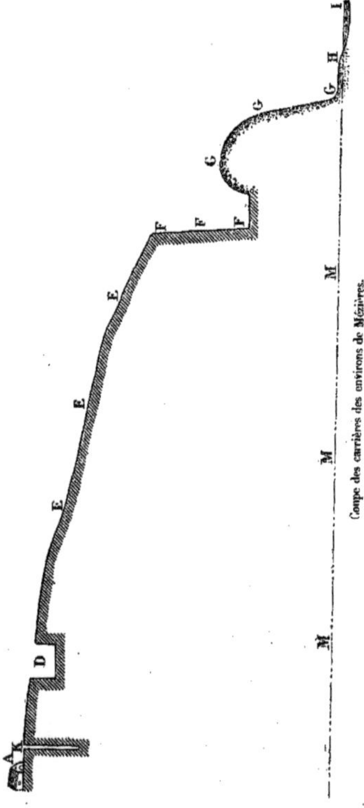

Coupe des carrières des environs de Mézières.

On voit d'abord dans le haut de la carte le village de Saint-Laurent marqué A; en descendant ensuite un peu, on voit en D la carrière Saint-Laurent, dont voici le détail banc par banc.

1° Terre jaunâtre glaiseuse et sableuse, vraisemblablement mêlée de parties calcaires.........	8 pieds	0 pouces.
2° Pierre bleue en deux bancs qu'on dit être d'une qualité inférieure à celle des bancs suivants..	1	8
3° Terre jaune semblable à celle du n° 1........	0	10
4° Banc de pierre bleue semblable, à l'extérieur, à celle du n° 2, mais qu'on dit cependant être d'une meilleure qualité................	1	0
5° Terre jaune des n°s 1 et 3; elle est seulement plus dure, elle a plus de corps............	0	10
6° Pierre bleue qu'on dit encore supérieure à la précédente; elle a une petite couche jaunâtre à sa surface supérieure et inférieure...........	1	0
7° Terre jaune des n°s 1, 3, 5................	0	11
8° Pierre bleue..........................	0	10
9° Terre d'un bleu d'ardoise................	0	4
10° Pierre bleue..........................	0	10
11° Terre bleu foncé comme au n° 9...........	0	2
Total.................	16	5

On voit dans la même carte en K un puits qui a été fait à peu de distance de la carrière; on avait trouvé la coupe suivante :

1° De la terre et quelques pierrailles dont on n'a pu me rendre compte, 4 ou 5 pieds...........	5 pieds	0 pouces.
2° Les mêmes bancs qu'à la carrière Saint-Laurent................................	16	5
3° Terre jaune comme au n° 1 de la carrière Saint-Laurent................................	12	0
4° Bancs de pierre coupés par des bancs de pierre; il y en a quelques pieds, je suppose........	4	0

De la carrière Saint-Laurent, qu'on voit en D, on descend en pente douce jusqu'à la carrière de Romery; j'estime qu'il y a du niveau du fond du puits jusqu'à celui du haut de la carrière de Romery................................	36 pieds	o pouce.

La carrière de Romery est, comme on la voit en FF, coupée à pic; on y observe :

1° Blocaille dans notre terre jaune que j'appellerai *tuffeau* pour abréger....................	13 pieds	6 pouces.
2° Plusieurs bancs, alternativement de tuffeau et de pierre; le premier est de tuffeau; je crois qu'il y en a douze........................	7	3
3° Tuffeau..............................	1	6
4° Pierre...............................	1	8
5° Tuffeau..............................	1	0
6° Pierre...............................	0	6
7° Tuffeau..............................	2	6
8° Pierre...............................	0	10
9° Tuffeau..............................	1	2
10° Pierre en deux bancs..................	2	0
11° Tuffeau..............................	0	11
12° Pierre...............................	2	0
13° Tuffeau..............................	7	0
14° Pierre...............................	1	0
15° Tuffeau..............................	1	3
16° Pierre...............................	1	3
17° Tuffeau..............................	0	4
18° Pierre...............................	3	0
19° Tuffeau..............................	1	0
20° Pierre...............................	1	6
21° Tuffeau..............................	1	0
22° Pierre...............................	1	0
23° Tuffeau..............................	0	8
24° Pierre...............................	2	0
A reporter....	55	10

	pieds	pouces
Report........	55	10
25° Tuffeau............................	1	"
26° Pierre............................	1	3
27° Tuffeau............................	1	6
28° Pierre............................	1	6
29° Tuffeau............................	2	0
30° Pierre............................	1	2
TOTAL jusqu'au bas de la carrière de Romery.	64	8
On voit ensuite, sur la carte en GG, les décombres de la carrière et plus bas une prairie et enfin le niveau de la Meuse en I. J'ai mesuré à peu près la hauteur de ces décombres et j'ai conclu que le bas de la carrière de Romery était de 36 ou 40 pieds au-dessus du niveau de la Meuse, prenant au milieu..............	38	0
Donc hauteur totale du village de Saint-Laurent au-dessus du niveau de la Meuse...........	102	3

Le niveau de la rivière est désigné par la ligne MMM.

Ces carrières contiennent grand nombre de coquilles fossiles. On trouve dans celle de Saint-Laurent la gryphite en grande abondance.

Outre ces deux carrières, on tire encore d'excellentes pierres de la carrière des Fosses, située sur la hauteur entre Boutancourt et Fecher, comme je l'ai marquée sur la carte. Voici ce qu'on observe dans cette carrière :

1° Un peu de blocaille.

2° Masse de pierre jaunâtre divisée en bancs de 12, 15 ou 18 pouces. Ces bancs sont posés immédiatement les uns sur les autres sans aucune séparation. La carrière est ouverte en plein air et l'on y mesure une hauteur totale de...... 17 pieds.

La carrière de Don n'est située qu'à une petite demi-lieue de celle-ci. Je ne l'ai pas vue, mais les ouvriers m'ont assuré qu'elle était absolument de même nature et disposée de la même façon. Ces deux carrières sont exploitées par les mêmes ouvriers. Il y a toute apparence que ce n'est qu'une continuité du même banc.

On voit à deux lieues sud-sud-ouest de Sedan, près la rivière de Bar, une carrière appelée *carrière de Rocan*, marquée sur la carte de M. Cassini. Cette carrière est jusqu'au haut d'une petite côte. On y observe une pierre jaunâtre avec quelques frustes de coquilles, dans l'ordre suivant :

1° Méchants petits bancs de pierre qui sont cependant trop continus pour être appelés *blocaille*, 3 ou 4 pieds..........	3 pieds	6 pouces.
2° Tuffeau jaune mêlé de pierrailles, 4 ou 5 pieds.	4	6
3° Un beau banc de pierre	2	"
4° Un autre qui tient immédiatement à celui-ci...	"	8
5° Un autre qui se sépare quelquefois en deux....	3	0
6° Un autre	3	0
Total de la coupe........	16	8

Les bancs de cette carrière sont posés immédiatement les uns sur les autres; ils sont seulement séparés par un filet d'une demi-ligne de spath fort serré.

Mézières tire encore des pierres de la carrière Saint-Menge, à une lieue nord un peu inclinant sur l'ouest de Sedan. Je n'ai point vu cette carrière; je n'ai même eu aucun éclaircissement sur sa nature. Outre les carrières ouvertes, on en voit encore des indications en plus d'un endroit.

En traversant la queue de Cheveuge pour aller de Beauregard à Omicourt, on monte sur la crête d'une montagne fort élevée, couverte de bois, qu'on redescend sur-le-champ. Cette montagne, presque depuis le haut jusqu'en bas, n'est composée que de pierres calcaires; on marche même presque toujours sur les rochers.

La butte de Stonne, qui, à cause de sa grande élévation, a servi de point pour la carte de M. de Cassini, est composée, depuis la moitié de sa hauteur jusqu'à son sommet où est placé le village, de bancs de méchante pierre calcaire comme glaiseuse, toute séparée en petits carreaux par des gerçures horizontales et perpendiculaires. On trouve quelquefois, dans le milieu de ces bancs, des rognons de pierre plus dure et mieux formée. Les bancs ont communément un pied : ils sont séparés les uns des autres par des bancs d'une matière glaiseuse de 2 ou 3 pieds d'épaisseur et quelquefois même davantage, surtout dans le haut. Cette glaise a beaucoup de retrait, de sorte que les bancs exposés à l'air sont séparés par une infinité de fentes ou gerçures perpendiculaires. On y trouve des cornes d'ammon, de grosses huîtres, de grosses poulettes, des cœurs, etc. Le curé même, ayant fait faire dans le haut de la montagne une fouille pour une cave, a trouvé sous le troisième banc un amas prodigieux de ces coquilles. Elles ont été envoyées dans le temps au subdélégué de Rethel, qui les a toutes passées à M. Fradet, secrétaire de l'intendance à Châlons, qui en est actuellement en possession.

OBSERVATIONS D'HISTOIRE NATURELLE

SUR LA CHAMPAGNE

DEPUIS REIMS JUSQU'À MÉZIÈRES

FAITES EN SEPTEMBRE 1764[1].

De Reims à Rethel, on traverse des plaines immenses de craie dont la plus grande partie sont incultes.

La même nature de terrain continue une lieue ou cinq quarts de lieue après Rethel. Il m'a semblé seulement que cette dernière lieue offrait une craie d'une consistance plus dure. L'époque de ce changement est à une portée de fusil ou deux avant Novy. A l'intérieur, les terres végétales ont une teinte plus considérable de fer; elles sont plus grasses, plus glaiseuses. Le terrain est beaucoup plus coupé de vallées. J'ignore quelle serait précisément la nature du terrain si l'on creusait, mais ce ne serait certainement plus de la craie.

Ce qu'il y a de certain, c'est que les ruisseaux et les ravines découvrent dans leur cours de grosses masses de madrépores pétrifiées, de la pierre coquillière, etc., ce qu'on observe particulièrement dans les ravines de Sauces aux Tournelles et des environs, où les masses de madrépores sont employées à la construction du grand chemin.

Cette partie de la Champagne ne manque pas de pierres comme la crayeuse. Tout annonce qu'on y pourrait ouvrir un grand nombre de carrières. L'abbaye de Novy en a fait ouvrir deux pour son usage : l'une, près de Novion, qu'on peut voir sur la carte de M. de Cassini; l'autre,

[1] Manuscrit autographe.

IMPRIMERIE NATIONALE.

près le petit bois de Macheromenil. Cette dernière est plus récemment ouverte que l'autre; elle est devenue fameuse parmi les naturalistes du pays par le titre qu'on lui a donné de *volcan de Rethel;* elle est située dans une plaine basse. Voici ce qu'on y observe :

1° Terre argileuse jaunâtre qui sert de terre végétale.	4 pieds	6 pouces.
2° Glaise brune qui se dessèche à l'air en écailles, tantôt plus, tantôt moins, mais communément.	1	9
3° Même glaise remplie de cailloux pyriteux noirs, de cornes d'ammon devenues couleur d'opale, de poulettes, de cœurs, de gryphites les plus devenus pyrites. On y trouve aussi du bois quelquefois pourri, quelquefois pétrifié, quelquefois pyritifié. J'ai oublié de marquer la hauteur de ce banc; je crois qu'il pouvait avoir 4 ou 5 pieds..	4	6
4° Sable gris brun avec un coup d'œil verdâtre qui contient aussi des cailloux noirs............	3	
5° Très beaux bancs de pierre calcaire horizontaux composés d'oolithes dont il n'y a que 3 pieds de découverts............................	3	

En suivant la grande route depuis Novy jusqu'à Launoy, on trouve une quantité prodigieuse de madrépores très bien conservés. On peut les choisir dans les tas de pierres qui sont le long du chemin, et qu'on apporte des ravines des environs. Cette abondance de madrépores cesse tout à coup un demi-quart de lieue avant Launoy et l'on n'en trouve plus aucun. On avait fait à cet endroit une petite coupe pour la facilité du chemin. On y observait de beaux bancs de pierre, la plupart inclinés et comme culbutés. Cette pierre était jaunâtre et bleuâtre suivant les endroits.

De Launoy à Mézières, ou plus exactement de Launoy à la Haubette, le pays est coupé de vallées très étroites et très profondes, et par conséquent très escarpées. Ce sont, à proprement parler, de profondes ravines.

Le long du chemin on trouve des rochers de pierre jaunâtre; en traversant les vallées, on descend et l'on remonte en marchant sur le roc. Ces pierres sont, comme à l'ordinaire, couvertes dans le haut de blocailles. Il y a des endroits où cette blocaille est très plate et pourrait servir à couvrir les maisons.

En descendant de la Haubette à la vallée de la Meuse, le terrain est glaiseux.

NOTE DE GÉOLOGIE[1].

Quel que soit le désordre qui règne en apparence dans la disposition des couches de terres et pierres qui se présentent à la surface du globe que nous habitons, il n'est pas néanmoins difficile de reconnaître que ces irrégularités mêmes sont assujetties à de certaines lois, qu'elles suivent de certaines règles.

Une distinction frappante et qui ne peut échapper aux premières recherches d'un observateur est la différente disposition des couches des montagnes. La première inspection en fait apercevoir de deux espèces : les unes dont les couches sont horizontales; les autres dont les couches sont ou perpendiculaires ou inclinées à l'horizon.

Ces deux espèces de montagnes paraissent avoir été formées à des époques très différentes. Celles à couches inclinées paraissent de formation plus ancienne; elles sont beaucoup plus élevées que les autres et forment de grandes chaînes qui coupent le globe en différents sens; les montagnes composées de couches horizontales sont au contraire plus basses, plus modernes, et elles sont posées sur la base des premières. La figure ci-jointe fera sentir au premier coup d'œil la différence de ces deux espèces de montagnes.

Des observations plus multipliées et plus suivies font ensuite connaître[2]...

[1] Manuscrit autographe sans date; écriture de la jeunesse de Lavoisier.

[2] Le manuscrit s'arrête à ce passage; il est complété par les figures suivantes, tout entières de la main de Lavoisier.

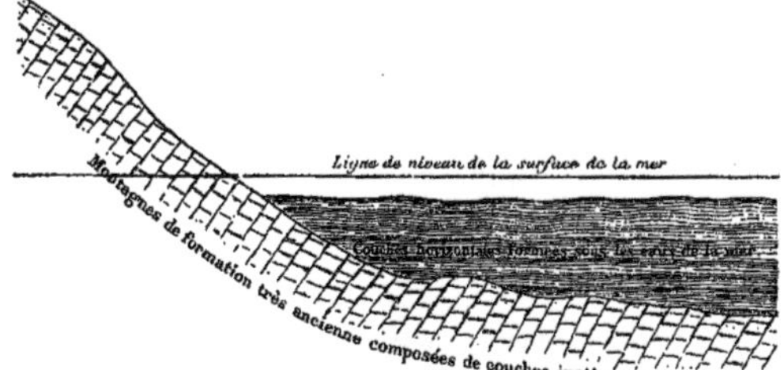

Idée de la formation de la terre dans les environs de l'Équateur.

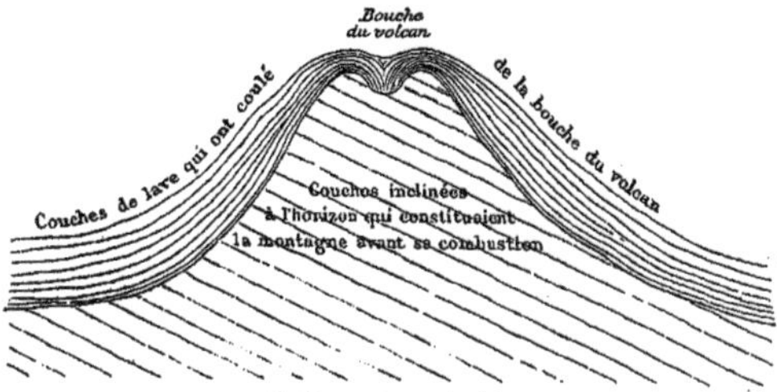

Idée d'une montagne volcanisée.

Idée de la composition intérieure de la terre d'après les observations faites en France et en Allemagne.

OBSERVATIONS D'HISTOIRE NATURELLE SUR LES ENVIRONS DE PARIS.

SUR LA PIERRE À PLÂTRE[1].

Les bancs de pierre à plâtre qu'on trouve en plusieurs endroits des environs de Paris font partie d'une masse de même nature qui prend son origine dans le haut de la Brie, qui la traverse en entier, qui passe ensuite à travers l'Île-de-France et va se perdre à l'entrée du Vexin français. Cette masse est beaucoup plus longue que large. Elle a au moins trente lieues de longueur sur une largeur beaucoup moins considérable; dans toute son étendue, elle est parfaitement uniforme à quelques accidents près, et je ne doute pas même que les bancs ne se trouvent partout au même niveau. Cette même masse est coupée en différents sens par des vallées et des rivières qui interrompent la continuité des bancs, mais on les retrouve toujours à peu près aux deux côtés de la vallée. Toute cette masse suit à peu près la direction de l'est à l'ouest, un peu inclinant vers le nord.

Il faudrait un temps très considérable pour parvenir à déterminer avec exactitude tous les contours. J'en ai déjà cependant une partie et de plus un grand nombre d'observations de plâtrières qui sont exploitées dans l'intérieur de la masse.

NOMS DES ENDROITS OÙ SE TROUVENT DES PLÂTRIÈRES EXPLOITÉES.

Montmirail. Château-Thierry. On m'a assuré qu'on tirait du plâtre à Montmirail-en-Brie et près Château-Thierry. Je ne connais ces deux plâtrières que par ouï-dire. J'ai vu au contraire presque toutes les suivantes.

[1] Manuscrit autographe, sans date, probablement de 1764.

Les environs de la Ferté-sous-Jouarre contiennent vraisemblablement du gypse en plusieurs endroits. On en tire entre autres à une demi-lieue au nord près d'un endroit appelé le Limon; ces plâtrières sont marquées sur la carte de M. de Cassini. On y descend par un trou bien profond; on trouve : 1° à l'ouverture du trou des sables gras ferrugineux qui contiennent des pierres meulières en petite masse; 2° de la glaise verte; 3° de la marne blanche; 4° une masse de plâtre d'une vingtaine de pieds; 5° de la marne blanche; 6° une seconde masse de plâtre beaucoup plus parfaite que la première et c'est celle-là que l'on exploite. Le plâtre en est excellent. Il y a encore une autre plâtrière ouverte près l'abbaye de Jouarre.

La Ferté-sous-Jouarre.

Le Limon.

Jouarre.

A une petite lieue et demie de Lizy, à l'est, on trouve près d'un village nommé Cocherel et un hameau nommé Chaton deux plâtrières ouvertes; c'est en cet endroit précisément que le terrain change. On passe des sables secs qui environnent Lizy et le château de la Trousse dans un terrain de pierres à plâtre. C'est aussi en ce même endroit que commence le terrain des pierres meulières. On commence à en trouver quelques morceaux, même assez gros, près Chaton et Cocherel. On descend dans la plâtrière de Cocherel par un trou de 70 ou 80 pieds de profondeur. On n'exploite que la première masse, à cause de la grande quantité d'eau qui gagne les ouvriers; on ne peut même travailler dans la première masse que dans les saisons sèches. On a voulu, il y a quelques années, ouvrir une rue de la carrière dans la direction du château de la Trousse. Au bout de trois cents ou quatre cents pas, la masse a manqué et l'on n'a trouvé qu'une poudre blanche à la place, suivant le rapport des ouvriers.

Cocherel. Chaton.

On tire ensuite de la pierre à plâtre à Crégy près de Meaux. Toute cette côte, à commencer au chemin de Meaux à Dammartin jusqu'à celui de la même ville à la Ferté-Milon, paraît être de même nature; du moins on y voit des marnes semblables à celles des plâtrières. On retrouve encore ces mêmes marnes dans toutes les petites coupes qui sont à gauche et à droite le long du chemin de Meaux jusqu'à Villeparisis.

Crégy.

Il y a encore apparence que la masse de gypse se continue depuis Meaux jusqu'à Dammartin, à l'exception des vallées qui la coupent. Ce qui est de certain, c'est qu'on en tire à Montgé, qui est sur le chemin.

Montgé. Dammartin.

La butte de Dammartin est composée de sables et de cailloux; dans le haut, au-dessous, on trouve de la glaise verte de la nature de celle des plâtrières, ainsi que je l'ai observé dans une petite coupe qu'on a faite du côté de Paris pour adoucir la pente. Au-dessous de cette glaise verte on trouve de la marne. Sans doute, si on eût creusé davantage, on aurait trouvé le plâtre. Du côté de Nampteuil, la butte paraît plus sableuse; on trouve le sable depuis le haut jusqu'en bas.

Tremblay.

Les petites coupes faites au village de Tremblay donnent de la marne semblable à celle des plâtrières et l'on trouve l'eau très proche; précisément à égale distance entre ce village et le Ménil, dans l'endroit le plus élevé de la plaine, on trouve plusieurs plâtrières. On trouve d'abord dans les coupes une terre végétale d'un jaune brun très fertile, ensuite quelques pieds de marne, enfin le plâtre.

Survilliers. Châtenay. Mareil. Champlâtreux. Saint-Martin-du-Tertre.

En allant de Dammartin dans la direction du couchant, on trouve une plâtrière près du village de Survilliers; on en trouve aussi plusieurs autres aux villages de Châtenay et Mareil-en-France. On en trouve à Champlâtreux; ces dernières ont été abandonnées, au rapport des gens du pays, à cause de la grande quantité d'eau qui en rend l'exploitation impraticable. On tire encore du plâtre à Saint-Martin-du-Tertre, à une lieue ouest de Luzarches, près de la forêt de Carnelle.

Saint-Brice près Montmorency. Frépillon.

On trouve ensuite, en se rapprochant un peu vers Paris, des plâtrières exploitées à Écouen, entre Saint-Brice et Groslay, et je ne doute pas qu'on n'en pût trouver dans différents endroits de la forêt de Montmorency. On exploite une plâtrière à Frépillon, à l'extrémité nord-ouest de cette forêt. Si l'on suit cette même direction nord-ouest, la masse de gypse se trouve interrompue par la vallée de la rivière d'Oise; elle reparaît ensuite de l'autre côté et on retrouve une chaîne de montagnes qui est de gypse. Cette chaîne est celle où se trouvent les villages d'Épiais et de Grisy. Il y a des plâtrières exploitées dans ces deux endroits. C'est là la pointe de la masse de gypse des environs de Paris. Plus loin, on entre dans des craies qui se continuent jusqu'à la mer.

En rabattant ensuite vers le sud, un peu inclinant vers l'ouest, on retrouve le gypse à un quart de lieue au nord d'un village nommé Évecquemont près Meulan. On y voit une plâtrière, laquelle est marquée sur la carte de M. de Cassini et dans laquelle on descend par un trou. On trouve encore d'autres plâtrières exploitées le long de la même côte près Vauxgaillard, Éverchemont, Triel, Chanteloup. Toute cette côte est à la rive droite de la Seine. On observe encore une plâtrière vis-à-vis de la rive gauche près du village de Villaine; elle était ouverte en plein air dans le flanc de la montagne, mais on l'a abandonnée à cause de la difficulté du charroi. On trouve dans le haut de la montagne, près de la ferme de Beaulieu, une plâtrière exploitée dans laquelle on descend par un trou. Évecquemont. Beaulieu.

On trouve aussi, aux environs, des endroits qui ont été fouillés et qui sont effondrés.

A une demi-lieue ou trois quarts de lieue sud-ouest de là, on trouve dans les environs d'Orgeval un terrain très glaiseux. Je ne sais si en fouillant on ne trouverait pas des plâtrières; il faut avouer cependant que ces glaises ne sont pas parfaitement semblables à celles qui accompagnent le plâtre; elles sont plus grises; au reste, je n'ai vu aucune coupe en cet endroit qui ait pu me décider. On observe à une lieue sud-est de là, près d'une ferme nommée Montaigu et dans les environs, beaucoup de glaises verdâtres, telles qu'on les voit dans les pays de plâtre. On trouve encore les mêmes glaises dans le parc de Versailles, du côté de Trianon. Je suis persuadé qu'en fouillant on trouverait du plâtre dans ces deux endroits. Enfin on trouve une plâtrière exploitée à Châtillon, près du parc de Meudon. On y descend par un trou. Le plâtre se continue ensuite par Charonne, Bagnolet, Montreuil; tout le long de cette côte est fouillé. Orgeval. Montaigu. Versailles. Châtillon. Charonne. Bagnolet. Montreuil.

Outre les plâtrières que j'ai déjà nommées et dont une partie détermine le contour de la masse de gypse des environs de Paris, on trouve encore dans l'intérieur un assez grand nombre de plâtrières exploitées;

la plupart sont connues; telles sont les plâtrières de Ménilmontant, Belleville, Romainville, Montmartre, le mont Valérien. Toute la chaîne de montagnes qui commence à Argenteuil, qui passe par les moulins de Sannois, Cormeilles-en-Vexin et Montagny, est toute de gypse et les carrières en sont exploitées.

Enfin, dans toute la plaine de Tremblay, Villepinte, Roissy qui se trouve de toute part environnée de montagnes de gypse, on trouve communément dans les fouilles des marnes de la nature des plâtrières, notamment au village de Tremblay.

OBSERVATIONS SUR LES CAILLOUX BLANCS QUI CONTIENNENT DES SEMENCES DE MEDICA SEMBLABLES À CEUX DES ENVIRONS D'ÉTAMPES, SUR LES PIERRES MEULIÈRES ET LE SABLE.

La chaîne de montagnes gypseuses des moulins de Sannois est composée de sable dans le haut, et par-dessus d'une terre glaiseuse qui retient l'eau et dans laquelle on trouve une très grande quantité de silex blancs semblables à ceux des environs d'Étampes. Ces cailloux contiennent une très grande quantité de corps ressemblant à des semences de medica et de buccins semblables à ceux d'eau douce.

On trouve encore les mêmes cailloux mêlés avec des pierres meulières sur toute la montagne qui est derrière Triel et qui s'étend le long de la rivière jusqu'à Évecquemont près Meulan. On trouve pareillement le sable sous la pierre meulière; ce sable est souvent d'un jaune rouge, quelquefois il est blanc. C'est à peu près à Évecquemont qu'on cesse de trouver du sable; il n'y en a plus ensuite de là jusqu'à la mer, si ce n'est celui qui a été déposé par la Seine. Les cailloux qu'on trouve sur toute cette hauteur sont moins coquilliers que ceux des moulins de Sannois; on y trouve des pierres meulières en assez gros morceaux.

La forêt des Alluets-le-Roi, qui est de l'autre côté de la rivière à une lieue et demie de distance, est précisément composée de la même façon. C'est un sable coloré, quelquefois gris; dans le haut on trouve des pierres meulières et des cailloux blancs, mais ils sont rarement coquilliers. Je n'en ai même trouvé aucun qui contînt des semences de medica.

La forêt des Alluets-le-Roi fait encore la fin du sable et de la meulière; passé cet endroit, on entre dans un pays de pierre calcaire dans le haut et de craie dans le bas.

A un quart de lieue au nord-ouest du village appelé Villaine, près de Poissy, on trouve sur une hauteur assez élevée du sable gris, quelquefois talqueux, et dans le haut des pierres meulières en assez gros morceaux, avec une grande quantité de cailloux blancs qui ont quelquefois des veines cristallisées. Je n'ai vu dans aucun des vestiges de corps marins.

Toute la forêt de Marly est composée de sable et de grès et de pierre meulière dans le haut. J'y ai vu entre la Bretèche et Fourqueux, plus près de la Bretèche, une fouille qui avait été faite pour tirer du grès. On observait : 1° environ 8 pieds d'une terre grasse ou sable gras jaune rempli de pierre meulière; 2° un petit lit de sable; 3° un banc horizontal de très beau grès gris blanc de 5 pieds d'épaisseur.

A l'extrémité nord-ouest de cette forêt, la même montagne continue toujours jusqu'à la forêt des Alluets-le-Roi. Le dos de cette montagne est fort large en cet endroit et couvert d'une terre végétale fertile. On ne voit absolument rien dans cette plaine, mais en descendant du côté d'Orgeval on trouve de la pierre meulière et du sable. On retrouve aussi la même chose du côté de Feucherolles. Le sable dans cette partie est plus coloré. On y trouve des paillettes talqueuses blanches disposées par couches entre des lits de sable. On ramasse même ce talc qu'on lave pour le vendre ensuite à Paris. Toute la poudre d'argent qu'on vend pour mettre sur le papier vient de cet endroit. Quand on veut l'avoir rouge, on la torréfie au four.

Feucherolles est encore le dernier endroit où l'on trouve du sable dans cette partie; on trouve ensuite à Grignon des corps marins, des coquilles dans le haut, et dans le bas de la craie.

Un autre endroit qui termine encore la bande sableuse du côté de la Normandie, c'est la montagne à l'extrémité sud-est de laquelle se trouve Cormeilles-en-Vexin. Cette montagne, surtout du côté des Marines, est toute composée de sable dans sa partie supérieure; on en trouve même jusque dans le bas qui peut-être y a été transporté par les ravines.

On rencontre encore quelques vestiges d'un sable plus grossier mêlé avec une grande quantité de cailloux roulés près de Bouleaume. De là jusqu'auprès de Gournay on ne trouve plus de sable proprement dit.

OBSERVATION

D'UNE FOUILLE FAITE DERRIÈRE L'HÔPITAL

POUR LA CONSTRUCTION D'UNE GARE

À L'USAGE DES BATEAUX MARCHANDS[1].

Cette fouille consiste en 10 ou 12 pieds de glaise déposée par la rivière sous laquelle on trouve le gravier, le sable de rivière et les poudingues.

Cette glaise est divisée en plusieurs bancs qui varient un peu suivant les endroits et dont voici le détail :

Dans la partie qui est du côté de Paris, on était à peu près à 13 pieds de la surface; voici ce qu'on observait :

1° Un banc de glaise gris brun de 6 pieds 2 ou 3 pouces;
2° Un banc d'une glaise gris blanc de pareille épaisseur;
3° Le sable de rivière.

On trouve dans ces deux glaises un assez grand nombre de coquilles d'eau douce, telles que buccins, planorbes, etc. On en trouve aussi de terrestres comme le limaçon aplati, et celui qu'on appelle *laquais*. L'une et l'autre font effervescence avec l'eau-forte, mais principalement la seconde, quoiqu'elle soit moins abondante en coquilles et que même il arrive quelquefois qu'on n'en trouve aucune.

[1] Manuscrit autographe, sans date, paraît être de 1768.

Nous mesurâmes une autre coupe vers le milieu de la gare; il y avait :

1° 8 pieds de glaise grise un peu plus colorée dans le haut que dans le bas;

2° 28 ou 29 pouces de glaise brune tirant peut-être un peu sur le violet;

3° Sable de rivière.

Le second banc, c'est-à-dire celui de glaise brune, n'est pas toujours uniforme: on le voit quelquefois s'élever peu à peu, se décolorer et se perdre entièrement dans le banc gris. Alors il est remplacé par un banc gris blanc semblable au n° 2 de la première observation. Ce banc est quelquefois plus épais, quelquefois égal au brun. Il arrive encore quelquefois qu'après qu'il est ainsi disparu, on le voit reparaître tout à coup, soit au-dessus du banc blanc, soit immédiatement sur le sable.

Il est aisé de s'apercevoir que le banc de sable de rivière s'élève peu à peu à mesure qu'on s'éloigne du lit actuel de la rivière, puisque la grévière de l'Hôpital d'où l'on tire le sable dont on pave nos rues est beaucoup plus élevée que les fouilles qu'on vient de décrire. Il paraît au contraire que le banc de glaise diminue à mesure qu'on s'élève.

On aura une idée nette de la disposition du terrain par la figure suivante :

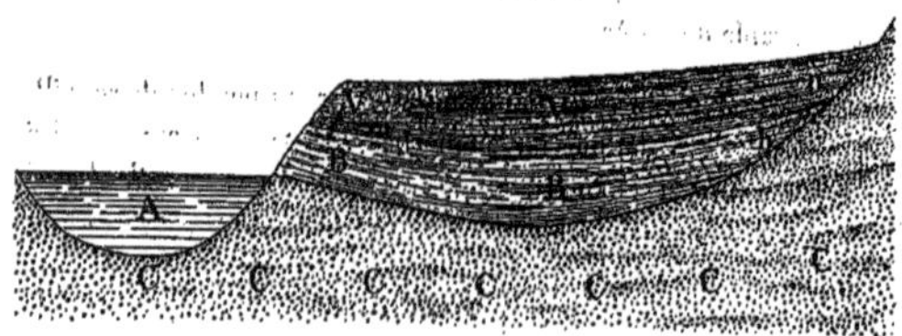

A, la rivière de Seine dans son lit actuel.

VV*n*, BB*b*, différents bancs de glaise qui sont vraisemblablement des dépôts de la rivière dans ses débordements.

Le gravier et les cailloux de rivière CC, C*c* paraissent être un dépôt beaucoup plus ancien.

VV, BB contiennent un grand nombre de coquilles entières et bien conservées. *n*, *b* ne contiennent presque que des frustes. La raison de cette différence est facile à saisir : les frustes, plus légers, ont été portés vers les bords, tandis que les coquilles ont été emportées par leur pesanteur spécifique.

OBSERVATIONS
D'HISTOIRE NATURELLE
FAITES EN NORMANDIE EN 1765 [1].

GISORS.

On observe au Montois près Gisors, dans le haut, des corps marins, la plupart semi-pétrifiés; dans le bas, une craie appelée *craon* ou *crayon* dans le pays. Ce crayon contient beaucoup d'échinites silicifiées et un grand nombre de cailloux [2].

Cet arrangement est celui qu'on observe dans les endroits élevés des environs de Gisors; dans ceux qui le sont moins on ne trouve, comme cela doit être, que le crayon contenant des cailloux. C'est ce qu'on observe le long de la vallée de l'Epte en allant de Gisors à Dangu; le crayon y est à découvert en plusieurs endroits; on en tire même pour faire de la chaux.

Nous avons examiné avec soin une coupe près Dangu, ouverte dans le dessin [3]; le crayon était dur dans le fond; les silex y étaient par rognons rangés sur des lignes horizontales; nous y trouvâmes plusieurs échinites silicifiées.

Près Dangu est un autre petit endroit appelé le Noyer, auprès duquel se trouve une tuilerie. La terre qu'on emploie se tire d'une fouille peu profonde; c'est une glaise noirâtre. On y trouve du bois pourri, de petits cristaux de gypse parallélépipèdes et quelques grains de succin rougeâtres.

[1] Manuscrit autographe. — [2] Les assises signalées par Lavoisier aux environs de Gisors sont la craie blanche, l'argile plastique et le calcaire grossier. F. — [3] Le dessin qui devait accompagner cette note ne s'est pas retrouvé.

ROUTE DE GISORS À GOURNAY.

Gournay est au nord de Gisors à peu près. On suit pour y aller la vallée de la rivière d'Epte. On rencontre sur la route les villages suivants : Éragny, Bezincourt, Droitte-Court, Turceville, Sérifontaine, Amicourt, Taille-Moutier, Bouchevilliers. Tous ces villages sont dans une craie ou craon mêlée de silex, ce qu'on aperçoit par les coupes qui se trouvent à droite et à gauche de la vallée. Les cailloux sont en si grande abondance dans les champs, qu'on les amasse en meurger; ils servent à accommoder le chemin.

Lorsqu'on a passé Bouchevilliers et qu'on arrive à un autre village appelé Neufmarché, on aperçoit un changement dans le terrain : la terre devient glaiseuse; on trouve dans de petites coupes des couches de sable vert; enfin bientôt on s'aperçoit qu'on est entré dans une bande sableuse.

Cette bande sableuse commence, comme je viens de le dire, au sortir du village appelé Neufmarché, c'est-à-dire une lieue avant Gournay, et se continue jusqu'auprès de Neufchâtel-en-Bray. Elle comprend autour de Gournay les villages suivants, autant que je l'ai pu observer, à droite et à gauche de la route à une certaine distance : Launay, Saint-Pierre-en-Champs, Auchy, Saint-Clair-sur-Gournay, Cuy, Saint-Menevieux, Bezaincourt, Beauvoir, l'abbaye de Bellosane, Sainte-Marguerite, Hodenger, Dampierre, Beuvreil, Menerval, Saumont-la-Poterie; les sables sont assez ressemblants à ceux des environs de Paris; ils sont fort ferrugineux, mais ils le deviennent encore davantage en approchant de Forges. Les sables aux environs de Gournay sont par buttes médiocrement élevées; j'ai vu à droite du chemin, en sortant de Gournay pour aller à Forges, des pierres qui étaient sur le penchant de ces buttes; mais comme elles étaient loin, il ne m'a pas été possible de déterminer si c'était du grès.

Le chemin de Gournay à Forges traverse des bruyères considérables; elles sont même marquées sur la carte de M. de Cassini. Quoique ces bruyères soient dans du sable, elles sont cependant humides en

IMPRIMERIE NATIONALE.

beaucoup d'endroits et marécageuses, ce qui ferait présumer qu'en creusant un peu on trouverait de la glaise.

FORGES.

Le village de Forges, fameux par ses eaux minérales, se trouve précisément dans cette bande sableuse. Les villages qui l'environnent et qui sont compris dans la même bande sont les suivants : Abancourt, la Bellière, Longmesnil, Riberpré, le Fossé, Serqueux, Beaubec-la-Ville, l'abbaye de Beaubec, Sainte-Ursule, la Rosière, Trés-Forest, Houdeng, Saint-Saire.

Les eaux de Forges sont au sud-ouest du village du même nom, à un quart de lieue de distance; elles sont situées dans une petite vallée, à l'extrémité d'une avenue dont l'autre bout tient aux Capucins.

Immédiatement au-dessus des trois sources, on trouve dans l'avenue et dans le grand chemin qui est à côté un banc d'un roussier sableux qui tient du grès. C'est sans doute ce roussier, qui n'est autre chose qu'une mine de fer pauvre, qui donne à ces eaux leur vertu minérale. En s'élevant plus haut toujours dans la même avenue, en allant du côté des Capucins, on trouve du sablon blanc. Si l'on prend ensuite à gauche, on trouve, après avoir traversé la promenade, une tuilerie qui dépend des Capucins. Les glaises qu'on y emploie et qui sont tirées du sol même sont ferrugineuses et ocreuses. Auprès de ce même endroit nous avons trouvé des cailloux ferrugineux qui sont une mine de fer pauvre. Il y avait aussi des laitiers de fer, ce qui semblerait annoncer qu'on a fait autrefois quelques fontes de fer dans ce pays du temps des forges portatives. C'est sans doute aussi l'étymologie du nom de Forges que porte l'endroit.

La vallée de l'abbaye de Beaubec est parfaitement semblable à celle de Forges; on y trouve les mêmes roussiers et des sources ferrugineuses toutes semblables.

Outre les villages que je viens de nommer aux environs de Forges et que j'ai dit être dans la bande sableuse, on peut encore, à ce que je crois, ajouter les suivants, que je n'ai vus à la vérité que de loin, mais qui m'ont paru à l'inspection du terrain être dans des sables. Ces villages se trouvent à droite et à gauche le long du chemin de Forges à Neufchâtel; tels sont : Roncherolles, Sommery, Sainte-Geneviève-en-Bray, Sausseuzemare, Beaussault, Louvichamp, Mesnil-Mauger, etc.

Les sables qu'on trouve de Forges à Neufchâtel sont quelquefois très blancs, mais le plus communément ils sont très ferrugineux. Je n'y ai pas vu de grès proprement dit, mais une pierre qui en approche beaucoup et qui tient le milieu entre lui et le roussier. C'est ce que j'ai observé autour de Bagajeau, près de l'abbaye de Beaubec; on s'en sert pour bâtir.

Dans des endroits le sable n'est recouvert d'aucune terre végétale, comme on l'observe aux environs de Forges; quelquefois il est recouvert d'une terre végétale jaune fertile.

La bande sableuse dont je parle ne s'étend pas tout à fait jusqu'à Neufchâtel: elle finit du côté de Forges à un petit endroit appelé Neuville-Ferrières. Ce village est à peu près l'époque du changement de terrain. On commence par voir un peu de glaise et de la pierre calcaire crayeuse. Puis on rentre dans le terrain de craie; on trouve le crayon et les cailloux.

ENVIRONS DE NEUFCHÂTEL.

En sortant de Neufchâtel par le chemin de Rouen, on entre au bout d'une demi-lieue dans un bout de bande sableuse. Cette petite pointe ne dure pas longtemps, et l'on rentre après un quart de lieue dans le crayon et les cailloux. C'est sans doute l'extrémité de la bande sableuse de Forges qui s'avance en pointe jusque-là. Cette conjecture paraît très naturelle à l'inspection de la carte de M. de Cassini.

Ce petit coin de terrain fournit des observations assez intéressantes. On y trouve des fouilles d'où l'on tire une glaise brune que les Hollandais achètent pour faire des pipes.

Voici ce qu'on observait dans une de ces coupes :

1° Terre végétale jaune argileuse qu'on emploie à faire de la brique, 9 à 10 pieds	9 pieds ½
2° Glaise grise que l'on rejette; elle va en brunissant à mesure qu'on enfonce davantage, à peu près	4
3° Glaisé brune employée pour la fabrique des pipes; il y en avait de découverte à peu près 6 ou 8 pieds	7
TOTAL	20 ½

Toutes les coupes faites aux environs de celle-ci, quoique faites à peu près de niveau avec celle-ci, ne sont pas de même. On observait, par exemple, dans une autre :

1° Glaise	3 pieds.
2° Sablon fin blanc et très fin mêlé de quelques paillettes talqueuses blanches, à peu près (On l'emploie pour les verreries.)	8
TOTAL	11

Dans d'autres coupes, au lieu d'un sable fin, on en trouve un très grossier.

Quant au reste des environs de Neufchâtel, il est partout composé de crayon et de cailloux. Voici le détail des villages et leur position par rapport à Neufchâtel.

AU SUD.

On trouve le crayon et les cailloux jusqu'à Neuville-Ferrières, puis on entre dans la bande sableuse de Forges.

AU SUD-OUEST.

On traverse la petite pointe de bande sableuse dont j'ai parlé et où se tire la terre à pipe, puis on retrouve le crayon. Maucomble, Perduville, les Hayons, le château de M. Letendart, Bosemesnil sont dans un terrain semblable.

À L'OUEST.

On ne trouve pareillement que du crayon. Les endroits qui avoisinent Neufchâtel dans cette partie sont le château de Bully, appartenant à M. de Maupeou, le village de Bully, le prieuré de Sainte-Geneviève, Pommereval, Fresles.

AU NORD-OUEST.

Toute cette partie est encore composée de crayon. On y trouve les villages suivants :

Quievrecourt, Saint-Vincent, Saint-Martin, Aulage, Meinières, Mesnil-aux-Moines, Bures, Burette.

AU NORD.

Nous n'avons fait aucune observation sur cette partie des environs de Neufchâtel; il y a toute apparence qu'elle ne diffère pas des autres. Les villages qui y sont situés sont Bailleul, Baillolet, Clais, Lucy, Fesques.

AU NORD-EST.

On trouve le crayon et les cailloux comme aux autres endroits. C'est ce que nous avons observé au mont Ricart, montagne fort élevée des environs de Neufchâtel. On trouve aussi la même chose à Saint-Germain, Menouval.

À L'EST.

Cette partie est précisément celle où la bande sableuse et la bande crayeuse se touchent. Nous n'avons pas battu cette partie; ainsi il est impossible de déterminer les points de séparation.

ROUTE DE NEUFCHÂTEL À DIEPPE.

Depuis Neufchâtel jusqu'à Dieppe le terrain est toujours composé de craie et de cailloux, non seulement sur la route, mais même partout où la vue peut porter. Les villages qui se trouvent sur le chemin et aux environs sont :

D'abord tous ceux que j'ai déjà marqués aux environs de Neufchâtel au nord-ouest et de plus les suivants :

Omoy, Saint-Vallery-sous-Bures, Maintru, Crodalle, Sainte-Agathe d'Aliermont, Notre-Dame d'Aliermont, les Grandes-Ventes, Équiqueville, Ricarville, Saint-Vaast, Saint-Jacques d'Aliermont, Meulers, Saint-Nicolas d'Aliermont, Dampierre, Saint-Aubin, Arques, Dieppe.

Les environs de Dieppe sont encore entièrement composés du même crayon contenant des cailloux, non seulement tous les villages d'alentour, tels que Pourville, Appeville, Hottot, Bonteiller, Rouxménil, Saint-Étienne, Martin-Église, Ancourt, Étran, etc., mais encore toutes les falaises qui continuent à perte de vue sans changer de nature.

La mer a rongé cette falaise et en a roulé les cailloux; leurs angles ont bientôt été émoussés par le roulis et ils sont devenus ce qu'on appelle du galet. La rupture de ces mêmes angles forme un sable fin qui se trouve à la côte au-dessous du galet; il est à découvert dans les basses marées.

ROUTE DE DIEPPE À ROUEN.

En sortant de Dieppe pour aller à Rouen, on trouve toujours le crayon aux villages de Saint-Aubin, Sauqueville, Maneville; alors on sort de la vallée et l'on entre dans une plaine immense, de sorte qu'on ne trouve plus de montagnes jusqu'à Malaunay. Cette plaine ne laisse aucune observation à faire; on ne voit absolument que de la terre végétale; il y a cependant toute apparence qu'en creusant on trouverait le crayon.

Les villages qui se trouvent sur le chemin et à portée de droite et de gauche sont : Saint-Aubin, Sauqueville, Offranville, Tourville, Manéhouville, Auppegard, Bertreville, Omonville, Lintot, Crespeville, Belmesnil, Gonneville, Sainte-Geneviève, Biville, Calleville, Bonnetot, Saint-Vast, Totes, Bretteville, Varneville, Beautot, la Houssaye-Béranger, le Val-Martin, Butot, Sierville, Anceaumeville, Eslette, Montville, Saint-Maurice, Malaunay. Après Malaunay, où l'on voit une coupe de craie, on rencontre jusqu'à Rouen les villages suivants : Houppeville, ab. Saint-Denis, Bondeville, Maromme, Saint-Aignan, Déville.

J'ai dit qu'on ne trouvait aucune observation à faire dans la plaine depuis Manneville jusqu'à Malaunay. On voit cependant entre Lotte et Anceaumeville, en quelques endroits, du sable ou sablon, ce qui ferait croire que c'est encore un bout de la bande sableuse de Forges qui s'avance jusque-là. Ce n'est ici qu'une conjecture; elle n'est cependant pas destituée de vraisemblance.

En descendant à Malaunay, on trouve une coupe dans laquelle on voit le crayon et les cailloux précisément comme à la falaise de Dieppe, ce qui porte à croire qu'il y a continuité de terrain depuis Dieppe.

Il paraît aussi que tous les environs de Rouen sont composés de la même manière.

ENVIRONS DE ROUEN.

La montagne Sainte-Catherine, la plus élevée de celles qui environnent Rouen, est composée depuis le haut jusqu'en bas de crayon qui contient des silex; on trouve la même chose du long de la côte jusqu'au port Saint-Ouen.

De Rouen jusqu'à Mantes le terrain est encore le même. Entre Vernon et Bonnières la craie est plus dure et forme presque des rochers. Je dis que le terrain est le même jusqu'à Mantes, on pourrait dire jusqu'à Juziers. C'est à peu près entre Juziers et Meulan que le terrain change. On cesse de trouver la craie.

MEULAN.

En sortant de Meulan du côté de Triel, on trouve à gauche, le long de la côte, une coupe; c'est une carrière d'où l'on tire de la pierre. Les bancs d'en haut sont composés d'une pierre bien dure ou espèce de . . . par bancs horizontaux; ils sont coupés de filets de glaise. Dans le bas on trouve de beaux bancs de pierre; cette pierre est graveleuse, comme composée de faux oolithes.

Lorsqu'on monte la côte en cet endroit et qu'on fait un quart de lieue vers Évecquemont, on s'élève beaucoup et l'on entre dans un terrain de sable; il y en a même de talqueux; on y trouve aussi du grès. Dans la partie la plus élevée de la montagne, on trouve une grande quantité de cailloux de la nature de ceux des environs d'Étampes où se trouvent les semences de medica; je n'en ai pourtant point vu dans ceux-ci.

Auprès d'Évecquemont on trouve une plâtrière ouverte ou puits. On tire aussi du plâtre à Vaux-Gaillard, à Triel et d'autres endroits de cette montagne. Ce plâtre est semblable en tout à celui de Montmartre.

Sur la hauteur au-dessus de Triel, on tire de la pierre de meulière en assez gros morceaux[1]. On y trouve aussi des cailloux avec des buccins. Au-dessous des meulières on trouve un banc fort épais de sable et de grès, puis une glaise verte sous laquelle se trouvent la marne et le plâtre.

Entre Meulan et Lessancourt, on trouve dans un champ sur le bord de la vallée des coquilles fossiles. Les espèces sont assez variées. Ce terrain ressemble un peu à celui de Chaumont-en-Vexin.

Si, au lieu de suivre le grand chemin, on coupe de Mantes à Poissy en laissant la rivière à gauche, on trouve encore la continuation du crayon. On en voit encore à Nesée dans la partie basse du terrain. Dans le haut on trouve des corps marins semi-pétrifiés. Ce terrain est précisément le même que celui de Gisors et de Grignon.

Du côté du village appelé Basmont, le terrain change à mesure qu'on s'élève et l'on entre dans un terrain à pierre de meulière. Toute la forêt des Alluets-le-Roi contient de même de cette pierre dans sa partie haute et au-dessous du sable.

Entre la forêt des Alluets et la rivière de Seine, à peu près au nord-

[1] La coupe de la côte de Triel montre de haut en bas les assises suivantes :
Argile à meulière de Beauce ;
Sable de Fontainebleau ;
Marne verte ;
Marnes du gypse ;
Calcaire de Saint-Ouen ;
Grès de Beauchamp ;
Calcaire grossier. F.

est, est une montagne isolée et fort élevée. Les endroits qui entourent cette montagne sont Beaulieu, la Clémenterie, Breteuil, Mursinval, Bresol, Bures, les Feugères, le Tremblay. Tous ces endroits ne sont que de petits hameaux qu'on ne trouve que sur la carte de M. de Cassini.

Cette montagne fournit dans le haut de la pierre meulière, même en assez gros morceaux. On y trouve aussi une grande quantité de cailloux blancs de la nature de ceux d'Étampes dont j'ai déjà parlé, mais je n'y ai vu aucunes coquilles, ni semences de medica; ces cailloux ont des veines cristallisées assez jolies.

Au-dessous du terrain à meulière on trouve du sable; il y en a même d'un peu talqueux et du roussier; mais, ce qui est singulier, c'est que tout le côté de Beaulieu et de Villaine contient du plâtre que même on exploite, tandis que du côté de Bures, de la Muette et du Tremblay on n'en voit aucune apparence. On voit même dans le bas du terrain du crayon et des silex comme dans toute la Normandie, de sorte que cette montagne paraîtrait faire l'époque du changement de terrain dans cette partie.

Du côté et derrière Villaine on avait tenté d'ouvrir une carrière en plein air, mais la difficulté du charroi a fait abandonner l'entreprise. On trouve dans le premier banc de marne de cette carrière une grande quantité de cailloux ou .... de M. Ramond; ils sont même fort gros.

IMPRIMERIE NATIONALE.

DÉTAIL D'UNE COUPE

FAITE POUR ADOUCIR LA PENTE

DE LA MONTAGNE DE LUZARCHES

DU CÔTÉ DE CHAMPLÂTREUX[1].

(16 AOÛT 1765.)

On voit d'abord dans le haut de la carte en A un terrain glaiseux qui a été fouillé autrefois et dont on tirait de la pierre à plâtre. Ces fouilles ont été abandonnées à cause de la trop grande abondance d'eau qui en rendait l'exploitation difficile. Ces plâtrières ne sont pas le long du grand chemin; elles en sont un peu distantes. Il ne faut pas chercher sans doute d'autre étymologie du mot *Champlâtreux* que la nature du terrain où ce château a été bâti[2].

On descend ensuite la montagne BC, que j'ai estimée de 45 pieds. On trouvera tout le long un terrain crayeux.

On remonte ensuite de C en D par le nouveau chemin et l'on redescend ensuite en E. J'estime que la hauteur de C en D peut être de 30 pieds, et de D en E de 18 pieds.

[1] Manuscrit autographe.

[2] Champlâtreux est bâti sur le calcaire argileux de Saint-Ouen. En descendant vers Luzarches, on rencontre successivement :

Le sable de Beauchamp;

Le calcaire grossier;

Le sable du Soissonnais;

L'argile plastique.

Les numéros de la coupe figurée par Lavoisier ne se rapportent qu'aux trois derniers niveaux. C'est au sable du Soissonnais qu'appartient le sable à coquilles fragiles observé au-dessous du château de Luzarches. Le banc n° 26 termine en bas le calcaire grossier inférieur. La partie remplie de cailloux est un lambeau alluvial adossé aux assises précédentes. F.

Cette butte est composée de sable qui ordinairement est disposé par couches ondulées alternativement blanches et jaunes; on y trouve des cailloux roulés, et dans le haut on trouve des petits cailloux qui tiennent des pierres meulières.

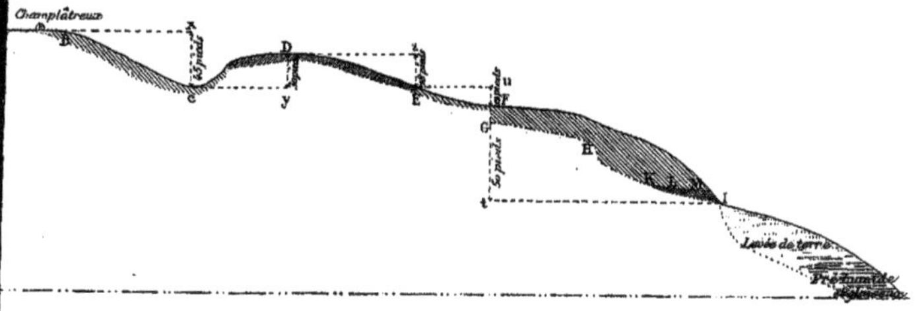

Coupe de la montagne de Luzarches, observée le 16 août 1765.

De E en F, on ne trouve à la surface de la terre que des pierrailles calcaires. J'estime que la hauteur de E en F peut être de 12 pieds.

C'est en F que commence la coupe dont suit le détail, mesurée banc par banc. On trouve :

1° Dans un trou qui est au-dessus de la coupe à peu près 4 pieds de crayon blanc........	4 pieds	0 pouce.
2° Au commencement de la coupe, crayon très fin................................	1	6
3° Crayon qui paraît avoir été roulé et qui est composé de parties arrondies dont la plupart ont 2 ou 3 lignes de diamètre..........	1	6
4° Crayon à peu près semblable, mais dont les parties sont beaucoup plus grosses; elles ont jusqu'à 1 pouce de diamètre............	1	6
A reporter...	8	6

Report......	8 pieds	6 pouces.
Ces bancs sont fort irréguliers; ils ne sont pas bien horizontaux, et par conséquent ils n'ont pas partout la même épaisseur; ils sont quelquefois séparés par des filets de glaise brune peu épais.		
5° Crayon très fin, à peu près...............	2	0
6° Tuffeau ou crayon durci qui forme d'assez bonne pierre à bâtir; elle est tendre; on la casse pour l'employer en moellons; elle a des veines bien coquillières......................	3	0
7° Autre banc à peu près de même nature.....	2	0
8° Autre pierre plus dure, un peu graveleuse, qu'on travaille et dont on fait des bornes.......	3	0
9° Autre à peu près de même nature, mais moins propre à être travaillée................	2	0
Ce banc de pierre n'est pas toujours continu; je l'ai vu manquer dans un endroit; il était remplacé par de la glaise et du tuffeau qui étaient arrangés par pelotons près les uns des autres sans être mêlés.		
Il arrive aussi quelquefois que les bancs précédents sont séparés les uns des autres par un filet de glaise. On y trouve aussi des cavités ou petites grottes dont l'intérieur est tapissé de lac lunæ.		
10° Pierre d'une très grande dureté et qui, vue au soleil, a des points brillants.........	3	0
11° Pierre à peu près de même nature, mais beaucoup moins dure, qui est même tendre.	2	0
12° Autre banc de même nature.............	2	4
Ces deux bancs ne diffèrent en rien l'un de l'autre; ils ne sont même souvent qu'une masse séparée par un fil.		
13° Banc de pierre très dure, mais qui ne peut pas fournir de grandes masses; il est presque partout divisé en gros moellons irréguliers..	1	8
A reporter...	29	6

		pieds	pouces
	Report......	29 pieds	6 pouces.
14°	Pierre tendre........................	1	0
15°	Pierre de même nature, mais plus dure.....	0	10
16°	Pierre grise bien dure..................	1	4
	Entre les bancs 14 et 15, il y a une belle et grande grotte dont l'intérieur est tapissé de très beau lac lunæ.		
17°	Banc de pierre tendre à peu près comme celle du n° 15, mais plus dure.........	1	0
18°	Tuffeau grisâtre à peu près de la même nature que celui qu'on appelle gris banc.	1	2
19°	Pierre grise dure......................	1	4
20°	Gris blanc...........................	1	6
21°	Pierre tendre qui n'est à peu près qu'un gris blanc durci.........................	0	6
22°	Gris banc...........................	0	8
23°	Pierre passablement dure...............	0	5
24°	Pierre d'une très grande dureté et de laquelle il ne nous a pas été possible de détacher un morceau passablement gros.............	1	6
25°	Gris banc...........................	1	0
26°	Pierre qui n'est qu'un gris banc durci et qui cependant a une assez grande dureté......	2	6
	Ce banc devient coquillier dans sa partie inférieure, et il est tout rempli de cailloux, la plupart fort petits. Cette pierre est, dans sa partie supérieure, très propre à être employée. On en fait des bornes. Elle se sépare assez facilement de l'inférieure, que l'on rejette.		
	Ce banc repose en K sur un sable graveleux blanc avec grains noirs. En enfonçant, il est jaune et tient du roussier. On ne voit qu'une très petite portion de ce banc. Il n'est qu'effleuré, comme on peut le voir dans la carte. Ce sable est noté 27 dans la suite des pierres de cette montagne.		
	A reporter....	44	3

Report......	44 pieds	3 pouces.
Plus loin, par exemple en M ou en L, le banc de pierre ne repose pas sur le sable, mais sur de la glaise, quoique ce soit au même niveau 28. Cette glaise est bonne quand elle est sèche; lorsqu'elle est mouillée, elle paraît bonne. Elle ressemble beaucoup à celle de la montagne de Saint-Germain-en-Laye. Elle a des veines jaunâtres. Il n'y en a que six pieds de découverts, et c'est là la fin de la coupe. Cette glaise est sensiblement horizontale; elle s'incline cependant un peu en approchant du flanc de la montagne, c'est-à-dire vers M.............	6	0
En général, tous les bancs que je viens de décrire n'observent point une régularité parfaite; ils s'inclinent quelquefois un peu et changent d'épaisseur.		
J'ai dit que le banc de pierre qui repose sur le sable et sur la glaise contenait des cailloux roulés et des coquilles; on y voit aussi une très grande quantité de pierres lenticulaires et quelques madrépores ou œillet ou clou de girofle.		
TOTAL de cette coupe.......	50	3

On observe précisément le même ordre de pierres à la butte sur laquelle sont bâtis la collégiale de Saint-Cosme et le château de Luzarches. J'ai observé, dans une petite coupe près et au sud-ouest de ce château, une espèce de tuffeau coupé en des endroits par des filets de glaise en zigzag très irrégulier, ou bien par une espèce de gris banc graveleux.

Dessous on trouve une pierre très dure dont le banc se continue tout le long de la côte; il manque cependant quelquefois. Ce banc est tout à fait semblable au 26e de la coupe ci-dessus décrite; je le crois même de niveau.

Ce banc repose en des endroits sur un falun coquillier dont les coquilles sont très fragiles, dans d'autres sur un vrai sable coupé de filets glaiseux. On voit, en suivant la côte, ce banc de sable qui se continue.

On observe encore la même pierre du n° 26 à la montagne qui se trouve après la Morlaye, sur le chemin de Chantilly[1].

Cette pierre, comme à la montagne de Luzarches, est remplie dans sa partie inférieure de cailloux roulés, de gravier marin, de coquilles et de pierres lenticulaires; elle porte aussi de même sur un sable jaune, et c'est précisément dans le haut de ce banc de sable que se trouve le bois pétrifié en grande abondance.

J'y ai même vu une grosse souche pétrifiée de 4 à 5 pieds de longueur sur 2 de largeur et autant d'épaisseur qui était immédiatement sous le banc de pierre.

On trouve encore ce même banc de pierre dans plusieurs endroits d'Hérivaux, et il porte de même sur le sable.

[1] La Morlaye est sur une alluvion ancienne reposant sur la craie blanche à bélemnites, à une altitude de 32 mètres. En suivant la route vers Chantilly, on monte une côte assez raide où l'on observe l'argile plastique, le calcaire grossier inférieur et le calcaire supérieur. Ce dernier couvre la surface du plateau, qui est à une altitude de 102 mètres en son point culminant.

A la base de cette côte, Lavoisier indique un banc de calcaire compact (gris banc), rempli, à sa partie inférieure, de cailloux roulés, de gravier marin, de coquilles et de pierres lenticulaires (roches à nummulites). Ce calcaire repose, comme à Luzarches et à Hérivaux, sur une couche de sable jaune dont la partie supérieure contient de nombreux troncs de bois silicifié. Le sable et le calcaire en question appartiennent au terrain quaternaire. Ils font partie de l'alluvion des plateaux communs dans la Brie; ils sont adossés et non sous-jacents au calcaire grossier. F.

OBSERVATIONS
D'HISTOIRE NATURELLE
FAITES
AUX ENVIRONS DE DOURDAN ET D'ORLÉANS[1].

CHEMIN D'ÉTAMPES À DOURDAN.

On trouve en sortant d'Étampes, quand on est sur la hauteur, des terres rouges grasses propres à être employées dans les bâtiments. On entre ensuite dans une grande plaine où l'on ne voit plus que quelques pierrailles calcaires à la surface.

Lorsqu'on est près d'arriver au village appelé la Forest-le-Roy, on trouve une petite vallée sèche dans laquelle on trouve une carrière d'où l'on tire une pierre très dure, semblable à celle des hauteurs des environs d'Étampes. Lorsqu'on a traversé le village, on trouve une vallée beaucoup plus profonde. On trouve dans le haut, aux endroits où la terre est égratignée, du crayon, et au-dessous du sable jusqu'en bas de la côte. De là à Dourdan, on rencontre de temps en temps quelques morceaux d'une espèce de meulière pleine.

Lorsqu'on descend la côte après les Granges-le-Roy, on trouve du sable, et ainsi sans discontinuation jusqu'à Dourdan.

ENVIRONS DE DOURDAN.

On trouve, en creusant dans la plus grande partie des endroits de la ville de Dourdan, de la glaise au rapport de M. Ponspin. On trouve

[1] Manuscrit autographe (1764).

aussi de cette même glaise au Potelet (petite maison de campagne qui touche à Dourdan); on la tire pour en faire de la tuile. L'endroit où est le trou d'où l'on tire la terre se nomme le Mineray. Ce nom ferait croire qu'on tirait dans cet endroit autrefois une mine de fer. Ce qui paraît confirmer cette conjecture, c'est qu'on trouve dans les champs voisins une grande quantité de laitier.

Tout le reste des environs de Dourdan est uniquement du sable. Les montagnes du haut en bas en sont entièrement composées. Voici le détail des observations[1] :

De Dourdan à l'abbaye de l'Ouyé, on traverse un terrain sableux. Lorsqu'on approche de l'abbaye, on trouve un sable coloré qui contient des cailloux roulés rangés par bancs horizontaux. La côte qui est à l'est de l'abbaye est toute de sable et il en est de même de tous les environs.

De l'abbaye de l'Ouyé à Corbreuse, on trouve du sable jusqu'à ce que l'on sorte de la forêt; alors on entre dans une grande plaine dans laquelle la terre végétale est assez légère. De Corbreuse à Sainte-Mesme, on trouve le même terrain jusqu'à ce qu'on ait rejoint la forêt. Alors le terrain est fort graveleux. Ces graviers sont assez grossiers et ressemblent à des débris de pierre meulière. Lorsqu'on est près de descendre à Sainte-Mesme, on trouve encore le même gravier dans lequel on trouve de petits graviers de quartz gris et blanc. Dans tout ce terrain, on tire en creusant presque partout des cailloux ou espèces de pierres meulières pleines qu'on emploie pour bâtir et pour les chemins.

De Sainte-Mesme à Saint-Arnould, on continue de trouver du sable à peu près jusqu'à la fin de la forêt. On entre alors dans une plaine assez élevée dans laquelle on fouille pour tirer de la pierre à chaux. Voici le détail de ce qu'on observait dans ces fouilles :

[1] Aux environs de Dourdan, on observe le sable et grès de Fontainebleau, et à un niveau plus élevé l'assise de la meulière de Beauce, avec bancs variés, calcaires argileux et marneux. F.

IMPRIMERIE NATIONALE.

1° Terre végétale argileuse d'un brun jaunâtre.... 3 pieds 6 pouces.
2° Espèce de crayon qui contient de la pierre à chaux en rognons.......................... 18

Cette pierre n'est pas fort dure et contient des buccins d'eau douce.

Il y a des endroits où les trous sont beaucoup plus profonds, et cela à raison de la plus grande élévation de la côte. Aux Meurgers, par exemple, qui sont de l'autre côté de la vallée, ces mêmes fouilles ont jusqu'à 40 et 50 pieds, et la pierre qu'on en tire est beaucoup plus dure.

De Saint-Arnould à Dourdan par le grand chemin, on trouve en montant la côte du sable jaune, et dans les champs une assez grande quantité de laitier de fer. Lorsqu'on est monté et qu'on est entré dans la forêt, le terrain est graveleux et comme composé de débris de pierre meulière mêlés avec de petits graviers de quartz. On y trouve aussi en fouillant à quelques pieds une espèce de cailloux très approchant de la pierre meulière. Il est seulement un peu plus plein. On le tire pour les chemins. On observe quelquefois aussi dans ces fouilles une espèce de grison. Le terrain est ensuite le même jusqu'à la fin de la forêt. En descendant à Dourdan, on retrouve le sable jaune et gris. Non seulement cette côte est toute de sable, mais encore celle du côté de Belair, du Menil.

Il résulte de ces observations que toute la forêt de Dourdan est composée de sable, qu'on trouve sur les hauteurs des cailloux ou pierre meulière pleine et que le grès y est fort rare. On en trouve cependant un peu près de Denisy, dans le treillage appelé la Fleur de Lys. On trouve dans le même endroit un peu de crayon.

Le grès n'est pas si rare dans le reste des environs de Dourdan que dans la forêt. On en trouve dans les endroits suivants, au rapport de M. Ponspin :

A la Brière, paroisse de Rouinville, à l'est de Dourdan;

Auprès du moulin de Poissard, près Rouinville.

A Marchais, peu éloigné de là, on trouve une butte de grès.

A Platteau, un peu plus au sud près la Forest-le-Roy, il y a une gresserie. Les grès dont est bâtie l'abbaye de l'Ouyé en sont tirés.

A Saint-Arnould, on bâtit en grès; on le tire de Rochefort.

On trouve aussi dans quelques endroits des environs de Dourdan une espèce de marne. Voici les endroits que M. Ponspin nous a cités :

Saint-Cyr, près Rochefort;

Marchais, au sud-est de Dourdan;

Liphan, près Dourdan, au sud;

A la butte de Normond, au-dessus de Saint-Laurent-Hoiselier.

CHEMIN DE DOURDAN À ARTENAY.

Noms des villages qui se rencontrent sur la route :

Les Granges-le-Roy,

La Villeneuve,

Trouvillard.

On laisse à droite la Grange-Paris.

On laisse à gauche Richarville.

On laisse à droite Hérouville.

On passe à Authon,

A Paponville.

On laisse à droite Garencières;

A gauche, Sainte-Escobille.

On passe le long du parc d'Oysonville.

On laisse Vierville à droite.

On laisse à gauche Congerville, Thionville, Gaudreville, Grandville.

On laisse à droite Orlut.

On passe à Bissey.

On laisse à droite Ardellu et Baudreville;

A gauche, Gommerville, Bierville, Arnouville.

On passe à Mérouville, laissant à droite *Levéville-la-Chenar* et à gauche Intréville.

On passe à Neuvy.

On laisse Trancainville à droite;
A gauche, Oinville Saint-Liphard.
On passe à Hyrouville,
A Yenville-au-Sel.
On laisse à droite Mervillier;
A gauche, Poinville.
On passe à Santilly et à D'Amberon,
Puis on arrive à Artenay.

De Dourdan à Artenay, on entre aux Granges-le-Roi, dans une grande plaine qui continue jusqu'à Artenay et au delà. Les terres végétales dans toute cette plaine sont d'un gris un peu jaunâtre, quelquefois un peu rougeâtre lorsqu'elles sont mouillées. Elles contiennent beaucoup de pierrailles calcaires qui sont communément fort dures.

De la Neuville à Authon, on trouve quelques cailloux ou morceaux de meulières pleines. Je n'en ai pas vu ensuite dans tout le reste de la route. Il y avait près d'Authon une marnière ouverte.

Près la ferme de Bissey, on trouve un endroit où la terre a été fouillée et d'où l'on a tiré des rognons de pierre. On observe dans ces fouilles une espèce de crayon avec des rognons de pierres calcaires. On revoit encore de ce même crayon lorsqu'on est vis-à-vis d'Ardellu, et plus loin lorsqu'on est vis-à-vis de Gommerville.

Il paraît, en général, que vers Bissey et environs la couche de terre végétale est moins épaisse et plus légère.

A Mérouville, on trouve dans les coupes après la terre végétale quelques pieds de crayon, et en dessous de belles pierres de taille en bancs très épais.

On trouve des marnières près Mérouville, près Neuvy, près Yenville, près Artenay. Lorsqu'on approche de ce dernier endroit, les terres végétales sont plus argileuses; elles retiennent davantage l'eau.

Dans la plupart des fouilles aux environs d'Artenay, on trouve du crayon. A la Grange, qui est tout auprès, on tire du sable graveleux qu'on emploie pour paver. On trouve de ce même sable en plusieurs endroits jusqu'à Orléans.

Dans les vignes, près d'Orléans, on tire de la pierre calcaire en rognons qu'on emploie pour bâtir.

A Orléans, la Loire amène beaucoup de pierres des montagnes. On trouve des quartz roulés, des cristaux de roche, quelques granits, des paillettes talqueuses, quelques pierres de volcan.

D'Artenay à Theury, on trouve toujours le terrain de la Beauce et des trous à marne en grande quantité. Le terrain est à peu près le même jusqu'à Étampes.

INSTRUCTION SUR LES PUITS DE LA BEAUCE.

Nous vîmes à Dommerville un puits qui venait d'être fait. Voici ce qu'un ouvrier nous apprit sur les matières qu'on en avait tirées :

Ce puits a environ 94 pieds de profondeur. Toute cette masse est composée de sept ou huit bancs de pierre calcaire qui contient quelquefois des silex et qui, en général, est toujours fort dure. Ces bancs ont 2 ou 3 pieds d'épaisseur. Tout le reste n'est qu'un crayon ou marne sèche qui s'éboule très facilement, ce qui même est dangereux pour ceux qui fouillent. L'eau vient dans le fond à travers la roche.

Le même ouvrier avait fait plusieurs autres puits dans la Beauce. Il nous a assuré qu'ils avaient tous la même profondeur et que le terrain dans lequel ils étaient creusés était précisément le même. Les endroits où il les avait creusés sont Intréville, deux à Rouvray, un à Neuvy, un à Mérouville, un à Baudreville, un à Pussay.

Le même ouvrier en avait ouvert un à Boissy-le-Sec, lequel avait 38 toises de profondeur, toujours dans le sable.

Il y a une carrière de belles pierres calcaires à Outreville, près Thoury-en-Beauce, au rapport du même ouvrier.

J'ai oublié de dire plus haut que les fossés qui environnent Orléans, à l'endroit qu'on appelle le Mail, étaient creusés dans un crayon blanc. On voit même dans quelques endroits de petits bancs de pierre calcaire.

ORDRE DES BANCS
POUR LES ENVIRONS D'ÉTAMPES.

1° Terre labourable	4 pieds.
2° Marne et tuf coupés d'un grand nombre de bancs de pierre de taille	135
3° Marne qui contient des cailloux coquilliers[1]	12
4° Cailloux bruns coquilliers[2]	4
5° Marne et coquilles[3]	1 ½
6° Terre brune[4]	½
7° Stalactite de sable[5]	2
8° Sable et grès[6]	45
9° Sable coupé par des bancs de cailloux roulés[7]	18
10° Sable coquillier[8]	6
11° Sable coupé par des bancs de gravier et de falun[9]	16
12° Tuf coquillier	4
13° Moellon tendre	4
14° Glaise marneuse	8
Total	260

Le bas de cette coupe est à peu près de niveau avec la rivière d'Étampes à Estrechy. En profitant autant qu'il m'a été possible des nivellements faits dans le canton par M. Picard en 1678, j'ai estimé

[1] *Mém. acad.*, 1754, p. 25.
[2] *Ibid.*, p. 26.
[3] *Ibid.*
[4] *Ibid.*
[5] *Ibid.*, p. 27.
[6] *Mém. acad.*, 1754, p. 27.
[7] *Ibid.*
[8] *Ibid.*, 1763, p. 179.
[9] *Ibid.*, p. 179.

que la rivière d'Étampes à Étrechy était environ 99 pieds plus haute que la Seine à Paris. Si l'on ajoute ces 99 pieds à la coupe ci-dessus, on aura 359 pieds pour l'élévation des montagnes des environs d'Étampes, ou, ce qui revient au même, pour l'élévation des plaines de la Beauce au-dessus du niveau de la Seine à Paris. Cette hauteur est précisément telle qu'elle a été mesurée géométriquement par M. Picard. (Voir *Mém. acad.*, t. VI, p. 693 et suiv.)

OBSERVATIONS
D'HISTOIRE NATURELLE
SUR LES ENVIRONS
DE VILLERS-COTTERETS[1].

En allant de Villers-Cotterets à Nampteuil, on trouve, entre Vaumoise et Gondreville, une lande de sable inculte remplie de rochers de grès sans aucun ordre; ces sables contiennent dans des endroits des cailloux roulés.

En sortant de Levignes, on descend une petite côte de sable à peu près de même nature.

Nampteuil est dans une petite vallée; pour y arriver du côté de Villers-Cotterets, on descend une montagne qu'on a coupée pour la facilité des voitures; on observe dans le haut:

1° Une espèce de marne blanche	1 pied	6 pouces.
2° De la glaise gris blanc tirant sur le verdâtre	0	6
3° De la marne blanche sèche, ou espèce de craie	0	7
4° La même craie, durcie et devenue ..... avec dendrites, presque comme à des plâtrières	0	6
5° Marne crayeuse	0	4
6° Sable blanc mêlé de jaune dans le haut	0	7
7° Marne crayeuse	0	3
8° Pierre jaune très dure en petits bancs, dont il n'y a de découvert que	3	0
	7	3

[1] Manuscrit autographe, sans date, probablement de 1763.

La coupe cesse ici, mais en descendant quelques pas on trouve une pierre calcaire brèche très dure, et dessous un sable blanc rempli de coquilles[1].

Près de Saint-Wast, à la Ferté-Milon, on trouve des rochers de pierre coquillière, qui sont peu élevés, au-dessus du niveau de la rivière d'Ourcq.

En s'avançant le long de la même côte, on trouve vis-à-vis Silly la carrière de Moloy. On y observe :

1° Un peu de terre végétale noire ou terre à prés...	0 pied	6 pouces.
2° Blocaille qui n'est presque que du cran dans le haut et qui devient plus grosse dans le bas...	10	0
3° Banc de méchante pierre coquillière tendre.....	1	0
4° Méchante pierre tendre quelquefois continue, quelquefois séparée en bancs................	9	0
5° Pierre coquillière plus dure, 3 ou 4 pieds......	3	6
6° Autre banc de pierre.....................	4	0
TOTAL..................	28	

J'estime que le dernier banc de cette carrière est élevé de 30 ou 35 pieds au-dessus du niveau de la rivière d'Ourcq.

Vis-à-vis de Longpont, de l'autre côté de la vallée, on trouve des carrières et des pierres calcaires posées les unes sur les autres. Je n'ai pas eu le temps d'examiner ces carrières; je sais seulement qu'on y trouve des pierres très coquillières; elles contiennent la camme épineuse, celles qui sont striées circulairement et longitudinalement, la grande vis et une infinité d'autres toutes en noyaux.

[1] La coupe de Nanteuil-le-Haudouin comprend uniquement des bancs appartenant à l'étage du calcaire de Saint-Ouen. Le sable blanc rempli de coquilles signalé au-dessous appartient au niveau de Beauchamp. La carrière de Saint-Waast est ouverte dans le calcaire grossier. Il en est de même des carrières de Longpont. La camme épineuse signalée par Lavoisier est probablement la *chama spinosa;* la grande vis est le *cerithum giganteus.* F.

Longpont est à deux lieues et demie à l'est de Villers-Cotterets, un peu inclinant vers le nord.

A Montgobert, village à une lieue et demie nord-est de Villers-Cotterets, on trouve une ravine qui descend de la paroisse au moulin; elle n'est du haut en bas qu'un culbutin de rochers lenticulaires.

Pour aller de Villers-Cotterets à Betz, on va dans la direction du sud-ouest incliné à peu près de 6° vers le sud. On traverse d'abord la forêt, et l'on descend à Yvort par la route de Mortemart. Dans cette descente on trouve vers le haut du sable blanc rempli de vis en substance. Cet endroit est l'époque d'un changement notable dans le terrain.

On traverse la plaine d'Yvort, puis une petite langue de forêt, et on arrive à Cuvergnon; en sortant de ce village, on trouve trois ravines fort près les unes des autres; ces ravines vont aboutir dans un fond qui prend son origine un peu au-dessus du Cuvergnon (voir la carte de M. de Cassini); elles sont à gauche en allant à Betz. La première de ces ravines fournit les observations suivantes[1].

1° Dans le haut, on voit une terre végétale brune qui contient des cailloux noirs, jaunes, etc. Cette même terre se retrouve dans beaucoup d'endroits de la plaine; on y trouve des cailloux noirs mamelonnés en grande abondance. Ce banc a à peu près 7 ou 8 pieds.

2° De la glaise marneuse, c'est-à-dire mêlée de parties calcaires qui repose sur un banc de sable blanc qui contient des vis.

La seconde ravine offre ce qui suit :

[1] Les coupes des ravins de Cuvergnon se rapportent dans leur partie supérieure au calcaire de Saint-Ouen et dans leur partie inférieure au sable de Beauchamp. Les *buccins* semblables à ceux d'eau douce sont probablement des limnées, les *vis* des turritelles et des cérittes, les *limaçons* des natices. F.

1° De la glaise grise verdâtre mêlée de parties calcaires et de quelques frustes de coquilles....	6 pieds	0 pouce.
Cette glaise est dans des endroits tout à fait marneuse et ressemble à la marne des plâtrières		
2° Sable blanc........	0	4
3° Banc de buccins semblables à ceux d'eau douce très minces, très légers et presque tous en partie brisés........		
4° Sable blanc qui contient des vis et des limaçons, et quelques autres coquilles; il y en a 10 ou 12 pieds de découverts........	11	
Total........	17	4

La troisième ravine fournit à peu près les mêmes observations, seulement plus complètes et mieux détaillées. On trouve :

1° Dans le haut, grand nombre de cailloux en masses assez grosses, bruns et jaunes.	
2° De la marne blanche avec des dendrites, comme dans le haut des plâtrières, excepté qu'elle paraît plus croyeuse........	20 pieds.
3° Banc de sable blanc coquillier mêlé de tufo dans le haut et plus net dans le bas. Le culbutin de la ravine m'empêche de déterminer avec certitude la hauteur de ce banc, je l'estime de........	25
Total........	45

Le sable de ces ravines contient communément du grès en assez grosses masses, tantôt pur, tantôt coquillier.

On voit tout le long de la côte, en suivant jusqu'à Anthilly, les mêmes rochers de grès; on les retrouve encore dans le retour de la vallée jusqu'à Betz. Près de ce dernier endroit, on trouve deux sablières toutes près l'une de l'autre, la première donne un sable très coloré sans corps marins. La coupe a bien 40 pieds de profondeur. La seconde, qui touche à la première, offre un sable coloré rempli de coquilliers assez bien variés; on trouve aussi quelques madrépores. Cette même sablière donne du grès très coquillier et des pâtes de petites lentilles.

Je viens de dire qu'on trouvait la même nature de terrain depuis Betz jusqu'à Anthilly, c'est-à-dire des rognons de grès; je les ai encore retrouvés à Neufchelles, qui n'en est distant que d'une lieue et demie, et qui est situé à la jonction de cette vallée et de celle de l'Ourcq. Quoique je n'aie point vu l'intervalle qui sépare ces deux endroits, il est très vraisemblable qu'on y trouverait le même terrain.

Depuis Neuchelles jusqu'à Lizy, en suivant la vallée de la rivière d'Ourcq, on voit toujours les rognons de grès le long de la côte et même des deux côtés de la vallée; il paraît, par conséquent, que le banc de coquilles de Betz n'est qu'une continuité de celui de Lizy, et qu'ils sont joints par un banc de sable et de grès qui suit toujours à peu près le même niveau et qui est souvent mêlé de coquilles.

On trouve à Neuchelles des cailloux cristallisés; ces cailloux se cassent et s'émiettent facilement.

Dans une ravine, à un quart de lieue après Mareuil en allant de la Ferté-Milon à Meaux, on trouve la coupe suivante :

1° Terre végétale brunâtre crayeuse...........	1 pied	0 pouce.
2° Blocaille qui contient beaucoup de graviers marins..............................	1	8
3° Espèce de cran mêlé de graviers marins et de cailloux roulés bleu-cendre et verdâtre; ce banc est d'une épaisseur inégale..........	0	7
4° Sable gris blanc ayant des couches jaunes dans le haut, à peu près....................	20	
Total...........	23	3

OBSERVATIONS

D'HISTOIRE NATURELLE

FAITES

DANS LA PARTIE ORIENTALE DU VALOIS

EN MAI 1766.

On sait déjà, par des observations précédentes, qu'on trouve tout du long de la côte du grand étang de la Ramée du côté de Corcy de la pierre coquillière tendre. On observe à Corcy une espèce de tufo dans le haut; dans le bas on tire de la pierre de taille.

Lorsqu'on est sorti de la vallée de Corcy et qu'on monte vers Louastre, le terrain devient sableux et l'on trouve du grès. Louastre est lui-même sur une butte de sable jaune qui contient de petits cailloux rougeâtres à peu près comme on en trouve dans le terrain à meulières.

Villers-Hélon est à peu près à la même hauteur que Louastre, le terrain en est sableux et contient du grès; en général, le sable et le grès dans tout ce canton forment des espèces de montagnes plus ou moins hautes qui sont posées sur les bancs de pierres à calcaire. Cette disposition est la même qu'on observe dans les sables des environs de Crépy et Villers-Cotterets, dans ceux situés entre Senlis et Nanteuil et dans la forêt d'Ermenonville, de sorte que toute la partie sableuse de cette portion de la vallée doit être regardée comme une continuation des sables de la partie occidentale.

On trouve depuis Louastre jusqu'auprès d'Oulchy, dont il sera question ci-après, des cailloux mamelonnés noirs à la surface de la terre, tels qu'on les observe aux environs de Villers-Cotterets[1].

En montant de Louastre à Saint-Rémy-Blanzy, on s'élève encore et on trouve un tuf marneux tel qu'on l'observe dans quelques endroits dans le haut de la forêt de Villers-Cotterets; au-dessous, on trouve le sable et le grès, on trouve encore le grès à Fontaine-Alix, situé de l'autre côté de la vallée; cette ferme en est entourée de toutes parts; tout en bas, dans le fond de la vallée, on trouve du tuf, de la pierre à chaux et de la pierre de taille. J'ai oublié de dire qu'au-dessous de Saint-Rémy-Blanzy, on trouvait des cailloux coquilliers avec buccins de la nature de ceux d'eau douce.

En montant la côte de Saint-Rémy-Blanzy, pour aller au Plessis-Huleux, on trouve le sable et le grès, et, dans le haut, de la marne et de la pierre à chaux comme à Louastre.

En suivant la côte de Saint-Rémy-Blanzy, par Martinpré, Oulchy-la-Ville jusqu'à Rosay-Saint-Albin, la côte est garnie de sable et de grès; on observe seulement de Saint-Rémy à Oulchy plus de sable que de grès, et de Oulchy à Rosay plus de grès que de sable. La côte de sable et de grès se continue encore en suivant de Saint-Rémy-Blanzy, du côté de l'est, par le Grand-Rozoy, Beugneux, Cramaille, Arcy-Sainte-Restitute.

En descendant par la même côte à Oulchy-la-Ville et à Oulchy-le-Château, on trouve beaucoup de sable et de grès culbutés, on trouve aussi, à peu près à égale distance de ces deux endroits, un peu plus près du premier, une veine de marne.

[1] Le flanc de la vallée de Corcy, du côté de Louastre, est formé par le calcaire grossier bordé d'un mince cordon de sable de Soissonnais. Louastre est bâti sur le grès et sable de Beauchamps. Le calcaire marneux, signalé par Lavoisier à un niveau plus élevé, est le calcaire de Saint-Ouen et les marnes du gypse qui le surmontent. La grande extension du grès de Beauchamps dans la région du Valois, sa superposition au calcaire grossier et sa position au-dessous du calcaire de Saint-Ouen sont parfaitement mises en relief dans cette notice de Lavoisier. F.

Lorsque je dis qu'on trouve du sable et du grès en descendant à Oulchy, je n'entends parler que de la partie haute; lorsqu'on approche du bas, on trouve de la pierre à chaux à la surface de la terre; enfin, tout en bas, on marche sur des rochers de pierre de taille; il y a apparence que cette pierre n'est pas d'une bonne qualité, car la pierre qu'on emploie à Oulchy pour bâtir se tire d'une belle carrière qu'on trouve à Ancienville; du moins c'est cette pierre qui a été employée pour bâtir l'hôpital d'Oulchy. On trouve cependant encore, près le moulin, une carrière qui a été exploitée anciennement, on n'en tire plus de pierre maintenant; comme la carrière est en partie effondrée, c'est sans doute le risque qui empêche d'y travailler. La pierre de taille d'Ancienville, dont l'hôpital a été bâti, est très belle et très blanche; je ne doute pas qu'elle ne soit supérieure à celle d'Oulchy. Outre la carrière dont je viens de parler, qui se trouve près du moulin, on trouve les bancs de pierre calcaire sous le jardin même du petit château appelé *la Grand-Maison.*

En montant ensuite vers Cugny-les-Ouches, on voit de toutes parts le sable et le grès, on retrouve encore la même chose en descendant la butte de Cugny.

Lorsqu'on descend ensuite dans la vallée de la rivière d'Ourcq, pour passer le pont, on trouve de la pierre calcaire. Voici une coupe qu'on observait de l'un et l'autre côté de la vallée vis-à-vis le pont :

1° Blocaille............................	2 pieds	0 pouce.
2° Pierre coquillière avec noyaux de cammes épineuses, de buccins, etc...............	1	10
Cette pierre contient quelques graviers marins.		
3° Gris banc..........................		6
4° Gris banc qui a acquis de la dureté, qui est devenu pierre et qui contient, comme le précédent, du gravier marin............		5
5° Gris banc qui contient des cammes striées, des		
A reporter...	4	9

Report......	4	9
vis de plusieurs espèces assez bien conservées avec graviers marins[1]................	12	
Hauteur autant que je puis me souvenir du bas de de la coupe au-dessus du niveau de la rivière d'Ourcq............................	10	
TOTAL............	26	9

En montant ensuite la côte dans la direction de Nanteuil-Notre-Dame, on trouve de la pieraille calcaire, et les champs en haut en sont pleins.

On rencontre dans cette même plaine, entre Bruyère et la rivière d'Ourcq, une petite coupe où l'on tire de la pierre à chaux. Voici le détail :

1° Blocaille culbutée.......................	4 pieds	0 pouce.
2° Marne sèche très douce au toucher tenant de la craie..............................	2	
Cette marne est coupée par un petit filet de glaise jaune.........................		
3° Espèce de *cos* tendre et crayeux avec dendrites rangées par carreaux irréguliers...........		10
4° Marne dont il y a de découverte...........	2	
TOTAL............	8	10

On aperçoit aussi, de l'autre côté de la vallée, vers Givray, plusieurs coupes d'où l'on tire du moellon; il se trouve dans une espèce de tufe blanc.

Toute la côte à l'est et au sud de Bruyères contient un grand nombre de grès; le revers de ces mêmes montagnes, du côté de Trugny, Belle-Fontaine, Changy, en est également composé.

[1] Les *cammes striées* citées dans cette coupe sont des pecten, les *vis* sont des cérithes, des turritelles ou autres gastéropodes à coquille allongée et contournée en spirale. Les *buccins* sont des volutes, des buccins, etc., peut-être même des trochus, des turbots.

La coupe tout entière appartient au calcaire grossier.

F.

A l'abbaye de Valéretien et le long de la côte aux environs, on trouve en haut une espèce de tuf, dessous une pierre très dure propre à faire des carreaux; enfin, on parvient à la pierre de taille qui est très bonne à bâtir. J'ai vu dans un endroit, sous la pierre, un banc de tufo jaunâtre, tendre et pierreux. J'ignore si cela est uniforme partout; c'est celle qu'on emploie à la Fère; on y emploie aussi celle d'Arcy.

Tout le parc de Fère et même toute la portion de bois qui y tient et qui forme une montagne sont composés de véritable sablon; on y trouve aussi du grès.

En descendant à Louvergnes, on trouve : 1° dans le haut, de la blocaille; 2° de la pierre coquillière composée de noyaux, de cammes, de buccins; 3° en descendant, on entre dans les rochers de pierre de taille; on observe le même ordre de l'autre côté de la vallée; on se sert des pierrailles qui se tirent dans le haut pour faire de la chaux; il y a des rochers de pierre de taille sous le château même, et plus bas une tuilerie.

En allant à Lhuis, en suivant le côté gauche de la vallée, on trouve tout du long de la côte plusieurs carrières ouvertes et des indices de carrières; lorsque ces carrières sont ouvertes dans le haut, les bancs sont extrêmement coquilliers; dans celles qui sont ouvertes dans le bas, on remarque beaucoup moins de noyaux. On observait dans une de ces dernières :

1° Terre végétale...........................	1 pied	0 pouce.
2° Blocaille..............................	1	
3° Deux bancs de pierres inégaux, le premier plus petit que le second faisant ensemble.......	4	
4° Banc d'une bonne pierre contenant des tuyaux marins, quelques cammes et quelques buccins (4 à 5 pieds)[1]........................	4	6
TOTAL..........	10	6

[1] Les *tuyaux marins* cités dans cette coupe sont des tiges de polypiers; les *cammes* et les *buccins* sont ici des moules d'acéphales et de gastéropodes divers. La carrière est ouverte dans le calcaire grossier inférieur. F.

Près Lhuis, on voyait encore les mêmes indices de carrières, et un peu de sable accidentel dans le bas de Lhuis à Tannière; on voyait aussi quelques indices de carrière, et on nous a assuré que le mont Notre-Dame était bâti sur le roc.

Du mont Notre-Dame à Saint-Thibault, en suivant la côte, on trouve un peu de sable, des pierres lenticulaires et des rochers qui en contiennent[1].

La montagne, qui est au nord-nord-est de Bazoche, contient dans sa partie occidentale des annonces de carrière; dans sa partie orientale elle a un coup-d'œil blanc, comme si c'était du crayon; c'est une espèce de tufo fin.

En remontant la vallée de Saint-Thibault, on trouve le long de la côte, à main gauche, un terrain sableux avec pierres lenticulaires; on voit dans quelques endroits des indices de carrières, ce qui prouve que le sable est accidentel et peu épais, qu'il ne fait que recouvrir la pierre. On voit aussi de la pierre de l'autre côté de la vallée. Carrière ouverte environ au tiers de la côte en comptant par en haut.

Au-dessus de la vallée, en allant vers le mont Saint-Martin, on trouve des champs tout remplis de pierrailles parmi lesquelles un assez grand nombre de pierres *porcs;* ces pierres étant frottées donnent une odeur désagréable.

Au village du mont Saint-Martin, on trouve de très gros grès et en très grande abondance. Sur la butte, qui est au sud-sud-ouest, on ne voit rien; tout est couvert de terre végétale; mais en descendant vers Arçon, on voit un terrain glaiseux qui a beaucoup de rapport avec celui des plâtrières.

Dans une vallée peu profonde, qui descend du mont Saint-Martin vers Petite-Zelle et qui n'est pas marquée sur la carte, on voit de loin

[1] Le terrain sableux de la côte de Saint-Thibault est formé par une bande de sable nummulitique du Soissonnais. Il repose en cet endroit sur une couche d'argile lignitifère.

En montant vers le mont Saint-Martin, on passe sur le calcaire grossier; le village est bâti sur le grès de Beauchamps. La butte au sud-sud-ouest est formée par le calcaire de Saint-Ouen et par les marnes du gypse, disposition indiquée par Lavoisier. F.

des pierrailles calcaires dans un tufo blanc crayonneux; le terrain commence à prendre en cet endroit le coup-d'œil des crayères. En tournant la côte pour aller de Petite-Zelle à Courville, on trouve le même tufo blanc crayonneux avec des pierres qu'on prendrait, au premier coup d'œil, pour de la craie; quand on les examine avec soin, on s'aperçoit qu'elles sont plus dures. Nous n'avons pas été plus loin dans cette vallée.

Entre Mont et Dravigny, en traversant une petite vallée qui n'était point marquée sur la carte et qui fait face à la ferme de Montant, on trouve de la pierraille calcaire dans un terrain marneux ou de tuf marneux.

En descendant à Longueville, on retrouve encore des mêmes pierrailles avec des pierres *pores*, et, dans le bas, de la pierre de taille. A Longueville même, dans le bas, on trouve un peu de sable accidentel.

On remarque encore des indices de carrière entre Longueville et Dravigny; on en voit aussi vis-à-vis à la côte opposée et à l'entrée de la vallée de Digny. Entre Dravigny et Cohan, plus près de ce dernier, on voit beaucoup de pierrailles dans les champs.

En montant de Cohan pour aller à Party, on trouve à la côte des pierres en carreaux tenant du *cos* et dans la plaine du grès; dans le haut, on voit une coupe de marne ou plutôt de tuf marneux avec moellons. Tout à fait dans le haut, le terrain est extrêmement glaiseux, la terre se fend et on trouve le tussilage; il faut cependant avouer que le terrain n'a pas l'aspect des plâtrières[1].

Lorsqu'on est près de descendre à Party, on continue de voir la

[1] De Cohan à Party, on trouve en montant le calcaire de Saint-Ouen, les marnes du gypse, les marnes vertes et la meulière de Brie; c'est celle-ci qui couronne le plateau et qui en forme le sol glaiseux.

De Party à Nesle, on retrouve en sens inverse les mêmes assises qui donnent au terrain cette nature grasse et argileuse dont parle Lavoisier.

Les grès et sables signalés près de Fère et de Sergy appartiennent au niveau géologique de Beauchamps.

Le sol des forêts de Munière et de Fère est en majeure partie constitué par la meulière de Brie. Dans la première, il existe en outre quelques lambeaux de sable de Fontainebleau. F.

terre argileuse fendue, et, en descendant, on a de la pierraille calcaire et quelques rognons de grès.

Depuis Party jusqu'après Nesle, le terrain est extrêmement gras et argileux; c'est une espèce de terre à peu près dans le goût de celle de la Gare à Paris, plus brune.

Depuis Nesle jusqu'à Fère, on trouve du grès; à droite et à gauche de la côte, près la ville, le terrain est très sableux.

De Fère à Sergy, le terrain est sableux et l'on trouve du grès jusques environ à moitié chemin; alors on entre dans des terres fort grasses et fort lourdes. En entrant à Sergy, on trouve un peu de marne; on en trouve encore en sortant de ce même village; elle est sous une terre argileuse. Sur la hauteur, en suivant le bord de la vallée, comme pour aller à Cierge, on trouve une grande quantité de meulières et de chaillot avec un peu de sable.

La vallée à Cierge est toujours glaiseuse, comme à Sergy; dans la plaine, en haut, vers Goussancourt[1] près le bois, le terrain est en pâtis pleins de meulières et de chaillots; la terre qui couvre toute cette plaine, et même du côté de Courteau, est une espèce de limon blanchâtre, argileux, friable, pulvérulent quand il est sec, peu fertile et qu'on laisse en pâtis et en bois; la forêt de Munière et celle de Fère sont couvertes d'une terre de cette nature; elle ne fait point effervescence avec les acides et paraît tenir de la nature du sable; elle est extrêmement fine et divisée, il s'y forme de la meulière et du chaillot.

Au château de Courteau, le terrain est argileux, et, en montant au bois pour aller à Goussancourt, on trouve de la meulière et du chaillot. La terre végétale est toujours formée du même limon blanchâtre. On

[1] Le plateau, sur le flanc duquel est adossé le village de Goussancourt, est également recouvert par la meulière de Brie.

A Sainte-Gemme, la coupe du coteau est très compliquée; on y trouve toutes les assises de l'éocène, depuis le sable de Soissonnais jusqu'à la meulière de Brie. La description de Lavoisier n'en donne qu'une idée imparfaite, car il y signale seulement le grès de Beauchamps, les marnes suprajacentes et la meulière de Brie. Le limon blanchâtre, dont il a parlé à plusieurs reprises, caractérise *avec les chaillots* cette dernière assise. F.

trouve à Goussancourt, au-dessus du village, de la pierre meulière et un peu de pierraille à chaux dans de la marne.

A Villers-Agron, dans le bas de la vallée, on tire en grande abondance, sans creuser fort avant, de la pierre en petits morceaux, très propre à faire de la chaux; on l'amasse pour bâtir.

Il est bon d'avertir que les vallées de Sergy, Cierge, Courteau, Villers-Agron, Goussancourt sont fort peu profondes et en pente douce, surtout les deux premières.

De Villers-Agron à Sainte-Gemme, le terrain est toujours composé du même limon blanc avec pierres meulières en assez grande abondance. Les terres sont peu fertiles indépendamment de leur nature; il y a des endroits où la couche est très peu épaisse et repose sur des morceaux très fréquents de chaillot. Vers la moitié du chemin de Villers-Agron à Sainte-Gemme, il y avait une marnière; en entrant dans ce dernier village on voyait de beau *cos* dans de la marne.

Au-dessous de Sainte-Gemme, dans les vignes, on trouve de gros morceaux de grès qu'on casse pour faire du pavé; on en porte à Fismes. On tire encore du grès, à ce qu'on nous a dit, à Passy-Grigny; on tire aussi de la pierre à chaux dans le même endroit.

Le terrain, entre Sainte-Gemme et Champvoicy, est toujours blanchâtre, limoneux avec meulières; en descendant à Champvoicy, le terrain est glaiseux; on y remarque le tussilage et, plus bas, on trouve une marnière ouverte. Un homme assez instruit du village de Champvoicy nous a dit qu'en creusant on trouvait de la pierre de taille.

La même personne nous a appris qu'on faisait de la chaux à Passy et à Verneuil, et qu'on pourrait même trouver à Champvoicy, dans le bas, de la pierre propre à en faire; il nous a dit encore qu'il y avait une tuilerie à Passy; on trouve encore, au rapport du même homme, quelques meulières à Verneuil; mais passé Grigny on n'en trouve plus; c'est de la pierre blanche et de la pierraille sans carrières.

Nous avons encore appris qu'on trouvait de la meulière dans la forêt de Ris, près la Défense, dans les bois Tronquet. Les bois de Munière sont composés de limon blanchâtre, ainsi que la forêt de Ris et de

Fère; dans celle de Fère, on ne voit absolument rien; tout est couvert de ce limon. Quand je parle de meulières, il faut toujours se souvenir qu'elles sont en partie pleines de ce qu'on appelle *chaillots* dans le pays; les terres des environs de Champvoicy sont en partie en savards, le chaillot est presque à la surface de la terre.

Nous avons appris du même homme que, depuis Château-Thierry jusqu'à 1 lieue de Fère Champenoise, toute la côte était de vignoble. Il y a au rapport du même homme quatre fours à chaux à Lagery, de la pierre à chaux à Longval, un peu à Dormans et un peu au Charmel.

Il y a aussi deux fours à chaux au Port-à-Bainson; on tire la pierre auprès.

Ronchère est intendance de Soissons; Chamvoicy de Châlons.

En sortant de Champvoicy pour aller à Ronchère, on trouve : 1° dans le bas, de la pierre; 2° au-dessus, de la marne; 3° dans le haut, le limon ordinaire, seulement je crois un peu plus jaunâtre. Près du bois et en entrant à Ronchère, on trouve de la meulière.

Dans la vallée de Ronchère, près de Villardelle, le terrain est glaiseux, même verdâtre par endroits. A Villardelle même on trouve de la meulière et du chaillot; en creusant, il paraît qu'on trouve la marne. A la ferme de la Fosse le terrain est glaiseux; entre la fosse et le Charmel, on voit de la glaise verte semblable à celle des plâtrières.

Au Charmel, on trouve de la marne en montant la côte vers la forêt de Fère avec un peu de pierraille et du chaillot; le haut est en pâtis avec limon blanc et chaillot. Dans la forêt de Fère, tout est couvert de notre limon blanchâtre ordinaire qui se tasse.

En sortant de la forêt, on trouve près la Logette une coupe de marne en banc comme aux plâtrières; auprès de cette coupe on en voyait une petite de glaise; toujours le limon blanchâtre à la surface.

En montant de Beuvardes à Hôtelier, on trouve de la marne[1].

[1] La coupe que donne Lavoisier des plâtrières de Beuvardes comprend :

1° La meulière de Brie;

2° La meulière de Brie;

3° Les marnes vertes;

4° Le gypse et ses marnes;

5° Le calcaire argileux de Saint-Ouen.

F.

Sur la hauteur, près de là, on trouve les plâtrières; il paraît qu'elles sont à peu près de même nature que celles des environs de Paris; on trouve dans le haut :

1° Les pierres meulières;

2° Un roc bien dur, au rapport des plâtriers;

3° Marnes bleues et blanches;

4° Masse de plâtre.

Ce qu'il y a de singulier, c'est que le dernier banc repose sur un lit d'argile; on voit encore des morceaux de cette argile tenant à la pierre à plâtre quand on la tire du trou; cette argile est bleuâtre.

On tire du plâtre, au rapport des ouvriers, aux endroits suivants :

Villeneuve-sur-Fère, Grizoles, Alondray, Bonne, Epaulx, Berx-les-Febres, et, en général, on en pourrait tirer, ce qu'on prétend, sur la plus grande partie du terrain dépendant de l'abbaye de Charme; on en tirait aussi tout près de Château-Thierry.

A Villers-sur-Fère, près l'église, on voit un peu de marne; en descendant de Villers-sur-Fère, on trouve un terrain argileux rougeâtre et plus bas du grès en petite quantité; enfin, près Fère, on trouve de la pierraille calcaire en carreaux[1].

RETOUR DE FÈRE À VILLERS-COTTERETS.

En montant de Fère à Villeneuve-sur-Fère, on trouve un peu de marne, quelques chaillots et quelques pierrailles calcaires; le terrain est gras, le tussilage même y croît; on emploie cinq bœufs pour labourer.

Après avoir traversé Villeneuve, on descend dans la vallée de Launois; on y trouve du grès en rognons et un peu de chaillots.

[1] De Villers-sur-Fère à Fère, la description de Lavoisier se rapporte aux assises suivantes : calcaire marneux de Saint-Ouen; grès de Beauchamps; calcaire grossier.

La nature argileuse du sol entre Fère et Villeneuve-sur-Fère s'explique par la composition des assises que l'on rencontre au moins dans la seconde moitié du trajet. On y traverse, en effet, le calcaire marneux de Saint-Ouen, les marnes du gypse, les marnes vertes, le limon blanchâtre de la meulière de Brie. F.

Sous la ferme de Chainchy, on voit une grande abondance de grès culbutés avec du sable; en suivant la même vallée, on continue de voir du grès à droite et à gauche de la vallée. Lorsqu'on est près de descendre à Corney, on trouve encore du sable et de la petite meulière; en descendant ensuite entre Corney et la Poterie, on trouve de la marne crayonneuse et de la pierraille.

En sortant de Corney pour aller à Armantières, on trouve en montant la côte de la craie marneuse ou plutôt du tuf dans lequel on tire de la pierre à chaux dure en moellons[1].

Entre Corney et Rocourt, le long de la côte boisée sur laquelle est le bois du Châtelet, on voit des rognons de grès assez gros.

De la plaine, entre Corney et Armantières, nous avons aperçu une marnière ouverte entre Corney et Nanteuil; de l'autre côté de la vallée la marne tient du tufo.

Toute la côte, à commencer à Rocourt, qui se replie ensuite vers Grisolles, qui rentre à la Croix, qui se continue par Saint-Hilaire, le chêne Varcelle et qui va gagner Besson, est toute tapissée de grès, ainsi qu'on peut les voir placés sur la carte. Dans la plaine, au-dessus et près d'Armantières, on trouve du sable; dessous un tuf marneux qui contient du moellon; enfin, en descendant plus bas, on trouve la pierre de taille.

En descendant à Armantières, on distingue parfaitement la côte tapissée de grès, qui est au-dessus de Cuguy-les-Ouches et qui s'étend presque vis-à-vis d'Armantières. On en voit aussi une autre garnie de grès qui passe derrière Ouchy-la-Ville, et qui, se rapprochant de la vallée d'Ourcq, vient à Rozet ou Rozay-Saint-Albin; on aperçoit encore des grès dans le petit bois qui est entre Montchevillon et Ouchy-la-Ville. On voit encore de ce même endroit des indices de carrières aux Taillettes, de l'autre côté de la vallée d'Ourcq.

Le long de la rivière d'Ourcq, à gauche, à la rencontre du chemin

[1] Les assises signalées par Lavoisier aux environs de Coincy sont le grès de Beauchamps et le calcaire grossier. F.

de Soissons à Château-Thierry, on trouve du moellon ou pierre à chaux dans un tuf blanc ou détritus de pierres; dessous, on trouve la pierre de taille; vis-à-vis de l'autre côté de la vallée, on aperçoit les mêmes choses à la côte.

Dans les champs, au-dessus de Breny, on trouve beaucoup de pierrailles; en descendant, on trouve comme ci-devant le tufo de détritus de pierres, et, plus bas, la pierre de taille.

Près Saint-Hilaire, on trouve de la pierraille et des *cos*, et, en bas, le long de la côte, du grès; on en voit encore en face, le long de la côte supérieure de l'autre côté de la vallée. On trouve encore du grès entre Saint-Hilaire et Vascile avec un peu de sable. De même aussi dans le cul-de-sac de la vallée derrière Latelly.

En allant à Neuilly-Saint-Front, près le petit bois qu'on laisse à droite, sable et grès, et, dans une petite coupe, marne. En descendant dans la vallée de Neuilly, on trouve à Maubry un peu de pierraille calcaire[1]; tout le reste de la plaine basse, surtout à gauche, est de sable. En montant de Neuilly-Saint-Front pour aller à Conticourt, on trouve une coupe de marne de 12 pieds, sans doute faite pour marner les terres; elle tient du tufo détritus de pierres et contient de la pierraille. Dans la plaine, entre Neuilly et Conticourt, on trouve les cailloux noirs mamelonnés des environs de Villers-Cotterets. Près de descendre à Conticourt, la terre végétale est argileuse et se fend, et l'on trouve une petite coupe de marne; on trouve encore de cette même marne ou tuf marneux à Conticourt; de l'autre côté de la vallée, on voit du grès jusqu'en bas, et le grès se continue jusque vis-à-vis Damars. Quant au côté de la vallée où est Conticourt, on continue à y trouver de la marne jusque vis-à-vis le moulin à eau; alors on commence à trouver le grès et on le voit se continuer des deux côtés de la vallée, et ainsi jusqu'à Damars où nous l'avons quitté. On trouve

[1] La pierraille calcaire, signalée par Lavoisier à Neuilly-Saint-Front, appartient au calcaire grossier. Au-dessus, il indique le sable de Beauchamps et le calcaire marneux de Saint-Ouen. F.

encore du grès dans la vallée sèche de Monne; à la côte gauche, dans la petite vallée sèche de Damars, on trouve du tuf marneux.

La vallée de Passy au Petit-Marizy est garnie de grès à droite abondamment; on en trouve encore le long de la côte sous le Grand-Marizy et entre ce dernier et le Petit-Marizy; on en trouve aussi dans Grand-Marizy même. On continue encore à voir des grès tout du long de la côte supérieure, depuis Grand-Marizy jusque vis-à-vis Trouaine (Troesnes).

Vis-à-vis le moulin de Trouaine, du côté du Grand-Marizy, on trouve un tufo détritus de pierres qui annonce une carrière; sous l'église de Trouaine on observe une petite carrière de blocaille et de moellons.

Du port de Silly, en montant dans la forêt, laissant le village à gauche, on trouve en entrant beaucoup de grès culbutés.

Il me reste encore à parler d'un petit canton situé au sud, un peu inclinant sur le levant, à quatre heures de Villers-Cotterets, je veux parler de la vallée de Belleau, Lecy-les-Chanoines, Veuilly-la-Poterie, Gandelu, Brumets, Vaux, Cerfroid. Cette vallée, du côté de Belleau, contient beaucoup de grès, surtout dans une ramification de cette même vallée qui va à Bourèche. On trouve encore des grès dans la même vallée à Gandelu, Brumets, Vaux, Cerfroid; les grès occupent le haut de la côte au-dessous; dans le bas, on trouve des carrières; il y en a même d'exploitées près Gandelu et l'abbaye de Cerfroid.

La petite vallée de Coulombs à Crony contient pareillement du grès dans le haut et de la pierre à chaux dans le bas.

A Veuilly-la-Poterie, près Gandelu, on trouve de l'argile; il y a une tuilerie.

OBSERVATIONS MINÉRALOGIQUES FAITES AUX ENVIRONS DE MELUN, CORBEIL ET ARPAJON,

POUR SERVIR À COMPLÉTER LA CARTE DES ENVIRONS D'ÉTAMPES ET DE FONTAINEBLEAU (AOÛT 1766)[1].

La carte des environs d'Étampes et de Fontainebleau contient au nord et au nord-est une petite portion de la Brie. Cette portion de la Brie consiste en une grande plaine terminée à l'ouest-sud-ouest par la jonction de la rivière d'Yères à la Seine, c'est-à-dire aux villages de Montgeron, Vigneux et Draveil; elle est bornée dans presque toute son étendue, d'un côté par la Seine, de l'autre par la rivière d'Yères. Cette plaine est fort étendue; elle se divise en plusieurs autres en s'avançant dans la Brie; elle remonte, d'un côté, jusqu'à Provins, de l'autre, jusqu'à Lezanne; partie de cette plaine est comprise sur la carte des environs de Paris, partie sur celle d'Étampes, partie sur celle de Provins.

Cette plaine, depuis Rozoy-en-Brie jusqu'à Corbeil et Melun et même lorsqu'on a traversé la Seine jusqu'à Arpajon, est partout de même nature; elle est même assez bien de niveau; elle ne s'incline pas dans toute cette étendue; on trouve à sa surface, ainsi que dans toute la Brie, une terre limoneuse qui sert de terre végétale; elle est de la nature de celle où se tire la meulière; on y trouve peu de pierres; celles qu'on y rencontre sont de la nature de la meulière et les villages

[1] Minute autographe.

en sont bâtis. C'est principalement dans le haut, sur les bords des vallées, qu'on trouve les meulières; on en trouve entre Rubelles et Grand-Moisenay; mais elles ne sont nulle part aussi abondantes que dans les bois de Sainte-Assise, dans ceux situés au-dessus de Boisisse, La Bertrand, Breviande, Belair; ces endroits en contiennent une prodigieuse quantité; on les tire pour les envoyer à Paris; on en trouve aussi à Saint-Leu, Saint-Port, Croix-Fontaine, mais elles n'y sont pas en aussi grande abondance; on trouve encore de ces mêmes pierres de l'autre côté de la Seine, à Monlignon, Saint-Fargeau, le Coudray et en suivant jusqu'à Corbeil.

Si l'on descend de la plaine dans les vallées, on trouve précisément, comme dans toute la Brie, la pierre à chaux dans un tuf marneux; quelquefois, entre la terre à meulière et la pierre à chaux, on trouve un banc de quelques pieds de glaise verdâtre; c'est ce qu'on observe à Beaulieu, près Sainte-Assise, et, à Savigny-le-Temple, la terre à meulière a entre 20 et 30 pieds.

On observe principalement la pierre à chaux à la côte, depuis Melun jusqu'à Sainte-Assise; la côte y est fouillée à beaucoup d'endroits, et l'on y cuit de la chaux qu'on envoie à Paris. Les carrières les plus considérables sont celles situées entre Boisisse et Melun. On trouve encore de la pierre à chaux le long de la côte de la Seine entre Chartrettes et Fontaine-le-Port, mais on ne les exploite pas; on en voit aussi quelques-unes à la côte le long de la petite vallée à Rubelles, à Grand-Morsenay et aux Trois-Moulins, près Maincy.

On trouve, comme je l'ai déjà dit, de la glaise verdâtre à Savigny-le-Temple et, au-dessous, de la marne; en suivant cette même vallée depuis Cesson jusqu'à Saint-Port on trouve de la pierre à chaux.

Toute la côte de la Seine à Saint-Fargeau, vis-à-vis Croix-Fontaine et le long de la forêt de Rongeaux, est garnie de pierre à chaux; on les trouve aussi au Coudray, au Plessis-Chenet, à Saintery et Essonnes, près Corbeil.

On n'a jamais creusé assez avant pour trouver la fin du banc de pierre à chaux; il y en a ordinairement de découvert entre 60 et 90 pieds.

Ce qui a été dit jusqu'ici ne suffirait pas pour donner une idée complète de la nature du terrain, si je ne parlais de plusieurs buttes de sable qui sont posées sur cette plaine précisément comme les buttes de Done et de Rumigny sont posées sur la plaine de la Brie. On trouve une de ces buttes à un quart de lieue sud-est de Vert-Saint-Denis; elle s'élève environ de 80 pieds au-dessus du niveau de la plaine; elle est entièrement composée de sable et de grès; on trouve aussi des grès au pied de cette butte du côté de Vert-Saint-Denis. A un petit quart de lieue est-sud-est de celle-là, on en trouve une autre moins élevée, composée de la même façon. L'enclos de l'abbaye Dujard, qui s'élève un peu au-dessus du niveau de la plaine, contient aussi du sable et du grès.

Entre les villages de Sivry, Courtry, Milly et Maincy, on remarque à l'est de Melun six petites buttes composées de même de sable et de grès; elles n'ont pas plus de 30 à 40 pieds au-dessus du niveau de la plaine; toute la plaine en cet endroit est couverte de sable et de grès; on trouve aussi du grès dans le buisson de Massoury, qui est situé au sud de ces buttes.

Nous venons d'examiner la nature du terrain situé au delà de la Seine du côté nord. Nous allons passer à la plaine située entre Corbeil et Arpajon; cette plaine forme un triangle, lequel est fermé au nord-est par la vallée de la Seine, au sud-est par la rivière d'Essonnes et celle d'Étampes, du côté du couchant par la rivière d'Orge. Cette plaine est, comme je l'ai déjà dit, couverte d'une terre limoneuse telle qu'on la trouve dans toute la Brie; on remarque dans cette plaine deux buttes principales, une sur laquelle est une ferme appelée *le mont Aubert*, une autre sur laquelle est le parc de Fleury-Mérongis; ces deux buttes sont de sable et de grès. Le mont Aubert, que j'ai eu occasion de mieux examiner, est élevé environ de 120 pieds au-dessus du niveau de la plaine; on n'y remarque uniquement que des grès culbutés dans du sable. Outre ces deux buttes principales, on en trouve près Valgrand et Écharcon, au nord-est du premier, et au nord-ouest du second; ce n'est pas seulement sur ces buttes qu'on trouve du grès; il y en a encore de répandues dans la plaine, et j'en ai toujours trouvé de distance en distance, depuis le mont Aubert jusqu'à Arpajon. Le grès est encore plus abondant dans la partie qui avoisine Chamarande; cet endroit se rapprochant des environs d'Étampes, il est inutile d'entrer dans aucun détail; on les trouve dans les *Mémoires* de M. Guettard.

Les deux plaines que nous avons examinées jusqu'ici sont, comme nous avons dit, de niveau avec celle de Rosoy-en-Brie, dont elles sont en quelque façon la continuation; elles ne sont élevées au-dessus du pavé de Notre-Dame que de 120 à 130 pieds; au nord-ouest d'Arpajon, on voit une suite de coteaux fort élevés qui s'étendent au loin; ils sont composés de sable jaune et de meulière. Lorsqu'on est monté au-dessus de ces coteaux, on trouve une vaste plaine qui s'étend très loin du côté du couchant et qui va se rejoindre vers le sud-ouest avec la plaine de la Beauce; cette plaine, du côté d'Arpajon et Linas, est élevée de 330 pieds environ au-dessus du pavé de Notre-Dame; on y trouve à la surface cette même terre limoneuse dont il a été question dans toute la Brie; elle contient pareillement de la meulière. Cette terre à meulière ne m'a pas paru avoir plus de 20 pieds d'épaisseur. On trouve du sable dessous, mais presque toujours il participe de la nature de la terre à meulière, de sorte qu'il est difficile de distinguer le point de séparation; ce sable contient des morceaux de meulières, surtout dans le haut; on y trouve aussi communément du grès; il a près de 20 pieds d'épaisseur. Dans le bas, au-dessous de ce sable, on trouve communément de la glaise verte, et, au-dessous, de la marne; ce qu'on observe autour d'Arpajon. Je n'ai pas vu le terrain ouvert au-dessous de ce niveau à Linas, Arpajon et Montlhéry; mais j'ai vu avec M. Guettard une coupe à la montagne de Longjumeau qui descend beaucoup plus profondément, de sorte que l'on peut regarder cette coupe comme étant la suite de celle qu'on vient de donner; M. Guettard doit l'avoir entre les mains. Ces deux coupes ajoutées l'une à l'autre forment une de celle qui a été mise en marge de la carte des environs d'Étampes sous le titre d'*Ordre général des bancs pour les montagnes des environs d'Arpajon et Longjumeau.*

L'ordre général des bancs pour les montagnes des environs d'Étampes a été déduit : partie des nivellements faits en Beauce par M. Picard, partie des observations de M. Guettard sur les environs d'Étampes (voir *Mém. acad.*, 1753, p. 179, et 1764, p. 25 à 27), partie enfin des observations qui ont été faites dans le dernier voyage fait en Beauce avec M. Guettard.

RÉFLEXIONS GÉNÉRALES

ET OBSERVATIONS

SUR LA CARTE MINÉRALOGIQUE

DE LA PARTIE OCCIDENTALE DU VALOIS

ET D'UNE PORTION DE L'ÎLE DE FRANCE ADJACENTE[1].

Cette carte est bornée du côté de l'ouest par Luzarches, Creil et Clermont-en-Beauvoisis. Compiègne occupe le côté du nord, Dammartin celui du midi; enfin, Villers-Cotterets et la Ferté-Milon sont situés au levant.

La montagne la plus élevée de la partie orientale de cette carte est celle qu'on appelle *le Faîte*[2]; elle est située au nord de Villers-Cotterets dans la forêt du même nom; elle forme une espèce de chaîne qui s'allonge dans la direction de l'est à l'ouest, inclinant un peu vers le nord. Cette montagne n'est pas partout d'égale hauteur; dans les endroits les plus élevés, c'est-à-dire à l'endroit appelé *la tour Reaumont*,

[1] Minute autographe, sans date, probablement de 1766.

[2] La colline du Faîte est située à 3 kilomètres au nord de Villers-Cotterets; son point culminant est à 221 mètres d'altitude. L'altitude de la rivière d'Automne à Vaucienes est de 82 mètres, et à Lieu-Restauré de 68 mètres. La hauteur de la crête au-dessus de la rivière est donc d'environ 145 mètres. La colline repose sur un large soubassement formé par le calcaire grossier surmonté par le sable de Beauchamps et bordé par le sable du Soissonnais. Elle est constituée de haut en bas par les assises suivantes : argile à meulière; sables et grès de Fontainebleau; marnes vertes; marnes du gypse; calcaire de Saint-Ouen.

Les *buccins* cités par Lavoisier sont des limnées et les *médiza* des graines de chara. Le roussier noir appartient au grès de Beauchamps. Les cailloux roulés cités sur le grès proviennent d'une nappe d'alluvion des plateaux, qui recouvre le calcaire grossier à Villers-Cotterets. F.

et entre Haramont et Taille-Fontaine, elle a environ 350 à 360 pieds de hauteur au-dessus du niveau de la rivière d'Automne. La coupe de cette montagne est une de celles qui ont été mises en marge de la carte sous le titre d'*Ordre général des bancs pour la partie orientale*.

On trouve d'abord dans le haut de cette montagne une couche légère de terre sableuse noire; cette terre, qui tient lieu de terre végétale, recouvre un banc de sable qui contient des cailloux blancs dans lesquels on trouve des buccins semblables à ceux d'eau douce, et des corps ressemblant à des semences de médica. Le terrain est toujours le même tant qu'on ne descend pas au delà de 95 pieds. A ce niveau on trouve de la marne qui contient des *cos* d'une grande dureté; on trouve aussi dans la partie basse de ce banc des coquilles en substance; ce sont des buccins tout à fait semblables à ceux d'eau douce; ce banc n'est pas horizontal, on ne le trouve pas toujours à la même hauteur; j'estime qu'il a environ 15 pieds d'épaisseur.

Au-dessous de cette marne, on trouve dans une terre glaiseuse des cailloux plats fort épais formés de couches blanches, brunes et quelquefois rouges; ils contiennent des noyaux et des empreintes de buccins et des semences de médica; ce banc n'est pas toujours uniforme; son épaisseur moyenne est d'environ une dizaine de pieds.

Ce banc de cailloux repose sur une glaise brune qui en contient quelquefois aussi de la même espèce, mais plutôt encore d'autres plus petits, noirs et mamelonnés. Il paraît que cette glaise règne tout du long du Faîte; c'est sur ce banc que se rassemblent les eaux qui s'égouttent des parties plus élevées de la montagne; elles y forment des sources qu'on a rassemblées avec soin, et qui, conduites jusqu'à Villers-Cotterets par des canaux faits à dessein, y forment une fontaine qui fournit abondamment aux besoins du pays. J'ai estimé l'épaisseur de ce banc à 10 pieds, sans avoir pu le mesurer exactement, car on le voit rarement à découvert. Le banc sur lequel il est posé est de sable; mais il participe plus ou moins du banc supérieur. On y trouve de beaux roussiers noirs en plaque, dont la lame intérieure mise en poudre est en partie attirable à l'aimant; ce roussier est disposé comme une matière

IMPRIMERIE NATIONALE.

qui aurait coulé dans les fentes du sable; il y est en plaques ou lames inclinées à l'horizon comme les filons d'une mine. Ce banc est plus ou moins épais; on peut l'estimer environ à 15 pieds. A la suite, est une masse de sable de 70 pieds d'épaisseur qui contient communément du grès en grande abondance; ces 75 pieds de sable sont suivis de 40 autres qui contiennent beaucoup de cailloux roulés. Ici on est parvenu à peu près au niveau des plaines; car, comme je le ferai remarquer dans la suite, les plaines sont ordinairement posées dans tout ce canton immédiatement sur les carrières.

Enfin, au-dessous du banc de sable et de cailloux roulés, viennent les bancs de pierre calcaire. Celle qui se trouve dans le haut est tendre et très coquillière; elle devient plus dure en enfonçant et forme de beaux bancs de différente nature, de différente épaisseur et de différente dureté. Tous ces bancs forment une épaisseur de 72 pieds environ; les inférieurs sont presque entièrement composés de pierres numismales ou lenticulaires.

Sous les pierres de taille est un banc d'environ 3 pieds d'un tuf mêlé de gravier marin qui contient de petites huîtres, de petits madrépores-œillets et quelques autres coquilles très friables. Enfin la coupe est terminée par un tuf sableux verdâtre dont on ne voit dans les fouilles les plus profondes qu'une trentaine de pieds de découverts.

Tous les bancs, tels que je viens de les détailler, ont été observés en suivant les différents contours de la montagne appelée *le Faîte;* leur épaisseur a été mesurée par le baromètre et estimée lorsque cela n'a pas été possible.

On trouve dans la forêt d'Hallate, entre Saint-Christophe et Pont-Sainte-Maxence, une montagne à peu près égale en hauteur à celle du Faîte; elle est aussi composée à peu près de la même manière. On trouve dans le haut les cailloux blancs coquilliers, à la vérité beaucoup plus rares que dans la forêt de Villers-Cotterets; au-dessous, on trouve le sable et le grès coupés, comme nous venons de le voir plus haut, par un banc de glaise; enfin, dans le bas, au-dessous du niveau des plaines, on trouve les bancs de pierre de taille, les carrières, ainsi qu'on peut l'observer en descendant de la forêt à Pont-Sainte-Maxence.

Voilà les deux seules montagnes de toute cette partie de la carte auxquelles convienne entièrement la coupe dont on vient de rendre compte; mais ce qu'il y a de singulier, c'est que la plupart ou, pour mieux dire, toutes les montagnes de ce canton sont à peu près des fractions exactes de cette même coupe; de sorte que, pour m'expliquer plus clairement, si l'on retranche par en haut le quart, le tiers ou une autre portion quelconque de la coupe générale, ce qui restera exprimera la nature du terrain de toutes ces montagnes[1].

Je suppose, par exemple, qu'on retranche les six premiers bancs de la coupe générale, il ne restera plus que 75 pieds de sable, 40 pieds de sable et de cailloux roulés, 72 pieds de pierres calcaires en bancs, enfin le tuf sableux; or cette coupe exprime précisément la nature du terrain d'une grande quantité d'endroits contenus sur la carte. Telle est l'étendue de sable comprise entre Vaumoise et Gondreville, entre Vaumoise et Crépy dans tout le bois de Tillet. Telle est la plaine d'Ormoy, Émy-les-Champs, de Villers, Émy-les-Champs, de Frénoy-les-Luat, près Crépy; tels sont encore les bois de la Gruerie, de Nanteuil, toute la plaine au-dessus de Droisel, Versigny, Baron, la butte sur laquelle est Rosières, les bois de Perthe, toute la forêt d'Ermenonville, toutes les bruyères qui en dépendent jusqu'à Thiers et Pont-Armé, enfin les deux tiers méridionaux de la forêt d'Hallate et plus des trois quarts de celle de Villers-Cotterets; dans la partie est et sud, on peut encore y joindre les bois de Montigny, près la Ferté-Milon. Tous les pays que je viens de nommer, rapportés à la coupe générale, peuvent être regardés comme des montagnes qui ne sont pas entières; on n'y trouve que du sable, du grès et des cailloux roulés, on n'y voit que des bruyères, et quelquefois du bois dans les endroits où le sable s'est

[1] Le chemin de Senlis à Pont-Sainte-Maxence traverse un plateau couvert par le sable de Beauchamp et bordé par le calcaire grossier. La butte que l'on rencontre sur le bord de cette route à mi-chemin est celle de Saint-Christophe. Cette éminence et celle de Pagnotte, située un peu plus à l'est, offrent la même composition que celle du Faîte. F.

trouvé recouvert d'une couche légère de terre végétale. Lorsqu'on creuse profondément dans ces sables, on parvient jusqu'aux bancs de pierres calcaires, ainsi qu'on peut s'en assurer en descendant dans les vallées où les bancs sont à découvert.

De toutes les montagnes dont je viens de parler, celle sur laquelle est situé le village de Rosières est une des plus élevées, quoique fort éloignée d'être de niveau avec le Faîte de la forêt de Villers-Cotterets. Cette butte est environnée par les villages de Ducy, Frénoy, Boisne, Baron et Ormoy; elle est composée de la façon suivante :

1° On trouve d'abord dans le haut, près Rosières, un terrain argileux qui a quelques rapports avec la meulière pleine;

2° Un banc de marne qui contient du *cos;*

3° Un banc très épais de sable et de grès;

4° On trouve les cailloux roulés dans le sable.

Enfin, en creusant plus profondément, on pénètre jusqu'aux bancs de pierre de taille.

Toute cette butte est de même nature, le grès est abondant dans tout son pourtour. Tout auprès à l'ouest, inclinant un peu au nord, est la butte de Monte-Piloir, qui est encore composée à peu près de la même façon; je crois que le grès y est moins abondant.

Au nord-est environ de la montagne de Rosières est une butte appelée le *mont Cornon*[1], dont il est d'autant plus nécessaire de parler ici qu'elle diffère assez considérablement de toutes celles qu'on vient de décrire. Cette montagne est dans un désordre singulier; elle est principalement composée de sable; l'on y trouve de gros rochers de grès, d'autres qui sont calcaires et extrêmement durs, ou bien qui participent de l'un et de l'autre; on trouve quelquefois des coquilles dans le sable, mais elles y sont rares.

Telle est à peu près la nature des endroits les plus élevés de toute

[1] Le mont Cornon est une butte dont le sommet est à une altitude de 141 mètres; elle est formée de sable de Beauchamps portant un couronnement de calcaire de Saint-Ouen; elle a pour soubassement un plateau de calcaire grossier recouvert d'un manteau d'alluvion des plateaux. C'est ce dépôt alluvial dont Lavoisier fait mention. F.

cette partie de la carte par rapport aux plaines, surtout les plaines à blé; elles sont presque toutes posées sur les premiers bancs des carrières, de sorte qu'il ne s'agit que de percer la terre végétale pour trouver la pierre.

Enfin, si l'on descend au-dessous du niveau des plaines, c'est-à-dire dans les vallées, on trouve les bancs de pierres calcaires tels qu'ils ont été décrits dans la coupe générale. Cette pierre est presque toujours coquillière; il y en a de très beaux bancs; les inférieurs sont presque entièrement composés de pierres numismales; enfin, dans le bas de ces mêmes vallées, sous la pierre de taille, on trouve du sable ou du tuf sableux.

Telle est la nature du terrain qui s'observe dans la vallée où coule la rivière d'Automne; elle prend son origine à Pisseleux et va se jeter dans l'Oise près Verberie. Dans toute cette étendue, on ne cesse de voir à droite et à gauche les bancs de pierres en rochers et presque partout aussi le sable et le tuf sableux dans le bas; les villages qu'on trouve le long de cette vallée sont : Pisseleux, Coyolles, Vaucienne, Longpré, Vez, Lieu-Restauré, Vaumoise, Russy, Besmont, Bonneuil, Frénoy, Morienval, Saint-Clément, Gilocourt, Béthancourt, Ozouy, Saint-Martin-de-Béthisy, Saint-Pierre-de-Béthisy et Sainthines. Cette même vallée a encore une ramification qui remonte du côté de Crépy et qui est de même nature; les endroits situés dans cette partie sont Séry, Duvy, Crépy, Saint-Germain, le Parc-aux-Dames, Baroches, Rouquemont et Glaignes.

Toutes les autres vallées de ce canton sont de même nature; on y trouve partout la pierre de taille; c'est ce qu'on observe le long de la rivière d'Ourcq, à la Ferté-Milon, Saint-Wast, Trouaine, Noray, dans la vallée d'Ancienville, de Gorcy, de Long-Pont, de Fleury[1].

[1] La pierre de taille de la vallée d'Automne est du calcaire grossier. Les bancs exploités se trouvent sur les deux rives de la rivière; ils appartiennent à des niveaux différents, mais particulièrement aux assises à miliolites. Lavoisier désigne sous le nom de *cammes* les cardium et les pectoncles. Il appelle ici *buccins* les volutes et *vis* les cérithes. La grande espèce dont il fait mention est le *cerithium giganteum*. F.

On observe de même la pierre de taille dans des autres vallées qui se jettent dans la rivière d'Aisne, l'une au-dessus, l'autre au-dessous d'Attichy et de Vic-sur-Aisne; la première de ces deux vallées contient les villages de Montgobert, Soucy, Seuvres, Cutry, la Versinne, Saint-Baudry, Ambleny, Ressons-le-Long; la seconde contient les villages de Vivières, Taillefontaine, Mortefontaine, Chelles, Rétheuil.

C'est dans cette même vallée à Rétheuil et Roy-Saint-Nicolas qu'on trouve une grande abondance de coquilles fossiles en substance; elles sont dans un tuf argileux, lequel se trouve entre les bancs de pierre de taille et celui de tuf sableux. On a vu dans le détail de la coupe générale exposée ci-dessus, que le banc n'avait ordinairement que 3 pieds; dans les deux endroits que je viens de nommer, il a beaucoup plus.

Si, à ces observations générales, on joint quelques observations particulières sur les cailloux coquilliers et cristallisés qui se trouvent dans les terres végétales, sur les corps marins qui se trouvent dans la pierre, etc., on aura une idée complète de la partie orientale de la carte et de tout le terrain situé dans son milieu; il reste pour la compléter à parler du terrain de la forêt de Compiègne et, en suivant vers l'ouest jusqu'à Clermont-en-Beauvoisis, il sera nécessaire d'y joindre aussi quelque chose sur le multrin, dont le terrain diffère de celui du reste de la carte.

Tout le fond du terrain de la forêt de Compiègne est de craie; suivant M. Renard, de Compiègne, elle est dans presque toute l'étendue de cette forêt recouverte d'une petite couche de sable ou d'une terre végétale sableuse. On remarque une côte ou chaîne de montagne qui se replie au village de Saint-Sauveur, près Verberie, et qui entre dans la forêt de Compiègne; elle borde à peu près la forêt et va gagner en serpentant la forêt de Pierrefonds; toute cette chaîne est de pierres de taille fort dures qui se forment dans une espèce de tuf sableux de la nature duquel elle participe. Dans des endroits, les pierres forment de beaux bancs continus; dans d'autres, le tuf sableux ne contient que des pierres mamelonnées. La côte de Verberie est à peu près de cette même nature; le tuf y est très sableux, et la pierre qui s'y forme approche beaucoup du grès; outre cette chaîne qui traverse la forêt de Compiègne, on trouve deux buttes de même nature : l'une appelée *les Beaumonts*, l'autre *le mont Saint-Marc;* on trouve sur le penchant de la première, du côté de la Faisanderie, quelques coquilles[1].

Ces deux buttes ainsi que la chaîne de montagnes dont j'ai parlé sont posées sur de la craie, ce qui rentre dans l'ordre de la coupe générale pour la partie occidentale de la carte.

Non seulement toute la forêt de Compiègne est de craie, mais encore toute la plaine qui environne la ville et le dessous de la ville même; on trouve dans cette craie des silex communs, et parmi eux quelques-uns singulièrement cristallisés. De l'autre côté de l'Oise, Clairoy, Marigny, Venette, Jaux, la côte est entièrement composée de craie et de cailloux; il y en a aussi de cristallisés; ils y sont même plus communs que du côté de Compiègne. On trouve le long de cette côte, surtout dans le haut, entre Venette et Jaux, un assez grand nombre de cailloux roulés.

On trouve, en suivant cette même côte au sud-ouest de Jaux, une suite de montagnes isolées qui sont posées sur la craie; ces montagnes ou buttes sont au nombre de quatre. La première est entre Jaux et Jonquières; on trouve dessus les hameaux des Tartes, le Prieuré, Griset et Pierrefonds. Une autre est près d'Armancourt; au sud-ouest on y remarque deux moulins. Une troisième est entre Meux et Longeuil; on trouve dessus le hameau de la Bruyère. Enfin, la quatrième est à une bonne lieue à l'ouest de cette dernière; elle est située près le Grand-Frénoy; on remarque dessus une église qui porte le nom de *Sainte-Catherine.*

[1] Les buttes entre Jaux et Sacy sont formées de sable et grès du Soissonnais surmontés d'un petit pointement de calcaire grossier: elles reposent sur une terrasse d'argile plastique et de lignites pyriteux dont la bordure, s'abaissant vers l'Oise, montre à découvert une bande sableuse appartenant à l'assise de Bracheux, et plus bas les bancs supérieurs de la craie blanche. Le niveau fossilifère, signalé par Lavoisier, appartient à l'assise.

F.

Ces montagnes ont au plus 200 pieds d'élévation au-dessus de l'Oise à Compiègne; elles sont composées d'un sable fin terreux, au moins de 100 pieds d'épaisseur; ce sable contient une espèce de grès terreux qu'on emploie à bâtir. Ce grès est extrêmement abondant, surtout à la butte de Frénoy. Au-dessus de ce banc, on en trouve un de coquilles assez bien conservées; ce sont principalement des huîtres, des buccins, des vis, dans un tuf jaune argileux. J'ignore quelle est l'épaisseur exacte de ce banc; il m'a paru avoir environ 25 pieds d'épaisseur; enfin, au-dessous, on trouve la craie et les cailloux.

A l'exception de ces montagnes, tout le terrain compris entre Compiègne et Clermont n'est qu'une vaste plaine dans laquelle on trouve la craie et les cailloux immédiatement sous la terre végétale. Cette même craie continue en s'enfonçant dans la Picardie; mais ce n'est pas ici le lieu d'en parler; il me suffira de faire l'énumération des villages qui sont dans la partie de cette plaine comprise dans la carte dont nous parlons; ces villages sont Grand-Frénoy, Fayet, Arcy, Moyvillers, Bois-Lithers, Blincourt, Choisy, Saint-Julien-le-Pauvre, Bayeul, Avrigny, le Drancourt, Sacy-le-Grand, Épineuse, Mainbeville, Erquery, Saint-Aubin, Fitzjames.

On trouve au sud-est de Clermont-en-Beauvoisis une montagne isolée dont la croupe forme une plaine bien étendue; elle est entourée par les villages de Breuil-Vert, Breuil-Sec, Verderonne, Rieux, Villers-Saint-Paul, Mouchy, Monneville, Liancourt. La plaine située au haut de cette montagne est élevée de plus de 300 pieds au-dessus du niveau de l'Oise à Compiègne[1].

On trouve dans le haut, sous la terre végétale :

1° Environ 6 pieds de pierres mamelonnées irrégulières;

2° Environ 10 pieds de pierre de taille en différents bancs, laquelle

[1] Les buttes du Breuil, de Liancourt, de Verderonne, d'Angicourt, etc., ont une altitude qui varie de 107 à 158 mètres; elles sont formées de calcaire grossier porté sur une assise de sable du Soissonnais. La plaine qui les entoure présente une altitude de 30 à 40 mètres; elle est couverte à l'est par les argiles lignitifères, à l'ouest et au sud par des alluvions modernes. Nulle part la craie n'est à découvert. F.

est extrêmement dure; on s'en sert même pour paver, au lieu du grès qui est rare dans le pays;

3° Un banc très épais de tuf, sableux dans des endroits, coupé par des bancs de pierres coquillières, quelquefois en gros rochers, quelquefois en petits morceaux mamelonnés; ce banc paraît avoir environ 150 pieds;

4° Dans le bas de cette montagne, du côté d'Orcamp, près Sacy-le-Grand, on trouve des coquilles fossiles; j'en ai vu aussi près Sacy; j'ignore si le banc est continu tout autour de la montagne; peut-être le trouverait-on si la montagne était ouverte;

5° Des cailloux roulés: ils sont suivis immédiatement par la craie, laquelle est coupée par des bancs de silex ordinaires; il y en a plus de 100 pieds d'épaisseur. Cette montagne est assez uniforme dans tout son pourtour; il en faut pourtant excepter la pointe orientale du côté de Sacy. Cette pointe est appelée *camp de César* à cause d'un fossé profond de circonvallation qu'on y voit encore et qu'on attribue à César. En descendant de ce camp, à une ferme qu'on appelle *Orcamp*, on trouve, du haut en bas de la côte, du sable fin terreux, et le même grès qu'aux buttes dont il a été parlé ci-dessus, notamment à la butte de Frénoy. On trouve en général des cailloux roulés tout autour de cette montagne au-dessus du banc de craie.

On trouve au sortir de Clermont, par le chemin de Paris, une petite élévation; elle est toute composée de sable et de roussier en bancs horizontaux presque comme celui qu'on trouve à Forge.

Je ne parlerai pas ici des carrières de Montataire, Tiverny, Saint-Leu et Saint-Maximin; M. Guettard les a vues par lui-même.

Je ne parlerai pas non plus des environs de Luzarches; j'ai donné à M. Guettard le peu d'observations que j'avais sur le canton; d'ailleurs, il a reçu des détails circonstanciés par M. l'Appel-Papillon.

A 2 lieues et demie, jusqu'à l'est de Luzarches, on trouve au sud de Plailly une butte assez élevée sur laquelle est bâtie une église appelée *Notre-Dame de Montméliant*. Cette butte est à peu près de même nature que celle de Montméliant, à l'exception que je la crois plus haute. On y trouve :

1° Des pierres meulières dans la terre limoneuse qui leur est propre;

2° Un banc assez épais de sable jaune;

3° De la glaise verte;

4° De la marne blanche;

5° De la pierre à plâtre.

Cette montagne rentre absolument dans l'ordre de celles des environs de Paris.

Il me reste, avant de finir les réflexions, à exposer la nature du terrain situé au sud-est de la carte. Cette partie contient ce qu'on appelle *le Multien;* on trouve dans le pays deux vallées qui sont composées de la même façon : la première contient les villages de Betz, Cuvergnon, Anthilly, Collinance; la seconde ceux de Reez, Assy, Rozoy-en-Multien. On trouve dans le haut de ces vallées une terre argileuse brune qui contient un grand nombre de cailloux mamelonnés noirs, et d'autres qui sont veinés. Cette terre se trouve sous la terre végétale et en est absolument distincte; la terre végétale de ce canton est jaune, quelquefois rougeâtre et très fertile; sous la terre argileuse dont je viens de parler, on trouve quelques pieds de marne; quelquefois aussi la marne est précédée d'un petit lit de glaise marneuse verdâtre. A Cuvergnon et Rozoy on trouve en cet endroit des stalactites de sable; elles sont mêmes si grosses à la côte située au sud de Rozoy qu'elles y forment des rochers. On y trouve quelquefois des empreintes de coquilles; au-dessous, on trouve le sable, qui contient presque toujours des coquilles dans sa partie supérieure; on y trouve aussi communément des rognons de grès coquilliers et des cailloux roulés. Outre ces coquilles dont je parle, on trouve à Betz des madrépores de la nature de ceux de Lizy et Mary; le sable est fort épais; j'estime qu'il a environ depuis 60 jusqu'à 90 pieds, suivant les endroits. Au-dessous, on trouve de la marne et du tuf marneux et, au-dessous, des bancs de pierre de taille très bonne pour bâtir; on trouve des carières ouvertes à Anthilly et Collinance. La vallée de Cerfroid, Brumets, Gandelu, ne diffère de celles-ci qu'en ce que dans le haut on ne trouve point la marne ni les stalactites de grès, ni les corps marins; on ne trouve uniquement que du sable contenant de gros rochers de grès et, au-dessus, des carrières de pierre de taille; il est facile de s'apercevoir que le terrain a beaucoup de rapport avec celui des environs de Lizy; pour mieux dire, il lui est tout à fait semblable.

Tout à fait au loin, au sud-est de la carte, on trouve à Germigny, Villiers-le-Vaste, deux plâtrières ouvertes; elles doivent être regardées comme faisant partie de la masse qui se trouve en Brie dans les environs de la Ferté-sous-Jouarre et Château-Thierry, et qui s'avance presque jusqu'à Fère-en-Tardenois. Il sera question de cette masse dans les observations faites en Brie et dans le Tardenois.

OBSERVATIONS
D'HISTOIRE NATURELLE
SUR LES ENVIRONS DE LIZY,
LA FERTÉ-SOUS-JOUARRE ET MEAUX[1].

A une bonne lieue presque au nord de Lisy, on trouve le village de May, où passe le grand chemin de Meaux à la Ferté-Milon; auprès de ce village, on a fait une coupe à la descente dans la vallée pour la facilité des voitures; je suppose qu'on aille de May à la Ferté-Milon; voici ce qu'on observe :

D'abord en sortant de May, on descend peu à peu en pente très douce, peut-être 20 pieds; là commence la coupe, on y voit :

1° Terre végétale	2 pieds	0 pouce.
2° Cran blanc[2]	6	
3° Marne blanche	2	
4° Glaise grise	1	
5° Tuffo avec frustes de coquilles	1	4
A reporter	12	4

[1] Manuscrit autographe, sans date, probablement de 1768.

[2] Les numéros 2, 3 et 4 de la coupe de May appartiennent au calcaire marneux de Saint-Ouen, les numéros 5 et 6 au sable de Beauchamps.

Les marnes siliceuses de la coupe suivante caractérisent les caillasses qui terminent en haut le calcaire grossier représenté ici par de la pierre tendre et coquillière.

Au château de la Trousse et à Mary, c'est également le calcaire de Saint-Ouen et le sable de Beauchamps qui ont été observés par Lavoisier. F.

Report......	12 pieds	4 pouces.
6° Sable par couches blanches et rougeâtres dans lequel on trouve des rognons de grès et de roussier; on y trouve aussi des veines d'un sable noir. Le banc n'a de découvert que.........	5	
Total.............	17	4

Ici finit la coupe, et l'on descend en pente douce suivant l'inclinaison de la montagne jusqu'à une seconde coupe; l'espace qui sépare ces deux coupes contient du sable coloré, des rognons de grès et une terre végétale jaune très grasse.

Voici ce que la seconde coupe présente :

Cos ou marne dure..... aux plâtrières, séparée de 8 pouces en 8 pouces, plus ou moins, par une matière siliceuse, quelquefois cristallisée régulièrement en équilles, quelquefois simplement en masses de silex; ces marnes sont fendues perpendiculairement par une infinité de gerçures. Cette coupe ne m'offre que 10 pieds de cette marne; mais je vois, par une ravine à côté, que le banc est beaucoup plus épais et qu'il a bien 30 pieds.

Dans le bas de la même côte, on tire de la pierre qu'on emploie pour le chemin; cette pierre est tendre et coquillière.

Sur le chemin de Lisy au château de la Trousse, on trouve une ravine considérable dont l'aspect a même quelque chose d'effrayant; elle n'offre, au premier coup d'œil qu'une culbutée de sable, de grès, de coquilles et des pierres coquillières; cependant, en l'examinant avec attention, on en peut conclure les choses suivantes; je vais les exposer en commençant par en haut :

1° Terre végétale brune mêlée dans le bas de pierrailles ou de cos........................	0 pied	8 pouces.
2° Cran ou tuffo blanc, quelquefois devenu pierre, quelquefois seulement mêlé de pierrailles, et un peu coquillier dans le bas................	3	6
A reporter......	4	2

Report......	4 pieds	2 pouces.
3° Tuffo blanc sans aucune pierre, tout rempli de coquilles (6 ou 8 pouces)................		7
4° Sable jaune avec un coup-d'œil verdâtre qui participe un peu dans le haut du banc supérieur, en ce qu'il est mêlé de tuffo et de coquilles...	2	6
5° Sable blanc qui, au bout de quelques pieds, devient, par couches alternativement blanches et jaunes de quelques pouces, en zigzag; j'estime que ce banc peut avoir..................	50	
On ne trouve de coquilles dans ce sable que lorsqu'il en est éboulé d'en haut, autrement il n'y en a aucune.		
Total................	57	3

Le sable jaune est vraisemblablement lié par une matière glaiseuse à laquelle il doit peut-être aussi sa couleur, en sorte qu'il a beaucoup plus de consistance que le blanc et qu'il s'éboule plus difficilement; cette différence de liaison occasionne un phénomène singulier. L'eau a peu à peu miné les couches de sable blanc et les a emportées; le sable jaune, au contraire, a tenu ferme et a résisté, de sorte que de loin ces couches de sable jaune, qui sont détachées les unes des autres, présentent l'image d'un gâteau feuilleté.

On trouve la même disposition de terrain à la ravine de Mary, c'est-à-dire du tuffo coquillier et, dessous, du sable; à l'exception cependant que ce sable est gris et mêlé de coquilles.

Le banc de coquilles, qui est derrière Lisy, ne diffère pas beaucoup de celui-ci; on y trouve de la pierre, puis un tuffo coquillier et, enfin, du sable coquillier. Ainsi, il paraît que les environs de Lisy, à une demi-lieue à la ronde, sont de même nature à quelques petites variétés près.

La continuité de terrain s'étend même très loin de certaines côtes, comme nous l'avons vu plus haut dans l'article *Observations des environs de Villers-Cotterets.*

Du côté du levant, lorsqu'on a passé le château de la Trousse, à un quart de lieue de ce château, et qu'on s'avance vers Chaton, on s'aperçoit d'un changement subit dans le terrain. A la surface, tout est rempli de cailloux de la nature des pierres de meulière; pour peu qu'on creuse, on trouve la glaise, la marne et le terrain des plâtrières. Effectivement, on en trouve deux ouvertes à peu de distance de là, l'une à Cocherel, l'autre à Chaton. Ces plâtrières sont sous terre; on y descend par un trou; comme le tour en était maçonné, je n'ai pu mesurer chaque banc. Les voici tels que le maître de la plâtrière de Cocherel me les a dictés de mémoire :

	pieds	pouce.
1° Marne verte	15	0
2° Marne blanche	15	
3° Marne d'un beau bleu d'ardoise	18	
4° Marne à carreaux	10	
5° La roche qui est une simple pierre à plâtre	2	
6° Faux plâtre	4	
7° Plancher ou tortue qui pourrait faire d'assez bon plâtre, mais qu'on est obligé de laisser pour le ciel	2	
8° Bouzin	1	
9° Banc de haut	1	2
10° Banc de chasse		6
11° La chasse		4
12° La moie		8
13° Le gros banc		9
14° Banc de sel qui est effectivement en grains	1	
15° Bancs secs (il y en a deux)	2	
16° Banc blanc	1	
17° Banc tendre	1	
18° Pilotis	1	
Le pilotis et les deux suivants font le meilleur plâtre.		
19° Banc douillet	1	
20° Banc mort		6
TOTAL	78	1

On cesse ici de travailler. Pour m'assurer s'il n'y avait point d'erreur dans le rapport qu'on m'avait fait, j'ai mesuré la profondeur du trou avec une corde, je l'ai trouvée de 67 pieds, ce qui fait une erreur de 11 pieds dans l'estimation totale.

Le même plâtrier m'a continué la description du terrain telle qu'il l'avait observé dans une coupe qu'il avait fait faire pour une épreuve :

21° Banc de lard : il est rempli de lingots de pierres à fusil qui empêchent de le travailler.......	1 pied	2 pouces.
22° Marne blanche plus flexible et plus en poudre que la première..........................	9	
23° Bancs de plâtre à peu près comme ci-dessus...	19	
Total.............	29	2
Total de l'autre coupe......	67	
Donc profondeur totale jusqu'à laquelle on a fouillé.	96	2

La dernière masse de plâtre est beaucoup supérieure en qualité à la première; la seule raison qui empêche de l'exploiter est la grande quantité d'eau qui inonde en peu de temps les travaux.

Au Limon, près la Ferté-sous-Jouarre, on n'emploie que le plâtre de cette seconde masse; au reste, ces plâtrières sont disposées de même que celles de Cocherel, à ce qu'assurent les ouvriers.

Outre les plâtrières du Limon, il y en a encore d'ouvertes à Jouarre. Il paraît même que tout le terrain des environs de la Ferté-sous-Jouarre en est en grande partie composé; je m'imagine même que, par une suite d'observations, il ne serait pas impossible de lier les bancs de plâtre des environs de la Ferté-sous-Jouarre à ceux de Meaux, et même ceux de Meaux à ceux des environs de Paris.

En allant de la Ferté-sous-Jouarre à Meaux, un quart de lieue après Sameron, on voit dans une ravine, à gauche, de la marne, comme celle des plâtrières et, dessous, du sable coquillier; vis-à-vis cet endroit, de l'autre côté de la rivière, derrière le village d'Ussy, on trouve du grès.

En suivant toujours le chemin de la Ferté-sous-Jouarre à Meaux, lorsqu'on a passé le village de Saint-Jean et qu'on suit le bord de la rivière, on voit le long de la côte à gauche :

1° De la marne crayeuse qui suit l'inclinaison de la montagne (6 ou 8 pieds)............................	7 pieds.
2° Petits bancs de coquilles sensiblement horizontaux dans du sable très blanc.........................	3
3° Sablon blanc dans lequel je n'ai pas vu de coquilles, à peu près..................................	24
4° Ici finit la coupe; le bas du banc de sable est à peu près à 30 pieds au-dessus du niveau de la rivière.	
Total..........	34

Un peu plus loin, avant d'entrer dans le bois de Meaux, on trouve en montant un terrain verdâtre qui semble annoncer des plâtrières.

Entre Poincy et Vareddes, on voit, le long de la côte, plusieurs carrières ouvertes dans la montagne. La pierre qu'on y tire est d'une très grande dureté; en creusant 18 pieds au-dessous, on trouve le niveau de la rivière. Au-dessus de cette pierre, il y a encore 40 ou 50 pieds; mais elle est toujours de moins dure en moins dure à mesure qu'on s'élève.

Au-dessus de Vareddes, en suivant le chemin de la Ferté-Milon à Meaux, on trouve, en montant la côte, un banc épais de sable et de grès, et, au-dessus, du cran ou crayon.

M. Sarazin, marchand à Meaux, m'a donné la coupe suivante des puits creusés dans la partie haute de la ville; on peut compter sur ses observations :

1° Terre brune noire......................	4 pieds	6 pouces.
2° Sable jaune...........................	2	
3° Sable d'un jaune rouge..................	4	
4° Sable noir très fin, comme celui qu'emploient les fondeurs............................	2	
5° Terre sableuse avec du gravier jaunâtre.......	9	
6° Crayon graveleux en petits morceaux.........	8	6
7° Banc de pierre à chaux entre lesquels l'eau sourcille.		
Total.........	30	"

IMPRIMERIE NATIONALE.

Ces puits sont de niveau avec la Marne et suivent ses augmentations.

Quant à moi, j'ai observé les choses suivantes dans un puits qu'on faisait derrière Saint-Faron dans un marais. Ce terrain est fort bas :

1° Du sable de rivière fin;

2° De la marne ou crayon qui a été roulé;

3° De la pierre en bancs.

On voit que cette coupe est précisément la même que le bas de la précédente.

RÉFLEXIONS GÉNÉRALES
SUR LA CARTE MINÉRALOGIQUE
QUI COMPREND
LA PARTIE ORIENTALE DU VALOIS,
LE TARDENOIS ET LES ENVIRONS DE REIMS[1].

Le terrain renfermé en cette carte est extrêmement varié; on y peut distinguer quatre parties différentes :

1° Toute la partie occidentale de la carte, qui comprend les environs de Soissons, ceux d'Oulchy et de Neuilly-Saint-Front; dans toute cette partie, on trouve le sable et le grès dans les hauteurs, et la pierre de taille dans les vallées. Ce terrain ne diffère pas sensiblement de celui des environs de Villers-Cotterets, Senlis et Pont-Sainte-Maxence. La coupe générale qu'on a donnée pour ce canton peut aussi servir pour celui-ci, à l'exception que l'épaisseur du sable n'est pas considérable. Cette même partie comprend les environs de Braine et la vallée où coule la rivière d'Aisne, depuis Beaurieux jusqu'à Soissons; cette vallée est toute tapissée de rochers calcaires dans cette partie.

2° La partie qui est située au sud et au sud-est de Fère, laquelle est composée de pierres meulières dans le haut, et, au-dessous, de tuf et de pierre à chaux dans des endroits, et de pierres à plâtre dans d'autres.

3° Les montagnes situées entre Reims, Épernay et Dameric, lesquelles sont composées de pierres meulières et de cailloux dans le haut;

[1] Manuscrit autographe.

on trouve, sous ces pierres meulières et la terre qui leur est propre, le sable; ensuite le tuf coquillier de Courtagnon; enfin, le tout repose sur la craie. On peut voir le détail de la coupe de ces montagnes en marge de la carte dont il est ici question.

4° Les montagnes de Saint-Thiéry, dont la coupe a été tirée d'un mémoire de M. Guettard (v. *Mém. acad.*, 1754, p. 452), et qui a été pareillement mise en marge de la carte.

Cette division suffit pour donner une idée des différents terrains contenus dans cette carte par rapport aux observations de détail; on les trouve sur la carte elle-même et dans les observations minéralogiques contenues dans les journaux de voyage et, pour les environs de Reims, dans le mémoire de M. Guettard que j'ai déjà cité[1].

[1] Le pays compris entre Soissons et Reims montre à découvert la succession suivante :

Sable de Fontainebleau; meulière de Brie; marnes vertes; gypse et ses marnes; calcaire marneux de Saint-Ouen; sable et grès de Beauchamps; calcaire grossier; sable nummulitique du Soissonnais; argile plastique et sables à lignites; sable de Bracheux; craie blanche.

Lavoisier distingue sur l'étendue considérée quatre régions, et caractérise chacune d'elles par les assises qui y présentent le plus grand développement :

La première, par le sable de Beauchamps et le calcaire grossier sous-jacent;

La deuxième, par la meulière de Beauce, les marnes du gypse et le calcaire marneux de Saint-Ouen superposés au calcaire grossier;

La troisième, par la meulière de Brie, le calcaire grossier et la craie;

Pour la quatrième, il renvoie au mémoire de Guettard. F.

VOYAGE
DE BEAUVAIS ET DU VEXIN
FAIT EN MAI 1766.

ROUTE DE PARIS À BEAUMONT.

Après Maffliers on trouve, en suivant la grande route, un petit bois qui touche à la forêt de l'Isle-Adam et qu'on nomme le *bois Carreau.* On observe, en y entrant, du grès tendre et friable disposé par bancs horizontaux. Tout ce bois est composé d'un terrain sableux et l'on y trouve du sable en plusieurs endroits; en en sortant, on remarque, sur la droite, des landes pleines de grès.

A peu de distance de ce bois, on rencontre à gauche un chemin pavé qui conduit à l'Isle-Adam. A la côte, qui se trouve un peu avant la jonction des deux chemins, on observe

1° Dans le haut, de la blocaille;

2° De la pierre qui se lève en feuillets;

3° Des bancs de pierre de taille qui paraissent d'assez mauvaise qualité.

A Beaumont même, en descendant de la paroisse à la rivière, on trouve de la craie. C'est probablement là le commencement des craies de Picardie.

Depuis Beaumont jusqu'à Chantilly, on ne voit absolument rien, c'est un terrain plat et uni; il paraît que la terre végétale est épaisse, et je présumerais qu'elle est en partie formée par des dépôts argileux de la rivière.

Lorsqu'on a passé Chambly et qu'on traverse une avenue qui conduit au Ménil-Martin, on monte une petite côte très peu élevée, laquelle est presque toute composée de cailloux roulés dans un sable graveleux et argileux.

Un petit quart de lieue plus loin, on rencontre une autre avenue qui conduit à Saint-Just; on s'aperçoit que les cailloux roulés sont beaucoup moins abondants; ils se trouvent mêlés avec un grand nombre de cailloux de craie non roulés; enfin, on s'aperçoit qu'on entre dans les craies.

A un quart de lieue plus loin, le chemin pour descendre à Puiseux est taillé dans la craie; cette craie contient des cailloux comme à l'ordinaire; le terrain se continue ensuite et est absolument le même jusqu'à Sainte-Geneviève, ce qui fait une distance d'environ 2 lieues.

Un quart de lieue environ après Sainte-Geneviève, on descend une côte assez escarpée; on trouve dans le haut une terre moitié sableuse, moitié argileuse, fort épaisse, qui tient lieu de terre végétale; dessous on trouve la craie et plus bas, dans la même côte, on observe un sable jaune, graveleux, mêlé de parties argileuses. Tout au bas, on tire de la terre argileuse ou terre à tuile.

A commencer du pied de cette montagne, les terres deviennent très fertiles; c'est même un des bons cantons de la France. Cette veine de bonne terre s'étend jusque par delà Beauvais; elle s'étend aussi du côté de Clermont et jusqu'à Compiègne.

Un peu avant le village d'Allonne, lorsqu'on est près de descendre dans la vallée de Beauvais, on trouve une petite veine de véritable sable ou sablon; en descendant, on voit beaucoup de cailloux à la surface de la terre.

ENVIRONS DE BEAUVAIS.

Les environs de Beauvais peuvent être regardés comme étant compris dans les craies de la Normandie; en effet, la pierre qu'on y trouve n'est autre chose qu'une craie durcie dans laquelle même on trouve les cailloux ou *birets*. Il y a toute apparence que la partie est, surtout en inclinant un peu vers le sud, est toute de craie. On n'en saurait douter à l'inspection de la carte de M. de Cassini.

On nous a bien dit qu'on trouvait de la craie dans beaucoup d'endroits des environs de Beauvais, mais, comme les personnes ne connaissent pas beaucoup le pays, elles nous en ont cité fort peu. On en tire, à ce qu'on nous a dit, à Troissereux. La côte de Saint-Jean, de Saint-Simphorien, qui s'étend jusqu'au chemin de Paris, en est composée; on en trouve encore beaucoup du côté de Chaumont-en-Vexin, comme on le verra dans la suite.

La pierre dont est bâtie la cathédrale de Beauvais a été tirée d'une carrière ouverte à Bongenon, paroisse d'Allonne. Cette pierre ne doit être regardée que comme une craie durcie; elle est extrêmement dure, et l'on y voit des cailloux auxquels on donne le nom de *birets*, précisément comme dans la craie. Cette carrière appartient au chapitre qui la tient fermée; elle est extrêmement profonde; on la dit dangereuse à cause du peu de précautions qu'ont employé ceux qui l'ont exploitée les premiers. Cette pierre n'est pas d'un blanc parfait; elle est un peu grise, mais elle a la propriété de ne point changer de couleur.

On trouve près Saint-Martin-le-Nœud, dans le flanc de la montagne, une autre carrière à peu près de même nature; la pierre qu'on en tire est pareillement une craie qui a pris de la consistance; elle est cependant moins dure; l'église Notre-Dame de Beauvais en a été bâtie.

L'hôtel de ville de Beauvais n'a pas été bâti des mêmes pierres; on les a fait venir de Merlon et Rousseloy, villages à une lieue et demie nord-ouest de Creil, et environ à pareille distance des fameuses carrières de Saint-Leu; ces pierres sont très blanches et très belles.

Il ne paraît pas qu'on tire de pierres aux environs de Beauvais, autre part qu'à Bongenon et à Saint-Martin-le-Nœud.

On trouve, aux environs de cette ville, un assez grand nombre de prairies basses où l'on tire de la tourbe; cette tourbe est principalement employée par les teinturiers, on en tire à Merlemont et à Troubeau.

Près le Haut-Marais, Montouillin, Goincourt, ces tourbes brûlées donnent une espèce de mâchefer; on prétend qu'il y a des morceaux qui contiennent du soufre vif.

La combustion de ces tourbes produit un phénomène singulier; dans toute la partie de Beauvais où l'on en brûle, les tuiles qui couvrent les maisons conservent leurs couleurs naturelles; elles paraissent toujours neuves, ce qui n'arrive pas de même dans les autres quartiers.

Les environs de Beauvais contiennent aussi des glaises; il y a une tuilerie au village de Saint-Germain-la-Poterie, une lieue et demie nord-ouest de Beauvais. Une demi-lieue plus loin, on trouve au village de Saveignies une fabrique de poterie très célèbre; on y fait de bien belles jarres.

On trouve aussi près de Beauvais une fontaine minérale froide ferrugineuse; elle est située à une demi-lieue ouest de la ville, près le village de Goincourt. On pourra apprendre quelques détails sur la nature des eaux de cette fontaine par M. Vallot, apothicaire à Amiens.

ROUTE DE BEAUVAIS À CHAUMONT-EN-VEXIN.

En sortant de Beauvais pour aller à Chaumont-en-Vexin, on s'aperçoit que la butte sur laquelle est bâti le séminaire, de même que celle qui est derrière Saint-Jean sont composées de craie et de cailloux; lorsqu'on est ensuite parvenu à Saint-Martin-le-Nœud, on voit à droite, dans le banc de la vallée, du côté du Haut-Marais, des tourbières ouvertes; le long de la côte de ce même Saint-Martin sont les carrières de craie durcie dont il a été question plus haut.

Lorsqu'on a traversé la petite vallée et qu'on remonte pour entrer dans le bois, on s'aperçoit que le terrain change de nature, on trouve une glaise jaune et rouge et du sable jaune; on trouve encore le sable en descendant de l'autre côté du bois vers Saint-Léger, avec cette différence cependant qu'il est beaucoup plus ferrugineux; on y trouve du roussier jaune et de ces plaques noires composées de sable brillant, dont quelques portions sont attirables par l'aimant. C'est un bruit commun dans le pays qu'on exploitait une mine à un petit endroit nommé *la Forge*, près Rinvillier, à un quart de lieue sur la droite de la route de Beauvais à Chaumont; sans doute c'était de ce roussier, ou peut-être même du sable, qu'on prétendait tirer du fer, mais une pareille mine ne pouvait être que bien pauvre.

Lorsqu'on a passé Saint-Léger, on aperçoit le rideau de montagnes le long duquel est le Croquet, le Point-du-Jour, le Ménil; il est entièrement de craie. Ce rideau se continue fort loin à droite et à gauche, ainsi qu'on peut le voir sur la carte, et il est plus que probable qu'il est partout de même nature.

En montant la côte au Point-du-Jour, on voit la craie à découvert; on a fait une petite coupe pour adoucir la montagne; du Point-du-Jour, on ne rentre plus dans les vallées jusqu'au village de Porcheux; on trouve dans cet intervalle quelques cailloux mêlés avec la terre végétale. A Porcheux, on s'aperçoit que toutes les côtes sont composées de craie et de cailloux, et le terrain est toujours le même jusqu'à Chaumont-en-Vexin[1].

ROUTE DE CHAUMONT-EN-VEXIN À VERNON, MANTES ET PONTOISE.

De Chaumont en descendant à Reilly, on trouve un tuffo qui contient de la blocaille arrangée par bancs horizontaux; on retrouve encore la même chose en montant de l'autre côté pour sortir de la vallée; lorsqu'on est parvenu au haut de la côte, on observe en entrant dans la plaine une masse considérable de cailloux roulés; on trouve aussi dans le même endroit une petite veine de sable. Depuis cet endroit jusqu'au pied du mont Javoult, on traverse une grande plaine à blé dont la terre végétale est quelquefois un peu sablonneuse, et dans la-

[1] De Saint-Martin-le-Nœud au hameau du Point-du-Jour, on traverse à deux reprises et dans l'ordre inverse, les diverses assises du terrain crétacé; on coupe ainsi l'extrémité sud-est du relèvement du pays de Bray. C'est l'accident géologique le plus remarquable du nord-ouest de la France. F.

IMPRIMERIE NATIONALE.

quelle on observe quelques rognons de grès; ces rognons sont peu considérables; à peine la plupart d'entre eux fourniraient-ils de quoi faire deux ou trois pavés[1].

Au pied du mont Javoult, on trouve un peu de sable; toujours les rognons de grès. Sur le haut de la montagne, le terrain est de même sableux et l'on y trouve du grès.

Après être descendu du mont Javoult, on voit la craie dans la vallée de Vaudancourt. Près Beauvoir, à l'entrée de la vallée, on voyait une petite coupe de tuffo comme à Chaumont; on observait la même chose près Breuil; le tuffo était seulement beaucoup moins coquillier.

Les champs du côté de Breuil et de Beauvoir sont couverts de pierrailles à chaux.

Au Héloy, on trouve un peu de sable, et, en descendant à Saint-Clair, la côte est toute composée de craie. Toute cette vallée dans laquelle coule la rivière d'Epte jusqu'à Gisors est de craie, ainsi que nous l'avons observé dans le voyage de Gisors en 1765. Toute cette vallée est encore de même nature jusqu'à la Roche-Guyon; c'est ce que nous avons observé à Mauverent, à Grand-Roconval et Petit-Roconval, à Baudemont, à Fourges, à Amencourt, Sainte-Geneviève, près le bois Baquet, à la Roche-Guyon. On trouve, à quelques-uns des endroits que je viens de nommer, de la pierre dans le haut de la côte : c'est ce qu'on observe à Baudemont, à Ambleville et à Chaussy; les pierres ne sont pas dures ni en gros morceaux; elles sont plus propres à faire des moellons.

En allant de Chaumont à Vernon, on trouve, comme je viens de le dire, la craie à Saint-Clair et à Château-sur-Epte, les côtes qui environnent Ecos sont précisément de la même nature; on entre ensuite

[1] Au Montjavoult, on observe deux assises sableuses; l'inférieure qui couvre la plaine environnante appartient à l'étage des grès de Beauchamps; la supérieure correspond à l'étage du grès de Fontainebleau. Elles sont séparées par une assise des marnes gypseuses et par une couche de marnes vertes.

Le tuffo de Reilly à bancs horizontaux, situé à un niveau plus bas, représente le calcaire grossier. Il en est de même à Breuil et à Beauvoir; le sable signalé au Héloy est le sable du Soissonnais. F.

dans une grande plaine à blé très fertile, dans laquelle on observe un assez grand nombre de cailloux; on trouve de même dans la forêt de Vernon un très grand nombre de cailloux.

Toute la côte, depuis Vernonet jusqu'à Giverny et même jusqu'à la Falaise, est garnie de carrières qu'on exploite; la pierre qu'on en tire n'est autre chose qu'une craie durcie dans laquelle même on trouve les cailloux; on y trouve quelquefois de belles veines de spath.

Cette côte n'est pas la seule où l'on trouve des carrières aux environs de Vernon. Voici le catalogue qui a été donné par un ouvrier fort entendu :

Trois carrières à Vernonet, savoir : celle de Sainte-Catherine; celle de la Vierge; celle des Chênes. C'est dans la première que se trouve le spath.

A Manitaux; à la Falaise; à Giverny; à Pressaigny; à Port-Mort; à Toeny, près les Andelys.

De l'autre côté de la Seine, près le Grand-Chemin : carrière Duval; carrière du Ponceau dit *Petit-Val;* carrière du Port-Vilé dit *Grand-Val.*

Toutes ces pierres ne contiennent point de coquilles.

On prétend que Notre-Dame est en partie bâtie de pierres de cette nature, de même que la Chambre des Comptes de Paris [1].

La plaine qui environne le village nommé *la Chapelle-Saint-Ouen*, à une lieue un quart de Vernon, n'a rien de remarquable; c'est une plaine à blé très fertile; lorsqu'on approche du petit bois, qui est près Haricourt, on descend un peu et on trouve les cailloux; on en trouve de même dans tout le petit bois. Si l'on traverse ensuite la vallée d'Epte, on s'aperçoit, comme nous l'avons déjà dit, qu'elle est toute de craie.

Sur le haut de la côte, près Chaussy, du côté de Magny, on tire de la pierre; du côté de la Roche-Guyon, on trouve sur le haut de la côte un tuffo coquillier semblable à celui de Chaumont.

[1] Les carrières citées par Lavoisier aux environs de Vernon sont ouvertes presque toutes dans la craie noduleuse, quelques-unes sont dans la craie marneuse. F.

La plaine entre Chaussy et Bezu contient un grand nombre de pierrailles calcaires à la surface de la terre; au hameau de Bezu, on voit le long de la côte des rochers de pierre calcaire; de l'autre côté de la vallée, au village de Cherence, il y a une carrière exploitée; dans le bas de la vallée à Bezu, on trouve la craie.

Sur la hauteur, entre Bezu et la Roche-Guyon, on trouve des cailloux en assez grande quantité; on en trouve encore davantage lorsqu'on descend et qu'on approche du village de Gommecourt; dans le bas même, la couche en est fort épaisse.

La côte au pied de laquelle est la Roche-Guyon est fort élevée, elle a au moins 80 pieds; elle est toute de craie entremêlée de cailloux.

On trouve, non seulement près Cherence, des carrières de pierre de taille, comme je l'ai déjà dit; on trouve aussi, pour peu qu'on creuse dans la plaine au-dessus, du côté de Villers, un tuffo coquillier sous lequel vraisemblablement on trouverait des rochers de pierre calcaire. Ce qui est certain, c'est que dans toute cette plaine, jusqu'aux approches de Villers, on trouve des pierres de taille qui se montrent de temps en temps à la surface; on trouve encore de la pierre de même nature à Chaudray, il y en a de coquillière[1].

Avant d'entrer dans Villers, on voit une glaisière ouverte, on la tire pour en faire la tuile; près le château de Villers, on trouve du sable, et il y a toute apparence que la butte qui est derrière et qui est couverte de bois en est aussi composée; il y a encore apparence qu'on y trouve des cailloux de la nature des meulières; la description des buttes voisines le donne à penser, ainsi qu'on en va juger.

Toute la butte, autour de laquelle sont les hameaux du Tremblay,

[1] En descendant du sommet des buttes qui dominent Villier-en-Arthis (Villers du manuscrit de Lavoisier), on observe les assises suivantes : argile à meulière de Beauce; sable de Fontainebleau; marnes vertes; marnes du gypse (tuilerie de Villier); calcaire marneux de Saint-Ouen; calcaire grossier (carrières de pierre de taille); argile plastique; craie.

Au bas de la butte de Gadancourt, les blocs exploités appartiennent à l'assise des grès de Beauchamps qui n'était pas visible du côté de Villier. C'est la même assise qui se continue à Fremainville et au Hazay. F.

Villeneuve-Saint-Léger, est toute composée dans le haut d'un sable argileux dans lequel on trouve du grès et dans le haut des cailloux de la nature de la meulière.

Il en est de même de la butte autour de laquelle est Aincourt, Artie, Enfer, Lainville; la pierre meulière s'y trouve, seulement en beaucoup plus grosses masses, on y fait des meules à carreau et même d'une seule pièce; on pourrait même en faire davantage, mais la difficulté du transport empêche qu'on ne puisse les débiter avec facilité. Cette pierre se trouve dans un sable argileux jaune; comme à la Ferté-sous-Jouarre, on la trouve à 6, 8 ou 12 pieds de profondeur; au bas de cette butte, du côté de Gadancourt, on trouve une très grande quantité de grès bien beau et bien propre à faire de bons pavés.

La nature du terrain est la même sur la butte de Fremainville, à l'exception que la meulière n'y est pas si grosse; le sable qu'on trouve dessous est moins argileux et forme un banc bien décidé; on trouve beaucoup de grès autour de cette butte, notamment entre Fremainville et Théméricourt.

Entre Fremainville et le Hazay, le terrain est très sableux, on y trouve du grès en rognons et de la meulière; on trouve encore précisément le même terrain derrière le Hazay.

La butte de Saint-Laurent-du-Gros ne diffère en rien des précédentes, il en est de même de celle de Launay qui se continue jusqu'à Herval; elles sont composées de sable, de grès et de meulières; en descendant de cette dernière, vers Oinville, on trouve beaucoup de grès.

Outre ces différentes buttes, on en trouve encore une semblable entre Montalet et Bouguillon, et une autre enfin sur laquelle est située Fréval. En descendant cette dernière, vers Drocourt, le terrain est glaiseux dans toute la plaine; ensuite, vers Saint-Cyr et Drocourt, on trouve beaucoup de grès. Drocourt lui-même est sur une butte un peu sableuse, toute pleine de grès; on y rencontre aussi quelques morceaux de meulière.

La ferme de Brunel est aussi sur une petite élévation au bas de laquelle, du côté du bois de la Bucaille, on trouve de la marne; du côté de Drocourt et de Saint-Cyr, on trouve une très grande abondance de grès.

Entre la butte des bois de Villers et la Moinerie, on tire, à la profondeur de quelques pieds, de la pierre pour faire de la chaux; cette pierre est bien dure, on trouve aussi quelquefois des morceaux de grès à la surface.

Au Tremblay, près le bois de Bucaille, on trouve de la pierre crayeuse.

Saint-Cyr est dans une petite vallée, on y trouve de simples pierres calcaires en bancs horizontaux séparés par du tuffo.

Depuis Beauval jusqu'à la côte de Mantes, les champs sont pleins de pierraille; en creusant, on trouve, sous la terre végétale, du tuffo et des moellons coquilliers.

Près Fontenay, dans la plaine des deux côtés de la vallée, on trouve de la pierraille à chaux.

Outre les moellons qu'on trouve dans le haut de la plaine, on en trouve encore tout du long en descendant près les Célestins et en suivant la côte.

On avait fait beaucoup de sondes aux environs de Mantes, pour trouver de la pierre propre à bâtir le pont, on n'avait pu en trouver de plus près que celle de Saillancourt. Un ouvrier nous a dit qu'on avait trouvé dernièrement une veine magnifique à Folainville et qu'on y devait ouvrir une carrière pour bâtir l'autre côté du pont.

De Mantes jusqu'aux deux hameaux qu'on nomme *le Grand-Meslier* et *le Petit-Meslier*, on trouve dans la plaine le tuffo qui contient des moellons coquilliers; on trouve encore ce même tuffo en haut de la côte au Meslier. Dans le bas on retrouve la craie et quelques cailloux roulés à la surface. On observe encore la même craie entre Meslier et Boitteauville, toujours avec cailloux roulés. Sous le village de Guittrancourt, on trouve un tuffo qui paraîtrait un peu sablonneux, dans lequel on trouve quelques fragments de coquilles.

En suivant le grand chemin de Mantes pour aller à Meulan, on voit à gauche, tout le long de la côte, des rochers ou indices de carrière dans le haut, et cela jusqu'à Isson; à droite de ce même chemin, les vignes sont dans un terrain caillouteux qui semblerait être de gros graviers de rivière.

A Sailly, au nord-est de Mantes, on trouve du tuffo et des pierrailles qui annoncent des dessus de carrière; en suivant la même vallée, on trouve sur la hauteur, au-dessus d'Oinville, du grès et, en approchant de la vallée, de la pierraille à chaux; dans les champs, à gauche de la même vallée on voit, près Gaillonnet, une grande abondance de rochers et d'indices de la pierre; on en rencontre une exploitée dans le petit bois qui est avant Gaillon; la pierre est en espèce de fausses ooslites; on voit avant et après des rochers qui annoncent qu'on y pourrait ouvrir d'autres carrières. La pierre de la carrière exploitée est en beaux bancs; il paraît qu'on en pourrait tirer très profondément. De l'autre côté de cette même vallée, tout est couvert de terre végétale et l'on ne voit absolument rien. De Gaillon à Tessancourt, la terre est couverte de pierrailles calcaires à chaux.

Il nous reste à parler d'une vallée célèbre par la dureté et la bonté de la pierre qu'on en tire. Cette vallée s'étend depuis Wy, Guiry, Gadancourt, etc., jusqu'à Meulan.

Il y a au village de Wy, sous le parc, une carrière assez profonde, la pierre en est médiocrement dure; depuis cet endroit jusqu'à Gadancourt, on aperçoit les rochers des deux côtés de la vallée.

A gauche, en suivant vis-à-vis Gadancourt et Averne, on exploite une carrière dont la pierre est fort dure; elle est composée de fausses ooslites, c'est elle qu'on emploie pour rétablir le pont et la chaussée de Saint-Clair (route haute de Rouen, 2 lieues par delà Magny).

Dans le bas de cette même vallée, en entrant à Théméricourt du côté de Gadancourt, on trouve la craie et les cailloux; nous avons vu ensuite dans le village un puits de 55 pieds de profondeur, qu'on nous a dit être entièrement creusé dans la craie.

Il y a aussi des carrières de pierre assez dure entre Vigny et Longuesse; on voit aussi le long de la côte, en ce même endroit, comme aussi près le Grand-Ménil et le Petit-Ménil et près Sagy, surtout du côté de Pontoise, une grande quantité de rochers calcaires.

Vient ensuite la fameuse carrière de Saillancourt, dont presque tout le pont de Mantes a été bâti. Des deux côtés de la vallée où est situé le hameau de Saillancourt, on trouve du grès dans la plaine; la carrière est tout près le hameau, à l'endroit où la côte regarde le couchant. Les bancs de cette carrière sont très beaux; un ouvrier nous a dit qu'on en pouvait tirer des blocs de 10 pieds d'épaisseur sur 50 de longueur. En entrant sur le pont de Mantes, par la ville, on trouve sur la première arche à droite une pierre qui forme le parapet; elle a 18 pieds de longueur sur 1 pied 9 pouces d'une face et 1 pied 6 pouces de l'autre. Aux quatre coins de ce même pont, on voit quatre blocs de pierre de 5 pieds 10 pouces d'un sens, sur 7 pieds 9 pouces de l'autre et 1 pied 9 pouces 1/2 d'épaisseur. Cette pierre pèse environ 160 livres le pied cube; elle est en fausses ooslites très fines et la pierre est à peu près la même du haut en bas de la carrière; je crois qu'on ne peut guère mieux donner d'idée de cette pierre qu'en disant qu'elle est composée de fausses ooslites mêlées avec un grès blanc.

Voici le détail des bancs mesurés avec exactitude :

1° Terre végétale	2 pieds	0 pouce.
2° Blocaille qui n'est autre chose qu'une espèce de tuffo	6	6
3° Banc de pierre	10	6
4° Banc de pierre	6	
5° Banc de pierre	3	10
6° Banc de pierre	7	6
7° Banc de pierre	2	
8° Banc de pierre	2	
9° Veine coquillière qui tient au banc précédent et qui en fait partie	•	9
Total	41	1

Les quatre derniers bancs tiennent le plus souvent ensemble et paraissent faire masse; cette pierre contient un assez grand nombre d'échinides; on en peut voir un dans une des pierres du pont de Mantes, en entrant à droite par le pont. Le neuvième banc, qui est coquillier, contient des bucères, des cammes striées (grandes et petites), des cammes épineuses, des huîtres, des cœurs, des rouleaux, des olives, une espèce de pierre numismale trouée qu'on appelle *monnaie de Saint-Pierre*, de petites branches de corail très fines. Dans le haut de cette même côte, on trouve du grès coquillier.

En suivant toujours la même vallée, on s'aperçoit qu'à Gondecourt les maisons sont bâties sur le roc; on voit aussi des rochers le long de la côte, près la Villette; on trouve encore de la pierre à la côte après Tessancourt.

A la Ville-Neuve, à une lieue et demie nord-ouest de Pontoise, on trouve quelques rognons de grès; en allant ensuite du côté d'Ableiges, la plaine s'abaisse un peu; près de descendre à Ableiges, on trouve encore du grès dans un terrain sableux; en descendant ensuite dans la vallée, on rencontre des rochers calcaires; on en voit aussi de l'autre côté vis-à-vis Ableiges, et ils se continuent le long de la côte jusqu'à Montgeroult.

Sous le château de Montgeroult, on trouve des carrières ouvertes, la pierre est en bancs de 2, 3 ou 4 pieds d'épaisseur, à peu près de même nature que celle de Saillancourt. Dans le bas elle n'est qu'en bancs de 1 pied d'épaisseur, lesquels sont séparés les uns des autres par un banc de grès d'égale épaisseur environ. On trouve encore en suivant cette même vallée des carrières vis-à-vis Boissy, Laillery et Bas-Boissy, et des deux côtés de la vallée à Vauréal; en montant à la ferme de la Saule, on trouve du sable et du grès.

Ayant ensuite regagné le grand chemin de Pontoise à Magny, tout près de descendre à Pontoise, nous avons trouvé la coupe suivante:

1° Terre végétale	3 pieds	0 pouce.
2° Cos en gros morceaux dans une espèce de marne.		8
3° Banc de sable verdâtre		10
4° Grès qui avait un coup-d'œil rougeâtre et tirant sur le violet		10
Total	5	4

En descendant ensuite à Pontoise, nous avons vu quelques coquilles dans un sable jaune.

COUPE GÉNÉRALE
DES MONTAGNES LES PLUS ÉLEVÉES
DU VEXIN[1].

1° Terre labourable d'un jaune brunâtre, depuis 2 jusqu'à 6 pieds	4 pieds
2° Sable argileux d'un jaune de rouille, depuis 4 jusqu'à 24 pieds	14
3° Glaise un peu sableuse, à veines jaunes et rougeâtres, dans laquelle se trouve la pierre meulière, depuis 6 jusqu'à 18 pieds	12
Sable gris, quelquefois jaunâtre qui contient du grès	70
Tuffo blanc rempli de coquilles dans lequel on trouve quelquefois de la pierre	25
Craie ou pierre blanche	80
Total de la coupe	205

[1] Dans le Vexin (altitude moyenne 200 mètres), le sol est composé de haut en bas par les assises suivantes :

Meulière de Beauce	200 mètres.
Sable de Fontainebleau	
Marne verte	
Argile et marne du gypse.	
Calcaire de Saint-Ouen	120
Sable de Beauchamps	110 mètres.
Calcaire grossier	100
Sable du Soissonnais	
Argile plastique et lignites.	
Craie	35

On voit d'après cela combien la coupe générale faite par Lavoisier est incomplète.
F.

COUPE D'UNE CARRIÈRE DANS LE VEXIN.

1° Terre labourable brune noirâtre sableuse....	2 pieds	0 pouce.
2° Blocaille blanche jaunâtre...............	6	6
3° Banc de pierre grise....................	10	6
4° Autre banc de même couleur.............	6	
5° Autre banc de même couleur.............	3	10
6° Autre banc..........................	7	6
7° Autre banc..........................	2	
8° Autre banc de même couleur et qui est très coquillier dans le bas.................	3	
TOTAL.........	41	4

Les trois derniers bancs ne paraissent point séparés; au coup-d'œil ils paraissent faire masse; ils se séparent cependant en exploitant la carrière.

COUPE D'UNE MONTAGNE DE CRAIE.

1° Terre labourable jaunâtre mêlée de silex, depuis 1 pied 1/2 jusqu'à 4 pieds..............	2 pieds	9 pouces.
2° Silex sans ordre, depuis 2 jusqu'à 6 pieds....	4	
3° Masse de craie de 70 ou 80 pieds, coupée à la distance de 12, 15, 18 pouces, 2 pieds et même quelquefois 3 pieds par des bancs de cailloux en rognons de figure bizarre; ces bancs ont 5, 6 ou 8 pouces d'épaisseur.........	75	
TOTAL...............	81	9

JOURNAL D'OBSERVATIONS MINÉRALOGIQUES

FAITES DANS LA BRIE EN OCTOBRE ET NOVEMBRE 1766[1].

Du 12 octobre 1766.

En allant de Fismes à Épernay, on s'aperçoit au sortir de Lery que les terres deviennent très fortes, et on commence à y trouver des cailloux pleins, qui sont à peu près de la nature de la meulière, et qu'on nomme *chaillots* dans le pays; cet endroit est une des lisières du pays à pierre meulière. Cette plaine est fort élevée et domine presque de toutes parts; sa surface est environ de 7 lignes 1/2 du baromètre au-dessus du pavé de Notre-Dame de Paris, ce qui donne, suivant l'échelle de M. Maraldi (voir *Mém. acad.*, année 1703, p. 233), environ 508 pieds d'élévation. Au-dessous de la terre argileuse que contient la meulière, on trouve, en fouillant, de la pierre à chaux.

En montant de cette plaine à Romigny, le nombre de chaillots augmente beaucoup et l'on s'aperçoit qu'on est entré entièrement dans le pays à pierres meulières.

La côte de Jonquery est de tuf et de pierre à chaux; on y trouve aussi quelques chaillots, mais en petit nombre; lorsque au contraire on monte de ce même endroit du côté de la forêt, on y rencontre une très grande abondance de chaillots; dans le haut même, surtout lorsqu'on est prêt de descendre à Baslieux, on trouve de gros rochers de vraie

[1] Manuscrit autographe.

meulière; ils sont très abondants. Cette partie de la forêt, qui est entre Jonquery et Baslieux, est élevée d'environ 490 pieds au-dessus du sol de Notre-Dame de Paris[1]. Cette même forêt paraît encore plus élevée environ d'une quarantaine de pieds du côté de la Bertellerie, ce qui donne une hauteur totale pour cet endroit de 530 pieds.

La terre qui contient la meulière n'est pas fort épaisse au-dessus de Baslieux; elle n'a pas plus de 10 ou 15 pieds. Dessous, on trouve le tuf, lequel contient de la pierre à chaux qui ressemble à de la craie durcie; elle est fort dure et tient du *cos*. En remontant de l'autre côté de la vallée pour aller à Villers, on trouve précisément le même terrain; dans le haut est une plaine inculte toute couverte de meulière; cette plaine est d'une dizaine de pieds plus haute que la pointe de la forêt entre Jonquery et Baslieux.

La terre à meulière, en descendant à Villers, a environ 15 à 20 pieds d'épaisseur; on trouve, dessous, 250 pieds de tuf et de pierre à chaux; ce banc est suivi par le sable, le reste de la côte est ensuite recouvert et on ne voit que des pierrailles. J'ai vu dans un endroit, au-dessus d'Orquigny, une veine de terre végétale toute remplie de coquilles.

Toutes les côtes des environs de Villers sont, de même, composées de pierres meulières dans le haut, et de pierres à chaux le long de la côte; on observe la même chose en montant d'Orquigny à la ferme des Savards; la plaine où est située cette ferme est la plus élevée de toutes celles des environs; elle est de 7[l] 3/4 du baromètre au-dessus du pavé de Notre-Dame, ce qui revient à 526 pieds.

En descendant de la ferme des Savards à Vanteuil, on trouve de la pierre meulière dans le haut, ensuite du tuf et de la pierre à chaux, et enfin le sable. Le sable en cet endroit se trouve beaucoup plus haut qu'à Villers. A l'endroit où le banc de sable touche à celui de tuf,

[1] L'altitude du point le plus élevé de la forêt au nord de Baslieux est 286 mètres. La surface du sol y est formée par la meulière de Brie.

L'altitude de la plaine du Bois-du-Roi, près d'Orquigny, est au point le plus haut de 265 mètres (à 2 kilomètres à l'est de la ferme des Savarts). F.

on trouve quelques coquilles fossiles; ce sont celles sans doute dont a parlé Bernard Palissy.

Toute cette côte, en suivant depuis Vanteuil par Cumières, est de tuf, avec cette différence qu'il devient plus fort à mesure qu'on avance, de sorte qu'il approche de plus en plus de la craie sans cependant y passer entièrement.

La côte opposée à celle-ci, je veux dire celle de Vauxerenne, Boursault, etc., est composée de pierre meulière dans le haut, de tuf et de pierre à chaux; au-dessous, il y avait une petite coupe de tuf marneux ouverte au-dessus de la ferme de la Borde.

On observe, dans le bas de la vallée, du côté de Damerie, des dépôts de la rivière; ce sont des graviers arrondis, la plupart calcaires.

Après la Borde, on s'écarte un peu de la rivière, on s'élève alors peu à peu, puis on descend tout court à Épernay. Cette petite butte est coupée pour en adoucir la pente; elle est de craie, c'est cet endroit qui forme la limite des craies de Champagne.

Du 18 octobre 1766.

En allant d'Épernay à Saint-Martin d'Ablois, on laisse à gauche, en sortant de la ville, une côte de craie d'une lieue de long qui s'étend depuis la ville dans la direction du sud-sud-est.

La côte de Cuy, très voisine de celle-là, mais qui est cependant détachée, est d'une nature différente. C'est une espèce de butte au haut de laquelle on trouve une petite plaine du côté de Cuy; elle est de tuf et pierre à chaux; elle est vraisemblablement de même nature dans toute son étendue. C'est au pied de cette butte, du côté de Cramant, que commencent les craies de Champagne.

Le chemin d'Épernay à Saint-Martin d'Ablois est ferré en pierre meulière tirée le long de la côte au-dessous de la forêt d'Épernay; depuis cette ville, on ne voit rien jusqu'au village de Chavot. La paroisse de ce dernier endroit est bâtie sur une petite élévation composée de craie presque jusqu'en haut; il y a environ 200 pieds du haut de cette craie au niveau de la marne à Épernay. Toute cette épaisseur n'est composée que de craie; au-dessus de cette craie, on trouve, en montant, 45 pieds de sable, ensuite 15 pieds de glaise sur laquelle est établie une tuilerie. En s'élevant davantage, on entre dans le tuf et la pierre à chaux; le tuf est marneux et coupé par des bancs de glaise verte de 1 pied 1/2 et 2 pieds d'épaisseur; le tuf et la pierre à chaux ont en tout environ 115 pieds d'épaisseur; enfin, dans le haut, on a une trentaine de pieds de terre à meulière dans laquelle il se trouve quelques-unes de ces pierres.

J'ai appris de celui qui fait valoir la tuilerie près Chavot, qu'on trouvait une cinquantaine de pieds de sable près Courcourt, qu'on en trouvait au Chauffour au retour de Chavot, au-dessus de Vinay et au-dessous de l'Ermitage. Le même m'a encore indiqué du grès entre la ferme du Jard et Courcourt dans le bois de Montelon, sur le patis au-dessus de la tuilerie; j'ai reconnu tous ces endroits sur la carte de M. de Cassini, à l'exception du Chauffour que je n'ai point trouvé.

J'ai encore appris de la même personne, que toute la forêt d'Épernay contenait de la pierre meulière et du chaillot, qu'on fabriquait des meules au Sourdon, près Saint-Martin d'Ablois, qu'on y avait même découvert une fois une masse dans laquelle on en avait tiré 32 l'une sur l'autre; on tire aussi de la pierre à meule au Champ-de-la-Reine, près le même endroit.

Dans la plaine, depuis le Jard jusqu'à la forêt de Brugny, les terres sont lourdes et fortes et paraissent d'une bonne qualité; elles deviennent ensuite de plus en plus mauvaises à mesure qu'on approche de Sézanne; dans cette plaine du Jard et dans toute la forêt de Brugny, on ne voit rien du tout, à l'exception de quelques chaillots qui se rencontrent de temps en temps; en revanche, on trouve une quantité prodigieuse de ces chaillots en descendant à la vallée de Mont-Maur et de la Charmoye; on trouve aussi, outre ces deux endroits, de grands amas de laitiers anciens qu'on a même employés pour ferrer le chemin de Montmaur à la Charmoye. Je me suis informé dans le pays de quel endroit on tirait la mine, sans avoir pu le découvrir; il y a toute apparence qu'on exploitait les terres à meulière qui se trouvaient les plus ferrugineuses. Le seigneur de Montmaur cherche à rétablir ces usines; il a même fait faire quelques fouilles pour retrouver la mine. J'ai vu une de ces fouilles près La Mardelle, dans la plaine; on n'avait trouvé que la terre à meulière et des meulières; il n'a pas été possible jusqu'à présent de trouver une mine qui mérite d'être exploitée.

On trouve à Montmaur, dans le bas de la vallée, une tuilerie exploitée.

La plaine de La Mardelle, La Grange du Veaux, Champaubert, jusqu'aux approches de la vallée de Baye, offre peu d'observations à faire; c'est toujours la terre limoneuse qui, en creusant, contient de la meulière; au reste on n'en voit point à la surface, quoique les fermes et les villages en soient bâtis[1].

En descendant à Baye, on trouve dans le haut la meulière dans une terre très ferrugineuse; dessous est la pierre à chaux jusqu'au niveau du ruisseau; ce qui donne 50 à 60 pieds d'épaisseur.

En allant de Baye à Pont-Saint-Prix, on trouve à la côte, à gauche, de la pierre à chaux et, dans le bas, quelques rognons de grès; j'ai vu aussi dans le bas un gros caillou blanc qui contenait des empreintes de buccins de la nature de ceux d'eau douce.

A la sortie de Pont-Saint-Prix, on observe les pierres à chaux; elles tiennent de la nature du *cos*. Dans le haut, on trouve de la meulière; on observe cette même meulière à la ferme de Montalard; dans le bas de la côte on tire du sable.

Dans cette même vallée, on trouve tout en bas une tuilerie; on tire à la tuilerie même 15 pieds de glaise et, dessous, du sable. D'après les nivellements faits en cet endroit, on peut établir ainsi l'ordre des bancs dans les environs de ce pays :

[1] A la descente de Baye et sur les flancs de la vallée, on observe la coupe suivante : meulière de Brie; marnes du gypse; calcaire de Saint-Ouen; calcaire grossier très peu épais; argile plastique.

F.

IMPRIMERIE NATIONALE.

1° Meulières dans la terre qui leur est propre.........	25 pieds.
2° Tuf et pierre à chaux.........................	130
3° Glaise.......................................	15
4° Sable indéterminé.	
Total.................	170

Lorsqu'on a passé la tuilerie et qu'on remonte du côté de Chapton, on trouve le grès pêle-mêle ensemble en abondance. Dans l'avenue, près le château de Chapton, on trouve quelques pierrailles à chaux; plus loin, dans la même plaine vis-à-vis du Valdieu, on trouve quelques morceaux de grès.

Cette plaine n'est élevée que de 430 ou 440 pieds au-dessus du pavé de Notre-Dame de Paris, c'est-à-dire qu'elle est plus basse de près de 100 pieds que celle de la ferme des Savards près Damerie; il résulte même de mes nivellements que cette pente est distribuée assez uniformément, de sorte qu'on en peut conclure que tous les bancs s'inclinent en ce sens. Si l'on cherche par le calcul, d'après les données, de combien est cette inclinaison, on trouvera qu'elle est d'environ 2 minutes 40 secondes.

Nous considérons ici l'inclinaison des bancs dans la direction du nord au midi; on verra qu'elle est beaucoup plus considérable du nord-est au sud-ouest.

Lorsqu'on est prêt de descendre à Sézanne, on aperçoit au sud-est, dans un grand éloignement, un rideau de montagnes qui borde l'horizon. Vers l'est la côte s'abaisse insensiblement et forme des monticules de craie; on découvre par-dessus ces monticules toute la Champagne crayeuse qui paraît comme une vaste plaine qui se perd à l'horizon.

En descendant à Sézanne, on trouve des pierres meulières dans le haut et, plus bas, de la craie. On commence à trouver la craie lorsqu'on est descendu environ 30 ou 40 pieds au-dessous du niveau de la plaine. J'ai encore vu près Sézanne, vers l'est inclinant au nord, une coupe de petites dragées de craie.

Tout à fait à l'est du même endroit, sur une butte entourée de craie de toute part, on tire de la pierre à chaux; comme il faisait presque nuit quand j'y passais, il ne m'a pas été possible de décrire exactement l'endroit; il m'a semblé seulement que la pierre se tirait à la surface de la terre, qu'elle était en morceaux, dont la plupart faisaient à peine des moellons; quelques-uns de ces morceaux étaient tendres, friables, très légers; d'autres étaient durs, pesants, comme spatheux. Je pris deux morceaux qui, à la lueur de la lune, me parurent avoir quelque singularité; quand je fus rentré, je m'aperçus avec surprise que l'un était une chandelle de spath, l'autre était elle-même spatheuse et portait une empreinte comme de feuille de laurier; il me semble qu'on ne saurait expliquer ces phénomènes qu'en supposant qu'il y a eu autrefois en cet endroit une fontaine intermittente. Ces pierres à chaux, ces vernis spatheux sont les dépôts de la fontaine; il ne serait plus étonnant d'après cela que, parmi ces dépôts, il se trouve des empreintes de feuille.

Du 16 octobre 1766.

En quittant les dernières maisons de Sézanne, par le chemin qui conduit à la Ferté-Gaucher, on monte une petite côte qui est de craie; arrivé au haut de cette côte, j'ai coupé à droite pour gagner Verdey; un peu après avoir quitté le grand chemin j'ai trouvé du sable et quelques cailloux roulés; un peu plus haut, on entre dans le terrain à pierre meulière; elle n'est qu'en petits morceaux. On continue ainsi à trouver la meulière jusqu'au ruisseau de Verdey; sur le bord de ce ruisseau était plantée une croix parmi les pierres qui étaient arrangées; à sa base, pour la soutenir, il y avait un beau morceau de bois pétrifié. On retrouve encore quelques vestiges de meulières après avoir traversé le ruisseau.

Après avoir ensuite monté la côte, comme pour aller aux Grands-Essarts, on entre dans une vaste plaine dont les terres sont assez bonnes; ce sont toujours les terres limoneuses; il y a apparence qu'on trouverait de la meulière en creusant; au reste il ne s'en présente pas à la surface, quoique les villages et les fermes en soient bâtis. Dans cette même plaine, près des Bordes, on avait ouvert quelques trous à fleur de terre d'où l'on tirait du sable.

Au sortir du village de la Noue, on rencontre quelques pierrailles à chaux et des terres à meulières très ferrugineuses. Au Vivier qui est plus loin, dans la même vallée, on trouve de la pierraille meulière mêlée avec de la pierraille à chaux; en suivant toujours, on observe à la côte du hameau nommé *Esternay-le-Franc* de la meulière en gros rochers; plus bas on voyait la marne sous la terre à meulière.

J'ai appris, dans le village d'Esternay, qu'on tirait du grès à Chaumey et à Charleville; je n'ai pu trouver le premier de ces deux endroits sur la carte; le second est entre Sézanne et Bergère, plus près de ce dernier; c'est à Charleville qu'a été tirée une partie du grès dont on a pavé Sézanne; on en a tiré aussi de la forêt du Gault; ce qu'il y a de singulier, c'est qu'on voit dans le village d'Esternay beaucoup de bornes et autres ouvrages de grès; on n'en trouve cependant plus maintenant dans le pays.

Le haut de la côte, entre Esternay et Neuvy, est garni de grosses meulières, principalement près le Tronchet. Un peu après ce dernier endroit, on voyait à la côte une ravine dans laquelle se trouvaient pêle-mêle avec les meulières de grosses boules, dont quelques-unes avaient jusqu'à 2 pieds de diamètre, lesquelles extérieurement ressemblaient parfaitement pour la figure à de grosses pyrites martiales. La conformation intérieure de ces boules avait encore beaucoup de rapport avec celle de la pyrite martiale; elles étaient composées, de même qu'elle, de filets très fins qui, venant se terminer à la circonférence à des distances inégales, en rendaient la surface raboteuse et y formaient des espèces de facettes. Ces mêmes filets, le plus communément, n'étaient pas continus de la circonférence; au centre ils étaient coupés par différents plans ou couches concentriques qui les interrompaient. Quelquefois, au lieu d'être coupés par une surface plane, les filets s'enchevêtraient les uns dans les autres et formaient une espèce de point de Hongrie. Très souvent ces filets n'étaient pas dirigés vers le centre des boules, mais une portion convergeait en un point où ils se rassemblaient et formaient comme une portion d'étoiles. Souvent aussi on voyait au centre de la boule un noyau brillant, compact, de la couleur de certaines belles pierres à plâtre dont le grain est entièrement fondu. Ce noyau avait quelquefois plus de moitié de diamètre de la boule totale; c'était à sa circonférence que les filets étaient attachés. Les filets qui composent ces boucles sont grisâtres; ils se dissolvent presque entièrement dans les acides et se réduisent en chaux par la calcination. Outre ces masses en filets, nous en avons vu depuis d'autres près Bergère qui étaient composées de grains.

Ce spath, ainsi qu'il résulte de l'observation des lieux et des nivellements faits près le Tronchet et au-dessus de la Grâce, près Montmirail, se trouve toujours à l'endroit où le banc de terre à meulière repose sur celui de tuf et de pierres à chaux. Il semblerait en résulter que c'est à quelque matière saline ou acide que l'eau a extraite des terres à meulière et qui s'est combinée avec la terre calcaire qu'est due cette cristallisation singulière.

J'interromprai ici l'ordre du journal pour parler du spath de Bergère-en-Brie. Tout ce que je viens de dire de celui du Tronchet convient parfaitement à celui-ci; c'est principalement dans les vignes au-dessus de Courbetost et de la Grâce que nous avons eu occasion de l'observer. La surface de la terre en cet endroit en est couverte; il y a des meurgers entiers qui en sont composés, de sorte qu'il est très facile d'en observer toutes les variétés; elles sont presque toutes décrites ci-dessus. Un peu plus loin, en approchant de la forêt de Beaumont, on voyait un ravin dans lequel l'intérieur du terrain était découvert; on y observait :

1° De la pierre meulière dans la terre qui lui est propre;

2° Les boules de spath que j'ai décrites plus haut;

3° De la masse ou tuf marneux dans lequel on trouve beaucoup de pierrailles à chaux; ce tuf ou marne est coupé de distances en distances par des bancs de glaise verdâtre.

Pour en revenir au Tronchet, la côte de Neuvy, qui est plus loin dans la même vallée, est de tuf et de pierre à chaux. On s'élève ensuite pour aller à Joysel et on retrouve la meulière; on descend ensuite à Joysel et on rentre dans la marne et la pierre à chaux. On trouve encore de la pierraille à chaux, mais mêlée avec de la meulière en montant la côte de Joysel pour aller à Treffaux. Dans la plaine qui est au-dessus, on trouve épars de la meulière et du grès; on tire aussi du grès à Morsins, aux Sableux et du côté de Chamguyon.

Treffaux est au bord d'une petite vallée dans laquelle on observe de la petite meulière et de la pierre à chaux; on entre ensuite dans une grande plaine dans laquelle sont situés les villages de Montinil et Mont-Olivet; on y trouve, près Montinil, quelques rognons de grès; du reste il n'y a pas une pierre.

En descendant ensuite la côte entre Villiers et La Celle, on trouve de la marne et de la pierre à chaux; la meulière ici se trouve dans le bas, mais il y a tout lieu de croire que ce sont des éboulements qui se sont faits. Entre Mecringe et Montmirail, dans le bas de la côte, la terre végétale est si peu épaisse en un endroit, que la charrue égratigne un banc de tuf qui est dessous. Ce tuf est tout rempli de coquilles à peu près de l'espèce de celles de Courtagnon; ce tuf se trouve également de l'autre côté de la vallée à même hauteur; on en peut voir la description dans la suite de ce journal au 9 novembre 1766.

Du 15 octobre 1766.

De Montmirail à Leschelles, on traverse une grande plaine dans laquelle on ne trouve que quelques meulières en très petits morceaux et même fort rares.

La vallée de Leschelles a au plus 50 pieds de profondeur; on y rencontre de la pierre à chaux mêlée avec de la meulière; les maisons sont bâties indifféremment des unes et des autres. A un quart de lieue de Leschelles vers Corrobert, on trouve une petite côte assez abondante en pierrailles à chaux; il y a près de là un endroit nommé *les Chauffours;* ce nom semblerait annoncer qu'on y a fait anciennement de la chaux; on observe autour de la ferme même quelques pierres à chaux. Entre les Chauffours et Margny, à l'origine de la vallée de Corrobert, on trouve de la pierre meulière, principalement en remontant vers Margny. La plaine, dans ce canton, est élevée au moins de 480 pieds au-dessus du pavé de Notre-Dame de Paris, de sorte qu'elle est élevée de plus de 50 pieds au-dessus du niveau de celles des environs de Sézanne: elle continue ensuite à s'élever jusqu'au bord de la vallée de la Marne, près Dormans, alors elle est à son plus haut.

On trouve près Margny une briqueterie; la glaise se tire dans l'endroit même; j'ignore d'où l'on tire le sable. Sous la glaise, en fouillant, on tire de la marne; on trouve aussi de la glaise et de la marne près la ferme des Fourneaux.

Les terres des environs de Leschelles sont assez fertiles, mais depuis Margny jusqu'à Orbais elles sont très légères et très peu fertiles.

La vallée d'Orbais est garnie des deux côtés d'une prodigieuse quantité de pierres meulières, on y voit rien autre chose; elles y sont même fort grosses; on m'a dit qu'on en trouvait dans presque toute la forêt de Vassy et d'Anguien, plus ou moins, suivant les cantons; elles sont la plupart pleines. En allant d'Orbais au village d'Igny, on traverse un coin de la forêt de Vassy; on trouve dans le haut de la côte, du côté d'Orbais, beaucoup de meulières culbutées; il y en a des morceaux assez considérables pour pouvoir en faire des meules; après avoir traversé ce petit coin de forêt, on monte à une plaine où se trouve deux fermes : celle de Champ-Renaud et celle de la Maison-Blanche. Cette plaine est très élevée; elle est précisément de niveau avec celle de la ferme des Savards près Damerie, et de 36 pieds plus élevée que celle des environs des Chauffours, près Leschelles, ce qui donne pour l'inclinaison des bancs de la Maison-Blanche aux Chauffours, c'est-à-dire dans la direction du sud-sud-ouest, environ trois minutes et demie.

Entre les Halets et Igny on recommence à trouver la pierre à chaux; elle est même en assez gros morceaux. On tire aussi au Trou-d'Enfer, qui est une dépendance d'Igny, un tuf marneux qu'on emploie pour engraisser les terres. Depuis Igny jusqu'à Comblisy, on trouve du haut en bas de la vallée, surtout à droite, du tuf et des pierres à chaux; elles deviennent encore plus abondantes à Comblisy, elles sont toujours dans le tuf; elles sont blanches et ressemblent à de la craie durcie. Le même terrain se continue sans aucun changement jusqu'à trois quarts de lieue par delà Nesles; je n'ai pas suivi plus loin cette vallée. Dans le haut de la côte, au-dessus de Nesles, on trouve de la meulière; il y a même toute apparence qu'on en trouverait de même tout du long de la vallée le haut de la côte.

La plaine qui se trouve ensuite entre la vallée de Nesles et celle de Marne contient beaucoup de meulières; elle est extrêmement élevée, c'est la plus haute de tout le canton; elle donne, de sa partie la plus élevée au niveau du pavé de Notre-Dame, plus de 8 lignes du baromètre, ce qui fait au moins 550 pieds d'élévation; elle est environ de 30 pieds plus haute que la Maison-Blanche, ce qui donne pour l'inclinaison des bancs de cette plaine à celle de la Maison-Blanche, du nord au sud, environ trois minutes et demie. En descendant de là à la rivière de Marne par le hameau de Vassieux, on observe l'ordre suivant dans les bancs[1]:

1° Pierres meulières, dans la terre qui leur est propre, 50 pieds;

2° Tuf qui contient de la pierre à chaux, 300 à 320 pieds;

3° Grès en gros rochers, très beaux et très durs; il ne m'a pas été possible de déterminer la hauteur de ce banc; on voit de loin, derrière Vincelle, de gros amas de rochers à la côte; il sont à peu près au même niveau que ceux-ci[2].

Du 16 octobre 1766.

En montant de Dormans à un petit endroit qu'on appelle *la Croix*, on trouve quelques coquilles fossiles dans la terre végétale; on s'aperçoit par les ravines que la côte est composée de tuf et de pierres calcaires; il y a des pierres en cet endroit qui sont très grosses et qu'on

[1] La plaine de la Maison-Blanche, dont parle ici Lavoisier, est sans doute celle qui se trouve à quelques kilomètres à l'est de Château-Thierry et dont l'altitude est d'environ 200 mètres. F.

[2] Dans la coupe de Vincelle donnée par Lavoisier : le numéro 1 correspond à la meulière de Brie, le numéro 2 aux marnes du gypse et au calcaire de Saint-Ouen, le numéro 3 au grès de Beauchamps. F.

peut employer dans les bâtiments comme pierres de taille; le tuf qui les contient est coupé de distance en distance par des bancs de glaise verte.

Un homme du pays m'a dit qu'on tirait de beaux blocs de pierre près Chavenay; on trouve aussi dans le même village du sable et de la terre à tuile; dans le haut de la côte, au bord de la vallée, on trouve quelques meulières ou chaillots, mais en petite quantité.

A la Chapelle-Montodon, la côte est composée, comme à l'ordinaire, de pierres meulières dans le haut, de tuf et de pierres à chaux dans le bas. En suivant la vallée, on trouve la continuité du même terrain jusqu'à Celles; à droite, un peu avant ce dernier endroit, on trouve une tuilerie; la terre et le sable se tirent tout auprès; la côte ensuite, en gagnant vers Monturel, est garnie de rochers calcaires assez gros.

En montant de Condé pour aller à Coufremeau, on trouve à la surface de la terre quelques coquilles fossiles dans du tuf; tout le reste de la côte est composé de tuf jaunâtre et de pierres à chaux. Dans le haut du hameau de Coufremeau, la meulière est abondante.

De Coufremeau, en descendant à Courboin, on ne trouve uniquement que de la pierre meulière; de l'autre côté, près Montalvard, Montarineau, on trouve du tuf et de la pierre à chaux. La plaine, qui est ensuite jusqu'à la Malmaison, ne laisse absolument rien à observer, les terres sont légères, médiocrement fertiles et sans pierres; les fermes et villages sont néanmoins bâtis en meulière, on trouve quelques-unes de ces pierres entre la Malmaison et Viffort.

De Viffort à Viffourteau, la vallée est garnie des deux côtés de pierres à chaux; de Viffourteau à Essise, on trouve ces mêmes pierres à chaux mêlées avec de la petite pierre meulière en grande quantité. Outre ces deux espèces de pierres, on trouve à Arouart du grès tout à fait dans le bas; l'épaisseur des bancs dans cette vallée et dans les environs est à peu près telle qu'il suit :

IMPRIMERIE NATIONALE.

1° Terre à meulière	35 pieds.
2° Tuf et pierres à chaux	200
3° Grès	indéterminé.
Total	235 [1]

A l'Orme-au-Loup, sur le chemin de Montmirail, lorsqu'on est près de descendre à Château-Thierry, la plaine est trop élevée; elle est au moins de 510 pieds au-dessus du niveau du pavé de Notre-Dame. En descendant de là à Château-Thierry, on trouve les bancs tels qu'ils suivent :

1° Terre à meulière	45 pieds.
2° Glaise marneuse	10
3° Tuf mêlé de pierre à chaux et coupé de distance en distance par des bandes de glaise verdâtre	280
4° Sable indéterminé, il y a au moins	50
Total	385

Tout à fait dans le bas de la côte, on trouve sous la terre végétale des dépôts de rivières; ils sont composés de cailloux roulés calcaires et autres mêlés de quelques coquilles fossiles.

La côte, qui est derrière l'abbaye d'Essonnes près Château-Thierry, est composée comme les autres de pierres à chaux et de meulières; dans le haut, on trouve aussi dans le penchant quelques morceaux de grès.

Du 17 octobre 1766.

En montant de Château-Thierry par la grande route de la Ferté-sous-Jouarre, on trouve du sable jusqu'à une très grande hauteur. Le

[1] Dans la coupe de la côte, au sud-est de Château-Thierry, donnée par Lavoisier, le numéro 1 correspond à la meulière de Brie, le numéro 2 aux marnes du gypse et au calcaire de Saint-Ouen, le numéro 3 au grès de Beauchamps.

Pour compléter la coupe, il y auroit lieu d'ajouter le calcaire grossier, le sable du Soissonnais et l'argile plastique qui s'observent aussi en cet endroit à un niveau plus bas.

L'altitude de l'Orme-au-Loup est de 229 mètres. F.

sable en cet endroit est plus haut qu'en aucun autre de la Brie; il est élevé au moins de 330 pieds au-dessus du pavé de Notre-Dame de Paris; il est recouvert de 5 ou 6 pieds de marne sur laquelle est 1 pied de glaise verte. Plus haut est la terre à meulière et les meulières.

En descendant ensuite à Vaux, on ne trouve que du sable jaune et du grès, il y a aussi quelques meulières; on entre de là, en suivant la grande route, dans une vaste plaine qui s'élève insensiblement jusqu'auprès de Vivret, qui est à peu près l'endroit le plus élevé. Cette plaine a, dans cet endroit, environ 480 pieds au-dessus du pavé de Notre-Dame; sa surface est couverte de terre limoneuse à meulière; dessous on trouve différents bancs de glaise verte et de marne et, enfin, la pierre à plâtre. On trouve, près la Croisette, des trous ouverts pour en tirer le plâtre; on tire avant d'y parvenir de la terre à meulière et quelques grosses meulières dont on a même fait quelques meules. Ces trous ne sont point ouverts tout à fait dans le plus haut de la plaine; ce n'est qu'après avoir fouillé environ 70 pieds qu'on parvient au plâtre; on creuse environ 45 pieds dans la masse sans trouver le fond. L'opinion des ouvriers est que tout le terrain de la plaine est de pierres à plâtre.

Au reste, soit qu'il y ait continuité de bancs ou non, toujours est-il que le plâtre est très commun à plusieurs lieues à la ronde; il y a, par exemple, trois plâtrières ouvertes à Château-Thierry; la masse y est peu épaisse, elle n'a pas plus de 25 pieds; il serait curieux de savoir ce qui se trouve au-dessous. On trouve en outre beaucoup de plâtrières ouvertes au nord, nord-ouest et nord-est de Château-Thierry : telles sont celles de Besu, Beuvardes, Grisolles, Alondray, l'Abbaye-du-Charme, Bonne, Épaux, Villiers-le-Vaste, Germiny; une partie de celles-là sont situées sur la carte du Valois.

Le plâtre est tout aussi commun en se rapprochant de la Ferté-sous-Jouarre; on en tire dans le bois de l'Épinay, à Champruche près Villiers, à Nanteuil-sur-Marne, à Hurtebise, à Chaton, Vandrest, Cocherel, Villemerache, au Limon près la Ferté-sous-Jouarre, dans l'enclos de l'abbaye de Jouarre.

On trouve encore une belle masse de plâtre à Villaré, près le village de Citry; ces plâtrières sont extrêmement abondantes, ce sont celles qui fournissent le plâtre dans une grande partie de la Brie; on en porte surtout à Montmirail, Rebais, la Ferté-Gaucher, Sézanne et même plus loin encore.

Il paraîtrait, par l'inspection du terrain, que la masse de gypse repose sur le sable; en effet, on trouve du sable dans toutes les vallées qui environnent la plaine du Vivret; à Châteaû-Thierry, à Vaux, Villiers, à Domptin, les nivellements même favorisent cette opinion; il en résulte que le plus haut du banc de sable est encore au moins 50 pieds au-dessus du fond des plâtrières de la Croisette; il pourrait donc se faire qu'en creusant beaucoup plus profondément dans ces plâtrières, on parvînt au banc de sable. Au reste, ceci ne doit être regardé que comme conjecture; c'est l'expérience seule qui peut la confirmer ou la détruire.

J'ai dit qu'on trouvait du sable et du grès dans la vallée de Domptin; voici l'ordre qu'on y observe : on trouve d'abord dans le haut de la pierre meulière en grosses masses et fort abondantes; dessous se trouve de la pierre à chaux, elle forme même quelquefois rochers, de sorte qu'on pourrait tirer quelques pierres de taille de cet endroit; enfin on trouve le sable et le grès. Les bancs de pierre à chaux occupent environ un espace de 120 pieds en hauteur.

De Domptin à Montreuil, j'ai trouvé une inclinaison considérable dans les bancs; elle est de plus de vingt minutes, ce qui fait que le banc de sable se trouve beaucoup plus bas qu'à Domptin. La disposition du terrain, du reste, est la même; on trouve la pierre meulière dans le haut, le tuf et la pierre à chaux ensuite; enfin, tout en bas, un banc de grès de 3 pieds d'épaisseur mêlé de parties calcaires et dans lequel on remarque quelques empreintes de coquilles; ce grès repose sur un banc de sable mêlé d'un peu de parties calcaires et de beaucoup de graviers marins.

En tournant ensuite à droite pour suivre la vallée qui conduit à Dhuisy, on aperçoit tout à coup un changement considérable dans le terrain; on voit le grès à une côte et au-dessous des rochers de pierres calcaires. Dans toute la Brie le sable et le grès se trouvent au-dessous des bancs de pierres calcaires. Ici c'est le contraire, le sable occupe le haut; plus loin, vers Dhuisy, tout est sable et grès, on en trouve encore en beaucoup plus grande abondance aux côtes voisines de Bourche; c'est même de là qu'ont été tirés les grès dont est construit le pont de Château-Thierry.

Ce qui est de plus singulier, c'est que tout auprès de cette même vallée de Dhuisy, à droite et à gauche, on trouve du plâtre à Chatton, d'un côté, et à Hurtebise de l'autre.

Plus loin, à la côte de Coulombs et à celle d'Hervilliers, on trouve du grès et de la pierre à chaux. Tout ce terrain a beaucoup de rapport à celui des environs de Villers-Cotterets et de Crépy; le sable s'y trouve toujours au-dessus des bancs de pierre à chaux.

Du 7 novembre 1766.

A une demi-lieue nord-ouest de Lisy, près la ferme de Beauval, se trouve une petite branche de vallée dans laquelle on trouve de la pierre à chaux dans le haut, et dans le bas du grès en grande abondance. La disposition du terrain est encore la même en descendant au gué à Tresme; à la côte opposée en remontant, de même qu'à Tresme, la montagne était coupée pour adoucir la pente.

Voici l'ordre qu'on observait en commençant par le haut[1].

1° Terre végétale jaunâtre un peu argileuse, environ	10 pieds	00 pouce.
2° Tuf marneux contenant de la pierre à chaux.	20	
A reporter....	30	00

[1] La coupe de Tresme donnée par Lavoisier se rapporte dans sa partie supérieure au calcaire de Saint-Ouen et, dans sa partie inférieure, au grès de Beauchamps. Pour la compléter, il faudrait ajouter au-dessous de cette dernière assise le calcaire grossier qui s'observe aussi dans cette localité, et que Lavoisier indique du reste sous les numéros 5 et 6 dans la coupe analogue de Poincy. F.

Report.....	30 pieds	00 pouces.
3° Glaise verdâtre..........................		10
4° Pierres calcaires plates..................		6
5° Petit lit de sable........................		6
6° Glaise verdâtre dont le banc est ondulé....		4
7° Grès bâtard qui contient quelques coquilles, principalement dans le bas............	1	8
8° Autre banc plus coquillier du même grès...	1	4
9° Sable qui contient une partie des mêmes coquilles qu'à Lizy....................	8	
10° Sable blanc et pur (20 pieds et plus)......	20	
Total..............	63	2

Il m'avait semblé que ces bancs s'inclinaient un peu en s'enfonçant vers l'ouest; j'ai ensuite été confirmé dans cette conjoncture en descendant à Vareddes; j'ai trouvé en effet la même disposition de terrain à l'exception cependant que le banc de tuf marneux était plus épais et que le banc de sable se trouvait plus bas.

C'est auprès du même Vareddes, du côté de Poincy, que se tirent une partie des pierres qu'on emploie pour bâtir à Meaux; ces pierres se trouvent presque toutes en bas de la côte, et les nivellements m'ont appris qu'elles étaient situées beaucoup au-dessous de la partie supérieure du banc de sable.

Voici à peu près l'ordre qu'on observe dans ces matières argileuses qui contiennent des espèces de chaillots :

1° La terre végétale..............................	6 pieds.
2° Le tuf mêlé de pierres à chaux (50 ou 60 pieds).....	55
3° Quelques bancs de grès coquillier.	
4° Le sable mêlé de coquilles dans sa partie supérieure, environ..................................	50
5° Tuf et blocaille..............................	20
6° Pierre de taille fort dure et très bonne pour bâtir.....	20
Total................	151

Une partie de cette coupe ayant été seulement estimée sans être mesurée, on ne doit pas s'attendre qu'elle soit d'une exactitude parfaite; elle suffit seulement pour donner une idée de l'arrangement des bancs.

Le plâtre pour le canton se tire principalement de Crégy et de Ponchard.

Du 8 novembre 1766.

En sortant de Meaux par le grand chemin de Coulommiers, on monte une côte pour sortir de la vallée de la Marne; elle est entièrement composée de marne de la nature de celle des plâtrières; lorsqu'on approche du haut, on trouve de la glaise verte près le même Nanteuil et, dans le bas, à Saint-Fiacre, on trouve des plâtrières ouvertes; il y en a pareillement près Coulomme.

Du reste, à la surface de la terre dans le haut, surtout dans les vignes de Nanteuil, on trouve de la petite meulière. On trouve aussi de cette même pierre près Bois-le-Comte, du côté de Fublaine.

La petite vallée qui se rencontre entre Magny-Saint-Loup et Vaux-Courtois est pareillement composée de meulière dans le haut, et ensuite de glaise verte et de marne telle qu'on a coutume de l'observer dans les pays de pierres à plâtre.

On entre, au sortir de cette vallée, dans une vaste plaine très longue qui se continue même jusqu'au delà de Mongivroult, près Sézanne, c'est-à-dire pendant 13 ou 14 lieues dans la direction de l'est[1]; cette plaine est uniforme dans toute cette longueur, on n'y voit qu'une terre limoneuse et quelques pierres meulières à la surface; les fermes et les villages sont uniquement bâtis avec cette pierre, ce qui ferait juger

[1] Le plateau allongé, signalé par Lavoisier comme s'étendant des environs de Meaux jusqu'au delà de Montgivroult, est recouvert par la meulière de Brie; il est bordé par un cordon de marnes vertes et par une bande de marne et de dépôts gypseux. Toutes les localités citées ici ne sont pas situées sur le plateau; plusieurs se trouvent sur les marnes du gypse.

La butte de Doüe est constituée par le sable de Fontainebleau et porte à son sommet un lambeau de meulière de Beauce. F.

qu'on en trouverait une plus grande abondance en faisant des fouilles; j'ai dit que cette plaine était parfaitement uniforme; on y trouve cependant une butte de sable sur laquelle est bâtie la paroisse de Doüe, dont il sera question dans la suite, quelques morceaux de grès près Montinil, ainsi qu'on l'a déjà vu; on y trouve aussi une assez grande quantité de grès près Charleville, ainsi qu'il a été exposé plus haut.

Les principaux endroits qui se trouvent dans cette plaine, et que j'ai dit être tous bâtis en pierres meulières sont Vaux-Courtois, Sancy, la Haute-Maison, Pierre-Levée, Signy, Aunoy, Doüe, La Tretoire, Rebais, Saint-Léger, Mont-Olivet, Montinil, Soigny, Charleville, la Villeneuve, les Grands-Essarts, Montgivroult, Broyes, Allement. Cette plaine, à son extrémité, s'abaisse tout d'un coup et se convertit en petits monticules de craie, auprès desquels est la Champagne crayeuse.

Depuis Sancy et Vaux-Courtois jusqu'aux approches de la butte de Doüe, la plaine est couverte d'une quantité prodigieuse d'étangs. Depuis Doüe jusqu'à l'autre extrémité de la plaine, près Sézanne, on n'en trouve plus un seul; on peut donner plusieurs raisons de cette différence : la première, c'est que les terres sont plus fortes entre Doüe et Vaux-Courtois, qu'elles retiennent mieux l'eau, de sorte que les eaux des pluies n'étant point absorbées, elles doivent naturellement se rassembler dans les endroits les plus creux de la plaine; du côté de Sézanne, au contraire, où les terres sont plus légères, l'eau y est bue avec plus de facilité; une seconde raison est la figure même de la plaine; elle est beaucoup plus étroite dans la partie haute, je veux dire entre Doüe et Vaux-Courtois, d'où il suit que les eaux doivent s'écouler de chaque côté avec plus de facilité; enfin, une troisième raison est l'inclinaison de la plaine; elle est en effet beaucoup plus haute à Montgivroult, près Sézanne, qu'à Vaux-Courtois; la différence va même environ à 160 pieds, d'où l'on peut conclure que cette plaine s'incline de près de 3 minutes de degré, de l'est à l'ouest.

De Pierre-Levée à Signy on passe par Montebise; un peu après le dernier endroit, on descend un peu et l'on rencontre des trous d'où l'on tire de la meulière; nous avons appris dans le canton qu'on tirait du plâtre à Signets et à Saint-Jean-des-Deux-Jumeaux; on nous a dit aussi qu'on tirait du grès près ce même Saint-Jean et à Sameron.

Un maçon, à Jouarre, nous a donné les renseignements suivants : On tire de la pierre tendre à bâtir à Armentières, Caumont-Saint-Tonne; elle est coquillière, on en tire aussi à Courtablon; cette dernière est plus dure. Celle dont le pont de Trilport a été bâti est de Changy; elle est d'une très grande dureté; elle fait même quelquefois feu avec le briquet. On trouve, au rapport du même, de la pierre à chaux dans l'enclos même de l'abbaye de Jouarre; il y a aussi des trous d'où l'on tire du plâtre.

En descendant de Jouarre à la Ferté-sous-Jouarre, on trouve :

1° De la glaise verte;

2° De la marne blanche qui contient de la pierre à chaux;

3° De la marne coupée de petits bancs de glaise verte et brune;

4° Quelques bancs de pierre de taille tendre;

5° Enfin le sable[1].

Du 9 novembre 1766.

De la Ferté-sous-Jouarre, en montant par le chemin de Montmirail, on ne voit absolument autre chose que de la pierre meulière dans la terre qui lui est propre. Ce même terrain se continue jusqu'à Moras, qui est dans le haut; alors on entre dans une grande plaine d'environ 12 lieues de longueur dans la direction du levant et qui se joint par son extrémité aux craies de Champagne près Étoges; cette plaine, dans toute cette longueur, n'est interrompue que par deux petites vallées très peu profondes, la première est l'origine de celle de Vieux-Maisons,

[1] Jouarre est bâti sur la meulière de Brie. La coupe donnée par Lavoisier comprend :

N°s 1 marnes vertes;

2 marnes du gypse;

N°s 3 et 4 calcaire marneux de Saint-Ouen;

5 grès de Beauchamps.

Le calcaire grossier qui existe au-dessous du grès n'est pas signalé. F.

dont il sera question dans un moment; la seconde est celle de Léchelles, dont on a vu la description plus haut. Cette plaine est fort large dans sa partie basse et se rétrécit dans le haut, je veux dire du côté de la Champagne; elle n'est séparée de la grande plaine, dont nous parlions hier, que par la vallée où coule le Petit-Morin; on y trouve presque point d'étangs, si ce n'est un près Vauxchamps, un à Cense-Rouge, un aux Déserts, un à Molinot, un à Fontaine et quelques-uns entre Boitron et Ondevilliers; ces derniers sont dans la partie de la plaine qui avoisine la Ferté-sous-Jouarre; cette plaine est uniforme dans toute son étendue; on trouve à sa superficie la terre limoneuse ordinaire et quelquefois quelques meulières. Tous les villages et fermes sont bâtis de cette pierre; les principaux endroits qui sont dans cette plaine sont Bussières, Bassevelle, Boitron, Ondevilliers, la Chapelle-Chézy, Rozoy-Gâte-Blé, Fontenelles, Margny, Janvilliers, Fromentière, la Chapelle-sur-Orbais, Champaubert, la Caure; c'est dans cette même plaine, près la Ferté-sous-Jouarre qu'on tire les pierres à meules.

Si l'on traverse cette plaine par le milieu en la suivant dans sa longueur, c'est environ vers Janvilliers qu'on trouve le point le plus élevé; elle s'incline ensuite, mais de très peu de chose des deux côtés; cette inclinaison est environ de 50 secondes du côté de la Ferté-sous-Jouarre, et de près de 2 minutes du côté de la Champagne; outre cette inclinaison de la plaine dans sa longueur, il y en a encore une autre plus considérable dans sa largeur; elle est dans la direction du nord au sud, ou plutôt même du nord-est au sud-ouest; elle va environ à 4 minutes; c'est dans les environs de Château-Thierry et Dormans, qui sont à la partie la plus septentrionale de cette plaine, que se trouve la plus grande élévation.

Après avoir donné une idée générale de cette plaine, il reste à ajouter quelques observations particulières. Après Lisle, à trois heures de la Ferté-sous-Jouarre, sur le chemin de Montmirail, on trouve au bout de la chaussée de l'étang une veine de sable; on s'élève ensuite un peu et on trouve des pierres meulières plaines; on redescend ensuite à

Flagny; les terres sont dans cet endroit d'un jaune rouge, très ferrugineuses; on en tire de la petite meulière.

En descendant à la vallée de Vieux-Maisons, on trouve dans le haut la pierre meulière, ensuite de la glaise verdâtre et de la marne blanche; le terrain est à peu près le même de l'autre côté de la vallée, à l'exception qu'en approchant du haut on trouve des cailloux blancs avec semences de médica; tout en haut à gauche, à la Borde-Chailly, on tire du sable.

De là à la vallée de Montmirail la plaine s'enfonce en quelques endroits, on y voit de la marne et de la pierre à chaux; c'est ce qui s'observe près Haute-Pine et au sortir de Coulais. Un quart de lieue après Marchais, on trouve des pierres meulières assez grosses; on en trouve encore quelques-unes avant de descendre à la vallée de Montmirail; le reste de la côte est ensuite ouvert; on n'y voit que quelques pierres à chaux et surtout un grand nombre de petites meulières; enfin, dans le bas, près Tigecourt, on trouve une coupe dans laquelle on observe:

1° Tuf coquillier blanc parfaitement semblable à celui de Grignon près Versailles, et de près Chaumont-en-Vexin, rempli d'un grand nombre de coquilles très bien conservées qui paraissent les mêmes que celles de Courtagnon; il y en a un très grand nombre de variétés	12 pieds	0 pouce.
Le tuf, dans sa partie inférieure, est mêlé de gravier marin et forme une espèce de gris banc	.	
2° Banc irrégulier non horizontal d'un sable presque tout composé de gravier marin et dans lequel on trouve quelques cailloux roulés informes (3 ou 4 pieds)	3	6
3° Sablon pur dont il n'y a que 6 pieds de découverts	6	
Total...........	21	6

Les principales espèces de coquilles qu'on observe dans le tuf coquillier sont les suivantes : la grande vis[1], les moyennes, les petites de différentes espèces, les limaçons à tête aplatie et allongée, le rocher, les buccins, les olives, le couteau, les grandes cammes striées, la petite camme tronquée, la petite camme lisse, la telline colorée de Courtagnon, des dentales, des tuyaux-marins contournés.

Du 10 novembre 1766.

Cette journée a été employée à suivre la vallée du Petit-Morin, depuis Montmirail jusqu'à Orly; cette petite rivière doit son origine à deux ruisseaux, dont l'un prend sa source à Baye, l'autre sort des marais de Saint-Gond; ils se réunissent à Pont-Saint-Prix. On peut voir dans le journal, à la page 7, les observations faites à Baye et à Pont-Saint-Prix; c'est aussi le long de cette rivière à la côte qui regarde le sud, à la Grâce et à Bergère près Montmirail qu'on trouve le spath en filets dont il a été question; on peut voir encore quelques observations faites le long de cette vallée à la Celle et à Mecringe; cette vallée, dans tout son cours, contient de la pierre meulière, dans le haut et au-dessous de la pierre à chaux; dans le bas à Corbetin, la Couarde, Verdelot, Villeneuve, Bellot, Sablonnière, Orly, on trouve du grès en assez grande abondance. Nous allons suivre cette vallée et détailler les observations.

Après le Noux, à un quart de lieue ouest de Montmirail, on trouve un ravin à droite dans lequel on observe de la meulière, de la pierre à chaux et du tuf.

A Villefontaine, à la côte qui regarde l'est un peu inclinant vers le sud, on observe des rochers de meulière d'une grosseur énorme; j'en ai vu qui avaient jusqu'à 60 pieds cubes; ces grosses meulières étaient dans le bas de la côte où elles sont vraisemblablement éboulées d'en haut. En fouillant sous la terre végétale, on trouve tout le long de

[1] La grande vis est le *cerithium giganteum*; les limaçons sont des natices, les tuyaux marins sont des serpules. F.

cette côte le tuf et la pierre à chaux; ces dernières tiennent de la nature du *cos*. Toute cette côte, dans le haut, est très garnie de meulières; on en trouve surtout beaucoup au-dessus du château de Courmont.

En sortant de Vandierre, on trouve de la marne et de la pierre à chaux; elles sont même assez grosses en cet endroit et l'on pourrait les employer en moellons; il y a aussi quelques meulières, mais elles sont rares; on trouve encore dans cet endroit quelques cailloux de la nature de ceux qui se forment dons la craie.

C'est à Corbetin[1], hameau dépendant de Vandierre, qu'on commence à trouver le grès, c'est ensuite extrêmement commun dans la vallée, ainsi qu'on va le voir.

La coupe du terrain en cet endroit est à peu près celle qui suit :

1° Meulières dans la terre qui leur est propre..........	30 pieds.
2° Tuf et pierres à chaux........................	250
3° Grès....................................	25
Total................	305

Le terrain est précisément le même ensuite à la Couarde, à Verdelot et jusqu'à Villeneuve; entre Villeneuve et Bellot, on ne voit point de grès; à gauche de la vallée, soit qu'ils soient couverts ou autrement, il m'a semblé en apercevoir de loin; à droite, près de Bellot, on voit à gauche des silex; les coteaux près cet endroit s'adoucissent et les pierres quelconques y sont moins abondantes. En sortant de Bellot, on trouve à gauche du grès; plus loin, sous le Plessier, il y a une veine de sable; du reste la côte est très couverte.

En entrant et en sortant de Sablonnière, on trouve du grès à droite dans le bas; plus loin, on observe le tuf et la pierre à chaux. Au moulin qui est au-dessus de Bécheret, on trouve beaucoup de grès; à com-

[1] La coupe de Corbetin donnée par Lavoisier doit être interprétée comme il suit :
1° Meulière de Brie;
2° Marnes du gypse et calcaire de Saint-Ouen;
3° Grès de Beauchamps. F.

mencer de cet endroit la côte, surtout à droite, est beaucoup plus découverte; on y observe beaucoup de pierres à chaux et quelques meulières; un peu plus loin les pierres à chaux disparaissent et on voit à la côte beaucoup de grosses meulières; plus bas, on observe 60 ou 80 pieds de la même côte qui ne sont occupés que par de grosses masses de grès. Après le village d'Orly, on commence à revoir les pierres à chaux.

En montant la côte d'Orly pour aller à Rebais, on trouve de la marne, de la pierre à chaux et surtout de la meulière en grande abondance; en haut, on entre dans la vaste plaine de Doüe, Rebais, etc., dont il a été question plus haut.

Du 11 novembre 1766.

Rebais est situé à l'origine d'une petite vallée qui n'est point encore sensible; en sortant de cette petite ville pour aller à Doüe, on trouve aux dernières maisons une veine de sable jaune sous laquelle est une terre glaiseuse de couleur variée qui contient de la meulière. Cette coupe est l'origine d'un petit ravin, lequel est tout rempli de meulières.

La plaine, en approchant de la butte de Doüe, s'abaisse insensiblement; lorsqu'on est au pied elle n'est élevée, tout au plus, que de 300 pieds au-dessus du pavé de Notre-Dame de Paris. Cette même plaine est de 70 à 80 pieds plus haute à la ferme des Jardins. Près Rebais, la pente est distribuée à peu près également; la paroisse de Doüe est située sur une butte de sable, laquelle est posée sur cette plaine; elle s'élève environ de 100 pieds au-dessus de l'endroit de cette plaine qui lui sert de base dans le haut; on y trouve quelques meulières pleines et quelques pierres à chaux.

On voit que le haut de cette butte n'étant élevé que d'environ 400 pieds au-dessus du pavé de Notre-Dame de Paris, il s'en faut bien qu'elle soit même de niveau avec les endroits les plus élevés des plaines de la Brie. Nous avons vu en effet que la plaine entre Nesles et Dormans était élevée au moins de 550 pieds au-dessus du même niveau, ce qui fait encore une différence de 150 pieds; ce n'est donc que parce que cette butte est isolée qu'elle paraît si haute. Doüe est un des points de la carte des triangles de M. de Cassini.

Entre la butte de Doüe et Rebais, on ne trouve pas une pierre dans la plaine.

Au Petit-Paris et à Saint-Germain, qui sont situés dans une petite vallée, on trouve de la meulière; on en trouve aussi au Fayet, près la chaussée de l'étang; on nous a dit qu'on en tirait à la Roche, à trois quarts de lieue est de Fayet; nous en avons vu au château de Villers, et presque partout en suivant cette vallée.

On l'observe encore dans le haut de la côte avant de descendre à Coulommiers; on trouve ensuite de la glaise verte sur laquelle est établie une tuilerie; il y en a environ 10 pieds; ensuite on trouve la marne. Je trouve, par les nivellements, l'épaisseur suivante pour chaque banc :

1° Terre limoneuse et meulières	40 pieds.
2° Glaise verte	10
3° Marne, tuf et pierre à chaux	120
TOTAL	170

Une chose qui m'a paru digne de remarque, c'est que presque tout Coulommiers est bâti en grès sans qu'on puisse dire dans le pays s'ils sont tirés du sol ou s'ils ont été apportés; ce dont tout le monde convient, c'est qu'on n'en trouve plus de vestiges aux environs; peut-être ces grès ont-ils été trouvés en fouillant sous la ville même, autrement il faudra croire qu'ils ont été apportés.

De Coulommiers à Champaugez, on trouve de la petite meulière mêlée avec de la pierre à chaux; près du dernier endroit, on trouve des cailloux veinés et, dans l'endroit même, on tire de la meulière pour bâtir; un quart de lieue après Boissy, en suivant la même côte, on observe des pierres à chaux fort grosses. Du même village jusqu'à Chauffery, on ne cesse de trouver de la meulière; on trouve aussi de grosses pierres à chaux; un quart de lieue avant Chauffery, près un endroit nommé *les Corvelles*, un peu après Chauffery, à l'embouchure d'une petite vallée, on voit une coupe où le tuf est à découvert.

De Chauffery à Fontaine-Chailly, la côte est en pente douce, on n'y voit que quelques meulières et quelques pierres à chaux en très petite quantité; près Fontaine-Chailly elles deviennent plus communes.

Un peu après le moulin situé près d'Auteil, on observe à la côte de gros rochers calcaires très durs, de la nature du *cos*.

A un autre moulin qui est plus haut et qu'on nomme *le Moulin-du-Pont*, on trouve de grosses meulières et, auprès, de gros rochers calcaires qui forment banc en général depuis Auteil jusqu'à Jouy : on trouve une quantité très considérable de pierres à chaux, il y a des meurgers d'une grosseur prodigieuse. Cette même abondance de pierres à chaux continue de même jusqu'à la Ferté-Gaucher; on trouve aussi quelques meulières mêlées avec; on en observe quelques grosses dans le haut.

La Ferté-Gaucher est pavée en très beaux grès; ils ont été tirés de Bellot, dont il a été question plus haut, et d'un autre endroit nommé *Pierreley*, au sud-est de la Ferté-Gaucher. On nous a dit encore qu'on en trouvait près la Ferté même, au-dessus du bois de la Commanderie; c'est à une demi-lieue à l'est.

Du 12 novembre 1766.

En montant la côte, au sortir de la Ferté-Gaucher, pour aller à Saint-Mars, on trouve de la pierre à chaux et, au-dessus, de la marne; dans le haut, on trouve de la meulière. La vallée qui conduit à Saint-Mars est peu profonde; on observe à gauche de la pierre à chaux; à droite la pente est plus douce et l'on trouve plus de meulières que de pierres à chaux. Environ aux deux tiers du chemin de ce même côté, c'est-à-dire à droite près la Marne, on voit une coupe de marne et des silex; au-dessus de Villiers-Templon, on observe encore la petite meulière.

De Villiers-Templon à Chartronges, on traverse ensuite une plaine sans pierres; cette plaine n'est pas élevée de plus de 300 pieds au-dessus du pavé de Notre-Dame de Paris, elle est par conséquent beaucoup plus basse que toutes celles qui sont situées à l'est ou au sud de celle-ci; je trouve par les nivellements que la plaine s'élève de la quantité suivante, de Chartronges aux différents endroits dont la hauteur a été mesurée[1] :

De la plaine de Chartronges à celle située au nord près Sézanne, c'est-à-dire dans la direction de l'ouest, c'est en s'élevant............................	3 minutes	40 secondes.
De la même plaine à la ferme de Betin, entre le Jard et la forêt de Brugny, c'est-à-dire dans la direction du nord-est, en s'élevant............................	4	0
Dans la direction du sud-sud-est, l'inclinaison n'est pas uniforme; elle est de 3 minutes 40 secondes environ de Chartronges à la plaine de Monteuil; elle augmente tout à coup et est de 10 minutes de la plaine de Monteuil à celle de Margny; enfin de la plaine de Margny à celle située entre Nesles et Dormans elle est environ de 3 minutes 30 secondes; il résulte de ces différentes inclinaisons une inclinaison moyenne de Chartronges à Dormans, c'est-à-dire dans la direction de nord-nord en s'élevant, environ de.........	5	0

[1] Le plateau entre Montmirail et Dormans est recouvert par la meulière de Brie; il est découpé par plusieurs vallées dans la partie haute desquelles on rencontre les marnes vertes et les marnes du gypse. En s'éloignant de leur origine, ces vallées s'approfondissent et alors au-dessous des assises précédentes, on y aperçoit à découvert le calcaire de Saint-Ouen, le calcaire grossier, le sable du Soissonnais et l'argile plastique. Le plateau présente près Dormans une altitude de 241 mètres et, près de Montmirail, une altitude de 210 mètres environ; sa surface s'incline donc bien dans le sens indiqué par Lavoisier.

F.

IMPRIMERIE NATIONALE.

Enfin, dans la direction du sud, l'inclinaison moyenne de Chartronges à la ferme des Jardins, près Rebais, est de 4 minutes 30 secondes, et ce dernier endroit à Bussierre en suivant la même direction de ..... minutes ..... secondes, d'où résulte pour l'inclinaison moyenne de Chartronges à Bussierres en montant....... 7 minutes 40 secondes.

On voit donc que la plus grande inclinaison des plaines de la Brie, dans cette partie, est du nord au sud et du nord-nord-est au sud-sud-ouest. Je ne prétends pas donner la quantité de cette inclinaison avec une exactitude scrupuleuse; on ne saurait répondre de quelques erreurs dans les nivellements par le baromètre; mais il est toujours parfaitement démontré que cette inclinaison existe, puisque toutes les opérations s'accordent à la donner à quelques différences près.

En descendant de la paroisse de Chartronges à la vallée, on trouve une petite coupe dans laquelle on observe :

1° Une terre végétale jaune qui n'est autre chose qu'une terre à meulière;

2° Glaise verte, environ 2 pieds;

3° Marne blanche bien propre aux engrais, 4 ou 5 pieds.

Un de ceux qui travaillaient à tirer de la marne dans cette coupe nous a dit qu'on tirait du grès à Béton-Bazoches.

Un peu plus loin, en suivant la côte pour aller à Choisy, on voit encore de la marne; à droite, un peu avant les Queurses, on trouve de la pierre meulière; lorsqu'on est près d'arriver à cette ferme on commence à trouver du grès; il est en gros rochers, mais tendre. Peu après avoir passé les Queurses, on cesse d'en voir, mais on le retrouve dans le village même de Choisy; en sortant de ce dernier endroit on trouve de la meulière.

Entre le village de Choisy et celui d'Amilly, on trouve une grande plaine; on y trouve point de pierre. Dans un petit bois qui est au milieu, le terrain est fort argileux.

En descendant à Amilly, on trouve de petites pierres meulières ; entre le moulin à vent et le même village, on trouve à la côte une petite coupe de marne; en suivant le chemin qui va d'Amilly à Coulommiers, on monte la côte en bialsant; on trouve beaucoup de pierres à chaux et, plus haut, de la marne. Lorsque ensuite on a traversé une petite vallée sèche, on trouve une grande abondance de meulières et de chaillots; ils se continuent de même tout le long de la côte, depuis Amilly jusqu'au Beauteil; on en trouve aussi à la forêt; au-dessous de ce dernier endroit sont des fouilles d'où l'on tire de la marne.

De l'autre côté de la vallée est un hameau nommé *Prés-Soussy;* c'est à commencer de cet endroit qu'on trouve des grès; en suivant du côté de l'ouest on s'élève insensiblement au pied d'une butte allongée dans la direction de l'est à l'ouest; elle est composée de sable et de grès, elle porte le nom *des Boulets;* elle s'élève environ de 60 à 70 pieds au-dessus du niveau de la plaine du côté de Touquin; de là, en suivant pour aller à Touquin, on traverse une petite plaine composée en partie de terres légères et sableuses; lorsqu'on est arrivé au bord de la vallée, on trouve au-dessus de Courmereau des grès et quelques grosses meulières; un peu plus loin, dans le bas de la vallée vers Touquin, on tire d'une petite fouille de la marne pour l'engrais des terres; on voit encore des grès dans le village même de Touquin, et on en exploite au Grèts, près la butte de Lumigny.

Au Plessis-feu-Aussou et à la côte opposée de l'autre côté de la vallée, on trouve quelques meulières; de ce même endroit, en descendant au moulin, on trouve une petite coupe de marne.

Villeneuve-la-Hurée est dans une petite plaine dans laquelle on ne trouve pas de pierres; on rencontre seulement quelques morceaux de meulière en entrant dans le village.

La vallée qu'on rencontre ensuite entre Villeneuve et Voinsles est peu profonde, les coteaux en sont disposés en pente douce, de sorte qu'on n'y observe aucune pierre; on remarque cependant près Voinsles quelques pierres à chaux et quelques meulières.

Dans la plaine, entre Voinsles et Rozoy, on ne voit point de pierres à la surface de la terre, mais en fouillant on en trouve en grande abondance; on en tire principalement près Vrignel, près les deux moulins à vent et près le grand chemin, avant de traverser la vallée de Nesles. Toutes les chaussées de ce canton ainsi que celles de toute cette partie de la Brie sont faites en meulières.

La plaine entre Voinsles et Rozoy est celle qui est située la plus au sud-ouest de toutes celles dont il a été question dans le journal; elle est en même temps la plus basse.

Voici la quotité dont s'incline cette plaine dans les différentes directions :

De la plaine près Fourchery à celle au-dessus de Rosoy, c'est-à-dire dans la direction du nord au sud...............	8 minutes	50 secondes.
De la plaine des Jardins près Rebais à celle de Rozoy, dans la direction du nord-est au sud-ouest......................	8	45
De la plaine de Chartronges à celle de Rozoy, dans la direction de l'est à l'ouest, un peu inclinant vers le sud..........	8	10

Du 18 novembre 1766.

En suivant le chemin de Rozoy à Crécy, on traverse avant Nesles une vallée dans laquelle on trouve quelques meulières et de la marne; on entre ensuite dans une très vaste plaine qui s'étend du côté de l'ouest jusqu'à Villeneuve-Saint-Georges, Chenevière, Champigny, villages très près de Paris. Cette plaine comprend la forêt de Crécy et celle d'Armanvillier; nous n'avons traversé cette plaine que dans la partie qui est entre Rozoy et Crécy; entre Nesles et la forêt de Crécy, on rencontre une butte assez élevée près le village de Lumigny et sur le haut de laquelle est construite une petite tour ou belvédère. Cette butte est élevée environ de 140 pieds au-dessus du niveau de la plaine; elle est composée dans le haut d'environ 25 pieds de tuf et de pierres à chaux, tout le reste est du sable dans lequel on ne trouve point de grès; on en trouve cependant au pied de cette butte du côté de Touquin, on en tire même d'un endroit nommé *les Grets*. On nous a dit qu'on en tirait aussi dans la forêt de Crécy près l'obélisque, à Favierres, à Fontenay près le parc, du côté de Tournan; qu'il y avait même en ce dernier endroit des buttes presque comme aux Boulets; les environs de Tournan contiennent aussi du grès. De Lumigny jusqu'à la Malmaison, on traverse un bout de la forêt de Crécy sans voir une seule pierre; on trouve quelques vestiges de pierres meulières près la Malmaison et, un peu plus loin du côté de Fourchery, on trouve encore des mêmes pierres en descendant de Farremoutier à Pommeuse et, dans le bas, quelques pierres à chaux.

De Pommeuse au hameau de Tresmes, en suivant la droite de la vallée, on trouve de la pierre à chaux; de Tresmes au Ménil, on observe de grosses meulières, même dans le bas. A Mont-Savoye, on trouve de la pierre à chaux à la pointe qui s'étend de cet endroit vers la Celle; on observe de la petite meulière.

La côte de la Celle est fort escarpée; elle est garnie de meulière dans le haut, on en tire même près la-Genevray; près le même endroit, au-dessous de la meulière et de la terre qui la contient, on trouve de la glaise verte. Plus loin, entre la Genevray et Damartin, on observe une coupe de marne; on en rencontre une autre près le parc de Damartin.

Tout le retour de la vallée, vers Guérard et en revenant du côté de Damartin, est couvert surtout à droite de meurgers calcaires. En suivant la même côte de Georgevillier à Resy, on observe de même la pierre à chaux même assez grosse; à la partie un peu avant Resy, on voyait en outre une coupe de tuf blanc.

Depuis le château de Bessy jusqu'à Crécy, on voit à droite et à gauche beaucoup de meurgers, de pierres à chaux; indépendamment de cela, on voyait à gauche, vis-à-vis le moulin de Serbonne, de gros rochers calcaires. Du même côté, un peu avant Saint-Martin, on voyait une coupe de tuf blanc; on en voyait une autre du même tuf de l'autre côté de la vallée vis-à-vis Saint-Martin.

On voit que la pierre à chaux est extrêmement commune aux environs de Crécy; le plâtre pour les bâtiments se tire de Mareuil et Quincy, près Meaux; les pierres meulières se tirent principalement au-dessus du village de la Chapelle.

Du 14 novembre 1766.

De Crécy, en suivant la vallée par le chemin qui conduit à Paris, on continue de trouver de la pierre à chaux; à un quart de lieue de Crécy on voyait une coupe dans le bas; on y observait le tuf et la pierre à chaux et, au-dessous, du sable; le mauvais temps m'a empêché d'en prendre la hauteur.

Après Saint-Germain, on monte une côte le long de laquelle on observe de la marne et de la pierre à chaux; on trouve encore de la marne sur le grand chemin, à gauche, vis-à-vis Couperray.

Entre Montevrain et Lagny, on rencontre une petite vallée; on observe en y descendant, dans le haut, de la glaise verte et, plus bas, quelques pierres à chaux; en remontant de l'autre côté, on trouve quelques petites meulières.

RÉSULTATS
DES OBSERVATIONS MINÉRALOGIQUES
ET DES NIVELLEMENTS FAITS EN BRIE
EN OCTOBRE ET NOVEMBRE 1766[1].

La Brie, dans l'atlas minéralogique de M. Guettard, sera divisée en deux cartes; l'une contiendra la partie septentrionale, l'autre la méridionale; il n'est ici question que de la première de ces deux cartes.

On voit dans le haut de cette carte, c'est-à-dire dans la partie septentrionale, Lizy, Château-Thierry, Dormans et Damerie; les principaux endroits situés à l'est sont Orbais et Sézanne, au sud-est de la Ferté-Gaucher; enfin elle est bornée à l'ouest par Rozoy, Crécy et Meaux; on remarque au milieu Montmirail et Rebais.

Toute cette carte, dans toute son étendue, est à peu près d'une même nature, à l'exception d'un petit canton dans les environs de Lizy.

Toute cette étendue n'est composée, à proprement parler, que de trois plaines séparées les unes des autres par autant de vallées. Ces plaines s'étendent de l'est à l'ouest; elles sont fort longues; elles sont toutes les trois bornées à l'est par la Champagne crayeuse. Du côté de l'ouest, l'une se borne à la Ferté-sous-Jouarre à l'endroit où le Petit-Morin se jette dans la Marne; c'est celle dont il a été question p. 27 et 28 du journal; la seconde se termine à Condé, entre Crécy et Lagny, où le Grand-Morin se confond avec la Marne; enfin, le troisième

[1] Manuscrit autographe.

s'étend depuis Sézanne jusqu'à Chenevière et Champigny près Paris; il a été question de cette plaine p. 43 du journal[1].

Une remarque importante, c'est que tous les ruisseaux et rivières, dans cette partie de la Brie, sont dirigés de l'est à l'ouest.

Le terrain de ces trois plaines étant essentiellement le même, les bancs qui le composent se retrouvent ordinairement à même hauteur; d'un côté à l'autre des vallées nous pourrons, pour simplifier nos idées, les considérer comme ne faisant qu'une seule plaine. Nous regarderons alors les vallées qui les coupent comme autant de fouilles plus ou moins profondes faites par la nature et qui servent à nous découvrir la nature des bancs qui les composent jusqu'à une certaine profondeur.

La Brie, ainsi considérée comme une vaste plaine, n'est pas partout de niveau; elle s'incline sensiblement du nord-est au sud-ouest, et cette inclinaison en emporte nécessairement deux autres moins fortes, une du nord au sud et l'autre de l'est à l'ouest; on peut voir le détail de cette inclinaison près d'un lieu à un autre dans le *Journal de voyage*. Il suffira de dire ici qu'elle n'est pas absolument uniforme partout; elle n'est, par exemple, que de 3 minutes et demie dans les environs de Dormans dans la direction du sud-ouest; elle augmente ensuite insensiblement en avançant dans la même direction, en sorte que des environs de Rebais à Rozoy, elle est de plus de 8 minutes et demie. L'inclinaison moyenne dans la direction du sud-ouest est environ de 6 minutes.

Il en est de même des autres directions; la pente augmente dans les environs de Rozoy; de Sézanne au village de Chartronges, dans la direction de l'ouest, elle est d'un peu plus de 3 minutes et demie, tandis que de ce même Chartronges à Rozoy, elle est de 8 minutes et demie; de même dans la direction du nord au sud l'inclinaison n'est que de 3 minutes au plus des environs de Damerie à ceux de Sézanne, tandis que de Fourchery à Rozoy, dans la même direction, elle est de 8 minutes.

[1] Ces indications se rapportent à la pagination du manuscrit du journal précédent, p. 109.

côté de Dormans, on pénètre jusqu'à plus de 500 pieds au-dessous du niveau des plaines, tandis que, du côté de Rozoy, on pénètre à peine à 130 pieds. C'est donc dans la partie la plus haute, et surtout le long de la vallée où coule la rivière de Marne, la plus profonde de toutes celles qui traversent la Brie, qu'il faut observer la nature du terrain. C'est aussi de ce canton dont nous allons donner la description; nous ferons voir ensuite la raison des différences qu'on observe dans les autres.

Le premier banc qui s'offre à la vue dans le haut des plaines est une terre limoneuse jaune, quelquefois rougeâtre et très ferrugineuse, qui contient ou plutôt dans laquelle se forme de la pierre meulière; elle y est plus ou moins grosse et en plus ou moins grande abondance; l'épaisseur la plus ordinaire de cette terre est de 40 à 50 pieds; je ne l'ai guère vue moindre de 10 pieds, ni plus grande que 80 ou 100 pieds.

Ce premier banc est suivi d'un banc de glaise verte qui n'est pas partout d'égale épaisseur; il n'est quelquefois que de 2 ou 3 pieds, quelquefois il va jusqu'à 10 pieds, d'autres fois enfin il manque tout à fait.

Dans des endroits où ce banc manque, on trouve quelquefois à la même place de grosses boules de spath dont on peut voir la description p.... du journal.

Au-dessous de la glaise verte ou immédiatement sous la terre à meulière, dans les endroits où ces deux bancs manquent, on trouve le tuf et la pierre à chaux; ce tuf est plus ou moins marneux; il est coupé de distance en distance par de petits bancs de glaise verte de 1, 2 ou 3 pieds. Ce banc est extrêmement épais dans la partie haute de la Brie; à la côte sud de Dormans et de Château-Thierry, il a plus de 300 pieds. Au reste il s'en faut bien qu'il soit d'égale épaisseur dans toute son étendue; il y a des endroits où on y trouve à peine 150 pieds. Près Montmirail, les 12 ou 15 derniers pieds de ce tuf sont remplis de coquilles fossiles de la nature de celles de Courtagnon, ainsi qu'on peut le voir p.... du journal.

Enfin, sous le banc on trouve du sable, lequel contient quelquefois

IMPRIMERIE NATIONALE.

du grès. Sa partie supérieure est souvent mêlée de parties calcaires, de gravier marin et de coquilles; il est impossible de déterminer l'épaisseur de ce banc dans la plus grande partie de la Brie; dans les vallées qui sont peu profondes, il n'est pas même découvert; dans d'autres, on n'en voit que la partie supérieure. On observe le banc presque tout du long de la vallée de Marne, depuis Damerie jusqu'à Meaux; il n'y suit aucun ordre : tantôt on l'observe à plus de 300 pieds du niveau de la rivière comme à Vanteuil, Château-Thierry; tantôt il est beaucoup plus bas; enfin la surface de ce banc n'est point horizontale, mais raboteuse et ondée.

J'ai tout lieu de croire que ce banc repose sur des lits de pierre de taille[1]; en effet, entre Meaux et la Ferté-sous-Jouarre, on trouve des carrières beaucoup plus bas que le niveau où on trouve le sable. La disposition des carrières de Vareddes (voir *Journal de voyages*, p. 26) me confirme encore dans cette opinion; elles sont en effet presque au niveau de la Marne; elles sont couvertes par un banc de sable de 50 à 60 pieds d'épaisseur; au reste il n'y aurait que l'expérience, c'est-à-dire des fouilles profondes qui pourraient apprendre si la pierre de taille se trouve partout au-dessous du sable dans le reste de la Brie.

De ce que la partie supérieure du banc de sable n'est pas horizontale, mais au contraire raboteuse et ondée, il s'ensuit que la partie inférieure du banc de tuf et de pierre à chaux, qui repose dessus, est elle-même raboteuse et inégale; que ce banc par conséquent n'est point partout d'égale épaisseur, ce qui est parfaitement conforme à l'observation.

Il résulte encore de l'inclinaison générale des plaines, dont nous avons parlé plus haut, que les bancs s'enfoncent du côté de Rozoy. On ne doit donc pas y voir le banc de sable, encore moins celui de pierre

[1] Les bancs de sable et grès que Lavoisier signale au-dessous de la pierre de taille (calcaire grossier) appartiennent à l'assise des sables du Soissonnais.

Les grès et sables qu'il indique au-dessus, et qu'il paraît en beaucoup de points n'avoir pas suffisamment distingués des précédents, appartiennent à l'assise des grès de Beauchamps. F.

que nous soupçonnons être dessous; il faudrait, pour les trouver, creuser beaucoup au-dessous du niveau des vallées. Toutes ces réflexions sont encore parfaitement conformes aux observations; on ne trouve dans toute la partie basse de la carte, en descendant dans les vallées, que le banc de terre à meulières et 100 ou 150 pieds au plus de tuf et de pierre à chaux.

Je finirai ces réflexions sur la Brie par une remarque. Qu'on jette les yeux sur la carte garnie de caractères, on s'apercevra que dans le haut des vallées, dans leur origine, on ne trouve uniquement que de la meulière; qu'à mesure qu'on s'avance. en suivant la pente de ces mêmes vallées, on trouve la pierre à chaux et la pierre meulière mêlées ensemble; enfin, que dans les endroits très profonds, tels que la vallée de Marne et quelques autres encore dans les approches de celle-ci, on trouve la meulière, la pierre à chaux, le sable et le grès; il n'est pas difficile de sentir que cela doit être ainsi. En effet, les vallées sont moins profondes dans leur origine qu'elles ne le sont en avançant; ce sont donc de véritables coupes disposées en pente douce, dans lesquelles on doit par conséquent passer en revue successivement tous les bancs.

Outre le banc de sable dont j'ai parlé et qui se trouve très profondément sous le tuf et la pierre à chaux, on rencontre dans plusieurs endroits de la Brie de petites buttes composées de sable et quelquefois de grès qui sont posées sur la plaine; telles sont les buttes de Doüe, Lumigny et des Boulets, entre Saints et Tonquin (voir p. 36, 41 et 43 du journal)[1].

Le plâtre qui se trouve en grande abondance dans la Brie du côté de Meaux, la Ferté-sous-Jouarre et Château-Thierry, ne change rien à l'ordre général que je viens d'indiquer; la plupart des naturalistes conviennent en effet que la pierre à plâtre n'est qu'une modification, un accident de la pierre calcaire.

[1] Les buttes en question qui s'élèvent au-dessus de la meulière de Brie sont constituées par le sable et grès de Fontainebleau, et souvent surmontées d'un lambeau de meulière de Beauce. F.

J'ai dit que l'ordre des bancs n'était pas le même dans les environs de Lizy que dans le reste de la carte; ce n'est pas qu'on ne puisse absolument les rapprocher; il me paraît même vraisemblable que le banc de sable de Lizy, dans le haut duquel on trouve une si grande abondance de coquilles, est le même que celui qu'on rencontre dans le fond des vallées de la Brie. Cependant, comme l'épaisseur des bancs est fort différente et qu'on rencontre même dans le canton sous le sable le banc de pierre qui ne se rencontre pas dans le reste de la Brie, j'ai cru qu'il était à propos de donner une coupe particulière pour ce canton; elle sera commune aux environs de Lizy, Trocy et Vareddes (voir *Journal de voyages*, p. 25 et 26).

Telle est à peu près cette coupe :

1° Terre végétale argileuse	6 pieds.
2° Tuf marneux contenant de la pierre à chaux, depuis 20 pieds jusqu'à 50	35
3° Différents bancs de pierres propres à faire du moellon.	10
4° Tuf rempli d'une prodigieuse quantité de coquilles (ce banc ne se trouve qu'à Lisy)	1
5° Grès bâtard coquillier en bancs (ce banc ne se trouve point à Lisy)	3
6° Sable qui contient des coquilles dans sa partie supérieure qui est pur dans le bas	50
7° Tuf et blocaille	20
8° Différents bancs de pierre de taille	20
Total	145

CORRECTIONS À FAIRE À LA CARTE DE BRIE[1].

La vallée de Marne, depuis Damerie jusqu'à la Ferté-sous-Jouarre, a entre 400 et 500 pieds de profondeur; toute cette vallée est gravée très légèrement dans la carte de M. Cassini; on n'y fait pas assez sentir la grande hauteur des coteaux.

De la Ferté-sous-Jouarre à Meaux, cette même vallée ne doit pas être creusée si profondément que ci-dessus; elle n'a que 200 pieds.

La vallée du Petit-Morin doit encore être creusée très profondément dans sa partie basse, c'est-à-dire du côté de la Ferté-sous-Jouarre et même depuis Montmirail jusqu'à la Ferté-sous-Jouarre; au-dessus de Montmirail, la vallée est de moins en moins profonde à mesure qu'on approche de sa source.

La vallée du Grand-Morin est moins profonde que les deux précédentes; elle n'a pas plus de 150 ou 200 pieds; elle est presque d'égale profondeur dans toute sa longueur, depuis l'endroit où elle se confond avec la Marne jusqu'au village d'Éternay près Sézanne; alors la vallée commence à être beaucoup moins profonde.

La vallée où coule la rivière d'Yère est encore moins profonde que celle du Grand-Morin; elle n'a pas plus de 80 pieds; il serait très avantageux de rendre toutes ces différences dans la gravure.

Les vallées collatérales participent de la profondeur de celles où elles viennent aboutir; celles qui sont sèches, c'est-à-dire où l'on ne trouve point de ruisseau, doivent être creusées moins que les autres.

[1] Manuscrit autographe.

On doit encore observer que les vallées collatérales sont de moins en moins profondes à mesure qu'elles s'éloignent de la vallée principale dans laquelle elles aboutissent.

Entre Tonquin et Beauteil, il y a une butte de 70 pieds d'élévation que la carte ne fait pas bien sentir; on croirait à l'inspection que c'est une ramification de vallée. Il y a écrit sur cette butte *maison Meunier* et une justice; cette butte doit ressortir davantage.

On doit aussi faire ressortir davantage la butte de Doüe.

La Commanderie de Joysel est marquée sur le haut de la côte; elle doit être à mi-côte.

Entre Fontaine-Chacun et Montliban près Orbais, on marque un bois assez considérable qui n'existe pas.

Près Dormans, au sud, on lit *Chavency;* il faut mettre Chavenay.

De Meaux à Nampteuil-les-Meaux, il y a une côte fort élevée en pente douce qu'on n'a point fait sentir sur la carte.

Le bois qui est entre le village de Choisy et celui d'Amilly n'est pas aussi grand qu'il est marqué sur la carte; il ne consiste qu'en quelques bordures, l'intérieur est cultivé en grains.

JOURNAL DE VOYAGE

FAIT

DANS UNE PETITE PARTIE DU SOISSONNAIS

ET DANS LA PARTIE DU VALOIS

QUI AVOISINE LA CHAMPAGNE[1].

Du 10 octobre 1766.

On trouve au haut de la côte, au nord de l'abbaye de Long-Pont, des cailloux singulièrement cristallisés; il y en a dont l'intérieur forme des espèces de grottes fort agréables. On trouve de ces mêmes cailloux dans le haut des côtes, le long de la vallée qui va de Vaucastille à Chaudun; on y trouve aussi des cailloux avec des vis agathifiées. A la Grange et dans toute cette vallée qui va de Vaucastille à Chaudun, on observe dans le haut de la pierre tendre et, plus bas, des rochers composés de pierres numismales. Près la Grange, dans le bas, il y a une veine de sable; le terrain a, comme on voit, beaucoup de rapport avec celui des environs de Villers-Cotterets; pour mieux dire, la disposition des bancs y est absolument la même.

A Ville-Montoir et Ambrief, il y a des carrières exploitées dans ces deux vallées et dans celle de Chacrise; on voit à la côte de gros rochers de pierres de taille; dans le bas ils sont coquilliers et lenticulaires.

Dans la vallée qui va de Taux à Villeblain, on ne voit pas de rochers, mais beaucoup de pierre à chaux. Dans la vallée de Cerseuil et en descendant à Braine, on trouve dans le haut des rochers composés

[1] Manuscrit autographe.

de tuyaux marins et, dans le bas, des rochers lenticulaires[1]. En général, ces vallées ne diffèrent de celles des environs de Villers-Cotterets qu'en ce que les bancs de pierre calcaire et, par conséquent, les plaines qui reposent dessus s'y trouvent plus haut, de sorte qu'il y a une inclinaison assez sensible dans les bancs du nord-est au sud-ouest. Il ne m'a pas été possible de multiplier assez les observations pour en déduire exactement la quantité de cette inclinaison.

Telle est à peu près l'idée qu'on doit se former des vallées composées entre Villers-Cotterets et Braine, par rapport au sable et au grès; on en trouve une petite butte entre Taux et Hartennes, elle en est entièrement composée. C'est dans cet état que se trouve toujours le sable et le grès dans toute cette partie de la carte et en approchant de Fère; il est posé sur les plaines ou, ce qui est la même chose, sur les premiers bancs de pierres calcaires, et il forme des montagnes dont la croupe est quelquefois fort étendue. C'est dans cet état qu'on doit concevoir que sont placés le sable et le grès dans tous les endroits détaillés dans les *Observations minéralogiques faites à Fère-en-Tardenois et dans la partie orientale du Valois en mai 1766.*

Entre Ambrief, dont il a déjà été question, et Cerseuil, la plaine s'élève et forme une espèce de butte dominante près la ferme appelée *le mont de Soissons;* cette espèce de butte contient des grès assez abondants et des cailloux roulés.

M. Jardel, qui s'occupe d'histoire naturelle et qui a même fourni à M. l'abbé Carlier les observations qu'on trouve dans son histoire du Valois, m'a donné les notes suivantes sur les productions minéralogiques des environs de Braine. J'ai placé sur la carte celles de ces ob-

[1] Lavoisier désigne sous le nom de *rochers lenticulaires* des blocs à nummulites. Ce sont probablement des polypiers qu'il appelle *tuyaux marins.*

La butte entre Taux et Hartennes est composée de sable de Beauchamps recouvert par un pointement de calcaire de Saint-Ouen.

Lavoisier insiste ici sur la constance de superposition de l'assise du grès de Beauchamps sur le calcaire grossier. Le mont de Soissons est formé de grès de Beauchamps; il domine un large plateau de calcaire grossier recouvert d'un manteau d'alluvion des plateaux.

F.

servations qui en étaient susceptibles; je vais les transcrire ici telles qu'il me les a données. M. Guettard rejettera ou adoptera ce qu'il jugera à propos.

« Il y a une mine de houille ou espèce de cendre à Morgny, à Sury et à Seryère, à quelques lieuès de Laon; les laboureurs s'en servent pour l'engrais des terres.

« Il y a à Chassemy une terre à foulon très bonne.

« On trouve des coquilles fossiles près le Pont-Charlou, du côté de Braine, entre Chéry et Chartreuve, quelques-unes à Arcy-Pansard, à Saint-Mard.

« On trouve dans le bois près Courcelles des oursins pétrifiés.

« On a trouvé la vraie scalata fossile à Monsart.

« On trouve des petits cristaux de roche mêlés avec les coquilles au susdit Pont-Charlon.

« Toutes les côtes de Longval, Barbonval, Merval, d'Huysel, Pargan sont tapissées de rochers calcaires; le château de la Folie est bâti sur des rochers composés de tuyaux marins; au-dessous on trouve des rochers composés de pierres lenticulaires.

« Le grès est abondant à Courcelles et Arcy-Sainte-Restitute.

« On trouve du bois pétrifié dans la plaine de Chassemy, du côté du bois Morin, le long de la rivière d'Aisne près Pont-Arcy, à Meurival.

« Il y a près Braine, en sortant de la ville par la porte de Marne, une fontaine vitriolique, une sous Vailly près le moulin.

« Il va s'établir une manufacture de terre vernissée à Braine.

« On vient de découvrir une mine de charbon de terre dans la forêt de Villers-Cotterets. »

J'ai eu beau assurer que cette prétendue découverte était fausse, il ne m'a pas été possible de le persuader à M. Jardel.

Du 11 octobre 1766.

On a déjà vu par les observations d'hier que les environs de Braine étaient composés de pierres de taille, dans le haut, formées de tuyaux marins et de rochers lenticulaires au-dessous. On observe encore la même chose à une ferme située au nord-ouest de la ville; elle s'appelle *la Roche-Ferrée*. Mais ce qu'il y avait de plus intéressant c'était une coupe profonde qui avait été faite par la ravine et qui avait découvert le dessous des bancs calcaires, ce qui m'a donné la facilité de mesurer l'épaisseur des bancs de pierre[1]. On trouve :

1° Dans le haut, terre végétale....................	6 pieds.
2° Bancs de pierre calcaire composés de tuyaux marins dans le haut, et de pierres lenticulaires dans le bas, environ..................................	80
3° Petite pierre coquillière mêlée de gravier marin......	3
4° Gris banc ou tuf mêlé de quelques coquilles frustes et de beaucoup de gravier marin..................	3
5° Sable fin jaune qui se met en masses approchant de la nature du roussier (on ne voit pas la fin de ce banc).	20
Total.............	112
De là jusqu'au bas de la vallée le terrain est couvert, il y a environ en hauteur perpendiculaire..............	200
Total de la hauteur du coteau.....	312

En descendant à Pont-Arcy, on trouve encore dans le haut des rochers de pierres lenticulaires; dessous, on trouve le sable jaune ou faux roussier, précisément comme à la Roche-Ferrée. Le banc de sable en cet endroit était incliné de 45 degrés en plongeant vers l'occident; cette inclinaison n'est apparemment qu'accidentelle ou locale, puisque le même banc de sable se trouve, comme nous avons vu, à la Roche-Ferrée.

De la côte au-dessous de Pont-Arcy, on voyait du côté de Soupire, surtout en tirant vers Soissons, les rochers calcaires à la côte. On les observe encore de Pont-Arcy à Bourg, sur la gauche et dans l'enfoncement de la côte vers Vendresse et Verneuil; dans le bas de la vallée, on trouve communément du sable.

[1] La coupe donnée ici par Lavoisier comprend le calcaire grossier et le sable du Soissonnais sous-jacent. F.

Le bourg de Beaurieux est situé sur une butte médiocrement élevée; elle a environ 120 pieds au-dessus du niveau de la rivière d'Aisne qui coule au pied; elle est composée de sable; je crois qu'il y a aussi un lit de glaise qui retient les eaux, car les puits sont jusqu'à fleur de terre.

Tout le bas de la vallée entre Euilly, Beaurieux, Cuir et Maizy est composé par des dépôts de la rivière d'Aisne; ces dépôts consistent en de la marne qui contient des cailloux calcaires et autres arrondis; on trouve de ces mêmes dépôts, dans le bas, au village de Maizy; on y trouve ensuite en montant le sable et les rochers de grès.

On remarque en cet endroit un changement assez notable dans le terrain; car, en avançant vers Muscourt, on ne voit plus de rochers à la côte, mais seulement de petites pierres à chaux en grande abondance. On trouve au village de Mourival quelque peu de sable dans le bas. En montant la côte à gauche, on observe de la pierre à chaux en gros morceaux dans un tuf fin qui approche beaucoup du crayon; il en approche encore davantage lorsqu'on sort de la même vallée à droite du côté de Meurimont. Toute la plaine ensuite, qui est dans le haut au-dessus de Concevreux, est remplie de pierres à chaux dans un tuf coquillier; les coquilles qu'on y trouve sont abondantes et de la nature de celles de Courtagnon; cette plaine est fort élevée, elle a environ 370 pieds au-dessus de la rivière d'Aisne qui coule au bas de la côte près Concevreux[1]. La côte de l'Aisne, à compter de cet endroit dans la direction du nord-est, est d'un tuf fin qui approche de la craie;

[1] L'altitude de l'Aisne à Concevreux est de 51 mètres, celle du plateau de Meurimont de 197 mètres; la différence des deux niveaux est donc de 146 mètres. Les coteaux qui bordent l'Aisne et la Vesle aux environs de Beaurieux et de Fismes montrent de haut en bas les assises suivantes : calcaire grossier; sable du Soissonnais; argile et sables lignitifères.

En remontant les deux rivières, on voit en outre apparaître sous ces assises des couches correspondant au niveau géologique de Bracheux.

Le trajet parcouru par Lavoisier le 11 et 12 octobre 1766, mesuré sur la carte d'état-major, est en moyenne d'environ 33 kilomètres par jour; avec le *foisonnement* (expression usitée par les géologues) de 40 à 45 kilomètres.

F.

bientôt après, elle s'abaisse et l'on entre dans les vastes plaines de craie.

Les côtes qui environnent Vantelay sont encore composées du même tuf et de la même pierre à chaux; dans le village même, on trouve dans le bas un peu de sable et de grès; mais en suivant la côte vers Romain, on trouve à une portée de fusil de Vantelay les bancs de pierre coquillière; ils reposent sur un sable jaune et sont mêlés dans le bas de gravier marin; ces derniers bancs contiennent aussi des noyaux de coquilles. Au village de Romain, on voit de la pierre à chaux à la côte et un peu de sable dans le bas; on trouve encore ces mêmes pierres à chaux entre Romain et Courlandon.

On trouve à Fismes, au confluent de la rivière d'Ardre et de celle de Vesles, des dépôts de rivière assez considérables; ils consistent en cailloux arrondis calcaires et autres, en quelques coquilles fossiles; j'y ai vu aussi un *planorbis* agathifié.

Au sud-ouest de Fismes, on rencontre une côte assez haute qui forme une pointe au confluent des deux rivières. Tout en haut de cette côte, on tire de la pierre; elle est tendre et composée d'un amas de petits tuyaux marins; elle contient aussi beaucoup de graviers marins. En tournant cette côte comme pour aller à Ville-Savoye et Saint-Thibault, on s'aperçoit qu'elle est composée de sable du haut en bas; ce sable est ordinairement coupé par des filets glaiseux et marneux. Il y a même des endroits où la glaise forme un banc assez considérable; elle est brune, on l'emploie à faire de la tuile. Le sable dans le haut est jaune et recouvert d'une petite couche de matière calcaire; dans le bas il est blanc et on y trouve beaucoup de bois pétrifié en petits morceaux.

Du 12 octobre 1766.

En sortant de Fismes pour aller à Crugny, on monte une côte qui est de sable jusqu'à moitié; le haut de ce sable contient quelques coquilles fossiles; au-dessous on trouve un tuf marneux qui contient de la pierre à chaux. La plaine qui est au-dessus contient aussi quelques pierres à chaux, surtout aux approches des vallées.

Toute la vallée, depuis Fismes jusqu'à Courville et Crugny, m'a paru de loin composée du même tuf et de pierre à chaux. Dans une avance que fait cette vallée, en face de Courville près la Bonne-Maison, on trouve une petite veine de sable dans le haut.

De Crugny pour aller à Léry, on trouve d'abord au bas de la côte un peu de sable jaune: le reste est composé de tuf et de pierres à chaux. Dans le haut, les terres sont légères et contiennent quelques pierres à chaux; on les trouve en plus grande quantité en descendant à Léry, on en trouve de même à Lagery[1].

C'est auprès de Léry qu'on commence à apercevoir quelques changements dans le terrain; les terres deviennent très fortes en sortant de ce village. En s'avançant vers Romigny, on commence à trouver des meulières pleines ou chaillots.

Voir la suite dans le *Journal d'observations minéralogiques faites en Brie*[2].

[1] De Lhéry à Romigny, on traverse successivement le calcaire grossier, le calcaire de Saint-Ouen et les marnes du gypse. A peu de distance on trouve, même à un niveau plus élevé, les marnes vertes et la meulière de Brie. C'est sans doute à cet étage qu'il faut rapporter les blocs de meulière (chaillots) que Lavoisier dit avoir rencontrés. F.

[2] Voir page 109.

OBSERVATIONS MINÉRALOGIQUES SUR LA SAVOIE[1].

La rivière d'Arve qui se jette dans le Rhône à Genève roule, à ce qu'on dit, de l'or.

Tout le sable de la rivière d'Arve est d'un blanc sale; c'est une espèce de sable graniteux et micacé.

A Chamoigny[2], la montagne est une masse continue de granit sans aucun banc; on y trouve des cristaux de roche; il y a de gros feuillets qui paraissent être du talc pur; il y a du spath phosphorique.

Niveau depuis Genève jusqu'à Chamoigny:

Bonneville (pierre calcaire)	403 pieds.
Salange	670
Passy (montagne d'ardoise qui s'exploite)	
Corvos	1306

Il y a encore, à ce qu'on croit, de l'ardoise.

On tire, à ce qu'on prétend, du sel d'Epsom de ces ardoises; on en a vu dans l'ardoisière même. Ce sel a une saveur astringente et purge violemment à un gros.

Près Corvos, de l'autre côté de la rivière, à la rive gauche, on trouve une montagne où il y a, dit-on, une mine d'antimoine; le long de la côte on trouve plusieurs ruisseaux d'eau de différentes couleurs, probablement ferrugineuse.

Les genêts sont très multipliés dans ce pays, tandis qu'ils sont rares dans la vallée de Chamoigny où se trouvent les glacières et le granit pur.

[1] Manuscrit autographe, sans date. — [2] Chamouni.

Toutes ces hauteurs sont prises de Genève :

Chamoigny .... 1520 pieds.

Il y a près Chamoigny une montagne célèbre pour les naturalistes :

Partie de la montagne nommée *Montanverd* au-dessus du niveau de Chamoigny .... 2427 pieds.

Au bas de cette montagne est le grand glacier ou plaine de glace; c'est un endroit environné de toutes parts de très hautes montagnes, au point que le soleil n'y peut jamais donner.

Le Montanverd fait partie du Mont-Blanc, dont la hauteur est de 10,933 pieds au-dessus de Genève probablement, on dit cependant du niveau de Chamoigny; personne n'y peut monter à cause des neiges.

La glacière fait la source de la rivière d'Arve; le terrain de la glacière est tout couvert de glace; ce terrain se baisse insensiblement vers Chamoigny; celle-ci se nomme glacière des Bois.

Tout près Chamoigny est une arcade de glace d'où sort la rivière d'Arve. Pour gagner les fours où se trouvent les cristaux de roche il faut traverser le glacier jusqu'au bas des aiguilles du Dru.

Brevandes, autre montagne à droite de la rivière, au-dessus du niveau de Chamoigny .... 4000 pieds.

A Chamoigny, un baromètre ordinaire était à 25 pouces 8 lignes; le beau sec était marqué à 26 pouces 8 lignes. Ce baromètre porté sur le haut de Brevandes a marqué 21 pouces 8 lignes; sur le Montanverd 23 pouces 3 lignes.

Il y a deux Mont-Blanc, le plus haut se voit de Brevandes, le plus bas se voit de la vallée de Chamoigny. Il y a un autre glacier entre Chamoigny et Cervos, on le nomme glacier des Bossons; près de ce glacier on trouve un gypse brillant ou espèce d'*alabastrites*. On dit qu'on trouve de la pierre à chaux près Chamoigny.

OBSERVATIONS

SUR

LE TABLEAU GÉOGRAPHIQUE DES VOSGES[1].

Les montagnes des Vosges forment une chaîne dirigée à peu près du nord au sud. Les montagnes qui composent cette chaîne sont plus élevées dans son milieu; elles s'abaissent ensuite insensiblement de chaque côté; la carte doit rendre cet aspect. Quand je dis que la chaîne est plus haute dans son milieu, cette ligne du milieu ne doit pas être prise dans l'exactitude géométrique; il est facile de suivre cette ligne sur la carte de M. de Cassini dans toute la partie sud des Vosges; c'est la même qui fait la séparation de l'Alsace et de la Lorraine; elle commence au mont Saint-Jean et passe par le ballon Saint-Antoine, le ballon d'Alsace, le haut du Gresson, le Drumont, le Vennetron, le Rotabac, les montagnes du Bonhomme.

Le haut de la chaîne n'est pas ensuite si facile à suivre, en ce qu'elle est coupée en plusieurs endroits; on la retrouve cependant encore au château du Fête près Sainte-Marie-aux-Mines; au Champ-du-Feu, au Champ-Mertren et au Donon; après quoi elle s'abaisse insensiblement jusqu'à Saverne et au delà.

Toutes les montagnes qui forment cette chaîne ont environ 400 à 500 toises de hauteur.

Il y a encore deux montagnes très élevées qui sont hors de cette chaîne, savoir : le ballon de Servance, qui est à peu près de niveau

[1] Manuscrit autographe (1767).

avec le ballon d'Alsace, et le Pelken, montagne située à 1 lieue et demie à l'ouest du village de Rimbach. Cette dernière est la plus haute de toutes les Vosges. Voilà les montagnes qu'on peut appeler *montagnes de premier ordre.*

J'appellerai *montagnes de second ordre* celles qui sont élevées de 300 et 400 toises au plus. Telles sont les suivantes; je commence par le midi en gagnant vers le nord :

Le mont Cornu, le Haut du Fret, le Behrenkopff, le Gresson jusques et compris le Rosberg, les deux montagnes situées au nord à 2 lieues de Thann, marquées A et B; plusieurs montagnes situées entre Thann et Münster, le Morbieu, le Solem, la forêt de Longegoutte près Remiremont, la montagne du Chaumont attenant au même endroit, la Grande-Montagne près Gérardmer, le mont Liry qui en fait partie mais qui est beaucoup plus bas, le Facheprемont au levant de Gerardmer, les montagnes qui sont entre Sainte-Marie-aux-Mines et Lubine, entre Sainte-Marie-aux-Mines et Aubur, le Bresoir, la montagne des bois d'Ormont.

Enfin vient un troisième ordre de montagnes, ce sont toutes les gorges qu'on doit considérer comme des ravines qui ont été creusées dans les montagnes par les eaux; elles sont exprimées assez bien sur la carte de M. de Cassini.

Il ne suffira pas de présenter un tableau exact des montagnes, il faudra encore qu'elles soient gravées d'une façon différente du reste, de sorte qu'on les distingue au premier coup d'œil de tout le pays plat qui les environne.

Du côté du levant, il est aisé de reconnaître sur la carte de M. de Cassini la terminaison de ces montagnes; c'est la plaine d'Alsace qui leur sert de borne. Il n'en est pas de même des autres côtés, il est impossible d'en suivre les contours à moins de connaître le pays. La ligne qui les termine est celle qui passerait par les endroits suivants :

Thann, Leimbach, Ramerschmatt, Nid Burbach, Rougemont, Giromagny, Auxelle bas, Plancher bas, Champagney, Ronchamps, etc.

Tout ce qui est au nord de cette ligne doit être très fortement exprimé; ce qui est au contraire au sud doit être à peine sensible. Les coteaux n'ont pas plus de 5 à 6 toises; il faut en excepter cependant la montagne du Salbert, le ballon de Roppe, qui s'élèvent au-dessus de la plaine et qui sont des montagnes assez élevées. Il faudra aussi faire sentir un . . . . .

Le reste de cette partie du manuscrit manque.

ENVIRONS DE REMIREMONT.

Il n'y a pas beaucoup de choses à changer dans cette partie; il faudra avoir soin seulement de faire sortir beaucoup la montagne des bois de Remiremont et d'Erival, le Solem, le Morbieu et la forêt de Longegoutte, le Chaumont, la montagne de Grimouton, la Grande-Montagne, Rougemont, Fachepremont, la montagne Saint-Jacques, les Champies, etc., près Gérardmer.

Les montagnes sont encore fort hautes et fort escarpées entre Cornimont et Vagney; les rochers sont presque à découvert dans cette partie.

Le Chaumont est assez élevé du côté de Remiremont, mais il s'abaisse tout d'un coup en pente douce vers Ravon-au-Bois.

Les coteaux des environs de Plombières sont assez exactement rendus; il y a seulement au levant, à une lieue de Plombières, une gorge au-dessous de l'endroit nommé *le haut du Ceuil,* dont les coteaux sont coupés à pic. Cette gorge se nomme *la pente Voge,* il faut forcer d'ombre en cet endroit.

ENVIRONS DU BALLON D'ALSACE.

ÉTAT DES MONTAGNES QUI SE DÉCOUVRENT DU HAUT DU BALLON D'ALSACE.

On domine un peu sur le ballon Saint-Antoine, même dans son plus haut; le ballon s'abaisse en approchant du ballon d'Alsace.

On domine encore davantage sur la montagne de la Bravonse.

Cette dernière s'allonge vers le ballon de Servance, mais elle en est séparée par un enfoncement.

Le ballon de Servance est presque de niveau avec le ballon d'Alsace.

Le Gresson est aussi presque de niveau avec le ballon d'Alsace; dans son milieu, il s'abaisse un peu du côté du ballon d'Alsace, mais beaucoup plus du côté de Masvaux; il se relève en un endroit pour former le Rosberg, puis il s'abaisse tout à fait.

Le Behrenkopff est beaucoup plus bas que le ballon d'Alsace, quoique très élevé.

La Jumanterie est dans une petite plaine qui forme une espèce de ballon nommé *ballon de la Jumanterie.*

Le ballon d'Alsace est presque coupé après du côté d'Alsace; des autres côtés la pente est beaucoup plus douce.

ENVIRONS DE LURE ET LUXEUL.

Les bois des Franches Communes, près Lure, sont très bas et les coteaux qui sont dans ces bois doivent être très faiblement exprimés, et, de même, depuis Lure jusqu'à Luxeul.

De la ligne qui joint Lure et Luxeul, en gagnant vers Faucogney, le terrain s'élève et les vallées commencent à être plus creuses vers Faucogney.

De Lure en remontant l'Oignon, d'abord les coteaux sont fort bas; un peu avant Saint-Pierre et Saint-Bartélemy, ils commencent à être élevés. Au levant de Saint-Bartélemy est le mont de Vanne, qui est une montagne fort élevée et qui doit sortir beaucoup plus qu'on ne l'a fait sur la carte. Cette montagne forme un pic près du Plainet et s'allonge en gagnant vers Plancher les mines. Toute cette partie ainsi que le bois qui est entre Plancher les mines et Servance sont fort élevés et doivent être saillants sur la carte, moins cependant que les ballons.

Les coteaux qui sont entre Saint-Pierre, Ternuay et Faucogney commencent à être élevés, mais les plus hauts ne sont que la moitié des précédentes montagnes. Cette partie est assez bien rendue sur la carte, il faudra seulement adoucir beaucoup les vallées qui sont près du chemin de Lure à Luxeul.

Il y a peu de chose à changer autour de Faucogney; il faut seulement forcer un peu plus la montagne qui est au levant tout près de Saint-Martin; les coteaux qu'on laisse à gauche en allant de Sainte-Marie à Faucogney doivent être aussi un peu plus marqués; ils sont hauts et escarpés.

REMARQUES
SUR LA CARTE DE NEUFBRISACH.

Toutes les montagnes de cette carte sont exactement rendues, jusqu'aux moindres pics y sont exprimés, mais il faut forcer d'ombres beaucoup plus. Cette carte contient la partie la plus élevée des Vosges. La plus haute montagne de ce canton est celle qu'on nomme *Pelvien;* elle est à trois grandes lieues nord-ouest de Cernay; elle a deux pics, le plus oriental est beaucoup plus élevé que l'autre. Tous les pics marqués sur la carte doivent être forcés considérablement.

Il faudra faire sentir aussi fortement un petit groupe de montagnes qui est au sud-ouest de Thann, attenant derrière les Cordeliers, et surtout la montagne de Mulkren qui est au nord du même Thann.

Il faut remarquer que sur le bord de la plaine d'Alsace, il y a deux ordres de montagnes : les plus basses sont celles qui touchent immédiatement à la plaine, elles sont fort peu élevées et moins escarpées; les autres sont très hautes et très escarpées. On doit faire sentir la différence de ces deux ordres de montagnes.

OBSERVATIONS

SUR

LA CARTE DES ENVIRONS DE COLMAR

ET DE SCHLETTSTAT.

Les montagnes de cette carte sont fort élevées.

La montagne la plus élevée et qui forme la crête est celle sur laquelle passe la ligne qui sépare la Lorraine d'avec l'Alsace. Cette montagne doit être fortement exprimée; sa crête n'est point unie comme le marque la carte, mais crénelée et composée de plusieurs pics. Le chemin qui conduit de Colmar à Saint-Dié, et qui passe par le Bonhomme, passe précisément entre deux de ces pics.

Il y a aussi dans ce canton, à 1 lieue du Bonhomme, vers Sainte-Marie-aux-Mines, une montagne bien haute nommée *le Bresoir*. La carte l'a marquée, mais ne l'a pas rendue exactement. En descendant de là à Sainte-Marie-aux-Mines, par la vallée de Rautal ou par celle de la Petite Liepvre, les coteaux sont fort élevés et fort escarpés.

La principale chaîne de montagnes se continue encore par le château de Feste; le grand chemin de Schlettstat à Saint-Dié passe entre deux pics de cette chaîne; il y a une croix plantée sur le grand chemin en cet endroit. Outre le pic sur lequel est le château de Feste, il y en a un autre plus élevé entre le château et la Bouille.

Des deux côtés de la vallée de Sainte-Marie-aux-Mines, les coteaux sont fort escarpés et fort élevés.

Toutes les montagnes qui bordent l'Alsace de Colmar à Schlettstat sont fort hautes, la plupart en pain de sucre; quelques-unes sont marquées sur la carte, mais elles ne sont pas assez fortement exprimées. Ces montagnes ne bordent pas immédiatement l'Alsace, il y en a d'autres devant, mais qui sont infiniment plus basses; ces dernières doivent être très distinctes des autres; elles sont toutes couvertes de vignes; elles doivent être beaucoup plus faiblement exprimées.

Entre Liepvre et Dissembach, il y a un groupe de montagnes assez hautes détachées des autres; il est composé de trois pics principaux sur l'un desquels est le château de Franckenburg. Ce groupe doit être exprimé beaucoup plus.

Près de là, vers le nord, est la butte de la forêt de Villé, mais qui est fort basse en comparaison de toutes les montagnes voisines.

Au nord-est de Villé est une montagne isolée fort haute nommée *Ungersberg*, en français « montagne de Hongrie »; elle doit être très fortement exprimée.

Il y a, à 2 lieues au couchant de Villé, une butte isolée à gauche du grand chemin de Saint-Dié, on la nomme *le Chemont*. Il y au pied une cense du même nom. Cette butte est assez haute et se voit de loin. La carte ne la fait point du tout sentir, je l'ai marquée par un X.

Le coteau Saint-Martin, près Villé, est fort bas; mais ceux qui sont plus loin, vers le nord, sont extrêmement élevés; la pente est presque continuelle, depuis Villé jusque sur la hauteur de laquelle on descend ensuite à la forêt d'Hocwald.

Cette hauteur n'est pas non plus elle-même de niveau; la forêt de La Roche forme la partie la plus élevée; la montagne s'abaisse ensuite insensiblement vers la forêt d'Andlau.

Le Champ du Feu, mal à propos appelé ainsi sur la carte au lieu de Champ-d'Ofeld, est encore plus élevé que la forêt de La Roche; il domine tout le canton; il communique avec la forêt de Barr, qui est presque de niveau. Cette dernière est toute composée de pics de montagnes qui sont marqués sur la carte, mais beaucoup trop faiblement.

Le champ Mertren est encore presque de niveau avec la forêt de Barr, mais la forêt de Bersch est beaucoup plus basse.

La carte de M. de Cassini ne rend point du tout cette grande élévation de la forêt de la Roche, de celle de Barr, du champ d'Ofeld et du champ Mertren.

A l'ouest et au nord-ouest de ces montagnes, le terrain s'abaisse tout d'un coup et forme une grande vallée dans laquelle sont situés les villages de Rotheau, Fonday, Saint-Blaise, Sauxure, Paine; je dis une vallée, parce qu'on le croirait ainsi du haut des montagnes; car, dans le fait, cette vallée principale en renferme beaucoup d'autres moins considérables et qui sont exprimées sur la carte.

Au delà de cette vallée, c'est-à-dire au delà de la grande route de Rembervillers à Strasbourg, les montagnes sont par buttes ou pics fort élevés, moins cependant que le champ Mertren et le champ du Feu.

La montagne la plus élevée de ce canton est celle qui est précisément sur la limite de cette carte. On l'appelle le Donon; c'est un des points de la carte des triangles de M. de Cassini; j'ai marqué cette montagne par un X. Cette montagne forme un pic très élevé; il y en a une tout près de celle-ci à . . . . . qui est un peu moins élevée, c'est un pain de sucre régulier, on la nomme *le Petit-Donon*.

OBSERVATIONS GÉOGRAPHIQUES[1].

ENVIRONS DE VESOUL.

Il y a quelques montagnes, aux environs de Vesoul, qu'on ne sent pas assez sur la carte; elles ont 70 ou 80 toises. Ces montagnes ne forment pas des pics comme les grandes montagnes, mais elles forment des plaines assez étendues sur leur crête.

On voit une montagne de cette espèce au sud-ouest de Vesoul, entre Vaivre, Noidans et Chariez; il y a dessus les vestiges d'un ancien camp. Cette montagne forme une espèce de chaîne qui se continue vers le midi par les bois de Noidans et les bois de Mont; près cette montagne, en tirant vers le levant, on trouve plusieurs montagnes à peu près de la même hauteur, savoir : les bois de La Craye, la montagne des Éschenoz, les bois Banny et ceux des Repes.

Vesoul est au pied d'une butte en pain de sucre un peu moins haute que les précédentes, mais qui le paraît davantage à cause qu'elle est isolée. Cette butte est au nord de Vesoul, il y a une croix au haut. La carte de M. de Cassini ne fait pas assez sentir cette montagne; on l'aperçoit de très loin.

De ces montagnes, en gagnant vers le levant, la carte exprime assez bien le terrain.

En approchant de Montbéliard il y a, avant le village de Desandans, une montagne de même hauteur que celles des environs de Vesoul, qui paraît d'autant plus haute qu'elle est en partie isolée; elle est couverte par les bois de Villars et de Desandans; elle s'allonge vers

[1] Manuscrit autographe, sans date, mais probablement de 1767.

IMPRIMERIE NATIONALE.

le nord-est et se joint avec les Bois Communaux qui sont à peu près de niveau. Les bois de Montvaudoy qui sont très voisins, la côte du Veret et celle de Vaudray qui tirent vers le couchant sont des montagnes de même ordre.

Les bois qui sont entre Arcey et Genonval sont aussi fort élevés et de niveau avec les bois de Desandans.

Toutes les vallées qui avoisinent le ballon de Roppe près Belfort doivent être très légèrement exprimées et ainsi jusqu'à la vallée de la Largue qui est un peu plus profonde que les autres.

ENVIRONS DE SAINT-DIEY.

On remarque au nord-est de Saint-Diey la montagne des bois d'Ormont, qui est fort élevée et qu'il faut faire sentir assez fortement.

On a encore aux environs de Saint-Diey quelques autres montagnes assez élevées et qui ne sont guère inférieures à la précédente; ce sont celles qui sont situées vers le couchant et qui forment un groupe compris entre Bacarat, Remberviller, Bruyères et Saint-Diey.

En suivant de Raon-l'Étape la grande route du côté de Strasbourg, le long du val de Celles et d'Alarmont, on a à droite et à gauche des montagnes à peu près de même ordre que les précédentes, mais un peu plus basses. Ces montagnes sont des groupes composés de pains de sucre fort réguliers; ces pics de montagnes sont exprimés sur la carte, mais il serait à propos qu'ils fussent plus fortement rendus.

Les montagnes qui sont au sud-est de Bruyères demandent à être plus fortement exprimées qu'elles ne le sont, surtout à mesure qu'on approche des montagnes des Chaumes qui forment la crête dans cette partie.

Au sud-est de Bruyères, il y a une branche de la Vologne qui coule dans une vallée extrêmement étroite et qui est assez profonde. Les deux côtés de cette vallée, mais surtout la gauche en allant de Bruyères à Gérardmer, sont garnis de rochers culbutés. Ces coteaux doivent être marqués fort noirs sur la carte et fort rapides. C'est surtout depuis Évelines jusqu'à la jonction du chemin de Saint-Diey à Gérardmer.

Toutes les vallées qui sont dans la partie basse de la Lorraine, je veux dire du côté de Mirecourt, Charmes, Bayon, Vezelise, doivent être faiblement exprimées; elles sont bien peu profondes, surtout en approchant de Lunéville et de Nancy.

La forêt de Blamont, grande route de Strasbourg à Lunéville, est un des endroits les plus élevés de ce canton. De Blamont vers Lunéville, les côtes sont extrêmement basses, on pourrait presque les retrancher tout à fait.

Les côtes des environs de Lunéville sont un peu plus hautes et se soutiennent à peu près de même vers Nancy.

Il y a autour de Nancy une suite de coteaux beaucoup plus élevés que tous ceux-ci; cette suite commence au-dessus de Bathelemont, près Nancy et se continue par Laxon, Villé Vandœuvre, Houdemont, Ludie, la Côte d'Affrique qui est très escarpée, Chavigny, Chaligny, Sexey-aux-Forges, Pont-Saint-Vincent, etc.

On voit des montagnes qui sont à peu près du même niveau et qui sont isolées, au sud de Vezelise, à une lieue et demie et deux lieues. Si on est sur l'une d'elles, Pulney est près d'une autre. Toutes ces montagnes doivent être plus fortement exprimées.

ENVIRONS DE BÂLE.

Bâle est dans une plaine basse formée par les dépôts du Rhin.

La petite côte qu'on rencontre sur la grande route de Bâle à Strasbourg, à une lieue de Bâle, et qui commence à Michelfeld, est si peu de chose que je crois qu'il faut la supprimer tout à fait; du moins elle doit être presque insensible.

Au levant de Bâle, inclinant vers le nord, on voit une chaîne de montagnes assez élevée derrière Steten, Riechen et le château de Winckenhoff. Cette chaîne est interrompue par le Rhin; elle se relève ensuite après Mutenz et se suit par les châteaux de Arlsheim, de Bursech, de Dornach, etc. Cette chaîne est encore interrompue par la Birren; on la revoit encore de l'autre côté en gagnant vers l'ouest sous le château de Furteinstein, sous celui de Landscron, on la voit derrière Notre Dame de la Pirere; elle est encore interrompue en cet endroit et ne se relève qu'au delà de la rivière d'Ill et forme, au sud de Buxwiller, Ferette, Vieux Ferette, Köstlach, une montagne fort élevée; cette chaîne doit se faire sentir beaucoup.

Il y a encore au couchant de Bâle un coteau qu'il est nécessaire de faire sentir, le coteau marque en quelque façon les contours de la vallée du Rhin. Comme il serait trop long d'expliquer sa position, je l'ai marqué sur la carte par un trait de crayon. C'est entre Helfrantzkirch et Folgensbourg que ce coteau est plus élevé; il s'abaisse ensuite des deux côtés.

Il y a en descendant vers le Rhin un second coteau au-dessous de celui-ci qui est assez bien rendu sur la carte, à l'exception que l'origine des vallées est trop marquée. Toutes les vallées qui sont entre Belfort, Alkirch et Mulhausen sont très peu considérables, la plupart n'ont que 30 pieds de profondeur; la vallée de la Largue et de l'Ill sont un peu plus profondes; toutes ces vallées à l'exception des deux dernières doivent être à peine sensibles.

Les coteaux qu'on laisse à gauche en allant de Bâle à Mulhausen sont très peu élevés.

NOTE

SUR

LE SONDAGE DU TERRAIN DE PARIS[1].

Le... juin 1772, je fis la première épreuve de ma sonde dans la cour de notre maison de la rue des Bons-Enfants. On ne s'était pas placé commodément, néanmoins on parvint à une certaine profondeur. Pendant les 15 premiers pieds, on ne trouva que des terrains rapportés, beaucoup de plâtras salpêtrés et de petits morceaux de pierre à chaux. A 15 pieds on a commencé à trouver le terrain natif; il consistait d'abord en une terre sableuse, grasse, jaunâtre; à mesure qu'on avançait, elle devenait plus sableuse. On y voyait des petits grains de sable et d· graviers arrondis. Vers 17 pieds, le sable de rivière commençait à se décider. On n'a pas été au delà.

[1] Manuscrit autographe.

INSTRUCTION

POUR DES VOYAGEURS

ENVOYÉE À M. GROMAL,

CHIRURGIEN À L'HÔTEL-DIEU,

POUR REMETTRE À M. SON PÈRE, QUI PART POUR SAINT-DOMINGUE,

AVEC M. NOLIVOS, GOUVERNEUR, LE 6 DÉCEMBRE 1769[1].

L'objet qu'on se propose est de connaître la nature des pierres et rochers qui composent l'île de Saint-Domingue, *les mines qui s'y rencontrent; pour cet effet on serait bien aise d'avoir des échantillons de tous les rochers et mines qui composent l'île et les montagnes; s'il était trop difficile* de parcourir les montagnes pour rassembler les productions qui s'y trouvent en ce genre, on prie la personne qui veut bien s'occuper de cet objet de demander aux maçons du pays un échantillon des différentes espèces de pierres qui s'emploient pour bâtir dans le pays, celles qui servent à faire du plâtre et de la chaux, le sable qu'on mêle avec elle, *les terres et sables dont on se sert pour faire les* tuiles. On recommande surtout de prendre des notions exactes des endroits dont ces pierres, *terres et sables* sont tirés : si c'est dans une plaine, sur une montagne ou sur les bords de la mer, de désigner la distance à quelque endroit connu de manière qu'on pût à peu près en déterminer la position sur une carte géographique du pays.

On prie encore s'il se trouve des cailloux à la surface de la terre

[1] Manuscrit autographe avec corrections de la main de Guettard. Nous avons mis en italiques tout ce qui est de Guettard.

d'envoyer un morceau de chacun de ceux qui paraîtront être de différente espèce. Si les recherches occasionnaient quelques frais, on prie la personne d'en tenir note afin qu'on pût lui en faire passer le remboursement.

On pourra adresser la caisse soit à M. Breau, receveur des traites au Havre, soit au receveur des traites de quelque autre port de France, pour faire passer à M. Lavoisier, fermier général à Paris.

GÉOGRAPHIE PHYSIQUE[1].

ÉBOULEMENTS NATURELS.

ÉVÉNEMENT ARRIVÉ À PONTOISE,

LU À L'ACADÉMIE DES SCIENCES.

Ayant appris par les papiers publics l'événement arrivé à Pontoise, je m'y suis transporté dans la vue d'examiner si l'on en pouvait tirer quelques observations utiles pour la physique. J'ai remarqué d'abord que le dommage avait été occasionné par la chute de la partie saillante d'une roche qui s'était détachée précisément au-dessous de la terrasse du Doyenné. Au moyen de cette chute, le rocher se trouve maintenant coupé presque à pic, à l'exception de la partie supérieure qui forme encore une saillie de plusieurs pieds et qui, étant de pierres plus dures, n'a pas été entraînée avec le reste du rocher. Il ne m'a pas semblé que cette partie quoique très saillante menaçât d'un péril prochain par la raison, comme je viens de le dire, que ces pierres sont assez dures et qu'elles forment de grands plateaux qui s'engagent dans le corps de la montagne. Du reste, il y a quelques morceaux de pierres pendantes qui ne tarderont pas à se détacher.

J'ai remarqué de plus qu'attenant la partie où s'est fait l'éboulement et qui peut avoir environ 50 pieds de face, il y avait une autre portion de rocher presque aussi considérable, également saillante, qui avait

[1] Manuscrit autographe. — Ce rapport doit être de 1767 ou 1770.

été soutenue par un jambage de pierre de taille très solide; il a été construit, dit-on, en 1727. Le rocher porte maintenant entièrement sur ce jambage qui seul en empêche la chute. Ce jambage a été quelque peu endommagé; j'ignore si c'est par la chute du rocher voisin ou si c'est par la pesanteur énorme de la masse qu'il soutient, et il est de la plus grande importance de le réparer avec soin. Comme je voulais être assuré si la masse totale du rocher avait fléchi, je suis monté dans le Doyenné, et j'ai vu que la terrasse qui est immédiatement au-dessus de l'endroit où est arrivé l'accident, n'avait aucunement souffert, de sorte qu'il est constant que c'est un mal local qui n'a aucun rapport avec le reste de la montagne et qui n'intéresse en rien, du moins pour l'instant présent, la sûreté des habitants de la montagne.

L'état actuel ne m'a pas permis de considérer en détail l'ordre des bases qui composent la coupe que la chute du rocher a mise à découvert. J'exposerai seulement qu'on y observe en général dans le haut plusieurs bancs de pierres calcaires, en partie composés de coquilles, au-dessous, un banc de plusieurs pieds de tuf ou bousin très tendre, et au-dessous de nouveaux bancs de pierre calcaire coquillière; enfin un massif de sable verdâtre, mêlé de beaucoup de parties calcaires. J'estime que le haut de ce dernier banc est environ 20 pieds au-dessus du niveau de la rivière d'Oise. Les bancs de pierre sont composés de petits graviers demi-arrondis, calcaires, et de noyaux de cammes. Quant au tuf, il est extraordinairement friable et se réduit très aisément en poudre. Il est pareillement composé de ces graviers calcaires, mais ils n'ont aucune liaison, aucune consistance. Les bancs de pierre qui sont au-dessus de celui du tuf forment une plus grande épaisseur que ceux qui sont au-dessous, et j'estime que le tuf peut avoir une dizaine de pieds. Tous ces bancs sont fort secs, de sorte que ce n'est point à l'eau qu'on doit attribuer l'accident. Par l'examen des lieux voisins il m'a paru constant que c'était le peu de consistance du tuf qui en était la cause. Ce tuf est en effet si friable que l'action de l'air seule, la sécheresse et l'humidité successives de l'atmosphère suffiraient pour le ronger en fort peu de temps. En supposant donc que la côte fut coupée à plomb primitivement, une portion du banc de tuf s'éboulant peu à peu chaque année, le rocher supérieur a dû, avec le temps, de plus en plus porter à faux, et le mal ayant empiré chaque année, sa chute a dû en être une suite nécessaire. Ce que j'avance ici, on l'observe d'une manière particulière dans l'église paroissiale de Saint-Pierre. Le banc de tuf a été si fort détruit que le rocher porte maintenant absolument à faux, et la saillie même est très considérable, de sorte qu'il menace d'une ruine, sinon très prochaine, du moins inévitable. Un des bouts de l'église Saint-Pierre porte sur cette partie saillante du rocher. Il paraîtrait même qu'elle a commencé à fléchir; surtout à une arcade très voisine de l'église et sous laquelle on passe pour descendre de la paroisse à la ville. Il s'est fait un écartement assez considérable des deux murs qui partent de la voûte, de sorte qu'elle est lézardée dans toute sa longueur. L'église collégiale Saint-Melon qui est plus voisine que celle de Saint-Pierre du lieu de l'accident m'a paru plus en sûreté. Cette église est à la voûte d'une construction fort ancienne, et lézardée même dans des endroits.

Les rochers dans cet endroit forment un petit talus; ils sont de plus recouverts par une petite portion de terre végétale qui défend le banc du tuf des impressions directes de l'atmosphère. Je ne parlerai pas ici des moyens d'arrêter les suites de cet accident. Cette partie est entièrement étrangère à mon objet. Ces moyens seront nécessairement dispendieux, si l'on cherche à garantir pour toujours les habitants de Pontoise d'événements de cette nature. Au reste, je ne doute pas que la personne chargée de cette partie par M. de Souvigny, intendant de la généralité de Paris, n'emploie les plus prompts et les plus efficaces.

MINES
DE POULLAWEN ET D'HUELGOAT[1].

Le 10 juin 1778, Monseigneur le duc de Chartres se rendit aux mines de Poullawen et d'Huelgoat en basse Bretagne pour y prendre connaissance de tous les travaux relatifs à l'exploitation des mines. M. le comte d'Arcy, maréchal de camp et membre de l'Académie royale des sciences, l'un des propriétaires, eut l'honneur de recevoir le prince, et de le conduire dans tous les ateliers, et M. Lavoisier, membre de l'Académie royale des sciences, qui se trouvait alors à Poullawen, eut l'honneur de l'accompagner.

Les mines de Poullawen et d'Huelgoat ayant chacune environ 500 pieds de profondeur, et les travaux actuels étant déjà de beaucoup au-dessous du niveau de la mer, l'eau y ruisselle de toutes parts, et ce n'est qu'à force de machines qu'on parvient à l'épuiser; l'eau est elle-même le premier mobile de ces machines, et pour en avoir une quantité suffisante et à une élévation convenable, on a été obligé de la faire venir à grands frais par des aqueducs et des canaux.

Le principal des canaux d'Huelgoat a 3000 toises de longueur; l'eau coule d'abord dans une galerie percée dans une montagne de granit: elle est ensuite conduite jusqu'à la mine par un canal découvert à travers des rochers, des précipices et des obstacles de toute espèce. Les différents canaux qui conduisent l'eau à Poullawen ont ensemble une étendue de 9000 toises. On a construit en outre, tant à Poullawen

[1] Manuscrit autographe.

qu'à Huelgoat, à la tête des canaux, de vastes étangs où l'excédant de l'eau qui coule pendant l'hiver est mis comme en réserve pour suppléer à ce qui manquerait pendant les temps de sécheresse. Monseigneur le duc de Chartres voulut remonter jusqu'à la tête du canal principal d'Huelgoat, et il en suivit à pied le cours depuis son origine jusqu'à la mine.

Les machines hydrauliques qui servent à élever les eaux du fond des travaux jusqu'à la surface de la terre, c'est-à-dire jusqu'à une hauteur d'environ 500 pieds, sont au nombre de deux à Huelgoat, et de trois à Poullawen : les roues sont à augets, elles ont 30 à 35 pieds de diamètre, et M. Darcy, sous les ordres duquel elles ont été construites, a profité, pour obtenir le plus grand effet possible, de toutes les connaissances dont la mécánique et l'hydraulique se sont enrichies jusqu'à ce jour.

Le minéral de Poullawen et d'Huelgoat est une mine de plomb, connue sous le nom de *galène*, contenant un peu d'argent. Cette mine, ainsi que presque toutes celles de cette nature, se trouve par filons ou espèces de tranches contenues entre deux rochers, et qui pénètrent dans la terre à une très grande profondeur. On attaque ces filons par des galeries horizontales et par des puits perpendiculaires. C'est le long de ces puits que sont placées les échelles, qui pour la plupart sont également perpendiculaires, et c'est par cette route dangereuse que Monseigneur le duc de Chartres, accompagné de M. le comte de Genlis, capitaine de ses gardes, et de M. le chevalier de Boufflers, colonel de son régiment, est descendu jusqu'aux travaux les plus profonds, malgré les prières instantes que faisaient pour l'en détourner tous ceux qui l'environnaient.

La dureté du rocher qui accompagne la mine est telle, que les forces humaines ne pourraient parvenir à l'entamer, si elles n'étaient aidées du secours de la poudre. Le prince voulut partager tous les dangers auxquels les ouvriers sont exposés; il exigea qu'on fît jouer la mine en sa présence, et que l'exploitation de la mine se fît exactement comme à l'ordinaire : ce voyage souterrain dura environ trois heures.

Lorsque le minéral a été détaché du rocher par le moyen de la poudre, et qu'il a été grossièrement concassé, on le transporte avec des brouettes jusqu'au fond des puits perpendiculaires. Il est ensuite monté dans de grands seaux ou bassicots par le moyen d'une machine mue par des chevaux : enfin, il est transporté dans l'atelier du lavage et du bocardage dans un chariot qu'une machine à eau fait monter le long d'un plan incliné et qu'il serait trop long de décrire ici.

Lorsque le minéral est arrivé à l'atelier du lavage, on commence par classer les morceaux en raison de leur richesse : les plus abondants en minéral et les plus purs sont seulement concassés, soit à la main avec des marteaux, soit dans un bocard à sec : les moins purs sont pilés dans un bocard à l'eau : ces deux machines consistent en un certain nombre de pilons armés de boîtes de fonte, et qui pèsent chacun environ 200 livres; on les élève par le moyen de lames adaptées à l'arbre d'une roue à augets dont l'eau est encore le moteur : ces pilons par leur chute réduisent en poudre les pierres les plus dures : une grille serrée, placée verticalement à l'un des côtés des mortiers dans lesquels se fait la pulvérisation ne permet aux pierres de s'échapper, que quand elles ont acquis le degré de ténuité nécessaire.

Le sable, la pierre pilée et le minéral se trouvent confondus ensemble au sortir du bocard, et c'est par le lavage qu'on parvient à en faire la séparation. Les machines à laver sont de deux espèces : leur mécanisme à l'une et à l'autre est fondé sur le principe que le minéral est d'une pesanteur spécifique beaucoup plus grande que les matières étrangères qui y sont mêlées : en conséquence, on place le minéral pour le laver au haut d'un plan plus ou moins incliné : on y fait passer un courant d'eau et on agite la matière avec des râteaux ou rouables. L'eau emporte les parties les plus légères et le minéral reste pur.

Lorsque le minéral a été extrait, pilé et lavé, et qu'on en a séparé autant qu'il était possible toutes les matières étrangères, il est question de le traiter pour en obtenir le métal. Le minéral d'Huelgoat et de Poullawen étant, comme on l'a déjà dit, une véritable galène, il est principalement composé de soufre et de plomb, et d'un peu d'argent :

il y reste en outre, quelque soin qu'on ait pris pour le laver, du quartz, du schiste et une portion des autres matières qui accompagnent le filon. La première opération à faire est de griller la mine pour détruire le soufre par combustion et pour le volatiliser. Cette opération ne peut se faire sans qu'une partie du métal ne se réduise en chaux; et on ne peut le ramener à l'état métallique que par l'addition du phlogistique. Un même fourneau remplit à la fois ces différents objets : ce fourneau qui a beaucoup de rapport avec le fourneau anglais, et qui est connu sous le nom de *fourneau à réverbère*, a été beaucoup perfectionné à Poullawen, et on y a adapté une seconde chauffe : il fond par semaine 70 milliers de galène qui produisent environ 35 milliers de plomb; là, on place le minéral sur toute l'étendue du sol du fourneau et on allume un feu de bois dans deux foyers placés à chaque extrémité : la cheminée du fourneau étant placée dans le milieu, la flamme du bois est attirée vers ce côté; elle est forcée de passer sur le minéral et de brûler le soufre. De temps en temps on jette dans le fourneau quelques pelletées de menu charbon de terre ou de bois, pour rendre le phlogistique au métal, et ce dernier, lorsqu'il est fondu et revivifié, se rassemble par la pente naturelle du fourneau dans le milieu, où on a soin de le tenir toujours couvert avec du charbon embrasé. On fait communément deux coulées, l'une au bout de douze heures, l'autre au bout de seize à dix-sept. Le fourneau est percé à cet effet dans son fond d'un trou qui se bouche avec un tampon de terre argileuse, et ce dernier se perce à chaque coulée avec une barre de fer pointue. Le métal tombe dans un bassin garni de poudre de charbon et recouvert de charbons embrasés, et on l'en tire avant qu'il soit figé avec des cuillères de fer, pour le mouler en saumons; lorsque cette première portion de métal a été obtenue, il reste dans le fourneau une quantité considérable de crasses, qui sont composées : 1° de la terre, du quartz et des pierres qui n'avaient pas été exactement séparées du minéral par le lavage; 2° d'une petite portion de terre qui entre dans la composition de la galène; 3° d'une assez grande quantité de chaux de plomb qui, enveloppée de matières étrangères, n'a pu recevoir le contact du phlogistique. Ces crasses se retirent par une porte pratiquée derrière le fourneau et elles sont portées au fourneau à manche. On donne ce nom à un fourneau étroit, élevé et arrondi dans son fond, en forme de coupe pour recevoir le métal. Le feu en est animé par un fort soufflet à trombe ou par deux grands soufflets mus par un courant d'eau. On y charge alternativement par le haut les crasses dont on vient de parler, une portion de verre ou laitier des fontes précédentes pour servir de fondant et du charbon de bois. Les matières se ramollissent en passant à travers les charbons ardents, et elles se fondent complètement à l'instant où elles arrivent vis-à-vis de la tuyère du soufflet : en même temps le minéral qui se trouve en contact avec les charbons se revivifie; il tombe au fond et les matières vitreuses qui s'en séparent nagent à sa surface. De temps en temps on fait une percée dans le bas du fourneau pour obtenir le plomb, et on le coule en saumons dans des lingotières de fer.

Ces différentes opérations faites il reste un dernier objet à remplir, c'est la séparation de l'argent d'avec le plomb. On profite pour cet effet de la propriété qu'a le plomb de se réduire à une chaleur très médiocre en litharge, c'est-à-dire, en une chaux à demi vitrifiée, tandis que l'argent est inaltérable à ce degré. Cette opération se fait dans de grands fourneaux, nommés *fourneaux d'affinage*, et qui ne sont autre chose que de grandes coupelles, semblables à celles qu'on emploie dans les laboratoires de chimie : leur fond est formé de cendres bien lessivées et battues, qu'on recouvre avec un peu de foin, on pose les saumons de plomb par-dessus et on chauffe. Il est à observer que les fagots dont on se sert dans cette opération ne sont point placés dans le fourneau même où l'on coupelle le plomb, mais dans un fourneau voisin qui communique avec lui, de sorte que le plomb n'est échauffé que par la flamme qui passe du fourneau dans la coupelle, et qui se réverbère le long de la voûte. Lorsque le plomb est fondu et qu'il est en bain, il se forme une crasse à sa surface; bientôt cette crasse se vitrifie par la violence du feu et forme sur le plomb un bain fluide comme de l'eau : en même temps on dirige sur le bain l'embouchure d'un fort soufflet à trombe. L'air rafraîchit la surface à l'endroit où il la touche; la litharge se fige et est chassée par la force du vent, jusqu'à l'extrémité opposée du fourneau, où elle enfile une rigole pratiquée à cet effet dans la cendre; tout le plomb passe ainsi successivement en litharge, après quoi il ne reste plus que de l'argent pur dont on accélère le refroidissement en jetant de l'eau dans le fourneau. Ce même argent est affiné de nouveau par le moyen d'une seconde coupelle beaucoup plus petite, mais en tout semblable à la première dont l'objet est de le dépouiller des dernières portions de plomb qui pourraient y rester unies. Enfin, il est refondu une dernière fois dans un creuset, coulé en lingots, et marqué de la marque de la fabrique.

D'un autre côté la litharge qui a été séparée d'avec l'argent par l'affinage est mêlée avec du charbon de bois et placée dans un fourneau à réverbère. On allume un feu de bois aux deux extrémités du fourneau; la flamme est réverbérée sur la litharge, elle l'échauffe et la fond, et comme cette dernière rencontre du charbon qui lui rend le phlogistique, elle reprend la forme métallique et se rétablit en plomb qui coule et se rassemble dans la partie basse du fourneau. Il est ensuite coulé en saumons de la même manière que ci-dessus.

Monseigneur le duc de Chartres a été occupé deux jours entiers du détail de ces travaux. Il n'est pas un atelier qu'il n'ait visité, pas une opération qui n'ait été faite sous ses yeux : partout il a voulu connaître l'objet et les moyens d'exécution. Enfin, on a été étonné de le voir sortir des mines plus instruit que la plupart de ceux qui en font leur occupation capitale.

Monseigneur le duc de Chartres fut distrait un instant le 10 au soir de ce travail par un spectacle singulier et d'autant plus piquant qu'il retrace le tableau des mœurs antiques. Les paysans de basse Bretagne sont dans l'usage, dans les occasions importantes et lorsqu'ils veulent donner des marques particulières de respect et de déférence, de se rassembler pour célébrer des jeux, tels que ceux que nous décrit Homère. Ces jeux consistent principalement dans des luttes, où se développent à la fois la force et l'adresse. M. le comte d'Arcy qui avait été prévenu de l'arrivée du prince avait fait publier la lutte, et avait fait annoncer des prix qui consistaient en moutons, en veaux, en jeunes bœufs et en différents autres objets relatifs au goût et aux besoins des habitants de la campagne. Les jeux furent célébrés en présence du prince, et les prix décernés à son jugement. Plus de trois mille personnes s'étaient rassemblées pour ce spectacle, et comme l'enceinte de l'arène était trop resserrée pour les contenir, une partie s'était répandue dans la prairie voisine où s'exécutaient, au son des musettes, des hautbois et du tambourin, des danses à la manière du pays. Il serait difficile de donner une idée des acclamations et des témoignages de joie d'un peuple qui était dans le ravissement et dans l'attendrissement de voir, peut-être pour la première fois, assis parmi eux un prince du sang de ses rois.

Monseigneur le duc de Chartres a voulu également être instruit de tout ce qui concerne la police et l'administration des mines, des lois particulières rendues pour cette partie, des dispositions faites pour contenir douze ou quinze cents hommes qu'elles occupent, enfin des précautions qu'une humanité éclairée a engagé les propriétaires à prendre pour assurer aux ouvriers et à leurs veuves une subsistance honnête dans les cas de vieillesse, d'infirmité ou d'accident. Monseigneur le duc de Chartres a fait en partant présent de deux tabatières d'or, l'une au sieur Grevin, inspecteur général des mines, l'autre au sieur Gerard, inspecteur des fontes, et il a donné à tous les ouvriers des preuves de sa libéralité.

IMPRIMERIE NATIONALE.

OBSERVATIONS GÉNÉRALES

SUR

LES COUCHES MODERNES HORIZONTALES

QUI ONT ÉTÉ DÉPOSÉES PAR LA MER

ET SUR LES CONSÉQUENCES

QU'ON PEUT TIRER DE LEURS DISPOSITIONS

RELATIVEMENT

À L'ANCIENNETÉ DU GLOBE TERRESTRE[1].

Une partie des matières qui se présentent à la surface de la partie basse du globe terrestre jusqu'à la profondeur où il nous est permis de pénétrer sont disposées par couches horizontales; on y rencontre des masses énormes de corps marins de toute espèce, encore qu'on ne peut douter que la mer n'ait recouvert dans les temps les plus reculés une grande partie de la terre qui est maintenant habitée.

Mais si à ce premier coup d'œil on fait suivre un examen plus approfondi de l'arrangement des bancs et des matières qui les composent, on est étonné d'y voir à la fois tout ce qui caractérise l'ordre, la tranquillité, et en même temps tout ce qui annonce le désordre et le mouvement.

Ici se trouvent des amas de coquilles parmi lesquelles on en voit de

[1] Lues dans la séance du 17 décembre 1788. (*Mém. Acad. des sciences*, année 1789.)

minces et de fragiles; la plupart ne sont ni usées, ni frottées; elles sont précisément dans l'état où l'animal les a laissées en perdant la vie : toutes celles qui sont de figure allongée sont couchées horizontalement; presque toutes sont dans la situation qui a été déterminée par la position du centre de gravité : toutes les circonstances qui les environnent attestent une tranquillité profonde et, sinon un repos absolu, du moins des mouvements doux et dépendants de leur volonté.

Quelques pieds au-dessus ou au-dessous du lieu où cette observation a été faite se présente un spectacle tout opposé; on n'y voit aucun trait d'êtres vivants ou animés; on trouve, à la place, des cailloux arrondis dont les angles ont été usés par un mouvement rapide et longtemps continué; c'est le tableau d'une mer en courroux, qui vient se briser contre le rivage, et qui roule avec fracas des amas considérables de galets. Comment concilier des observations si opposées? Comment des effets si différents peuvent-ils appartenir à une même cause? Comment le mouvement qui a usé le quartz, le cristal de roche, les pierres les plus dures, qui en a arrondi les angles, a-t-il respecté des coquilles fragiles et légères?

L'examen des couches horizontales présente encore une autre singularité très remarquable : le sable et les matières calcaires ne sont point communément mêlés ensemble, ou au moins ils ne le sont que dans les environs du point de contact, dans certains cas, et suivant de certaines lois. La plupart des sables, ceux qu'on nomme *sablons*, ne contiennent point de terre calcaire, et réciproquement la craie et la plupart des pierres calcaires ne contiennent point de sable ni de terre siliceuse.

Ce contraste de tranquillité et de mouvement, d'arrangement et de désordre, de séparation et de mélange, m'avait paru inexplicable au premier coup d'œil; cependant, à force de voir et de revoir les mêmes objets, dans différents temps et dans différents lieux, à force de combiner les observations et les faits, il m'a semblé qu'on pouvait expliquer ces étonnants phénomènes d'une manière naturelle et simple et parvenir à déterminer les principales lois qu'a suivies la nature dans l'arrangement des couches horizontales. Il y a longtemps que je médite le système que je me suis formé à cet égard, et il m'a paru avoir acquis assez de consistance et d'ensemble pour qu'il me fût permis de le mettre sous les yeux de l'Académie.

Il y a deux manières de présenter les objets en matière de science; la première consiste à remonter des phénomènes aux causes qui les ont produits; la seconde à supposer la cause, et à faire voir que les phénomènes présentés par l'observation cadrent exactement avec ces suppositions. Cette dernière marche est rarement celle qu'on suit dans la recherche des vérités nouvelles, mais elle est souvent utile pour les enseigner aux autres; elle leur épargne des difficultés et des dégoûts, et c'est celle que j'ai cru devoir adopter dans la suite de mémoires minéralogiques que je me propose de donner successivement à l'Académie.

S'il n'y avait dans la nature ni vent, ni changement de température, ni flux, ni reflux, les eaux de la mer seraient dans un état de stagnation perpétuelle; on n'y observerait que des mouvements locaux et accidentels, et qui leur seraient principalement imprimés par les corps animés. C'est donc uniquement à ces trois causes qu'on doit rapporter les différents mouvements qui agitent les eaux de la mer; mais, en examinant séparément leur manière d'agir, on remarque que dans la première de ces causes le vent n'a d'action que sur la surface de l'eau. Le vent, en effet, ne peut imprimer de mouvement à l'eau qu'en raison du frottement qui s'excite entre les surfaces des deux fluides : or ce mouvement est nécessairement ralenti par la résistance que lui opposent les couches inférieures; il doit donc diminuer, et même d'après une progression très rapide, à mesure qu'on s'éloigne de la surface de la mer; et dans le fait, il est reconnu que l'action du vent à la mer ne s'étend pas au delà de 10 à 12 pieds de profondeur.

On en peut dire autant des mouvements relatifs aux changements de température : indépendamment de ce que ces mouvements ne peuvent jamais être rapides, il est prouvé par expérience que les eaux de la mer à une certaine profondeur conservent une température à peu près constante, en sorte que les changements de température ne peuvent produire ni agitation ni mouvements sensibles au fond de la mer.

Enfin, d'après M. de La Place, le flux et le reflux de la mer, qui fait sur nos côtes de si terribles ravages, ne produit en pleine mer que de très petites oscillations, qui sont même encore diminuées considérablement par le frottement que les molécules de l'eau exercent les unes contre les autres.

Mais si les trois causes qui peuvent seules agir sur les eaux de la mer ne l'agitent qu'à la surface, s'il ne peut régner dans son fond que des courants d'une vitesse infiniment modérée, tout ce qui a vécu, tout ce qui a végété au fond de la mer, et à une certaine distance des côtes, toutes les couches des bancs qui s'y sont formés, doivent présenter l'image du calme et de la tranquillité : des coquilles, même très fragiles, doivent s'y trouver sans altération, et on ne doit remarquer dans la position qu'elles affectent rien qui ne prouve qu'elles ont obéi, sans obstacle, aux simples lois de la gravité.

Il ne doit pas en être de même du voisinage des bords de la mer. L'effet du flux et du reflux augmenté par la résistance que les côtes lui opposent, l'action des vents, tantôt favorables, tantôt contraires à sa direction, doivent donner une impulsion rapide; elles doivent venir se briser avec fracas contre le rivage. Il n'est pas étonnant qu'un mouvement si violent, si souvent répété, parvienne avec le temps à user les pierres les plus dures, à élever et à transporter des montagnes de galets.

Ces premières réflexions nous conduisent à une conséquence naturelle, c'est qu'il doit exister dans le règne minéral deux sortes de bancs très distincts, les uns formés en pleine mer, et à une grande profondeur, et que je nommerai à l'imitation de M. Rouelle, bancs *pélagiens*, les autres formés à la côte, et que je nommerai bancs *littoraux;* que ces deux espèces de bancs doivent avoir des caractères distinctifs, qui ne permettent pas de les confondre; que les premiers doivent présenter des amas de matières calcaires, des débris d'animaux, de coquilles, de corps marins accumulés lentement et paisiblement, pendant une succession immense d'années et de siècles; que les autres, au contraire, doivent présenter partout l'image du mouvement, de la destruction et du tumulte. Ces derniers sont des espèces de bancs parasites formés aux dépens des côtes, à la différence des bancs élevés en pleine mer, qui sont l'ouvrage des êtres vivants, et dont le niveau s'accroît lentement et continuellement au milieu des eaux.

Cette distinction de deux espèces de bancs, qui s'est présentée à moi, pour ainsi dire dès les premiers pas que j'ai faits en minéralogie, m'a débrouillé tout un coup le chaos que présentent au premier coup d'œil les pays à couches horizontales et elle m'a fourni une foule de conséquences auxquelles je vais essayer de conduire successivement le lecteur.

Indépendamment de ce caractère distinctif tiré du mouvement et du repos, qui ne permet pas de confondre, même au premier coup d'œil, les bancs *littoraux* et les bancs *pélagiens*, il en est d'autres qui dépendent des mêmes causes et qui sont une suite nécessaire des mêmes effets; les bancs formés en pleine mer ou *pélagiens* doivent être composés, et ils le sont en effet, de matière calcaire presque pure, c'est-à-dire de la matière même des coquilles accumulées sans mélange. Les bancs formés à la côte, les bancs *littoraux*, au contraire, peuvent être composés de matière d'une infinité d'espèces, suivant la nature des côtes. Les seuls êtres vivants, ceux surtout d'une constitution faible, qui ne peuvent pas s'attacher solidement aux rochers, ou qui sont porteurs d'une enveloppe fragile, doivent en être exclus.

Mais ce qui pourrait échapper au premier coup d'œil, et ce que l'on concevra facilement, cependant, par quelques instants de réflexion, c'est que les matières dont sont formés les bancs littoraux ne doivent point être indistinctement mélangées, qu'elles doivent au contraire être arrangées et disposées suivant de certaines lois.

En effet, le mouvement des eaux de la mer allant continuellement en décroissant de la surface au fond, au moins jusqu'à une certaine profondeur, de 40 à 50 pieds, il doit s'opérer sur les fonds de la mer, et même dans une étendue d'autant plus grande que la pente de la côte est moins rapide, un véritable lavage, analogue à celui qu'on opère dans le traitement des mines. Les matières les plus grossières, telles que les galets, doivent occuper les parties les plus élevées, et former la limite de la haute mer. Plus bas doivent se ranger les sables grossiers qui ne sont eux-mêmes que des galets plus atténués; au-dessous, dans les parties où la mer est moins tumultueuse et les mouvements moins violents, doivent se déposer les sables fins; enfin, les matières les plus légères, les plus divisées, telles que l'argile, la terre siliceuse elle-même, dans un état de porphirisation, doivent demeurer longtemps suspendues; elles ne doivent se déposer qu'à une distance assez grande de la côte, et à une profondeur telle que le mouvement de la mer soit presque nul.

Le talus que prennent toutes ces matières n'est pas même une chose arbitraire; il dépend de la pesanteur spécifique de l'eau de la mer, de son mouvement à différentes profondeurs, du degré plus ou moins grand de division de molécules charriées par l'eau, de leur pesanteur spécifique, au point que, ces données étant bien connues, on pourrait par le calcul déterminer le talus du fond de la mer, depuis le rivage jusqu'à une certaine distance des côtes, et réciproquement; que ce talus étant donné, on pourrait, à l'aide des autres éléments connus, en conclure le mouvement de la mer à différentes profondeurs.

Mais sans se jeter dans des calculs qui exigeraient la plus savante analyse, on voit en général que la courbe du fond de la mer, depuis la côte jusqu'à la pleine mer, doit approcher beaucoup d'une portion de parabole, dont l'axe serait parallèle à l'horizon, c'est-à-dire que l'inclinaison de la côte avec l'horizon, à la limite de la pleine mer, doit approcher de 45 degrés, qu'elle doit aller ensuite en diminuant, jusqu'au lieu où l'eau de la mer est dans un repos absolu, et qu'alors son fond doit tendre à devenir absolument horizontal.

La planche I a pour objet de donner une idée de ce qui se passe ainsi sur les bords de la mer, dans les endroits où la côte est de la craie; c'est ce qu'on observe dans la haute Normandie, et sur les côtes correspondantes de l'Angleterre. J'exposerai dans un autre temps ce qui a lieu, suivant la nature des matières dont la côte est composée.

AB, planche I, représente une falaise composée de craie, mêlée de silex, de figures irrégulières, qui y sont quelquefois parsemés sans ordre, quelquefois rangés par bancs horizontaux. La mer ayant miné le pied de cette falaise, elle se trouve coupée presque à pic; mais à mesure qu'il s'est fait des éboulements de craie et de cailloux, le mouvement des eaux en a fait le lavage. La terre calcaire, la craie, comme très divisible et très légère, est demeurée longtemps suspendue; elle a été déposée au loin, en M, soit seule, soit mêlée avec de la terre siliceuse très divisée. Les cailloux que cette même craie contenait sont restés à nu sur le rivage; le mouvement de la mer les a frisés, arrondis, en a fait des galets qui sont demeurés en BDFG, c'est-à-dire, comme on l'a déjà annoncé, à la limite de la haute mer. Les molécules siliceuses qui ont été détachées à mesure que les angles des cailloux ont été détruits et usés se sont portées plus ou moins loin, suivant leur état de division, c'est-à-dire suivant qu'ils ont formé du sable grossier, du sable fin, ou de la terre siliceuse en poudre impalpable.

On voit dans la même figure ce sable grossier déposé de H en I, à la suite du galet, le sable plus fin de I en L, la terre impalpable, siliceuse ou argileuse, de L en M; la même terre argileuse, mêlée avec la terre calcaire, également très divisée, formant une espèce de marne, de M en N. Tous les bancs HILMN qui se sont formés ainsi à la côte sont ceux que j'ai nommés bancs *littoraux;* enfin, on voit en N le commencement des bancs calcaires KK formés en pleine mer des bancs que j'ai nommés *pélagiens* qui se continuent en s'approchant de plus en plus de la ligne horizontale; ils participent encore plus ou moins, surtout vers N, de la nature des matières dont la falaise est composée, à défaut d'un éloignement suffisant des côtes.

Dans plusieurs endroits de la Normandie, les cailloux devenus galets, accumulés au bas de la falaise, y forment une espèce de rempart qui la défend; mais ce rempart diminue insensiblement chaque année parce que les galets s'usent et s'atténuent. Il arrivera donc un moment où la falaise n'ayant plus rien qui la défende sera de nouveau minée par le pied; alors il se formera de nouveaux éboulements qui donneront matière à de nouveaux lavages; de nouveaux cailloux seront arrondis, qui formeront de nouveaux galets, qui disparaîtront à leur tour.

Les choses sans doute seraient arrivées à un point d'équilibre, et les talus naturels qui se seraient formés à la longue auraient été enfin en état de résister à l'effort de la mer et de défendre la côte, si les eaux avaient toujours été renfermées dans les mêmes bornes, si le niveau de la mer avait toujours été constant, si, par une cause quelconque, elle n'avait pas eu, dans les temps très reculés, des mouvements progressifs et rétrogrades. On m'arrêtera ici pour me dire que ce mouvement de la mer n'est encore prouvé ni par le calcul, ni par l'observation; mais je demande au moins qu'il me soit permis de le supposer, et d'examiner quels en doivent être les résultats et les conséquences; ce que je présente ici comme une supposition deviendrait une réalité si je parvenais à faire voir que cette supposition cadre avec tous les phénomènes observés. Ce ne sont donc plus les effets d'une mer sédentaire que nous allons envisager, mais les effets d'une mer qui sort de son lit pour y rentrer, qui se déplace suivant certaines lois et surtout en vertu d'un mouvement très lent.

Il est d'abord évident que si la mer gagne du terrain sur les côtes, si son niveau s'élève d'une quantité BS, pl. II, la falaise qui existait en AB sera sapée par le pied, au niveau de S, qu'il s'y fera des éboulements fréquents jusqu'à ce qu'il se soit formé une nouvelle falaise HR, à l'extrémité SR de la limite de la haute mer. Si le niveau de la mer continue à s'élever progressivement d'une quantité ST, TV, VX, la falaise sera rapportée successivement en IQ, KP, et ainsi de suite, jusqu'à ce que la mer soit parvenue à la limite de sa plus grande ascension. En supposant que cette limite fut en MY, la falaise sera transportée en LM, et la partie supérieure de la masse de craie, qui était représentée par la ligne LKIHA, sera représentée par la ligne M...PQRB. Enfin, cette surface sera couverte de bancs de galets, de sable dans différents états, de marne, etc.; en un mot, de bancs

IMPRIMERIE NATIONALE.

littoraux, dont la matière aura été fournie par la destruction de la portion de terrain LKIHAMPQRB. La mer en gagnant du terrain sur les côtes fait donc un véritable déblai et un véritable remblai; et en supposant que l'ancienne terre ne fût recouverte que de craie, le fond de la mer, depuis la côte jusqu'à 20 ou 30 lieues en pleine mer, offrirait à peu près le résultat présenté par la planche III, c'est-à-dire que la masse de craie serait recouverte d'un banc littoral, ou formé à la BHILMN, lequel serait composé de cailloux roulés, de sable et de marne.

On voit dans la même planche III l'ancienne terre TTT, la masse de craie PPP qui repose dessus et la couche de bancs parasites ou littoraux HILMN qui la recouvre.

J'ai déjà fait observer qu'il ne pouvait exister de coquilles et de corps marins, en général, dans les endroits où la côte est garnie de galets. Ils seraient bientôt fracassés et détruits par le mouvement des vagues et surtout par celui qu'elles impriment aux galets. On conçoit même, en général, que les animaux marins, surtout ceux qui portent avec eux une enveloppe fragile, ne doivent point se plaire dans le voisinage des côtes et qu'on n'y trouve que des espèces qui ont la faculté de s'attacher fortement aux rochers, ou des fragments et des débris de coquilles dont les insectes ne vivent plus, et dont les dépouilles jetées à la côte sont bientôt brisées, réduites en poudre, et charriées dans un état de suspension par l'eau de la mer. C'est en effet ce que l'observation confirme.

Mais à mesure que le niveau de la mer a changé, à mesure qu'elle a anticipé sur les terres, ces mêmes bancs qui s'étaient formés à la côte au milieu du tumulte et de l'agitation ont été recouverts d'une épaisseur d'eau de plus en plus grande; ils se sont trouvés dans une région plus tranquille; c'est alors que les animaux de la mer, ceux mêmes qui sont revêtus d'enveloppes fragiles et qui craignent le mouvement, ont commencé à s'y établir. Le point X, pl. III, auquel le fond de la mer a commencé à devenir habitable pour les coquilles, et sa distance à la côte B dépend, comme l'on voit, de la profondeur VX, jusqu'à laquelle se font sentir les grands mouvements des eaux; on a déjà établi qu'elle ne devait pas dépasser 50 pieds. Mais les animaux qui se sont placés précisément à cette limite ont dû être incommodés quelquefois par les très grands mouvements de la mer, et l'impression a dû s'en faire sentir jusque dans les profondeurs qu'ils habitaient. Quelquefois aussi des portions de sable fin ont pu demeurer assez longtemps suspendues dans l'eau, pour parvenir jusqu'à eux : les premières coquilles doivent donc encore aujourd'hui se trouver mêlées d'une portion de sable de même espèce que celui sur lequel elles reposent; et, en effet, c'est une observation constante, et dont je n'ai point vu d'exception, que toutes les fois qu'un banc de coquilles repose sur un banc de sable, il y a mélange dans le voisinage des deux bancs; les premières couches de sable contiennent des coquilles, les dernières couches de coquilles sont mêlées de sable.

Lorsque ensuite, par le mouvement progressif de la mer, la côte a été reportée beaucoup plus loin, les corps marins qui ont succédé aux premiers se sont trouvés dans une situation de plus en plus calme et enfin dans un état de tranquillité absolue : les générations de coquilles se sont alors paisiblement succédé les unes aux autres, et il s'est formé insensiblement des bancs uniquement composés de matières calcaires, et qui par une longue succession de siècles ont dû acquérir une grande épaisseur. Ces bancs dont la surface doit approcher de plus en plus de l'horizontale, à mesure qu'ils s'éloignent de la côte, sont représentés, KKKKK.

Tandis que les masses de coquilles s'élevaient ainsi lentement et paisiblement du sein des eaux, par la succession d'une immensité de générations, la mer qui, dans la supposition d'un mouvement progressif, a dû atteindre enfin le flanc des hautes montagnes, a exercé son action contre elles; elle en a détaché des masses de quartz et de pierres siliceuses qu'elle a brisées, qu'elle a roulées, dont elle a formé des galets, et dont les angles, par leur usure, ont donné naissance à des sables de différents degrés de ténuité. Les plus grossiers se sont rangés le plus près de la côte, les plus fins à un niveau inférieur; enfin, les molécules les plus divisées ont dû se déposer au loin, et former des dépôts, ressemblant par leur ténuité à de l'argile, etc.

La planche IV représente le tableau de l'état des choses au moment où la mer est parvenue ainsi au pied des montagnes. TTT représente l'ancienne terre, PPP la masse de craie, LMN les bancs littoraux composés de cailloux roulés, de sable, de marne, etc., formés par les détritus des falaises à la mer montante; KKK les bancs calcaires horizontaux pélagiens qui se sont formés par-dessus à mesure que la limite de la mer s'est éloignée; HH les quartz roulés, formés des détritus des montagnes, qui doivent être mêlés de sable grossier en II, mais qui doivent être de plus en plus mélangés de matières plus divisées, à mesure qu'on approche de GG d'après la propriété de ces matières de rester plus longtemps suspendues dans l'eau, et de se déposer par conséquent à une plus grande distance de la côte.

Enfin, lorsqu'après une longue suite de révolutions de siècles, la mer, après avoir atteint sa plus grande élévation, après avoir été quelque temps stationnaire, est devenue rétrograde, lorsque son niveau a baissé, et qu'elle a commencé à reperdre le terrain qu'elle avait gagné, elle a dû faire même en se retirant un véritable lavage des matières qu'elle avait accumulées au pied des montagnes. Les quartz roulés, ou galets, comme les plus lourds, et les sables grossiers qui y étaient mêlés, ont dû rester les premiers à découvert; ils n'ont point été entraînés par les eaux. Les matières légères, au contraire, et très divisées, telles que les sables très fins, la glaise et l'argile, ont suivi, dans leur retraite, les eaux dans lesquelles elles étaient susceptibles de demeurer quelque temps suspendues; en sorte que la mer en se retirant a dû répandre sur les bancs formés en pleine mer une nappe de matières sableuses et argileuses. Mais comme elle laissait toujours en arrière quelques portions des matières qu'elle avait entraînées d'abord, l'épaisseur de ces couches a dû aller continuellement en diminuant à mesure qu'elles s'éloignaient des grandes montagnes, et il a dû nécessairement se trouver un terme auquel ces bancs ont été tellement atténués et amincis qu'ils ont disparu entièrement.

Je désignerai cette dernière espèce de bancs sous le nom de *bancs littoraux formés à la mer descendante*, pour les distinguer de ceux, également formés à la côte, mais *à la mer montante;* on les voit représentés en HHIIGG, pl. V et VI. On remarquera qu'ils ont la propriété de converger et de tendre à se réunir du côté des grandes montagnes avec les bancs littoraux inférieurs LLMMNN, formés par la mer montante, et qu'ils s'y réunissent en effet en un point I; qu'ils divergent au contraire, et s'écartent de ces mêmes bancs à mesure qu'on s'approche de la pleine mer. On conçoit qu'il est toujours facile de distinguer ces deux espèces de bancs, les supérieurs étant toujours formés des détritus des matières qui composent l'ancienne terre ou les grandes montagnes, et les inférieurs des détritus des bancs pélagiens horizontaux.

Tant que la surface de la mer a été plus élevée que les bancs pélagiens calcaires horizontaux KKK, pl. V, tant que ces bancs ont été défendus de l'action des eaux par les couches sablonneuses IIGG qui les recouvraient, ils n'ont point été entamés, mais par les progrès de l'abaissement des eaux, ils ont dû être attaqués à leur tour.

Lorsque, par exemple, la surface de la mer a été redescendue en *bc*, pl. VI, il a dû se former des falaises *ux*, au milieu des bancs KK. Enfin, quand après un laps de temps plus ou moins long, la mer est parvenue au-dessous du niveau des bancs pélagiens calcaires KK, en *b'c'*, par exemple, elle a dû commencer à agir sur les bancs littoraux NN qu'elle avait formés en montant, et qui servent de bases aux bancs pélagiens calcaires. Mais comme ces bancs, en raison de leur qualité sableuse, argileuse et marneuse, de leur peu de liaison et de la mobilité de leurs parties, ont offert peu de résistance à l'action de l'eau, ils ont dû être détruits promptement, les bancs pélagiens calcaires KK qu'ils soutenaient ont donc dû être bouleversés, roulés, atténués, détruits. La mer même, quoique perdant toujours de son niveau, a pu quelquefois regagner du terrain sur les côtes, et la falaise qui s'était formée en *ux* a dû se former en VX, c'est-à-dire à une distance plus ou moins grande, dépendant de beaucoup de circonstances, qu'il serait trop long de détailler en ce moment.

Il a dû résulter de là que les bancs littoraux et pélagiens IIGG, KKKKLLMMNN, qui recouvrent la craie ont été emportés dans beaucoup d'endroits, principalement dans les approches de la limite de la terre actuelle, que la craie PPP, ou en général le banc inférieur a dû rester seul, et c'est ce qu'on remarque en effet assez généralement en Normandie, en Picardie et dans une partie de l'Angleterre.

Les détails dans lesquels je viens d'entrer n'ont d'autre objet que de prouver qu'en supposant que la mer ait eu un mouvement d'oscillation très lent, une espèce de flux et de reflux, dont le mouvement se soit exécuté dans une période de plusieurs centaines de milliers d'années, et qui se soit répété déjà un certain nombre de fois, il doit en résulter qu'en faisant une coupe de bancs horizontaux entre la mer et les grandes montagnes, cette coupe doit présenter une alternative de bancs littoraux et de bancs pélagiens; que ces bancs qui sont très reconnaissables et qui sont composés de matières très différentes, doivent être mélangés dans les environs des points de contact, mais qu'ils doivent être exempts de mélange à peu de distance de ces points, que si on pouvait prolonger cette couche à une profondeur assez grande pour atteindre l'ancienne terre, on pourrait juger par le nombre de couches le nombre d'excursions que la mer a faites. Enfin, que lorsque les bancs supérieurs ont été posés sur des matières faciles à attaquer et à diviser, comme de l'argile et du sable, ils doivent avoir été souvent détruits par l'action de la mer descendante, en sorte que les bancs inférieurs ont dû seuls rester.

Tel est le tableau de ce qui a dû arriver dans la supposition que je viens d'énoncer; mais, si ce qui a dû arriver dans cette supposition existe en effet, si réellement la masse des matières abandonnées par la mer est disposée par bancs alternatifs, dont les uns soient évidemment formés en pleine mer, les autres à la côte; si partout l'observation confirme ce que la théorie indique, il en résultera que ce que j'ai présenté comme une supposition n'en est point une; que c'est une vérité conforme à la marche de la nature, une donnée de l'expérience, une conséquence à laquelle conduit l'observation. Je pourrais apporter ici en preuve la description d'une partie de terrains qui composent la France et l'Angleterre, mais comme il m'importe de ne pas fatiguer le lecteur dans ce premier mémoire par de trop longs détails, je me bornerai à rapporter quelques coupes principales observées en France et qu'il sera aisé à chacun de vérifier.

La figure 1 de la planche VII représente la coupe des montagnes des environs de Villers-Cotterets. On y remarque dans le haut :

1° 260 pieds de sable qui contient souvent des galets ou des cailloux roulés, et dans lequel il s'est formé du grès. On n'y trouve aucun débris de corps marins, mais quelquefois, dans le haut, des empreintes d'une espèce de buccins d'eau douce et de cornets de Saint-Hubert, sur des cailloux ou silex argileux blancs. C'est ce banc que je regarde comme formé à la côte pendant la mer descendante, ci....................................	260 pieds.
2° Des bancs de pierre calcaire de différente épaisseur, évidemment formés en pleine mer, et uniquement composés de débris de coquilles et de noyaux de corps marins; on y trouve fréquemment de grandes vis dont la longueur est de 2 pieds et qui sont toutes couchées horizontalement, ci....................................	75
3° Une masse de sable, mêlée dans le haut de coquilles, de quelques cailloux roulés et qui contient fréquemment du bois pétrifié. Ce banc est celui formé à la côte à la mer montante, et j'ai précédemment expliqué pourquoi il contenait dans sa partie supérieure des coquilles, du bois pétrifié, etc. Son épaisseur est variable, on peut l'évaluer environ à..............................	60
4° La masse de craie sur laquelle ces différents bancs sont posés, mais comme la surface supérieure de la craie, en général, n'est pas horizontale, comme elle ne se trouve qu'à une assez grande profondeur aux environs de Villers-Cotterets, on ne la voit nulle part à découvert dans ce canton, elle ne commence à remonter qu'à quelques	
A reporter....	395

Report...... 395 pieds.

lieues au nord ou au nord-ouest dans la forêt de Compiègne, elle continue ensuite dans toute la Picardie, la Normandie, les côtes d'Angleterre, etc. Elle n'a nulle part moins de 300 à 400 pieds d'épaisseur, ci........ 350

TOTAL..................... 745

Si l'on compare cette couche avec le profil du terrain représenté pl. VI, on trouvera une conformité parfaite dans les résultats, et on reconnaîtra que les bancs des montagnes des environs de Villers-Cotterets sont absolument dans l'ordre représenté par la coupe 1-2-3-4-5 prise à une distance à peu près moyenne entre les montagues T et la mer BC.

On remarquera une conformité aussi frappante dans l'arrangement des bancs des environs de Meudon, près Paris, principalement en descendant à la verrerie de Sèvres. On trouve dans le haut du parc, sous la terre végétale :

1° Un sable argileux, contenant de la pierre meulière.....	25 pieds.
2° Du sable et du grès............................	180
3° Des bancs de pierres calcaires entièrement composés de détritus de coquilles..........................	66
4° De l'argile jaune...............................	18
5° De la craie.....................................	115
TOTAL jusqu'au niveau de la rivière.....	404

Cette coupe est représentée fig. 2, pl. VII; il est encore évident que le résultat qu'elle représente est absolument conforme à celle de la coupe 1-2-3-4-5, pl. VI, avec cette différence seulement que le banc qui sépare la pierre calcaire et la craie est de la glaise, au lieu d'être de sable, et qu'il est moins épais que dans les montagnes des environs de Villers-Cotterets, ce dont j'expliquerai ailleurs la raison.

Je donnerai pour troisième exemple la coupe des montagnes des environs de la Fère, du côté de Saint-Gobin; elle est représentée pl. VI, fig. 3. On observe dans les bois de Prémontré et de Saint-Gobin :

1° Sous la terre végétale, sable et grès..........	76 pieds	6 pouces.
2° Un banc de sable glaiseux qui retient l'eau.....	1	0
3° Banc de pierres calcaires, composés de débris de coquilles et de corps marins..............	79	0
Glaise bleue..........................	1	0
Sable et cailloux roulés...................	120	0
Glaise..............................	3	0
Suite du banc de sable et de cailloux roulés....	139	0
Masse de craie dans laquelle on a creusé très profondément avec une tarière............	224	0
Total.............	643	6

Le bas de cette fouille est de 200 pieds au-dessous du niveau de la rivière d'Oise, à la Fère.

On reconnaît encore ici la coupe 1-2-3-4-5 de la figure 6. On y trouve le banc supérieur de sable et de grès 1, formé à la côte, à la mer descendante; le banc 2 de pierre calcaire formé en pleine mer; le banc 3 de sable formé à la côte à la mer montante, enfin la masse de craie 4 qui paraît encore avoir été formée en pleine mer.

On demandera sans doute ce qui se rencontre au-dessous de la craie, et ce que j'entends par cette expression *l'ancienne terre*. Ce nom, que j'emprunte à M. Rouelle, n'exprime pas des idées bien déterminées; il s'en faut bien que ce soit encore la terre primitive; il y a, au contraire, toute apparence que ce que j'appelle ici *ancienne terre* est encore un composé de bancs littoraux beaucoup plus anciennement formés.

Mais ce qui est très remarquable, c'est que la craie est ordinairement le dernier des bancs qui contiennent des coquilles, des corps marins et des vestiges d'animaux qui ont eu vie. Les bancs de schistes qui se trouvent communément au-dessous contiennent souvent des vestiges de corps flottants, des bois, des végétaux enfouis, et qui ont été jetés à la côte, quelques empreintes même de poissons; mais on n'y trouve

IMPRIMERIE NATIONALE.

pas un atome de coquilles; on n'en trouve pas davantage dans les bancs qui paraissent avoir été formés en pleine mer à cette époque. S'il était permis de hasarder des conjectures sur cet étrange résultat, je croirais pouvoir en conclure, comme M. Monge en a eu le premier l'idée, que la terre n'a pas toujours été peuplée d'êtres vivants, qu'elle a été longtemps un désert inanimé dans lequel rien n'avait vie; que l'existence des végétaux a précédé de beaucoup celle des animaux ou au moins que la terre a été couverte d'arbres et de plantes avant que les mers fussent peuplées de coquillages.

Je discuterai dans la suite dans un très grand détail ces opinions qui appartiennent beaucoup plus à M. Monge qu'à moi. Mais il est indispensable que j'établisse auparavant, d'une manière solide, les observations sur lesquelles elles sont fondées.

Il est difficile, après un accord aussi parfait de la théorie et de l'observation, accord dont les bancs déposés ou formés par a mer fournissent à chaque pas des preuves, de se refuser de conclure que le mouvement progressif et rétrograde de la mer n'est point une supposition, que c'est une vérité de fait, une conséquence qui dérive immédiatement des observations. C'est aux géomètres, qui ont porté tant de sagacité et de génie dans les différentes parties de l'*Astronomie physique*, à nous éclairer sur la cause de ces oscillations, à nous apprendre si elles existent encore, ou bien s'il est possible qu'après une longue révolution de siècles les choses soient arrivées à un état de repos.

Un changement, même assez médiocre dans la position de l'axe de rotation, et par conséquent dans la position de l'équateur de la terre, suffirait pour expliquer tous ces phénomènes; mais cette grande question, considérée relativement à l'*Astronomie physique* n'est pas de mon ressort.

Je n'ai présenté dans ce mémoire que des vues générales; je n'y ai examiné, en quelque façon, qu'un seul cas du problème que je m'étais proposé de résoudre : mais il ne m'aurait pas été possible de me faire entendre, si j'eusse voulu en embrasser tout l'ensemble, tant les efforts sont compliqués.

J'ai supposé, par exemple, que les bancs LLMMNN, pl. III, IV, V et VI, formés à la côte à la mer montante, étaient toujours formés de sable et de cailloux; qu'ils reposaient toujours sur une masse de craie, comme on l'observe sur les côtes d'Angleterre et de Normandie, et que cette craie était toujours parsemée de cailloux. Il est évident qu'alors le détritus des falaises que la mer forme aux dépens du banc de craie doit être composé de galets, de grève arrondie et de sable; mais il n'est pas rare de trouver des craies sans cailloux, et alors la mer ne forme plus de sable à la côte, elle y dépose une argile jaune dont la craie contient une petite portion. Souvent aussi le dernier des bancs calcaires n'est pas composé de craie pure, mais de terre calcaire, plus ou moins mêlée d'argile ou de sable; enfin les matières qui forment les côtes de la mer sont quelquefois de quartz, de schistes, etc. Les bancs formés à la côte, à la mer montante, prennent dans toutes ces circonstances autant de caractères différents. Ce n'est qu'en examinant séparément ces différents cas, en les discutant et les expliquant les uns par les autres, qu'il sera possible de saisir tout l'ensemble des phénomènes, et qu'on pourra se convaincre que la variété prodigieuse des résultats ne dépend cependant que d'une cause simple et unique.

Je traiterai, en conséquence, dans un mémoire particulier, des bancs formés à la côte, des circonstances qui les caractérisent, des variétés qu'ils présentent, suivant les circonstances locales et particulières, et surtout suivant la nature des bancs aux dépens desquels ils ont été formés. Je ferai voir que c'est dans ces bancs seuls qu'on trouve des corps flottants, ou du moins qui l'ont été, tels que le bois, l'ambre jaune, les débris de végétaux, etc.; que c'est également à la côte que se sont formées la plus grande partie des mines de transport; parce qu'au moment où les eaux qui charriaient des métaux à l'état salin se sont mêlées avec l'eau de la mer, il s'est fait des doubles décompositions, des précipitations, et que les métaux ont été déposés dans l'état d'oxyde ou de sels insolubles.

Je rassemblerai également dans un mémoire particulier les observations que j'ai faites sur les bancs formés en pleine mer, sur les espèces de coquilles et de corps marins qu'on y rencontre, sur la profondeur et l'éloignement des côtes nécessaires pour la subsistance de chaque individu.

MÉMOIRE

SUR

LA HAUTEUR DES MONTAGNES

DES ENVIRONS DE PARIS[1].

Lorsqu'en 1767, j'ai été chargé de concourir avec M. Guettard à la confection de l'*Atlas minéralogique de la France*, j'ai conçu que cette vaste entreprise ne pouvait être véritablement utile aux sciences si on se contentait de rapporter à un même plan toutes les observations minéralogiques et de les représenter par des caractères tracés sur des cartes géographiques sans indiquer d'une manière quelconque le niveau auquel elles appartenaient.

Je proposai mes observations et mes doutes; mais, l'ouvrage était commencé; le ministre, ami des sciences, qui le protégeait était pressé de jouir.

D'ailleurs, M. Bertin ne pouvait disposer que d'un fonds très limité et dont même la continuation ne lui était pas assurée; il n'aurait peut-être pas été de la prudence de se livrer à une entreprise absolument disproportionnée avec les moyens qu'il avait pour l'exécuter.

Quoi qu'il en soit, le plan que je proposai ne fût point adopté et l'ouvrage fut continué comme il avait été commencé par M. Guettard, en rapportant à un plan géométral toutes les observations minéralogiques à quelque hauteur qu'elles eussent été faites.

[1] Manuscrit autographe. — Ce mémoire a été lu à l'Académie en 1792, à la rentrée du mois de novembre, mais les documents avaient été recueillis en 1771.

J'obtins seulement qu'on établirait en marge de chaque carte un profil des terrains contenus dans son étendue; mais on avait alors si peu de matériaux et surtout si peu de moyens exacts pour en acquérir que les profils adoptés, surtout aux premières cartes, se trouvèrent extrêmement imparfaits.

Cependant, tout en exécutant le plan auquel je me trouvais assujetti, je ne me suis pas cru dispensé de suivre pour mon propre compte celui que je m'étais formé. Je me suis occupé dans tous les voyages que j'ai faits dans le nord de la France pour avancer le travail de l'*Atlas minéralogique*, de 1763 à 1768, et même depuis cette époque je n'ai cessé de recueillir des matériaux, de déterminer à l'aide du baromètre la hauteur des montagnes, le niveau des couches terrestres horizontales, l'inclinaison des bancs, leur position par rapport aux grandes rivières et autant que je l'ai pu par rapport aux eaux de la mer.

Lorsque ensuite, appelé à des fonctions plus sédentaires, j'ai voulu essayer de tirer parti de la multitude d'observations barométriques que j'avais recueillies, j'ai été arrêté par une foule de difficultés; je me suis aperçu que malgré les soins que je m'étais donnés, mon travail ne pouvait m'éclairer que sur des nivellements locaux et partiels, mais qu'il m'était impossible de raccorder ni de comparer entre elles des observations faites à des distances considérables et dans des terres différentes.

Je n'entreprendrai pas de discuter ici les causes de ces difficultés, je dirai seulement qu'elles tiennent à l'irrégularité des variations de la hauteur du baromètre, irrégularités qui sont telles qu'en ayant même égard aux corrections thermométriques, deux baromètres, dont l'un est placé au pied d'une montagne, l'autre au sommet, ne donnent presque jamais la même différence de hauteur; en général, les variations du baromètre placé dans la partie la plus élevée sont moindres que celles du baromètre placé dans la partie inférieure : ce qui indique qu'il existe des causes de variations qui sont particulières aux couches inférieures de l'atmosphère ou au moins qui y exercent une action plus énergique par une conséquence naturelle et nécessaire de cette observation : la marche du baromètre sur les montagnes est beaucoup plus régulière qu'elle ne l'est dans les plaines et dans les lieux bas.

Les difficultés et les incertitudes du nivellement par le baromètre augmentent lorsque les deux instruments de comparaison au lieu d'être placés, l'un au sommet, l'autre au pied d'une même montagne, comme je viens de le supposer, sont placés à de grandes distances de 15, 20 ou 30 lieues par exemple, parce qu'une des causes des variations du baromètre consistant dans le transport d'une partie de la masse de l'air d'un lieu à un autre, et le transport se faisant successivement, la direction et le degré de vitesse de ces mouvements sont des éléments inconnus qui ne permettent pas de se servir pour les nivellements d'observations comparées, faites dans des lieux éloignés les uns des autres.

Je comparerais volontiers le baromètre en fait de nivellement à la planchette dont on se sert pour lever des cartes et des plans. Ce sont des instruments dont les erreurs se multiplient à la longue au point de conduire à des résultats tout à fait erronés si on n'a pas continuellement d'autres moyens plus rigoureux et plus géométriques pour les vérifier et les corriger.

Je reconnus donc que j'avais fait avec le baromètre une opération inverse de celle qui avait été faite pour la carte de la France, ouvrage immortel sorti du sein de cette Académie. Dans cette grande entreprise si honorable pour ceux qui onteu le courage et la constance de l'exécuter, on a commencé par lier les principaux points de la France par des chaînes de triangles, et déterminer ainsi géométriquement les distances des lieux principaux : on a laissé ensuite aux ingénieurs le soin de compléter les détails en se réservant de juger de l'exactitude de leur travail en en rapprochant continuellement le résultat des opérations trigonométriques précédemment faites.

Dans les nivellements, au contraire, que j'avais faits par le baromètre, je n'avais que des opérations de détail, dont les erreurs pouvaient s'accumuler rapidement, et il me restait à les enchaîner en quelque façon dans un plan général, à redresser les erreurs de ce moyen de niveler par des mesures réelles ou géométriques.

Je sais que M. Chappe, membre de cette Académie, s'est servi pour remplir le même objet des fleuves et des rivières qui se sont rencontrés sur son passage dans son voyage de Paris au fond de la Sibérie, mais il était obligé de supposer connue la pente de ces rivières, et lorsqu'elles ont de grandes distances à parcourir avant de se rendre à la mer, ce genre d'estime est susceptible de grandes erreurs. Il n'y a pas, d'ailleurs, de rivières à proprement parler dans les pays de montagnes; les eaux n'y ont point de pente réglée; ce sont plutôt des torrents que des rivières et celles même qui paraissaient avoir le cours le plus paisible ont souvent dix fois plus de pente que n'en ont les rivières des plaines.

Après avoir fait sentir la nécessité de redresser continuellement les résultats obtenus par le baromètre par des déterminations plus précises et d'associer cette méthode à des mesures réelles et géométriques, il me reste à témoigner à l'Académie le regret que j'ai de n'avoir à lui offrir qu'un commencement de travail très imparfait sur ce genre; peut-être même aurais-je condamné à l'oubli cette première ébauche, si plus de loisir ne me laissait pas l'espérance de la perfectionner et de profiter pour y parvenir des secours et des conseils de mes confrères. Il peut être d'ailleurs utile, indépendamment de toute autre considération, de connaître le sol et l'élévation des montagnes et des habitations qui nous environnent et c'est ce qui m'a déterminé à donner ce que j'ai sur les environs de Paris.

C'est le 28 mars 1771 que je me suis établi sur le mont Valérien, près Paris, pour y commencer ce travail. J'ai été quelquefois secondé, surtout pour les opérations de nivellement par M. Dufourny, déjà connu de l'Académie par les mémoires intéressants qu'il lui a communiqués. J'étais muni d'un excellent niveau à bulle d'air et à double lunette appartenant aux Ponts et Chaussées. L'intérieur des tubes avait été travaillé par M. Decheny, ainsi qu'il le décrit dans un mémoire qu'il a présenté à l'Académie, et qui est imprimé dans le *Recueil des savants étrangers*.

M. Borda m'avait en outre confié un quart de cercle de... pouces de rayon divisé par Bird avec lequel je pouvais évaluer les angles à 10 ou 12 secondes près. J'avais un autre instrument qui m'avait été prêté par M. de Cassini, mais dont je ne me suis pas servi parce qu'il ne donnait pas une précision aussi grande. J'ai su depuis que le quart du cercle de Bird avait quelques erreurs dans sa division; mais je ne crois pas qu'elles aient pu influer beaucoup sur la justesse de mes résultats au moyen de ligne. J'avais déterminé avec l'instrument des Ponts et chaussées des points de niveau à l'horizon sur lesquels je ramenais à chaque observation le zéro du quart de cercle.

J'avais choisi pour opérer le mont Valérien par plusieurs raisons; la première, parce que c'est un des lieux les plus élevés des environs de Paris; la seconde, parce qu'il est isolé de toutes parts, et qu'il est facile de son sommet d'embrasser un horizon d'une grande étendue; la troisième, parce que j'y trouvais les facilités nécessaires pour opérer commodément au moyen de l'hospitalité qui m'était donnée par les prêtres de la communauté.

J'ai pris pour point fixe la surface de la seconde marche du portail de l'église qui a été bâtie dans le lieu le plus élevé de la montagne; le centre de la croix du clocher au-dessus de ce point mesuré géométriquement s'est trouvé de 77 pieds 4 pouces. Partant ensuite de la surface de cette même marche, j'ai mesuré deux fois la hauteur de la montagne; la première, jusqu'au niveau de la tablette de la tour de Notre-Dame de Paris; la seconde, jusqu'au niveau de la rivière à Suresnes. Je me servais pour opérer du niveau des Ponts et chaussées et de règles de bois blanc à coulisses graduées, de manière à pouvoir mesurer 30 pieds d'un seul coup de niveau.

Je n'ai dans ce moment, sous la main, que les résultats relatifs à la première de ces deux observations. Mais je joindrai ceux de la seconde à ce mémoire avant qu'il soit publié; je me rappelle seulement qu'ils s'accordaient fort exactement.

J'ai obtenu les résultats suivants :

IMPRIMERIE NATIONALE.

Hauteur de la croix du clocher de l'église de la communauté des prêtres du mont Valérien au-dessus de la seconde marche du portail	77 p.	4 p.	0 l.
Hauteur de cette première marche au niveau de la dixième marche du second escalier après les chapelles	29	0	10 $\frac{2}{3}$
De cette dixième marche au bas des escaliers, y compris ceux en pierre meulière	29	5	10
De l'endroit précédemment désigné à un point pris le long du chemin de Suresnes, près d'un mur de clôture	29	7	5
De cet endroit à quelques pieds au delà du coude que fait ce même chemin, à l'endroit même où est placée une borne en pierre meulière	27	3	7
De la borne en pierre meulière à un point indéterminé.	29	9	7
De cette station à une suivante indéterminée dans une vigne	24	4	9 $\frac{1}{2}$
De cette station au niveau du balustre de la tour méridionale de l'église Notre-Dame de Paris	14	9	7
Total de la hauteur de la croix du clocher du mont Valérien au-dessus du niveau apparent du balustre de la tour méridionale de Notre-Dame	283	6	2 $\frac{1}{6}$
Correction négative pour la différence du niveau vraie avec le niveau apparent	23	10	5
Hauteur vraie	269	7	9 $\frac{1}{6}$
Hauteur de la surface du balustre de la tour méridionale de l'église Notre-Dame au-dessus du pavé de l'église, d'après la détermination consignée dans les *Mémoires de l'Académie*	204	10	6
Hauteur du sol de l'église Notre-Dame de Paris, au-dessus du niveau de la Seine, au pont de l'Hôtel-Dieu, l'eau étant à 3 pieds 4 pouces de l'échelle du pont ci-devant Royal	27	8	0
Total de la hauteur de la croix du clocher du mont Valérien au-dessus de la rivière de Seine au pont de l'Hôtel-Dieu	492	2	3 $\frac{1}{6}$

Ayant reconnu, chemin faisant, la boule du haut du dôme des Invalides, le niveau réel de la partie supérieure de cette boule s'est trouvé au-dessous de la croix du clocher du mont Valérien de........	151	0	9 $\frac{2}{3}$
Ce qui donne pour la hauteur de ce point au-dessus du niveau de la Seine au pont de l'Hôtel-Dieu quand l'eau est à 3 pieds 4 pouces à l'échelle du pont ci-devant Royal.......................	341	1	5

Je dois avertir que, par des observations géométriques dont il sera question ci-après, je n'ai trouvé pour cette même hauteur que 338 pieds 6 pouces 10 lignes, ce qui donnerait 2 pieds 7 pouces de moins que pour l'élévation directe; je n'ai pu me rendre compte des raisons de cette différence qui au surplus n'est pas très considérable.

Le mont Valérien n'étant, pour ainsi dire, que l'échelle dont je me proposais de me servir pour l'appliquer ensuite à la mesure des autres montagnes des environs de Paris, il me reste à rendre compte des moyens que j'ai employés pour remplir ce second objet et des résultats que j'ai obtenus.

Aucun des points où je pouvais opérer sur le haut de la montagne commodément n'embrassant la totalité de l'horizon, j'ai été obligé de placer successivement mes instruments dans trois stations différentes.

Dans la première, le centre de l'instrument était élevé au-dessus du niveau de la seconde marche de l'église de la Communauté des prêtres de....	2 pieds	6 pouces.
Cette même marche est élevée au-dessus du niveau de la Seine à l'Hôtel-Dieu de...............	414	6
Total de l'élévation du centre de l'instrument au-dessus de la Seine dans la première station....	417	0

Dans la seconde station établie sur une fenêtre du bâtiment de la Congrégation des prêtres, au

second étage, le centre de l'instrument était élevé au-dessus de l'appui de la fenêtre de..........	1 pied	3 pouces.
L'appui de cette fenêtre était élevé au-dessus de la deuxième marche de l'église de..............	22	3
La même marche était élevée au-dessus de la Seine, à l'Hôtel-Dieu, de........................	414	6
Total..............	438	0

Dans la troisième station, établie sur une des pierres à l'extrémité du jardin, du côté de la montagne qui regarde Saint-Germain, le centre de l'instrument était élevé au-dessus du niveau du pilier de pierre de..................................	1 pied	6 pouces.
Le pilier de pierre était élevé, au-dessus de la Seine, à l'Hôtel-Dieu, de......................	412	11
Total..............	414	5

C'est de l'un de ces trois points que j'ai pris avec les précautions que j'ai déjà indiquées les angles verticaux des objets remarquables que j'étais à portée de découvrir, et le calcul, en ayant égard à la différence entre le niveau vrai et le niveau apparent, m'a donné les résultats suivants :

Niveau du haut de la boule des Invalides au-dessus du niveau de la Seine à Paris, au pont de l'Hôtel-Dieu, la rivière étant à 3 pieds 4 pouces à l'échelle du pont Royal..........................	338 p.	6 p.	10 l.
Niveau du haut de la montagne sur laquelle est établi l'observatoire du ci-devant prince de Crouy.....	478	10	4
Hauteur de la partie supérieure du comble du pavillon du château des Tuileries, du côté de Saint-Roch...	152	2	10
Hauteur du pavillon dit de Flore, au bout du pont ci-devant Royal..........................	152	2	2 ½
Niveau du haut de la butte Chaumont, prise un peu à droite des moulins......................	249	3	9

Côte de Rosny Saint-Léger dans sa plus grande hauteur	300	2	7
Même côte entre Limeil et Valenton	314	8	10 ½
Montagne de Cormeille-en-Parisis au moulin de Montagny	450	9	10
Hauteur de la partie supérieure de la tour de l'aqueduc de Louveciennes	455	8	10
Hauteur de la montagne d'Aulhy à droite de la Seine, entre Triel et Meulan, vers son milieu, c'est-à-dire dans sa plus grande hauteur	456	2	9
Montagne à laquelle est adossé le village de Vilaine.	445	0	0
Montagne de la Celle et de Vaucresson	465	2	10 ½
Hauteur de la forêt de Montmorency, derrière Saint-Poix	499	3	5
Hauteur du sol de la même forêt, dans l'alignement du mont Valérien aux moulins de Sannois	458	7	2
Terrasse dite de *Boulaingrain* à Saint-Germain-en-Laye, à son extrémité, près le vieux château	196	2	5
Terrasse de Saint-Germain-en-Laye vers la porte dite Dauphine	198	0	6
Montagne un peu à droite du château de Meudon, vue du mont Valérien	502	1	9

Je supprime toute réflexion ultérieure sur ce premier essai de mon travail. J'en ai déjà commencé la continuation par Étampes, la Beauce et Orléans, en me servant des nivellements faits par M. Picard. Je me propose de les continuer par Blois, Tours, etc., et de déterminer la hauteur de toutes les montagnes des environs : j'y emploierai des instruments plus exacts et il ne dépendra pas de moi d'obtenir des résultats encore plus précis.

A l'égard de la relation qui existe entre ce travail et les observations barométriques et minéralogiques, je me propose d'en présenter successivement le résultat à l'Académie en plusieurs mémoires, en commençant par les environs de Paris.

PIÈCES
RELATIVES
À L'ATLAS MINÉRALOGIQUE
DE LA FRANCE.

CIRCULAIRE[1].

Les papiers publics ont annoncé l'année dernière les prospectus d'un *Atlas minéralogique de la France*, présenté à l'Académie des sciences par M. Guettard; cet ouvrage, qui a paru mériter l'attention et la protection du Gouvernement, est déjà fort avancé dans quelques parties de la France, mais il l'est peu dans d'autres; on ne peut espérer de le porter à la perfection dont il est susceptible qu'autant qu'on sera puissamment aidé pour les provinces que M. Guettard n'a pu parcourir lui-même.

Les environs de Guise, Vervins, La Capelle, Hirson, Aubenton, sont dans ce cas, et l'on désirerait entrer en correspondance avec quelqu'un du pays pour se procurer des éclaircissements sur la nature des pierres, des terres et des montagnes de ce canton.

On sait qu'en général le fond du terrain est composé de craie dans les environs de Guise et de Vervins, mais on désirerait savoir si cette

[1] Manuscrit autographe. — Cette circulaire est le modèle de celles que Lavoisier adressait à diverses personnes pour obtenir des renseignements. Le fond de la circulaire était le même, les noms des localités seuls changeaient. Ces circulaires étaient accompagnées d'un tableau imprimé divisé en plusieurs colonnes dont les blancs devaient être remplis par les destinataires.

(*Note de l'éditeur.*)

règle est générale et si elle souffre des exceptions; on sait encore qu'en gagnant la côte de La Capelle, Hirson, Aubenton, le terrain change et qu'on ne trouve plus de craie; on désirerait savoir l'endroit où finit la craie, et quelle est la nature des pierres ou terres que l'on rencontre à la place.

On ne demande pas sur ces différents objets des recherches très approfondies; on ne pourrait les attendre que de personnes qui auraient fait une étude particulière de l'Histoire naturelle. On prie seulement les personnes qui voudraient bien concourir à la perfection de l'*Atlas minéralogique de la France* de s'adresser à quelques maçons intelligents du canton et de les questionner sur les objets qui suivent :

1° Quels sont les endroits où l'on tire de la craie, quelle est sa dureté et sa consistance, et si on l'emploie pour bâtir?

2° Quelle est la nature des terres et pierres qui se trouvent en fouillant des puits dans les différentes paroisses?

3° Quelles sont les différentes espèces de pierre qu'on emploie pour bâtir dans le pays, quelle est leur nature, leur couleur, leur dureté; si elles tiennent de la nature du marbre; si elles seraient propres à faire de la chaux; si on y trouve des apparences de coquilles; quels sont les endroits où l'on en tire dans tous les environs?

4° Quels sont les endroits d'où se tire la pierre dont on fait la chaux?

5° Quels sont ceux dont on tire le sable, quelle est sa couleur, sa finesse, etc.?

6° S'il se trouve dans les montagnes des environs des pierres qui ne soient point propres à bâtir, quelle est leur nature, si elles tiennent du marbre, ou si elles sont en feuillets?

7° S'il s'y trouve des coquilles ou autres corps marins?

8° S'il y a des marbres dans les environs?

9° Si l'ardoise y est commune, et quels sont les endroits d'où elle se tire?

10° S'il y a des grès pour faire du pavé, et à leur défaut par quelle pierre on y supplée?

11° S'il y a des mines de fer et d'où elles se tirent, si elles sont en grains ou autrement?

12° S'il y a des apparences de quelques autres mines, comme de charbon de terre, ou de quelques matières intéressantes pour les arts et pour le commerce?

La réponse à ces questions fournira tous les éclaircissements dont on a besoin; on prie de les mettre sur-le-champ par écrit, mais surtout d'indiquer avec autant de précision qu'il sera possible la situation des fouilles, carrières ou mines, de désigner si c'est sur une montagne, ou dans un fond, à quelle distance de quelque endroit connu sur le chemin, de quel endroit, etc., de manière qu'on puisse retrouver la position indiquée sur une carte géographique. Si ces recherches occasionnent quelques menus frais comme ports de lettres ou légères gratifications pour les ouvriers qui auraient été consultés, on prie d'en tenir note, on en fera passer le remboursement.

MÉMOIRE

SUR

LE PROJET D'UN ATLAS MINÉRALOGIQUE DE LA FRANCE

PRÉSENTÉ A M. BERTIN, MINISTRE D'ÉTAT, EN 1772-1773[1].

Le public et les savants sont suffisamment convaincus de l'avantage qui résulterait pour les sciences et pour la société d'un atlas détaillé de toute la France dans lequel on représenterait par des signes minéralogiques les carrières, les fouilles, les mines, les fontaines minérales, les matières de toute espèce, que la terre renferme dans son sein; il serait donc absolument superflu de s'étendre ici sur l'importance de cet ouvrage : aussi n'a-t-on dans ce moment d'autre but que de mettre sous les yeux du Ministre, qui veut bien en favoriser l'exécution, quelques réflexions sur les moyens d'en faire jouir le public le plus tôt qu'il sera possible.

[1] Manuscrit autographe de Lavoisier et copie corrigée de sa main.

L'*Atlas minéralogique de la France*, si l'on suit le plan qui a été adopté dans l'origine, sera composé de 230 cartes de . . . pouces de hauteur sur . . . pouces de largeur. Ces cartes y compris le dessin, le cuivre, la gravure, le papier, le tirage de 200 épreuves ne peuvent revenir chacune à moins de 350 livres; la seule opération du graveur formera donc un objet de 80,500 livres; il n'est pas difficile de sentir que cette dépense n'est pas à beaucoup près la seule sur laquelle on doive compter pour l'exécution d'un ouvrage de cette espèce; les recherches, le grand détail et l'exactitude scrupuleuse qu'on a cherché à mettre dans la partie géographique de l'ouvrage ne permettront pas d'apporter moins de soins dans la partie minéralogique. Le géographe s'est appliqué à rendre avec soin le contour des montagnes et des coteaux; le minéralogiste ne peut se dispenser d'indiquer les matières qui les composent, autrement les vides, les lacunes immenses qu'on apercevrait au premier coup d'œil laisseraient entrevoir une pénurie d'observations qui ne manquerait pas de faire tort à l'ouvrage. D'un autre côté, cette même exactitude dans la géographie exclut nécessairement les à-peu-près dans la position des carrières; il faudrait donc en quelque façon dans la supposition du plan actuel que toutes les carrières et fouilles fussent relevées au quart de cercle ou à la planchette, ou au moins qu'elles fussent placées sur les lieux mêmes à la vue par des personnes très au fait des détails de la géographie; or cette façon d'opérer demanderait un temps très considérable et des voyages extrêmement dispendieux. On ne croit donc rien forcer en assurant qu'on ne peut espérer de compléter l'*Atlas minéralogique de la France*, sans une dépense au moins de 50,000 écus.

C'est en vain qu'on espérait retirer par le produit de la vente la plus grande partie de cette dépense; quand on supposerait qu'on pût vendre les cartes sur le pied de 40 sols chacune, et qu'on vendît 200 collections complètes, tant en gros qu'en détail, ce qui est plutôt forcé qu'autrement, on ne retirerait encore que 92,000 livres; il resterait donc un vide de 58,000 livres, sans compter la perte de l'intérêt des avances.

Il est aisé, d'après ces réflexions, de sentir que la question de savoir si l'on continuera l'*Atlas minéralogique*, sur le plan actuel, se réduit aux deux suivantes :

1° Est-on dans l'intention de faire pour cet ouvrage un fonds de 100,000 livres, au moins, sans compter les dépenses déjà faites, et dans le cas où l'on y serait déterminé, quels seront les moyens d'assurer les payements à des époques fixes et déterminées?

2° En supposant les fonds faits, peut-on espérer de trouver un certain nombre de naturalistes jeunes, instruits, laborieux et de bonne volonté, qui veulent bien se charger de parcourir les provinces de France les moins connues, pour rassembler toutes les observations nécessaires pour exécuter l'ouvrage dans un détail convenable?

On reconnaîtra, sans doute, en réfléchissant sur la réponse à ces deux questions, que l'*Atlas minéralogique de la France*, exécuté sur le plan qu'on s'est formé, est un ouvrage infiniment plus difficile et plus long qu'on ne s'était figuré d'abord; et, l'on en conclura que si l'on veut en jouir promptement, il faut adopter un plan moins vaste dans lequel on puisse se passer des observations immédiates des naturalistes, qui n'exige pas une multitude aussi prodigieuse d'observateurs et d'observations, dont l'exactitude et les détails géographiques ne soient pas tels qu'ils ne puissent pas admettre des à-peu-près dans la position des signes, enfin dont l'exécution ne demande pas des avances aussi énormes, et qui soit à la portée d'un plus grand nombre d'acheteurs.

D'après toutes ces considérations on propose d'adopter pour la formation d'un atlas minéralogique le plan qui suit. Au lieu de diviser la France en 230 cartes comme on a fait, on pense qu'il sera suffisant de la diviser en 28 cartes; elles auront environ 42 lieues de long sur 28 de hauteur. Celles de M. Cassini ont environ 17 lieues sur 11, d'où il suit que l'échelle sur laquelle on pourra les faire sera suffisante pour laisser encore subsister un détail assez grand dans la géographie. On espère que ces cartes, y compris le cuivre, le tirage, le papier et tous les frais généralement quelconques, ne reviendront pas à plus de 1,000 à 1,100 livres chacune, d'où il suit que l'opération du graveur ne formera pas une dépense de plus de 30,000 livres.

Ces cartes étant sur une échelle beaucoup moins grande seront beaucoup plus aisément garnies de caractères en quantité suffisante et les lacunes, s'il en reste, seront beaucoup moins sensibles. Enfin moins de détails dans les coteaux permettront de placer les signes d'une manière un peu plus arbitraire, et il deviendra dès lors possible de travailler d'après des mémoires et de se passer d'observations immédiates faites par des naturalistes envoyés de Paris. On pense qu'il est possible avec de l'activité d'achever ce travail en quatre ou cinq ans, mais il faudrait pendant cet intervalle : 1° rassembler des mémoires dressés par les intendants et les subdélégués qui comprendraient les carrières et les fouilles de toute espèce ouvertes dans leurs districts; 2° entretenir une correspondance suivie avec les ingénieurs des Ponts et Chaussées, et avec les correspondants de l'Académie des sciences pour tous les éclaircissements qui manqueraient; 3° faire faire à Paris par des commis et des géographes intelligents le dépouillement de ces mémoires; 4° lorsqu'il resterait quelque incertitude sur la nature des substances, faire venir des échantillons des mines, fouilles et carrières. Ces détails exigeraient un bureau spécialement monté pour cet objet et des frais de différentes espèces; on croit pouvoir les évaluer à 15,000 livres pour les cinq années, ainsi l'avance totale à faire pour établir un atlas minéralogique de la France, d'après le plan qu'on propose, ne pourrait excéder 45,000 livres. Une société de personnes solvables offrent d'entreprendre cet ouvrage à leurs frais, risques, périls et fortunes et de le rendre fait et complet dans cinq années aux conditions suivantes :

1° Que la confection, vente et distribution de l'ouvrage sera autorisée par des lettres patentes enregistrées afin d'éviter tout embarras et être à l'abri des oppositions qui pourraient survenir.

2° Que ceux chargés de l'entreprise auront le cachet du ministre pour l'envoi de leurs lettres.

3° Qu'ils auront la liberté de se faire adresser les lettres et mémoires sous l'enveloppe de M. Bertin.

4° Que dans le cas où les échantillons ne seraient pas d'un gros volume, ils seront autorisés à les faire arriver par la poste à l'adresse de M. Bertin.

5° Qu'il sera donné des ordres par le ministre pour que tous les renseignements nécessaires leur soient fournis par les intendants et les principaux préposés des Ponts et Chaussées, et qu'ils puissent même projeter des lettres pour les faire signer au ministre; ces lettres seront présentées à la signature par M. Parent.

6° Que le roi contribuera pour 18,000 livres à la dépense de l'ouvrage, lesdites 18,000 livres de pur don et payables en quatre années.

Les personnes chargées de l'entreprise de l'ouvrage supplient M. Bertin dans le cas où le projet serait adopté de leur permettre de lui dédier cet ouvrage et de lui en offrir cinquante exemplaires.

26 février 1781.

OBSERVATIONS SUR L'ATLAS MINÉRALOGIQUE DE LA FRANCE[1].

Le mémoire ci-joint avait été présenté en 1773 à M. Bertin par M. Lavoisier, membre de l'Académie royale des sciences, l'un des principaux coopérateurs de l'*Atlas minéralogique*, et qui, par conséquent, était plus à portée que personne de connaître les inconvénients du plan qu'on avait adopté. Le ministre avait bien voulu accueillir les idées de M. Lavoisier, mais elles furent bientôt croisées par des intérêts particuliers, et d'ailleurs le manque de fonds en rendait l'application impossible. M. l'abbé Terray, alors contrôleur général, avait levé le second de ces deux obstacles en promettant une somme de 12,000 livres; mais il ne dépendait pas de lui de lever le premier, et on continua de suivre d'une manière très lente, à la vérité, l'exécution de l'ancien projet.

[1] Manuscrit autographe.

Le temps et l'expérience n'ont que trop justifié depuis cette époque ce que M. Lavoisier avait avancé en 1773; en effet, puisque l'*Atlas minéralogique*, depuis quinze ans qu'il est commencé, n'est encore tout au plus qu'au sixième de son exécution totale, on est fondé à conclure qu'en supposant une continuité non interrompue du même travail, il ne sera achevé que dans soixante ou quatre-vingts ans.

M. Lavoisier, au surplus, quoique distrait par d'autres occupations, n'a pas abandonné le plan qu'il avait conçu en 1773; il s'en est occupé dans tous les voyages qu'il a faits; il n'a cessé de rassembler des matériaux; enfin, il a fait réduire et dessiner à ses frais une carte générale de toute la France, sur laquelle il se propose de placer successivement tout ce qui est connu de la minéralogie de la France. La partie géographique est presque entièrement achevée, et la partie minéralogique sera à plus de moitié quand on aura fait usage de tous les matériaux existants, rassemblés dans des voyages longs et pénibles; matériaux qu'il avait déposés de confiance entre les mains de M. Monnet, mais dont, au moins, il aurait dû n'être fait usage que de son aveu. Il aurait dû ajouter que toutes les coupes placées en marge de chaque carte et dont l'objet est d'indiquer l'intérieur du terrain qui y est compris sont le résultat des nivellements faits par le baromètre, également par M. Lavoisier. On ne rappelle ces détails que pour faire sentir avec combien d'imprudence s'est conduit M. Monnet en s'emparant de planches qui appartiennent au roi, et sur lesquelles MM. Guettard et Lavoisier ont des droits avant lui ou pour mieux dire sur lesquelles il n'en a aucun[1].

LETTRE ADRESSÉE À L'ABBÉ ROZIER[2].

10 août 1772.

Vous avez eu la bonté, Monsieur, d'annoncer au public dans votre journal du mois de juillet de l'année dernière, les soins que M. Guet-

[1] Le minéralogiste Monnet avait fait paraître l'*Atlas minéralogique* en 1780, en utilisant, sans leur assentiment, les documents réunis par Guettard et par Lavoisier. (*Note de l'éditeur.*) — [2] *Observations sur la physique*, etc., par l'abbé Rozier, 1772, t. II, p. 372.

tard, de l'Académie royale des sciences, ne cessait de se donner pour compléter, autant qu'il était possible, l'*Atlas minéralogique de la France*, et vous m'avez même attribué plus de part que je n'en mérite à cet ouvrage. Quelque nombreuses que soient les observations que nous avons rassemblées et dont la masse s'augmente tous les jours par les voyages de M. Guettard et par les mémoires qui nous parviennent, nous sentons cependant que nous ne pouvons espérer de mettre fin à cet ouvrage, qu'autant que nous serons aidés par des secours plus multipliés encore. Nous ne pouvons, en conséquence, trop exhorter ceux qui ont quelques teintures d'histoire naturelle, à nous communiquer leurs observations sur les environs du pays qu'ils habitent. Il ne faut pas croire que ce genre d'observations exige des connaissances très étendues. Le mémoire ci-joint a pour objet de faire voir qu'avec de la bonne volonté il n'est pas difficile d'y suppléer.

Comme votre journal, Monsieur, se répand de plus en plus dans les provinces, et que par son titre, et la manière dont il est rempli, il est destiné à passer entre les mains des amateurs les plus distingués en histoire naturelle, aucun ne m'a paru plus propre à devenir le dépôt des connaissances minéralogiques. J'espère, en conséquence, que vous voudrez bien publier ce mémoire dans un de vos prochains volumes. Ceux qui désireront entrer en correspondance sur cet objet, sont priés d'écrire, soit à M. Guettard au Palais-Royal, soit à moi, rue Neuve des Bons-Enfants à Paris; s'ils ont des mémoires ou des paquets considérables à nous adresser, nous les prions de nous en prévenir, et nous leur indiquerons la voie par laquelle ils pourront nous les faire passer.

J'ai l'honneur d'être, etc.

RÉFLEXIONS ABRÉGÉES
SUR LES MOYENS DE MULTIPLIER LES OBSERVATIONS MINÉRALOGIQUES.

Un objet important auquel le gouvernement s'intéresse exige qu'on rassemble le plus de renseignements qu'il sera possible sur la composition intérieure de la terre. C'est à faciliter les recherches de ceux qui voudront bien s'occuper de cet objet que tendent les réflexions qui suivent.

Presque partout le globe que nous habitons n'offre à sa surface qu'une couche assez mince de matières plus ou moins propres à l'accroissement des plantes, et qu'on a coutume de désigner sous le nom de *terre végétale*. C'est à effleurer la superficie de cette couche, à en retourner quelques pouces pour en tirer leur subsistance que se borne, communément, l'industrie des hommes; rarement ils s'embarrassent de connaître la nature des matières qu'elle recouvre et nous serions, sans doute, dans une très profonde ignorance sur la nature des substances que la terre renferme dans son sein si la nécessité de construire des habitations n'avait forcé les hommes de l'ouvrir, pour en tirer et la pierre et le sable, si le manque d'eau ne les avait obligés de creuser des puits; enfin, si la découverte du charbon de terre, des métaux, etc., ne les avait engagés d'en poursuivre les veines à de très grandes profondeurs.

C'est donc principalement dans les fouilles, ouvrages du besoin et de l'industrie, qu'on doit interroger la nature et qu'on doit chercher les connaissances relatives à la géographie souterraine du globe. Il serait injuste d'exiger de ceux qui voudraient consacrer une partie de leurs loisirs à ces sortes de recherches de parcourir, par eux-mêmes, les carrières, les mines, les coupes de terrain des environs des lieux qu'ils habitent. Une pareille entreprise exigerait trop de soins, trop de fatigues; elle demanderait, d'ailleurs, plus de temps que des personnes occupées ne peuvent en donner à un objet qui leur est étranger. On n'a, au contraire, ici d'autre objet que de leur aplanir les difficultés et de leur tracer une route facile; voici, en conséquence, à peu près à quoi se borne ce qu'on leur demande :

1° On les prie, premièrement, de se faire remettre par les maçons les plus intelligents ou autres entrepreneurs de bâtiments des lieux qu'ils habitent ou de ceux qu'ils auront occasion de parcourir, un petit échantillon des différentes espèces de pierres qui s'emploient dans les chemins, dans les bâtiments et dans les ouvrages de toute espèce.

2° De leur demander le nom de ces pierres dans le langage du pays.

3° De déterminer autant qu'il sera en eux à quelle espèce de pierres on peut les rapporter; si ce sont des pierres propres à faire de la chaux; si ce sont des grès, du caillou, du marbre, du granit, etc.; si elles font feu avec le briquet; si elles se dissolvent dans l'eau forte ou dans le vinaigre, etc.

4° De s'informer du nom, de la situation et de l'étendue des carrières d'où elles les tirent, de tous les endroits dans lesquels on présume qu'on en pourrait trouver de semblables, de la profondeur des fouilles, de la nature des substances qui se trouvent au-dessus ou au-dessous de la pierre; de la situation des bancs, s'ils sont horizontaux ou inclinés à l'horizon; enfin, de leur dureté plus ou moins grande.

5° De prendre des renseignements semblables sur les pierres qu'on emploie pour faire de la chaux, sur le sable, sur les pierres à plâtre, sur les terres à tuiles, etc.; en un mot, sur toutes les matières qu'on emploie dans les bâtiments ou dans les arts. On prie surtout de mettre, sur-le-champ, par écrit, les renseignements qui seront donnés afin d'éviter toute confusion. S'il restait quelques doutes sur la nature des pierres ou autres substances, et qu'on ne se crût pas en état d'en assigner la nature, il serait nécessaire de faire mettre à part un échantillon de chaque espèce, au moins de la grosseur d'une noix, et de l'adresser à Paris. Il est inutile d'ajouter que ces morceaux devront être très scrupuleusement étiquetés. Cette manière d'opérer est simple et facile, et c'est celle en même temps qu'on doit regarder comme la plus propre à multiplier les observations minéralogiques et à éclairer les savants sur la composition intérieure du globe. Voilà à quoi doivent se borner les recherches de ceux qui par leurs occupations ne sont point à portée de se ivrer d'une manière particulière à l'étude de la nature. Par rapport à ceux qui par une longue expérience ont acquis le droit d'interroger la nature, on les prie de vouloir joindre des observations plus directes, sans négliger néanmoins celles qu'ils pourront obtenir des maçons et autres personnes de l'art; mais pour leur faire sentir sur quoi doivent principalement rouler leurs propres observations, on va joindre ici quelques réflexions.

Les minéralogistes distinguent, en général, trois espèces de montagnes : les unes, composées de couches horizontales, n'offrent de toutes parts que des matières usées et roulées, des débris de coquilles, de madrépores, de corps marins de toute espèce, et l'on ne saurait se refuser de croire qu'elles ont été formées sous les eaux de la mer; les autres, composées de couches inclinées, portent le témoignage d'une antiquité beaucoup plus reculée; on serait tenté à certains égards de les croire aussi anciennes que le monde; enfin, un troisième ordre de montagnes porte partout l'empreinte du feu; on y trouve des courants de lave qui paraissent avoir coulé depuis leur sommet jusque dans les plaines, on reconnaît à leur cime la bouche qui vomissait les flammes et qui lançait au loin la cendre et les pierres ponces; enfin, tout dans le voisinage porte l'empreinte du feu et annonce la présence d'un ancien volcan. Il est aisé de sentir combien il est important de déterminer à laquelle de ces trois espèces de montagne on doit rapporter celles de chaque pays; s'il s'en trouve des deux, même des trois espèces confondues ensemble, les observations deviendront encore plus importantes; il sera alors nécessaire de décrire le terrain avec une attention plus scrupuleuse, même s'il est possible de déterminer, à peu près, la hauteur de chaque espèce de montagne par rapport au niveau d'un fleuve connu.

Souvent la surface de tout un pays se trouve recouverte d'une couche épaisse de terre et de matières bouleversées qui ne permettent pas de voir la disposition des bancs qui composent l'intérieur des montagnes; c'est alors par le moyen des ravines, des fouilles et des coupes qu'on peut reconnaître la nature du véritable sol, et qu'on peut débrouiller le chaos apparent qui se présente à la surface. Il est rare, d'ailleurs, même dans ce cas, qu'il ne se trouve quelques pointes de rocher, quelque portion de montagne, qui ne perce à travers les débris; il n'en faut pas davantage pour instruire un observateur, et pour lui faire tirer des conséquences assurées sur la disposition des couches terrestres en cet endroit.

IMPRIMERIE NATIONALE.

Quelquefois encore les montagnes d'ancienne formation se trouvent recouvertes par une couche assez mince de matières rangées par bancs horizontaux et déposées par les eaux; ces circonstances sont précieuses pour le naturaliste, et il ne doit pas manquer d'y donner une attention particulière.

On n'entre pas ici dans de plus grands détails parce qu'on a moins pour objet d'instruire les observateurs de bonne volonté que d'être instruit par eux; mais pour leur mettre sous les yeux en un seul tableau les différents objets qu'ils ont à remplir, on a cru devoir dresser des états dont on trouvera, ci-joint, des exemplaires. L'intitulé des colonnes peut être considéré comme autant de questions au bas desquelles ils écriront la réponse[1].

LETTRE À M. . . . .[2]

Vous allez, Monsieur, parcourir les provinces de France les plus intéressantes pour la minéralogie, et vous m'avez promis de tenir un journal exact de tout ce que vous seriez à portée d'observer en ce genre. Je ne doute pas que vous ne teniez et bien au delà les engagements que vous avez pris; mais, de mon côté, je vous ai promis de réduire à un petit nombre de pages les principes élémentaires de la minéralogie, de vous donner des caractères simples et frappants pour reconnaître les différents genres de pierres; enfin, de dépouiller autant qu'il me sera possible la minéralogie de cet appareil effrayant sous lequel elle a continué de se présenter. Je ne sais si je serai assez heureux pour vous satisfaire, je vais l'entreprendre, au moins, et je vous tracerai l'abrégé de ce que j'ai retenu des leçons, des ouvrages et des conversations des minéralogistes les plus célèbres, MM. de Buffon, Guettard, Rouelle. Je ne vous dissimulerai pas que j'ai sur les révolutions arrivées au globe quelques idées qui me sont particulières, mais

[1] Ce mémoire est accompagné du modèle du tableau que Lavoisier adressait à diverses personnes, et que nous avons indiqué page 214 en note. (*Note de l'éditeur.*)

[2] Minute autographe.

je me défie trop de moi-même et je me tiens trop en garde contre ma propre opinion pour oser les faire entrer dans des principes élémentaires; peut-être un jour, lorsque le temps aura donné à mes idées un certain degré de maturité, pourrais-je essayer de les rendre publiques, mais il se trouve encore des discontinuités trop nombreuses dans la chaîne de mes connaissances pour espérer que ce soit incessamment.

Toutes les matières qui composent l'intérieur de la terre jusqu'aux plus grandes profondeurs auxquelles on ait jusqu'à présent pénétré sont communément disposées par couches ou par bancs placés les uns sur les autres. La plupart de ces bancs ont une très grande continuité et s'étendent à de grandes distances en tous sens sous une épaisseur assez uniforme.

Une longue suite d'observations a appris aux naturalistes que les bancs qui composent notre planète peuvent se distinguer en deux classes : les uns sont constamment placés dans une situation sensiblement horizontale; ils sont presque toujours composés d'amas de coquilles plus ou moins altérées, plus ou moins détruites; quelquefois on y rencontre des sables, des glaises par bancs également horizontaux; or ces matières ne sont que les débris de pierres plus grosses qui ont été usées par le mouvement des eaux. La situation horizontale de ces bancs, les êtres organisés, les coquilles, les empreintes de poissons qu'on y rencontre; enfin, une infinité de circonstances qu'un observateur attentif saisit aisément ne permettent pas de douter qu'ils n'aient été formés sous les eaux de la mer, et qu'ils ne s'y soient élevés insensiblement et pendant une très longue suite d'années. Quelques naturalistes, et principalement M. Rouelle, ont distingué cet ordre de bancs sous le nom de *nouvelle terre;* il est à remarquer qu'en général ils occupent toujours la partie basse du globe, de sorte qu'il est évident qu'en supposant qu'il soit arrivé des révolutions, ils ont dû de préférence se trouver submergés sous les eaux.

Les mêmes naturalistes ont donné par opposition le nom *d'ancienne terre* à un autre ordre de bancs qui forment la partie haute du globe et les grandes chaînes de montagnes. Les matières qui composent l'ancienne terre présentent beaucoup moins de régularité que celles de la nouvelle, les bancs y sont communément inclinés à l'horizon, quelquefois perpendiculaires, rarement horizontaux; ils ont, en général, moins de continuité, c'est-à-dire qu'ils ne s'étendent pas à des distances aussi grandes que les bancs de la nouvelle terre.

La distinction de l'ancienne et de la nouvelle terre forme une division assez naturelle de tout le règne minéral; quoiqu'elle fût difficile et peut-être même impossible à suivre dans un traité de minéralogie, elle est simple et commode pour des réflexions élémentaires telles que celles qu'on s'est proposé de présenter ici.

DE LA NOUVELLE TERRE.

Une grande partie de la France appartient à la nouvelle terre, mais une chose assez singulière, c'est que les limites des provinces qu'on appelle communément provinces de l'ancienne France forment à peu près en même temps les limites de la nouvelle terre et de l'ancienne. Je dis à peu près parce que la Lorraine, par exemple, province réputée étrangère, appartient pour les deux tiers à la nouvelle terre et pour un tiers à l'ancienne; on peut en dire à peu près autant de la Franche-Comté, de la Bourgogne et du Bourbonnais; ces provinces sont partie ancienne terre, partie nouvelle. Il y a aussi un petit coin d'ancienne terre en Normandie; à cela près toutes les provinces de l'ancienne France ou des cinq grosses fermes forment un pays plat environné de chaînes de montagnes plus ou moins élevées, et tout l'espace qu'elles renferment est évidemment un pays qui a été très longtemps sous les eaux de la mer. On sait encore qu'une partie du Lyonnais fait partie de la nouvelle terre, mais on a peu de notions sur les provinces plus méridionales; on sait seulement que le Forez est en grande partie ancienne terre, que la plupart des montagnes d'Auvergne et des Cévennes paraissent avoir été d'anciens volcans, qui ne brûlent plus aujourd'hui; mais il reste beaucoup de recherches à faire pour connaître exactement la nature de ces pays.

Les pierres et terres qui composent la nouvelle terre peuvent se ranger sous quatre classes principales :

1° Les terres et pierres calcaires.

2° Les terres et pierres gypseuses.

3° Les cailloux ou silex.

4° Les terres argileuses.

PREMIÈRE CLASSE.

DES TERRES ET PIERRES CALCAIRES.

Les caractères des substances qui composent cette classe sont : 1° d'être toujours attaquables par le couteau; 2° de ne point faire de feu lorsqu'on les frappe avec un briquet; 3° de se dissoudre avec effervescence dans tous les acides et de former avec eux différentes espèces de sels; 4° de se réduire en chaux vive par la calcination. On va dire un mot des principales matières qui composent cette classe suivant l'ordre de leur dureté.

La craie. Cette substance n'est autre chose qu'une terre calcaire pure, ou, si l'on aime mieux, c'est la plus tendre de toutes les pierres calcaires; il y a grande apparence qu'elle n'est composée que de débris de coquilles, qui ont été réduites en une poudre si fine qu'on n'y aperçoit plus le moindre vestige d'organisation. Cette substance a la propriété de se diviser aisément dans l'eau, d'y former une espèce de pâte ou bouillie qui se pétrit aisément, et dont on forme des pains connus sous le nom de *blanc d'Espagne.* La craie est très commune en France, elle forme le fond du terrain de presque toute la Champagne, de presque toute la Picardie, d'une partie de la Flandre, de la Normandie, etc. On trouve communément dans la craie des silex ou cailloux de la grosseur du poing, plus ou moins, qui sont semés irrégulièrement dans l'épaisseur des bancs.

Lorsque la craie se trouve mêlée avec des terres étrangères on la nomme *tuf, crayon,* etc., suivant le pays; lorsqu'elle est mêlée avec de la terre argileuse ou gypseuse, elle prend le nom de *marne.*

La pierre calcaire diffère de la craie : 1° parce qu'elle a plus de consistance; 2° parce qu'elle est communément composée de molécules plus grossières. On distingue aisément dans la plupart de ces pierres qu'elles ne résultent que d'un amas de molécules, de coquilles et de corps marins plus ou moins altérés; il n'est pas même rare d'y trouver encore des coquilles entières et parfaitement bien conservées. Les pierres calcaires varient à l'infini par le degré de finesse de leur grain, par leur dureté et par leur couleur : on en trouve de blanches, de jaunes, de grises, de bleues. La blanche est la plus pure, les autres sont communément colorées par une petite portion de substances argileuses et ferrugineuses.

Le marbre. Cette pierre est la plus fine, la plus belle, la plus dure de toutes les pierres calcaires, de même qu'on a vu plus haut que la craie était la plus tendre. Ces deux matières forment les deux extrémités de cette classe.

Les marbres ont cela de particulier, c'est qu'on ne les rencontre qu'à l'approche de l'ancienne terre, ils sont en quelque façon sur les confins; ils sont très souvent en bancs plus ou moins inclinés sur l'horizon. La matière colorante des marbres est le plus communément le fer.

Le spath. Cette substance n'est autre chose que la pierre ou la terre calcaire cristallisée et sous une forme régulière. Ses caractères sont absolument les mêmes que ceux exposés ci-dessus. Les spaths affectent différentes figures : on en trouve de cristallisés en aiguilles, d'autres en parallélépipèdes; ils se forment dans les fentes ou dans les cavités des rochers calcaires; on en trouve d'attachés aux voûtes des grottes souterraines où ils forment ce que l'on nomme des *stalactites*.

DEUXIÈME CLASSE.

DES TERRES ET PIERRES GYPSEUSES.

Le caractère de cet ordre de pierres est d'être attaquables au couteau, de ne point faire feu avec le briquet, de ne point faire effervescence avec les acides, de se dissoudre dans l'eau lorsqu'on en emploie une grande quantité, de se réduire aisément au feu en une poussière blanche connue sous le nom de *plâtre*. Les pierres et terres de cette classe sont un véritable sel, très peu soluble dans l'eau, et qui se compose d'acide vitriolique uni à la terre calcaire.

La pierre à plâtre. On trouve des masses énormes de cette substance dans plusieurs endroits de la nouvelle terre, les environs de Paris en sont en partie composés, et la masse s'en étend presque jusqu'à l'extrémité de la Brie.

Les pierres à plâtre se trouvent communément sous des bancs plus ou moins épais de glaise et de marne. Les particules de cette pierre sont ordinairement assez grossières et forment comme un amas de petits cristaux brillants. Lorsque ces pierres sont d'un grain très fin, on leur donne en Allemagne le nom d'*albâtre*.

Le gypse cristallisé. C'est la même matière que la précédente, mais sous forme régulière; on en trouve communément en parallélogrammes, en feuillets minces et transparents, en filets très fins et comme soyeux. Ces cristaux se distinguent des spaths en ce qu'ils ne font point d'effervescence avec les acides.

TROISIÈME CLASSE.

DES SILEX OU CAILLOUX.

Les pierres de cette classe ont pour caractère de ne point être entamées par l'acier, de faire feu avec un briquet, d'être inattaquables par les acides, inaltérables par le feu, de former dans les fractures des surfaces polies et des angles vifs et tranchants.

Le silex. Cette pierre varie par la couleur : elle est quelquefois d'un jaune de corne et demi-transparente comme la pierre à fusil, quelquefois elle est plus brune, d'autrefois elle est opaque. Les silex se trouvent communément à la surface de la terre, et il paraît qu'il s'en forme quelquefois dans la terre végétale, mais où on les rencontre plus communément et en plus grande abondance, c'est dans l'intérieur des bancs de pierre à chaux ou de craie.

L'agathe. Cette pierre n'est qu'un caillou d'une pâte plus belle et plus fine; il en est de même de la calcédoine, du jaspe, etc. Ces pierres se trouvent quelquefois dans la nouvelle terre, mais plus communément dans l'ancienne.

La pierre meulière. C'est l'espèce la plus grossière de tous les cailloux; on en trouve de grosses masses sur le haut des montagnes des environs de Paris, et dans la Brie elle se forme dans un banc assez épais, d'une espèce d'argile jaunâtre; cette espèce de cailloux est jaunâtre; elle est reconnaissable par la quantité de cavités qui s'y rencontrent; elle a, à peu près, l'aspect d'un morceau de mie de pain qui a de grands yeux; elle est grise ou jaunâtre.

Le sable et le grès. Le sable ou sablon n'est autre chose que du silex réduit en une poudre grossière; quelquefois le sable est pur, souvent il est mêlé de terre, alors on le nomme *sable terreux.* Souvent les grains du sable s'attachent les uns aux autres, se réunissent et se soudent; ils forment alors des pierres très dures, c'est le grès. Le grès dont on se sert pour paver les rues de Paris n'est autre chose que des grains de sable liés et agglutinés ensemble; il y en a de différents degrés de dureté.

QUATRIÈME CLASSE.

TERRES ARGILEUSES.

Ces terres ont pour caractère d'être grasses au toucher, lorsqu'elles sont humectées, de happer à la langue, lorsqu'elles sont sèches; elles ont la propriété de se mouler, de se pétrir et de prendre toutes les formes qu'on veut leur donner; passées au feu, elles y deviennent presque aussi dures que le caillou.

Les terres de cette classe sont connues sous le nom de *glaises* ou d'*argiles;* il y en a de vertes, de jaunes, de bleues, de grises; elles sont communément mêlées de sable très fin, quelquefois de terre calcaire.

DE L'ANCIENNE TERRE.

Les montagnes de l'ancienne terre sont composées, comme on l'a déjà dit, de rochers disposés par bancs perpendiculaires ou inclinés à l'horizon. Ces rochers sont de quartz, de granit, de schiste, d'ardoise et de pierres talqueuses.

PREMIÈRE CLASSE

DU QUARTZ.

Le quartz n'est autre chose que le caillou en grosses masses; comme lui il est inattaquable par l'acier; il ne fait point d'effervescence avec les acides, il fait feu avec le briquet, il est brillant dans les fractures, etc.; il y a du quartz blanc et du quartz coloré; on en rencontre d'une infinité de variétés.

Le cristal de roche n'est autre chose que cette même pierre cristallisée.

DEUXIÈME CLASSE.

DU GRANIT.

Cette pierre est composée de graviers grossiers, de quartz, de spath fusible, de talc et de différentes matières réunies ensemble sans aucun ordre. Cette pierre est plus aisée à connaître qu'à définir; il en existe d'une infinité d'espèces de différentes couleurs, de différentes duretés; cette pierre fait communément feu avec l'acier, non pas partout, mais dans les parties composées de grains quartzeux; il y a des provinces entières composées de cette sorte de pierre.

TROISIÈME CLASSE.

DES SCHISTES.

On donne le nom de *schiste* à une espèce de pierre tendre qui s'entame aisément au couteau, qui ne fait pas, quand elle est pure,

IMPRIMERIE NATIONALE.

d'effervescence avec les acides; elle est composée de feuillets, ordinairement assez minces, couchés les uns sur les autres; toutes les Ardennes en sont composées, de même que toute la partie basse des Alpes et des Pyrénées; le caractère principal de cette pierre est d'être feuilletée, on en trouve de toutes couleurs; celle qui est en feuillet très mince et de couleur bleue porte particulièrement le nom d'*ardoise*. Ce genre de pierre a beaucoup de rapports avec la terre argileuse; de l'ardoise réduite en poudre fine forme une espèce d'argile; il en est de même de presque tous les schistes.

QUATRIÈME CLASSE.

DES PIERRES TALQUEUSES.

Ces pierres n'ont pas ordinairement plus de dureté que le schiste, elles sont feuilletées comme lui, et les rochers qui en sont composés n'en diffèrent point au premier coup d'œil; le caractère de ce genre de pierre est d'avoir une espèce de brillant métallique; les naturalistes ont encore coutume de les comprendre sous le nom de *pierres argileuses*.

Indépendamment de ces pierres qui forment la masse des montagnes de l'ancienne terre, on y rencontre un très grand nombre d'autres substances qui ne se trouvent communément qu'en petites masses; on va successivement donner une notice abrégée de chacune d'elles.

Le spath fusible. Les naturalistes donnent ce nom à toute substance cristallisée qui n'a pas assez de dureté pour faire feu au briquet. Cette partie de la minéralogie est peu connue; on soupçonne cependant que les spaths fusibles de l'ancienne terre approchent beaucoup des gypses cristallisés et qu'ils sont composés, comme eux, d'acide vitriolique et de terre calcaire. M. Sage prétend qu'ils sont composés d'acide.

Le spath fusible se distingue du spath calcaire en ce que le premier n'est pas facilement attaquable par les acides, tandis que le second s'y dissout avec effervescence.

L'abeste et l'amiante. Ces deux substances sont composées de filets ou stries assez fines; dans l'amiante ces filets ont assez de souplesse pour être filés, et c'est ce qu'on nomme *lin incombustible des anciens;* l'abeste est la même substance que l'amiante, mais plus dure; ni l'une ni l'autre ne se dissolvent dans les acides.

Le schorl. On donne ce nom à une matière noire, couleur de poix, qui se trouve assez communément dans les granits et dont il paraît qu'on rencontre quelquefois des rochers séparés; la nature de cette substance est peu connue.

Des mines métalliques. Les mines métalliques de toutes espèces appartiennent à l'ancienne terre; cet article demanderait des discussions très approfondies, et on ne pourrait entrer dans les détails convenables sans former un traité très volumineux.

En général, les mines forment ce qu'on appelle des *filons.* On entend par ce nom des espèces de lames ou tranches qui se trouvent entre les rochers, qui suivent une direction parallèle à leur inclinaison, et qui s'enfoncent dans l'intérieur de la terre jusqu'à de très grandes profondeurs. Ces filons ont quelquefois plusieurs pieds d'épaisseur, souvent ils n'ont que quelques lignes. Tantôt les filons se divisent et se ramifient, tantôt plusieurs se réunissent en un seul; l'art du métallurgiste consiste à les suivre, à les retrouver quand on les a perdus, à faire des percements latéraux dans la montagne pour procurer l'écoulement aux eaux, à percer des puits pour établir des machines hydrauliques, à en percer d'autres pour renouveler l'air de la mine, qui sans cela deviendrait funeste aux ouvriers. L'art de fondre les mines, d'en extraire le métal, n'est pas du ressort de la minéralogie; cet art appartient à la chimie. Les filons des mines se trouvent souvent interrompus par des cavités qui ne sont pas remplies de métal; ces cavités sont ordinairement tapissées de spath fusible, de cristal de roche, etc.

Le sable et l'argile se rencontrent quelquefois dans l'ancienne terre; quand cette dernière est douce et savonneuse, on la nomme *stéatite;*

quand elle est dure, elle prend le nom de *pierre ollaire*. Les cailloux, lorsqu'on en rencontre dans l'ancienne terre sont communément des agathes, des calcédoines, des onix, des jaspes, etc.

CHARBON DE TERRE.

Les mines de charbon de terre sont assez communes en France; on en trouve en Hainaut, dans presque toute l'étendue du pays de Liège, dans le Forez, l'Auvergne et le Bourbonnais; l'examen de ces mines présente des phénomènes dont les naturalistes ne donnent encore aucune explication.

Les charbons de terre sont dans des endroits en bancs horizontaux, dans d'autres en bancs inclinés; mais un fait bien singulier, c'est qu'ils sont toujours recouverts de quelques bancs peu épais d'une espèce de schiste noirâtre qui contient une quantité très considérable d'empreintes de fougères, de roseaux et de toutes plantes, dont les analogues ne se trouvent que dans les Indes. On a même trouvé dans les mines de Saint-Chamond des fruits assez bien conservés.

Il y a des provinces où les bancs de charbon de terre sont fort épais, d'autres, où ils n'ont qu'un demi-pied ou un pied; quelquefois on les trouve à la surface de la terre, d'autrefois il faut creuser à une très grande profondeur.

Il n'est pas aisé de déterminer si les charbons de terre appartiennent à l'ancienne terre ou à la nouvelle; en général, ils paraissent être placés sur les confins de l'une et de l'autre. Quelques naturalistes pensent que les charbons de terre ne sont autre chose que des forêts immenses qui ont été ensevelies dans des révolutions arrivées à la terre; les empreintes de plantes, les fruits mêmes que l'on y trouve encore, donnent une assez grande probabilité à ce système.

DES VOLCANS.

Plus les observations se multiplient, plus on s'aperçoit que les volcans ont été autrefois plus fréquents qu'ils ne le sont aujourd'hui; il en existe peu maintenant qui donnent des éruptions, mais on en découvre tous les jours qui ont brûlé pendant une longue suite d'années et qui se sont éteints.

Les volcans se trouvent assez communément comme le charbon de terre sur les confins de l'ancienne et de la nouvelle terre; mais cette loi, si c'en est une, paraît souffrir de très fréquentes exceptions. M. Rouelle et quelques naturalistes pensent que l'aliment du feu des volcans consiste dans des charbons de terre embrasés dans le sein de la terre. Cette opinion, quoique susceptible des plus grandes difficultés, est cependant encore une des plus probables.

Quoiqu'il en soit, les montagnes qui ont autrefois brûlé sont aisées à reconnaître par la nature des pierres qu'on y rencontre; toutes les matières qui les composent portent l'empreinte du feu; on y trouve des laves, des pierres ponces, des courants de matières qui ont été fondues: enfin, lorsqu'on creuse dans ces montagnes, on trouve sous la lave les pierres premières de la montagne.

Ces montagnes se reconnaissent, même de loin, pour ceux qui ont acquis une grande habitude d'observer; elles forment des pyramides assez régulières, en pains de sucre surbaissés dont le sommet est tronqué.

DES FLEUVES.

Les vallées dans lesquelles coulent de grands fleuves présentent des phénomènes particuliers dont il est nécessaire de donner ici une idée. Il paraît, en général, que presque tous les fleuves actuellement existants ont été autrefois beaucoup plus considérables qu'ils ne le sont aujourd'hui, qu'ils formaient fréquemment dans leur cours des lacs, à peu près semblables à celui que forme le Rhône à Genève. Ces fleuves dans les temps de débordement roulaient des sables, du limon, entraînaient même des pierres et les déposaient le long de leur cours, ce qui formait de nouveaux bancs d'une nature très différente de ceux qui composaient les montagnes voisines; ces fleuves, n'étant point d'ailleurs retenus par aucune digue et étant abandonnés à eux-mêmes, changeaient fréquemment de lit. Il serait trop long de détailler tous les faits qui tiennent à ces changements; il suffit d'en avertir, afin qu'on ne soit point étonné de voir dans les environs d'un grand fleuve les pierres de l'ancienne et de la nouvelle terre confondues ensemble sans aucun ordre; c'est ce qu'on peut observer à Paris, dans le voisinage des Invalides : on trouve, en creusant, des morceaux de quartz et de granit roulés qui ont été apportés du haut de la Bourgogne.

DES MINES DE FER ET DE CUIVRE.

Toutes les mines métalliques, comme on l'a dit plus haut, appartiennent à l'ancienne terre; cependant, très souvent le fer et quelquefois le cuivre se trouvent sur les confins de la nouvelle. Ces mines se nomment *mines par transport*, parce qu'en effet elles sont originaires de l'ancienne terre et qu'elles ont été charriées ensuite soit par l'eau, soit par l'acide vitriolique, à l'entrée de la nouvelle. Ces mines sont tantôt en sable, tantôt en graviers presque arrondis, tantôt en morceaux de la grosseur du poing, suivant la nature des matières avec lesquelles elles se sont trouvées mêlées.

CHIMIE.

SUR LA CONGÉLATION DE L'EAU DE LA MER[1].

Un mémoire envoyé à l'Académie, dans lequel on a prétendu que l'eau de la mer ayant été congelée pendant les froids de cet hiver avait été séparée de son sel, quelques réflexions contenues dans ce même mémoire sur les moyens et les avantages de cette expérience pour rendre potable non seulement l'eau de la mer, mais encore celle des puits qui contiennent de la sélénite, ont donné lieu aux expériences dont je vais rendre compte.

Elles ne sont ni aussi suivies, ni aussi répétées que la matière le comporte, aucune n'est plus digne d'occuper les physiciens, mais la douceur de la saison m'ayant obligé d'avoir recours aux congélations artificielles, il aurait été trop long de multiplier les expériences, et j'ai cru qu'il serait plus à propos de les remettre à un temps plus favorable.

On annonce la congélation de l'eau de la mer comme un moyen propre à en séparer le sel et à la rendre potable; on conjecture que le même moyen pourrait être applicable aux eaux de puits bien chargées de sélénites.

En conséquence, j'ai pris d'une part une livre et demie d'eau de

[1] Manuscrit autographe sans date ; écriture de jeunesse.

puits et de l'autre une pinte pareille d'eau de rivière, dans laquelle j'ai fait dissoudre deux onces de sel marin. J'ai mis ces liqueurs chacune dans un poudrier de verre et je les ai placées dans un bain de glace pêle mêle avec quelques portions de sel marin. Un thermomètre que j'avais mis dans cette glace est descendu en fort peu de temps à 5 degrés au-dessous de la congélation, et il est toujours resté entre 4 et 5 pendant tout le cours de l'opération. Je remuais d'abord l'eau contenue dans les poudriers de verre, afin que toutes les parties du liquide fussent à la même température; lorsque je me suis aperçu, par le moyen du thermomètre, que l'eau était fort près du degré de froid qui la congèle, j'ai cessé de remuer. Bientôt après, la glace s'est formée autour des parois intérieures du vase, mais point à la surface du liquide; lorsqu'elle a eu acquis environ une demi-ligne d'épaisseur, je l'ai détachée avec une fourchette d'argent, je l'ai tirée hors du verre et je l'ai laissée égoutter jusqu'à ce qu'elle fût plus de moitié fondue. J'ai cru cette précaution nécessaire pour être sûr qu'aucune portion d'eau non gelée ne restait interposée entre les parties de la glace; j'ai répété plusieurs fois cette opération sur chacune des deux eaux, à mesure que la petite couche de glace était formée; j'ai continué ainsi jusqu'à ce que j'eusse séparé par ce moyen environ un dixième du liquide. Je n'ai pas été plus loin afin d'éviter toute objection. J'ai ensuite comparé l'eau qui avait congelé avec celle qui ne l'avait pas été; il m'a semblé que celle qui contenait du sel marin en avait perdu une petite portion par la congélation; elle était, à ce qu'il m'a semblé, un peu moins salée au goût; ayant versé dans l'une et dans l'autre une égale portion de dissolution d'argent, il en est résulté un précipité de *lune cornée* comme dans les deux cas; mais celui de l'eau qui n'avait pas été congelée m'a paru un tant soit peu plus considérable. J'ai de même comparé les deux eaux de puits, je veux dire celle qui avait été congelée avec celle qui ne l'avait pas été; j'ai versé sur chacune un alcali fixe en deliquium, et j'ai obtenu un précipité calcaire qui m'a paru exactement égal dans les deux eaux.

La congélation lente paraît donc séparer de l'eau une petite portion du sel marin, mais il s'en faut bien qu'elle l'en dépouille en entier; c'est donc en vain qu'on propose ce moyen comme praticable pour dessaler l'eau de la mer. En supposant qu'il fût possible d'y réussir, ce ne pourrait être que par un grand nombre de congélations répétées, en rejetant à chaque fois la partie non congelée du liquide en sorte que d'un bien grand volume d'eau, on pourrait à peine retirer une petite portion d'eau dessalée. Si ce moyen est impraticable pour une eau chargée de sel marin, à plus forte raison pour l'eau de la mer qui contient de plus de la sélénite. Nous venons de voir, en effet, que la congélation n'en séparait aucune quantité sensible; on en peut dire autant de l'eau séléniteuse des puits.

EXPÉRIENCE SUR LE PASSAGE DE L'EAU EN GLACE,

COMMUNIQUÉE À L'ACADÉMIE DES SCIENCES PAR M. LAVOISIER[1].

M. Desmarets fit part à l'Académie de quelques expériences de M. Black, sur le passage de l'eau en glace, et de la glace en eau, et sur quelques phénomènes qui accompagnent ce changement. Je rapporterai à cette occasion un fait de même nature, que j'ai observé dans le courant de septembre de l'année dernière, et dont je n'ai différé de faire part à l'Académie que parce que je projetais d'y joindre d'autres expériences propres à l'éclaircir.

J'avais préparé douze thermomètres, dont je voulais comparer exactement la marche; je pilai dans cette vue, de la glace, et j'y plaçai mes thermomètres; ils descendaient tous au degré de la congélation plus ou moins, suivant le degré d'exactitude de leur construction : mon projet était ensuite de faire fondre la glace et d'échauffer insensiblement l'eau, afin de suivre la marche successive de mes thermomètres et de les comparer à tous les degrés supérieurs à la congélation. Comme la glace ne se serait fondue que difficilement, si je l'eusse abandonnée à

[1] *Observations sur la physique*, etc., par l'abbé Rozier, 1772, t. II, p. 510.

elle-même et que l'expérience aurait exigé trop de temps, je pris de l'eau nouvellement tirée d'un puits voisin, et j'en versai sans précaution, et sans observer aucune dose sur la glace pilée, qui était dans un seau. Je m'attendais à ce que ce mélange d'eau et de glace prît une température moyenne entre la chaleur de l'eau de puits et le degré de la glace, et proportionnelle à la quantité de chacune d'elles; mais je fus fort étonné de remarquer, au bout d'un quart d'heure, que le mélange était toujours au degré de la congélation assez exactement, et ce ne fut que quand les derniers fragments de glace furent entièrement fondus que mes thermomètres commencèrent à remonter.

Je crois être en état de rendre une raison satisfaisante de ce phénomène : mais comme l'explication que j'en donnerais tient à un système sur les éléments, que je serai bientôt en état de faire paraître, et qui est déjà paraphé par M. de Fouchy, je remets à en entretenir l'Académie dans un autre temps.

OBSERVATIONS

LUES PAR M. LAVOISIER À L'ACADÉMIE ROYALE DES SCIENCES

SUR QUELQUES CIRCONSTANCES

DE LA CRISTALLISATION DES SELS[1].

Quelque éloigné que soit un fait des idées reçues et accréditées, quelque contraire qu'il paraisse aux lois de la physique, ce n'est qu'avec la plus grande circonspection qu'il est permis de le nier; ce ne doit jamais être sur de simples assertions, et le physicien ne doit entrer en lice pour le contester qu'autant qu'il est muni et comme environné de toutes parts d'un appareil, d'instruments et d'expériences.

Cette même circonspection qui doit porter les physiciens à suspendre leur jugement lorsqu'il est question de nier devient plus importante encore lorsqu'il est question d'affirmer; ce n'est que d'après une sage critique qu'ils doivent admettre les découvertes nouvelles, et cette critique même doit être d'autant plus sévère que les faits nouveaux qu'on présente sont plus difficiles à accorder avec des vérités qu'on regarde comme démontrées.

Ces principes m'ont paru applicables à un article de l'*Avant-Coureur*, feuille 46, intitulé : « Réflexions de M. Beaumé, apothicaire de Paris et démonstrateur en chimie, sur l'attraction et la répulsion qui se manifestent dans la cristallisation des sels ». On y lit ce qui suit :

[1] *Observations sur la physique*, par l'abbé Rozier, janvier 1773, t. I, p. 10.

« Si on jette les yeux », etc., jusqu'à ces mots : « il est vraisemblable que ces effets auraient lieu à une plus grande distance ».

Si ces faits étaient bien constatés, s'il était prouvé, comme on l'annonce, qu'ils fussent l'effet d'une puissance qui se fît sentir à plus d'un pied de distance, la physique et la chimie n'offriraient point de phénomène aussi singulier. Il m'a donc paru de la plus grande importance de répéter les expériences attribuées à M. Beaumé dans cet article, et je m'empresse de rendre compte au public du résultat que j'ai obtenu.

J'ai fait dissoudre, dans suffisante quantité d'eau, six livres de sel de Glauber, et j'ai fait évaporer au point de cristallisation. J'ai versé la liqueur très chaude dans des bocaux de verre de quatre pouces et demi de diamètre, et plats par le fond. Il y avait environ trois à quatre doigts de liqueur dans chacun. J'ai placé séparément ces bocaux sur de petites tables, et des guéridons séparés, éloignés au moins de trois pieds les uns des autres et de tout corps environnant. J'ai ensuite placé sur chacun de ces guéridons, à côté du bocal dans lequel était la liqueur à cristalliser, et à deux ou trois pouces de distance, savoir, sur l'un, un bocal contenant quatre livres de sel de Glauber en cristaux; sur un second, un grand flacon rempli d'alcali fixe concret; sur un troisième, un bocal contenant près de deux pintes d'alcali fixe en déliquescence; enfin, sur un quatrième, j'ai placé le bocal contenant la liqueur à cristalliser, entre du sel de Glauber cristallisé et de l'alcali fixe en déliquescence. J'avais en outre mis séparément, sur deux autres tables ou guéridons, deux bocaux de sel de Glauber à cristalliser seuls, afin qu'ils pussent servir de point de comparaison, et j'avais pris la précaution d'isoler l'un d'eux dans le sens que les physiciens l'entendent dans les expériences électriques. J'ai fermé soigneusement la chambre où tout cet appareil était disposé, et je n'y suis rentré que quatre à cinq heures après; le sel de Glauber s'était cristallisé, pendant cet intervalle, dans chacun des bocaux; mais, dans tous, il était disposé de la même manière, et la cristallisation ne présentait que les différences accidentelles ordinaires; c'est-à-dire que les cristaux étaient très également répartis dans le fond et sur les parois des vases. J'ai répété cette expérience un grand nombre de fois, et je l'ai variée en poussant plus ou moins loin le degré d'évaporation; jamais je n'ai aperçu que le sel de Glauber en cristaux et l'alcali fixe, placés à deux et trois pouces de distance, même plus près, eussent eu la moindre influence sur l'ordre et l'arrangement des cristaux.

Ces premières expériences m'ont conduit à d'autres, et leur résultat a été que, toutes les fois qu'on garantissait un des côtés du vase du contact de l'air froid, autrement dit, toutes les fois qu'on appliquait sur un de ses côtés une matière propre à retarder le refroidissement, il en résultait constamment que les cristaux, au lieu de se former uniformément dans la liqueur, se jetaient du côté où le refroidissement était le plus prompt.

C'est ainsi qu'en environnant des bocaux de sable d'un côté, et les laissant exposés de l'autre à l'action de l'air libre, je suis parvenu à faire cristalliser tout le sel du côté opposé au sable, mais cet effet n'a rien de merveilleux; il n'est pas particulier au sable; toute substance en produit un semblable; et le sel de Glauber lui-même en poudre, appliqué à un des côtés du vase, tandis que l'autre demeure exposé à l'air, loin d'attirer les cristaux, les oblige, comme le sable et par la même raison, à se porter du côté opposé.

Quelque concluantes que fussent ces expériences, je n'ai pas cru devoir m'en contenter; et pour obtenir des résultats plus frappants, j'ai cru devoir varier la même expérience de la manière qui suit. J'ai placé un bocal contenant de la dissolution de sel de Glauber, au point de cristallisation, dans un petit seau de verre de capacité plus grande, et je l'ai environné d'un côté avec du sel de Glauber tombé en efflorescence, de l'autre, avec du sel de tartre; les cristaux ne se sont pas pour cela portés d'un côté plus que de l'autre; mais en répétant cette expérience à plusieurs reprises, j'ai observé que si l'on entassait un des deux sels plus que l'autre, on obligerait le sel à se cristalliser au côté opposé, en raison de la plus grande masse qu'on procurerait à la matière qui touchait le bocal, et qui devenait par là plus propre à retarder le refroidissement de la liqueur.

Il suit de ces expériences que, loin que du sel de Glauber ou du sel de tartre agissent à un pied de distance sur les cristaux de sel qui se forment par le refroidissement dans une dissolution de sel de Glauber évaporée au point de cristallisation, leur action, au contraire, paraît absolument nulle, lors même que ces sels touchent et environnent le bocal.

Puisque la circonstance m'a donné occasion d'entretenir l'Académie de la cristallisation des sels, je rapporterai ici un phénomène qui en dépend, et qui, je crois, n'a pas encore été observé.

J'ai fait évaporer une dissolution de sel de Glauber jusqu'au premier degré de cristallisation; je l'ai mise à cristalliser, en plaçant dedans un thermomètre à esprit-de-vin. Le thermomètre est descendu insensiblement à mesure que la liqueur se rapprochait de la température de l'endroit où se faisait l'opération; mais lorsque les premières molécules du sel ont commencé à se former, le thermomètre est demeuré stationnaire, quoique l'air environnant fût de plusieurs degrés plus froid que la liqueur; et lors même que les cristaux ont commencé à se former en abondance, le thermomètre, au lieu de descendre, est remonté d'un degré, et il n'est descendu tout au plus que de ce qu'il était monté, jusqu'à ce que la cristallisation fût entièrement achevée; alors il a repris insensiblement la température de l'air environnant. Cette expérience prouve que de même qu'il y a refroidissement lors de la dissolution du sel de Glauber dans l'eau, de même il y a chaleur dans le moment de la cristallisation de ce sel; et cette chaleur est d'autant plus forte que la cristallisation est plus rapide et plus abondante.

Il est aisé de sentir que cette circonstance combinée avec les causes que j'ai indiquées pour obliger les sels à cristalliser d'un côté d'un verre, plutôt que d'un autre, doit y apporter une infinité de modifications; le même sable en effet, qui, appliqué d'un côté du bocal retarde son refroidissement, peut retarder aussi dans quelques circonstances, de ce même côté, l'augmentation de chaleur que prend la liqueur dans le moment de la cristallisation; alors le sable, au lieu de repousser en apparence les cristaux, semblerait au contraire les attirer. Au reste, comme ces variétés rentrent dans les lois connues de la physique, et qu'elles tiennent toutes à la même cause, il sera toujours facile au physicien de les expliquer. Il suffira qu'il se rappelle qu'elles dépendent du rapport de la chaleur de la liqueur à cristalliser avec celle des corps environnants dans le temps que se forment les cristaux.

SUR L'AIR INFLAMMABLE[1].

Les expériences que j'ai faites avec M. Dietrich, M. de Fourcroy, M. Lelong, sur l'air inflammable, m'ayant mis à portée de faire quelques observations nouvelles, je me propose de faire part à l'Académie par un simple écrit qui n'est point destiné à l'impression, et seulement pour prendre date d'expériences, que je ne pourrai compléter que dans la saison chaude.

On connaissait bien avant la lettre écrite par M. Franklin à M. Priestley et dont je vais parler dans un moment, on connaissait, dis-je, l'existence de vapeurs inflammables, de mophètes susceptibles de prendre feu, souvent même avec explosion, et on avait remarqué que ces vapeurs étaient souvent funestes à ceux qui travaillaient dans les usines; on avait donné plusieurs descriptions de la fontaine ardente du Dauphiné; enfin, M. Rouelle, dans un écrit imprimé en 1773, avait distingué les mophètes en deux classes, l'une desquelles paraissait être en rapport avec l'air fixe, l'autre avec l'air inflammable; mais les phénomènes étaient regardés comme absolument locaux et on était bien éloigné d'en soupçonner l'existence aussi générale qu'elle se trouve l'être, d'après la lettre de M. Franklin et les expériences de M. Volta.

Voici la lettre de M. Franklin, telle qu'elle se trouve imprimée tome Ier de la traduction française de l'ouvrage de M. Priestley, p. 426.

Londres, 10 avril 1774.

Monsieur,

Pour satisfaire à votre demande, j'ai tâché de me rappeler les circonstances des

[1] Manuscrit autographe.

expériences d'Amérique dont je vous avais parlé ci-devant, au sujet de la flamme qu'on fait élever de certaines eaux.

Lorsque je passai par la Nouvelle-Jersey, en 1764, j'ouïs dire plusieurs fois que lorsqu'on appliquait une chandelle allumée à la surface de quelques-unes des rivières de cette province, il s'allumait une flamme subite qui s'étendait sur l'eau, et continuait de brûler pendant près d'une demi-minute. Mais les détails que je reçus étaient si imparfaits, que je ne pus deviner la cause de cet effet, et que j'en suspectai la vérité. Je n'eus pas occasion de voir l'expérience : mais étant allé chez un de mes amis qui revenait de la faire, j'en appris de lui la manière : c'était de choisir un endroit peu profond où le fond fût fangeux, et où l'on pût y atteindre avec un bâton ordinaire. Il fallait d'abord remuer la vase avec le bâton, et lorsqu'il commençait à s'en élever de petites bulles, on y appliquait la chandelle. La flamme était si subite et si forte qu'elle avait pris à la manchette de mon ami, ainsi que j'en vis les marques. La Nouvelle-Jersey étant couverte de pins dans différents cantons, je m'imaginai alors que les eaux d'un marécage couvert de pins pourraient être mêlées avec quelque chose de semblable à une huile volatile de térébenthine. Mais cette supposition ne me satisfaisait pas entièrement. Je parlai de ce fait à quelques physiciens de mes amis à mon retour en Angleterre, mais on n'y fit pas beaucoup d'attention. Je suppose qu'on me crut un peu trop crédule.

En 1765, le docteur Chandler reçut, au sujet de cette expérience, une lettre du docteur Finley, président du Collège dans cette province. On la lut à la Société royale le 21 novembre de la même année. Mais on ne l'inséra point dans les *Transactions philosophiques*, peut-être parce qu'on trouva l'observation trop étrange pour être vraie, et qu'on craignit qu'il n'y eût, pour quelque membre de la Société, du ridicule à tenter de la répéter, soit pour la confirmer, soit pour la réfuter. Voici la copie de ce récit :

« Un particulier, qui demeure à quelques milles d'ici m'ayant informé qu'il avait été surpris de voir l'eau d'un petit bassin des eaux d'un moulin qui est auprès de sa maison flamber comme de l'esprit-de-vin allumé, j'allai dans ce lieu bientôt après et je fis l'expérience avec le même succès. Le fond du ruisseau était vaseux, et lorsqu'on le remuait de manière à faire bien rider la surface de l'eau, si l'on en approchait une chandelle allumée à deux ou trois pouces, toute la surface s'enflammait aussi promptement que la vapeur des esprits inflammables échauffés, et la flamme continuait pendant plusieurs secondes, lorsqu'on agitait l'eau fortement. On crut d'abord que ce phénomène était particulier à ce lieu; mais on trouva bientôt par expérience que le même fond vaseux dans les autres endroits présentait le même phénomène. La découverte en fut faite par hasard par quelqu'un appartenant au moulin. »

J'ai essayé cette expérience deux fois ici, en Angleterre, mais sans succès. La première, c'était dans une eau qui coule lentement sur un fond bourbeux; la seconde, dans une eau dormante au fond d'un fossé profond; comme j'avais passé quelque temps à remuer cette eau, j'attribuai une fièvre intermittente dont je fus saisi peu de jours après, à cet air corrompu que je soulevais du fond, et dont j'avais trop respiré; ce que je ne pouvais éviter pendant que je me baissais pour tâcher de l'allumer. Les découvertes que vous avez faites depuis peu, sur la manière dont l'air inflammable est produit dans certains cas, peuvent jeter du jour sur cette expérience, et expliquer pourquoi elle réussit dans quelques cas et non pas dans d'autres.

Je suis, Monsieur, avec beaucoup d'estime et de respect, votre très humble et très obéissant serviteur.

B. Franklin.

Cette lettre prouve d'un côté la part qu'a M. Franklin à la découverte de l'air inflammable natif, et de l'autre que M. Priestley avait déjà entrevu le rapport qui existe entre l'air inflammable qu'on obtient dans plusieurs procédés chimiques, et celui que la nature présente en quelque occasion. Je fixerai dans un instant les bornes jusques auxquelles cette analogie coule, et je ferai voir en quoi l'air inflammable natif diffère de celui qu'on obtient par les procédés chimiques.

Depuis, M. Volta a poussé plus loin ses recherches sur cet objet, et a fait voir dans des lettres imprimées à ..... et traduites depuis en français à Strasbourg, qu'il s'élevait du fond des lacs, des étangs, des mares, des rivières, des ruisseaux et, en général, de toutes les eaux dont le fond est vaseux, de véritable air inflammable, susceptible de brûler à l'air libre, de détoner lorsqu'il est enfermé dans un vase à goulot étroit et qu'il est mêlé avec une certaine quantité d'air de l'atmosphère ou moins encore d'air déphlogistiqué, qu'il suffit de remuer la vase qui est sous l'eau pour faire dégager cet air et qu'il est aisé d'en obtenir une très grande quantité.

M. le baron de Dietrich, correspondant de cette Académie, a été témoin à Strasbourg des expériences de M. Volta, et étant venu peu de temps après à Paris, il a bien voulu les répéter avec moi et en présence de plusieurs membres de cette Académie. L'air inflammable qu'il employa dans cette séance avait été tiré des bords de la Seine au Gros-Caillou; mais comme la saison était très froide, que des hommes ne pouvaient descendre dans l'eau ou au moins y rester longtemps, il n'en avait pu rassembler qu'une petite quantité. Au surplus cet air se trouve avoir toutes les qualités annoncées par M. Volta : il brûlait avec une flamme bleue, détonait avec l'air commun et plus fortement avec l'air déphlogistiqué, etc.

Les membres de l'Académie qui furent témoins des expériences de M. Dietrich ayant paru désirer qu'elles fussent faites en présence de l'Académie, nous nous déterminâmes, M. Dietrich et moi, à rassembler une quantité d'air inflammable plus considérable, et nous choisîmes, pour opérer, le ruisseau qui coule dans les fossés de la Bastille. Nous le choisîmes de préférence parce que le fond en est très vaseux, et qu'il était d'ailleurs plus à notre portée qu'aucun autre endroit. Nous plaçâmes nos appareils à l'entrée de ce fossé, à quelques toises au-dessus du pont où est établi le péage. Nous obtînmes en peu de temps environ une pinte d'air. Cet air, soumis à des expériences, se trouva être de l'air inflammable assez pur, mêlé cependant d'une petite quantité d'air fixe, car il troublait l'eau de chaux. En combinant cet air dans les proportions convenables avec l'air de l'atmosphère ou mieux encore de l'air des chaux métalliques, il détonait plus faiblement que celui qu'on obtient des dissolutions métalliques dans l'acide vitriolique, mais il était exactement en rapport avec l'air inflammable que nous avons retiré, M. Bucquet et moi, d'une combinaison de tartre vitriolé et de charbon.

Un fait très remarquable, c'est que cet air, lors même qu'il a été dépouillé par l'eau de chaux et par l'alcali caustique de tout l'acide crayeux qu'il contient, n'en brûle pas moins avec une flamme bleue.

J'ai essayé de brûler cet air dans une bouteille à large goulot au fond de laquelle je mettais de l'eau de chaux, et il se précipitait une vraie craie, faisant effervescence avec les acides, ce qui prouve de deux choses l'une, ou qu'il se dégage de cet air pendant la combustion de l'acide crayeux aériforme qui y était intimement uni, ou bien que cet air inflammable par la combustion, ou ce qui revient au même par sa combinaison avec la partie respirable de l'air se convertit en air fixe ou acide crayeux. Aucune des expériences que j'ai faites n'a pu me décider jusqu'à présent entre ces deux opinions. Ce qui est certain, c'est que les autres airs inflammables, c'est-à-dire ceux tirés de la combinaison des métaux avec l'acide vitriolique, avec l'acide marin, ne présentent point un semblable phénomène et qu'ils ne troublent nullement l'eau de chaux pendant qu'ils brûlent.

Après avoir ainsi rassemblé de l'air inflammable tiré de l'entrée du ruisseau qui coule dans les fossés de la Bastille, nous étions curieux de lui comparer celui des bords de la Seine, proche ce même endroit. Nous avions observé, en effet, qu'en donnant un coup de croc au fond de l'eau, à quelques toises du bord de la rivière, à l'embouchure du ruisseau de la Bastille, il se dégageait de l'air en abondance; y ayant transporté nos appareils, nous avons obtenu de l'air aussi facilement et en aussi grande abondance que ci-devant. Nous nous persuadions que cet air serait inflammable comme le premier, mais nous fûmes aisément détrompés, et nous vîmes avec surprise qu'il brûlait avec beaucoup de difficulté et à peu près comme aurait fait un mélange d'un quart d'air inflammable et de trois quarts de mophète atmosphérique.

Cet air précipitait assez bien l'eau de chaux, ce qui prouve qu'il contenait de l'air fixe ou acide de la craie.

M. Bucquet, dans le même temps, était occupé d'expériences sur les moyens de rappeler à la vie les animaux asphyxiés par différents airs, et nous pensâmes qu'il était intéressant de connaître l'effet que produirait sur eux l'air inflammable natif. En conséquence le 21 janvier, nous nous transportâmes, M. Lelong, M. de Fourcroy et moi, dans les fossés de la Bastille, mais comme la rivière était plus forte, nous ne pûmes nous établir au même endroit où nous avions opéré avec M. Dietrich et nous fûmes obligés de remonter un peu plus haut, le long du même fossé; le fond était extrêmement vaseux et l'air se dégageait ce jour-là en très grande abondance.

En une heure environ que nous opérâmes, nous obtînmes environ

20 pintes d'air, mais contre notre attente, il ne se trouva pas inflammable au plus petit degré, et il ne différait en rien de la portion méphitique qui reste après qu'on a dépouillé l'air de l'atmosphère de sa portion respirable.

Ayant combiné cet air avec l'air nitreux, il y eut à peine quelques indices de vapeur nitreuse. Ayant essayé de le mêler dans différentes proportions avec de l'air déphlogistiqué, nous observâmes qu'à la proportion de quatre cinquièmes contre un cinquième de phlogistique, il en résultait un air qui paraissait ne différer en rien de l'air de l'atmosphère, qu'il était respirable comme lui et que les chandelles brûlaient sans augmentation ni diminution de flamme.

Comme cet air troublait sensiblement l'eau de chaux et y occasionnait un précipité susceptible de se dissoudre avec effervescence dans les acides, il en résultait qu'il contenait une portion d'air fixe ou acide crayeux. Pour en déterminer la quantité, j'ai fait passer dans un vase de cristal divisé en parties égales douze mesures de cet air, je l'ai mis ensuite en contact avec de l'alcali caustique : il y en a eu au plus une demi-partie absorbée, de sorte que j'estime que l'air méphitique des marais contient environ un vingt-quatrième d'air fixe ou acide crayeux aériforme. Lorsque ce dernier eût été séparé, les vingt-trois vingt-quatrièmes qui restaient ne différaient en rien de l'espèce d'air méphitique que j'ai désigné sous le nom de *mophète atmosphérique* et que M. Priestley a appelé *air phlogistiqué.*

Dans les nombreuses expériences qu'a faites M. Volta sur l'air des marais, il a constamment obtenu de l'air inflammable de toutes les eaux dont le fond était vaseux. Il ne lui est arrivé qu'une seule fois d'obtenir de l'air phlogistiqué tel que je viens de le décrire, mais en considérant toutes les circonstances des expériences de M. Volta et des miennes, je serais tenté de croire qu'il ne se dégage pas dans tous les temps, des eaux et des marais, la même espèce d'air. Cette idée que je tiens de M. le chevalier d'Arcy acquerra un grand degré de vraisemblance si on considère que c'est dans le même ruisseau, sur un fond de même nature et à peu de distance, que j'ai obtenu, un jour, de l'air parfaitement inflammable, et, un autre jour, de l'air exactement dans l'état de mophète atmosphérique. Je ferai observer à l'appui de cette conjecture que le baromètre était fort bas le 22 janvier, jour où nous n'obtînmes point d'air inflammable, qu'il y eut toute la soirée, contre ce qui s'observe communément dans cette saison, beaucoup d'éclairs sans tonnerre, ce qui prouve qu'il y avait dans l'atmosphère beaucoup de matières inflammables en vapeur, ou, ce qui est la même chose, beaucoup d'air inflammable. Il est donc assez probable qu'il se dégage continuellement de la terre une grande quantité d'air, que cet air n'est pas toujours de même nature, et qu'il varie suivant l'état de l'atmosphère, suivant son poids et peut-être par un grand nombre d'autres circonstances que nous ne connaissons pas. D'après cela, l'air qui se dégage des eaux dont le fond est vaseux ne serait pas le résultat de la fermentation des matières végétales qui sont sous l'eau, mais il serait au contraire le produit d'une émanation continuelle qui se dégage de l'intérieur de la terre et qui se trouve arrêtée par le fond vaseux des marais, des étangs, etc.; ainsi en agitant la vase pour en dégager l'air, on ne ferait dans cette supposition que donner une issue à l'air qui s'est amassé au-dessous ou qui a pénétré jusque dans son intérieur.

Je le répète, c'est à M. le chevalier d'Arcy qu'est due cette première idée, et c'est à l'expérience qu'il appartiendra de la confirmer ou de la détruire; c'est à quoi nous nous proposons de nous occuper au retour du printemps.

Il est aisé de pressentir combien le nouvel agent, l'air inflammable, qui se trouve répandu si abondamment dans la nature, va expliquer de phénomènes. Cet air, en effet, est susceptible d'entrer dans un grand nombre de combinaisons, de passer d'un corps dans un autre, en vertu de ses différentes affinités, d'être charrié à de très grandes distances par des moyens que nous n'avions pas soupçonnés; c'est donc un des moyens que la nature peut employer pour former des mines et une infinité de substances dont la formation se fait presque sous nos yeux sans que nous puissions l'expliquer ni la comprendre.

Je terminerai ce mémoire en annonçant que l'air inflammable des marais est en tout semblable à celui qu'on obtient de la décomposition de l'air fixe par les métaux, autrement dit de la dissolution des métaux par l'air fixe ou acide de la craie, qu'il ne diffère point de celui qu'on retire du charbon par différents procédés, que tous ces airs inflammables ont la propriété de former de l'air fixe par leur combinaison avec l'air déphlogistiqué de la même manière que le charbon quand il brûle : or comme il est conforme à la saine manière de raisonner de conclure que ce qui produit les mêmes effets n'est qu'une seule et même chose, il en faut conclure que l'air inflammable natif n'est autre chose que la matière charbonneuse dans l'état de vapeur. J'ai déjà donné quelques expériences sur lesquelles est fondée cette analogie, et je m'en occuperai d'une manière particulière dans des mémoires subséquents.

MÉMOIRE

SUR

LA PROPORTION D'ACIDE ET DE BASE

QUI ENTRE DANS LA COMPOSITION

DES DIFFÉRENTS SELS NEUTRES[1].

J'ai fait voir dans un précédent mémoire comment une suite d'expériences entreprises sur la cendre qu'emploient les salpêtriers de Paris m'avait conduit à un procédé particulier pour décomposer le nitre à base calcaire. Il suffit de mêler une solution de ce sel avec une solution de tartre vitriolé, de sel de Glauber ou d'un autre sel vitriolique quelconque, si on excepte la sélénite; aussitôt il s'opère une double décomposition : d'une part l'acide nitreux quitte la terre calcaire pour s'unir à la substance qui servira de base à l'acide vitriolique; de l'autre, l'acide vitriolique quitte cette même base pour s'unir à la terre calcaire.

Cette première découverte m'a conduit à un grand nombre d'expériences sur les doubles affinités et sur les décompositions et combinaisons qui en résultent : mais les premiers pas que j'ai faits dans cette carrière m'ont bientôt fait sentir combien il existait peu de précision dans les connaissances chimiques acquises jusqu'à ce jour, et j'ai reconnu qu'il était impossible de rien faire d'exact en ce genre sans reprendre en sous-ordre presque tout ce qui a rapport à la nature et

[1] Manuscrit autographe (1777).

à la composition des substances salines; des réflexions très succinctes rendront cette vérité sensible.

Dans le petit nombre de décompositions de sels que les chimistes ont tenté en raison des doubles affinités, ils se sont contentés d'annoncer qu'un tel sel en décomposait un autre, mais ils ne se sont point occupés du soin de déterminer la quantité de chacun des sels nécessaire pour opérer la décomposition réciproque; ils n'ont point examiné la proportion de chacun des acides et de chacune des bases qui entrait dans la composition des deux sels; or il est impossible sans ces détails de juger de ce qui doit arriver par l'événement d'une double décomposition quelconque.

En effet, chaque acide exige une certaine quantité de terre ou d'une base quelconque pour être saturé, mais cette quantité n'est pas la même pour tous les acides; lors donc que deux sels se sont réciproquement décomposés, il doit rester dans presque tous les cas soit un excès de base, soit un excès d'acide, et cet excès doit nécessairement influer sur les phénomènes de la recomposition.

Cette manière d'envisager les décompositions qui résultent des doubles affinités impose, il est vrai, une tâche extrêmement difficile à remplir; car non seulement il devient nécessaire de déterminer le poids des deux espèces de sel qui se décomposent, mais il faut encore remonter au poids de l'acide et de la base qui sont entrés dans leur combinaison; ainsi, pour rendre ceci sensible par un exemple, avant de mêler du nitre à base de terre calcaire avec du tartre vitriolé, il faut : 1° établir la quantité d'acide nitreux et de terre calcaire, qui est entrée dans la composition du nitre à base terreuse; 2° déterminer la quantité d'acide vitriolique et d'alcali fixe qui est entrée dans la combinaison du tartre vitriolé; 3° calculer combien ces quantités en changeant de base doivent fournir de sélénite d'une part, et de salpêtre de l'autre; 4° enfin reconnaître quels sont les principes qui après la double décomposition doivent se trouver en excès ou en défaut, et examiner s'ils restent libres ou s'ils se combinent.

L'état actuel de la chimie est bien éloigné de nous fournir les moyens

IMPRIMERIE NATIONALE

de faire ces calculs avec quelque précision, et j'ai cru qu'au préalable il était nécessaire de former des tables qui exprimassent la quantité d'acide et de base contenue dans chaque sel. Je n'avais d'abord formé ces tables que pour mon usage et ma propre commodité, mais prévoyant qu'elles pourraient être utiles à d'autres, je me suis déterminé à leur donner plus d'étendue et à les publier. Elles n'embrassent encore qu'un petit nombre de sels, mais je me propose d'entreprendre successivement le même travail pour toutes les substances salines des trois règnes.

M. Homberg a déjà fait quelques tentatives en ce genre, mais indépendamment de ce que son travail n'a pas suffisamment d'étendue, il ne s'est pas assez appliqué à déterminer l'état des acides et des matières qui entraient dans la composition de ces sels. J'ai cru d'ailleurs qu'avant de me livrer à des calculs longs et fastidieux pour dresser des tables, je ne pourrais trop m'assurer des bases sur lesquelles elles étaient fondées et je me suis déterminé à répéter les expériences de M. Homberg et à y ajouter toutes celles qui entraient dans le plan de mon travail.

Je me bornerai dans ce mémoire à donner les tables dont il est question, en les faisant précéder seulement de quelques détails sur les moyens que j'ai employés pour les former et sur les expériences fondamentales qui leur servent de base; je donnerai dans un autre mémoire des exemples de l'usage de ces mêmes tables et des applications que j'ai essayé d'en faire.

Avant d'entreprendre aucune des expériences relatives à la construction de ces tables, j'ai commencé par faire une provision des trois acides minéraux assez abondante pour n'avoir point à en changer pendant tout le cours de mon travail, et j'ai pris beaucoup de précautions pour obtenir ces acides dans leur plus grand degré de pureté; j'aurais pu les porter à un beaucoup plus grand degré de concentration, mais j'ai cru qu'il était préférable de les employer dans l'état où on les trouve habituellement dans le commerce, afin que l'usage de mes tables fût à la portée d'un plus grand nombre de chimistes.

La pesanteur spécifique de l'huile de vitriol que j'ai employée était à celle de l'eau distillée dans le rapport de 185,377 à 100,000; j'ai déterminé cette proportion avec une grande exactitude au moyen d'un pèse-liqueur de Fahrenheit en verre, qui déplaçait..., et avec lequel il était impossible de commettre une erreur de plus d'un quart de grain. Cette pesanteur spécifique est celle de l'huile de vitriol que je trouve communément dans le commerce. Cette même huile peut être portée à un degré de concentration tel que sa pesanteur spécifique soit à celle de l'eau à peu près dans le rapport de 2 à 1; mais, comme je l'ai dit, j'ai préféré me servir d'un acide pur, mais moins concentré.

J'ai de même déterminé la pesanteur spécifique de l'acide nitreux qui devait me servir dans toutes mes expériences; elle s'est trouvée à celle de l'eau distillée dans le rapport de 131,607 à 100,000; cet acide avait été tiré du nitre de la troisième cuite par le moyen de l'argile, il était légèrement fumant. J'avais évité d'employer celui qu'on obtient de la décomposition du nitre par l'acide vitriolique: premièrement parce qu'il passe toujours quelques portions de ce dernier acide dans la distillation et qu'on n'est pas assuré par conséquent d'avoir un acide absolument pur; secondement parce que l'acide nitreux fumant qu'on obtient par l'acide vitriolique est chargé d'un excès d'air nitreux considérable, et qu'il en résulte des phénomènes particuliers dans les combinaisons dont je rendrai compte ailleurs.

Enfin, j'ai trouvé que la pesanteur spécifique de l'acide marin que j'ai employé était à celle de l'eau dans le rapport de...

Après avoir ainsi constaté avec un très grand soin l'état des acides que je devais employer, j'ai procédé à la composition artificielle des différents sels neutres pour lesquels je me proposais de former des tables en tenant un compte exact de la quantité d'acide et de base qui entrait dans leur formation. Je vais donner le détail de mes expériences pour chaque espèce de sel.

NITRE CALCAIRE OU NITRE À BASE DE CRAIE.

J'ai toujours employé cette substance saline en liqueur à cause de la prodigieuse rapidité avec laquelle elle attire l'humidité de l'atmosphère lorsqu'elle est concrète; cette circonstance ne permet pas de la conserver dans un état constant, ni de déterminer avec exactitude le poids des quantités qu'on en emploie. La pesanteur spécifique de la solution de ce sel que j'ai employée était à celle de l'eau distillée comme 145,771 à 100,000; et j'ai observé que pour former 2 onces 2 gros 22 grains de cette solution, il fallait employer 1 once 3 gros 13 grains 1/2 d'acide nitreux, et 5 gros 42 grains 3/4 de terre calcaire saturée d'air fixe, c'est-à-dire de craie, ce qui revient par once à 4 gros 64 grains d'acide nitreux, et à 2 gros 32 grains de craie. Je ne tiens pas compte d'un peu d'eau distillée que j'ai ajoutée à l'acide nitreux pour rendre la combinaison plus facile et pour qu'il y eût moins de chaleur pendant l'union de l'acide avec la terre.

C'est d'après cette expérience et les proportions qu'elle m'a données, que j'ai dressé la table jointe à ce mémoire sous le n° 1.

NITRE À BASE D'ALCALI VÉGÉTAL.

	livres.	onces.	gros.	grains.
J'ai pris un matras du poids de	0	4	1	2
J'y ai mis alcali fixe concret très pur	0	4	1	48
Eau distillée	0	5	2	6
J'y ai versé ensuite peu à peu, jusqu'à parfaite saturation, acide nitreux	0	5	7	10
Poids total des matières employées	1	3	3	66
Le poids effectif des matières après la combinaison s'est trouvé	1	2	2	30
Donc perte de poids pendant la combinaison	0	1	1	36

Cette perte de poids est due, ainsi que je l'ai démontré dans le chapitre de mes *Opuscules physiques et chimiques*, au dégagement de l'air fixe ou acide méphitique qui était uni à l'alcali et qui en a été chassé par l'acide nitreux.

Une portion du nitre a cristallisé spontanément. Dans cette opération j'ai ajouté pour tout dissoudre une petite portion d'eau distillée; après quoi ayant fait évaporer j'ai obtenu par des cristallisations successives 5 onces 6 gros 28 grains de salpêtre, y compris 3 gros 19 grains, qui paraissaient un peu imprégnés d'une espèce d'eau mère qui a cristallisé moins régulièrement que le reste.

Ainsi 5 onces 6 gros 28 grains de salpêtre, sont originairement composés de 4 onces 1 gros 48 grains d'alcali végétal concret, et de 5 onces 7 gros 10 grains d'acide nitreux. C'est d'après ces résultats qu'a été calculée la table n° 2.

TARTRE VITRIOLÉ.

	onces.	gros.	grains.
J'ai pris un vase d'un orifice étroit qui pesait.	3	7	58
J'y ai introduit acide vitriolique concentré.........	3	0	11
Eau distillée................................	4	0	4
J'ai versé peu à peu dans ce même vase une liqueur alcaline, composée de 5 parties d'eau et de 4 parties d'alcali concret très sec et très pur, et pour arriver au point de saturation j'ai été obligé d'employer...	10	3	36
TOTAL du poids des matières employées......	21	3	37
La combinaison s'est faite avec une vive effervescence, après quoi, ayant pesé la totalité des matières pour déterminer la perte de poids occasionnée par le dégagement de l'air fixe ou acide méphitique, je n'ai plus trouvé que...........................	20	0	12
Donc perte de poids..........................	1	3	25

Je déterminerai plus bas l'état précis de cet alcali et la quantité d'acide méphitique qu'il contenait.

Ayant ensuite rassemblé tout le tartre vitriolé qui avait cristallisé spontanément pendant la combinaison faite d'une suffisante quantité d'eau pour être tenu en dissolution, et ayant fait évaporer la liqueur surnageante, j'ai obtenu en tout 5 onces 1 gros 48 grains de tartre vitriolé en cristaux assez réguliers.

Ainsi 5 onces 1 gros 48 grains de tartre vitriolé sont originairement composées de 3 onces o gros 11 grains d'acide vitriolique concentré, et de 4 onces 5 gros 8 grains d'alcali fixe concret; d'après cette détermination j'ai calculé la table n° 3.

SEL DE GLAUBER.

	livres.	onces.	gros.	grains.
J'ai pris un vase d'un orifice étroit, pesant.....	o	4	4	41
J'y ai mis acide vitriolique..................	o	2	o	o
Eau distillée..........................	o	16	o	o
J'ai été obligé pour obtenir une saturation complète d'ajouter soude en cristaux...........	o	5	4	66
Total du poids des matières employées........	1	12	1	35
Ayant ensuite repesé les matières après l'effervescence et la combinaison, je n'ai plus trouvé que..............................	1	11	2	$5\frac{1}{2}$
Donc perte occasionnée par le dégagement de l'air fixe ou acide méphitique................	o	o	7	$29\frac{1}{2}$

Ayant fait évaporer et cristalliser, j'ai obtenu par une suite de cristallisations successives 6 onces 5 gros de sel de Glauber en cristaux bien secs, mais non effleuris et pourvus de toute leur eau de cristallisation.

Ainsi 6 onces 5 gros de sel de Glauber sont originairement composées de 2 onces d'acide vitriolique concentré, et de 5 onces 4 gros 66 grains de soude en cristaux; d'après quoi j'ai construit la table jointe à ce mémoire sous le n° 4.

SÉLÉNITE.

	livres.	onces.	gros.	grains.
J'ai pris un vase de verre du poids de.........	o	11	5	62
J'y ai mis acide vitriolique..................	o	2	4	o
Eau distillée..........................	1	8	o	o
A reporter.....	2	6	1	62

Report.....	2	6	1	62
J'ai été obligé d'ajouter pour parvenir au point de saturation craie non calcinée mais séchée à peu près à la chaleur de l'eau bouillante........	0	2	4	0
TOTAL du poids des matières employées........	2	8	5	62
Poids des mêmes matières après la combinaison.	2	7	4	68
PERTE................	0	1	0	66

Cette perte, comme dans les expériences précédentes, tient au dégagement de l'air fixe ou acide méphitique qui a eu lieu pendant l'effervescence.

La plus grande partie de la sélénite qui s'était formée pendant cette opération s'était déposée au fond du vase à mesure qu'elle s'était formée; une petite portion était en dissolution dans la liqueur surnageante. J'ai obtenu la première par simple dessiccation, et la seconde par évaporation; le total pesait 4 onces juste.

Ainsi pour former 4 onces de sélénite, il faut employer 2 onces 4 gros d'acide vitriolique concentré et 2 onces 4 gros de craie ou de terre calcaire saturée d'air fixe; c'est d'après ce résultat qu'a été calculée la table n° 5.

On sait d'après les découvertes modernes sur l'air fixe, et principalement d'après les expériences rapportées dans le chapitre Ier de la seconde partie de mes *Opuscules physiques et chimiques*, que la terre calcaire peut exister dans trois états différents : 1° dans l'état de craie ou de pierre calcaire, c'est-à-dire saturée d'air fixe et d'eau; 2° dans l'état de chaux vive, c'est-à-dire complètement dépouillée d'air fixe et d'eau. J'ai pensé, en conséquence, qu'après avoir dressé une table des quantités d'acide vitriolique et de craie nécessaires pour former une quantité donnée de sélénite, il serait utile d'en dresser de semblables tables pour la chaux vive et pour la chaux éteinte.

En conséquence, j'ai mis dans une bouteille 2 onces 4 gros d'acide vitriolique concentré, je l'ai étendu d'une suffisante quantité d'eau, puis j'y ai ajouté peu à peu de la chaux vive très pure réduite en poudre;

la combinaison s'est faite avec une très grande chaleur, mais sans effervescence; la sélénite s'est déposée au fond du vase à mesure qu'elle se formait, faute d'eau suffisante pour être dissoute. La quantité de chaux vive nécessaire pour arriver au point de saturation s'est trouvée de 1 once 2 gros 34 grains 3/4, et j'ai obtenu tant par dessiccation que par évaporation 4 onces fort juste de sélénite; les poids des matières déterminé avant et après la combinaison ne présentent dans cette expérience qu'une différence de quelques grains, attendu qu'il n'y a point de dégagement d'air fixe.

J'ai répété la même expérience avec de la chaux que j'avais noyée dans de l'eau distillée, et que j'avais fait ensuite sécher à un degré de chaleur un peu inférieur à celui de l'eau bouillante. J'ai donc mis dans un vase avec une suffisante quantité d'eau distillée 2 onces 4 gros d'acide vitriolique, j'y ai jeté peu à peu de la chaux en poudre, éteinte comme je viens de le dire; il n'y a eu aucune effervescence, mais une grande chaleur, moindre cependant qu'elle ne l'avait été dans la dissolution de la chaux vive. La quantité de chaux éteinte employée dans cette opération s'est trouvée de 1 once 5 gros 58 grains forts; ayant rassemblé toute la sélénite et l'ayant séchée convenablement, il s'en est trouvé assez exactement 4 onces comme dans les deux opérations précédentes. Les matières pesées après la combinaison n'avaient éprouvé que quelques grains de perte. C'est d'après ces résultats qu'ont été calculées les tables n° 6 et n° 7.

SEL FÉBRIFUGE DE SILVIUS.

	livres.	onces.	gros.	grains
J'ai mis dans un vase de verre alcali fixe végétal.	0	8	0	40
Eau distillée	0	10	0	50
J'ai saturé peu à peu avec de l'esprit de sel, et j'ai été obligé d'employer de cet acide pour arriver au point de neutralité	0	11	0	5
TOTAL du poids des matières employées	1	13	1	23

Ayant procédé à l'évaporation, j'ai obtenu par une suite de cristallisations 7 onces 7 gros 63 grains de sel fébrifuge de Silvius. Ce sel était en cristaux cubiques ou plutôt en solides parallélogrammatiques dont les angles étaient presque droits.

C'est d'après cette expérience qu'a été calculée la table n° 8.

ALCALI FIXE VÉGÉTAL.

J'ai déterminé au commencement de ce mémoire l'état des acides que j'avais employés; il n'est pas moins important de faire connaître l'état exact de l'alcali végétal qui est entré dans la composition du nitre et du tartre vitriolé, puisque c'est de l'état de cet acide que dépend l'exactitude des tables n°s 2 et 3; en effet, l'alcali fixe étant une espèce de sel neutre composé de l'union de l'air fixe, que j'appellerai désormais *acide de la craie*, avec une substance alcaline, on conçoit que ces sels peuvent varier suivant qu'ils sont plus ou moins saturés de cet acide. Le degré de dessiccation auquel ils ont été portés forme encore une nouvelle source de différences et d'erreurs, de sorte que c'est peu de connaître le poids de l'alcali qu'on emploie, si on ne connaît en même temps la quantité réelle de substance alcaline, d'eau et d'acide crayeux qu'il contient. J'ai, en conséquence, cru qu'il était indispensablement nécessaire de diriger mes expériences vers cet objet.

C'est d'après ces expériences qu'a été calculée la table n° 9.

Je terminerai ce mémoire en donnant une table des quantités de terre calcaire pure, d'eau et d'air fixe ou acide méphitique contenus dans une quantité donnée de craie; les expériences qui servent de base à cette table sont détaillées dans le chapitre Ier de la seconde partie de mes *Opuscules physiques et chimiques;* je les ai répétées depuis plusieurs fois, soit en présence des commissaires nommés par l'Académie pour faire le rapport de mon ouvrage, soit dans différentes occasions particulières, et elles ne m'ont pas présenté de différences sensibles; cette table est ci-jointe sous le n° 10.

IMPRIMERIE NATIONALE.

Je donnerai dans un prochain mémoire des exemples de l'usage de ces tables appliquées à la décomposition du nitre calcaire par tous les sels vitrioliques connus; je prends date, en même temps, pour la décomposition du nitre et du sel marin calcaire par un grand nombre de sels phosphoriques et autres.

INTRODUCTION ET PLAN
D'UN DEUXIÈME VOLUME
DES
OPUSCULES PHYSIQUES ET CHIMIQUES[1].

Lavoisier, en donnant en 1774 un certain nombre de mémoires sous le titre *Opuscules physiques et chimiques*, annonçait la publication d'un second volume qui n'a jamais paru. Il paraît cependant qu'il a eu à un certain moment, vers 1778, l'intention de donner ce deuxième volume, car ses papiers renferment l'introduction et l'indication des chapitres. On remarquera que la plupart de ceux-ci se retrouvent dans le *Traité élémentaire de chimie*.

(*Note de l'éditeur.*)

INTRODUCTION.

C'est la marche ordinaire de presque tous ceux qui écrivent en physique de faire passer successivement leur lecteur par toute la suite des idées qui les a conduits au point où ils sont parvenus. Ils mêlent partout l'histoire de leur découverte avec leur découverte elle-même, et ils parviennent à noyer dans de gros volumes des idées simples et des faits qui, présentés naturellement, n'auraient tenu que quelques chapitres. Si cette méthode peut quelquefois éclairer le philosophe sur la marche de l'esprit humain, elle est rarement utile au physicien, et il faut laisser cet échafaudage d'idées incomplètes, d'expériences graduelles pour ces dissertations académiques où l'on a plus pour objet de faire valoir ce qu'on a fait que de contribuer réellement à l'avancement de la science.

[1] Manuscrit autographe.

Si j'eusse suivi cette méthode, il ne m'aurait pas été difficile de faire un grand ouvrage : j'aurais pu me contenter de copier les registres de mon laboratoire, de les accompagner de réflexions succinctes, et j'aurais vu en peu de temps les volumes se multiplier sous ma plume. C'est par un principe contraire que j'ai différé d'écrire, malgré les sollicitations de mes amis, malgré les risques d'être devancé dans mes découvertes, risques qui n'étaient que trop réels; enfin, après quatre ans de délai, je vais publier le second volume de mes *Opuscules physiques et chimiques*, et rendre compte du système général conçu depuis quinze ans, déposé à l'Académie depuis dix, et médité depuis cette époque.

Le volume que je publie aujourd'hui est d'autant plus petit que j'ai tardé davantage à le faire paraître. J'ai cherché à suivre, autant que le sujet le permettait, la méthode des géomètres, méthode précieuse qui conduirait toujours à l'évidence, si nous pouvions toujours partir en physique de données sûres et démontrées.

C'est également pour conduire le lecteur par la voie la plus courte que j'ai commencé par les expériences de l'évaporation des fluides dans la machine pneumatique, faites par M. de Laplace et par moi, quoique ces expériences, dans l'ordre chronologique, soient les dernières faites.

INTRODUCTION.

Réflexions générales sur la chimie vaporeuse; ce que c'est, quel est son objet, comment elle forme une science réelle qui n'est point connue, ou au moins qui ne présente encore que des faits isolés.

La formation des acides appartient à cette science.

CHAPITRE PREMIER.

De la vaporisation ou de la formation des fluides aériformes en général.

CHAPITRE II.

L'air est un fluide élastique; c'est donc un corps en vapeurs, et résultant de la combinaison de la matière du feu avec une base quelconque : moyen d'obtenir cette base.

CHAPITRE III.

De l'union de la base de l'air avec différentes substances et de la formation des acides.

Combustion du soufre, du phosphore, formation de l'acide nitreux.

CHAPITRE IV.

De l'union de la base de l'air avec le charbon et de la formation de l'acide phosphorique.

CHAPITRE V.

De la combustion des chandelles.

CHAPITRE VI.

De la combustion du pyrophore.

CHAPITRE VII.

De la combinaison de la base de l'air avec les métaux par la voie humide.

CHAPITRE VIII.

De la combinaison de l'air avec l'arsenic.

CHAPITRE IX.

De la combinaison de la base de l'air avec le sucre, la gomme arabique, l'amidon.

CHAPITRE X.

De la vaporisation des acides et des alcalis, et des phénomènes qui accompagnent leur combinaison avec l'eau.

CHAPITRE XI.

De la décomposition de l'acide nitreux et de sa résolution en deux espèces d'air.

CHAPITRE XII.

De la décomposition de l'acide vitriolique et de sa résolution en deux espèces d'air.

CHAPITRE XIII.

De la combinaison de l'alun avec une substance charbonneuse, et des phénomènes qui accompagnent la formation du pyrophore et sa combustion.

CHAPITRE XIV.

De la combinaison du tartre vitriolé avec la poudre de charbon.

EXPÉRIENCES ET OBSERVATIONS

SUR

LES FLUIDES ÉLASTIQUES EN GÉNÉRAL

ET SUR L'AIR DE L'ATMOSPHÈRE EN PARTICULIER[1].

Je n'ai pu faire entrer dans les différents mémoires que j'ai donnés sur la calcination des métaux et sur la respiration des animaux un grand nombre d'expériences et d'observations que je regarde cependant comme intéressantes, et j'ai cru en conséquence devoir les réunir sous un titre plus général et en former plusieurs mémoires que je me propose de communiquer successivement à l'Académie.

La chimie moderne a démontré (voir Hales, *Statique des végétaux*, Boyle, Black, Priestley, Lavoisier, le duc de Chaulnes, M. Bucquet, dans ses *Leçons de chimie*, etc.) qu'indépendamment de l'air que nous respirons, il existait dans la nature et que l'art pouvait former un grand nombre de fluides élastiques absolument semblables à lui par leurs qualités apparentes. Comme l'air, ils sont transparents et sans couleur; ils sont compressibles, élastiques, et leur fluidité est si parfaite qu'ils échapperaient au sens du toucher, si la résistance qu'ils opposent au mouvement des corps ne les rendait sensibles et en quelque sorte palpables.

[1] Manuscrit autographe. — Ce mémoire, sous une forme peu différente, a été lu à l'Académie en présence de l'empereur Joseph II, le 10 mai 1777. Il avait alors pour titre : *Observation sur les altérations qui arrivent à l'air et sur les moyens de ramener l'air vicié à l'état d'air respirable.* (*Note de l'éditeur.*)

Si ces airs ont beaucoup de rapport avec l'atmosphère par les qualités qu'on peut regarder comme physiques, ils en diffèrent tous essentiellement par leurs qualités chimiques; les uns ne sont autre chose que des acides ou des alcalis en vapeur et dans l'état d'expansibilité ou de vaporisation, les autres sont des combinés d'une espèce très singulière, des sels neutres aériformes; quelques-uns se combinent avec l'eau avec une extrême facilité, tandis que d'autres refusent constamment de s'y unir, enfin tous sont dans un état d'expansibilité durable que les refroidissements connus qu'ils éprouvent naturellement par la vicissitude des saisons ne sont pas capables de détruire.

L'air de l'atmosphère, celui dans lequel nous vivons, que nous respirons continuellement, n'est donc qu'une espèce de fluide élastique comprise dans une classe très nombreuse, et l'analogie ne nous permet pas de douter que ce fluide ne soit, comme tous les autres de cette classe, une substance dans l'état de vapeur et d'expansibilité durable.

Nous avons fait observer, M. de Laplace et moi, dans un mémoire lu à la rentrée dernière de l'Académie, que le passage d'un fluide à l'état d'expansibilité tenait à deux causes : 1° au degré de chaleur communiqué à ce fluide; 2° au poids de l'atmosphère dont sa surface était chargée. C'est ainsi que l'eau se vaporise à 80 degrés du thermomètre de M. de Réaumur quand elle est chargée d'une atmosphère égale au poids de 28 pouces de mercure, tandis qu'elle se vaporise à ..... lorsqu'elle n'est chargée que d'une atmosphère égale au poids de 20 pouces de mercure, autrement dit lorsque le baromètre n'est qu'à 20 pouces de hauteur. Il existe de même pour chaque fluide une relation entre le moment de la vaporisation, le degré de température et le poids de l'atmosphère.

Il suit de là qu'un très léger changement dans le degré moyen de la chaleur de la terre suffit pour opérer des révolutions très étranges dans la constitution de notre atmosphère. Si, par exemple, la terre se trouvait chauffée à 100 ou 120 degrés du thermomètre de M. de

Réaumur, l'eau entrerait aussitôt en expansion, elle se vaporiserait et se transformerait en un fluide élastique analogue à l'air et qui deviendrait partie de l'atmosphère. Réciproquement, il est probable qu'à un certain degré de refroidissement, l'air cesserait d'exister dans un état de vapeur et d'expansion, qu'il se condenserait en un fluide ou plutôt en un liquide analogue à l'eau et aux autres liquides que nous connaissons. Mais sans m'arrêter à ces idées, qu'on ne manquera pas de regarder comme systématiques jusqu'à ce que j'aie pu les développer suffisamment, je me contenterai de faire observer que d'après le point qu'occupe la terre dans le système solaire, le degré de chaleur qui en résulte, notre atmosphère doit être composée du mélange de tous les fluides qui ont été susceptibles de se vaporiser au degré de chaleur actuel de notre planète, à l'exception de ceux qui se sont trouvés susceptibles de se décomposer les uns par les autres ou de se combiner avec l'eau et avec d'autres substances.

Après avoir essayé de donner une idée de la formation de l'air et des fluides élastiques en général, je passe à quelques faits particuliers que je me suis proposé d'éclaircir dans ce mémoire.

Une singularité très grande et qui différencie tous les airs ou fluides élastiques naturels ou factices de l'air de l'atmosphère, c'est qu'aucun d'eux, si on en excepte un seul, n'est susceptible d'entretenir la combustion, l'ignition et la respiration des animaux. Quoique ces faits soient pour la plupart connus, j'espère que l'Académie ne trouvera pas mauvais que j'en rassemble quelques exemples sous ses yeux.

Je choisis de préférence les belles expériences que M. le duc de Chaulnes lui a déjà communiquées comme les plus frappantes en ce genre et les plus concluantes relativement à l'objet de ce mémoire.

PREMIÈRE EXPÉRIENCE.

Si, après avoir rempli d'air fixe ou air crayeux aériforme par un procédé quelconque un bocal ou flacon ou un autre vase, on y plonge

IMPRIMERIE NATIONALE.

une bougie allumée ou un charbon ardent, l'un et l'autre s'éteignent dès qu'on les descend au-dessous du niveau des bords du bocal.

L'air fixe étant beaucoup plus pesant que l'air de l'atmosphère, il ne se mêle pas aisément avec lui; on peut, en conséquence, comme M. le duc de Chaulnes l'a fait voir, verser cet air d'un bocal dans un autre, et en opérant avec adresse et précaution on peut répéter un assez grand nombre de fois ces transvasements sans que l'air fixe se mêle avec l'air de l'atmosphère.

DEUXIÈME EXPÉRIENCE.

L'air fixe n'est pas plus propre à la respiration des animaux qu'à l'entretien des lumières, et c'est encore d'une expérience de M. le duc de Chaulnes que j'emprunterai mes preuves. On met un oiseau ou un autre animal quelconque dans un bocal ouvert par le haut, on verse dans ce même bocal de l'air fixe; aussitôt on voit l'animal s'inquiéter, s'agiter, et, en moins d'une minute, il périt avec des mouvements convulsifs et avec tous les symptômes des animaux qui se noient.

Je pourrais faire les mêmes expériences avec tous les autres airs factices en changeant seulement quelques circonstances relativement à leur nature et à leur pesanteur spécifique, les animaux y périraient de la même manière que dans l'air fixe, et il en résulterait qu'aucun d'eux, comme je l'ai déjà dit, à l'exception d'un seul, n'est en état d'entretenir la vie des animaux, la combustion ni l'inflammation.

Les réflexions que j'ai faites au commencement de ce mémoire sur la formation de l'atmosphère m'ont conduit à conclure que l'air que nous respirons n'était pas une substance simple, mais qu'il était composé de toutes les substances susceptibles de se vaporiser à la température actuelle de la planète que nous habitons. L'expérience s'accorde à cet égard parfaitement avec la théorie; et, en effet, j'ai fait voir précédemment à l'Académie qu'on pouvait séparer par un grand nombre de moyens l'air en deux portions, en deux fluides élastiques, dont l'un est éminemment respirable et susceptible d'entretenir la combustion, la vie des animaux, tandis que l'autre a des propriétés toutes contraires.

Pour éviter de répéter ce qui se trouve dans d'autres mémoires, je supposerai dans ce moment qu'on connaît les différentes méthodes de décomposer l'air de l'atmosphère, et, en conséquence, j'ai apporté dans des flacons séparés les deux portions dont il est formé, afin d'être en état de recomposer sous les yeux de l'assemblée un air tout semblable à celui que nous respirons.

TROISIÈME EXPÉRIENCE.

On fait passer, dans une jarre de cristal remplie d'eau, de l'air qui a servi à la calcination du mercure, et qui a été ainsi privé de sa partie respirable; on retourne la jarre et on plonge une lumière; elle s'y éteint à l'instant.

QUATRIÈME EXPÉRIENCE.

On répète la même expérience avec la portion salubre et respirable de l'air, tirée de la chaux du mercure; la lumière loin de s'y éteindre y brûle au contraire avec une flamme très élargie, avec décrépitement.

CINQUIÈME EXPÉRIENCE.

Mais, si au lieu d'opérer sur ces deux airs séparément, on les mêle ensemble à la proportion de trois parties d'air nuisible et d'une partie d'air salubre et combustible, il résultera de ce mélange un tout qui tiendra le milieu entre les deux espèces d'air qui auront servi à le former, qui sera précisément dans le même état que l'air de l'atmosphère et qui présentera tous les mêmes phénomènes, soit par rapport à l'entretien des lumières, soit par rapport à la respiration des animaux.

Il est donc prouvé par voie de recomposition, comme je l'ai précédemment prouvé par voie de décomposition, que l'air de l'atmosphère n'est composé que d'un quart de véritable air, d'air combustible et respirable, et que les trois quarts sont une espèce de mophéte semblable à celles qui se rencontrent dans quelques mines.

Il ne faut pas croire que la proportion d'un quart d'air combustible et respirable, et de trois quarts d'air nuisible et incombustible, soit tellement propre à la constitution de notre atmosphère qu'elle n'existe souvent par des circonstances locales et particulières dans des proportions très différentes. La respiration des hommes et des animaux, par exemple, et la combustion des corps ont, comme je l'ai fait voir dans d'autres mémoires, la propriété de changer continuellement en air fixe la partie salubre de l'air, et il est aisé de s'en convaincre par une expérience bien simple. Il suffit de souffler à travers un tube de verre dans de l'eau de chaux; l'air fixe se mêle avec la chaux et forme une combinaison insoluble dans l'eau qui se précipite aussitôt. Lorsque des hommes ou des animaux ont respiré longtemps dans un endroit fermé, l'air qui ne contenait originairement qu'une espèce de fluide élastique nuisible en contient deux, savoir : la partie mophétique qui entre pour les trois quarts dans la composition de l'air de l'atmosphère et, de plus, l'air fixe qui s'est formé; mais, ce qui est très remarquable, c'est que ces différents airs, à moins qu'ils ne soient agités, ne se mêlent pas complètement ensemble, ils se disposent au contraire relativement à leur pesanteur spécifique. La partie nuisible, propre à l'air comme plus légère, gagne le haut de la salle; l'air le moins décomposé occupe la partie moyenne; enfin l'air fixe, comme le plus pesant de ces trois airs, occupe la partie la plus basse.

Les salles de spectacles fournissent un moyen simple de faire très en grand des expériences de ce genre et d'une manière très exacte. Je me suis assuré que dans la partie supérieure de ces salles l'air contenait à peine un sixième d'air véritablement respirable; que dans la partie inférieure telle que le parterre, l'air était non seulement dépouillé d'une portion de sa partie respirable, mais encore qu'il était mêlé d'air fixe et que ce dernier formait une couche à peu près de même nature que celle de la grotte du Chien, dans le royaume de

Naples, à l'exception que cette couche, dans les salles de spectacles, est toujours mêlée d'une grande quantité d'air ordinaire qui rentre de toutes parts, et qu'elle est par conséquent moins dangereuse et moins funeste pour ceux qui la respirent.

La même chose s'observe dans les hôpitaux : l'air par la respiration des malades s'y décompose en deux parties; l'une qui est le résidu non respirable de l'air se lève et gagne le haut des salles, tandis que la portion d'air fixe qui s'est formée tombe en bas comme plus pesante. Cette séparation de l'air en deux parties nuisibles, l'une légère, l'autre pesante, indique assez les précautions qu'on doit prendre dans la construction des salles des hôpitaux, et c'est ce qu'ont déjà développé d'une manière très satisfaisante MM. Duhamel et Le Roy : le premier en 1759 dans un mémoire sur la salubrité de l'air des vaisseaux et des hôpitaux, et le second dans un ouvrage que l'Académie connaît déjà par extrait et qui va bientôt paraître. Ces académiciens, guidés par les lumières d'une saine physique, et par des observations et des comparaisons multipliées, semblent avoir deviné ce que l'expérience démontre aujourd'hui.

La théorie de la construction des hôpitaux, en adoptant leurs idées et en y joignant les connaissances qui résultent des découvertes modernes, se réduit aux principes suivants : il faut d'abord que les ouvertures de fenêtres montent jusqu'à la partie supérieure de la salle pour éviter qu'il ne reste des portions d'air nuisible stagnantes dans le voisinage des planchers. Si ces salles sont voûtées, les voûtes ne doivent point être parfaitement horizontales; elles doivent avoir une inclinaison d'un côté qui détermine l'écoulement du courant d'air léger; enfin elles doivent aboutir à un dôme ou à une ouverture quelconque par lequel l'air puisse s'échapper.

Mais ce n'est pas assez de s'occuper de la partie nuisible de l'air qui tend à s'élever en raison de sa légèreté spécifique, il n'est pas moins important de se débarrasser de la portion d'air fixe qui gagne le bas de la salle et de lui donner une issue. Il est à cet égard essentiel à la salubrité que le sol de la salle ne soit point creusé, qu'il n'y ait aux portes ni seuil élevé, ni marche à descendre en entrant, afin que l'air le plus pesant puisse librement s'écouler par-dessous les portes. L'expérience de M. le duc de Chaulnes, que j'ai citée au commencement de ce mémoire et que j'ai répétée sous les yeux de l'Académie, prouve que cette propriété de l'air fixe de gagner la partie basse n'est point une chimère, et elle démontre que les malades périraient dans leur lit et seraient suffoqués comme l'oiseau dans le bocal, si l'air fixe formé par la respiration n'avait la liberté de s'échapper par des ouvertures à mesure qu'il est formé. Une observation très remarquable que nous devons à M. Duhamel, c'est que l'hôpital Saint-Louis, qui existe à Paris depuis près de deux siècles, paraît avoir été construit en grande partie sur ces principes, et qu'on a admis dans la disposition des salles presque toutes les précautions que je viens d'indiquer. On reconstruit dans ce moment à l'Hôtel-Dieu la salle qui avait été incendiée il y a quelques années, et le public sera peut-être surpris de savoir que l'Académie n'a point été consultée; il serait sans doute bien humiliant pour la nation qu'après la théorie sur l'air fondée sur des expériences exactes et sûres, on tombât dans le XVIIIe siècle dans des défauts de construction qu'on avait prévus et évités dès le XVIe.

M. Priestley, célèbre physicien anglais à qui la physique et la chimie ont tant d'obligation, nous a donné des moyens extrêmement ingénieux pour jauger en quelque façon les différents airs de salubrité; ces moyens peuvent être d'un grand secours dans la médecine, dans les arts et même dans l'usage habituel de la société, et c'est par où je terminerai ce mémoire.

M. Priestley a fait voir dans son premier volume sur différentes espèces d'air que lorsqu'on combinait deux tiers d'air nitreux avec un tiers d'air pur, ces deux fluides se pénétraient mutuellement, qu'ils s'entre-détruisaient pour ainsi dire ou plutôt qu'ils passaient rapidement de l'état d'expansion à celui de liquidité.

De toutes les espèces d'airs connues par les physiciens, l'air respirable est le seul qui produise cet effet. Ce caractère devient donc une pierre de touche pour le reconnaître partout où il se trouve en qualité sensible, et pour déterminer la proportion dans laquelle il entre soit dans l'air de l'atmosphère, soit dans un autre air ou fluide élastique quelconque; en effet, puisque l'air pur et l'air nitreux mêlés ensemble s'absorbent réciproquement et presque en totalité, toutes les fois qu'en mêlant de l'air nitreux avec un air quelconque, on observera une diminution de volume d'un tiers, d'un quart ou d'un huitième, on en pourra conclure que l'air sur lequel on opère ne contient qu'une portion analogue de véritable air, et que le surplus est dans un état non respirable.

Quelques expériences rendront cet exposé plus sensible, et je vais soumettre en conséquence dans cette assemblée même à l'épreuve de l'air nitreux : 1° de l'air pur; 2° de l'air absolument épuisé de sa partie respirable; 3° de l'air des spectacles pris en haut et en bas des salles; 4° de l'air des hôpitaux; 5° de l'air pris en rase campagne et à quelque distance de tous lieux habités, et, pour abréger, je présenterai dans une table le résultat de ces expériences.

Les expériences dont l'Académie vient d'être témoin donnent un moyen infaillible de reconnaître la quantité d'air salubre et respirable contenue dans une quantité donnée d'air de l'atmosphère, mais il n'est pas moins important dans un grand nombre de circonstances de connaître quel est le peu de fluide élastique nuisible qu'il contient en excès, et c'est encore sur quoi les découvertes modernes peuvent nous éclairer. Si l'air est vicié par une addition d'air fixe, l'eau de chaux fournit un caractère certain; pour le reconnaître il suffit de battre une petite portion de cette eau avec l'air dont on veut connaître l'état. Si cette eau se trouble, on peut conclure avec certitude que cet air contient de l'air vicié; l'air inflammable, lorsqu'il est mélangé à l'air, présente des phénomènes particuliers auxquels il est impossible de le méconnaître : il s'enflamme et détone avec bruit et fracas. Si donc on soupçonne qu'il existe dans une mine ou dans un souterrain un mélange de cette espèce, il suffit d'y descendre une chandelle allumée. Si elle brûle paisiblement, on peut être sûr que l'air du souterrain n'est pas mélangé d'air inflammable; dans le cas contraire, il y aura une détonation d'autant plus forte que la quantité d'air inflammable mêlée à l'air sera plus considérable. L'usage des lumières ne se bornera pas seulement au cas où l'air sera soupçonné de contenir de l'air inflammable; il sera important d'en descendre dans toutes les espèces d'air qu'on soupçonnera d'être altéré; toutes les fois qu'elles continueront de brûler, on en pourra conclure avec certitude que l'air est respirable, et on pourra juger même de son degré de salubrité par le plus ou moins d'éclat et devivacité de la flamme.

Ce n'est pas assez d'avoir des caractères certains pour reconnaître l'état de l'air; les découvertes modernes nous fournissent encore des méthodes assurées pour ramener à l'état respirable l'air le plus vicié. Il serait trop long de donner ici le détail des procédés qu'on doit suivre dans tous les cas possibles; il sera suffisant de donner un exemple et de l'appuyer de quelques réflexions; ce sera ensuite au médecin instruit ou au physicien à modifier les méthodes suivant les circonstances et suivant ce que ses connaissances lui auront appris.

Je suppose, par exemple, qu'il soit question de désinfecter l'air des prisons et des cachots où il n'est pas rare de voir s'introduire des maladies contagieuses qui font des ravages rapides; il faudra d'abord absorber soit par le moyen de l'eau, soit par le moyen d'un alcali caustique en liqueur, la portion d'air fixe qu'il contient toujours et dont dépend communément en grande partie son effet nuisible. La quantité d'alcali nécessaire pour cette opération n'est pas très considérable; je me suis assuré qu'un quintal d'alcali caustique bien préparé et employé convenablement pourrait absorber au moins 144 pieds cubes d'air; or l'air fixe ne se trouvant guère dans l'air le plus vicié dans la proportion de plus d'un dixième, il en résulte qu'avec un quintal d'alcali caustique, on peut désinfecter 1,400 ou 1,500 pieds cubes d'air fixe; après s'être débarrassé de l'air fixe, il faudra, comme l'a fait à Dijon M. de Morveau, neutraliser par un acide en vapeur les miasmes putrides répandus dans l'air et la combinaison de l'acide vitriolique concentré avec le sel marin remplira parfaitement cet objet.

Enfin, après avoir détruit ce qui existait de nuisible dans l'air, il faudra faire en sorte de lui rendre le plus d'air pur et respirable qu'il sera possible; les chaux métalliques et surtout le minium imbibés d'acide nitreux et poussés ensuite au feu en fourniront une énorme quantité.

Un autre moyen moins dispendieux encore de désinfecter l'air est la détonation du nitre. Ce sel, pour cette opération, doit être mêlé au plus avec un huitième de son poids de charbon; 100 livres de salpêtre pur peuvent fournir environ 2,000 pieds cubes d'air, mais cet air n'est pas en totalité respirable, et il faut encore avoir recours à l'alcali caustique pour absorber la portion d'air fixe qu'il contient.

La détonation du nitre, indépendamment de l'action chimique qu'elle a sur l'air, produit encore un effet mécanique très avantageux; il consiste à chasser par son explosion la majeure partie de l'air nuisible, et le nitre sous ce point de vue présente toujours un avantage, c'est de pouvoir substituer à un air très nuisible qu'on ne connaît pas un air beaucoup moins nuisible que l'on connaît et qu'il est toujours facile de corriger.

Je m'empresse de donner à l'Académie ces premiers essais, afin qu'elle veuille bien me fournir elle-même les moyens de les perfectionner. Je sais que c'est par la contradiction que les questions s'éclaircissent; je saurai gré à tous ceux qui voudront bien m'éclairer par la critique toutes les fois qu'ils ne seront guidés que par l'amour de la vérité.

IMPRIMERIE NATIONALE.

EXAMEN CHIMIQUE

DU CHARBON DE TERRE

DE LA MINE DE LA PORTE,

DANS LES CÉVENNES,

APPARTENANT À MONSIEUR, FRÈRE DU ROI[1].

Il m'a été remis deux échantillons de charbon de terre de cette mine : le premier intitulé : *Charbon destiné pour la grille*, le second intitulé : *Charbon destiné pour la forge*. Je vais rendre compte séparément des expériences que j'ai faites sur l'un et sur l'autre, et, pour faciliter les comparaisons, je réduirai tous les résultats au quintal.

CHARBON DE TERRE DESTINÉ POUR LA GRILLE.

Ce charbon a été analysé par la distillation à la cornue, à feu nu et au fourneau à réverbère. On avait luté à la cornue un récipient à deux becs, et on avait adapté à ce dernier des bouteilles remplies d'eau à travers lesquelles le gaz qui se dégageait devait bouillonner à la manière de M. Woulfe. Ce gaz était ensuite reçu dans des cloches remplies d'eau et plongées dans de l'eau.

Un quintal de charbon de terre ainsi analysé a donné :

[1] Manuscrit autographe.

Coke ou charbon épuré	81 livres	00 onces.
Phlegme ou eau qui n'était ni acide, ni alcaline, mais qui avait une odeur bitumineuse	3	8
Huile légère nageant sur l'eau	1	8
Huile pesante ou bitume analogue au goudron anglais	3	
Soufre		4
Il a passé environ 344 pieds cubes de gaz inflammable mêlé d'un peu d'air fixe, pesant environ 4 gros le pied cube, c'est-à-dire en tout	10	12
TOTAL	100	00

Les 81 livres de coke brûlées ensuite dans un petit fourneau à vent ont donné 22 livres 8 onces d'une cendre mêlée de parties terreuses et schisteuses.

CHARBON DESTINÉ POUR LA FORGE.

Les mêmes expériences ont été répétées sur le charbon de terre destiné pour la forge, et on a obtenu pour un quintal les produits qui suivent :

Coke ou charbon épuré	84 livres	7 onces.
Eau légèrement acide ayant une odeur bitumineuse	3	4
Huile légère nageant sur l'eau		15
Huile pesante ou bitume	2	2
Air inflammable	9	4
Point de soufre	"	"
TOTAL	100	00

Ce charbon brûlé dans un petit fourneau à vent a donné un peu plus de cendre que le précédent. La quantité s'est trouvée de 26 livres; elle était mêlée de portions de schiste.

Ces charbons peuvent en général être regardés comme de la meilleure qualité. Il en est peu qui contiennent autant de matière combustible et aussi peu de substances étrangères. La seconde espèce a l'avantage de ne point contenir de soufre en quantité sensible, ce qui le rend précieux pour le travail du fer; mais il contient plus de schistes et de matières terreuses que le premier.

La quantité de bitume ou de goudron que donnent ces charbons de terre par distillation n'étant que de 2 à 3 livres, on ne pense pas qu'on en puisse retirer cette matière avec profit. Ils seraient aussi moins propres à la fabrication de l'alcali volatil, puisque leurs produits, loin d'être alcalins, sont au contraire plutôt acides.

PROCÉDÉ
POUR
RETIRER L'ACIDE PHOSPHORIQUE DES OS[1].

On met des os de bœuf ou de cheval dans un fourneau de fusion; on les dispose couche par couche avec du charbon et on allume pour calciner.

On réduit ensuite les mêmes os en poudre; on les passe au tamis de crin; on verse dessus de l'acide vitriolique concentré jusqu'à ce qu'il ne se fasse plus aucune effervescence, et on remue avec une spatule de verre ou de bois.

L'acide vitriolique dans cette opération se combine avec la terre des os et en dégage l'acide phosphorique qui se trouve libre; il ne s'agit plus ensuite, pour obtenir cet acide dans un état de concentration suffisant, que de lessiver le mélange ci-dessus avec de l'eau bouillante et de continuer ensuite à en ajouter de nouvelle jusqu'à ce qu'elle ressorte sans aucune acidité : on rassemble toutes ces eaux, on les fait évaporer dans des vaisseaux de verre, et, quand le résidu commence à s'épaissir, on le met dans une cornue de grés au fourneau à réverbère et on pousse au point de faire rougir complètement la cornue; il passe dans le récipient dans cette dernière opération de l'acide vitriolique légèrement sulfureux, un peu d'huile de vitriol glaciale, et lorsqu'il ne passe plus rien par la distillation, on laisse refroidir les vaisseaux et on trouve dans le fond de la cornue un culot vitreux

[1] Manuscrit autographe.

demi-transparent qui n'est autre chose que de l'acide phosphorique concret. L'acide s'humecte à l'air et tombe bientôt en deliquium.

Le peu d'expériences que j'ai eu occasion de faire sur cet acide me donne lieu de croire qu'il est aussi pur qu'on puisse le désirer, et qu'il ne contient pas sensiblement d'acide vitriolique.

SUR DES MORCEAUX DE SUCCIN

OU AMBRE JAUNE

QUI SE TROUVENT DANS UNE FOUILLE

AUX ENVIRONS DE DANGU[1].

Le succin, autrement appelé *ambre jaune*, est une résine fossile assez commune en Poméranie et en Prusse; on le trouve le plus ordinairement dans une terre noirâtre qui paraît être formée de bois détruit par le temps et pourri, mais qui conserve cependant encore un peu de combustibilité; cette terre répand en brûlant une odeur bitumineuse, quelquefois sulfureuse; elle forme des monticules ou éminences qu'on distingue facilement du reste du terrain, et comme il est rare de trouver de l'ambre jaune qui ne soit pas accompagné de cette terre, on en a conclu avec assez de vraisemblance que cette substance était une résine végétale et que la terre combustible dans laquelle on la trouve était formée du débris des arbres qui la produisent. Quoiqu'il en soit, on trouve de l'ambre jaune fossile dans un grand nombre d'endroits de l'Allemagne; on en trouve également en Italie, dans la Marche d'Ancône et en Sicile; enfin, on en a observé même en France, près de Sisteron en Provence, aux environs de Salignac près Marseille, de Saint-Quentin, etc. Mais cet ambre ne se rencontre qu'en très petits morceaux et en petite quantité à la différence de la Poméranie et de la Prusse où l'ambre est abondant et en morceaux très considérables.

[1] Manuscrit autographe.

Les observations que je vais rapporter semblent prouver que l'ambre jaune est plus commun en France qu'on ne le pense, et qu'il s'y trouve dans des circonstances assez semblables à celles qui ont été observées en Poméranie et en Prusse.

A une demi-lieue au sud-ouest de Dangu, près du village de Noyer, on a ouvert une fouille peu profonde, d'où on tire de la terre glaise qu'on mêle avec du sable pour en faire de la tuile. Le hasard me conduisit à cette fouille le 25 mai 1765, dans un voyage que je faisais à pied pour observer le passage de la pierre calcaire à la craie, dans les environs de Gisors, Vernon, La Roche-Guyon, Mantes, Meulan, Pontoise, etc. Cette glaise qui était noirâtre m'a paru mériter quelque attention; en l'observant avec soin, j'y trouvai de petits cristaux de gypse en parallélépipèdes très réguliers, des fragments de bois fossile presque entièrement pourris, dans lesquels on distinguait cependant encore les fibres du bois; mais ce qui me parut le plus extraordinaire fut d'y trouver de petits grains dont le plus gros était à peu près de la grosseur d'une tête d'épingle et qui était d'un beau rouge de rubis. Ces grains étaient parsemés dans la glaise et, en une demi-heure, je parvins à en rassembler assez pour les soumettre à des expériences; la très médiocre provision de cette substance que j'avais rapportée ayant été épuisée par des expériences, je ne puis en présenter dans ce moment à l'Académie; mais je puis mettre sous ses yeux un échantillon de la glaise dans laquelle elle se trouve; on y aperçoit encore quelques-uns des grains rouges dont je parle; les plus gros en ont été séparés et employés à des expériences.

Il ne m'a pas été difficile de reconnaître que cette substance était du succin; l'esprit-de-vin ne l'a pas sensiblement attaquée, si ce n'est en employant comme intermède l'alcali. L'huile de lin l'a dissoute à l'aide d'une chaleur assez forte et m'a donné du vernis gras.

Si le succin est une résine végétale comme le pensent aujourd'hui la plupart des naturalistes, et comme on ne peut en douter quand on considère la quantité considérable de mouches et d'insectes qu'il renferme communément, il est assez probable que le bois fossile qu'on trouve près Dangu provient de l'arbre qui produit cette résine. Peut-être aussi ce succin ne se trouve-t-il mêlé avec du bois fossile que parce qu'il est moins pesant que les pierres et que les substances minérales, et qu'en conséquence il a été poussé sur les côtes au bord de la mer en même temps que le bois; on sait en effet qu'il s'opère sur le bord de la mer et par le mouvement de la vague une véritable lotion en vertu de laquelle les matières se rangent en raison de leur gravité spécifique et de leur division plus ou moins grande.

Ces faits, au surplus observés en France, confirment ceux qui ont été constatés en Allemagne, en Poméranie, en Prusse, etc., savoir que le succin se trouve en général accompagné de bois fossile.

On trouve fréquemment aux environs de La Fère en Picardie des veines d'une terre noirâtre qui contient du bois fossile, quelquefois pétrifié, quelquefois dans un état combustible; le fond du terrain de tout ce canton est de craie. Sur cette craie sont posés des bancs de pierre calcaire; enfin, au-dessus, on trouve le sable et le grès. Toutes ces circonstances sont absolument les mêmes que celles qu'on observe dans les environs de Dangu; il est donc probable que ces terres contiennent aussi du succin; c'est une conjecture que j'aurai occasion de vérifier.

IMPRIMERIE NATIONALE.

EXAMEN DE LA NATURE DE L'AIR[1].

L'examen de l'air de l'atmosphère et de son degré de salubrité à différentes latitudes, dans les différents parages et à différentes élévations, est un objet d'autant plus intéressant qu'il n'a encore été rien fait d'exact dans ce genre, et qu'on ignore absolument si la nature et la composition de l'air sont les mêmes dans les différentes parties du monde et à différentes élévations. La preuve de l'air nitreux paraît être la plus simple et la plus sûre. M. Lavoisier, dans un mémoire imprimé dans le *Recueil de 1782*, a fait voir que, pourvu qu'on employât plus d'air nitreux qu'il n'en fallait pour la saturation, il était toujours facile de conclure par un calcul simple la quantité d'air vital contenu dans une quantité donnée d'air.

Une première attention pour ce genre d'expériences est de se procurer de l'air nitreux à peu près pur. Celui qu'on tire de la dissolution du mercure dans l'acide nitreux est le plus pur de tous, mais, à son défaut, on peut employer sans inconvénient celui obtenu par le fer. On commence par introduire 200 parties d'air nitreux dans l'eudiomètre, on y ajoute ensuite 100 parties de l'air qu'on veut essayer, et on observe le nombre de parties restantes après l'absorption. En retranchant le résidu de la somme des deux airs et en multipliant le résultat par 40 et divisant ensuite par 109, le nombre qu'on obtient exprime

[1] Manuscrit autographe. — Cette note a été rédigée pour servir d'instruction à des voyageurs. (Note de l'Éditeur.)

la quantité d'air vital contenue dans 100 parties de l'air qu'on a essayé.

Il sera bon de tenir note de la hauteur du baromètre et du thermomètre.

PESANTEUR SPÉCIFIQUE DE L'AIR.

Le projet des voyageurs étant d'embarquer à bord des frégates une machine pneumatique, on croit qu'il serait bon d'y joindre un globe de verre qui s'y adaptât, dans lequel on ferait le vide et dans lequel on laisserait ensuite rentrer l'air. En pesant ce globe ou matras vide et plein d'air, on aurait la pesanteur spécifique de l'air dans les différents parages. Il faut avoir grand soin d'observer la hauteur du baromètre et du thermomètre à chacune des opérations.

Ce genre d'expériences suppose que les voyageurs auront à leur disposition une balance très exacte qui puisse peser d'une manière commode à la précision d'un demi-grain.

SUR LA PESANTEUR
DE LA MATIÈRE DE LA CHALEUR[1].

Il résulte des expériences faites par M. Delaplace et par moi, que la quantité de chaleur qui se dégage de 92 grains de phosphore qui brûle est capable de faire fondre juste une livre de glace. Ainsi la différence de chaleur qui se trouve entre une livre de glace à zéro du thermomètre et une livre d'eau également à zéro, est égale à celle qui se dégage de 92 grains de phosphore qui brûle. Donc par une conséquence nécessaire si la chaleur a une pesanteur appréciable, en enfermant une livre d'eau dans un vaisseau de verre scellé hermétiquement et en la faisant geler, je devais obtenir une diminution de poids égale à celle que j'aurais éprouvée en brûlant 92 grains de phosphore.

Pour vérifier ce fait, j'ai pris de petits matras de verre très minces dont j'ai tiré le col à la lampe d'émailleur pour le réduire en un tube très fin; j'y ai introduit une livre d'eau, puis j'ai fondu avec un chalumeau l'extrémité du tube pour sceller hermétiquement le vaisseau, j'ai ensuite pesé avec une scrupuleuse exactitude le vase et l'eau qu'il contenait. Je me suis servi à cet effet d'une balance de Meignié qui, chargée de 18 à 20 onces, trébuche au dixième de grain. Ce poids bien déterminé, j'ai fait geler l'eau du matras en le plaçant dans un bain de sel et de glace; puis, l'ayant répesé, j'ai retrouvé exactement le même poids qu'auparavant; ayant refondu et reformé la glace à plusieurs reprises, je n'ai pas éprouvé la plus légère différence de poids,

[1] Copie du temps.

soit que je la pesasse dans l'état d'eau, soit que je la pesasse dans l'état de glace.

Puisque, d'après l'exactitude de ma balance, je puis répondre des pesées à un dixième de grain près, il en résulte que la chaleur qui se dégage d'une livre d'eau à zéro lorsqu'elle se convertit en glace, ou ce qui est la même chose, que la quantité de chaleur qui se dégage de 92 grains de phosphore qui brûle ne pèse pas un dixième de grain, et que, par conséquent, la matière de la chaleur peut être considérée comme n'ayant pas de pesanteur sensible dans les expériences de chimie.

RÉFLEXIONS
SUR LE PROJET DE L'ÉTABLISSEMENT
D'UNE MANUFACTURE DE SEL D'EPSOM
EN FRANCE[1].

Vers la fin du siècle dernier, Nehemias Grew, médecin anglais, annonça dans une petite dissertation la découverte d'un sel amer d'une nature particulière tiré de la fontaine d'Epsom en Angleterre. Les bons effets de ce sel, surtout employé comme purgatif, lui donnèrent en peu de temps de la célébrité. On découvrit ensuite le même sel dans différentes sources d'eaux minérales, et notamment dans celles de Sedlitz et d'Egra en Bohême. Bientôt ces sources ne purent fournir à toutes les demandes du commerce, et le sel d'Epsom se soutint longtemps à un prix fort considérable. L'appât du bénéfice ne tarda pas à exciter les recherches des chimistes; on s'est appliqué en Angleterre à contrefaire ce sel, et il paraît que ce fut vers le commencement de ce siècle qu'on y parvînt. Le nouveau sel d'Epsom répandu dans le commerce en fit tomber considérablement le prix; mais quelques précautions que prissent ceux qui le fabriquaient pour cacher leur secret, il perça dans le public, et quelques chimistes étrangers de ce temps en imprimèrent à quelques circonstances près la composition, et indiquèrent précisément qu'il était tiré de l'eau de la mer.

Un mémoire de M. Bolduc, imprimé dans les *Mémoires de l'Académie*

[1] Manuscrit autographe.

royale des sciences pour 1731, donna le change sur cet objet. Ce chimiste prétendit que le sel d'Epsom du commerce était un sel factice composé de sel de Glauber, de sel marin ordinaire et de sel marin à base terreuse. Ce mémoire ne contribua pas peu à prolonger, surtout en France, l'ignorance où l'on était sur la véritable composition du sel d'Epsom. Ce n'est même que depuis peu d'années qu'on a démontré que M. Bolduc était dans l'erreur, et qu'il avait opéré sur le *schlott* des salines de Lorraine qui, en effet, est une substance composée, mais qui n'est point du tout un véritable sel d'Epsom. Quoiqu'il en soit, on sait très précisément aujourd'hui, d'après les ouvrages modernes et surtout d'après ceux des Anglais, que le sel d'Epsom est un sel d'une nature particulière, composé d'acide vitriolique uni à une terre particulière qui lui sert de base, qu'il existe un peu de ce sel tout formé dans l'eau de la mer et dans la plupart des substances salées; mais que ces mêmes eaux contiennent en outre en grande abondance, la terre qui sert de base à ce sel combiné avec l'acide marin. Il ne s'agit donc, pour former une grande quantité de sel d'Epsom avec ces eaux, que d'en chasser l'acide marin et d'y substituer l'acide vitriolique.

Pour remplir cet objet, il est nécessaire de commencer par évaporer assez l'eau de mer pour en séparer tout le sel marin; lorsque ensuite il ne reste plus qu'une eau grasse, visqueuse et amère qui ne donne plus de cristaux de sel, on la combine soit avec de l'acide vitriolique pur, soit avec de l'alun, soit avec du vitriol ou avec de l'eau-mère de vitriol, et par un certain nombre de cristallisations et de dissolutions, on parvient à avoir un sel d'Epsom pur.

Quoique depuis plusieurs années les différentes façons de composer le sel d'Epsom soient bien connues, le commerce de ce sel est néanmoins resté entre les mains des Anglais, et c'est par eux et principalement par la Hollande qu'il nous vient.

Après avoir donné un abrégé historique de la découverte du sel d'Epsom et des différentes opinions qu'on a eues sur sa nature, il me reste à exposer le résultat des expériences qui prouvent que le sel qui m'a été remis comme provenant de l'eau de la mer est du vrai sel d'Epsom.

Premièrement. Ce sel se dissout à froid dans l'eau à parties égales, c'est-à-dire qu'une livre d'eau dissout une livre de ce sel, circonstance qui est presque particulière au sel d'Epsom.

Deuxièmement. Les alcalis fixes et volatils en précipitent une terre blanche qui n'est autre chose que la magnésie anglaise ou base du sel d'Epsom.

Troisièmement. La liqueur surnageant, le précipité étant évaporé, fournit ou un tartre vitriolé ou un sel de Glauber, suivant qu'on a employé l'alcali fixe ordinaire ou celui de la soude pour faire la précipitation.

Quatrièmement. La terre précipitée étendue dans beaucoup d'eau s'y redissout.

Cinquièmement. Cette terre recombinée avec de l'acide vitriolique redonne un sel d'Epsom tout semblable au premier.

Sixièmement. Combinée avec les acides nitreux et marin, elle donne des sels déliquescents.

Ces différents caractères sont tous ceux reconnus par les chimistes pour être propres au sel d'Epsom, et ils suffisent pour le distinguer de tous les autres. Le sel qui m'a été remis sous ce nom est donc un vrai sel d'Epsom, et je puis ajouter qu'il est très pur. Il serait seulement à souhaiter qu'on put l'obtenir un peu plus blanc; celui qui se distribue dans le commerce a ce dernier mérite.

Quoique le sel d'Epsom ne puisse jamais faire une branche de commerce fort considérable pour l'État, il ne peut cependant qu'être avantageux de l'enlever aux Anglais, et le projet d'en établir une fabrique en France, envisagé sous ce point de vue, mérite faveur et protection de la part du gouvernement. Les eaux-mères dont on peut le tirer sont abondantes, soit dans les marais salants, soit dans les salines de

Lorraine et de Franche-Comté, et suffiraient, et bien au delà, pour en fournir à toute l'Europe. Il ne paraît pas qu'il y ait aucun inconvénient à les abandonner, pourvu toutefois qu'elles soient bien épuisées de sel marin et qu'on n'ait pas pour objet d'en faire un objet de fraude.

Ceux qui se proposent de faire cet établissement peuvent se regarder comme assurés du succès quant à la bonne composition du sel d'Epsom, mais il est nécessaire qu'ils fassent attention que ce sel est à bas prix dans le commerce, qu'on le fabrique en Angleterre avec le résidu de la cristallisation du vitriol, combiné avec l'eau de mer épuisée de sel marin dans les marais salants, c'est-à-dire avec toutes matières qui ne coutent rien. Il ne faut donc pas s'attendre qu'il y ait un grand bénéfice à faire, et ce ne sera encore qu'avec une extrême économie qu'on pourra parvenir à atteindre la concurrence.

NOTE

POUR L'ARTICLE CHIMIE[1].

De toutes les sciences, il n'en est aucune dont les progrès aient été aussi rapides et aussi marqués que ceux de la chimie. Cette science, depuis dix ans, a presque entièrement changé de face; les bornes de l'analyse chimique ont été reculées; des corps qu'on avait toujours regardés comme simples ont été décomposés; de nouveaux agents ont été employés et les problèmes les plus difficiles de l'art ont été résolus.

C'est ainsi qu'on est parvenu de nos jours à décomposer et à recomposer les substances acides dont la nature était peu connue; qu'on a fait voir que l'air était une de leurs parties constituantes et le principe de leur acidité; qu'on a développé et mis dans tout son jour la cause de l'augmentation des poids des substances métalliques pendant leur calcination, cause qui n'avait été qu'entrevue et soupçonnée par les anciens; qu'on a reconnu que le fluide élastique qui compose notre atmosphère, l'air que nous respirons n'est point une substance élémentaire et simple, mais la collection de plusieurs fluides aériformes de nature différente et qu'on peut séparer les uns des autres; qu'à peine un quart de ce fluide est susceptible d'entretenir la respiration des animaux, l'inflammation et l'ignition, que le surplus est une véritable

[1] Manuscrit autographe, sans date.

mophette dont la nature est encore inconnue. Ces découvertes importantes dues principalement à MM. Priestley et Lavoisier ont conduit à des appareils très ingénieux à l'aide desquels on peut déterminer jusqu'à un certain point le degré de salubrité de l'air, la quantité de fluide respirable qu'il contient, la nature des miasmes dangereux avec lesquels il est mêlé; enfin on est parvenu au point de pouvoir corriger l'air par des opérations chimiques, de le rendre plus salubre, de désinfecter les prisons, les cachots, les lieux malsains, et de composer de toutes pièces, pour ainsi dire, un air plus salubre et plus respirable même que celui de l'atmosphère.

Nous sommes redevables de ces connaissances à la chimie des corps aériformes, science presque entièrement créée de nos jours. Jusqu'alors les chimistes n'avaient soumis à leurs expériences que deux ordres de corps, les solides et les fluides : les expériences modernes nous ont appris qu'il existait dans la nature un troisième ordre de corps qui sont dans un état d'élasticité permanent, qui ont toutes les qualités apparentes et pour ainsi dire mécaniques de l'air, mais qui ont des propriétés chimiques fort différentes. Cet ordre de corps qui avait échappé aux recherches des anciens chimistes est susceptible, comme les autres, de décomposition, de recomposition, d'entrer dans les combinaisons chimiques et d'y produire des phénomènes relatifs aux différentes affinités de leurs principes.

La matière elle même de la chaleur et du feu, cette matière si subtile et si tenue, qu'aucun vase ne peut contenir, qui s'échappe avec une si grande facilité à travers les pores de tous les corps, n'en est pas moins soumise dans le moment au calcul, et il s'ouvre encore un vaste champ d'expériences qui ne peuvent manquer d'avoir la plus grande influence sur toute la physique et toute la chimie.

Cette même précision, ce même esprit de recherche qui caractérise le siècle où nous vivons, a été porté dans la minéralogie; une nomenclature exacte, fondée sur des caractères non équivoques fournit aux savants les moyens de s'entendre d'une extrémité du monde à l'autre, et l'application de la chimie aux connaissances minéralogiques développe à nos yeux les mystères de la nature et quels sont les mixtes et les principes dont sont composés la plupart des minéraux.

Ces progrès rapides de la chimie ont été l'ouvrage d'un ou de deux lustres; ils sont dus à un très petit nombre de savants, dont plusieurs sont nos compatriotes, nos confrères, nos amis; quels beaux jours leur zèle et leurs succès ne présagent-ils pas pour la chimie?

SUR LE CHARBON[1].

On donne ce nom à une substance combustible noire qui reste de la distillation du bois, et en général des végétaux, ou bien qu'on en retire en les brûlant à l'air libre, et en arrêtant la combustion par suffocation. Le charbon peut être considéré chimiquement et sous ce point de vue, on peut examiner la nature par l'analyse et par la voie des combinaisons. Il peut être considéré comme un moyen d'alimenter le feu, et, sous ce point de vue, il est un instrument essentiel dans presque tous les arts économiques; enfin nous aurons à considérer plus particulièrement le charbon comme un ingrédient de la poudre. Ces trois points de vue formeront la division naturelle de cet article.

DU CHARBON CONSIDÉRÉ CHIMIQUEMENT.

Les chimistes du commencement de ce siècle n'avaient pas des idées bien précises sur la nature du charbon; ils le regardaient comme un composé de phlogistique et de terre, et comme ils ne définissaient pas rigoureusement le phlogistique, le vague des idées qu'ils s'étaient formées sur la nature de ce principe s'étendait nécessairement au charbon. Les expériences modernes ne permettent plus de douter que le charbon ne soit un des principes des corps et qu'il n'entre en nature

[1] Manuscrit autographe (1793). — Cet article et l'article *Détonation* devaient faire partie du *Dictionnaire d'artillerie de l'Encyclopédie méthodique*, dont la rédaction était confiée à M. de Pommereul, et qui n'a jamais été publié. Lavoisier s'était chargé de tout ce qui concerne les poudres et salpêtres; il devait en rédiger une partie et confier la rédaction des autres articles à divers chimistes. (Note de l'Éditeur.)

dans un très grand nombre de combinaisons des trois règnes. Comme cet objet n'a point encore été traité sous ce point de vue par aucun chimiste, nous allons présenter en peu de mots les expériences principales sur lesquelles cette doctrine est fondée.

Si, au moyen d'un verre ardent ou par quelque autre moyen que ce soit, on allume dans une cloche de cristal remplie d'air vital très pur de petits morceaux de charbon de bois d'un poids bien connu, ce charbon brûlera en totalité avec une flamme vive, et en répandant un grand éclat, et, lorsque la combustion sera faite, il ne restera que quelques atomes de cendre.

Rien ne se détruit dans la nature et le charbon n'est pas anéanti dans cette expérience; il s'est dissous et combiné avec l'air vital; et une preuve sans réplique de cette combinaison, c'est que, si l'on brûle 24 grains de charbon, par exemple, le poids de l'air vital dans lequel on aura opéré se trouvera augmenté fort exactement de 24 grains. La combustion du charbon n'est donc qu'une véritable dissolution, une véritable combinaison du charbon avec l'air vital.

Si, par des moyens qu'il serait trop long d'exposer ici, on prouve cette dissolution du charbon dans l'air vital jusqu'au point de saturation, on reconnaîtra que 144 pouces cubiques ou 72 grains d'air vital sont susceptibles de dissoudre 28 grains de charbon, et qu'après cette combinaison, l'air vital se trouve converti complètement en air fixe; d'où il résulte que 100 grains d'air fixe ou acide carbonique sont composés de 72 grains d'air vital ou oxygène, et de 28 grains de charbon (on peut voir le détail des expériences dont on vient de rapporter le résultat, *Mémoires, Académie des sciences de Paris*, année . . . . p. . . .).

Le charbon, d'après cela, doit être considéré comme un principe combustible simple, ou au moins que la chimie n'est point encore parvenue à décomposer, qui forme par sa combustion l'air fixe ou acide carbonique, de la même manière que le soufre en brûlant forme l'acide sulfureux et l'acide vitriolique.

On conçoit, d'après cela, quelle immense quantité de charbon se trouve renfermée dans les entrailles de la terre puisque les marbres, les craies, les terres calcaires contiennent environ trois dixièmes et quelquefois même un tiers de leur poids d'air fixe, et que ce dernier est composé pour les 28/100 de son poids de charbon; donc il est aisé de conclure que les terres et pierres calcaires contiennent 8 à 9 livres de véritable charbon par quintal.

Ces conséquences sans doute s'éloignent beaucoup de toutes les idées qu'on avait eues jusqu'à présent; mais elle ne sont pas moins une suite nécessaire des expériences qu'on vient de rapporter.

Nous ne suivrons pas ici les changements de forme que prend le charbon en passant du règne minéral dans le règne végétal et dans le règne animal. Nous nous jetterions dans des discussions chimiques étrangères à l'objet de cet article. Tout ce que nous nous sommes proposés d'établir, c'est que le charbon est une des parties constituantes de l'air fixe ou acide carbonique, parce que cette première base était indispensablement nécessaire pour entendre ce que nous avons à dire dans la suite sur la détonation du nitre et sur les effets de la poudre. (Voyez *Détonation.*)

DU CHARBON CONSIDÉRÉ RELATIVEMENT À SES USAGES DANS LES ARTS ÉCONOMIQUES.

Le charbon dans les usages domestiques et dans les arts économiques est un des principaux combustibles qu'on emploie pour alimenter le feu; il doit être léger, solide, en gros morceaux brillants qui se rompent aisément. On estime celui qui est en rondins, pourvu qu'il ne reste pas chargé de la grosse écorce du bois, parce qu'elle a la propriété de pétiller au feu. Ce charbon, lorsqu'il est bien cuit, ne doit donner ni flamme ni fumée en brûlant.

Il serait superflu d'entrer ici dans le détail des procédés qu'on suit pour réduire le bois en charbon; mais comme on est souvent obligé de comparer le prix et les effets des différents combustibles, nous allons essayer d'établir les données sur lesquelles on peut se baser dans ces sortes de calculs.

Une corde de bois, mesure de Roi, propre à faire du charbon, pèse, lorsqu'il est encore vert, au moins 3,000 livres, et elle fournit 525 livres de charbon ou huit voies, mesure de Paris, de six pieds cubes chacune.

Le gouvernement, en 1783, ayant désiré connaître le rapport de poids, de volume et d'effet des différents combustibles, les ingénieurs des poudres furent chargés de faire les expériences relatives à cet objet. Elles embrassent tous les combustibles en usage à Paris, savoir : le bois, le charbon de bois, le charbon de terre charbonné ou coke, la tourbe et le charbon de tourbe. On peut voir le détail de ces expériences, *Mém. acad.*, année 1783, p. .... Pour établir la comparaison, on emplissait d'eau une des grandes chaudières de l'arsenal, laquelle contenait 5,000 livres d'eau.

A côté et au-dessus de cette chaudière était établi un bassin qui contenait 2,800 livres d'eau. Un tuyau garni d'un robinet communiquait du bassin à la chaudière, de sorte qu'on pouvait y laisser couler autant et si peu d'eau qu'on le jugeait à propos.

C'est sous cette chaudière qu'ont été faites successivement les épreuves des différents combustibles. Pour que toutes les circonstances fussent égales, on commençait dans chaque expérience par chauffer avec un combustible quelconque l'eau de la chaudière jusqu'au degré de l'ébullition. Alors on retirait le feu qui était dans le fourneau, et on y introduisait le combustible qu'on voulait éprouver. On conduisait le feu de manière que l'eau fût toujours entretenue bouillante et que le bouillon fût toujours de la même force. A mesure que l'eau s'évaporait, elle était remplacée par de la nouvelle qui s'écoulait continuellement et peu à peu des bassins au moyen de l'ouverture ménagée du robinet. On continuait ainsi jusqu'à ce que les 2,800 livres d'eau contenues dans le bassin fussent évaporées. Alors on arrêtait l'expérience et on déterminait la quantité de combustible employée. Quoique ce procédé ne donne pas une mesure rigoureuse de la quantité de chaleur fournie par chaque combustible, cependant, comme on s'est efforcé de faire toutes les expériences dans des circonstances exactement semblables, on a obtenu, sinon des quantités absolues, au moins des rapports, et sur tout ce qu'on se proposait.

On ne doit pas oublier de dire que, comme la construction des fourneaux où l'on brûle le bois n'est pas celle qui convient le mieux à l'usage du charbon, soit de terre, soit de bois, on a fait aux fourneaux les changements nécessaires pour chaque expérience, et qu'on y a adapté une grille et un cendrier lorsqu'il a été question d'y brûler du charbon.

Le tableau suivant présente le résultat qu'on a obtenu tant en poids qu'en volume.

TABLEAU DES QUANTITÉS DE DIFFÉRENTS COMBUSTIBLES NÉCESSAIRES POUR ÉVAPORER 2,800 LIVRES D'EAU D'APRÈS DES EXPÉRIENCES FAITES À L'ARSENAL EN 1783.

Espèce de combustible.	QUANTITÉS CONSOMMÉES POUR ÉVAPORER 2,800 LIVRES D'EAU	
	en poids.	en volume.
Charbon de terre	538 livres	10 pieds cubes [1].
Charbon de terre charbonné ou coke	526	21
Charbon de bois mêlé	454	33 1/3
Bois flotté ou petites bûches mêlées	1,042	34 1/2
Tourbe de Villeroy	"	"
Charbon de tourbe	"	"

En appliquant à ce tableau la valeur des différentes espèces de combustibles dans chaque endroit, il sera toujours aisé de déterminer celui qui dans les circonstances locales est le plus avantageux.

DU CHARBON CONSIDÉRÉ COMME UN INGRÉDIENT QUI ENTRE DANS LA COMPOSITION DE LA POUDRE.

Le bois, en se convertissant en charbon, perd environ les quatre

[1] Par cette expression 10 pieds cubes, on n'entend pas désigner un solide de bois de 10 pieds cubes, mais 10 pieds cubes de voie de bois, autrement dit 10/56 de voie de bois.

(*Note de Lavoisier.*)

IMPRIMERIE NATIONALE.

cinquièmes de son poids. Pour connaître la nature de la substance qu'il perd dans cette opération, il ne s'agit que de l'introduire dans une cornue et de le pousser à un feu gradué dans un fourneau de réverbère. Il passe dans le récipient d'abord du phlegme ou de l'eau, ensuite un acide, d'abord roussâtre, qui se colore ensuite de plus en plus en brun. En même temps, il distille une huile empyreumatique d'une odeur fétide. Cette huile s'épaissit de plus en plus, et les dernières portions sont d'une pesanteur spécifique plus grande que l'eau et tombent au fond. Ce qui reste dans la cornue, lorsque la distillation est entièrement cessée, est du charbon. Celui qui est fait par cette méthode est si peu fait que, si le bois qu'on a employé est léger et peu compact, si le feu a été poussé assez loin pour qu'il ait perdu toute l'huile et l'eau qu'il pouvait contenir, enfin si l'on a eu soin de boucher exactement la cornue aussitôt que l'opération est finie, ce charbon se rallume souvent de lui-même, aussitôt qu'on l'expose à l'air, même au bout de plusieurs jours, et surtout lorsqu'on souffle dessus avec un soufflet.

L'opération de réduire le bois en charbon consiste, comme on le voit, à en séparer par la chaleur tous les principes huileux, acides et volatils qu'il contient. Pour y parvenir à l'égard du charbon destiné à faire de la poudre, on emploie dans les fabriques deux méthodes différentes : la première consiste à prendre le bois de bourdaine, le seul qu'on emploie à cet usage (voir *Bourdaine*), à en séparer l'écorce et à l'arranger dans des fosses disposées à cet effet; on y met le feu, et lorsqu'il est réduit en charbon, on l'éteint par suffocation en le recouvrant avec des mottes de gazon. Souvent les charbonniers, pour s'éviter de la peine, jettent de l'eau dessus pour le submerger, mais cet usage n'est pas sans inconvénient, parce qu'une partie de cette eau demeure engagée dans le charbon; elle en augmente le poids et change entièrement les proportions du dosage. (Voir *Dosage*).

La seconde méthode de convertir la bourdaine en charbon n'est utilisée que dans un petit nombre de fabriques; elle consiste à l'allumer dans de grands fours construits en briques, à le retirer quand il ne jette plus de flamme et de fumée, et, quand il est réduit en charbon, on l'éteint alors par suffocation.

Ce charbon préparé par cette dernière méthode est en général plus également cuit que celui brûlé dans les fosses, et on est plus sûr qu'il ne s'y mêle ni terre, ni corps étrangers. Comme cette opération peut d'ailleurs se faire dans les fabriques, elle est plus susceptible d'être surveillée par les commissaires, et c'est elle en conséquence qu'on emploie pour faire le charbon destiné pour la poudre personnelle à l'usage du roi.

Mais si le charbon ainsi préparé est plus inflammable, il présente aussi quelques risques de plus lors de la fabrication de la poudre. Il doit avoir une grande propension à se rallumer, surtout lorsqu'il est nouvellement fait, et d'autant plus qu'il a été mieux garanti du contact de l'air. Il n'est pas impossible que les fréquents accidents arrivés au moulin de Saint-Joseph à Essonnes ne proviennent de cette cause, et c'est peut-être même à elle qu'on doit attribuer une partie des sautes de moulins dans les fabriques. Lorsque le charbon est mis sous les meules ou qu'il reçoit les premiers coups de pilon, l'intérieur des morceaux de charbon qui était garanti de l'action de l'air devient subitement en contact avec lui, et il est très possible qu'il se rallume. On sera convaincu que cette grande inflammabilité du charbon, lorsqu'il est bien fait, est une des causes d'inflammation dans les mortiers, si on fait attention que c'est presque toujours dans les premiers instants du battage que les accidents de ce genre arrivent. On a proposé pour les prévenir de submerger le charbon avant de l'employer, de le reprendre avec des écumoires et de diminuer ensuite l'eau employée en arrosage en proportion de celle que retient le charbon. Il a même été fait des expériences pour reconnaître la quantité d'eau que contient du charbon mouillé; mais on a été jusqu'ici arrêté par la crainte de nuire à la qualité de la poudre en mettant de l'incertitude dans le dosage du charbon. Peut-être pourrait-on peser le charbon et ne le mouiller qu'après. Alors l'erreur qu'on pourrait commettre dans l'évaluation de l'eau que retient le charbon n'influerait pas sur le dosage du charbon, mais seulement sur la quantité d'eau employée en arrosage, ce qui est beaucoup moins important. La régie se propose de reprendre les expériences qu'elle a commencées à ce sujet.

Le charbon n'est pas le seul principe fixe qui se trouve dans le bois; il contient en outre un peu de terre et quelques sels fixes qu'on ne peut séparer par aucun procédé applicable aux arts. On conçoit, d'après cette considération, qu'il n'est point indifférent d'employer pour faire de la poudre un charbon plutôt qu'un autre; le choix doit tomber, toutes choses égales, sur ceux qui contiennent le moins de sel et de terre, puisque ces substances ne peuvent être considérées par rapport au charbon que comme des corps étrangers qui ne peuvent concourir en rien à l'effet de la poudre. On a longtemps employé le saule, et on y avait été déterminé sans doute par sa légèreté et par la facilité de s'en procurer; mais une ordonnance du Roi du 4 avril 1686 prescrit de n'employer à l'avenir que la bourdaine. La rareté de ce bois dans quelques provinces a obligé le conseil à prendre des précautions particulières pour assurer à l'administration des poudres les quantités de ce bois qui lui sont nécessaires (voir *Bourdaine*); mais il y a quelque lieu de craindre que le choix prescrit par l'ordonnance de 1686 n'ait pas été déterminé par des expériences assez décisives. Les régisseurs ont fait des recherches à cet égard lorsqu'ils ont été chargés du service des poudres, mais ils n'ont pu trouver aucune trace des motifs sur lesquels on s'était fondé. Les ouvrages de quelques savants, notamment de M. le comte d'Arcy et de M. Beaumé, l'un et l'autre membres de l'Académie des sciences, qui affirment positivement qu'un grand nombre de charbons sont aussi propres que celui de bourdaine à la fabrication de la poudre, ont encore augmenté leurs doutes à cet égard, et ils ont cru qu'il était de leur devoir de s'assurer par des expériences si la préférence exclusive accordée par les règlements au bois de bourdaine était fondée. Ils ont dans cette vue réduit en cendre un grand nombre d'espèces de bois et de substances végétales, afin de reconnaître quelles étaient celles qui laissaient le moins de résidus salins et terreux par la combustion. Le tableau suivant présente le résultat qu'il ont obtenu :

TABLEAU DU RÉSULTAT DE LA COMBUSTION DE DIFFÉRENTES ESPÈCES DE BOIS ET DES QUANTITÉS DE RÉSIDUS QU'ILS LAISSENT[1].

ESPÈCE DE BOIS OU AUTRES SUBSTANCES VÉGÉTALES.	LEUR POIDS.	POIDS DE LA CENDRE OBTENUE.
"	"	"

Ces expériences indiquaient déjà qu'il existe plusieurs espèces de bois et de substances végétales dans lesquelles la cendre ou la terre sont en assez petite quantité pour qu'on puisse prendre indifféremment les uns ou les autres sans craindre qu'il puisse en résulter de différences sensibles dans la qualité de la poudre. Mais les premiers aperçus ne suffisaient pas encore pour autoriser la régie à proposer un changement dans les ordonnances qui lui prescrivaient exclusivement l'emploi du charbon de bourdaine. En effet, on sait aujourd'hui par des expériences très modernes que les charbons qu'on obtient de différentes substances végétales ne diffèrent pas seulement par la quantité de terre qu'ils contiennent, mais encore par une certaine proportion de plombagine et de manganèse qui y est unie. La plombagine surtout a l'inconvénient de rendre le charbon compact et d'une combustion difficile. Cette substance paraît n'être autre chose que le résultat de la combinaison d'une petite quantité de fer avec le charbon, mais il aurait été très difficile d'en reconnaître la proportion par l'analyse chimique, et cette analyse d'ailleurs n'aurait procuré aucune connaissance suffisante pour en pouvoir tirer des conséquences certaines sur la

[1] Le tableau est en blanc dans le mémoire de Lavoisier.

qualité du charbon le plus propre à la confection de la poudre. Les régisseurs des poudres ont donc pensé qu'il serait préférable de tenter des expériences directes sur les forces de la poudre fabriquée avec divers charbons. M. Le Tort, l'un des régisseurs qui passa plusieurs mois à Essonnes pour concourir à la fabrication de la poudre de chasse à l'usage du Roi, s'est dévoué à ce travail.

SUR LA DÉTONATION[1].

On entend assez généralement par le mot de *détonation* une explosion qui se fait avec bruit et avec fracas par l'inflammation subite de quelque corps combustible; telles sont les explosions de la poudre à canon dans les vaisseaux fermés, de l'or fulminant, de la poudre fulminante. Peu à peu les chimistes ont perdu de vue l'ancienne acception de ce mot et aujourd'hui ils donnent le nom de *détonation* à toute inflammation rapide qui se fait même sans bruit et sans explosion dans les vaisseaux ouverts; telle est la détonation du nitre avec le soufre, avec le charbon, avec les métaux, etc.

L'objet de cet article est de donner à ceux qui s'occupent de la fabrication de la poudre, une idée juste de ce qui se passe dans la détonation du nitre. Ce phénomène important, un des plus extraordinaires de tous ceux que la chimie présente, n'a point été expliqué d'une manière satisfaisante par les anciens chimistes. Ils supposaient que pendant la détonation, l'acide nitreux se combinait avec le phlogistique du charbon ou de tout autre corps employé pour opérer la détonation et qu'il se formait un soufre nitreux beaucoup plus inflammable que le soufre vitriolique; que ce soufre nitreux brûlait avec une étonnante facilité et que c'était à son inflammation rapide qu'étaient dus les effets de la poudre à canon. Indépendamment de ce que cette explication roulait absolument sur des suppositions, elle ne donnait pas une idée plus nette des effets de la détonation, car expliquer la détonation du nitre par l'inflammation du soufre, c'est expliquer une chose déjà fort obscure par une chose qui ne l'est pas beaucoup moins.

[1] Manuscrit autographe.

Les expériences modernes ont jeté plus de lumières sur ce qui se passe dans cette opération. On peut voir à l'article *Salpêtre*, que si l'on renferme une portion de ce sel dans une cornue de porcelaine et qu'on le pousse à un feu violent, il s'en dégage un mélange d'air vital et de mophète ou gaz azotique et que l'alcali fixe végétal ou potasse qui sert de base à l'acide nitreux reste seul dans la cornue. Le résultat qu'on obtient dans cette opération est à peu près comme il suit pour une once de nitre :

	En volume.		En poids.			
Air vital	391 pouces	0 once	2 gros	51,5	grains.
Mophète ou gaz azotique.	114	0	0	50,2	
Alcali fixe végétal ou potasse	"	0	4	42,3	
Total		1	0	0	

On ne peut pas répondre de l'exactitude rigoureuse de cette expérience parce qu'elle est extrêmenent difficile à faire. Elle ne peut pas être conduite jusqu'à sa fin dans les cornues de verre parce que le nitre à mesure qu'il s'alcalise les dissout et les détruit. Les cornues de porcelaine ne sont pas non plus à l'abri de l'action du nitre; l'alcali les dissout de sorte qu'on ne peut jamais avoir directement le poids de l'alcali restant et qu'on est obligé de le conclure par calcul et d'après le poids manquant. Enfin, une dernière difficulté consiste dans ce que l'air vital et la mophète passent mêlés ensemble et qu'il faut beaucoup de temps et de peine pour les séparer.

On suppose qu'on a, présent dans ce moment, ce qui a été exposé à l'article *Charbon;* qu'on se rappelle que l'air fixe ou acide carbonique résulte d'une véritable dissolution du charbon dans l'air vital ou gaz oxygène; que sur 100 parties de cet acide il en entre 72 d'oxygène et 28 de charbon. Cela posé, il est facile de prévoir d'avance ce qui doit se passer dans la détonation du nitre ou salpêtre avec le charbon. Il est clair que le charbon ne se combine ni avec l'alcali du nitre, ni avec la mophète, il ne peut donc se combiner qu'avec l'air vital ou oxygène du nitre pour former de l'acide carbonique.

L'expérience suivante ne permet pas de douter que les choses se passent ainsi. On prend un tube de cuivre de 8 à 10 lignes de diamètre et de 8 à 10 pouces de longueur, on le bouche solidement par un bout et on l'emplit par l'autre avec un mélange de charbon et de salpêtre en poudre humecté avec un peu d'eau. La quantité de charbon nécessaire pour opérer la détonation d'une once de salpêtre est de 76 grains, c'est-à-dire d'un peu plus d'un huitième. Il n'est pas aisé de saisir le juste degré d'humectation qui convient à cette expérience. Si le mélange est trop humide, il ne s'allume pas; s'il est trop sec, l'inflammation est trop rapide. Cependant, avec de la patience et en faisant quelques essais préparatoires sur de petites quantités, on arrive à un juste milieu. Le tube ou canon de cuivre étant ainsi chargé et rempli jusqu'à la bouche, on adapte à son extrémité une petite mèche connue sous le nom d'*étoupille*, on l'allume et à l'instant où l'inflammation se communique au mélange, on plonge le tube de cuivre sous des cloches remplies d'eau ou des jarres remplies de mercure. La détonation une fois commencée se continue très bien sous l'eau, ou sous le mercure, pourvu qu'on tienne le petit canon de cuivre incliné, de manière que l'eau ne s'y introduise pas. On peut, lorsqu'on opère sous l'eau, porter la quantité du mélange jusqu'à une et même deux onces. Il serait difficile d'opérer aussi en grand dans un bassin de mercure.

Pendant tout le temps que dure cette détonation, il se dégage une très grande quantité de gaz ou de fluide élastique qui remplit les cloches ou jarres et les quantités obtenues d'une once de salpêtre et de 76 grains de charbon sont comme il suit :

	En volume.	En poids.		
Air fixe ou acide carbonique............	390 pouces $\frac{2}{3}$	0 once	3 gros	55,5 grains.
Mophète ou gaz azotique.	114	0	0	50,2
Il est resté en alcali caustique.............	0	0	4	42,3
TOTAL.........		1	1	4

Mais, comme on l'a vu au commencement de cet article et comme on peut s'en convaincre par les expériences rapportées à l'article *Salpêtre*, ce sel analysé seul ne donne que de l'air vital, de la mophète et de l'alcali; il donne, au contraire, de l'air fixe ou acide carbonique, de la mophète et de l'alcali quand on y joint du charbon; donc le charbon a la propriété de changer l'air vital en acide carbonique; donc l'acide carbonique est un composé de charbon et d'air vital ou, pour parler plus rigoureusement et en adoptant la nouvelle nomenclature chimique, de carbone et d'oxygène. (Voir ces mots dans la partie chimique de l'*Encyclopédie*.)

Rien n'est plus facile d'après ce qu'on vient d'exposer que d'expliquer ce qui a lieu dans la détonation du nitre et, en général, dans toute détonation. Ce phénomène consiste dans la conversion subite et instantanée d'un corps solide en un fluide élastique aériforme, et pour se former une idée de la force prodigieuse qui doit se développer au moment de cette conversion, il faut considérer qu'une once de salpêtre qui n'occupe qu'un espace au plus de quatre cinquièmes de pouce cube se convertit sur le champ au moment où il détone en un fluide élastique qui fait effort pour en occuper 500, c'est-à-dire pour occuper un espace 633 fois plus grand que le salpêtre. Mais, ce n'est pas encore tout; la chaleur qui se dégage du salpêtre pendant sa détonation dilate le fluide élastique et quand on n'évaluerait cette chaleur qu'à 430 degrés du thermomètre de Réaumur, elle serait déjà suffisante pour tripler le volume du fluide élastique. Enfin, l'eau en vapeur qui, au degré de l'ébullition, occupe un volume 1700 fois plus considérable que l'eau liquide, doit encore ajouter une grande énergie à la force de détonation. D'où l'on peut conclure, sans rien exagérer, que le fluide élastique qui se dégage de la détonation tend à occuper à l'instant de l'inflammation un espace au moins 2000 fois plus grand que n'occupait le salpêtre. C'est une chose très remarquable que cette augmentation de force que donne, à la détonation du nitre, l'expansion de l'eau qui se réduit en vapeur; c'est ce qui fait, sans doute, que la poudre séchée au delà d'un certain point n'acquiert pas pour cela plus de qualité. L'eau qu'elle contient étant un des agents qui concourent à la détonation, il ne faut pas qu'elle en soit totalement privée; mais, il ne faut pas non plus qu'elle en conserve trop, parce qu'alors son inflammabilité en serait retardée. Les régisseurs des poudres n'ont encore aucune expérience précise sur la proportion d'eau que doit conserver la poudre pour produire le plus grand effet possible. (Voir *Séchage.*)

On voit encore, par ce qui vient d'être dit, pourquoi la poudre augmente de force lorsqu'on la comprime et qu'on l'oblige d'occuper un espace plus étroit, et c'est une des principales causes de la supériorité de la poudre faite avec des meules sur celle faite avec des pilons; le poids des meules comprime la poudre et chacun peut s'en assurer en remplissant successivement une bouteille de poudre ordinaire et de poudre royale qui est faite sous les meules. La bouteille contiendra une plus grande quantité de cette dernière espèce de poudre que de la première, parce qu'elle a reçu un grand degré de compression lors de la fabrication et qu'elle occupe moins de volume. Il faut considérer la poudre comme un ressort; plus il est tendu et comprimé sur lui-même, plus il produit d'effet lorsqu'il se débande.

On peut consulter sur ce sujet les expériences qui ont été publiées dans les mémoires de la Société de Turin et les essais sur l'artillerie de M. le comte d'Arcy.

De tous les sels nitreux le seul qu'on ait employé jusqu'ici à la fabrication de la poudre est celui à base d'alcali fixe végétal ou de potasse et, en effet, tous les autres paraissent avoir des inconvénients qui ont obligé de les exclure. Le nitre à base de soude attire l'eau de l'atmosphère dans les temps humides, et la poudre qu'on fabrique avec perd en peu de temps son inflammabilité. Le nitre ammoniacal, quoique susceptible d'une détonation vive, produirait vraisemblablement moins d'effet que les deux précédents. On a la preuve qu'il se forme beaucoup d'eau pendant sa détonation par la décomposition de l'alcali volatil et par la combinaison du gaz inflammable ou hydrogène qui est un de ses principes avec l'oxygène de l'acide nitreux et il est possible que cette quantité d'eau soit assez grande pour que la chaleur qui se dégage ne suffise pas pour la mettre en expansion. Il faut avouer cependant que ces conjectures purement théoriques ne présentent pas un assez grand degré de probabilité pour qu'on ne doive pas désirer de les vérifier par des expériences. Une personne distinguée par ses connaissances et par son mérite, et que ses grandes qualités viennent de faire appeler à une place éminente, a témoigné depuis longtemps le désir qu'on essayât de fabriquer de la poudre avec cette espèce de nitre. Ces vues auraient été déjà remplies si les régisseurs des poudres n'avaient été arrêtés jusqu'ici par la difficulté de s'en procurer en grande quantité et par les risques que la fabrication en grand de cette poudre peut présenter dans les fabriques.

On avait pensé, jusqu'à nos jours, qu'il n'y avait que les sels nitreux qui eussent la propriété de détoner, mais, il est reconnu aujourd'hui qu'ils ne sont pas les seuls qui jouissent de ce privilège.

M. Bertholet a trouvé le moyen de surcharger le sel marin ordinaire d'une grande quantité d'oxygène et, dans cet état, il détone non seulement aussi bien que le nitre à base de potasse, mais il répand encore une lumière et un éclat beaucoup plus grands.

C'est l'objet de nouvelles expériences dont les régisseurs des poudres s'occuperont un jour; mais, quand il en résulterait que le sel marin oxygéné de M. Bertholet ne fait pas une poudre plus forte que la poudre fabriquée avec le salpêtre ordinaire, il résultera, au moins, de cette découverte un moyen de produire des effets nouveaux et inattendus dans les feux d'artifice.

EXPÉRIENCES
SUR L'OR FULMINANT[1].

On a annoncé à l'Académie que l'or fulminant ne détonait point dans les vaisseaux fermés; comme ce fait, s'il était bien reconnu, détruirait les idées que se sont formées les chimistes de la détonation, en général, et de celle de l'or fulminant en particulier, j'ai pensé qu'il était intéressant de le constater. Je vais rapporter les expériences que j'ai faites dans cette vue; je me propose de les répéter dans la suite plus en grand et dans des vaisseaux beaucoup plus forts; mais, comme ces expériences exigent un emplacement et des précautions qu'il n'est pas possible de prendre à la ville, je les réserve pour un autre temps.

J'ai mis dans une fiole à médecine ordinaire, de contenance d'environ un sixième de pinte, mesure de Paris, 2 grains d'or fulminant; la bouteille ensuite, après avoir été bien bouchée avec du liège, a été placée au milieu de charbons ardents arrangés circulairement, mais disposés de manière que les plus proches fussent au moins à un pouce ou à un pouce et demi de distance de la bouteille afin qu'elle ne fut pas échauffée trop rapidement et que le passage rapide du froid au chaud ou du chaud au froid n'en occasionnât pas la fracture.

J'avais disposé dans cette expérience comme dans les suivantes des linges suspendus par des cordes à un pied et demi de distance de la bouteille, afin d'empêcher les éclats de verre de se porter au loin et

[1] Manuscrit autographe.

de blesser les spectateurs. J'avais, en outre, pratiqué à l'un de ces linges un trou pour pouvoir observer ce qui se passerait et j'avais mis devant le trou un carreau de verre pour garantir l'œil.

A mesure que l'or fulminant s'est échauffé, il a pris une couleur d'un jaune un peu plus foncé mais en moins d'une minute la fulmination s'est faite et la bouteille s'est fracassée avec grand bruit. J'ai répété plusieurs fois l'expérience avec les mêmes précautions et j'ai eu toutes les fois le même résultat.

En réfléchissant sur les circonstances de ces expériences je me suis rappelé que le bouchon, surtout dans la seconde, avait été chassé avec violence, qu'il avait sauté par-dessus les toits et qu'il avait été trouvé à une assez grande distance. J'ai commencé, dès lors, à craindre que l'air contenu dans la bouteille ne se fut pas assez dilaté par la chaleur pour chasser le bouchon et que la libre communication que l'or avait eue par là avec l'air pût occasionner la fulmination. J'ai, en conséquence, cru devoir répéter l'expérience en ficelant le bouchon; j'ai eu, de plus, la précaution de l'environner de toutes parts de lut gras, et d'appliquer par-dessus une vessie mouillée que j'ai bien tendue et que j'ai ficelée très serrée. Les précautions n'ont pas eu plus de succès et la bouteille est également sautée en mille éclats. Quelques précautions que j'eusse apportées dans ces expériences, elles me laissaient encore un scrupule; les fioles à médecine sont si minces que l'air contenu dans leur capacité dilaté par la chaleur avait peut-être pu les faire crever; d'ailleurs, une chaleur trop subite et trop forte jointe au contact immédiat de l'air froid avait pu occasionner leur fracture et il était possible, à la rigueur, que l'or ne pût détoner qu'après la fracture des bouteilles et, conséquemment, qu'après avoir eu communication avec l'air extérieur.

Pour répondre à la première objection, j'ai pris une bouteille à médecine semblable aux précédentes, que j'ai bouchée, lutée et coiffée sans y introduire d'or fulminant; je l'ai ensuite fait chauffer fortement sans beaucoup de précaution; voyant qu'elle résistait à l'effet de la chaleur, je l'ai laissée refroidir, je l'ai débouchée, j'y ai mis 2 grains d'or fulminant, je l'ai rebouchée comme auparavant et l'ayant fait chauffer de nouveau, l'or a détoné comme à l'ordinaire.

Pour répondre à la seconde objection, j'ai tamisé de l'argile à potier, je l'ai imbibée d'eau, après quoi j'en ai enduit un certain nombre de fioles à médecine; lorsqu'elles ont été bien séchées, je les ai bouchées et lutées, je les ai chauffées fortement; enfin, après m'être assuré qu'elles résistaient à l'effet de la chaleur, j'y ai mis 2 grains d'or fulminant; l'expérience a été répétée trois fois et dans chacune l'or a détoné avec bruit et fracas.

Je ne nie point l'expérience annoncée à l'Académie; peut-être a-t-elle été tentée dans des vaisseaux beaucoup plus forts ou beaucoup plus petits; peut-être l'or fulminant était-il préparé d'une autre façon que le mien; quoiqu'il en soit, comme ces expériences ne se font pas sans quelque danger, j'ai cru devoir attendre pour les répéter convenablement que je fusse à la campagne. Je ne manquerai pas dans le temps d'en rendre compte à l'Académie.

L'or fulminant que j'ai employé avait été fait à la façon de Lémery avec de l'acide nitreux régalisé par le sel ammoniac.

DÉVELOPPEMENT
DES DERNIÈRES EXPÉRIENCES
SUR
LA DÉCOMPOSITION ET LA RECOMPOSITION
DE L'EAU[1].

La composition de l'eau avait d'abord été soupçonnée, d'après la remarque faite par plusieurs physiciens français et anglais, qu'en brûlant ensemble l'air vital et le gaz hydrogène, il en résultait une quantité d'eau considérable. Cavendish, de la Société de Londres, est, au rapport de Blagden, secrétaire de la même Société, le premier auteur de cette observation; mais il n'alla point jusqu'à en conclure que l'eau était composée de ces deux substances. D'ailleurs, il est certain que Lavoisier, Laplace et Monge n'étaient point informés du travail de Cavendish, lorsqu'ils s'occupèrent en même temps, dans le courant du mois de juin 1783, de la même expérience, qu'ils exécutèrent, sans se communiquer, par des moyens différents. Les deux premiers, à Paris,

[1] Extrait du *Journal polytype*, du 26 février 1786. — Quoique ce travail, d'après certaines phrases, ne paraisse pas être de la main de Lavoisier, il est probable qu'il en a rédigé la plus grande partie. Ce mémoire, en effet, a été imprimé dans le *Recueil des mémoires* publiés après sa mort, et dont il préparait l'impression pendant sa détention. On constate de plus, par les manuscrits autographes, que Lavoisier donnait souvent lui-même des notes sur ses travaux à divers recueils. Ainsi l'analyse des *Opuscules physiques et chimiques*, publiée dans les *Mémoires de l'Académie*, et réimprimée par M. Dumas (*Œuvres*, t. II, p. 89), a été rédigée par Lavoisier. Le manuscrit autographe existe.

(*Note de l'éditeur.*)

montrèrent que cette eau était parfaitement pure; le troisième, à Mézières, que son poids approchait extrêmement d'égaler celui des deux fluides réunis. Il y avait déjà quelques mois que Lavoisier seul avait obtenu une quantité très considérable d'une liqueur aussi insipide que l'eau distillée, par la combustion de l'air vital dans une bouteille pleine de gaz hydrogène[1].

Bientôt après, Lavoisier et Meusnier prouvèrent qu'on pouvait également décomposer l'eau, en lui présentant des corps combustibles sur lesquels elle pût agir dans l'état de vapeur incandescente; leurs expériences ont paru au mois de mai 1784. Depuis, ils ont entrepris de mettre ces deux vérités absolument hors de doute, en répétant les deux espèces d'expériences, avec des soins malheureusement inconnus dans les laboratoires. Ils ont en même temps décomposé l'eau très en grand, et le gaz hydrogène, que cette opération a produit, a été employé aussitôt à la recomposer. Ces expériences ont eu lieu les 28 et 29 février 1785, en présence de plus de trente savants, physiciens, géomètres et naturalistes, tant étrangers que de l'Académie des sciences, qui avait nommé pour cet effet une commission très nombreuse. Lavoisier et Meusnier se proposent d'en faire connaître incessamment les détails dans les *Mémoires de l'Académie*[2]. En attendant, l'importance de cette découverte pour les sciences les a déterminés à nous permettre d'en donner un extrait suffisamment étendu, pour lever tous les doutes qu'on pourrait avoir sur cette matière, et servir de réponse aux objections qui leur ont été faites publiquement par plusieurs physiciens, de la France, de l'Angleterre et de l'Italie.

Nous allons d'abord nous occuper de l'expérience de la décomposition, en commençant par la description rapide de l'appareil. Nous reviendrons ensuite sur chacune de ses parties, en détaillant successivement toutes les précautions d'exactitude employées pour éviter les erreurs dans les quantités et la nature des produits; enfin nous ren-

[1] Voir les *Mémoires de l'Académie des sciences*, année 1781. — [2] Ce mémoire n'a jamais été publié. (*Note de l'éditeur.*)

drons compte de l'expérience et des résultats. Nous observerons le même ordre dans l'expérience de la recomposition; et nous terminerons ces observations par les conclusions que la saine logique nous forcera d'en tirer.

A (fig. 1, pl. II) est un entonnoir de verre, destiné à contenir l'eau qu'on veut décomposer. Cet entonnoir est fermé en B et en C par deux robinets de cuivre qui y sont exactement mastiqués. La partie inférieure du canal du robinet C est terminée par un ajutage conique DE, dont l'extrémité E, très capillaire, ne permet à l'eau contenue dans l'entonnoir que de s'en échapper goutte à goutte. Pour juger de la vitesse avec laquelle les gouttes se succèdent, cet entonnoir est monté sur un tube de verre GF, au travers duquel on aperçoit l'extrémité E de l'ajutage DE. La partie inférieure du tube GF est solidement enclavée dans une virole F de cuivre rouge, qui est soudée avec le canal IH, fait du même métal. Le tube recourbé GKL met en communication la capacité GHI avec la partie supérieure et vide de l'entonnoir, et le robinet K intercepte à volonté cette communication. Le canal IH est luté en I avec un tube recourbé de cuivre jaune IM, qu'on peut fermer par un robinet N, et qui s'adapte en M à la machine pneumatique P. L'autre extrémité H du même canal est unie par une soudure forte avec le canon du fusil HO, qui traverse le brasier du fourneau incliné Q. Ce canon de fusil est parfaitement nettoyé intérieurement et rempli d'une grande quantité de bandes de tôle neuve.

Pour éviter l'oxydation de la surface extérieure du canon, il est entouré de trois tours très serrés de fil de fer, dont les interstices sont remplis avec de la poudre de charbon. Ces trois tours de fil de fer sont encore recouverts de plusieurs couches de terre à potier, que l'on a appliquée avec un pinceau, après l'avoir délayée dans de l'eau. Lorsqu'une de ces couches était étendue, on la faisait promptement sécher; puis on en appliquait une seconde, et ainsi de suite, jusqu'à ce que l'épaisseur de cette espèce d'enduit fût assez considérable pour ne laisser aucun doute sur l'altération que le canon aurait pu recevoir dans son poids par le contact de l'air extérieur.

L'extrémité de ce canon est aussi jointe en O par la même soudure forte à un tube RO de cuivre rouge, qui lui-même s'engage dans la partie supérieure du serpentin RS, construit à la manière ordinaire en étain. L'autre extrémité S du serpentin entre dans un tuyau de fer-blanc, qui s'ajuste en T sur une des deux tubulures du flacon V; l'autre tubulure W reçoit aussi un tuyau de fer-blanc WX, qui est solidement assujetti en X avec le siphon de cuivre XYZ. Ce siphon s'engage en Z sous la cloche *a* de la cuve pneumato-chimique *b*; il est fixé à la cuve par la griffe *g*, et communique en Y par un robinet avec un tube de verre Y*d*, faisant baromètre d'*épreuve*, et plongeant en *d* dans le mercure contenu par le petit flacon *f*. Le même siphon est encore muni d'un autre robinet *c* dont on fait usage pour séparer à volonté les cloches *a* du reste de l'appareil.

Tout étant ainsi disposé, on a mis dans l'entonnoir A, dont on connaissait la tare, un poids aussi connu d'eau distillée, parfaitement purgée d'air. Cette eau remplissait l'entonnoir jusqu'aux trois quarts de sa hauteur environ. Ensuite le feu étant allumé dans le fourneau Q, et les trois robinets BC et *e* fermés, on a fait agir la machine pneumatique P, pour faire le vide dans tout l'appareil.

Cette précaution était indispensable pour plusieurs raisons : 1° pour éviter le mélange de l'air des vaisseaux avec le gaz hydrogène qu'on allait obtenir; 2° pour s'assurer, par la manière dont les luts tiendraient le vide, qu'ils ne laisseraient échapper que la plus petite quantité possible de gaz hydrogène et qu'ils ne permettraient point à l'air extérieur de rentrer dans les appareils; 3° enfin, pour être certain que la petite quantité d'air contenue dans les vaisseaux ne contribuerait en rien à l'oxydation intérieure du canon.

On conçoit à présent l'utilité du tube GKL; il a servi à raréfier l'air renfermé au-dessus de l'eau dans la partie supérieure de l'entonnoir A, en sorte que son élasticité n'étant pas plus considérable que celle de l'air restant dans l'intérieur de l'appareil, il ne pût y pousser l'eau avec violence par l'orifice E du petit ajutage.

Le vide étant aussi parfait qu'il pouvait l'être, le mercure s'est élevé à 28 pouces[1] dans le baromètre d'épreuve YF; mais il ne s'est point soutenu constamment à cette hauteur; il descendait d'environ un quart de ligne par minute, ce qui fait voir qu'il rentrait dans les appareils une certaine quantité d'air, si petite, à la vérité, qu'on pouvait la négliger sans crainte d'erreur.

Lorsque le canon de fusil fut rouge, et que la chaleur communiquée jusqu'au tube IH, devint capable de réduire l'eau en vapeur, on a ouvert le robinet C, et l'eau contenue dans l'entonnoir a commencé à tomber goutte à goutte par le petit orifice E. Au moment où l'eau touchait les parois du tube IH, elle se vaporisait et remplissait toute la partie chaude de l'appareil. Lorsqu'il se fut formé une certaine quantité de vapeur, et, par son contact avec le fer rouge, assez de gaz hydrogène pour faire équilibre au poids de l'atmosphère, on s'en est aperçu par la chute du mercure dans le baromètre d'épreuve jusqu'à son niveau *f*; alors on a ouvert le robinet qui communiquait avec les cloches *a* et qui est marqué par *c* dans la figure. La vapeur d'eau en traversant le canon de fusil y a éprouvé le degré de chaleur de l'incandescence, et dans cet état a attaqué le canon de fusil et les bandes de tôle dont il était rempli, sans pouvoir offenser le reste de l'appareil, car elle n'agit en général sur les métaux que lorsqu'elle est très chaude, et le cuivre rouge lui résiste quelle que soit sa température : or, toutes les parties qui sont éloignées du fourneau sont froides, et les tubes IH, OR, contigus au canon de fusil, ont été à dessein construits en cuivre rouge comme nous l'avons dit plus haut.

La vapeur d'eau qui passait dans le canon de fusil n'y restait point assez longtemps pour être décomposée toute entière; la plus grande partie de cette vapeur était emportée avec le gaz hydrogène : il fallait cependant connaître exactement la quantité de cette eau pour avoir, en la soustrayant de celle qui était sortie de l'entonnoir, le poids de l'eau décomposée. C'est dans cette vue qu'on a forcé le gaz hydrogène à parcourir le serpentin RT, dans le réfrigérant duquel on avait soin

[1] Le baromètre était ce jour-là à 28 pouces 1 ligne 1/2.

d'entretenir la température de la glace fondante par un mélange d'eau et de glace. La portion non décomposée de la vapeur se condensait dans ce serpentin et allait se déposer dans le flacon V, à l'exception de la petite quantité d'eau nécessaire pour mouiller l'intérieur des appareils et de celle que le gaz hydrogène emportait en dissolution : nous verrons plus bas comment on a su tenir compte de quantités aussi difficiles à apprécier. Quant au gaz hydrogène, comme il est permanent à l'état de fluide aériforme, quel que soit le refroidissement qu'on lui fasse éprouver, il s'échappait par le tuyau WXZ pour se rendre à la cuve pneumato-chimique, où on le recueillait à la manière ordinaire dans des cloches *a*, mesurées avec une grande précision.

	livres.	onces.	gros.	grains.
Le poids de l'eau sortie de l'entonnoir A, pendant cette expérience, s'est trouvé de	2	13	4	61
Celui de l'eau dans le flacon tubulé W, de	2	9	5	3
L'eau disparue pesait donc	0	3	7	58

dont il faut soustraire, pour avoir la quantité d'eau réellement décomposée, le poids de celle qui a pu rester après l'expérience dans le canon de fusil, et de celle que le gaz hydrogène a pu entraîner avec lui. Quant à l'humidité restée dans le serpentin, on est dispensé d'y avoir égard, parce qu'avant l'expérience, on avait eu soin de mouiller le serpentin et de le laisser égoûter aussi longtemps qu'on a différé après l'expérience de retirer le flacon tubulé, pour le peser.

Après l'opération on a dépouillé le canon de fusil de son lut de terre grasse et de ses trois épaisseurs de fil de fer qui avaient été en partie calcinées. La surface même du canon s'est trouvée couverte d'un léger bronzé, que le fil de fer avait enlevé dans quelques endroits, et qui était si mince qu'en l'effleurant légèrement avec une lime, on mettait le fer doux à découvert. D'où l'on a conclu que la variation du poids provenant de l'oxydation extérieure devait être nulle. Au contraire, la surface intérieure de ce canon et les bandes de tôle étaient profondément calcinées, devenues très cassantes, et présentaient une sorte de cristallisation dans leur cassure, comme on le voit décrit dans le premier mémoire de Lavoisier et Meusnier [1].

	livres.	onces.	gros.	grains.
Le canon pesait dans cet état, avant d'être privé de l'humidité qu'on y avait observée en le démontant	7	3	7	59
Après avoir été parfaitement desséché	7	3	7	17
Humidité restant dans le canon	0	0	0	42

	livres.	onces.	gros.	grains.
Ce même canon, qui, après avoir été desséché, pesait	7	3	7	17
Pesait avant l'expérience	7	0	7	36
Son poids a donc été augmenté de	0	2	7	53
A quoi ajoutant le poids de tout le gaz hydrogène, obtenu dans cette opération	0	0	3	32
On a pour le poids des deux principes qui constituent l'eau	0	3	3	18
Mais la quantité d'eau disparue est, après en avoir retranché les 42 grains d'eau retrouvés en nature dans le canon de fusil, de	0	3	5	16
Il y a donc ici sur les principes séparés de l'eau un déficit de	0	0	2	3

Ce déficit porte entièrement sur deux causes; d'abord sur la perte de gaz hydrogène et d'eau en vapeur, qui, malgré les soins de Lavoisier et Meusnier, s'est faite d'une manière insensible par les trous imperceptibles qu'on remarqua s'être formés, pendant l'opération, dans plusieurs points du canon de fusil tourmenté par la chaleur; ensuite, sur la petite quantité d'eau entraînée en vapeurs jusques dans les cloches par le gaz hydrogène, dont elle altérait assez longtemps la transparence

[1] Voir *Œuvres*, t. II, p. 360.

avant de se précipiter. Mais comme on ignore quelles sont les quantités respectives d'eau et de gaz hydrogène perdues, quoique l'on connaisse leur somme, on ne tirera point de cette expérience la quantité précise de chacun des principes contenus dans un poids donné d'eau; on en conclura seulement les limites de cette quantité, c'est-à-dire qu'on déterminera quelle est la plus grande ou la plus petite valeur qu'elle puisse avoir. Si l'on supposait, en effet, que tout le déficit dont nous venons de parler portât sur le gaz hydrogène, on trouverait 19 livres de ce gaz par quintal d'eau; en attribuant au contraire à la vapeur d'eau non décomposée la perte de 2 gros 3 grains, le quintal d'eau contiendrait 13 livres de gaz hydrogène. Ainsi pour former 100 livres d'eau, il ne faudra pas moins de 81, ni plus de 87 livres de cette partie constituante, qui s'est fixée dans le fer et en a augmenté le poids.

Comme le fer était oxydé, que tous les oxydes métalliques sont des combinaisons des métaux avec la base de l'air vital, et que d'ailleurs une multitude de phénomènes avait déjà fait pressentir à Lavoisier et Meusnier, que l'eau était composée des bases du gaz hydrogène et de l'air vital, ils étaient naturellement conduits par l'analogie la plus forte à croire que ce principe, enlevé à l'eau par le fer, n'était autre que la base de l'air vital. C'est ce qu'ils avaient déjà conclu de leur première expérience, moins exacte que celle-ci, publiée au mois de mars 1784, sur l'analyse de l'eau. La synthèse de ce fluide, dont nous allons maintenant rendre compte, mettra cette vérité dans le plus grand jour.

L'appareil dont Lavoisier et Meusnier ont fait usage pour recomposer l'eau, consistait (fig. 2) en deux caisses AB, de fer-blanc, suspendues au-dessus des deux autres caisses CD, plus larges que les premières, et pleines d'eau. Ces deux espèces de grands récipients contenaient, l'un l'air vital, l'autre le gaz hydrogène, destinés à l'expérience. On pouvait successivement renouveler les fluides dans ces caisses, en les introduisant par des tuyaux fixes en cuivre EF, GH, au moyen des cloches renversées IK, dont les tubulures étaient garnies des robinets FH, et qui étaient solidement arrêtées aux cuves LM. On jugeait de la quantité de fluides que ces caisses contenaient à chacune de leurs positions, par un limbe gradué, qui rendait compte de leurs mouvements. Ces caisses étaient chargées d'un poids plus ou moins considérable, qui en faisait sortir les fluides aériformes avec plus ou moins de vitesse par les tuyaux NO, fermant à volonté, au moyen des robinets PQ.

Ces dégorgeoirs se terminaient au-dessus des robinets par les calices RS, dans lesquels étaient exactement mastiqués les tubes de cuivre RT, ST, lutés avec les allonges recourbées TV, UX. Ces allonges contenaient de l'alcali fixe très sec et concassé grossièrement, destiné à enlever aux fluides aériformes la plus grande quantité possible de l'humidité dont ils s'étaient saturés par leur séjour au-dessus de l'eau dans la cuve pneumato-chimique. Après avoir introduit l'alcali dans ces allonges, on avait eu soin de boucher chacune de leurs extrémités avec une petite boulette de coton, pour empêcher le courant des fluides aériformes d'entraîner quelques parcelles d'alcali; et on avait ensuite déterminé leur poids avec précision.

Les allonges s'engageaient en VX, dans les tubes de cuivre Vʏ, Xʏ, qui étaient soutenus par les petits bancs *qr*, et se tendaient en Y dans le ballon *a*, où devait se faire la combustion des deux fluides aériformes. Mais ces deux tubes communiquaient avec le ballon d'une manière différente; celui qui devait y porter le gaz hydrogène aboutissait à un petit ajutage ou chalumeau *bc*, percé en *b* d'un trou très fin, et qui pénétrait jusque vers le milieu du globe. L'autre tube, celui qui fournissait l'air vital, se terminait à la virole Y, qui faisait partie de la capacité intérieure du globe. Auprès du globe était une pompe pneumatique *d*, avec laquelle on pouvait le vider d'air par le tube *efg*Y, traversé d'un robinet *g*. On avait adapté à cette machine pneumatique un tuyau de dégagement *klmn*, pour porter l'air qu'elle extrayait du globe dans une cloche *p* pleine d'eau, montée sur un appareil pneumato-chimique *o*, disposé à cet effet auprès de la machine.

On avait ajusté dans le globe du centre un excitateur *st*, qui répondait au bec du chalumeau décrit ci-dessus, de telle sorte qu'en y appliquant une machine *Suvx*, on établissait un courant continuel d'étincelles entre l'excitateur et le bec du chalumeau, afin d'allumer le gaz hydrogène aussitôt qu'il serait en contact avec l'air vital. On pouvait ensuite, au moyen d'un anneau *s*, détourner cet excitateur sans ouvrir le globe, et le remettre à volonté vis à vis le chalumeau pour rallumer le gaz hydrogène dans le cas où il se serait éteint; ce qui au surplus n'est point arrivé.

Aux tuyaux qui correspondaient de chaque caisse au globe étaient pratiqués les embranchements à angle droit *Zy*, *Wz*, fermés des robinets 1, 2 et à l'extrémité desquels on pouvait ajuster un ballon de verre 3, propre à peser les fluides aériformes, afin de reconnaître si la circonstance d'être desséché par l'alcali influait sur leur pesanteur spécifique.

Enfin on avait pesé avec le plus grand soin le globe du centre, pour qu'en le pesant de nouveau après l'opération, on pût conclure la quantité du produit obtenu par la combustion des deux fluides aériformes. Ce globe était neuf et lavé à l'eau distillée, puis essuyé parfaitement. Il était fermé par uu lut fidèle et solidement embrassé par un bâti de gros fil de fer 4, 5, 6, 7, 8, dont les pieds 5, 6, etc. étaient, ainsi que tous les supports des autres parties de l'appareil, scellés dans le plancher du laboratoire.

Après avoir ainsi établi l'appareil et s'être assuré qu'il n'avait aucun défaut capable de nuire au succès de l'expérience, on a introduit dans la caisse B qui communiquait au chalumeau *bc*, le gaz hydrogène très pur qu'on venait de retirer de l'eau dans l'opération précédente. En même temps on a rempli l'autre caisse A avec de l'air vital qu'on avait dégagé du *précipité rouge*, et purifié de la petite portion d'acide carbonique ou d'acide nitreux qu'il pouvait contenir, en le faisant bouillonner au travers de l'alcali caustique en liqueur. Ensuite les robinets 1, 2, P et Q étant fermés et les trois autres ouverts, on a fait avec la pompe *d* le vide dans le globe et tous les tuyaux adjacents, puis on a intercepté la communication de l'appareil avec la pompe, en fermant le robinet *g*, et on a ouvert celui *p* de la caisse à air vital pour donner passage à ce fluide qui est venu remplacer dans le ballon l'air commun qu'on en avait enlevé. Enfin, après avoir placé la boule de l'excitateur sous la pointe du chalumeau, on a ouvert le robinet Q pour que le gaz hydrogène, poussé avec une force équivalente à la pression dé deux pouces d'eau, par le poids dont la caisse B était chargée, pût sortir par l'orifice capillaire du chalumeau et s'allumer aussitôt dans le globe, à l'aide du courant d'étincelles électriques qu'on avait soin d'y entretenir en même temps. Quand la combustion a été commencée, on a détourné l'excitateur, et on a laissé l'expérience se continuer d'elle-même, ayant attention seulement à renouveler les fluides aériformes dans les caisses avant qu'elles soient tout à fait vides. Pendant cette combustion on a remarqué l'eau, d'abord en vapeur, obscurcir bientôt le globe, se déposer en gouttes, ruisseler sur toute sa surface interne, et se rassembler enfin à sa partie inférieure en quantité de plus en plus considérable, et qui n'a cessé d'augmenter jusqu'à la fin de l'expérience.

	livres.	onces.	gros.	grains.
Le volume de l'air vital fourni par la caisse, dans cette expérience, était égal à celui d'un poids d'eau de[1].	218	15	5	$24\frac{1}{3}$
Auquel il faut ajouter la capacité du globe qui répond à	40	1	2	19
D'où le volume total de l'air vital employé est de	259	0	7	$43\frac{1}{3}$

D'après des pesées très exactes, faites dans le ballon marqué 3, avant que l'air vital ait traversé l'alcali sec, un volume de cet air, représenté par 35 livres 1/2 d'eau, pèse 6 gros 12 grains. Ainsi la totalité de l'air fourni était de 5 onces 5 gros 12 grains 1/2; dont il faut déduire le poids du résidu aériforme retrouvé dans le globe après l'expérience.

[1] Le moyen le plus commode et le plus facile d'évaluer les capacités, est de les remplir d'eau et de les peser. C'est ainsi qu'on a déterminé les volumes du ballon à peser les fluides aériformes et du globe où s'est faite la combustion. (*Note du mémoire.*)

Ce globe ayant été fermé au moment où la combustion s'est arrêtée, contenait un air échauffé, et par conséquent n'a plus été entièrement plein d'air, lorsqu'il a repris sa température primitive : on a mesuré combien il fallait d'air pour achever de remplir ce globe après son refroidissement.

	livres.	onces.	gros.	grains.
Le limbe de la caisse a indiqué qu'il manquait alors un volume d'air représenté par..............	2	5	0	46
La capacité du globe est de..................	40	1	2	19
Le volume du résidu, après la combustion, est donc seulement de............................	37	12	1	45

	onces.	gros.	grains.
Ayant trouvé d'ailleurs qu'un volume de ce résidu, répondant à celui de 35 livres 1/2 d'eau, pèse 6 gros, on a pour le poids total du résidu...........................	0	6	24
Qui défalqué du poids de l'air fourni, qui est de.........	5	5	12 $\frac{1}{2}$
Donne net pour le poids de l'air vital employé..........	4	6	60 $\frac{1}{3}$
D'un autre côté le poids du gaz hydrogène, mesuré et pesé de la même manière, s'est trouvé de.................	0	6	39 $\frac{1}{3}$
Ainsi le poids de la totalité des fluides aériformes consommés est de......................................	5	5	28
Dont il faut retrancher celui de l'humidité demeurée dans l'alcali des allonges TV, UX;			
Ci : { Eau enlevée par l'alcali à l'air vital... 35 grains $\frac{1}{4}$; Eau enlevée par l'alcali au gaz hydrogène......................... 44 $\frac{1}{4}$ }	0	1	7 $\frac{1}{2}$
Le poids des fluides aériformes seuls est donc de........	5	4	20 $\frac{1}{2}$
Ayant pesé, après l'expérience, le globe où s'était faite la combinaison de ces deux fluides aériformes, on a trouvé que la quantité d'eau formée était de..............	5	4	51
D'où il paraît que l'eau produite a sur le poids des gaz réunis employés à la produire, un excès de................	0	0	30 $\frac{1}{2}$

Ce résultat tout opposé à un déficit, loin d'être défavorable à ce qu'on avait envie de prouver, montre au contraire l'exactitude de cette opération. Cette différence provient uniquement de ce qu'on a donné aux fluides aériformes une pesanteur spécifique moindre que celle qu'ils avaient dans les caisses. En effet, on a pesé ces fluides dans un ballon dont la température était la même que celle de l'air environnant, laquelle étant plus haute que celle de l'intérieur des caisses, a nécessairement dû raréfier davantage les fluides contenus dans ce ballon; et cette dilatation, augmentée par le contact des mains et le voisinage des personnes qui travaillaient à déterminer les pesanteurs spécifiques des fluides aériformes, a suffi pour faire conclure le poids de la totalité des fluides employés, 50 grains plus petit qu'il n'était réellement.

Il suit du rapport des dépenses en air vital et en gaz hydrogène que l'eau contient par quintal 15 livres de gaz hydrogène et 85 livres d'air vital; on voit avec satisfaction que ce dernier nombre se tient entre les limites qui lui ont été prescrites par l'expérience précédente de la décomposition de l'eau.

Au reste, l'eau obtenue dans cette opération était sensiblement acide au goût, et rougissait le papier bleu. L'ayant examinée par les procédés les plus délicats de la chimie, on a reconnu qu'elle contenait par once 5 grains d'acide nitreux sec. Cette acidité semble au premier coup-d'œil renverser tout ce qu'on vient de dire sur les principes constituants de l'eau; mais avec un peu d'attention, on verra sur-le-champ qu'il n'en est pas moins nécessaire qu'elle soit composée des bases de l'air vital et du gaz hydrogène. Quant à l'explication de la production de l'acide nitreux dans cette expérience, elle est très simple, d'après la découverte de Cavendish sur la nature de cet acide. Cet excellent physicien a observé qu'en excitant pendant longtemps une suite continuelle d'étincelles électriques dans un mélange de gaz azote et d'air vital, on parvenait à avoir de l'acide nitreux. Or, l'air vital employé à former l'eau dont il s'agit, contenait un douzième de gaz azote, comme on s'en est assuré par l'essai eudiométrique; il se rencontrait donc ici les deux principes de l'acide nitreux, et la chaleur propre à effectuer leur combinaison. Ainsi l'acide nitreux a dû se produire, s'unir avec l'eau à mesure qu'elle se formait; et c'est en effet ce qui a eu lieu.

Ces deux grandes expériences sont accompagnées d'une multitude d'autres circonstances, que Lavoisier et Meusnier se réservent de détailler dans leur ouvrage, où ils feront disparaître, par un calcul rigoureux, toutes les différences qui semblent exister entre leurs résultats. Mais la description que nous venons de donner de leur travail, et de leurs précautions à le rendre concluant, est plus que suffisante pour faire saisir la certitude de la proposition qu'ils ont eu intention de prouver : savoir, que l'eau n'est point un élément; qu'elle est au contraire composée de deux principes très distincts, la base de l'air vital et celle du gaz hydrogène; et que ces deux principes y entrent dans le rapport approché de 85 à 15.

Les bornes de ce Journal nous obligent de supprimer les conséquences sublimes qu'on peut tirer de ces expériences, pour expliquer d'une manière claire et facile un grand nombre des plus importants phénomènes. Nous terminerons cet extrait par une courte réflexion sur l'exactitude qu'on doit apporter dans les expériences de chimie. Cette science, séparée longtemps de toutes les autres, crut pouvoir se passer des poids et des mesures auxquels la physique générale était redevable de ses plus belles découvertes. Elle concluait ses résultats d'après quelques rapports vagues de certaines propriétés des composants à celles du composé. Cette méthode ne saurait être sûre, puisque nos sensations ne nous rendent un compte exact de ce qui nous affecte, qu'autant qu'elles nous offrent des rapports susceptibles de précision. Or, de tels rapports ne se manifestent point entre des saveurs, des odeurs, etc. Ces propriétés ne peuvent tout au plus servir qu'à faire distinguer et reconnaître sur-le-champ quelques substances; mais comment nous assureraient-elles que nous avons recueilli tous les principes du corps dont nous nous proposions de faire l'analyse? Il faut donc avoir recours à des moyens moins trompeurs, la détermination des volumes et des poids de chacune des parties constituantes du corps dont on recherche la nature, et la comparaison de ces poids et de ces volumes entre eux et avec ceux de ces mêmes corps. Ces moyens étant les seuls capables de dévoiler les principes des substances naturelles, on ne saurait exiger des chimistes avec trop de rigueur qu'ils s'en servent toujours dans leurs expériences. Il est vrai qu'en s'attachant à tout mesurer et tout calculer, on rend les opérations de chimie plus difficiles et plus longues; mais on est bien dédommagé de cette augmentation de travail, par l'avantage immense de n'être jamais obligé de revenir sur ses pas.

ÉTAT

DES VAISSEAUX ET USTENSILES NÉCESSAIRES

POUR MONTER

UN LABORATOIRE DE CHIMIE[1].

FOURNEAUX.

1 fourneau de forge tel qu'il est représenté dans la *Chimie* de M. Baumé, t. Ier, p. XCVI, à l'exception que l'un des fourneaux, au moins, auxquels s'adapte le soufflet, doit être plus grand que la figure ne le représente.	500 livres	00 sous.
Le fourneau de fusion de M. Macquer représenté planche I de la *Chimie* de M. Baumé, figures 1 à 3; je préférerais un fourneau rond construit sur les mêmes principes.	30	00
1 petit fourneau de fusion rond, dont la figure n'est donnée nulle part.	24	00
1 fourneau de fusion avec un soufflet monté sur un châssis et qu'on fait mouvoir à la main; la figure n'en est donnée nulle part.	96	00
3 grands fourneaux à réverbère semblables à celui représenté planche II de la *Chimie* de M. Baumé, figure 1, à l'exception que l'ouverture supérieure doit être beaucoup plus grande; ces fourneaux servent pour la distillation avec les cornues de grès.	45	00
A reporter.	695	00

[1] Manuscrit autographe.

Report..........	695 livres	00 sous.
3 moyens fourneaux à réverbère construits sur les mêmes principes pour les opérations à faire avec des cornues de verre....................	21	00
2 très petits pour les opérations à air de M. Priestley..................................	9	00
2 fourneaux de coupelle de différentes grandeurs.	20	00
4 petits fourneaux courants pour faire chauffer de l'eau, pour y placer un bain de sable, et pour les opérations courantes.................	32	00
1 grand bain de sable; il n'y en a aucun de bien décrit; on peut, à la rigueur, s'en passer.		
CREUSETS.		
2 douzaines de têts à calciner les mines, de différentes grandeurs......................	4	16
100 creusets de Paris, de différentes grandeurs, dont 6 fort grands pour des opérations au bain de sable............................	20	00
200 creusets d'Allemagne assortis............	40	00
6 douzaines de coupelles pour traiter depuis une demie-once jusqu'à 2 onces de plomb........	45	00
2 douzaines de terrines de grès..............	24	00
Des rondelles de terre et des fromages.........	9	00
2 douzaines de bouteilles de grès	12	00
12 cruches..............................	9	00
50 cornues de grès.......................	50	00
50 couvercles de creusets ronds et triangulaires..	3	15
VERRERIES.		
1 douzaine de cucurbites de verre avec leur chapiteau................................	9	00
4 cucurbites de verre d'une seule pièce avec leur chapiteau............................	4	00
1 pélican...............................	3	00
2 enfers de Boyle.........................	3	00
A reporter........	1012	11

	livres	sous
Report.........	1012 livres	11 sous.
4 douzaines de capsules de différentes grandeurs et, en outre, 3 douzaines de petites pour exposer les produits à mesure des démonstrations.....	30	00
150 cornues de verre blanc de chopine........	22	10
50 de pinte..........................	10	00
100 de demi-setier......................	15	00
12 grandes pour quelques opérations particulières.	24	00
2 tubulées moyennes,.....................	3	00
2 tubulées grandes pour l'éther vitriolique......	9	00
200 cornues très petites et à très long col pour les expériences sur l'air.....................	30	00
40 cloches de cristal, jarres de différentes grandeurs pour les expériences sur l'air.........	80	00
4 grands ballons de verre blanc ou cristal, 2 à col court et à large ouverture pour s'ajuster à des cornues de grès, 2 à col plus long et à ouverture étroite pour s'ajuster aux cornues de verre.	60	00
20 soucoupes de cristal pour les expériences à air au mercure..........................	10	00
20 tubes de cristal pour les mêmes expériences...	10	00
5 bâtons en filés de cristal pour le *clissus* de nitre, pour la distillation des acides minéraux à la manière de M. Wolf, etc..............	75	00
24 matras à col court pour servir de récipient...	12	00
50 matras à col long de différentes grandeurs....	12	10
50 petits matras de demi-setier à col long pour les pyrophores et autres opérations au bain de sable...........................	7	10
500 bouteilles à goulot renversé de contenance de demi-setier pour conserver les produits......	100	00
300 de grandeurs au-dessus..................	73	00
300 bocaux ou poudriers, pour conserver les produits; ils doivent-être de demi-setier ou de chopine................................	45	00
100 bocaux de différentes grandeurs et jusqu'à		
A reporter........	1641	01

IMPRIMERIE NATIONALE.

Report..........	1641	01
celle de 4 ou 5 pintes pour conserver les sels et autres matériaux du cours de chimie......	50	00
24 flacons de 3 ou 4 pintes................	48	00
24 de pinte............................	24	00
100 de demi-setier......................	60	00
2 douzaines d'entonnoirs de verre de différentes grandeurs...........................	6	00
1 douzaine d'allonges.....................	9	00
6 douzaines de verres blancs à pattes..........	7	4
2 récipients à huile essentielle..............	2	00
2 mortiers de cristal avec leurs pilons...	9	00
1 mortier de marbre avec son pilon de bois.....	36	00
1 balance d'essai.........................	240	00
3 balances de différentes grandeurs de poids....	200	00
1 pierre à broyer.........................	48	00
Des spatules de fer, de verre, de bois et d'ivoire..	12	00
1 mortier ou deux de fer..................	20	00
Quelques lingotières......................	30	00
Des moustaches et des pinces de fer...........	13	00
12 cuillères de fer battu..................	6	00
4 paires de pincettes......................	6	00
6 poêles de fer à manche court.............	4	10
1 soufflet à main.........................	7	00
6 tamis de crins de différents grains..........	3	15
2 de soie..............................	2	00
1 alambic de cuivre......................	300	00
1 serpentin............................	48	00
2 bassines de cuivre......................	18	00
2 casseroles de cuivre à manche court........	6	00
1 cuve pour les expériences à air.............	30	00
150 livres de mercure pour les expériences à air de Priestley...........................	600	00
	3486	10
Somme à ajouter pour les objets non prévus.....	114	10
Total..............	3600	00
A reporter........	3600	00

Report..........		3600 livres	00 sous.

ÉCONOMIES QU'ON PEUT FAIRE.

Sur cette somme on peut retrancher le grand fourneau de M. Baumé qui forme le premier article ci-dessus montant à............	500 livres		
Le mercure, en renonçant à faire les expériences de ce genre d'après M. Priestley...............	600		
On peut à rigueur se passer d'une balance d'essai.............	240		
On peut réduire le nombre des cornues, bouteilles et verreries ci-dessus, et l'économie sur cet objet peut être portée aisément à	160		
TOTAL..........	1500	1500	00
Il ne restera plus de dépense réelle que........		2100	00

On ne comprend point dans cette dépense la construction du bâtiment du laboratoire, la hotte de la cheminée, la paillasse en briques, les tablettes dont il doit être environné, les tables nécessaires pour la démonstration.

LETTRE DE LAVOISIER

À GUYTON DE MORVEAU[1]

SUR LE PLATINE.

Vous désirez, Monsieur, que je vous fasse part des recherches que j'ai eu l'honneur de vous annoncer sur l'art de traiter le platine[2] en grand. Je m'empresse de vous satisfaire, en vous priant, en même temps, de m'aider de vos lumières, avant que je mette la dernière main au mémoire que je me propose de communiquer incessamment à l'Académie.

MM. Macquer et Baumé sont les premiers qui aient prouvé que le platine pouvait se fondre seul et sans addition; qu'il était malléable et susceptible de se souder comme le fer sans aucun métal intermédiaire. C'est au foyer d'un miroir ardent qu'ils ont opéré cette fusion, mais sur de très petites quantités. Ils ont aussi essayé, d'après Scheffer, Lewis et Margraff, de fondre le platine en l'alliant avec différentes substances métalliques calcinables, telles que le plomb, le bismuth, etc. Ils sont parvenus à le coupeller à un degré de feu très violent, et à l'obtenir à peu près pur.

Depuis, vous nous avez appris qu'on pouvait le fondre seul par le

[1] Parue dans le *Journal de Paris* du 13 novembre 1786 sous le titre *Lettre de M. L***, de l'Académie des sciences, à M. de Morveau, du 4 novembre 1786.*
(*Note de l'éditeur.*)

[2] Du temps de Lavoisier on disait *la platine* : nous avons en ce point modifié le mémoire original et mis le nom *platine* au masculin, comme on le fait aujourd'hui.
(*Note de l'éditeur.*)

feu des fourneaux, en employant un fourneau à vent analogue à celui de M. Macquer.

De son côté M. de Lille, qui s'était occupé de quelques expériences sur le platine, découvrit un moyen de le purifier et de le fondre à un degré de chaleur assez médiocre. Il faisait dissoudre cette substance dans seize fois son poids d'une eau régale, composée de parties égales d'acide nitreux et d'acide muriatique. Lorsque la dissolution était achevée, il précipitait par l'addition du sel ammoniac; enfin, il traitait à grand feu le précipité avec un flux réductif, et il obtenait un culot de platine pur et malléable.

Ce fut à la fin de 1774 ou au commencement de 1775, que ce procédé fut connu. Je répétai avec succès l'expérience, et je présentai à l'Académie un culot de platine assez considérable.

M. Achard, chimiste de Berlin, s'occupait à peu près dans le même temps du même objet. Il profita de la propriété qu'a l'arsenic de rendre le platine fusible pour le couler dans des moules d'argile et pour en former des creusets et d'autres vases; il calcinait ensuite ces vaisseaux à grand feu pour dissiper l'arsenic, et le platine restait à peu près pur. Cette opération n'est pas aussi simple qu'elle le paraît. Vous en avez fait sentir les difficultés dans un mémoire, que vous avez publié dans le *Recueil de l'Académie de Dijon*, pour l'année 1785. Vous êtes entré dans des détails très intéressants sur l'art de mouler le platine, et vous avez substitué avec avantage l'arséniate de potasse à l'arsenic.

Depuis 1775, j'avais perdu entièrement de vue toute expérience relative au platine; mais, au commencement de 1782, un appareil que j'imaginai pour animer le feu avec l'air vital, me procura un moyen très prompt et très commode pour le fondre en quelques instants. Je lus à ce sujet un mémoire à la séance publique de la Saint-Martin 1782. Quelques mois après, le grand-duc et la grande-duchesse de Russie ayant désiré assister à une séance de l'Académie, je fis transporter mon appareil dans la salle d'assemblée, et en une minute environ, je fondis un demi-gros de platine, dont je fis hommage à l'auguste princesse qui avait été témoin de l'expérience.

M. l'abbé Rochon, qui travaillait à perfectionner les instruments d'optique, et qui désirait de faire des miroirs de télescope en platine m'engagea à lui en fondre une portion un peu considérable; et, en effet, avec du temps et de la patience, je parvins à lui en réunir deux culots de 5 à 6 onces.

A peu près dans le même temps M. Daumy, artiste connu d'une manière très avantageuse par la perfection des ouvrages de doublé d'or et d'argent qui sortent de ses ateliers, vint me trouver pour me consulter sur la manière de fondre le platine et de l'obtenir malléable. Mon laboratoire lui fut ouvert; il y traita, et nous y traitâmes ensemble du platine à la quantité de plusieurs onces; je lui communiquai tout ce que je savais à cet égard, je partageai même avec lui la provision de platine que je m'étais procurée. Je lui en donnai plusieurs livres, et je n'ai pu que m'en applaudir, lorsque j'ai su l'usage auguste qui en avait été fait. J'engageai surtout M. Daumy à suivre la fonte du platine par le plomb, par le bismuth et par l'arsenic, la coupellation au fourneau de porcelaine indiquée par M. Baumé, le procédé de M. Achard, etc. Enfin, des circonstances particulières, qui ne sont pas tout à fait étrangères à cet objet, ayant éloigné de moi M. Daumy, je n'en ai pas moins continué le travail que j'avais commencé sur le platine, et je me suis proposé de vous entretenir dans cette lettre des résultats que j'ai obtenus.

Je vous observerai d'abord, Monsieur, que le platine, tel qu'on nous l'apporte en France, n'est point un métal pur; c'est un alliage de platine avec une autre substance métallique, qui paraît être principalement du fer; et c'est cet alliage qui rend le platine infusible par le feu ordinaire des fourneaux, aigre et cassant. Il y a donc deux objets à remplir dans l'art de traiter le platine en grand : premièrement de le fondre, secondement d'en séparer le métal qui lui est allié. La dissolution par l'eau régale, la précipitation par le sel ammoniac, et la revivification par un flux réductif composé de poudre de charbon, de verre pilé et de borax remplissent parfaitement cet objet, mais d'une manière chère et dispendieuse, et qui serait d'un usage difficile et embarrassant dans les travaux en grand. C'est ce qui m'a engagé à rechercher des procédés plus simples, plus à portée des arts et de ceux qui les exercent, et surtout plus économiques.

Un premier moyen qui rentre absolument dans celui proposé par M. Baumé consiste à faire fondre à grand feu le platine avec une légère addition de plomb, de bismuth, d'antimoine ou d'arsenic, et de le tenir exposé longtemps à un grand feu, tel que celui des verreries ou des fourneaux de porcelaine. M. Daumy a fait avec succès cette espèce de coupellation du platine au fourneau de porcelaine du faubourg de Saint-Denis. Elle m'a également réussi dans les fours de la manufacture des glaces de Saint-Gobain. On peut même la faire dans les fourneaux ordinaires.

Un second moyen consiste à faire fondre le platine avec parties égales d'un métal susceptible d'être dissous par l'acide nitreux. On fait réduire en poudre fine dans un mortier de fer l'alliage qu'on obtient. On verse de l'acide nitreux en quantité suffisante; le métal dissout l'alliage, et le platine se précipite sous la forme d'une poudre noire extrêmement fine, et qui nage presque dans la liqueur tant elle est divisée. On rassemble cette poudre, on la fond avec un peu de borax, de verre pilé et de poudre de charbon, et à l'aide d'un feu très violent on obtient du platine pur.

Je dois vous prévenir que cette réduction ne réussit pas toujours; qu'elle demande quelques précautions particulières, un degré de feu très violent, et que quelquefois le platine se vitrifie en totalité.

Enfin, un troisième moyen de traiter le platine en grand, consiste à le faire fondre avec une substance métallique susceptible de se calciner, à réduire cet alliage en poudre et à le calciner à grand feu par le nitre. La substance métallique alliée au platine se calcine, et on obtient une masse spongieuse qui n'a presque point d'apparence métallique. On la réduit en poudre; on la mêle avec du borax et du verre pilé, et on la fond à grand feu. La chaux du métal allié se combine avec le flux, elle forme une scorie vitreuse, et l'on obtient encore le platine pur.

Quoique le platine qu'on obtient par ces différends procédés s'aplatisse très bien sous le laminoir, il n'est pas aussi doux, aussi liant, aussi malléable que celui qui a été dissous par l'eau régale et précipité par le sel ammoniac; il retient toujours une petite portion du métal qu'on a employé pour le fondre; mais cet inconvénient ne serait d'aucune conséquence dans les travaux en grand, parce que le platine est susceptible d'être affiné, et j'ai essayé cet affinage avec beaucoup de succès.

J'ai été porté à le tenter par l'exemple du fer qui, lorsqu'il vient d'être coulé, n'est point du tout malléable, et qui le devient par l'affinage lorsque les différentes chauffes et les coups redoublés d'un pesant marteau sont parvenus à en séparer les substances étrangères avec lesquelles il était combiné.

J'ai jugé que le platine, beaucoup plus malléable que la fonte de fer, éprouverait un effet également avantageux d'un affinage du même genre.

Dans les expériences en petit que j'ai tentées pour m'assurer de la possibilité d'affiner le platine, j'ai observé, conformément à la théorie, que l'antimoine, l'arsenic ou le bismuth qui se trouvent à la superficie, se calcinent et se présentent à chaque chauffe sous la forme d'un poussière blanche, dont le lingot est couvert lorsqu'il sort de la chauffe; qu'en soumettant alors le platine au marteau et en changeant sa surface, une seconde chauffe calcine et en chasse une seconde partie du demi-métal; et qu'en multipliant ainsi les chauffes, en renouvelant les surfaces à chaque fois, par l'effet de la forge on parvient en assez peu de temps à rendre le platine doux, pur et très malléable. Il est important de ne pas le forger trop chaud, parce qu'alors il est beaucoup plus fragile.

Ce moyen réussira plus aisément, et il n'occasionnera qu'une dépense médiocre quand on aura des quantités de platine suffisantes pour en former de grosses barres susceptibles d'être rougies, forgées et corroyées.

En prenant le parti d'affiner le platine, on peut choisir le moins dispendieux des moyens de le fondre, et en rendre le travail plus économique et l'usage plus applicable aux arts. Il est infiniment précieux pour les instruments d'optique.

Vous voyez, Monsieur, que, dans mon travail sur le platine, je me suis enrichi des observations et des essais de tous ceux qui m'ont précédé, et que j'ai répété la plupart des expériences sur lesquelles il pouvait rester quelques doutes. C'est à vous, Monsieur, qui rassemblez les matériaux d'un grand ouvrage, qui les avez déjà employés avec tant de succès, et qui avez sous les yeux le tableau de l'état actuel des connaissances chimiques, à apprécier ce que j'ai pu y ajouter. Ce qu'il y a de certain, c'est que ce ne seront plus les chimistes qui manqueront au platine, mais le platine aux chimistes. On doit cependant espérer que le progrès des lumières conduira la Cour d'Espagne à tirer parti de cette portion de ses richesses, et à mettre le platine dans le commerce.

Dès que mon travail sera achevé, et que mon mémoire sera rédigé, j'aurai l'honneur de vous en envoyer une copie.

IMPRIMERIE NATIONALE.

SUR LE PLATINE[1].

Une nouvelle matière a été découverte depuis peu dans ces régions, c'est le platine, ainsi appelé du mot espagnol *plata*, dont on a fait le diminutif *platina* ou petit argent.

C'est une substance métallique qui jusqu'ici n'a été apportée du nouveau monde dans l'ancien que sous la forme de petits graviers anguleux, triangulaires et fort irréguliers, comme de la grosse limaille de fer. Sa couleur est d'un blanc moyen, entre la blancheur de l'argent et celle du fer, ayant un peu le gras du plomb.

Don Antonio Ulloa est le premier qui ait parlé du platine, dans la relation qu'il publia, en 1748, d'un long voyage qu'il venait de faire au Pérou; il apprit à l'Europe que cette substance extraordinaire et qu'on doit regarder comme un huitième métal venait des mines d'or de l'Amérique et se trouvait en particulier dans celles du nouveau royaume.

L'année suivante, Wood, métallurgiste anglais, en apporta quelques échantillons de la Jamaïque dans la Grande-Bretagne; il les avait reçus huit ou neuf ans auparavant de Carthagène, et les avait soumis, avant personne, à des expériences.

De très habiles chimistes se sont occupés, depuis, d'expériences et de recherches sur le platine : en Angleterre, M. Lewis; en Suède, M. Scheffer; en Prusse, M. Margraff; enfin, en France, MM. Macquer, Baumé, de Buffon, de Morveau, de Sickingen, de Milly. Les travaux réunis de ces différents chimistes ont tellement avancé nos connaissances

[1] Manuscrit autographe.

sur cet objet, qu'on ne craint pas de dire qu'il est peu de substances métalliques qui nous soient aujourd'hui mieux connues que le platine.

Celui qui nous arrive en France n'est jamais absolument pur; il est communément mêlé avec une quantité assez considérable d'un petit sable noir aussi attirable à l'aimant que le meilleur fer, mais qui est indissoluble dans les acides et qui se fond avec beaucoup de difficultés. Enfin on remarque quelquefois des parcelles d'or très fines.

Ce mélange à peu près constant du platine brut avec l'or et avec le fer avait fait soupçonner qu'il pouvait bien n'être autre chose qu'un alliage de ces deux métaux et, en effet, en fondant ensemble de l'or et du fer, ou mieux encore de l'or et du sable magnétique semblable à celui qui se trouve mêlé avec le platine, on obtient un alliage qui a quelques rapports apparents avec cette substance métallique; mais un examen plus approfondi semble avoir détruit cette opinion et les expériences de MM. Macquer, Baumé et surtout celles de M. le baron de Sickingen paraissent avoir démontré que le platine est un métal particulier qui n'est formé de la combinaison d'aucun autre et qui a des qualités qui lui sont propres.

Le peu de connaissance que les chimistes ont jusqu'ici de l'histoire naturelle du platine et la petite quantité qu'ils en ont eu en leur possession ne leur ont pas permis d'y appliquer encore les travaux en grand de la métallurgie; mais les méthodes qu'ils ont données et celles surtout dont on est redevable à M. le baron de Sickingen sont suffisantes pour l'exactitude chimique et il ne reste plus qu'à les rendre plus simples et moins dispendieuses.

La première opération à faire sur le platine consiste à en séparer l'or, le fer et le sable magnétique avec lequel il est uni; pour remplir cet objet on le dissout à l'aide d'un peu de chaleur dans une eau régale formée d'à peu près parties égales d'acide nitreux et d'acide marin; le sable, qui est indissoluble, reste au fond du vase où l'on opère, et en transvasant la liqueur, on a une dissolution qui contient de l'or, du fer et du platine. Pour opérer d'abord la séparation de l'or on ajoute à la dissolution une petite portion de vitriol de fer; aussitôt l'or se précipite;

mais il n'en est pas de même du platine qui continue à demeurer uni au dissolvant; enfin, pour se débarrasser du fer, on verse goutte à goutte dans la même liqueur de l'alcali phlogistiqué; aussitôt le fer se précipite sous la couleur de bleu de Prusse et il ne reste plus dans la dissolution que du platine parfaitement pur combiné avec de l'eau régale.

Le platine ainsi purifié, il ne s'agit plus que de le séparer de son dissolvant et c'est à quoi on parvient par l'addition du sel ammoniac; ce sel précipite le platine sous la couleur jaune; ce précipité, traité par un flux réductif ordinaire, se ramollit et se fond même, et, en le forgeant sous le marteau, on en obtient du platine très pur et très malléable.

Il paraît, d'après ce qu'on a pu recueillir du mémoire de M. le baron de Sickingen, qui a été communiqué à l'Académie des sciences, mais qui n'a point encore été publié, que le platine brut, traité seul et chauffé à grand feu, se ramollit assez pour pouvoir être forgé et mis en barreau, et cette circonstance indique tout naturellement la marche qu'il y aurait à suivre pour le traiter dans les travaux en grand.

Le métal qu'on obtient, par ces différents procédés, est à peu près de la même pesanteur spécifique que l'or; il est d'une couleur qui tient le milieu entre celle du fer et de l'argent; il est susceptible de se forger, de s'étendre en lames minces, de se filer, mais il n'est pas, à beaucoup près, aussi ductile que l'or, et le fil qu'on en obtient n'est pas à diamètre égal, en état de supporter un poids aussi fort sans se rompre. Dissous dans l'eau régale, on peut, en le précipitant, lui faire prendre une infinité de couleurs différentes, et M. le comte de Milly est parvenu à varier tellement ces précipités qu'il a fait exécuter un tableau dans lequel il ne montrait presque uniquement que du platine.

L'or est susceptible de s'allier avec tous les métaux et le platine a comme lui cette propriété; mais lorsqu'il entre dans l'alliage dans une trop grande proportion, il le rend cassant; allié avec le cuivre jaune, il forme un métal dur et compact, susceptible de prendre le plus beau poli qui ne se ternit point à l'air et qui serait, en conséquence, très propre à faire des miroirs de télescope; il ne paraît pas que le mercure ait aucune action sur le platine, et M. Lévis avait proposé en conséquence l'amalgame avec le mercure comme un moyen propre à le séparer dans le cas où il pourrait avoir été uni; mais ce moyen a été regardé, par les chimistes modernes, comme incertain et fautif et il existe aujourd'hui des méthodes plus sûres dont on parlera dans un moment.

Ce nouveau métal présente des propriétés infiniment intéressantes pour la société; il n'est attaquable par aucun acide simple, ni par aucun dissolvant connu, si ce n'est par l'eau régale; il n'est point susceptible de se ternir à l'air ni de s'y couvrir de rouille; il réunit à la fixité de l'or et à la propriété qu'il a d'être indestructible, une dureté presque égale à celle du fer, une infusibilité beaucoup plus grande; enfin on ne peut se refuser de conclure, en considérant tous les avantages du platine, que ce métal mérite, au moins par sa supériorité sur tous les autres, de partager le titre de *Roi des métaux*, que l'or a obtenu depuis si longtemps.

Il serait à désirer, sans doute, qu'un métal aussi précieux pût devenir commun et qu'on pût l'employer pour les ustensiles de cuisine, dans les arts et dans les laboratoires de chimie; il réunirait tous les avantages des vaisseaux de verre, de porcelaine et de grès sans en avoir la fragilité.

Un préjugé du ministère espagnol, et qui a été longtemps celui de tous les chimistes, nous prive de cet avantage; on s'est persuadé que le platine pouvait s'allier avec l'or de manière à ne pouvoir en être séparé par aucun moyen et, en conséquence, on a cru devoir interdire l'extraction et le transport d'une substance qui pouvait fournir des armes dangereuses à la cupidité; mais aujourd'hui qu'on connaît des moyens aussi simples et aussi faciles de séparer l'or d'avec le platine que de séparer l'argent d'avec l'or, aujourd'hui que les chimistes nous ont appris que, lorsque ces deux métaux sont dissous dans l'eau régale, on peut précipiter l'or par l'addition du vitriol de Mars, ou le platine par l'addition du sel ammoniac, et que, dans les deux cas, les deux métaux sont parfaitement séparés; enfin aujourd'hui que ceux qui gouvernent les nations ont des moyens faciles pour s'éclairer en consultant les académies, on ne peut douter que le Gouvernement espagnol ne s'empresse de tirer parti d'une richesse dont il paraît jusqu'ici qu'il est le seul possesseur et dont il peut faire un usage utile pour sa nation et pour la société tout entière.

OBSERVATIONS SUR LE PLATINE[1].

J'ai déjà entretenu l'Académie du travail dont je me suis occupé sur l'art de fondre le platine, de l'affiner, de le traiter, enfin de le rendre utile aux différents usages de la société.

Je me contenterai de rappeler ici en très peu de mots ce que j'ai dit alors sur les principes qui servent de fondement à cet art.

Le platine, comme l'on sait, tel qu'on l'apporte en France, n'est point un métal pur; c'est un alliage de platine avec une autre substance métallique qui paraît être du fer; il y a donc deux objets à remplir pour traiter le platine : le premier de le fondre, le second d'en séparer le métal avec lequel il est allié.

On remplit très bien ce double objet en dissolvant le platine dans l'eau régale, en le précipitant par le muriate d'ammoniaque ou sel ammoniac et en opérant la réduction du précipité par le moyen d'un flux réductif composé de borax, de verre pilé et de charbon. Ce moyen a été indiqué par M. de Lisle.

Un second moyen, très pénible, mais qui a été cependant employé avec quelque succès par M. le baron de Sickingen, consiste à agglutiner par l'extrême violence du feu les grains dont le platine est composé, et à les souder ensuite ensemble en les forgeant à chaud à coups de marteau.

Un troisième moyen, qui a été proposé par M. Baumé et qui réussit assez bien quand on peut disposer de grands fourneaux de verrerie ou

[1] *Annales de chimie*, t. V, p. 137 (1790).

de porcelaine, consiste à faciliter la fusion du platine par une légère addition de plomb ou de bismuth et à le coupeller ensuite à un degré de feu très élevé et très longtemps continué.

Un quatrième moyen, qui se rapproche du précédent, consiste à faire fondre le platine par l'addition d'une substance métallique susceptible de s'évaporer, telle que l'arsenic, et à chasser ensuite ce métal par la violence du feu et surtout par sa longue continuité.

On parvient à abréger ces opérations par l'emploi bien aménagé du nitre; la calcination et la volatilisation du métal se font alors avec plus de facilité.

M. l'abbé Rochon a employé avec beaucoup de succès ce procédé pour la fabrication des miroirs de télescope et pour la préparation des divers ustensiles exécutés par M. Daumy.

On peut encore obtenir le platine dans un état sinon de pureté absolue, au moins qui en approche, en le fondant avec partie égale d'un métal susceptible d'être dissous par l'acide nitrique. On fait réduire en poudre fine dans un mortier l'alliage qu'on obtient et qui est très cassant; on verse dessus de l'acide nitrique en quantité suffisante et on fait chauffer. L'acide dissout le métal allié et le platine se précipite dans l'état d'une poudre noire susceptible d'être fondue à grand feu. J'observerai qu'il ne m'a jamais été possible d'obtenir par ce moyen du platine parfaitement malléable.

Enfin j'ai fait voir que le platine, lorsqu'il est allié à un métal volatil ou calcinable, est susceptible d'une espèce d'affinage analogue à celui que reçoit le fer dans les forges.

Mais ces différents procédés chimiques, qui n'ont encore été employés que sur de petites quantités de platine et dont plusieurs même n'ont conduit qu'à des résultats imparfaits, ne prouvent pas autant sur la possibilité de traiter le platine en grand et de l'employer utilement dans les arts que les deux pièces que je mets dans ce moment sous les yeux de l'Académie. Elles ont été fabriquées par M. Janetty, avec du platine qu'il a traité lui-même par un procédé qui lui est particulier, en sorte que le mérite de ce travail lui appartient en entier. C'est également lui qui avait exécuté en platine, sous la direction de M. Chabanon, un superbe nécessaire destiné au roi d'Espagne.

Ces pièces, et principalement le vase qui est sous les yeux de l'Académie, prouvent qu'on peut fabriquer avec le platine des ustensiles de toute espèce. Ce vase contient, en effet, des parties planées à froid, telles que le fond, et des parties soudées. Il n'est rien qu'on ne puisse exécuter avec la réunion de ces deux moyens.

Il ne dépend donc plus que du Gouvernement espagnol, qui a dans sa possession les seules mines de platine que l'on connaisse, de nous faire jouir des avantages que ce métal, inaltérable et préférable à l'or, promet dans les différents usages des arts et de la société.

IMPRIMERIE NATIONALE.

MÉMOIRE

SUR

LA NÉCESSITÉ DE RÉFORMER ET DE PERFECTIONNER LA NOMENCLATURE DE LA CHIMIE[1].

Le travail que nous présentons à l'Académie a été entrepris en commun par M. de Morveau, par M. Bertholet, par M. de Fourcroy et par moi; il est le résultat d'un grand nombre de conférences dans lesquelles nous avons été aidés des lumières et des conseils d'une partie des géomètres de l'Académie et de plusieurs chimistes.

Longtemps avant que les découvertes modernes eussent donné à la chimie une forme pour ainsi dire nouvelle, les savants qui la cultivaient avaient reconnu la nécessité d'en modifier la nomenclature. M. Macquer et M. Baumé s'en étaient occupés avec beaucoup de succès dans les leçons qu'ils ont données pendant plusieurs années et dans les ouvrages qu'ils ont publiés. C'est à eux qu'on doit principalement d'avoir désigné les sels métalliques par le nom de l'acide et par celui du métal qui entrent dans leur composition, d'avoir classé sous le nom de *vitriols* tous les sels résultant de la dissolution d'une substance métallique par l'acide vitriolique; sous le nom de *nitres* tous les sels dans lesquels entre l'acide nitreux. Depuis M. Bergman, M. Bucquet et M. de Fourcroy ont étendu plus loin l'application des mêmes principes,

[1] Lu à l'assemblée publique de l'Académie royale des sciences du 17 avril 1787. Ce mémoire et le suivant ont été publiés dans le volume intitulé *Méthode de nomenclature chimique*, proposée par MM. de Morveau, Lavoisier, Berthollet et de Fourcroy. — Paris, 1787, in-8°.

et la nomenclature de la chimie a acquis, entre leurs mains, des degrés successifs de perfection.

Mais aucun chimiste n'avait conçu un plan d'une aussi vaste étendue que celui dont M. de Morveau a présenté le tableau en 1782. Il avait pris, dès lors, l'engagement de rédiger la partie chimique de l'*Encyclopédie méthodique*. Destiné à porter, en quelque façon, la parole au nom des chimistes français, et dans un ouvrage national, il ne s'était pas dissimulé qu'il ne suffisait pas de créer une langue, qu'il fallait encore qu'elle fût adoptée et qu'il n'y avait que la convention qui pût fixer la valeur des termes. Il crut donc qu'avant de se livrer à l'entreprise pénible dont il s'était chargé il était nécessaire de pressentir les chimistes français, de développer à leurs yeux les principes généraux qui devaient lui servir de guide, de leur présenter des tableaux de la nomenclature méthodique qu'il se proposait d'adopter, et de leur demander une sorte de consentement au moins tacite. Son mémoire fut publié alors dans le *Journal de physique*, et il eut la modestie de solliciter, non les suffrages, mais les objections de tous ceux qui cultivaient la chimie.

Quelque près que M. de Morveau eût approché du but de cette première tentative, il ne l'avait pas encore atteint. Il a bien senti lui-même que, dans une science qui est, en quelque façon, dans un état de mobilité, qui marche à grands pas vers sa perfection, dans laquelle des théories nouvelles se sont élevées, il était d'une extrême difficulté de former une langue qui convînt aux différents systèmes et qui satisfît à toutes les opinions sans en adopter exclusivement aucune.

Pour s'affermir dans sa marche, M. de Morveau a désiré de s'appuyer des conseils de quelques-uns des chimistes de l'Académie; il a fait cette année un voyage à Paris dans ce dessein; il a offert le sacrifice de ses propres idées, de son propre travail; et l'amour de la propriété littéraire a cédé chez lui à l'amour de la science. Dans les conférences qui se sont établies, nous avons cherché à nous pénétrer tous du même esprit; nous avons oublié ce qui avait été fait, ce que nous avions fait nous-mêmes, pour ne voir que ce qu'il y avait à faire; et ce n'est qu'après avoir passé plusieurs fois en revue toutes les parties de la chimie, après avoir profondément médité sur la métaphysique des langues et sur le rapport des idées avec les mots, que nous avons hasardé de nous former un plan.

Nous parviendrions difficilement à intéresser l'assemblée qui nous écoute, si nous entreprenions d'énoncer et discuter les mots techniques que nous avons adoptés. Ces détails seront l'objet d'un second mémoire que M. de Morveau s'est chargé de rédiger, et nous le réservons pour nos séances particulières. Nous nous bornerons à entretenir, dans ce moment, l'Académie des vues générales qui nous ont dirigés, de l'espèce de métaphysique qui nous a guidés; les principes une fois posés, il ne nous restera plus qu'à en faire des applications, à présenter des tableaux et à y joindre des explications sommaires; ces tableaux demeureront exposés, tout le temps qui sera jugé nécessaire, dans la salle de l'Académie, afin que chacun puisse en prendre une connaissance approfondie, que nous puissions recueillir des avis et perfectionner notre travail par la discussion.

Les langues n'ont pas seulement pour objet, comme on le croit communément, d'exprimer par des signes des idées et des images; ce sont, de plus, de véritables méthodes analytiques, à l'aide desquelles nous procédons du connu à l'inconnu, et, jusqu'à un certain point, à la manière des mathématiciens; essayons de développer cette idée.

L'algèbre est la méthode analytique par excellence; elle a été imaginée pour faciliter les opérations de l'esprit, pour abréger la marche du raisonnement, pour resserrer dans un petit nombre de lignes ce qui aurait exigé un grand nombre de pages de discussions, enfin pour conduire d'une manière plus commode, plus prompte et plus sûre à la solution de questions très compliquées. Mais un instant de réflexion fait aisément apercevoir que l'algèbre est une véritable langue; comme toutes les langues, elle a ses signes représentatifs, sa méthode, sa grammaire, s'il est permis de se servir de cette expression. Ainsi une méthode analytique est une langue; une langue est une méthode analytique, et ces deux expressions sont, dans un certain sens, synonymes.

Cette vérité a été développée avec infiniment de justesse et de clarté dans la *Logique* de l'abbé de Condillac, ouvrage que les jeunes gens qui se destinent aux sciences ne sauraient trop lire et dont nous ne pouvons nous dispenser d'emprunter quelques idées. Il y a fait voir comment on pouvait traduire le langage algébrique en langage vulgaire et réciproquement; comment la marche de l'esprit était la même dans les deux cas; comment l'art de raisonner était l'art d'analyser.

Mais si les langues sont de véritables instruments que les hommes se sont formés pour faciliter les opérations de leur esprit, il est important que ces instruments soient les meilleurs qu'il est possible, et c'est travailler véritablement à l'avancement des sciences que de s'attacher à les perfectionner.

C'est surtout pour ceux qui commencent à se livrer à l'étude d'une science que la perfection de son langage est importante; on en sera convaincu si l'on veut réfléchir un moment sur la manière dont s'acquièrent nos connaissances.

Dans notre première enfance nos idées viennent de nos besoins; la sensation de nos besoins fait naître l'idée des objets propres à les satisfaire et, insensiblement, par une suite de sensations, d'observations et d'analyses, il se forme une génération successive d'idées, toutes liées les unes aux autres, dont un observateur attentif peut même, jusqu'à un certain point, retrouver le fil et l'enchaînement, et qui constituent l'ensemble de ce que nous savons.

Lorsque nous nous livrons, pour la première fois, à l'étude d'une science, nous sommes, par rapport à cette science, dans un état très analogue à celui dans lequel sont les enfants, et la marche que nous avons à suivre est précisément celle que suit la nature dans la formation de leurs idées. De même que, dans l'enfant, l'idée est une suite, un effet de la sensation, que c'est la sensation qui fait naître l'idée, de même aussi, pour celui qui commence à se livrer à l'étude des sciences physiques, les idées ne doivent être qu'une conséquence immédiate d'une expérience ou d'une observation.

Qu'il nous soit permis d'ajouter que celui qui entre dans la carrière des sciences est, par rapport à ces sciences, dans une situation moins avantageuse même que l'enfant qui acquiert ses premières idées. Si celui-ci s'est trompé sur les effets salutaires ou nuisibles des objets qui l'environnent, la nature lui donne des moyens multipliés de se rectifier. A chaque instant le jugement qu'il a porté se trouve redressé par l'expérience. La privation ou la douleur viennent à la suite d'un jugement faux, la jouissance et le plaisir, à la suite d'un jugement juste. Avec de tels maîtres on devient bientôt conséquent et il faut bien s'accoutumer à raisonner juste quand on ne peut raisonner autrement sous peine de souffrir.

Il n'en est pas de même dans l'étude et dans la pratique des sciences; les faux jugements que nous portons n'intéressent ni notre existence, ni notre bien-être; aucun intérêt physique ne nous oblige de nous rectifier; l'imagination, au contraire, qui tend à nous porter continuellement au delà du vrai, la confiance en nous-mêmes, qui touche de si près à l'amour-propre, nous sollicitent à tirer des conséquences qui ne dérivent pas immédiatement des faits; il n'est donc pas étonnant que, dans des temps très voisins du berceau de la chimie, on ait supposé au lieu de conclure; que les suppositions transmises d'âge en âge se soient transformées en préjugés et que ces préjugés aient été adoptés et regardés comme des vérités fondamentales, même par de très bons esprits.

Le seul moyen de prévenir ces écarts consiste à supprimer ou au moins à simplifier, autant qu'il est possible, le raisonnement qui est de nous et qui peut seul nous égarer; à le mettre continuellement à l'épreuve de l'expérience; à ne conserver que les faits qui sont des vérités données par la nature et qui ne peuvent nous tromper; à ne chercher la vérité que dans l'enchaînement des expériences et des observations, surtout dans l'ordre dans lequel elles sont présentées, de la même manière que les mathématiciens parviennent à la solution d'un problème par le simple arrangement des données, et en réduisant le raisonnement à des opérations si simples, à des jugements si courts qu'ils ne perdent jamais de vue l'évidence qui leur sert de guide.

Cette méthode, qu'il est si important d'introduire dans l'étude et dans l'enseignement de la chimie, est étroitement liée à la réforme de sa nomenclature; une langue bien faite, une langue dans laquelle on aura saisi l'ordre successif et naturel des idées, entraînera une révolution nécessaire et même prompte dans la manière d'enseigner; elle ne permettra pas à ceux qui professeront la chimie de s'écarter de la marche de la nature; il faudra ou rejeter la nomenclature ou suivre irrésistiblement la route qu'elle aura marquée. C'est ainsi que la logique des sciences tient essentiellement à leur langue et, quoique cette vérité ne soit pas neuve, quoiqu'elle ait été déjà énoncée, comme elle n'est pas suffisamment répandue, nous avons cru nécessaire de la retracer ici.

Si après avoir considéré les langues comme des méthodes analytiques, nous les considérons simplement comme une collection de signes représentatifs, elles nous présenteront des observations d'un autre genre. Nous aurons, sous ce second point de vue, trois choses à distinguer dans toute science physique : la série des faits qui constitue la science; les idées qui rappellent les faits; les mots qui les expriment. Le mot doit faire naître l'idée; l'idée doit peindre le fait; ce sont trois empreintes d'un même cachet, et comme ce sont les mots qui conservent les idées et qui les transmettent, il en résulte qu'il serait impossible de perfectionner la science si on n'en perfectionnait le langage, et que, quelque vrais que fussent les faits, quelque justes que fussent les idées qu'ils auraient fait naître, ils ne transmettraient encore que des impressions fausses si on n'avait pas des expressions exactes pour les rendre. La perfection de la nomenclature de la chimie, envisagée sous ce rapport, consiste à rendre les idées et les faits dans leur exacte vérité, sans rien supprimer de ce qu'ils présentent, surtout sans y rien ajouter; elle ne doit être qu'un miroir fidèle, car, nous ne saurions trop le répéter, ce n'est jamais la nature ni les faits qu'elle présente, mais notre raisonnement, qui nous trompe.

On sent assez, sans que nous soyons obligés d'insister sur les preuves, que la langue de la chimie, telle qu'elle existe aujourd'hui, n'a point été formée d'après ces principes; et comment aurait-elle pu l'être dans des siècles où la marche de la physique expérimentale n'était point encore connue, où l'on donnait tout à l'imagination, presque rien à l'observation, où l'on ignorait jusqu'à la méthode d'étudier?

Une partie d'ailleurs des expressions dont on se sert en chimie y a été introduite par les alchimistes; il leur aurait été difficile de transmettre à leurs lecteurs ce qu'ils n'avaient pas eux-mêmes, des idées justes et vraies. De plus, leur objet n'était pas toujours de se faire entendre. Ils se servaient d'un langage énigmatique qui leur était particulier, qui, le plus souvent, présentait un sens pour les adeptes, un autre sens pour le vulgaire, et qui n'avait rien d'exact et de clair, ni pour les uns, ni pour les autres. C'est ainsi que l'huile, le mercure, l'eau elle-même des philosophes n'étaient ni l'huile, ni le mercure, ni l'eau dans le sens que nous y attachons. L'*homo galeatus*, l'homme armé, désignait une cucurbite garnie de son chapiteau; la tête de mort, un chapiteau d'alambic; le pélican exprimait un vaisseau distillatoire; le *caput mortuum*, la terre damnée, signifiait le résidu d'une distillation.

Une autre classe de savants, qui n'ont pas beaucoup moins défiguré le langage de la chimie, sont les chimistes systématiques. Ils ont rayé du nombre des faits ce qui ne cadrait pas avec leurs idées; ils ont, en quelque façon, dénaturé ceux qu'ils ont bien voulu conserver; ils les ont accompagnés d'un appareil de raisonnement, qui fait perdre de vue le fait en lui-même; en sorte que la science n'est plus entre leurs mains que l'édifice élevé par leur imagination.

Il est temps de débarrasser la chimie des obstacles de toute espèce qui retardent ses progrès, d'y introduire un véritable esprit d'analyse, et nous avons suffisamment établi que c'était par le perfectionnement du langage que cette réforme devait être opérée. Nous sommes bien éloignés sans doute de connaître tout l'ensemble, toutes les parties de la science; on doit donc s'attendre qu'une nomenclature nouvelle, avec quelque soin qu'elle soit faite, sera loin de son état de perfection; mais pourvu qu'elle ait été entreprise sur de bons principes; pourvu que ce soit une méthode de nommer plutôt qu'une nomenclature, elle s'adaptera naturellement aux travaux qui seront faits dans la suite; elle marquera d'avance la place et le nom des nouvelles substances qui pourront être découvertes et elle n'exigera que quelques réformes locales et particulières.

Nous serions en contradiction avec tout ce que nous venons d'exposer si nous nous livrions à de grandes discussions sur les principes constituants des corps et sur leurs molécules élémentaires. Nous nous contenterons de regarder ici comme simples toutes les substances que nous ne pouvons pas décomposer, tout ce que nous obtenons en dernier résultat par l'analyse chimique. Sans doute un jour ces substances, qui sont simples pour nous, seront décomposées à leur tour, et nous touchons probablement à cette époque pour la terre siliceuse et pour les alcalis fixes; mais notre imagination n'a pas dû devancer les faits, et nous n'avons pas dû en dire plus que la nature ne nous en apprend.

Ce sont ces substances, que nous appelons sans doute improprement substances simples, que nous avons cru devoir nommer les premières; la plupart portent déjà des noms dans l'usage de la société; et, à moins que nous n'y ayons été forcés par des motifs très déterminants, nous nous sommes fait une loi de les conserver. Mais, lorsque ces noms entraînaient des idées évidemment fausses, lorsqu'ils pouvaient faire confondre ces substances avec celles qui sont douées de propriétés différentes ou opposées, nous nous sommes permis d'en substituer d'autres que nous avons le plus souvent empruntés du grec. Nous avons fait en sorte d'exprimer par ces nouveaux noms la propriété la plus générale, la plus caractéristique du corps qu'ils désignaient. Nous y avons trouvé deux avantages : le premier, de soulager la mémoire des commençants, qui retiennent difficilement un mot nouveau lorsqu'il est absolument vide de sens; le second, de les accoutumer de bonne heure à n'admettre aucun mot sans y rattacher une idée.

A l'égard des corps qui sont composés de deux substances simples,

IMPRIMERIE NATIONALE.

comme leur nombre est déjà fort considérable, il était indispensable de les classer. Dans l'ordre naturel des idées, le nom de classe et de genre est celui qui rappelle les propriétés communes à un grand nombre d'individus; celui d'espèce est celui qui ramène l'idée aux propriétés particulières de quelques individus. Cette logique naturelle appartient à toutes les sciences; nous avons cherché à l'appliquer à la chimie.

Les acides, par exemple, sont composés de deux substances de l'ordre de celles que nous regardons comme simples, l'une qui constitue l'acidité et qui est commune à tous; c'est de cette substance que doit être emprunté le nom de classe ou de genre; l'autre qui est propre à chaque acide, qui est différente pour chacun, qui les différencie les uns des autres, et c'est de cette substance que doit être emprunté le nom spécifique.

Mais, dans la plupart des acides, les deux principes constituants, le principe acidifiant et le principe acidifié, peuvent exister dans des proportions différentes qui constituent également des points d'équilibre ou de saturation; c'est ce qu'on observe dans l'acide vitriolique et dans l'acide sulfureux; nous avons exprimé ces deux états du même acide en faisant varier la terminaison du nom spécifique.

Les chaux métalliques sont composées d'un principe qui est commun à toutes et d'un principe particulier propre à chacune; nous avons dû également les classer sous un nom générique dérivé du principe commun et les différencier les unes des autres par le nom particulier du métal auquel elles appartiennent.

Les substances combustibles, qui, dans les acides et dans les chaux métalliques, sont un principe spécifique et particulier, sont susceptibles de devenir à leur tour un principe commun à un grand nombre de combinaisons. Les foies de soufre et toutes les combinaisons sulfureuses ont été longtemps les seuls connus en ce genre; on sait aujourd'hui que le charbon se combine avec le fer et peut-être avec plusieurs autres métaux; qu'il en résulte, suivant les proportions, de l'acier, de la plombagine, etc. Nous avons encore rassemblé ces différentes combinaisons sous des noms génériques, dérivés de celui de la substance commune, avec une terminaison qui rappelle cette analogie, et nous les avons spécifiées par un autre nom dérivé de leur substance propre.

La nomenclature des êtres composés de trois substances simples présentait un peu plus de difficultés, en raison de leur nombre, et surtout parce qu'on ne peut exprimer la nature de leurs principes constituants sans employer des noms plus composés. Nous avons eu à considérer dans les corps qui forment cette classe, tels que les sels neutres, par exemple : 1° le principe acidifiant qui est commun à tous; 2° le principe acidifiable qui constitue leur acide propre; 3° la base saline terreuse et métallique qui détermine l'espèce particulière de sel. Nous avons emprunté le nom de chaque classe de sel de celui du principe acidifiable commun à tous les individus de la classe; nous avons ensuite distingué chaque espèce par le nom de la base saline terreuse ou métallique qui lui est particulière.

Un sel, quoique composé des trois mêmes principes, peut être cependant dans des états différents, par la seule différence de leur proportion. Le sel sulfureux de Stahl, le tartre vitriolé, le tartre vitriolé avec excès d'acide, sont trois sels dont les propriétés ne sont pas les mêmes, et cependant ils sont tous trois composés de soufre, de principe acidifiant et d'alcali fixe. La nomenclature que nous proposons aurait été défectueuse si elle n'eût pas exprimé ces différents états, et nous y sommes principalement parvenus par des changements de terminaisons que nous avons rendues uniformes pour un même état des différents sels.

Enfin nous sommes arrivés au point que, par le mot seul, on reconnaît sur-le-champ quelle est la substance combustible qui entre dans la combinaison dont il est question; si cette substance combustible est combinée avec le principe acidifiant, et dans quelle proportion; dans quel état est cet acide, à quelle base il est uni; s'il y a saturation exacte; si c'est l'acide ou bien si c'est la base qui est en excès.

On conçoit que nous n'avons pu remplir ces différents objets sans blesser souvent les usages reçus et sans adopter des dénominations qui paraîtront dures et barbares dans le premier moment; mais nous avons observé que l'oreille s'accoutumait promptement aux mots nouveaux, surtout lorsqu'ils se trouvent liés à un système général et raisonné. Les noms au surplus qui sont actuellement en usage, tels que ceux de *poudre d'Algaroth*, de *sel Alembroth*, de *Pompholix*, d'*eau phagédénique*, de *turbith minéral*, d'*éthiops*, de *colcothar*, et beaucoup d'autres, ne sont ni moins durs, ni moins extraordinaires; il faut une grande habitude et beaucoup de mémoire pour se rappeler les substances qu'ils expriment, et surtout pour reconnaître à quel genre de combinaison ils appartiennent. Les noms d'*huile de tartre par défaillance*, d'*huile de vitriol*, de *beurres d'arsenic* et d'*antimoine*, de *fleurs de zinc*, etc., sont plus ridicules encore, parce qu'ils font naître des idées fausses, parce qu'il n'existe, à proprement parler, dans le règne minéral, et surtout dans le règne métallique, ni beurre, ni huile, ni fleurs; enfin parce que les substances qu'on désigne sous ces noms trompeurs sont la plupart de violents poisons.

Nous pardonnera-t-on d'avoir changé la langue que nos maîtres ont parlée, qu'ils ont illustrée, et qu'ils nous ont transmise? Nous l'espérons d'autant plus que c'est Bergman et Macquer qui ont sollicité cette réforme. Le savant professeur d'Upsal, M. Bergman, écrivait à M. de Morveau, dans les derniers temps de sa vie : *Ne faites grâce à aucune dénomination impropre. Ceux qui savent déjà entendront toujours, ceux qui ne savent encore pas entendront plus tôt.* Appelés à cultiver le champ qui a produit pour ces chimistes de si abondantes récoltes, nous avons regardé comme un devoir de remplir le dernier vœu qu'ils ont formé.

RAPPORT

SUR

LES NOUVEAUX CARACTÈRES CHIMIQUES[1].

EXTRAIT DES REGISTRES DE L'ACADÉMIE ROYALE DES SCIENCES
DU 27 JUIN 1787.

L'Académie nous a chargés, M. Bertholet, M. de Fourcroy et moi, de lui rendre compte de deux mémoires qui ont été lus dans ses séances par MM. Hassenfratz et Adet sur un nouveau système de caractères chimiques. Le plan qu'ils se sont formé et qui nous a paru très ingénieux consiste à exprimer par des lignes droites toutes les substances qu'on peut, dans l'état actuel de nos connaissances, regarder comme élémentaires; à exprimer par des demi-cercles les substances combustibles acidifiables, telles que le soufre, le charbon et le phosphore; par des carrés, les substances plus composées qui combinées avec l'oxygène forment des acides; par des triangles, les alcalis et les terres; par des lozanges, les substances composées, dont l'analyse n'est point connue et qui ne sont point acidifiables; enfin par des cercles, les substances métalliques. Toutes les substances premières ainsi classées et distinguées par des caractères d'une forme très différente et qui ne peuvent se confondre, il ne s'agissait plus que de distinguer les espèces, et ils y

[1] Ce rapport a été imprimé dans le volume intitulé *Méthode de nomenclature chimique*. (*Note de l'éditeur.*)

sont parvenus : pour les substances élémentaires, en faisant varier la position de la ligne droite; pour les substances combustibles simples, telles que le charbon, le soufre, le phosphore, par les différentes positions du demi-cercle, en l'ouvrant en haut ou en bas, à droite ou à gauche; enfin pour les terres, les alcalis, les métaux et les principes acidifiables, en mettant dans l'intérieur du caractère la première lettre du nom latin de chaque substance.

Le nombre des caractères primitifs que MM. Hassenfratz et Adet ont été obligés d'employer est de cinquante-cinq, et ce nombre répond exactement à celui des substances présentées, non pas comme simples, mais comme premières relativement à l'état actuel de nos connaissances. Dans le tableau de la nouvelle nomenclature, toutes ces substances se combinent dans la nature deux à deux, trois à trois, quatre à quatre, etc. Elles se combinent dans des proportions qui varient, et c'est de ces différentes combinaisons que résulte tout l'ensemble des trois règnes, même les corps vivants et animés. C'est de même par la réunion des signes caractéristiques des substances simples que MM. Hassenfratz et Adet composent les signes caractéristiques des substances composées; en sorte que la réunion de leurs caractères représente fort exactement l'ordre des combinaisons connues.

Si MM. Hassenfratz et Adet n'ont pas pu indiquer avec précision dans le plan qu'ils se sont formé la proportion des substances qui entrent dans les combinaisons, ils sont parvenus au moins à en donner une notion assez exacte par la disposition de leurs caractères. Deux substances sont-elles combinées dans une proportion égale ou à peu près égale, les deux caractères qui les expriment sont rangés sur une même ligne horizontale. L'une des deux est-elle en excès sur l'autre, les deux caractères sont au-dessus l'un de l'autre et la substance la plus abondante occupe le bas.

Nous ne suivrons pas MM. Hassenfratz et Adet dans le détail de leur travail, nous nous contenterons de rapporter un exemple, nous le tirerons du soufre et de ses combinaisons.

Le soufre, dans leurs tables, est exprimé par un demi-cercle ouvert en haut. Veulent-ils exprimer que cette substance est fondue, ils y joignent le caractère du calorique et le placent au milieu du corps du caractère. Veulent-ils exprimer que le soufre est dans l'état de vapeurs ou de gaz, le même caractère du calorique, placé plus bas, répond à cette indication.

Ils peuvent ensuite représenter le soufre acidifié, en le combinant avec le caractère de l'oxygène; et, suivant la position de ce dernier, ils peuvent désigner l'acide sulfureux, l'acide sulfurique ou vitriolique, et même l'acide sulfurique oxygéné, si toutefois cette dernière combinaison existe.

De la réunion des caractères des acides sulfureux ou sulfurique avec différentes bases se composent les caractères de tous les sels neutres, alcalins, terreux et métalliques, et MM. Hassenfratz et Adet expriment de même l'excès de l'acide ou de la base par la position respective des caractères.

MM. Hassenfratz et Adet se sont attachés, dans leur travail, à n'exprimer que des faits et à repousser toute hypothèse; ils n'ont point admis, en conséquence, le phlogistique, dont l'existence ne leur a pas paru prouvée, et sans lequel d'ailleurs on peut expliquer les phénomènes de la chimie, et ils se sont trouvés conduits par la force même des choses à adopter ce qu'on nomme la *théorie nouvelle*. Comme cette doctrine est devenue la nôtre, celle de quelques chimistes très célèbres et celle même d'une partie de l'Académie, nous espérons qu'elle voudra bien permettre que nous profitions de cette circonstance pour la justifier à ses yeux et pour répondre aux objections par lesquelles on a prétendu la combattre. Cette discussion est d'autant plus nécessaire, elle est d'autant moins étrangère à l'objet de ce rapport que le sort du travail de MM. Hassenfratz et Adet se trouve étroitement lié avec celui de la doctrine nouvelle.

Si on prend un corps solide, de la glace, par exemple, et qu'on l'échauffe, elle se convertira en eau, et cette eau prendra la forme de vapeurs ou de gaz si on l'expose à une chaleur de 80 degrés. On peut dire la même chose de presque tous les corps de la nature; ils sont solides, liquides ou aériformes, suivant le degré de chaleur auquel on les expose[1]. La physique moderne a même trouvé des méthodes pour mesurer avec exactitude le rapport des quantités de chaleur nécessaire pour convertir une partie des corps solides en liquides et ceux-ci en fluides aériformes[2].

En empruntant, pour exprimer ces faits, la nouvelle nomenclature que nous avons adoptée, nous dirons qu'un gaz ou fluide aériforme est une combinaison du calorique avec une substance quelconque; et, en effet, toutes les fois qu'il y a formation de gaz, il y a emploi de calorique; et, réciproquement, toutes les fois qu'un gaz passe à l'état solide ou fluide, la portion de calorique nécessaire pour le constituer dans l'état de gaz reparaît et devient libre[3]. Cet énoncé est rigoureusement vrai, quelque idée qu'on attache au mot calorique, soit qu'on le considère comme un fluide élastique très subtil, soit qu'on le regarde comme une modification[4].

Nous ne nions pas qu'il n'existe du calorique dans les corps solides[5]; prétendre le contraire, ce serait aller contre l'évidence. Mais nous disons que le même corps contient plus de calorique dans l'état liquide qu'il n'en contenait dans l'état solide et plus encore lorsqu'il est porté à l'état aériforme. Nous ne connaissons point encore d'exception à ce principe général.

Il est donc nécessaire de distinguer dans toute espèce de gaz le calorique qui fait office de dissolvant et la substance qui lui est unie et qui lui sert de base[6]. L'air vital a donc sa base, et c'est à cette base que nous donnons le nom d'*oxygène*. Nous distinguons également la base du

[1] Voir le mémoire sur la combinaison de la matière du feu avec les fluides évaporables et sur la formation des fluides élastiques aériformes. *Mém. Acad. des sciences*, année 1777, p. 420. Voir aussi même volume, p. 595 et suiv.

[2] Voir Mémoire sur la chaleur. *Acad. des sciences*, année 1780, p. 355.

[3] *Mém. acad.*, 1777, p. 424.

[4] Nous ne distinguons point ici le calorique de la lumière, quoique cette distinction fût cependant nécessaire; mais nous avons craint d'interrompre le fil du raisonnement par de trop longues discussions.

[5] *Mém. Acad. des sciences*, année 1783, p. 524 et suiv.

[6] *Ibid.*, année 1777, p. 595 et suiv.

gaz inflammable, et c'est elle que nous désignons par le mot d'*hydrogène*. Nous ne dirons donc pas que l'air vital se combine avec les métaux pour former les chaux métalliques; cette manière de nous énoncer ne serait pas suffisamment exacte; mais nous dirons que, lorsqu'un métal est élevé à un certain degré de température, lorsque ses molécules ont été écartées jusqu'à un certain point les unes des autres par la chaleur et que leur attraction a été suffisamment diminuée, il devient susceptible de décomposer l'air vital, d'enlever sa base, c'est-à-dire l'oxygène, au calorique, et qu'alors ce dernier devient libre. Cette explication de ce qui se passe dans la calcination n'est point une hypothèse, c'est le résultat des faits. Il y a plus de douze ans que les preuves en ont été mises par l'un de nous sous les yeux de l'Académie et qu'elles ont été vérifiées par une commission nombreuse[1]. Il fut constaté alors que lorsqu'on opérait la calcination des métaux, soit sous des cloches de verre, soit dans des vaisseaux fermés et dans des quantités connues d'air, il y avait décomposition de l'air et que le métal se trouvait augmenté en poids d'une quantité rigoureusement la même que celle de l'air absorbé. Depuis il a été reconnu que, lorsqu'on opérait dans de l'air vital très pur, on pouvait l'absorber en entier; que, lorsqu'on opérait dans des vaisseaux scellés hermétiquement, la calcination était limitée par la quantité d'air contenu dans les vaisseaux, mais que le vaisseau lui-même n'augmentait ni ne diminuait de poids pendant l'opération[2]. Enfin, on a observé que plus la calcination du métal était rapide, plus le dégagement du calorique était prompt, et que la calcination du fer, par exemple, devenait une véritable combustion lorsqu'on opérait dans l'air vital.

Il y a de même absorption totale de l'air vital, ou plutôt de l'oxygène qui forme sa base, dans la combustion du phosphore, et le poids de l'acide phosphorique qu'on obtient se trouve rigoureusement égal au poids du phosphore, plus à celui de l'air vital, employé dans la com-

[1] Voir *Opuscules chimiques*, de M. Lavoisier, chap. V et VI, deuxième partie.

[2] *Mém. acad.*, année 1774, p. 351 et suiv.

IMPRIMERIE NATIONALE.

bustion[1]. Le même rapport des poids s'observe dans la combustion du gaz inflammable, et de l'air vital, dans celle du charbon[2], etc. Dans toutes ces opérations, le calorique et la lumière, qui tenaient l'oxygène en expansion, deviennent libres avec cette circonstance remarquable, cependant, qu'il y a plus de calorique dégagé dans la combustion du gaz inflammable que dans celle du phosphore, par la raison que les deux airs en fournissent, tandis qu'au contraire il y en a moins de dégagé dans la combustion du charbon, parce que le résultat de cette combustion étant de l'acide carbonique ou air fixe, il y a emploi de calorique pour le maintenir dans l'état aériforme.

Rien n'est supposé dans ces explications, tout est prouvé, le poids et la mesure à la main. Qu'est-il donc besoin de recourir à un principe hypothétique qu'on suppose toujours et qu'on ne prouve jamais; qu'on est obligé de regarder tantôt comme pesant, tantôt comme exempt de pesanteur et auquel on est quelquefois forcé de supposer même une pesanteur négative; qui tantôt passe et tantôt ne passe point à travers les vaisseaux; qu'on n'ose définir rigoureusement parce que son mérite et sa commodité consistent dans le vague même des définitions qu'on lui donne?

C'est un beau fait sans doute, observé par Stahl, que la propriété de brûler peut se transporter d'un corps à un autre, suivant de certaines lois et de certaines affinités; mais, aujourd'hui que nous reconnaissons que la propriété de brûler n'est autre chose que la propriété qu'ont quelques substances de décomposer l'air vital, la grande affinité qu'elles ont pour l'oxygène, l'observation générale de Stahl se réduit à ce simple énoncé : qu'*un corps cesse d'être combustible dès que son affinité pour l'oxygène est satisfaite, dès qu'il en est saturé; mais qu'il redevient combustible dès que l'oxygène lui a été enlevé par un autre corps qui a plus d'affinité avec ce principe.*

Un des points de la doctrine moderne, qui paraît le plus solidement

[1] Voir *Opuscules chimiques*, de M. Lavoisier, chap. IX, p. 327, et *Mém. acad.*, année 1777, p. 65 et suiv.

[2] *Mém. Acad. des sciences*, année 1781 pages 448 et 468.

établi, est la formation, la décomposition et la recomposition de l'eau; et comment serait-il possible d'en douter, quand on voit qu'en brûlant ensemble 15 grains de gaz inflammable et 85 d'air vital, on obtient exactement 100 grains d'eau, qu'on peut, par voie de décomposition, retrouver ces deux mêmes principes et dans les mêmes proportions[1]? Si on doutait d'une vérité établie par des expériences si simples, si palpables, il n'y aurait plus rien de certain en physique; il faudrait mettre en question si le tartre vitriolé est réellement composé d'acide vitriolique et d'alcali fixe; le sel ammoniac, d'acide marin et d'alcali volatil, etc. Car les preuves que nous avons de la composition de ces sels sont du même genre, et elles ne sont pas plus rigoureuses que celles qui établissent la composition de l'eau.

Rien peut-être ne prouve mieux l'insuffisance de la théorie ancienne que les explications forcées qu'on a cherché à donner de ces expériences.

L'eau, dit-on, qu'on obtient était dans les deux airs, dans les deux gaz qui ont servi à la combustion[2]. Mais 100 grains d'air ne peuvent pas contenir 100 grains d'eau, autrement il faudrait dire que le gaz inflammable est de l'eau, que l'air vital est de l'eau et que ces deux fluides aériformes sont une même chose, ce qui est contraire à l'évidence, puisqu'il est de principe que deux corps qui ont des propriétés très différentes ne sont pas une seule et même chose.

Il est d'ailleurs un autre genre d'expériences qui détruit tout ce système d'explication : c'est la révivification des chaux métalliques dans le gaz inflammable à l'aide du verre ardent. Si l'on fait passer sous une cloche ou jarre remplie de mercure et plongée dans du mercure une pinte, c'est-à-dire deux grains de gaz inflammable[3], si on y introduit ensuite une chaux métallique et qu'on fasse tomber dessus le foyer d'un verre ardent, le gaz inflammable est absorbé en totalité, en même temps le métal se revivifie, et il se dépose une quantité assez consi-

[1] Voir *Mém. acad.*, année 1781, p. 269 et suiv., 468 et suiv.

[2] Voir ci-dessus pages 249 et 250.

[3] Expériences du docteur Priestley.

dérable d'eau, tant sur les parois de la cloche ou jarre que sur la surface du mercure. On n'a point encore déterminé par des expériences exactes la quantité d'eau qu'on obtient dans cette opération; mais il est au moins prouvé qu'elle excède de beaucoup le poids du gaz inflammable qu'on a employé; elle ne pouvait donc être contenue dans ce gaz, et il serait absurde de supposer que deux grains de gaz inflammable pussent tenir huit ou dix grains, et même plus, d'eau en dissolution.

On a déduit des phénomènes qui ont lieu dans l'atmosphère un autre argument, qui n'est pas plus concluant; on a observé «que lorsque dans un orage d'été, le ciel déjà obscurci par un amas de nuages épais, sombres et entassés, une décharge subite du tonnerre rompt tout à coup cette combinaison, lorsqu'en un clin-d'œil cet immense nuage crève, fond et couvre la terre d'un déluge d'eau, ce n'est point là une génération. N'est-il pas plus naturel de penser que cette eau, dissoute d'abord et volatilisée par les chaleurs de l'été, mise ainsi dans un état d'expansion dans l'atmosphère à l'aide de cette même chaleur et des différents états dans lesquels cette matière si active, si subite, si légère, si avide de combinaison peut entrer, se trouve précipitée de ces combinaisons diverses par la forte décharge électrique qui se fait dans le nuage et que nous voyons subitement produire cet effet?» On infère de ces réflexions que l'eau qu'on obtient dans la combustion du gaz inflammable et de l'air vital pourrait bien n'être, de même, que le dégagement de l'eau tenue en dissolution dans les deux airs.

C'est ici le cas de nier la conséquence et la parité. Dans les expériences sur la formation de l'eau par la combustion des deux airs, on obtient de l'eau poids pour poids. Il s'en faut bien qu'il en soit ainsi dans l'exemple que l'on cite; à peine dans les plus violents orages tombe-t-il un pouce d'eau, et quand on supposerait même qu'il pût en tomber beaucoup davantage, quand on supposerait que l'air de l'atmosphère peut se dépouiller de la totalité de l'eau qu'il contient, cette quantité, d'après les expériences de M. de Saussure, ne serait encore que d'un cinquantième de son poids. Il resterait donc dans le résultat de cette grande expérience un résidu de quarante-neuf parties sur cinquante, tandis que, dans la combustion des deux airs, il n'y a point de résidu, au moins s'ils sont purs, et que le poids d'eau, comme nous l'avons dit, est exactement égal à celui des deux airs. On peut donc raisonnablement supposer que l'eau qui se dégage dans les orages était tenue en dissolution dans l'air, et qu'une cause quelconque en a opéré la précipitation; mais on ne peut pas supposer la même chose dans le second cas, parce qu'une dissolution ne peut s'opérer sans un dissolvant, et que la substance dissoute, qui est l'eau, égalant la totalité du poids, il faudrait supposer qu'il y a dans le gaz inflammable et dans l'air vital deux dissolvants de l'eau, chacun de nature différente; que tous deux fussent exempts de poids, supposition purement gratuite qui ne cadre point avec les autres faits que nous connaissons et qu'il serait plus difficile d'admettre que la composition de l'eau elle-même.

Ce n'est point, au surplus, par voie de recomposition seulement qu'on est parvenu à reconnaître que l'eau est une substance composée et à déterminer la nature des principes qui entrent dans sa combinaison. On les retrouve par voie d'analyse ou de décomposition, en sorte qu'on est parvenu sur ce point au complément de la preuve chimique. Il suffit de présenter à l'eau un corps qui ait une grande affinité, soit avec l'hydrogène ou base du gaz inflammable, soit avec l'oxygène ou base de l'air vital, pour opérer la séparation des parties constitutives de l'eau; elle se décompose et celui de ses deux principes qui n'a point été engagé dans la nouvelle combinaison s'unit avec le calorique et se montre sous la forme de gaz[1]. Les grands phénomènes de la nutrition et de l'accroissement des animaux et des végétaux, ceux des diverses espèces de fermentations, etc. nous fournissent des exemples multipliés de ces décompositions.

M. Cavendish, M. Kirvan et quelques autres ne s'accordent point entièrement avec nous sur la nature des principes constitutifs de l'eau;

[1] *Mém. Acad. des sciences*, année 1781, p. 468.

ils ont imaginé différentes hypothèses sur la nature et la composition du gaz inflammable et de l'air vital. Quant à nous, qui nous sommes fait une loi de ne rien conclure au delà des faits, nous nous contentons de dire que l'eau est un composé de la base de l'air vital et de celle du gaz inflammable, d'oxygène et d'hydrogène, et, en nous tenant dans ces termes, nous sommes assurés de ne point commettre une erreur.

Nous passons à la théorie de l'acidification, si toutefois on peut donner le nom de théorie à une vérité de fait et d'observation qui, par sa généralité, peut être regardée comme une loi constante de la nature. Nous ne sommes pas encore parvenus à décomposer et à recomposer tous les acides; mais, au moins, nous sommes assurés que l'oxygène est un principe commun et nécessaire à la formation de tous ceux dont nous connaissons la composition. Ainsi il est de fait, et des expériences rigoureuses le prouvent, que le soufre ne peut se convertir en acide sulfurique ou vitriolique qu'autant qu'on lui combine une fois et demie son poids de base de l'air vital ou d'oxygène, que, de même, le phosphore ne devient acide phosphorique et le charbon acide carbonique ou air fixe qu'autant qu'on les combine avec deux parties et demie d'oxygène etc. Jusque-là la doctrine nouvelle de l'acidification n'est, comme l'on voit, que l'exposition d'un fait; mais, lorsque de ces faits particuliers elle tire la conséquence générale que l'oxygène est un principe commun à tous les acides, elle est déterminée à cette conséquence par l'analogie, et c'est alors que commence la théorie; mais les expériences qui se multiplient tous les jours lui donnent une probabilité de plus en plus grande, et nous ne croyons pas que ce soit une des parties des moins importantes de la nouvelle doctrine[1].

On nous oppose que nous n'expliquons pas dans la théorie de l'acidification comment «l'oxygène, base de l'air vital, en s'unissant à un être simple, le soufre, forme l'acide vitriolique, tandis qu'une très pe-

[1] Voir *Opuscules physiques et chimiques*, chap. IX. *Mém. acad.*, année 1776, p. 671, année 1777, pages 65 et 594, année 1778, p. 555.

tite portion de ce même oxygène, uni au soufre, en fait un être gazeux, un être si volatil, en un mot, l'acide sulfureux »? Mais explique-t-on mieux dans l'ancienne théorie comment le même phlogistique qui, dans le soufre, rend l'acide vitriolique concret solide, inodore et insipide, rend ce même soufre éminemment volatil et d'une odeur suffocante dans l'acide sulfureux? D'ailleurs, dans la formation des acides sulfureux et sulfurique ainsi que de tous ceux qui sont le résultat de la combustion ou, pour parler plus exactement, de la combinaison avec l'oxygène, nous n'expliquons pas et nous n'en avons pas la prétention; nous prouvons que cela est ainsi, et nous le prouvons par des expériences publiées il y a plus de douze ans, répétées par un grand nombre de physiciens, et qui n'ont point été contredites. Les partisans au contraire de l'ancienne théorie ne prouvent pas, mais, pour nous servir de leurs propres expressions, *ils expliquent comme ils peuvent à l'aide du phlogistique*; puis ils ajoutent, et ce sont encore leurs propres paroles : « La théorie nouvelle, il ne faut point le dissimuler, a pourtant ses avantages sur l'ancienne, elle suit de plus près la marche des principes des corps; par exemple, le principe vital, cet aliment de la vie et de la flamme, qui passe de l'air dans les acides, des acides dans les différentes combinaisons, l'art le retire encore de ces dernières et le fait reparaître sous sa forme première d'air vital; elle doit ses grands avantages à la précision, au calcul enfin auquel la perfection de nos appareils ont soumis l'analyse. »

Après un aveu si formel, si propre à flatter notre amour-propre, nous serions tentés de ne rien ajouter; cependant qu'il nous soit encore permis d'observer que la doctrine du phlogistique, qu'on qualifie de théorie ancienne, est plus moderne que ce qu'on appelle théorie nouvelle. Ce n'est plus la théorie de Beccher et de Stahl qu'on enseigne aujourd'hui: les découvertes modernes ont obligé de la modifier, de la changer, en sorte qu'il ne reste presque plus rien de cet antique édifice; de courtes réflexions vont le faire sentir.

Le principe introduit dans la chimie sous le nom de principe inflammable, de *phlogiston*, de *phlogistique* était un principe fixe, pesant, une véritable terre. M. Macquer, dans ses derniers ouvrages, a abandonné absolument ce système; c'est un principe subtil, qui n'a point de pesanteur sensible, en un mot, c'est la lumière qu'il a désignée sous le nom de phlogistique. Ainsi M. Macquer a conservé le nom, sans conserver la chose, et on voit qu'il est un des premiers qui ait abandonné la doctrine de Beccher et de Stahl.

M. Baumé a adopté une autre opinion ou plutôt une autre hypothèse, en quelque façon mitoyenne, entre celles de Stahl et de Macquer. Il regarde le phlogistique comme une combinaison du feu avec une substance terreuse. Cette combinaison peut exister suivant lui dans une infinité de proportions, et il en résulte différentes espèces de phlogistiques depuis le feu pur, qui est seulement exempt de pesanteur, jusqu'au phlogistique le plus terreux, qui est en même temps le plus pesant. Cette doctrine est encore fort différente de celle de Beccher et de Stahl; mais on conçoit en même temps combien un principe, qui se prête ainsi à tout, est commode pour expliquer tout; c'est un Protée qui se présente sous toutes les formes, et qui échappe au raisonnement comme à l'expérience, au moment où l'on croit être prêt de le saisir.

M. Kirwan et quelques autres ont cru voir dans le gaz inflammable toutes les propriétés qu'on avait attribuées avant eux au phlogistique. Ils ont, comme M. Macquer, conservé le nom sans conserver la chose; mais comme le gaz inflammable est une substance réelle, dont les propriétés sont bien connues, qui a une pesanteur déterminée, qui entre dans un grand nombre de combinaisons, cette hypothèse ne présentera pas les mêmes ressources à ses défenseurs, et il ne nous sera pas difficile de prouver qu'il n'existe pas de gaz inflammable, ni dans le soufre, ni dans le phosphore, ni dans le charbon pur, ni dans les métaux; que l'air inflammable ne s'y rencontre qu'accidentellement et en raison de l'affinité qu'ont les substances combustibles les unes avec les autres, mais qu'elle n'est point essentielle à leur existence, et qu'on peut l'en séparer sans altérer leurs propriétés constitutives.

Il est évident que toutes ces théories n'ont de commun entre elles que le mot de phlogistique qu'elles ont conservé, et qui est en quelque façon leur terme de ralliement; que le phlogistique des Français n'est point celui des Allemands, moins encore celui des Anglais; et que ces différentes théories, loin de pouvoir être appelées *anciennes*, sont au contraire plus modernes même que la doctrine que l'on caractérise sous le nom de *théorie nouvelle*.

Nous n'inférons point de tout ce que nous venons d'exposer, que l'Académie doive adopter ou rejeter ni la doctrine du phlogistique, ni celle qu'on y a substituée; nous ne croyons pas même qu'elle doive adopter nos propres réflexions. Si l'Académie se rendait responsable de tout ce que contiennent les rapports qui lui sont faits, il en faudrait conclure qu'elle est continuellement errante d'opinions en opinions, successivement cartésienne et newtonienne, persuadée avec Lémery que le feu pur est pesant, et que c'est lui qui augmente le poids des chaux métalliques, persuadée au contraire, avec les disciples de Stahl, que les métaux, en se calcinant, perdent de la matière du feu ou du phlogistique; on la verrait adopter, avec M. l'abbé Nollet, les deux courants électriques, et, avec MM. Francklin et Le Roy, l'électricité positive et négative; bien plus, il faudrait en conclure que, dès 1773, elle avait adopté la doctrine que nous défendons, parce que MM. Macquer, Le Roy, de Montigny et de Trudaine voulurent bien faire un rapport favorable de l'ouvrage de l'un de nous, dans lequel il en posait les premiers fondements. Enfin il faudrait conclure que l'Académie parle tantôt un langage et tantôt un autre; qu'elle croit à une de ses séances à l'existence du phlogistique et qu'elle n'y croit pas une autre; qu'elle adopte la nouvelle nomenclature et qu'elle la rejette, puisque, depuis plusieurs années, il lui est fait journellement des rapports dans chacune des deux doctrines, dans chacune des deux nomenclatures, et que ces rapports ont été approuvés.

Quelque agréable, quelque honorable même qu'il fût pour nous de voir adopter par l'Académie la doctrine que nous professons, nous ne nous flattons pas qu'elle ait obtenu son suffrage, et nous n'avons pas eu même l'ambition de le demander. Nous savons qu'elle est un juge impartial, impassible; qu'elle applaudit aux efforts qui se font sous ses yeux pour détruire les erreurs et les préjugés, pour étendre le domaine de la vérité; mais qu'elle est lente à prononcer. C'est dans la confiance que nous avons dans la sagesse de ses principes que nous espérons qu'elle continuera de voir avec quelque bienveillance une doctrine nouvelle élevée et formée dans son sein, qui a déjà coûté près de vingt ans de travaux, que la force du raisonnement et des faits a obligé plusieurs célèbres chimistes d'adopter, en faveur de laquelle un beaucoup plus grand nombre paraissent au moment de se décider.

Nous ne pouvons donc désapprouver MM. Hassenfratz et Adet, d'avoir adapté les nouveaux signes à la nouvelle nomenclature; nous n'examinerons point ici jusqu'à quel point l'usage des caractères et des signes peut être utile dans la chimie; mais nous croyons que ceux que MM. Hassenfratz et Adet proposent d'adopter sont beaucoup préférables aux anciens, qu'ils ont le grand mérite de peindre aux yeux, non des mots, mais des faits, et de donner des idées justes des combinaisons qu'ils représentent. Leur méthode nous paraît avoir encore un avantage : elle fixera d'avance les caractères qui devront représenter les substances qui seront découvertes, en sorte qu'il n'y aura plus d'arbitraire dans la formation des signes et qu'une table complète de ces caractères présentera en même temps ce qui est fait en chimie et ce qui reste à faire.

Nous croyons donc que le travail de MM. Hassenfratz et Adet mérite l'approbation de l'Académie, et d'être imprimé sous son privilège.

SECOND MÉMOIRE
SUR
LA TRANSPIRATION DES ANIMAUX[1].

Presque tous les effets qui se reproduisent dans la nature, principalement dans tout ce qui a rapport à l'économie animale, sont le résultat d'un certain nombre de causes qui se compliquent et se combinent.

La physique est l'art de démêler ces différentes causes, d'en déterminer l'influence, de mesurer l'intensité des différentes forces.

C'est ainsi qu'en analysant ce qui se passe dans le respiration des animaux, nous avons trouvé, au lieu d'un acte simple, une multitude d'effets compliqués, dont les principaux sont :

Une décomposition de gaz oxygène;

Un dégagement de calorique;

Une formation d'acide carbonique;

Une formation d'eau;

Une filtration d'humeur visqueuse, principalement composée d'hydrogène et de carbone, qui s'opère continuellement dans les bronches, qui se sépare du sang par des filières excessivement déliées et qui se dissout dans l'air de la respiration;

Enfin une émanation d'eau qui constitue la transpiration pulmonaire.

[1] Ce mémoire, qui existe en manuscrit autographe, n'a pas été publié du vivant de Lavoisier. Il a paru seulement en appendice dans la troisième édition du *Traité de chimie*, donnée en 1801. (*Note de l'éditeur.*)

Depuis, nous avons porté nos recherches sur un autre phénomène de l'économie animale; nous avons fait voir que la perte de poids qu'éprouve chaque individu n'était pas seulement dû à la transpiration insensible; qu'elle était un résultat combiné de la transpiration et de la respiration, et que, par conséquent, cet effet, si simple en apparence, se trouvait compliqué de tous les phénomènes que nous venons d'indiquer pour la respiration.

Aujourd'hui, nous venons annoncer à l'Académie que la transpiration elle-même n'est point un effet simple; nous venons lui rendre compte des expériences qui le prouvent, lui donner une idée des appareils que nous avons employés, du plan que nous nous sommes formé, des expériences même qui nous restent à faire. Quoique nous soyons encore loin du but que nous nous proposons d'atteindre, nous nous arrêterons quelques instants dans la vaste carrière que nous avons entrepris de parcourir. En recueillant ainsi nos forces et nos idées, en nous renforçant des lumières des hommes de génie, des savants médecins qui nous environnent, nous nous préparerons à reprendre avec plus de courage la tâche que nous nous sommes imposée. Le premier effet qui se présente lorsqu'on examine ce qui se passe dans la transpiration, est une émanation d'une eau presque pure qui s'échappe par les pores de la peau, et qui se vaporise dans l'air environnant. Cette émanation est insensible à la vue, tant que l'air extérieur, aidé du calorique qui s'exhale du corps, suffit pour la dissoudre; mais elle devient sensible et prend le nom de sueur, lorsqu'elle devient plus abondante, et lorsqu'en général la quantité qui s'en dégage surpasse ce que l'air peut en dissoudre en un temps donné.

Cette filtration d'eau, qui s'opère à travers les pores de la peau, est souvent accompagnée d'un suintement, d'une humeur visqueuse semblable à celle qui suinte dans les bronches, et qui, comme elle, est principalement composée d'hydrogène, de carbone et d'un peu d'azote. Cette matière visqueuse, en se desséchant sur la peau, encroûterait bientôt la surface des corps des animaux si la nature n'avait un moyen de prévenir cet effet. Ce moyen est une sorte de respiration, de combustion, de formation d'acide carbonique et d'eau qui se fait, dans quelques cas, à la surface extérieure de la peau; en sorte que les animaux ne respirent pas seulement par le poumon : ils respirent par toute la surface de leur corps, avec cette différence seulement qu'ils respirent par le poumon plus qu'ils ne transpirent, et qu'ils transpirent, au contraire, par les pores de la peau beaucoup plus qu'ils ne respirent.

Cet effet avait été reconnu dans les insectes, et l'on s'était aperçu que les organes de la respiration étaient répandus sur presque toute la surface de leur peau; mais on n'avait pas soupçonné qu'il se passât rien d'analogue à l'égard de l'homme et des quadrupèdes.

Indépendamment de cette sorte de respiration qui s'opère dans quelques cas à la surface de la peau, comme elle a lieu dans les bronches, il y a dans la transpiration deux autres effets qui se compliquent: l'effet des vaisseaux exhalants de la peau par lesquels il s'échappe de l'eau, l'effet des vaisseaux inhalants qui en absorbent. Le résultat de la transpiration proprement dite, et considérée relativement à l'humidité, est donc encore compliqué de deux causes; et lorsque nous essayons de mesurer par la perte de poids le double effet qu'elles produisent, nous n'avons que le résultat moyen de deux forces, nous ne mesurons que l'excès de l'une sur l'autre.

Après avoir donné une première idée des principaux effets que nous avons distingués dans la respiration, nous avons rendu compte des moyens que nous avons employés pour en séparer les résultats et pour en déterminer l'intensité de chacun en particulier.

Puisque l'effet de la respiration est de décomposer le gaz oxygène contenu dans l'air, de combiner avec lui une partie de carbone et de le convertir en acide carbonique, il en résulte que si réellement il s'opère une sorte de respiration à la surface de la peau des animaux, l'air qui les environne doit éprouver des altérations semblables. Or, ces altérations peuvent être soumises à des expériences, et nous y sommes parvenus à l'aide de vêtements de taffetas enduits de gomme élastique, dont nous avons déjà parlé, et auxquels nous avons cru depuis devoir substituer une enveloppe de peau enduite de la même manière. Ce vêtement, au moyen des précautions que nous avons prises, est absolument imperméable à l'air.

La personne qui se soumet à ces expériences se renferme dans ce vêtement, et, pour que les effets de la respiration pulmonaire ne vienne pas se compliquer avec ceux de la respiration cutanée, un tuyau bien mastiqué s'adapte à sa bouche, de manière qu'elle peut respirer en dehors. Ainsi, dans cet appareil, la respiration cutanée, ou de la peau, s'opère en dedans du vêtement; celle du poumon s'opère en dehors, et l'on peut obtenir les produits chacun séparément.

On peut, à l'aide d'une pompe, retirer la majeure partie de l'air contenu dans cet appareil, et alors le vêtement s'applique assez exactement sur le corps. Mais, comme il n'y a pas de respiration sans air, il n'y a plus de respiration cutanée; on peut donc examiner à loisir les phénomènes particuliers à la transpiration sans craindre qu'ils se mêlent à ceux de la respiration.

Après avoir opéré, pour ainsi dire, dans le vide, sans cependant supprimer le poids de l'atmosphère, on peut introduire dans le vêtement de l'air de l'atmosphère, du gaz oxygène et, en général, telle espèce d'air ou de gaz que l'on juge à propos; on peut en tirer des échantillons à tous les instants et suivre ainsi les altérations qui arrivent à ces gaz dans tout le cours des expériences.

Il est un autre moyen de supprimer l'action de l'air de dessus la peau des animaux : c'est de les tenir plongés dans l'eau. Alors il n'y a plus de dissolution de la transpiration par l'air, plus de combustion, plus de respiration à la surface de la peau. Mais l'eau qui baigne le corps produit une partie des mêmes effets; l'humeur de la transpiration s'y mêle à mesure qu'elle se dégage; l'hydrogène carboné, qui suinte continuellement à travers les pores de la peau, s'y dissout sans combustion; mais le résultat est le même pour la nature, qui n'a d'autre objet que d'en débarrasser l'animal.

On obtient la preuve que les choses se passent ainsi, d'une part, en pesant la personne soumise à l'expérience un moment avant qu'elle entre dans le bain et aussitôt qu'elle en est sortie, et en déterminant ainsi la perte de poids qu'elle a éprouvée; de l'autre, en examinant chimiquement l'eau du bain, dans laquelle on retrouve l'hydrogène carboné qu'elle a dissous.

Enfin, il est un troisième moyen de supprimer l'action de l'air de dessus la peau : c'est de l'enduire d'une substance grasse et huileuse; et c'est l'effet que produisent les onguents; il n'y a plus alors de respiration cutanée. Dans toute la partie du corps qui a été recouverte d'un onguent, l'hydrogène carboné s'accumule à la surface de la peau, parce que l'air ne peut plus le dissoudre; et l'eau de la transpiration, interceptée et contenue par l'onguent, se montre sous la forme de gouttes sensibles.

Comme une partie de ces effets sont connus, comme ils ont été décrits par des médecins habiles, les observations médicales et chirurgicales sur l'action des onguents, sont devenues pour nous des expériences toutes faites sur la transpiration, dont nous avons cru devoir profiter.

Les résultats que nous avons obtenus dans le bain sont jusqu'ici les plus complets; et nos expériences nous ont déjà mis en état de relever une erreur échappée à la sagacité de Haller. Ce savant physiologiste s'était persuadé que le corps augmentait de poids lorsqu'il était plongé dans l'eau; il en concluait que les vaisseaux de la peau absorbent de l'eau, non seulement dans le bain, mais encore dans un air chargé de vapeur. Une suite d'expériences que M. Séguin a faites sur lui-même, a détruit la base sur laquelle M. Haller fondait son opinion.

M. Séguin se pesait d'abord dans l'air à des intervalles déterminés, en prenant toutes les précautions que nous avons indiquées dans un précédent mémoire, puis, divisant la perte de poids par le nombre de minutes qu'avait duré l'expérience, le quotient donnait la perte moyenne de poids éprouvée par chaque minute.

M. Séguin se plongeait ensuite dans le bain; et, après y être demeuré un temps déterminé, il se pesait en en sortant, et nous déterminions ainsi la perte de poids qu'il éprouvait dans l'eau par chaque minute. Cette expérience très simple a été répétée un grand nombre de fois, en faisant varier le degré du bain; et voici les principaux résultats que nous avons obtenus :

Premièrement, la perte de poids qu'éprouve la personne soumise aux expériences augmente ou diminue beaucoup suivant que la température du bain est plus ou moins élevée; mais elle est toujours un peu moindre qu'elle n'aurait été dans l'air si la personne y fût demeurée dans les mêmes circonstances; mais, dans aucun cas, il n'y a augmentation de poids, comme l'a trouvé M. Haller.

Secondement, en prenant un résultat moyen entre plusieurs expériences et en opérant dans un bain à 25 ou 26 degrés de température, celle de l'atmosphère étant de 12 ou 13, la perte de poids éprouvée dans l'eau est à celle qu'on aurait éprouvée dans l'air comme 115 est à 147.

Troisièmement, quand la température du bain n'excède pas celle de l'air environnant, c'est-à-dire quand elle est de 12 à 13 degrés, la perte de poids éprouvée dans le bain est à celle qu'on aurait éprouvée dans l'air comme 5 est à 140.

Ces résultats, rapprochés de ceux que nous avons obtenus dans le vêtement enduit de gomme élastique, se prêtent un secours mutuel et conduisent à des conséquences importantes sur lesquelles nous devons arrêter quelques instants l'attention de l'Académie; nous avons vu que la transpiration animale, lorsqu'elle s'opérait dans un air libre, dépendait de trois causes principales : 1° de la quantité de calorique qui se dégage habituellement dans le poumon par l'acte de la respiration et qui, après avoir circulé dans toute l'économie animale, s'échappe par la surface du corps, emportant avec lui une portion de fluide aqueux; 2° de la disposition des vaisseaux excrétoires de la peau; 3° de la vertu plus ou moins dissolvante de l'air. Enfin nous avons déjà fait observer que c'était par l'effet de cette dernière cause, la vertu dissolvante de l'air, que la transpiration s'échappait sous la forme de vapeur insensible.

Les expériences faites dans l'enveloppe enduite de gomme élastique en fournissaient une preuve qui ne paraît susceptible d'aucune objection. Alors l'air qui environne le corps de la personne soumise à l'expérience, renfermé dans un espace étroit dans lequel il ne peut pas se renouveler, est bientôt saturé par l'eau même fournie par la transpiration; cet air ne peut plus exercer aucune vertu dissolvante, et aussitôt la transpiration de la personne renfermée dans l'enveloppe devient sensible, son corps se couvre de sueur; aucune cause extérieure ne tend dans cette expérience à augmenter sa température et cependant elle éprouve une chaleur incommode, qui provient de ce qu'il ne se fait plus d'évaporation à la surface de la peau, plus de dissolution d'eau par le calorique et par l'air, donc plus de refroidissement.

Il n'est personne qui n'ait ressenti quelque chose de cet effet lorsqu'il s'est trouvé renfermé dans un lieu resserré où l'air ne se renouvelait pas aisément. On l'éprouve, par exemple, dans une voiture bien close. C'est principalement au visage que l'impression de la chaleur se fait sentir. Alors on éprouve un besoin machinal de renouveler l'air. Les femmes, dont les organes sont plus sensibles au physique comme au moral, s'en aperçoivent les premières; elles s'efforcent de produire une agitation artificielle de l'air qui les soulage pour quelques instants; mais ce n'est pas une circulation intérieure, c'est un renouvellement d'air qu'il faut opérer, et le malaise ne cesse que quand une glace a été baissée, que quand un air moins saturé d'humidité est venu renouveler celui de l'intérieur de la voiture.

Ceci nous explique pourquoi nous sommes si souvent trompés par le sentiment du froid et du chaud; pourquoi nos organes sont souvent si peu d'accord avec le témoignage plus exact et plus sûr du thermomètre. Chacun sait, d'après sa propre expérience, qu'à degré du thermomètre égal on est plus désagréablement affecté du chaud pendant l'été par un vent du midi que par un vent du nord; et il doit en être ainsi : le vent du nord part d'un pays froid pour arriver dans des régions plus chaudes; il s'échauffe donc à mesure qu'il chemine, il acquiert donc une qualité de plus en plus dissolvante, car c'est un fait bien reconnu que l'air chaud dissout plus d'eau que l'air froid. Or cette vertu dissolvante de l'air ne peut être exercée sur le fluide de la respiration sans occasionner un sentiment de froid ou plutôt un refroidissement réel.

L'effet contraire arrive par un vent du midi. Quand l'air, dans l'origine, n'aurait pas été saturé d'eau, il doit le devenir à mesure qu'il se refroidit en passant dans des régions de moins en moins chaudes. Il doit donc nous arriver presque toujours surchargé d'eau et privé de toute vertu dissolvante. Celui qui est environné d'un pareil air est presque dans la même situation où il serait s'il était renfermé dans le vêtement enduit de gomme élastique. L'effet de la transpiration insensible est suspendu pour lui; elle se change en sueur faute d'un fluide élastique qui est propre à le dissoudre. En même temps le calorique qui se dégage du corps, qui ne trouve plus son emploi, devient libre et produit une sensation de chaleur.

Ces effets sont surtout sensibles lorsqu'un jour d'été, par un vent de midi, le temps se dispose à l'orage, que les nuages se forment ou sont prêts à se former. Alors on dit que le temps est lourd, c'est-à-dire, en d'autres termes, *l'air n'a point en ce moment de vertu dissolvante, il est saturé d'eau; la transpiration insensible est supprimée, elle est remplacée par de la sueur.* Nous exprimons toutes ces idées par un seul mot, et c'est ainsi que nous en usons toutes les fois que nous voulons expliquer un effet compliqué, un effet qui est le résultat moyen de plusieurs causes qui nous sont inconnues; nous sommes forcés de l'exprimer par une énonciation vague, qui n'est vraie que dans ce seul sens qu'elle ne présente aucune idée déterminée.

Ces considérations nous conduisent à quelques réflexions sur l'usage des vêtements que nous portons, sur la propriété qu'ils ont de nous garantir du froid sans cependant intercepter ni la respiration cutanée, ni la transpiration insensible.

Toutes les fois qu'un corps quelconque est plus chaud que le milieu qui l'environne, il s'établit un courant de bas en haut; l'air qui touche le corps chaud se dilate et, devenu plus léger, il s'élève avec d'autant plus de vitesse qu'il existe une plus grande différence dans la pesanteur spécifique. En même temps il est remplacé par de l'air froid qui arrive par les couches latérales. Cet effet, qui s'observe continuellement dans nos foyers, a lieu autour de nos corps; ils sont à cet égard de véritables poêles; c'est cette circulation continuelle d'air sans cesse renouvelé, qui vient toucher la peau pour s'en écarter aussitôt, qui fournit la dissolution de l'eau de la transpiration et cette espèce de respiration cutanée dont nous avons parlé.

Les vêtements que nous portons sont des enveloppes fines, légères, poreuses, dont l'effet est non pas d'interrompre cette circulation, mais de la ralentir et de la régler. Ces enveloppes doivent en général être formées de matières qui soient, pour me servir de l'expression de Franklin, de mauvais conducteurs de chaleur, tels que la laine, la soie, le poil des animaux. Les personnes très recherchées ou très sensibles au froid multiplient ces enveloppes; elles les font construire de plusieurs doubles d'une même étoffe, de plusieurs épaisseurs de taffetas, par exemple; elles introduisent entre deux de la ouate ou d'autres substances légères; elles forment ainsi autour d'elles un réservoir de chaleur ou plutôt de calorique à travers lequel se filtre et s'échauffe l'air froid du dehors qui doit arriver jusqu'à leur peau. Si ces enveloppes sont trop multipliées, si l'accès de l'air n'est plus assez facile, si la dissolution de l'humeur de la transpiration ne se fait plus, si la respiration cutanée est interrompue, on en est averti par le malaise et par la sueur; alors le voyageur rejette le manteau qui le couvre; l'homme de ville se débarrasse de l'enveloppe ouatée qu'il avait mise par-dessus ses vêtements ordinaires; les conserver plus longtemps serait un genre de supplice.

Cependant avec tous ces appareils, toutes ces recherches dans le choix et la disposition des vêtements, toutes les précautions multipliées que les hommes riches et sensuels mettent en usage pour se garantir du froid, ils ne peuvent parvenir à élever la température de leur individu d'un seul degré au-dessus de celle de l'homme pauvre, mais laborieux et robuste qui, mal nourri, mal vêtu, passe sa vie exposé aux injures de l'air. La nature, sans doute, n'a pas voulu qu'il existât une si grande disproportion entre eux; elle a fixé invariablement pour les uns comme pour les autres la température du corps à 32 degrés du thermomètre de Réaumur, sans que cette température pût varier par aucune des circonstances extérieures.

Cette égalité de température à laquelle l'homme riche parvient avec tant de peines et de difficultés en réunissant les productions des deux hémisphères, la soie de l'Inde et la laine d'Espagne, en employant les travaux d'une multitude d'hommes employés à tisser des étoffes précieuses, la nature l'opère en faveur du pauvre d'une manière plus simple, et qui ne le met pas dans la dépendance de personne : elle accélère sa respiration dans la juste mesure de son besoin; elle augmente la quantité de gaz oxygène qui se décompose dans ses poumons; une plus grande quantité de calorique se dégage et va réparer la déperdition qui se fait à l'extrémité du corps. Ce moyen est-il insuffisant? la nature a su s'en ménager d'autres. Le pauvre trouve dans le travail que lui commande son indigence un moyen nouveau d'accélérer le mouvement de sa respiration, et de se garantir à la fois de la faim et du froid.

La méthode qu'emploie le riche pour se garantir du froid a bien l'avantage de lui éviter quelques souffrances; mais elle a l'inconvénient beaucoup plus grand d'accoutumer ses organes à des fonctions trop uniformes; son poumon, qui n'est point exercé par le besoin, ne peut plus se prêter aux accélérations, aux compensations que les circonstances exigent; le moindre changement survenant dans la température de l'air l'affecte, et c'est la raison pour laquelle les personnes qui ont le plus d'attention de se défendre des impressions du froid sont les plus sujettes aux rhumes et aux maladies analogues. Il ne faut pas croire cependant que cette extrême sensibilité au froid, qu'on observe dans quelques personnes, soit toujours l'effet de l'habitude et d'un genre de vie trop uniforme; lorsque l'âge et cette force toujours agissante qui conduit tous les êtres vivants à leur destruction a endurci nos organes, le poumon n'a plus cette flexibilité nécessaire pour se prêter aux accélérations qu'exigent les changements de température. Il faut bien alors suppléer par des moyens artificiels à ce que refuse la nature. C'est un état de maladie, et les vêtements chauds, les précautions contre le froid doivent être considérés comme des remèdes. Tout ce que nous voulons dire c'est que, dans l'état de santé, il ne faut pas appeler le secours de l'art pour opérer ce que la nature opérerait beaucoup mieux que lui par les moyens qui lui sont familiers, et qu'il est dangereux d'accoutumer le poumon à une sorte de paresse en lui évitant des occasions de ralentir ou d'accélérer son action.

Il nous reste, avant de terminer ce mémoire, à dire un mot de ce que nos expériences nous ont appris sur l'action des vaisseaux absorbants de la peau. Puisque l'expérience et la théorie se réunissent pour établir que l'eau du bain favorise, au moins autant que l'air, la transpiration animale; puisque même elle devrait opérer une dissolution plus facile et plus prompte de la liqueur qui se filtre continuellement à travers les pores de la peau, comment se fait-il cependant que, toutes choses d'ailleurs égales, un homme plongé dans le bain perde moins de son poids qu'il n'en perdrait à l'air libre?

Cette circonstance semblerait indiquer que nous ne connaissons pas encore tout ce qui se passe dans la transpiration. La peau a des vaisseaux inhalants comme des vaisseaux exhalants; il est probable qu'il s'opère dans le bain un double effet et que, tandis que les vaisseaux excrétoires de la peau chassent au dehors l'humeur de la transpiration, des vaisseaux absorbants aspirent en même temps une petite portion d'eau. Mais comme il est constant qu'une personne plongée dans le bain perd toujours plus ou moins de son poids, qu'elle n'en acquiert dans aucun cas, il faut en conclure que les animaux perdent plus d'eau par les vaisseaux excrétoires qu'il ne leur en est rendu par les vaisseaux absorbants. Cette conséquence acquiert un nouveau degré de probabilité si l'on considère ce qui se passe dans le vêtement enduit de gomme élastique, dans le premier instant où l'on s'y enfonce. Le corps, comme nous l'avons déjà fait observer, se couvre de sueur; mais cette quantité d'eau, qui tapisse bientôt de gouttelettes tout l'intérieur de l'appareil, n'augmente point, comme on pourrait le croire; elle disparaît, au contraire, presque entièrement pendant le cours de l'expérience. Or, comme l'enveloppe est imperméable, cet effet ne peut s'expliquer, qu'en admettant que l'eau, qui s'était dégagée dans les premiers instants par les vaisseaux exhalants de la peau, a été ensuite absorbée par les vaisseaux inhalants.

Des expériences et des observations contenues dans ce mémoire, et en remontant à des considérations plus générales, nous conclurons que, depuis l'insecte qui échappe à notre vue et que nous n'apercevons qu'à l'aide du microscope jusqu'au plus grand des quadrupèdes, l'éléphant, tout respire dans la nature animée; que la faculté de respirer est répandue sur toute la surface des êtres vivants qui existent, et que vraisemblablement il y a une chaîne non interrompue depuis l'insecte, qui ne respire que par la peau, jusqu'aux grands quadrupèdes et aux oiseaux, qui respirent principalement par le poumon; enfin que ce n'est point au soleil qu'a été allumé le flambeau de Prométhée, mais que c'est à l'air qui environne les animaux, et qu'ils décomposent, que les êtres vivants ravivent continuellement le feu qui sert d'aliment à la vie.

POUDRES ET SALPÊTRES.

INSTRUCTION

SUR

L'ÉTABLISSEMENT DES NITRIÈRES

ET SUR LA FABRICATION DU SALPÊTRE[1].

I

DE LA NATURE DU NITRE OU SALPÊTRE.

Avant d'entrer dans le détail des différents procédés qui ont été imaginés jusqu'ici pour produire artificiellement du salpêtre, il convient de dire un mot de la nature et de la composition de ce sel.

Le nitre ou le salpêtre proprement dit, celui qui s'emploie dans la composition de la poudre à canon, est, d'après l'opinion aujourd'hui généralement adoptée, un sel moyen ou sel neutre, composé d'un acide particulier, connu sous le nom d'*acide nitreux*, et d'un alcali fixe, semblable à celui qu'on retire de presque tous les végétaux par la combustion. Les chimistes démontrent de la manière la plus palpable

[1] Publiée par ordre du Roi par les Régisseurs généraux des poudres et salpêtres. — De l'Imprimerie royale, M DCC LXXVII.

l'existence de ces deux principes dans le salpêtre; mais leurs connaissances ne s'étendent pas beaucoup au delà; ils connaissent peu la nature et la composition de l'alcali fixe, encore moins celle de l'acide nitreux; et M. Lavoisier paraît seulement avoir démontré, dans un mémoire lu à l'Académie des sciences et imprimé dans le *Recueil d'observations sur le salpêtre* que cette Compagnie vient de publier, que l'acide nitreux, l'acide constitutif du salpêtre, contient une grande quantité d'air très pur, dans un état de fixité et de combinaison; c'est sans doute à cet air, qui se dégage dans la détonation du nitre, que sont dus en grande partie les terribles effets qui accompagnent l'inflammation de la poudre.

L'acide nitreux peut non seulement se combiner avec un alcali fixe et former de véritable salpêtre, il peut encore s'unir avec toutes les terres calcaires et absorbantes, telles que la craie, la base de l'alun, celle du sel d'Epsom et beaucoup d'autres, et il forme avec ces terres différentes espèces de nitre à base terreuse qui, loin d'avoir la propriété de cristalliser comme le vrai salpêtre, attirent l'humidité de l'air et s'y résolvent en liqueur. Ces sels, que les salpêtriers et les raffineurs de salpêtre confondent sous le nom générique d'*Eau mère*, ne peuvent entrer dans la composition de la poudre; ils l'altéreraient bientôt par la propriété qu'ils ont d'attirer l'humidité de l'air; de sorte qu'une partie très intéressante de l'art de faire de la poudre, consiste à purifier parfaitement le salpêtre et à le priver le mieux qu'il est possible de l'Eau mère ou des différents salpêtres à base terreuse qu'il peut contenir.

Il existe dans plusieurs plantes, telles que le grand-soleil, la pariétaire, la bourrache et beaucoup d'autres, lorsqu'elles ont crû dans un terrain salpêtré, une quantité sensible de nitre; ce sel le plus communément s'y trouve dans son état de perfection, c'est-à-dire à base d'alcali fixe, par la raison que presque toutes les plantes contiennent ou de l'alcali fixe ou des sels à base d'alcali propres à décomposer l'eau mère et à en précipiter la terre. Il n'en est pas de même du salpêtre qui se forme dans les caves, dans les écuries ou sous des hangars par des mélanges de matières animales et végétales qui se putréfient, presque tout ce salpêtre est à base terreuse ou dans l'état d'Eau mère, c'est-à-dire que l'acide nitreux, au lieu d'y être combiné avec un alcali fixe, s'y trouve uni avec une terre calcaire ou absorbante.

La chimie fournit un moyen simple de transformer en vrai salpêtre une quantité donnée d'Eau mère ou de nitre à base terreuse; il suffit de mêler avec ce dernier un alcali fixe quelconque; l'acide nitreux quitte aussitôt la terre à laquelle il était uni pour se combiner avec l'alcali fixe; en même temps, la terre, qui n'était soluble dans l'eau que par l'intermède de l'acide, se précipite et se rassemble au fond du vase dans lequel se fait le mélange; si l'on fait ensuite évaporer l'eau surnageante, on en obtient de vrai salpêtre. La terre qui a été précipitée dans cette combinaison, bien lavée et séchée, est connue dans le commerce sous le nom de *magnésie*.

Les salpêtriers font journellement cette même opération sans s'en douter; la cendre qu'ils mettent dans leurs cuveaux avec la terre qu'ils se proposent de lessiver, contient de l'alcali fixe; cet alcali décompose l'Eau mère ou nitre à base terreuse et la convertit en vrai salpêtre; mais, comme en même temps la cendre dont ils se servent est communément de mauvaise qualité et qu'ils ne l'emploient point en quantité suffisante, il leur reste presque toujours une quantité considérable d'Eau mère non décomposée qui nuit à la qualité de leur salpêtre. On verra dans la suite de cette instruction comment il faut procéder pour prévenir cet inconvénient.

II

PRINCIPES GÉNÉRAUX SUR LA MANIÈRE DONT SE PRODUIT LE SALPÊTRE.

Quelques auteurs ont pensé que le nitre était l'ouvrage de la végétation, que ce sel était tout formé dans les plantes, qu'il passait de là dans les animaux qui s'en nourrissent, et que la putréfaction qu'on était obligé de faire subir aux matières végétales et animales pour en obtenir le salpêtre n'était qu'un moyen de le dégager de toutes les

IMPRIMERIE NATIONALE.

matières volatiles, grasses, extractives et autres, dans lesquelles il était enveloppé.

Si d'un côté cette opinion est appuyée sur des arguments très forts, elle est combattue d'un autre par des objections très solides; en effet, il paraît que les plantes ne contiennent de salpêtre qu'autant qu'elles ont crû dans un terrain qui en était lui-même imprégné, ce qui semble donner à ce sel une origine indépendante de la végétation. Quoi qu'il en soit, il paraît qu'en général on n'obtient de salpêtre que par la putréfaction et la décomposition complète des matières animales et végétales.

On conçoit, d'après cela, que tout ce qui peut tendre à accélérer la putréfaction, tendra également à accélérer la formation du salpêtre.

On sait qu'une des conditions sans laquelle la putréfaction ne peut avoir lieu, ou au moins sans laquelle elle est imparfaite et lente, est le concours d'un air libre; ainsi toutes les fois qu'on parviendra à faire circuler l'air d'une manière plus rapide dans une masse de terre qui contient des matières végétales ou animales en fermentation, on accélèrera la putréfaction et, par une suite nécessaire, la formation du salpêtre.

On sait encore que l'eau est un agent nécessaire à la putréfaction; que des matières absolument sèches ne fermentent ni ne s'altèrent; les terres où on veut former du salpêtre doivent donc être préservées d'une trop grande sécheresse; mais elles ne doivent pas non plus être trop humectées, parce que l'eau qui viendrait alors à boucher les pores de la terre la rendrait inaccessible à l'air.

Le but de cette instruction est donc de faire connaître les moyens les plus propres à entretenir ou plutôt à accélérer la putréfaction des matières végétales et animales dans des masses de terre, d'indiquer les mélanges qui peuvent rendre les terres plus poreuses, plus perméables, enfin d'enseigner les meilleurs moyens possibles pour introduire de l'air dans de la terre et pour y entretenir un degré d'humidité toujours à peu près égal, et tel qu'il convient pour favoriser la putréfaction.

III

DES MOYENS LES PLUS ÉCONOMIQUES CONNUS POUR PRODUIRE ARTIFICIELLEMENT DU SALPÊTRE.

Quoique, d'après ce qu'on vient d'exposer, il paraisse assez probable que le salpêtre n'est point un sel naturel, et que tout celui que nous obtenons se forme par des mélanges de matières animales ou végétales en putréfaction, nous donnerons cependant le nom de *salpêtre naturel* à celui qui se forme sans soin et sans travail dans les caves, dans les celliers, dans les écuries, dans les granges, dans le voisinage des fosses d'aisance, et en général dans presque tous les lieux habités, et nous entendrons par *salpêtre artificiel* celui qu'on produit par des moyens dirigés vers cet objet; telles sont les murailles de Prusse, les hangars et les couches de Suède, etc.

On n'a pas cru devoir détailler dans cette instruction tous les différents moyens qui ont été imaginés en Allemagne, en Suisse, à Malte, en France même, pour produire artificiellement du salpêtre; cet objet a été rempli par les commissaires de l'Académie des sciences dans le recueil qu'ils viennent de publier. Le but au contraire qu'on s'est proposé ici a été de choisir parmi les moyens connus le meilleur, le plus économique, le plus simple, le mieux adapté au climat de ce royaume, d'en former une espèce de Traité élémentaire qui pût guider ceux qui voudraient faire des entreprises en ce genre, et qui les mît à portée de faire des établissements utiles pour eux et pour l'État.

Les auteurs qui semblent mériter le plus de confiance réduisent à trois les moyens de produire artificiellement du salpêtre : les fosses, les murailles et les hangars. Presque tous reconnaissent en même temps que les fosses sont un moyen lent, que la putréfaction ne s'y achève qu'avec peine, et que l'air, ne pouvant pénétrer à travers toute la masse des matières qu'elles contiennent, il ne s'y forme de salpêtre qu'à la surface; les murs ont l'inconvénient d'être trop compacts, de se laisser difficilement pénétrer par l'air; les arrosages d'ailleurs ne peuvent avoir lieu qu'à la surface, ils ne pénètrent pas dans l'intérieur; enfin, les murs étant continuellement exposés à l'air, ils sont desséchés par l'ardeur du soleil en été, ils sont lavés par la pluie pendant l'automne et l'hiver, et les toits de paille dont on les couvre ne suffisent pas, quelque précaution que l'on prenne, pour les défendre des injures de l'air.

Ces difficultés doivent déterminer à donner aux hangars une préférence exclusive; et c'est ce qui se trouve encore confirmé par l'exemple de la Suède, de l'Allemagne et de tous les pays où l'on produit artificiellement du salpêtre; c'est, en conséquence, uniquement de cette méthode qu'on s'occupera dans cette instruction, et on s'attachera à faire voir comment elle peut s'appliquer, soit à des établissements en grand, soit à des épreuves particulières et à la portée de tous les habitants de la campagne.

IV

DE L'EMPLACEMENT ET DE LA CONSTRUCTION DES HANGARS DANS UN ÉTABLISSEMENT EN GRAND.

On doit choisir pour l'établissement d'une nitrière ou fabrique de salpêtre en grand :

Premièrement, un lieu qui, dans aucun temps, ne puisse être inondé par le débordement des rivières et des ruisseaux.

Secondement, qui soit suffisamment en pente pour procurer aux eaux pluviales un écoulement prompt et facile.

Troisièmement, qui soit assez à portée d'une rivière, d'un ruisseau ou de puits abondants, pour que le lessivage des terres salpêtrées puisse se faire commodément et ne soit point interrompu.

Quatrièmement, qui soit dans le voisinage d'une ville, d'un bourg ou d'un gros village, afin qu'on puisse composer le fond de la nitrière de matières déjà salpêtrées, qu'on puisse se procurer facilement et en abondance pour les amendements des matières végétales et animales de toute espèce, des excréments, des fumiers, des cendres, des eaux de lessives ou buanderies, des urines, etc.

Cinquièmement enfin, où le bois de construction, et surtout celui à brûler, soit à bon compte.

Le choix du terrain fait, il sera question d'y construire des hangars; leur nombre doit être proportionné à la quantité de salpêtre qu'on veut obtenir et à l'étendue qu'on veut donner à l'établissement; il est nécessaire de les construire à peu de distance les uns des autres et le plus près qu'il sera possible du bâtiment destiné à contenir le fourneau et la chaudière.

Quant à leur grandeur, elle doit être déterminée par la portée la plus ordinaire des bois de charpente, et on croit qu'à cet égard il pourrait y avoir de l'inconvénient de leur donner au delà de trente pieds de large; encore, dans les provinces où il n'y a point de sapin pour la charpente, sera-t-on souvent obligé, même à cette largeur, de faire les sommiers de deux pièces. La longueur du hangar est encore plus arbitraire; cependant, comme il a fallu adopter des proportions quelconques, on a donné au hangar représenté dans la *planche première*, cent pieds de longueur.

Il est difficile que le service d'une nitrière exige moins de trois ou quatre ouvriers; l'un d'eux sera spécialement attaché aux opérations de la chaudière, tandis que les autres seront occupés du lessivage des terres, du rétablissement des couches, des arrosages, etc.

Un seul hangar ne pourrait, à beaucoup près, fournir de quoi occuper ces ouvriers toute l'année, et on pense que quatre ouvriers suffiront pour conduire cinq ou six hangars sur les proportions qu'on vient d'indiquer. On peut juger par là combien il y a d'avantages à former tout d'un coup un établissement un peu considérable, et que le bénéfice de l'entreprise se multipliera dans une proportion beaucoup plus grande que l'augmentation de fonds qu'on sera obligé d'y mettre. Les calculs contenus dans l'article XVI de cette instruction porteront cette vérité jusqu'à l'évidence.

Les hangars doivent être couverts en chaume ou en paille, surtout si ces établissements sont faits à la campagne et dans des places isolées où l'on n'ait point à craindre la communication du feu, en cas d'incendie. Il n'y a, au surplus, aucune raison d'exclure ni la tuile ni même l'ardoise dans les pays où ces manières de couvrir sont à meilleur marché; on doit seulement observer, en général, que la paille et le chaume ont l'avantage de moins s'échauffer pendant l'été, de ménager dans l'intérieur du hangar une certaine fraîcheur favorable à la formation du salpêtre, et de s'opposer aux effets des gelées pendant l'hiver.

Les flancs du hangar doivent être tournés, lorsque rien ne s'y oppose, à l'exposition du nord-est et du sud-ouest; on les fermera comme il est représenté, planche I, figure 1, avec des claies brutes H, H, H, H, assez serrées seulement pour rompre les grands courants d'air; on couvrira ces claies en dedans de paillassons qui pourront être haussés ou baissés au besoin, pour empêcher le soleil ou la pluie de pénétrer dans la nitrière et pour augmenter ou diminuer à volonté le courant d'air qu'il convient d'y entretenir.

Au lieu de fermer la nitrière avec des claies garnies de paillassons, on pourrait l'environner d'un mur de terre mêlé de paille, de fumier, de bourre ou d'autres matières végétales et animales, susceptibles de décomposition. Ces murs se salpêtreraient avec le temps; on pourrait les lessiver et les reconstruire, et il en résulterait une augmentation dans la quantité de salpêtre qu'on obtiendrait; mais, d'un autre côté, cette construction serait un peu plus dispendieuse, dans la plupart des provinces, que celle en claies, d'autant plus qu'il serait en même temps nécessaire de pratiquer des ouvertures, des fenêtres, et de les garnir de volets, ou au moins de claies garnies de paillassons. C'est, au surplus, à celui qui fait l'établissement d'une nitrière à peser les avantages et les inconvénients de chaque méthode, à consulter ce qui convient le mieux au local et au climat qu'il habite, enfin à calculer les frais de chaque construction.

Le dessus des portes d'entrée et de sortie devra être garni de claies comme les flancs, ainsi qu'il est représenté planche 1, figure 1.

Lorsque les hangars seront construits et couverts, on en creusera le sol de deux pieds de profondeur dans toute leur étendue; s'il se trouve de terre argileuse ou de terre franche, on se contentera d'en bien battre le fond avec des masses; s'il se trouvait de sable, de gravier ou de toute autre terre poreuse, il serait nécessaire de le creuser de six pouces de plus et de remplir ces six pouces avec de la terre argileuse, par la raison que les terres poreuses, ayant la propriété de s'imprégner facilement de salpêtre, elles pourraient absorber les arrosages ou dérober à la couche dont il va être question dans un moment une partie du salpêtre à mesure qu'il serait formé.

Lorsque tout aura été ainsi préparé, on creusera tout autour de chaque hangar un fossé de deux à trois pieds de profondeur avec une pente suffisante et un écoulement dans la partie la plus basse, afin d'éloigner les eaux le plus qu'il sera possible de la nitrière.

V

DU CHOIX DES TERRES.

La terre, comme on l'a vu plus haut, n'est qu'un agent purement mécanique qui n'entre point dans la composition du salpêtre, ou au moins qui n'entre pour rien dans celle de son acide. Aussi toute terre est-elle, rigoureusement parlant, propre à la formation du salpêtre, pourvu qu'elle ne soit ni trop compacte ni trop sableuse; trop compacte, elle ne se laisse pénétrer ni par l'eau ni par l'air; trop sableuse, elle forme une espèce de filtre que l'eau traverse sans y rester et qui se dessèche avec trop de facilité.

L'art peut à cet égard venir au secours de la nature, et on peut, par des mélanges de terre grasse et de terre maigre, de terre argileuse et de terre sableuse, amener celle qu'on veut employer au degré convenable pour la formation du salpêtre.

Dans le choix des terres, celles qui sont déjà salpêtrées, celles qui proviennent des écuries, des caves, des granges, des colombiers, des celliers, des ateliers de teinturiers, de tanneurs, de blanchisseuses, celles des vieilles masures, des débris de démolition, méritent la préférence sur toutes les autres.

A défaut de ces premières, on doit rechercher celles qui se trouvent naturellement mélangées de matières végétales et animales; telles sont le terreau, la terre des couches de jardin, celle qui se trouve sous les fumiers, la terre noire des environs des villages, celle des chenevières, celle des prairies, et surtout celle des luzernes prises à quelques pouces au-dessous de la superficie, la terre des marais, celle des voiries, celle des cimetières abandonnés, le limon des mares, des lacs, des étangs, des marais, des fossés de châteaux ou de villes, les boues des rues, etc. Le mélange des matériaux nécessaires pour la formation du salpêtre se trouvant tout fait dans ces terres, elles sont préférables à des terres pures, elles exigent une main-d'œuvre de moins.

Enfin les terres pures et non mélangées forment un troisième ordre de matières qui peuvent être employées avec succès à la formation du salpêtre, mais ces terres ne peuvent seules en produire comme les précédentes et il faut nécessairement y ajouter des substances végétales et animales susceptibles de se putréfier. Parmi les terres pures, les terres et les pierres calcaires tendres occupent le premier rang, et le tuffau de Touraine surtout à cause de sa qualité poreuse : comme cette substance est assez dure, il est nécessaire de la concasser avant de l'employer et de la réduire en morceaux de la grosseur d'une noix tout au plus; les terres coquillères et la craie viennent ensuite, enfin toutes les terres argileuses ou glaiseuses, de même que celles purement sableuses, sont à rejeter; elles ne peuvent être employées qu'en petites proportions, comme mélange destiné à servir de correctif, et elles doivent l'être toujours avec une addition de terre calcaire qui puisse servir de base à l'acide nitreux.

Presque toutes les terres, surtout lorsqu'elles sont convenablement mélangées, sont donc propres à la formation du salpêtre; mais le même traitement ne convient point à toutes. Les terres des étables, des bergeries, des écuries, toutes celles qui ont un commencement de nitrification et qui sont très imbibées de sucs végétaux et animaux n'ont besoin que d'être exposées à l'air pendant un certain temps sous des hangars, d'être remuées à la pelle de temps en temps, ou d'être disposées par couches comme on l'expliquera bientôt, enfin d'être arrosées, soit d'urine, soit même d'eau pure, afin d'empêcher une dessiccation absolue, pour donner en peu de temps une quantité de salpêtre très considérable; la putréfaction, qui n'était que commencée dans ces terres, s'achève et se perfectionne, et la quantité de salpêtre croît en proportion.

Quant au terreau, aux terres de prés et autres de cette espèce, elles ne contiennent pas toujours une assez grande quantité de matières végétales et animales pour que le salpêtre s'y forme en peu de temps et pour qu'on puisse les lessiver promptement et avec profit; c'est alors qu'on accélère la formation du salpêtre dans ces terres par des mélanges, par des arrosages et par un traitement méthodique; ce traitement est encore plus essentiel relativement aux terres absolument neuves qui ne contiennent aucune substance animale ou végétale, puisque ces dernières ne donneraient point de salpêtre si elles étaient simplement amassées sous des hangars et abandonnées à la nature.

VI

DE LA DISPOSITION DES TERRES SOUS LES HANGARS.

Trois objets principaux doivent fixer l'attention dans la disposition des terres sous les hangars :

Premièrement, d'économiser le terrain le plus qu'il est possible;

Secondement, de disposer les terres de manière que l'air puisse aisément pénétrer et circuler dans tout l'intérieur de la masse;

Troisièmement, de faire en sorte qu'on puisse aisément faire pénétrer partout les arrosages et répartir la quantité d'humidité convenable avec une très grande égalité.

On conçoit que le second de ces trois objets ne serait pas rempli si on se contentait d'entasser sans précaution, sous un hangar, des terres propres à se salpêtrer, la superficie de ces terres se salpêtrerait sans doute jusqu'à huit, dix pouces ou un pied de profondeur, suivant que

IMPRIMERIE NATIONALE.

la terre serait plus ou moins poreuse; mais l'intérieur d'un semblable amas de terre, n'ayant point de contact avec l'air, ne pourrait acquérir de salpêtre que par communication, c'est-à-dire très à la longue, et il s'en formerait moins en dix ans qu'on ne pourrait en former en deux par des méthodes mieux dirigées. Ces réflexions, auxquelles il serait possible d'en ajouter beaucoup d'autres, suffiront pour faire sentir que c'est principalement dans la disposition des terres que consiste l'art de fabriquer le salpêtre.

Quoique la méthode qu'on va décrire ne doive point être regardée comme un moyen exclusif et qu'il soit possible d'en imaginer d'autres peut-être également propres à remplir le même objet, on croit au moins pouvoir assurer avec confiance qu'elle est préférable à tout ce qui s'est pratiqué jusqu'ici et qu'elle aura le succès le plus complet dans une entreprise en grand.

On rassemblera d'abord dans le hangar dont on veut former une nitrière douze à quinze mille pieds cubes de terres choisies, autant qu'il sera possible, dans les deux premières classes ci-dessus désignées; on y ajoutera à leur arrivée des fumiers pourris de chevaux, de mulets, de vaches, de brebis, de poules, de pigeons, etc., des excréments humains presque desséchés, des boues de rue, des plantes, des fruits de toute espèce, des feuilles d'arbre, du marc de raisin, des lies de vin, du tan, des balayures de maisons, de caves, de granges et de greniers à foin, des cendres de toute espèce de bois, même de tourbes, les neuves ainsi que celles qui ont déjà servi aux buanderies, etc. Plus la putréfaction et la décomposition de ces matières sera avancée, plus elles seront propres à cet usage. On mêlera bien intimement toutes ces matières avec les terres et on les arrosera en même temps, si elles sont trop desséchées, avec des urines d'homme et d'animaux, avec des eaux de fumier, de mare croupies, ou avec de l'eau commune à défaut des précédentes.

Il est difficile de déterminer avec précision la proportion des mélanges de matières de toute espèce qu'on doit faire avec les terres; cette proportion dépend de l'état des terres qu'on emploie; et, comme on l'a déjà observé, il en est qui se trouvent naturellement mélangées d'une suffisante quantité de matières végétales ou animales et qui n'ont besoin que d'être arrosées même avec de l'eau simple à mesure qu'elles se dessèchent, tandis que d'autres peuvent supporter un mélange d'un huitième en poids, et de plus d'un quart en volume de fumier, de plantes pourries et autres matières disposées à la putréfaction.

Lorsque ce premier mélange aura été fait, et que les matières auront eu le temps suffisant pour s'incorporer, on les disposera en couches de la manière suivante :

On remplira d'abord en entier, et sur toute la longueur et la largeur du hangar, avec de la terre mélangée, comme on vient de le dire, l'excavation de deux pieds de profondeur qui y aura été faite.

On tracera ensuite, ou plutôt on aura dû tracer d'avance dans le milieu de la nitrière, un carré long ou parallélogramme de dix-huit pieds de large environ sur quatre-vingt-huit pieds de longueur; ce parallélogramme laissera des deux côtés un espace vide de six pieds entre lui et les côtés de la nitrière; de même, dans les deux bouts, il y aura six pieds de distance du petit côté du parallélogramme à chacune des portes.

Les lignes B C et D E, pl. 1, fig. 2, déterminent la longueur du parallélogramme, et les lignes B D et C E en déterminent la largeur; on plantera à chacun des angles B, C, D, E, des poteaux de dix à douze pieds d'élévation hors terre pour soutenir les terres; il sera bon d'en placer, en outre, quelques-uns dans la longueur des lignes B C et D E, pour le même objet; ces poteaux devront être inclinés plus ou moins vers l'intérieur de la couche, suivant le talus qu'on jugera à propos de donner aux terres.

Les choses ainsi disposées, on placera sur le sol un rang de claies *m*, *m*, *m*, *m*, fig. 3, à la distance d'environ six pieds l'une de l'autre. Ces claies, dont une est représentée séparément, fig. 4, ont dix-huit pieds de longueur, c'est-à-dire autant que la couche a de largeur. On peut les faire d'autant de pièces qu'on le jugera à propos, suivant la longueur des bois; la coupe d'une de ces claies est représentée fig. 5; chaque côté du triangle a un pied ou environ. Au lieu de les faire en triangle équilatéral, comme celle représentée fig. 4, on pourrait en augmenter la hauteur, sans en augmenter la base, et donner jusqu'à un pied et demi ou deux pieds à chacun des côtés.

On couvrira ces claies de dix-huit pouces environ de terre mélangée comme il a été expliqué plus haut, puis on posera par-dessus un second rang de claies *m*, *m*, *m*, *m*, également à six pieds de distance les unes des autres, mais en observant de les placer dans le milieu des intervalles que laissent entre elles les claies du rang inférieur, ainsi qu'il est exprimé dans la figure 3, et on continuera ainsi successivement jusqu'à ce que la couche ait atteint une hauteur de dix, douze pieds et même davantage.

Il sera bon, en formant cette couche, de répandre irrégulièrement dans toute la masse de la paille ou du fumier frais; chaque brin de paille forme autant de tuyaux qui distribuent les arrosages; et, même quand ils sont pourris, le vide qu'ils laissent à la place qu'ils occupaient remplit encore quelque temps le même office.

Une couche d'une aussi grande élévation ne pourrait se soutenir d'elle-même et elle s'ébloulerait de toutes parts si les côtés en étaient perpendiculaires; il faudra leur donner une certaine inclinaison, et on a lieu de présumer qu'en donnant dix-huit pieds à la couche dans le bas, douze dans le haut, et dix à douze en hauteur, il en résultera un talus suffisant pour le maintien des terres. Ce talus, au surplus, doit varier en raison de la nature des matières, et il vaut mieux le faire plus considérable que moindre que celui qu'on indique ici. On donnera d'ailleurs à la couche une solidité suffisante en établissant sur le bord de chaque lit de terre, dans tout le pourtour, de la paille, du fumier peu consommé, des branchages d'arbre, de vieux morceaux de claies pourries qui auront été employées précédemment dans l'intérieur des couches détruites, etc.

La figure 7 représente une coupe du hangar dans sa largeur,

ainsi que l'intérieur de la couche G *g*, E *e*, garnie de claies *m*, *m*, *m*, *m*, *m*.

Dans le cas où la main-d'œuvre des claies paraîtrait trop chère, on pourrait y suppléer par le moyen de petits fagots qu'on ajusterait les uns au bout des autres et qu'on distribuerait dans la masse de terre aux mêmes places que celles ci-dessus indiquées pour les claies. On verra seulement dans la suite qu'il en résulterait quelques inconvénients relativement à la facilité des arrosages.

VII

DES ARROSAGES.

L'amas d'une quantité de liqueurs suffisante pour entretenir la terre des nitrières dans un degré d'humectation convenable est un des points des plus importants et en même temps des plus difficiles à remplir. Toute liqueur putréfiée ou susceptible de se putréfier est propre à cet usage. Les urines d'hommes et d'animaux sont préférables à toutes; ensuite les eaux qui ont servi à lessiver des fumiers; enfin on peut employer en arrosages les eaux de vaisselles, les égouts des rues des villes, la lessive des blanchisseuses; cette dernière a l'avantage de contenir à la fois des matières animales disposées à la fermentation et de plus un alcali fixe propre à donner une base à l'acide nitreux et à transformer en salpêtre l'eau-mère ou le nitre à base terreuse, à mesure qu'il est formé.

Il n'est pas difficile, surtout dans les environs des villes et bourgs, de rassembler à peu de frais une assez grande quantité d'urine humaine. Les maisons publiques, les hôpitaux, les couvents, les collèges, les maisons de force, les spectacles, les corps de garde, les cabarets, sont des magasins naturels qui peuvent fournir amplement au besoin d'une nitrière; il ne sera pas beaucoup plus difficile, soit à la ville, soit à la campagne, de rassembler, si on le juge à propos, celle des animaux; il suffira de donner aux écuries ou aux étables une pente suffisante, d'y former un ruisseau qui rassemble les urines et qui les conduise dans des tonneaux défoncés, enterrés en dehors de l'étable ou de l'écurie; ces tonneaux doivent être couverts de planches qui les garantissent de la pluie. Pour peu qu'on attache de valeur à cette matière, les habitants de la campagne s'empresseront d'en rassembler, et on sera amplement dédommagé du prix qu'elle coûtera par l'augmentation de produit en salpêtre qu'on obtiendra. A défaut d'urine, on peut employer de la lessive de fumier et d'immondices de toutes espèces, et il est aisé à cet égard de former dans la nitrière ou aux environs un établissement peu coûteux qui ne la laisse jamais au dépourvu.

On aura pour cet effet une grande cuve A A, pl. 3, fig. 5, ou même si l'on veut en faire l'avance, un grand réservoir de bois doublé de plomb laminé qu'on emplira jusqu'à moitié, jusqu'aux deux tiers ou même davantage, suivant l'état des matières, de fumier pourri et consommé, de fiente d'animaux quelconques, de mouton surtout, et de toutes sortes d'immondices. Cette cuve porte à sa partie supérieure une traverse T T, qui coule dans deux oreilles *n*, *n*; cette traverse principale reçoit différentes barres de bois *tt*, *tt*, *tt*, qu'on peut ôter à volonté; toutes ces traverses ou barres sont destinées à maintenir le fumier et à empêcher qu'il ne s'élève hors de la cuve. Lorsque le fumier aura été ainsi assujetti, on emplira la cuve d'eau; au bout de quelques jours le fumier se gonflera, la liqueur contenue dans la cuve acquerra de la chaleur, et, lorsqu'on jugera qu'elle est suffisamment chargée, on la videra par le robinet ou champleure C dans le réservoir D D. On accélérera de beaucoup l'opération et on opérera une décomposition plus complète des matières animales et végétales en jetant dans la cuve quelques brouettées de chaux vive, plus ou moins suivant la grandeur.

La liqueur dans cet état n'est pas encore aussi propre qu'elle le peut être à la fertilisation des terres à salpêtre; il faut, pour qu'elle produise tout l'effet qu'on peut en attendre, qu'elle ait fermenté pendant un certain temps et qu'elle ait pris un certain degré de putréfaction; à cet effet, on doit la transporter du réservoir D D dans les cuves ou tonneaux *i*, *i*, *i*, *i*, *i*, *i*, pl. 1, fig. 2 et 3, l'y laisser séjourner et fermenter jusqu'au moment où il sera nécessaire de l'employer.

Le même fumier peut servir plusieurs fois pour cette opération, c'est-à-dire qu'après avoir rempli la cuve une première fois d'eau on peut l'emplir une seconde et même une troisième, en ajoutant seulement un peu de nouvelle chaux; lorsque ensuite on juge que le fumier est prêt d'être épuisé, on le retire de la cuve A A, pl. 3, fig. 5, et on l'emploie comme mélange, en concurrence avec celui qui sort des fosses à putréfaction dont il sera question art. XV, pour entrer dans la composition des nouvelles couches.

On peut remplir en partie le même objet d'une manière encore plus simple, moins dispendieuse, mais en même temps moins avantageuse. On élève le long d'un mur, ou mieux encore dans l'angle de deux murs, un grand tas de fumier; on pratique au pied une pente et un ruisseau, lequel va aboutir à un ou plusieurs tonneaux défoncés par en haut et ensevelis dans la terre. Toutes les fois qu'on veut avoir de la lessive de fumier, on fait jeter quelques seaux ou quelques muids d'eau sur le tas; elle traverse le fumier, se charge de sa partie extractive et va se rendre ensuite dans les tonneaux destinés à la recevoir.

L'opération des arrosages étant celle dont dépend principalement le succès des nitrières, on conçoit qu'on n'en doit confier le soin qu'à des mains discrètes et sûres; on doit veiller avec la même attention à ce que les paillassons qui recouvrent les claies d'enceintes soient levés ou baissés à propos.

Quant à la proportion des arrosages, quant aux époques auxquelles il convient de les faire, c'est sur quoi il est impossible de rien prescrire de très précis. En général, ils doivent être plus fréquents qu'abondants afin que la terre soit toujours entretenue, autant qu'il est possible, au même degré d'humectation; trop d'humidité, comme on l'a déjà dit, est autant et peut-être plus nuisible à la production du salpêtre que trop de sécheresse; il ne faut pas que la terre soit mouillée, encore moins détrempée et dans un état de mortier; il faut seulement qu'elle soit dans un état de fraîcheur et d'humidité, de manière, par exemple, qu'en la pressant dans la main elle soit dans un état moyen entre la terre qui se pétrit et celle qui s'émiette.

On ne risque rien d'employer pendant les quatre ou six premiers mois, pour les arrosages, de l'urine pure, si on en a une quantité suffisante, ou de l'eau de fumier très chargée; mais, cette époque passée, on doit commencer à couper les urines avec de l'eau et employer des eaux de fumiers moins fortes; enfin, à mesure qu'on approche du temps du lessivage, les eaux d'arrosages doivent s'affaiblir, et on ne doit plus arroser, pendant les quatre ou six derniers mois, qu'avec de l'eau simple; dans le cas où l'on n'aurait pas des urines en abondance, on peut les couper, dès le commencement, avec moitié ou trois quarts d'eau.

Telle est la marche qu'on doit suivre pour arriver au résultat le plus avantageux; cependant, si on se trouvait dans des circonstances où il fût impossible de se procurer des urines, qu'on ne pût même obtenir que difficilement et à grands frais des eaux de fumiers, de mares, d'immondices, etc., on ne devrait pas encore perdre toute espérance; une couche de terre préparée comme on l'a exposé précédemment, mélangée d'une suffisante quantité de matières végétales et animales disposées à la putréfaction, arrosée même avec de l'eau pure, peut fournir encore une très grande quantité de salpêtre.

Il ne reste plus, pour terminer ce qu'on s'est proposé de dire sur les arrosages, qu'à donner une méthode pour les faire avec facilité et pour les répartir avec égalité dans toute la masse.

On aura un entonnoir de cuivre S, pl. 1, fig. 9, lequel pourra contenir jusqu'à quatre pintes de liqueur; la douille de cet entonnoir se prolongera en un long tuyau R *tnxy*, courbé à angle droit et de sept pieds de longueur de R en *y*; enfin ce même entonnoir aura un robinet R qu'on pourra fermer et ouvrir à volonté.

Lorsqu'on voudra faire un arrosage, un premier ouvrier introduira le tuyau R *tnxy* dans une des ouvertures des claies *m*, *m*, *m*, fig. 3; en même temps un second ouvrier versera avec un broc ou un autre vaisseau quelconque deux, trois ou quatre pintes de liqueur dans l'arrosoir S; cette quantité sera déterminée par des marques qui seront faites intérieurement dans l'entonnoir; lorsque la dose de liqueur aura été versée dans l'entonnoir, le premier ouvrier tournera le robinet pour la laisser écouler; en même temps, il retirera lentement le tuyau, afin de répartir la liqueur également dans toute la longueur de l'ouverture *m*, *m*, fig. 4; on pourrait remplir le même objet avec un tuyau ou cheneau de bois, lequel serait ouvert d'un côté et fermé de l'autre, et dans lequel on verserait la liqueur par le moyen d'une espèce d'entonnoir, comme on le voit représenté fig. 8.

Les arrosages ne doivent se faire qu'à compter du troisième, ou tout au plus du second rang de claies, en comptant par en bas; on conçoit que le tuyau de l'entonnoir, ayant sept pieds de longueur, il portera la liqueur jusque dans le milieu de la masse, et qu'en répétant la même opération par l'autre côté, il n'y aura point d'endroit qui ne soit arrosé.

Le dessus de la couche ne pouvant être humecté de la même manière, on se contentera d'y répandre la liqueur avec des arrosoirs de jardin ordinaires, et les ouvriers auront à cet effet des échelles ou espèces de marchepieds pour s'élever à une hauteur suffisante.

Pendant les gelées de l'hiver on fermera le hangar le mieux qu'il sera possible et on suspendra toute opération.

Il a pu paraître extraordinaire que dans les descriptions qui précèdent, on n'ait donné que dix-huit pieds de largeur à la couche, tandis qu'il paraîtrait possible de lui donner des dimensions presque égales à celle du hangar; la commodité des arrosages a déterminé ces proportions; en effet, on a vu que la queue de l'entonnoir, pour porter la liqueur jusqu'au milieu de la masse de terre, devait avoir sept pieds au moins; on ne pourrait donc sortir et rentrer cet entonnoir s'il ne se trouvait entre la couche et les claies qui forment la clôture un espace également de sept pieds.

Peut-être dans des provinces dont le climat ne serait pas très sec serait-il possible de laisser les hangars ouverts de toutes parts; alors on aurait tout le jeu nécessaire pour l'entrée et la sortie de l'entonnoir;

et on pourrait, dans un hangar de trente pieds de large, former une couche au moins de vingt-quatre.

Un autre moyen de gagner du terrain sans perdre beaucoup de la facilité de l'arrosage serait de composer la tige R *nxy* de l'entonnoir de tuyaux rentrant les uns dans les autres, comme les tuyaux d'une lunette. La figure 9 peut donner une idée de ce mécanisme; on voit le tuyau R *y* composé de trois parties *tn*, *nx*, *xy*, lesquelles sont susceptibles de couler les unes sur les autres; de sorte que la longueur de l'instrument peut se réduire à celle R*y*, fig. 10; *bb*, fig. 9, et *b*, fig. 10, indiquent les deux boutons qu'on prend en main quand on veut raccourcir ou allonger les tuyaux. Les figures 11 et 12 représentent l'intérieur de ces tuyaux; elles expriment la manière dont ils sont ajustés les uns avec les autres et comment ils ont un point de repos qui les empêche de se désunir. Au moyen d'un entonnoir construit sur ces principes on pourrait donner jusqu'à vingt-quatre pieds à la base de la couche; elle en aurait environ vingt-deux à l'endroit où commenceraient les arrosages; et avec un entonnoir de quatre pieds de tige, comme celui représenté fig. 10, et deux tuyaux de trois pieds et demi chacun, rentrant sur le premier, on porterait aisément les arrosages jusqu'au centre de la couche; au surplus, on le répète, c'est à l'usage à apprendre si la première méthode, celle représentée dans la figure 8, est préférable à cette dernière et si la plus grande simplicité et la plus grande facilité des manœuvres est un avantage assez grand pour compenser l'inconvénient d'une perte de terrain assez considérable.

Ces différentes manières d'arroser ne sont praticables que dans la supposition de l'usage des claies triangulaires *m*, *m*, *m*, fig. 3 à 5, pl. I; dans le cas où l'on croirait plus à propos d'y substituer, ainsi qu'on l'a proposé à la fin de l'article précédent, de petits fagots placé les uns au bout des autres, et disposés de manière à établir une circulation d'air dans toute la masse destinée à se salpêtrer, il serait nécessaire de faire des changements assez considérables, soit dans l'arrangement des terres, soit dans la manière de les arroser. Les couches, dans cette supposition, ne devraient pas être élevées au delà de six à sept pieds en hauteur; il faudrait se contenter de les arroser par-dessus avec des arrosoirs de jardin, d'en entretenir la surface supérieure toujours meuble en la ratissant de temps en temps avec des râteaux à dents de fer, afin que les arrosages y pénétrassent mieux; enfin on ne pourrait guère se dispenser de remuer ces terres à la pelle une fois tous les six ou huit mois, c'est-à-dire deux fois au moins pendant l'intervalle d'un lessivage à l'autre, en observant de mettre par-dessus la portion qui était par-dessous.

VIII

DES MOYENS DE SIMPLIFIER LES OPÉRATIONS RELATIVES À LA FABRICATION DU SALPÊTRE ET DE LES METTRE À LA PORTÉE DE TOUS LES HABITANTS DES VILLES ET DES CAMPAGNES.

Il ne faut pas croire que les méthodes qu'on vient de décrire ne puissent avoir d'application qu'à des fabriques en grand; tout particulier au contraire, pour peu qu'il ait un coin de hangar, de grange, d'écurie ou de bergerie, pour peu qu'il puisse se ménager un appentis, un endroit quelconque à l'abri des pluies et accessible à l'air, peut y amasser des terres; et, en les abandonnant presque à la nature, il retirera sans soin et sans dépense une récolte en salpêtre proportionnée à l'amas de terre qu'il aura formé.

On peut appliquer à ces établissements particuliers tout ce qui a été dit plus haut pour le choix des terres; c'est-à-dire qu'on doit s'attacher de préférence à celles qui sont déjà salpêtrées, ou qui sont disposées à le devenir, et surtout aux plus meubles et aux plus légères. On ajoutera à ces terres, si elles ne sont pas suffisamment mélangées par elles-mêmes, toutes les matières végétales et animales qu'on pourra trouver sous sa main; on y mêlera en outre de la paille ou du fumier nouveau et on les élèvera ainsi à la pelle, sans les tasser, jusqu'à la hauteur de deux ou trois pieds. On pourra augmenter la hauteur de ces tas et leur donner jusqu'à cinq à six pieds d'épaisseur, en plaçant dans leur intérieur de petits fagots tels qu'ils ont été décrits précédemment, et en les disposant de manière à former à l'air des canaux de circulation qui aboutissent, soit à la surface supérieure, soit à celles latérales de la couche. Ces amas de terre ainsi disposés doivent servir de réceptacle à toutes les immondices de la maison; on y jettera les balayures, les épluchures, les os d'animaux, leurs excréments, les fumiers, les matières pourries et gâtées, les cendres, les urines, les eaux de fumiers, les lavures de toute espèce, etc. Ces matières cependant, comme on l'a déjà indiqué, ne doivent point être employées en trop grande abondance; les arrosages surtout doivent être ménagés avec intelligence, et l'on ne doit pas perdre de vue que leur objet est uniquement d'entretenir la terre moite ou fraîche.

Au bout de quinze ou dix-huit mois ou, plus généralement encore, huit mois ou un an avant de lessiver les terres, il faut cesser toute addition de matière animale ou végétale; si l'on aperçoit que la terre se dessèche trop, il suffit de l'arroser alors avec de l'eau pure, même en très petite quantité.

Pour faire mieux encore et pour accélérer davantage la production du salpêtre, il sera très avantageux de remuer, trois à quatre fois l'année, la terre à la pelle, en observant de mettre par-dessus ce qui était par-dessous et de mêler avec la terre de la paille nouvelle et du fumier récent; cette opération a l'avantage de renouveler les surfaces exposées à l'air, et surtout de rendre la terre plus meuble et plus pénétrable par l'air et par l'eau; souvent, au bout de quelque temps, la terre se tasse à sa surface et ne laisse plus pénétrer les arrosages; il est alors nécessaire de la ratisser avec un râteau de fer dont les dents aient deux à trois pouces, même davantage.

On pratique encore en Suède une méthode très simple pour fabriquer du salpêtre, et on croit devoir en dire un mot avant de terminer cet article : on construit des couches pyramidales D, E, F, pl. IV, fig. 5, composées des mêmes terres et des mêmes mélanges que ceux indiqués dans l'article précédent; on prolonge ces couches aussi loin qu'on le juge à propos et que le terrain le permet. Pour défendre ces terres des injures de l'air et empêcher que la pluie n'en dissolve le salpêtre à mesure qu'il se forme, on les couvre d'une espèce de toit composé de deux perches A B, B C, de dix-huit à vingt pieds de longueur, arc-boutées l'une contre l'autre et maintenues par une traverse H I, le tout lié et arrêté avec des harts de saule ou d'osier; ces perches s'enfoncent de six ou huit pouces dans la terre, et on place de pareils assemblages à dix-huit pouces ou deux pieds de distance les uns des autres; l'intervalle de ces perches, ou plutôt de ces assemblages de perches, se remplit avec des gaulettes ou des branchages d'arbres, et le tout se recouvre avec des bruyères, des feuillages et, en général, avec tout ce qui peut être propre à empêcher l'eau de pénétrer dans l'intérieur.

Ces couches demandent à être traitées et arrosées comme les précédentes; quelque temps après qu'elles ont été formées le salpêtre se montre à la surface, et, quand elles sont en plein rapport, on ratisse, à peu de jours de distance, un demi-pouce ou un pouce de la terre qui se présente par-dessus, et on la lessive; on répète la même opération jusqu'à ce que la couche ne donne plus d'indice de salpêtre à sa surface; alors on lessive toute la masse de terre restant, laquelle fournit encore une assez bonne quantité de salpêtre.

M. Le Ray de Chaumont a imaginé, dans des établissements de ce genre qu'il a faits en Touraine, un moyen très simple et très ingénieux pour faire commodément les arrosages.

On a de grands pots E G d'une terre cuite poreuse; ces pots ont six à huit pouces de diamètre et trois à quatre pieds de profondeur; on les enterre dans le haut de la couche jusqu'à un pouce environ de leur bord supérieur; on les emplit d'eau, d'urine, d'égout de fumier, d'eau-mère de nitre étendue soit avec de l'eau, soit avec quelques-unes des liqueurs précédentes; insensiblement la liqueur pénètre à travers les pores du pot et se répand dans toute la masse de terre. Peu à peu les pots se vident, et on les remplit toutes les fois que l'état des terres le fait juger nécessaire.

On peut encore appliquer à ces couches le moyen qu'on a proposé plus haut, pour faire pénétrer de l'air dans leur intérieur; on peut faire régner dans toute leur longueur une claie triangulaire *lmn*, pl. IV, fig. 5, d'un pied et demi ou deux pieds de hauteur, qui multiplie les surfaces et procure à l'air des contacts plus multipliés.

Les particuliers qui se seront livrés à ce genre d'industrie pourront ou se charger de faire eux-mêmes l'extraction du salpêtre, ou, s'ils craignent cet embarras, vendre à un salpêtrier le droit de lessiver leur terre, comme on vend la dépouille d'une vigne; par ce moyen, les balayures des maisons, les immondices et une infinité de matières qui sont aujourd'hui perdues, tourneront au profit de la société.

IX

DU LESSIVAGE DES TERRES.

Ce n'est pas assez d'avoir produit du salpêtre, il faut le séparer de la terre dans laquelle il s'est formé; or, la terre étant insoluble dans l'eau tandis que le salpêtre s'y dissout, même à froid, avec beaucoup de facilité, il résulte de ces deux propriétés opposées un moyen simple de faire le départ de ces substances et d'obtenir le salpêtre seul : c'est cette opération qu'on appelle *lessive*, *lixiviation*, *lessivage*, *lavage des terres*, toutes expressions synonymes et qu'on emploiera ici comme telles. La méthode qu'on suit à cet égard est tellement uniforme dans toutes les parties de l'Europe qu'il y a tout lieu de croire qu'elle est bonne en elle-même et qu'elle n'est pas susceptible de changements importants; cependant, d'un autre côté, lorsqu'on considère que la plupart des salpêtriers mènent une vie toujours errante, qu'ils parcourent successivement une étendue de terrain fort considérable, des provinces entières, pour trouver des matières salpêtrées, on pourrait être porté à penser que la méthode dont ils se servent tient à leur manière de vivre, qu'elle est plutôt adaptée aux besoins d'une fabrique ambulante qu'à ceux d'une fabrique sédentaire, et il serait possible que, sous ce point de vue, elle fût susceptible de quelques modifications.

Ces réflexions ont conduit à des recherches sur ce qui se pratique dans l'Inde pour le lessivage des terres, et on a lieu de croire, d'après les renseignements qu'on s'est procurés, qu'on y emploie en effet une méthode très différente de celle d'Europe et qui, peut-être, convient mieux à un travail sédentaire et surtout à une fabrique en grand.

On va rendre compte successivement de ces deux méthodes, sans oser prononcer en faveur ni de l'une ni de l'autre: celle d'Europe a l'avantage de la simplicité et de n'exiger presque aucune avance; celle de l'Inde, au contraire, entraîne une construction dispendieuse, un entretien, des réparations; c'est à chaque particulier de peser ces avantages et ces inconvénients.

Section première.

DE LA MANIÈRE DE LESSIVER LES TERRES EN EUROPE.

Les salpêtriers se servent communément, pour le lessivage des terres, de tonneaux T, T, pl. II, fig. 2 à 6, de contenance de demi-queue, jauge de Bourgogne, et défoncés par un bout; des vaisseaux d'un plus grand volume seraient embarrassants à remuer, et on éprouverait beaucoup de difficultés pour en ôter la terre lorsqu'elle a été lessivée.

Ils élèvent ces tonneaux environ à deux pieds et demi du sol de l'atelier en les plaçant sur des tréteaux ou espèces de bancs *b*, *b*, et ils placent entre deux une recette commune R destinée à recevoir la liqueur qui doit s'en écouler.

Ces tonneaux ou cuveaux sont percés dans le bas, à peu de distance du fond et quelquefois même par-dessous, d'un trou C C, fig. 2 à 4, de six à huit lignes de diamètre, dans lequel on introduit une pissote ou champlure de bois, qu'on bouche avec une cheville; à défaut de pissote de bois, les salpêtriers de Paris se servent communément d'un os de pied de mouton, cassé par un bout près de l'articulation, et qui est retenu par la tête même de l'os qui se trouve trop grosse pour pouvoir passer par le trou. Le bout cassé de l'os sort en dehors du tonneau, et on le bouche, comme la pissote, avec une cheville de bois. Cette méthode est moins bonne que la précédente, par la raison que l'os de pied de mouton n'étant pas parfaitement rond, il ne ferme pas exactement l'ouverture, et qu'il est très essentiel, comme on le dira bientôt, de pouvoir retenir l'eau dans le cuveau aussi longtemps qu'on le juge à propos.

La terre et la cendre, si elles étaient jetées immédiatement sur le trou, ne manqueraient pas de le boucher et d'empêcher la filtration de l'eau, et on a imaginé différents moyens pour remédier à cet inconvénient : les uns se contentent de placer sur le trou un tampon de paille qui s'engage sous un ou deux tasseaux de bois qui le maintiennent; les autres le recouvrent avec une écuelle ou sébile de bois percée; ils répandent un peu de paille sur l'écuelle et jettent la terre ou la cendre par-dessus. Quelques-uns placent en travers au fond du tonneau, au-devant du trou, une douve et ils remplissent l'intervalle qui se trouve entre la douve et les parois du tonneau de pierres ou petits gravois; d'autres, enfin, ajoutent au tonneau un double fond percé de trous; ils le soutiennent à une distance convenable du véritable fond par le moyen de trois tasseaux de bois, et ils mettent entre les deux fonds et par-dessus le faux fond de la paille fraîche; de toutes ces méthodes, cette dernière est la meilleure et la plus propre à favoriser l'écoulement des eaux.

Lorsque les choses sont ainsi préparées, on jette dans le cuveau un quart, un tiers, et quelquefois jusqu'à moitié de cendre, suivant sa qualité[1], et on achève de le remplir, soit avec de la terre, soit avec des pierres ou plâtras salpêtrés. Dans ce dernier cas, c'est-à-dire dans celui où les matières qu'on doit lessiver sont d'une certaine dureté, il est nécessaire de les concasser préalablement, de les réduire en morceaux de la grosseur de noisettes ou de petites noix tout au plus, et de les passer à la claie. Lorsque c'est de la terre qu'on emploie, il faut avoir soin qu'elle soit assez meuble pour laisser écouler l'eau; pour peu

[1] Cette quantité de cendres, quoique très considérable, est encore le plus souvent insuffisante. On donnera ci-après, dans l'article intitulé *De l'usage de la potasse dans la fabrication du salpêtre*, les moyens de suppléer à la cendre, en y substituant une matière alcaline moins embarrassante, très commune et à bon marché.

qu'elle fût tassée ou comprimée, la filtration ne pourrait plus avoir lieu; enfin, lorsque chaque cuveau est rempli de terre, il est nécessaire de former à sa surface une espèce de bassin creux pour contenir l'eau.

Lorsque les cuveaux sont ainsi remplis, on y verse de l'eau. Il est très essentiel de laisser la pissote bouchée pendant les premières heures: il arrive souvent, à défaut de cette précaution, que l'eau se fraye une ou plusieurs issues à travers la cendre et qu'elle la traverse sans la lessiver ni même l'humecter dans toutes ses parties. Le même inconvénient a lieu du plus au moins pour la terre et pour les plâtras; et, ces derniers d'ailleurs étant en morceaux plus ou moins gros, l'eau, lorsqu'elle passe trop rapidement, ne dissout que les sels qui se présentent à la surface des plâtras et laisse ceux qui sont placés plus avant dans l'intérieur. Lorsqu'on juge que l'eau a eu tout le temps pour dissoudre les sels, on retire la cheville, et la liqueur coule dans le baquet ou recette R, pl. II, fig. 2 à 6.

Les salpêtriers ont un certain nombre de cuveaux et recettes semblables à ceux qu'on vient de décrire; le nombre est ordinairement de trente-six, à Paris, pour une fabrique dans laquelle on fait vingt-quatre à trente milliers de salpêtre; et ils ont coutume de les diviser, ce qu'ils appellent en trois bandes de douze chacune.

Dans un atelier qui est en cours d'opération, une première bande contient des terres neuves, c'est-à-dire qui sont lessivées pour la première fois; une seconde bande contient des terres qui ont déjà été lessivées une fois et qui le sont pour la seconde; enfin une troisième bande contient des terres qui ont déjà été lessivées deux fois et qui le sont pour la troisième.

Les eaux qui ont passé par les cuviers qui composent la troisième bande, c'est-à-dire sur les terres qui ont été déjà lessivées deux fois, se nomment *lavage;* on les fait repasser par les cuviers de la seconde bande, c'est-à-dire sur des terres qui n'ont été lessivées qu'une fois, et alors elles deviennent ce qu'on nomme *petites eaux.*

Quand les petites eaux ont passé par les cuviers de la première bande, c'est-à-dire sur des terres neuves, elles deviennent ce qu'on nomme *eaux fortes;* enfin, pendant que les eaux fortes se filtrent, on décharge les cuveaux de la troisième bande, on les remplit de terres neuves et de nouvelles cendres et on y fait repasser les eaux fortes; ces dernières se chargent de plus en plus de salpêtre et deviennent ce qu'on nomme *eaux de cuite;* alors elles sont prêtes à passer à la chaudière pour être évaporées. On perdrait un temps considérable si on attendait, pour porter les eaux sur une bande de cuveaux, qu'elles eussent fini de passer sur la précédente; il faut avoir soin de les verser de l'une à l'autre à mesure qu'elles coulent dans les recettes; par ce moyen les trente-six cuveaux se trouvent lessivés presque en même temps. On conçoit que par cette manière de procéder les mêmes cuveaux qui formaient d'abord première bande deviennent ensuite seconde, puis troisième; que les terres ne sont jamais retirées des cuveaux qu'après avoir été lessivées trois fois; qu'enfin, avec trois bandes, on fait réellement le service de quatre.

Chaque jour, dans un atelier garni de trente-six cuveaux, on doit employer au moins huit demi-queues d'eau nouvelle, et il doit en résulter environ deux demi-queues de cuite; tout le reste de l'eau demeure dans les terres, d'où l'on peut juger, quelque précaution que l'on prenne, qu'il y reste nécessairement beaucoup de salpêtre.

En général, la quantité d'eau douce nécessaire pour le premier lessivage doit être d'un demi-pied cube environ, ou de dix-huit pintes, mesure de Paris, par chaque pied cube de terre. Quand les terres sont peu chargées de salpêtre, on peut, sans inconvénient, diminuer cette quantité et la réduire de douze à quinze pintes par pied cube.

La méthode de lessiver qu'on vient de décrire est à peu près celle des salpêtriers de Paris; on a seulement écarté quelques pratiques peu importantes qui paraissent tenir à la routine et qui ne sont nullement fondées en raison; tel est, par exemple, l'usage où sont les salpêtriers d'enlever, avant de faire le relavage des terres, environ deux hottées de terre du haut du cuveau et de la remplacer par de la terre neuve. Cette opération qu'on nomme le *razage* n'a point d'objet; elle ne sert qu'à enforcir le relavage, ce qui est directement contraire aux vrais principes du lessivage, ainsi qu'on en sera plus convaincu encore par la lecture de l'article qui va suivre. Cette méthode, au surplus, n'est bonne qu'autant qu'il est question de traiter des terres fort riches en salpêtre; mais dans le cas, au contraire, où l'on n'a que des terres pauvres à traiter, il y a de l'avantage à diviser les cuveaux en un plus grand nombre de bandes et à faire passer les eaux fortes successivement sur un plus grand nombre de cuveaux remplis de terres neuves; on parvient de cette manière à obtenir des eaux beaucoup plus chargées de salpêtre et à consommer moins de bois. On donnera, article XI de cette *Instruction*, un moyen simple, non seulement pour reconnaître si les eaux de cuite sont suffisamment chargées de salpêtre pour pouvoir être évaporées avec profit, mais encore pour déterminer avec précision la quantité de salpêtre contenue dans les eaux qu'on se propose de faire évaporer.

La figure 2, pl. II, représente la coupe, et la figure 3 représente le plan d'un atelier à salpêtrer, monté sur les principes qu'on vient de détailler; on y voit les cuveaux T, T, T, T, T, etc., garnis de leurs recettes R, R, R. La disposition des cuveaux doit être telle qu'il reste entre chacun un espace suffisant pour le passage des ouvriers, pour le remuement des terres et pour le transport de l'eau; quant aux recettes, elles doivent être assez larges pour qu'une seule puisse recevoir l'eau qui s'écoule de deux cuveaux. Les détails relatifs à ce travail seront exposés d'une manière plus étendue dans l'*Explication des figures qui se trouve à la fin de cet ouvrage.*

Section deuxième.

DU LESSIVAGE DES TERRES À LA MANIÈRE LE L'INDE.

Suivant les renseignements qu'on a eus de l'Inde, le lessivage des terres salpêtrées s'y fait dans de grandes fosses carrées, revêtues de briques bien cimentées et élevées en amphithéâtre les unes au-dessus des autres. On voit le profil de ces fosses A, B, C, pl. III, fig. 2; elles doivent avoir trois à quatre pieds de profondeur sur cinq à six sur chaque face; il est nécessaire d'en avoir trois rangs pour répondre aux trois bandes de cuveaux des salpêtriers, ce qui fait en tout neuf fosses. On en voit le plan représenté fig. 3.

La partie inférieure de chaque fosse doit être percée d'une ouverture ou canal *de*, fig. 2, par lequel l'eau s'écoule et tombe dans la fosse inférieure; on garnit intérieurement cette ouverture avec un tampon de paille serré et assujetti par le moyen de deux tasseaux de bois; et, dans la crainte que la terre ne porte trop directement sur la paille et ne la foule trop, on la recouvre avec une planche percée de trous qui repose sur les deux tasseaux; on peut encore environner l'ouverture du trou d'écoulement d'un encaissement de briques ou de planches qu'on emplit de sable très grossier ou de menus gravois.

Les choses ainsi disposées, on commence par mettre dans la fosse la quantité de cendres qu'on veut employer; cette quantité, à moins que les cendres ne soient très fortes, doit être au moins du quart ou du tiers du volume de la terre; encore cette quantité est-elle souvent insuffisante [1]; lorsque les fosses ont été chargées de cendres, on les charge de terre et on les emplit jusqu'à la hauteur de trois pieds; ces fosses ayant cinq pieds sur chaque face, il en résulte qu'elles peuvent contenir soixante-quinze pieds cubes de terre; on doit avoir grand soin, avant de verser l'eau sur la terre dans la fosse supérieure, de boucher exactement le tuyau d'écoulement *de*, fig. 2; on ne l'ouvre qu'au bout de quelques heures; alors l'eau qui a lavé la terre de la première fosse tombe dans la seconde, puis dans la troisième, et de suite enfin dans les réservoirs R, R, R, R, fig. 2 et 3.

La terre contenue dans les cuves n'est point épuisée lorsqu'elle n'a été lessivée qu'une seule fois; on y repasse une seconde et une troisième eau, et on obtient, comme dans la méthode usitée en Europe, du relavage, des petites eaux, des eaux fortes et de la cuite; le relavage est l'eau qui a passé sur a terre qui avait été préalablement

[1] Voir ce qui est dit ci-après dans l'article intitulé : *De l'usage de la potasse dans la fabrication du salpêtre.*

lessivée deux fois; la petite eau est le même relavage, après qu'il a été repassé sur de la terre qui n'avait été préalablement lessivée qu'une fois; l'eau forte est la petite eau repassée une première fois sur de la terre neuve; enfin la cuite n'est autre chose que l'eau forte qu'on a renforcée encore en la repassant une seconde fois sur de la terre neuve. On voit par là que, dans tout travail bien réglé, on doit toujours avoir : 1° une bande de trois fosses remplie de terre déjà lessivée deux fois et qui travaille en relavage; 2° une autre bande chargée de terre déjà lessivée une fois et qui travaille en petite eau; 3° une bande chargée de terre neuve, qui travaille pour de l'eau forte; 4° enfin que la bande qui vient de travailler pour du relavage doit être déchargée et rechargée de terre neuve pour convertir les eaux fortes en cuites.

Les fosses se chargent à la brouette; on ménage à cet effet entre chaque bande de fosses un chemin en pente douce, de deux à trois pieds de large, par lequel on monte la terre jusqu'à la cuve supérieure; ce chemin est désigné (fig. 3) par la ligne ponctuée *ghi* : la même brouette, lorsqu'elle a été déchargée dans la fosse supérieure A, continue sa route suivant la ligne *ilm* et redescend par le chemin également pratiqué en pente douce de ce côté; de cette manière les ouvriers ne peuvent point se rencontrer, et le chemin n'est jamais embarrassé.

Ces fosses, comme on l'a déjà indiqué, ne peuvent guère être employées que dans un travail très en grand : leur construction est dispendieuse; de plus, si l'on n'a pas l'eau à sa disposition à la hauteur de la fosse supérieure, on ne peut se dispenser de l'y élever par le moyen d'une pompe et de la distribuer dans chaque fosse par des tuyaux garnis de robinets, ce qui forme encore un nouvel objet de dépense très considérable et supérieure à ce qu'une entreprise médiocre serait en état de supporter.

Quoi qu'il en soit, cette manière de faire le lavage des terres exigeant des changements assez considérables dans la disposition de l'atelier, on a cru devoir en donner un détail particulier qui se trouve représenté par les figures 1, 2, 3 et 4 de la planche III. On renvoie, pour les détails, à l'*Explication des figures qui se trouve à la fin de cet ouvrage.*

X

DE L'ÉVAPORATION DES EAUX SALPÊTRÉES ET DE LA CRISTALLISATION DU SALPÊTRE.

L'eau dissout le salpêtre sans dissoudre la terre et l'on s'est servi dans l'article précédent de cette propriété de l'eau pour séparer le salpêtre d'avec la terre salpêtrée; il reste maintenant à séparer le salpêtre d'avec l'eau qui le tient en dissolution : on se sert, pour remplir cet objet, de la propriété qu'a l'eau de se réduire en vapeurs, de se dissoudre en quelque façon dans l'air par un degré de chaleur très modéré; on dissipe en conséquence l'eau par l'ébullition, et le salpêtre, comme beaucoup plus fixe, reste au fond du vaisseau dans lequel se fait l'évaporation.

Cette opération connue dans l'art du salpêtrier, comme dans tous les arts, sous le nom d'*évaporation*, se fait dans une grande chaudière de cuivre S, dont le plan est représenté fig. 3 et la coupe figure 7 de la planche II.

Cette chaudière a la figure d'un demi-œuf; cette forme est nécessaire pour que tous les corps étrangers au salpêtre, le sel, la bourbe, etc., se rassemblent dans le fond et qu'on puisse les en tirer avec les instruments propres à cet objet.

Lorsque la lessive ou cuite a acquis le degré nécessaire pour pouvoir être évaporée avec profit (degré qu'on reconnaît aisément au moyen du pèse-liqueur dont on donnera la description dans l'article qui va suivre), on en emplit la chaudière, après quoi on allume le bois dans le fourneau et on fait bouillir. Les salpêtriers de Paris sont dans l'usage, lorsqu'une certaine portion de la liqueur est évaporée, d'en remettre de nouvelle et de remplir ainsi jusqu'à trois fois : ces remplissages ont l'inconvénient de refroidir la liqueur contenue dans la chaudière, de suspendre l'ébullition pendant plusieurs heures et d'apporter un grand retard dans l'opération. Il vaut beaucoup mieux, au lieu de jeter à la fois une aussi grande quantité de liqueur froide, l'introduire peu à peu dans la chaudière; on la dépose à cet effet dans un tonneau ou cuveau G, pl. II, fig. 2, 3 et 7, percé d'un trou à trois ou quatre pouces au-dessus de son fond. On ajuste dans ce trou une pissote ou champlure K, fig. 7, garnie d'une cheville, au moyen de laquelle on ralentit autant que l'on veut l'écoulement de la liqueur et on parvient ainsi à en fournir continuellement une quantité égale à peu près à celle qui s'évapore. Par ce moyen l'ébullition de la cuite n'est jamais ralentie et la liqueur qui sert à remplir est toujours claire. Quand l'évaporation a été continuée un temps suffisant et que la liqueur approche du point de cristallisation, on met dans la chaudière quelques livres de colle de Flandre, qui a été préalablement dissoute dans de l'eau chaude; la quantité d'eau nécessaire pour cette dissolution doit être de deux pintes environ par chaque livre de colle : il est nécessaire, pour que la colle se distribue également dans toute la masse du fluide et qu'elle ne soit pas trop promptement saisie par la chaleur de la cuite, d'interrompre, avant de l'introduire, l'ébullition par une addition d'un seau ou d'un demi-seau d'eau froide; lorsque ensuite la cuite commence à reprendre son bouillon, il se forme une écume qu'on enlève soigneusement avec des écumoires et qu'on met à part, soit pour la relaver, soit pour la jeter sur les terres disposées à se salpêtrer. Quelquefois la quantité d'écume est si grande et la liqueur se gonfle à un tel point qu'une partie passerait par-dessus les bords si l'on ne rafraîchissait promptement par une nouvelle addition d'eau froide : peut-être, au lieu de cette addition d'eau qui prolonge l'évaporation, pourrait-on se contenter de jeter dans la chaudière quelques onces de suif, comme on a coutume de faire pour arrêter le gonflement continuel qui arrive à l'urine lorsqu'on l'évapore pour l'opération du phosphore; ce suif n'altère en rien la qualité du salpêtre, il reste nageant sur la cuite; partie s'enlève avec l'écume et le surplus se fige à la surface des vaisseaux où se fait le refroidissement et la cristallisation.

A mesure qu'on continue l'évaporation, il se forme à la surface de la liqueur une espèce de pellicule peu continue qui se précipite au fond de la chaudière; c'est ce que les salpêtriers nomment *le grain*. Ce grain n'est autre chose que du sel marin qui cristallise, faute d'avoir suffisamment d'eau pour être tenu en dissolution : un ouvrier est presque continuellement occupé à retirer ce grain avec une écumoire représentée pl. II, fig. 8, qui doit avoir à peu près la forme du fond de la chaudière, et à le jeter dans un panier A, fig. 7, posé sur des barres *x*, *x* de fer qui traversent la chaudière.

Dans quelques provinces, les salpêtriers sont dans l'usage de suspendre au milieu de leur chaudière, à plusieurs pouces au-dessous de la surface de la cuite, un panier à voies ferrées, destiné à recevoir la boue, les matières étrangères et même le sel marin qui se précipite pendant l'évaporation. Le mouvement de l'ébullition partant toujours des bords ou plutôt des parois de la chaudière, il y a moins d'agitation dans le milieu que dans les autres parties de la liqueur; et c'est en conséquence dans cette partie que se déposent tous les corps pesants qui ont été entraînés et soulevés par la violence de l'ébullition.

Soit qu'on fasse usage ou non de ce panier, on continue l'évaporation et on enlève le grain à mesure qu'il se forme, jusqu'à ce que la liqueur soit parvenue au point qu'il se cristallise beaucoup de salpêtre par refroidissement : on reconnaît ce degré d'évaporation en faisant tomber de temps en temps sur un corps froid quelques gouttes de la liqueur contenue dans la chaudière; on juge du degré d'évaporation par la quantité d'aiguilles cristallisées de salpêtre qui se forment à mesure qu'elle se refroidit.

Lorsque la cuite est parvenue à cet état, on la retire avec de grandes cuillers de cuivre, dont une est représentée pl. II, fig. 9, et on la porte dans un lieu frais où elle est mise à cristalliser dans de grands bassins de cuivre *c*, *c*, et D, pl. III, fig. 7 et 8. On a coutume de garnir ces bassins de couvercles de bois, pour empêcher l'effet d'un refroidissement trop prompt. Dans les fabriques où l'on adoptera la manière de lessiver des Indiens, on pourra pratiquer, sous la fosse la plus élevée A, pl. III, fig. 2, un rafraîchissoir D voûté où on portera le salpêtre à cristalliser.

Dans les pays où la vente du sel est libre et où il a peu de valeur, les salpêtriers ont un grand intérêt à laisser dans le salpêtre le plus de grain qu'il est possible; il n'en est pas de même dans les provinces où le roi exerce le privilège exclusif de la vente du sel : ils trouvent alors plus d'avantage à le séparer et à le vendre en fraude, non pas, il est vrai, au prix du privilège, mais à un prix au moins fort supérieur à sa valeur naturelle. Ce n'est donc plus en sel qu'ils forcent alors leur salpêtre, mais en eau mère; et c'est d'après ces considérations que le ministre se propose d'accorder des récompenses honnêtes à ceux qui fourniront le salpêtre de la meilleure qualité.

Dans quelques provinces, on est dans l'usage, lorsque la cuite est parvenue à un degré d'évaporation convenable, avant de la porter à cristalliser, de l'entreposer pendant l'espace d'une demi-heure ou d'une heure dans un grand réservoir de bois, garni d'un robinet placé à quelques pouces au-dessus de son fond. Une portion assez considérable de grain ou sel marin qui était suspendu dans la liqueur se dépose au fond du vase pendant cet intervalle; lorsque ensuite on tire la cuite par le robinet et qu'on met à cristalliser, on obtient du salpêtre plus pur.

Cette méthode est extrêmement avantageuse et il serait très à souhaiter qu'on pût la rendre générale; mais, comme on l'a déjà fait observer, l'intérêt des salpêtriers s'y oppose dans plusieurs provinces, et cet obstacle l'empêchera probablement de prendre autrement que dans des établissements en grand et à l'égard des entrepreneurs honnêtes qui préféreront leur réputation et le service du roi à un intérêt modique.

Il faut plusieurs jours de repos dans le rafraîchissoir pour que le salpêtre cristallise complètement; après quoi on transvase l'eau surnageante et l'on met le salpêtre à égoutter, soit en appuyant le bassin contre une muraille, comme il est représenté pl. III, fig. 8, soit en appliquant l'un contre l'autre deux bassins, qu'on place dans une

IMPRIMERIE NATIONALE.

espèce de baquet enterré jusqu'à son ouverture supérieure, comme il est représenté fig. 7 de la même planche.

XI

DE L'USAGE DE L'*ARÉOMÈTRE* OU *PÈSE-LIQUEUR*, POUR CONNAÎTRE LE DEGRÉ DES EAUX, ET DE LA MANIÈRE DE GRADUER CET INSTRUMENT.

Deux objets principaux doivent fixer l'attention du salpêtrier dans le lessivage des terres :

1° De charger ses eaux de salpêtre le plus qu'il est possible afin d'abréger l'évaporation, d'économiser le bois et d'obtenir plus de salpêtre d'une quantité donnée de cuite;

2° De dépouiller complètement la terre de salpêtre, ou du moins de n'y en laisser que le moins qu'il est possible.

On conçoit, d'après cela, que l'art de lessiver les terres doit tendre à obtenir, d'une part, la cuite la plus forte et, de l'autre, le relavage le plus faible qu'il est possible; d'où il suit que si le premier objet ne se trouve pas suffisamment rempli, si la cuite n'est pas assez forte, il faut la repasser sur de nouvelles terres; de même que si le relavage est trop chargé, il faut repasser de nouvelle eau pure sur la terre et ainsi jusqu'à ce qu'elle soit presque entièrement épuisée.

On ne saurait croire jusqu'à quel point est portée à cet égard l'ignorance de quelques salpêtriers des provinces; les uns évaporent des eaux qui ne contiennent presque pas de salpêtre, tandis que les autres rejettent des terres qui en contiennent encore beaucoup.

Il est, d'après cela, d'une très grande importance de donner aux salpêtriers des moyens simples, faciles et sûrs pour reconnaître sur-le-champ le degré des eaux qu'ils obtiennent, et c'est sur quoi le pèse-liqueur peut leur être d'un grand secours.

On voit cet instrument représenté pl. II, fig. 10; il est aujourd'hui trop répandu dans les arts et trop connu dans la société pour qu'il soit nécessaire de s'étendre ni sur la manière de le construire, ni sur les principes de sa construction; il n'y a point d'ailleurs de faiseurs de baromètres et de thermomètres à qui cet instrument ne soit familier, et qui ne soient en état d'en construire; on se bornera ici en conséquence à donner quelques détails sur la manière de le graduer et à indiquer une méthode exacte et sûre pour diviser en tout temps et en tous lieux, indépendamment de toute différence de poids et de mesure, autant de ces instruments qu'on voudra, qui s'accordent tous entre eux, et dont la marche soit parfaitement uniforme.

La première idée de la graduation qu'on a cru devoir adopter pour l'usage des fabriques de salpêtre vient des salines de Lorraine et de Franche-Comté; on s'y sert depuis longtemps d'un pèse-liqueur dont la division est telle que chacun de ses degrés exprime la quantité, pour cent, de sel contenu dans l'eau. Il n'existe rien d'imprimé sur la manière dont a été gradué ce pèse-liqueur; mais voici la méthode qu'on a cru devoir adopter, comme la plus simple et la plus sûre, pour remplir le même objet à l'égard de celui des salpêtriers.

La première opération, pour graduer le pèse-liqueur, doit être de le lester de mercure ou de cendrée de plomb dans sa partie inférieure *bb*, pl. II, fig. 10, de manière que, plongé dans l'eau, la partie supérieure de sa tige ne s'élève que de huit à dix lignes au-dessus de sa surface. Ce point où répond la surface de l'eau, et qui est déterminé dans la figure 10 par le mot *eau pure*, doit être exactement marqué avec une soie très fine, ou mieux encore par un trait à l'encre, tracé transversalement sur une bande de papier roulé qu'on introduit dans la tige AC. Cette bande de papier s'élève ou s'abaisse jusqu'à ce que le trait d'encre concoure exactement avec la surface de l'eau. On donne le nom de *fausse division* à cette première bande de papier; elle ne sert que pendant le temps de l'opération, après quoi on la retire; et on en substitue une autre sur laquelle toutes les divisions sont tracées ainsi qu'on va l'indiquer bientôt.

Cette première opération faite, c'est-à-dire le degré de l'eau pure une fois marqué sur tous les pèse-liqueurs qu'on se propose de diviser, on préparera vingt bouteilles de contenance de quatre pintes environ chacune et on mettra dans la première une once de salpêtre et quatre-vingt-dix-neuf onces d'eau; dans une seconde, deux onces de salpêtre et quatre-vingt-dix-huit onces d'eau; dans une troisième, trois onces de salpêtre et quatre-vingt-dix-sept onces d'eau, et ainsi de suite jusqu'à la vingtième bouteille, qui contiendra vingt onces de salpêtre et quatre-vingts onces d'eau, c'est-à-dire vingt pour cent de salpêtre.

On sait que c'est une propriété des sels d'augmenter la pesanteur spécifique de l'eau dans laquelle on les dissout, et que cette augmentation de pesanteur est, à peu de chose près, proportionnelle à la quantité du sel dissous; le pèse-liqueur s'enfoncera donc un peu moins dans l'eau de la première bouteille que dans l'eau pure, moins dans l'eau de la seconde bouteille que dans celle de la troisième, et ainsi de suite; de sorte qu'en mesurant exactement avec un compas ces divers degrés d'enfoncement, en partant toujours du premier terme, qui est celui de l'eau pure, et en les rapportant sur une bande de papier destinée à servir de division, on aura l'échelle que l'on désire, c'est-à-dire une échelle divisée de telle manière que chacun de ses degrés exprimera une différence de un pour cent dans la quantité de salpêtre contenue dans l'eau. Lorsque la petite bande de papier aura été ainsi graduée et numérotée, on la roulera et on l'introduira dans la tige à la place de la fausse division; mais une attention qu'il ne faut pas manquer d'avoir, c'est de revérifier le terme de l'eau pure avant de la fixer, parce que, cette nouvelle bande de papier se trouvant communément un peu plus ou un peu moins pesante que la première qui y avait été introduite, il en résulterait une différence dans le degré d'enfoncement du pèse-liqueur. On rectifie la petite erreur qui en résulterait, en enfonçant plus ou moins la bande de papier jusqu'à ce que la surface de l'eau réponde exactement au zéro de l'échelle. Lorsque tout a été ainsi exécuté, le pèse-liqueur est fait; on fixe la division par le moyen d'un petit morceau de cire d'Espagne qu'on introduit entre le papier et l'intérieur du tube et qu'on fait fondre à la chaleur d'une bougie; enfin on ferme hermétiquement le haut de la tige, soit avec un chalumeau, soit avec une lampe d'émailleur.

On a commencé par construire huit pèse-liqueurs très grands et très sensibles, sur ces principes, pour servir d'étalons, et ils sont conservés soigneusement à l'arsenal de Paris. Le succès a répondu parfaitement aux soins qu'on avait pris pour les construire, et ils ne diffèrent pas entre eux d'un huitième de degré. On s'est ensuite adressé au sieur Moussy, constructeur d'instruments de physique de l'Académie des sciences, pour en avoir un plus grand nombre; mais on lui a imposé la condition de ne laisser sortir de ses mains aucun de ces instruments sans qu'il eût été préalablement numéroté et comparé avec les étalons de l'arsenal, de laquelle épreuve il sera délivré un certificat qui accompagnera chaque pèse-liqueur. Par ce moyen, le public pourra compter sur l'exactitude des pèse-liqueurs qui lui seront délivrés par le sieur Moussy : *il demeure rue et place Royale.*

Chacun de ces instruments sera contenu dans une petite boîte de fer-blanc, laquelle sera renfermée dans une un peu plus grande qui lui servira d'étui; lorsqu'on voudra faire une épreuve, on emplira celle-ci jusqu'à un doigt du bord; on y plongera le pèse-liqueur, et on observera le degré. Si, par exemple, la surface de l'eau répond à douze, on en conclura que la liqueur contient douze pour cent, tant de salpêtre que de sel et d'eau mère; et si l'on sait d'ailleurs par des expériences préalables que le déchet de l'atelier où l'on travaille est d'un quart ou d'un tiers, on en conclura que la liqueur qu'on vient d'essayer contient huit ou neuf pour cent de salpêtre.

Les épreuves qu'on a déjà faites à Paris avec cet instrument, ont appris que les cuites des salpêtriers de cette ville ne sont bonnes à évaporer qu'autant qu'elles sont au moins à douze degrés, c'est-à-dire qu'autant qu'elles contiennent douze pour cent de salpêtre; il n'y aurait aucun inconvénient à les porter à quelques degrés au-dessus; mais on ne peut en évaporer de plus faibles sans faire une consommation de bois inutile; de même le relavage ne doit jamais avoir plus de trois quarts de degré ou un degré tout au plus; autrement on peut être assuré qu'il reste beaucoup de salpêtre dans les terres, et c'est alors le cas d'y repasser de nouvelle eau.

On suppose dans tout ceci qu'on se servira d'eau de rivière; si, au contraire, on employait de l'eau de puits, ou toute autre qui fût un peu plus pesante et qui, par exemple, marquât un quart ou un demi-degré au pèse-liqueur, il faudrait alors porter les cuites à douze degrés un quart ou douze degrés et demi, de même le relavage pourrait avoir jusqu'à un degré un quart ou un degré et demi.

XII

DE L'USAGE DE LA POTASSE POUR LA FABRICATION DU SALPÊTRE.

Ceux qui ont lu avec attention le commencement de cette instruction sentent déjà sans doute quel est l'usage de la cendre dans la fabrication du salpêtre et pourquoi il est impossible de faire du salpêtre sans cette substance ou sans une autre analogue qui la remplace. On se rappelle que le salpêtre proprement dit est un composé de deux substances unies et combinées dans une proportion constante et toujours la même; ces deux substances sont l'acide nitreux et l'alcali fixe.

Le salpêtre qui se forme dans les terres, au moins pour la plus grande partie, contient bien l'un de ces principes, savoir l'acide nitreux; mais cet acide est le plus souvent uni à une terre calcaire; il forme avec elle un nitre à base terreuse, connu sous le nom d'*eau mère;* et, pour transformer ce dernier sel en vrai salpêtre, il faut d'une part précipiter la terre calcaire et de l'autre y substituer un alcali fixe.

Les cendres, en raison de l'alcali fixe qu'elles contiennent presque toutes, soit à nu, soit dans un état de combinaison, sont propres à remplir cet objet; et, comme on l'a déjà dit, les salpêtriers, en mêlant des cendres avec les terres qu'ils se proposent de lessiver, font, sans s'en douter, une opération de chimie très compliquée; ils décomposent un sel et en recomposent un autre.

Mais, puisque les cendres n'agissent sur le salpêtre à base terreuse qu'en raison de la partie alcaline qu'elles contiennent, il s'ensuit, que si on extrait des cendres l'alcali fixe par lixiviation et par évaporation, on obtiendra un sel qui, sous un très petit volume, pourra remplacer un très gros volume de cendres.

Cet alcali fixe, ce sel extrait des cendres, existe dans le commerce, et il y est connu sous le nom de *potasse;* on le fabrique en abondance en Suède, en Danemark, dans toutes les forêts du nord de l'Allemagne, et il est aisé de l'avoir en France à bon marché; on aura donc toujours un moyen simple, facile et peu dispendieux de remplacer la cendre dans les pays où elle est rare et chère; et la fabrication du salpêtre qui, dans certaines villes, dans certaines provinces, est limitée par le défaut de cendres, pourra, en s'en servant, faire une progression considérable.

Bien plus, on croit pouvoir assurer que, même dans les endroits où l'on peut se procurer des cendres, la potasse sera encore presque toujours préférable, et voici les motifs sur lesquels est fondée cette opinion :

1° La plupart des cendres que les salpêtriers emploient dans les grandes villes sont le rebut des autres arts et elles ne contiennent que peu ou point du tout d'alcali fixe. Celles dont se servent les salpêtriers de Paris sont dans ce cas; on n'en tire le plus souvent par la lixiviation qu'un peu de sel de Glauber, du tartre vitriolé et surtout beaucoup de sel marin; or, de toutes ces substances, le tartre vitriolé seul contient l'alcali fixe végétal qui doit servir de base au salpêtre; lui seul peut donc être de quelque utilité pour la conversion de l'eau mère en salpêtre.

2° La cendre occupant un tiers de la capacité des cuveaux dans lesquels se fait la lessive, la quantité de terre salpêtrée en est d'autant moindre et il en résulte une diminution proportionnelle dans la quantité de salpêtre qu'on obtient.

3° La cendre étant un corps poreux absorbe une quantité considérable d'eau qu'elle retient ensuite avec opiniâtreté; or cette eau qui reste dans la cendre tient du salpêtre en dissolution. D'où il suit qu'il reste en pure perte dans la cendre une quantité de salpêtre proportionnée à la quantité d'eau qu'elle est susceptible d'absorber.

4° La cendre a un prix assez considérable dans presque toutes les parties du royaume, et l'on croit pouvoir assurer que ce prix est communément fort supérieur à celui de la potasse, proportionnellement à la quantité d'alcali fixe que ces deux substances contiennent.

5° Les cendres sont imprégnées communément de beaucoup de parties grasses et extractives, de beaucoup de saletés qui ne peuvent que nuire à la qualité du salpêtre, l'empâter et l'empêcher de bien cristalliser.

D'après ces considérations, d'après l'expérience de la Suède et surtout d'après des épreuves dirigées vers cet objet et qui ont eu le plus grand succès, on se croit autorisé à conseiller à tous ceux qui s'occupent de la fabrication du salpêtre de ne mettre au fond des cuveaux qu'une très petite portion de cendre, et seulement pour servir de filtre, et de remplacer le surplus par une addition de potasse.

Voici la manière dont on croit devoir conseiller d'en faire usage :

Lorsque les cuveaux auront été suffisamment remplis de terre, on mettra par-dessus, dans le creux qu'on a dû ménager pour contenir l'eau, la quantité de potasse qu'on veut employer; après quoi on procédera au lessivage en la manière accoutumée : d'abord l'eau dissoudra la potasse; après quoi cette dernière, se filtrant à travers la terre, rencontrera le nitre à base terreuse, le décomposera et le transformera en salpêtre, au point que, si la quantité de potasse a été bien proportionnée, la lessive qui coulera ne contiendra plus d'eau mère.

Ce ne sont que les terres neuves qu'on doit traiter par la potasse, c'est-à-dire qu'on ne doit l'employer que pour les cuveaux de la première bande, par la raison que, ces terres devant être lavées successivement par trois différentes eaux, il restera moins de potasse dans la terre.

Il est difficile de rien prescrire de précis dans une instruction générale sur la quantité de potasse qu'on doit employer pour une quantité donnée de terre; elle dépend de l'état de ces mêmes terres, de leur richesse, de la quantité de nitre à base terreuse qu'elles contiennent, enfin de toutes circonstances qu'il est impossible de prévoir.

Tout ce donc qu'on peut faire ici est de donner des règles sûres d'après lesquelles chaque particulier pourra déterminer lui-même la quantité de potasse qu'il doit employer relativement aux circonstances dans lesquelles il se trouve.

On fera dissoud:e à cet effet, d'une part, une partie de potasse dans deux parties d'eau; on filtrera cette liqueur, ou bien on la laissera s'éclaircir d'elle-même, après quoi on la mettra à part dans une bouteille ou dans un flacon; d'une autre part, on aura de l'eau mère très pure qu'on coupera avec trois ou quatre fois son poids d'eau, et on conservera cette liqueur, comme la première, dans une bouteille ou dans un flacon. Quand on voudra savoir si l'on a employé trop ou trop peu de potasse dans une première épreuve, on recevra dans un verre la lessive qui coulera du cuveau et on y versera quelques gouttes de la dissolution de potasse ci-dessus; si la lessive blanchit, on pourra être assuré que la précipitation de la terre n'a pas été complète et que, par conséquent, on n'a pas employé suffisamment de potasse; si, au contraire, la liqueur ne trouble pas par la dissolution de potasse, on recevra dans un autre verre une nouvelle portion de la même lessive, dans laquelle on versera quelque peu de l'eau mère coupée avec de l'eau dont on vient de parler; s'il y a excès de potasse ou, ce qui est la même chose, excès d'alcali fixe, la liqueur troublera; enfin, si la lessive ne trouble dans aucun des deux cas, on sera certain qu'il y a une juste proportion de potasse.

En général, il vaut mieux employer moins de potasse qu'il n'en faut que d'en employer trop. Il est vrai qu'alors il reste un peu d'eau mère non décomposée, mais elle se retrouve dans les eaux lors de la cristallisation, et, lorsqu'on en a amassé une certaine quantité, on peut la traiter séparément, comme on l'expliquera bientôt.

Au lieu d'employer la potasse comme on vient de l'exposer, c'est-à-dire en la mettant sur les terres et en versant par-dessus l'eau qui doit les lessiver, on peut la faire dissoudre préalablement dans une quantité connue d'eau. Par exemple, on peut employer deux livres d'eau contre une de potasse : alors quand on voudra employer une livre de potasse, on sera obligé d'employer trois livres de la liqueur ci-dessus.

Le Gouvernement a tellement à cœur d'accréditer l'usage de la potasse dans la fabrication du salpêtre, et il est si persuadé des grands avantages qui en résulteront qu'il a autorisé les régisseurs des poudres à faire des gratifications en potasse, soit aux salpêtriers, soit aux particuliers qui se détermineront à former des établissements, et ils ont pris les précautions nécessaires pour s'en procurer de la meilleure qualité.

XIII

D'UNE MATIÈRE ALCALINE TRÈS COMMUNE, QUI PEUT SUPPLÉER AUX CENDRES ET À LA POTASSE.

C'est en lessivant la cendre et en faisant évaporer l'eau qui a servi à la laver qu'on fabrique la potasse qui nous vient d'Allemagne et du nord de l'Europe. Il suit de là qu'une lessive de cendre, surtout de cendre de bois neuf, tient nécessairement une portion de potasse ou de sel alcali en dissolution. Il est donc d'une très grande importance de rassembler avec soin, pour la fabrication du salpêtre, toutes les eaux de blanchisseries ou de buanderies, qui ne sont autre chose que des lessives de cendres.

On ne fait aucun usage de ces eaux dans les arts; elles n'ont nulle valeur, et la quantité qui s'en perd tous les jours est très considérable. Il est trois manières de les rendre utiles pour la fabrication du salpêtre :

Premièrement, en les employant pour l'arrosage des terres disposées sous les hangars et qu'on se propose de salpêtrer; secondement, en les employant au lieu d'eau pure pour lessiver les terres; troisièmement enfin, en les mêlant avec les eaux mères pour en précipiter la terre et les convertir en salpêtre. De ces trois manières, la seconde est celle dont on croit devoir préférablement conseiller l'usage. Si la quantité de ces eaux qu'on peut se procurer n'est pas suffisante pour lessiver toutes les terres, on les mêlera avec d'autre eau à laquelle on ajoutera de la potasse, et on aura une économie d'autant plus grande sur la quantité de potasse ou de cendre qu'on aura employé davantage de ces eaux.

XIV

DU TRAITEMENT DES EAUX MÈRES.

Lorsque l'évaporation a été achevée et que la cuite a été mise à cristalliser, sa totalité ne se convertit point en salpêtre par le refroidissement; il se forme seulement au fond et sur les parois intérieures du bassin une couche de trois à quatre pouces de ce sel et le surplus reste en liqueur : communément on transvase tout ce qui surnage à la cristallisation; on remet par-dessus une nouvelle quantité de liqueur prête à cristalliser et ainsi successivement jusqu'à ce qu'en appliquant couche sur couche, on soit parvenu à former de gros pains de salpêtre.

On rassemble les eaux de la cuite qui ont ainsi donné du salpêtre par une première cristallisation et elles portent le nom d'*eaux de rebouillage;* communément on les fait évaporer de nouveau et on en tire du salpêtre un peu moins bon, il est vrai, que le premier, mais cependant d'une qualité passable quand on n'a pas trop forcé l'évaporation; enfin la liqueur qui reste après cette seconde cristallisation porte le nom d'*eau mère*. Cette dernière contient encore : 1° du salpêtre à base d'alcali fixe, en proportion de ce qui reste d'eau pour le tenir en dissolution; 2° du sel marin; 3° du nitre à base terreuse; 4° du sel marin à base terreuse.

Dans le plus grand nombre des ateliers de salpêtriers, on est dans l'usage, ou de jeter ces eaux mères sur les cuveaux de la première bande, c'est-à-dire sur ceux qui sont chargés de terre neuve, ou de les verser en tout ou en partie dans la chaudière, pour être confondues avec la cuite suivante, ou enfin de les jeter sur les amas de terre ou de plâtras destinés à être lessivés.

On parvient bien, par ces trois méthodes, à séparer des eaux mères la plus grande partie du salpêtre à base d'alcali fixe qu'elles contiennent; mais l'eau mère proprement dite, le nitre et le sel marin à base terreuse n'étant point décomposés, ils se perpétuent de cuites en cuites et circulent perpétuellement de la chaudière dans les terres et des terres dans la chaudière : loin donc que la quantité d'eau mère contenue dans un atelier diminue par ces méthodes, elle s'accroît à chaque cuite et le salpêtre qui s'y fabrique se détériore de jour en jour.

L'industrie peu éclairée de quelques salpêtriers leur a fait imaginer différents moyens qu'ils ont crus propres à diminuer la quantité des eaux mères; ils se sont persuadé que cette liqueur ne refusait de cristalliser que parce que le salpêtre qu'elle contenait était enveloppé de parties grasses et qu'il suffisait de le dégraisser pour l'obtenir sous la forme cristalline qui lui est propre. Cette erreur, que des écrits d'ailleurs très savants peuvent avoir accréditée, s'est excessivement répandue parmi les salpêtriers, et toutes leurs idées se sont portées à former des dégraissoirs, des espèces de filtres dans lesquels ils se persuadaient que le salpêtre déposait sa graisse et même sa terre.

Quelques-uns ont été jusqu'à former des dégraissoirs avec de la mousse ou du sable, substances qui ne contiennent point d'alcali fixe : ils sont bien parvenus par cette méthode à séparer quelques portions de salpêtre qui, comme on l'a déjà dit, se trouve naturellement dans l'eau mère; mais ils n'ont point converti un seul atome de nitre à base terreuse en salpêtre, et par conséquent le but principal de leur opération a été manqué.

D'autres, plus raisonnables et plus instruits, ont garni de cendres leurs dégraissoirs; et voici comment on procède encore à cet égard dans quelques provinces de France :

On a près de la chaudière où se fait l'évaporation un grand tonneau ou espèce de cuve percé par en bas, qu'on garnit de cendres jusqu'à moitié ou jusqu'aux deux tiers de sa capacité : lorsque la cuite commence à bouillir, on en verse une portion dans cette cuve ou tonneau, on l'y filtre et on remet dans la chaudière la liqueur à mesure qu'elle s'écoule; on répète ces filtrations pendant la plus grande partie du temps que la cuite est en évaporation.

Il est certain qu'on convertit en salpêtre, par cette méthode, une quantité de nitre à base terreuse, proportionnée à la quantité d'alcali fixe contenue dans la cendre qu'on emploie; mais, comme en même temps cette dernière substance ne contient qu'une très petite quantité d'alcali fixe, il faudrait premièrement, pour décomposer toute l'eau mère, employer un volume de cendres énorme et dix fois plus grand qu'on ne l'a employé jusqu'ici; il faudrait en second lieu, pour le lavage de ces cendres, employer une quantité très considérable d'eau; enfin, malgré cette grande quantité d'eau, il resterait encore dans la cendre beaucoup de salpêtre et peut-être plus qu'il n'en résulterait de la décomposition de l'eau mère; de sorte que cette méthode. portée même au point de perfection dont elle est susceptible, présente une dépense en cendre très considérable, une perte de salpêtre assez grande, enfin une consommation de bois très forte pour parvenir à réduire les eaux, tous inconvénients qui doivent concourir à la faire rejeter.

D'après ces réflexions, le premier et le meilleur conseil qu'on ait à donner à ceux qui s'occupent de la fabrication du salpêtre est de chercher à décomposer, autant qu'il sera possible dès l'origine, le nitre à base terreuse et à le convertir en salpêtre, en ajoutant aux terres, à mesure qu'elles seront lessivées, une quantité suffisante de potasse ou, si les circonstances le permettent, une grande quantité d'eau de lessive et de buanderies; alors comme les eaux surnageantes à la cristallisation du salpêtre ne seront plus, à proprement parler, des eaux mères, qu'elles ne contiendront plus de sels à base terreuse, mais seulement du vrai salpêtre et du sel marin, il n'y aura plus aucun inconvénient de reverser les eaux de cuites en cuites pour en continuer l'évaporation et en retirer le salpêtre.

Si cependant, d'après des considérations particulières qu'on ne peut prévoir, on ne juge pas à propos d'employer dès l'origine une quantité suffisante de potasse, alors il faudra à chaque cuite mettre à part les eaux qui refuseront de cristalliser, et lorsqu'on en aura rassemblé une quantité suffisante pour en faire une cuite, les faire rebouillir dans la chaudière pour en obtenir le plus de salpêtre cristallisable qu'il sera possible; enfin, lorsque ces eaux seront réduites à la condition d'eaux mères pures, qu'elles ne contiendront plus que des sels à base terreuse non susceptibles de cristalliser, on les rassemblera dans de grandes cuves ou tonneaux, pour les traiter de la manière suivante :

On pèsera d'abord les eaux mères pour en connaître la quantité; après quoi, on les étendra dans cinq fois leur volume d'eau environ; on préparera en même temps une quantité de potasse de six onces par livre d'eau mère; on la fera dissoudre dans le double de son poids d'eau, et on mêlera peu à peu, et en remuant avec un bâton, cette dissolution avec l'eau mère. Dès le premier instant du mélange, la liqueur se troublera, elle deviendra blanche, et elle s'épaissira de plus en plus jusqu'à ce que toute la quantité de potasse nécessaire pour la précipitation ait été versée; alors, si on laisse reposer la liqueur, il se rassemblera au fond du vaisseau une quantité de terre crétacée très considérable qu'on connaît dans le commerce sous le nom de *magnésie.*

Comme cette terre est très fine et très légère, il faut du temps pour que la liqueur s'éclaircisse entièrement. Il est nécessaire, pour qu'on puisse la tirer commodément à clair, que le cuveau ou tonneau dans lequel se fait l'opération soit percé, à différentes hauteurs, de trous bouchés avec des champlures; on ouvre celle des ouvertures qui répond un peu au-dessus de la surface du précipité terreux, et il ne coule que de la liqueur claire. Il est toujours aisé de reconnaître, par une épreuve simple, si l'on a employé trop ou trop peu de potasse; on peut voir à cet égard les détails dans lesquels on est entré page 49 de cette instruction[1].

Si, au lieu de peser l'eau mère, on trouvait plus commode de la mesurer, alors il suffit de savoir qu'une pinte d'eau mère, mesure de Paris, ou quarante-huit pouces cubes, pèsent environ trois livres; et qu'au lieu de six onces de potasse par livre, il en faut dix-huit par pinte d'eau mère.

[1] Voir plus haut, p. 433.

Tout le nitre à base terreuse, si la quantité de potasse a été bien proportionnée, se convertit dans cette opération en salpêtre à base d'alcali fixe; et il ne s'agit plus, pour obtenir ce dernier sous sa forme cristalline, que de faire évaporer la liqueur tirée à clair. Il est bon de répéter ici que, dans toutes les conversions d'eaux mères en salpêtre, il est à propos d'employer un peu moins de potasse qu'il ne faut; le seul inconvénient qui puisse en résulter, c'est qu'il reste encore après l'évaporation un peu d'eau mère non décomposée; mais cette eau mère n'est pas perdue, on la met à part pour l'opération subséquente, et cet inconvénient est beaucoup moindre que ceux qui résulteraient d'un excès de potasse ou d'alcali.

Au lieu de faire à froid, comme on vient de l'expliquer, la précipitation de l'eau mère, il vaut infiniment mieux, quand les circonstances le permettent, la faire à chaud; alors il suffit d'étendre l'eau mère de quatre parties d'eau au lieu de cinq, et la précipitation de la terre se fait très bien en vingt-quatre heures. On conçoit qu'il en résulte une économie de temps et de bois très considérable lors de l'évaporation; on peut se servir de la chaudière même pour cette opération; mais, comme elle ne saurait être percée de broches et de champlures à différentes hauteurs comme un tonneau, on y supplée par le moyen d'un siphon *tnyz*, pl. III, fig. 6, semblable à celui dont se servent les marchands de vin, mais beaucoup plus grand; on l'emplit d'abord d'eau par un entonnoir E placé dans le haut et dont la douille est garnie d'un robinet *f*. Ce siphon est suspendu au plancher de l'atelier par des cordes *cc*; il est susceptible de s'élever ou de s'abaisser à volonté, et on le fixe de manière que sa branche la plus courte *ut* soit à quelques lignes au-dessus de la surface du précipité terreux; alors en tournant le robinet *g*, on parvient à tirer à clair la liqueur surnageante au précipité, et il ne reste que la terre au fond de la chaudière. On conçoit que cette disposition exige qu'on ait un lieu plus bas que le fond de la chaudière pour pouvoir placer un seau, un baquet ou un vase quelconque R sous le robinet *g*, placé à l'extrémité de la branche la plus longue du siphon. On a supposé ici que le seau ou baquet serait placé sur l'escalier qui descend de la chaudière au fourneau, comme on a été obligé de le faire à la raffinerie de Paris, où l'on traite actuellement les eaux mères à chaud dans les chaudières, comme on vient de l'indiquer. On voit, fig. 4 de la même planche, la projection *ny* de ce même siphon sur le plan, ainsi que celle de l'entonnoir E du robinet *g* et du baquet R.

Si, au lieu de se servir du siphon pour transvaser la liqueur, on veut la retirer de la chaudière par le secours de l'instrument appelé *puisoir*, lequel est représenté pl. II, fig. 9, il faut y procéder avec beaucoup de précaution, dans la crainte de troubler la liqueur. Après quoi, on jettera dans la chaudière une suffisante quantité d'eau ordinaire pour laver le dépôt terreux; cette eau, d'après le degré de saturation qu'elle aura acquise, pourra être employée utilement dans l'atelier.

Un des commissaires des poudres et salpêtres a indiqué, dans un mémoire manuscrit qui n'est point connu du public, une autre manière de tirer parti des eaux mères, qui n'est point sans avantage.

L'auteur propose de lessiver les terres salpêtrées, sans addition, ni de cendres, ni de potasse; de rassembler les eaux qui en découlent dans de grandes cuves percées, à différentes hauteurs, de trous garnis de champlures; de décomposer les sels à base terreuse contenus dans ces eaux par une addition de potasse; enfin, de les traiter de la même manière qu'on vient de le prescrire pour les eaux mères, à l'exception qu'elles n'ont pas besoin, comme elles, d'être étendues d'eau. Cette méthode est bonne sans doute et bien préférable au travail actuel; mais on pense qu'il est plus avantageux encore de se débarrasser des sels à base terreuse dès le lessivage même des terres. Le résultat est le même quant à la transformation du nitre à base terreuse en salpêtre, et il y a une opération de moins à faire. Il faut convenir cependant qu'en faisant passer la potasse à travers les terres, comme on l'a prescrit à l'article du lessivage, il doit nécessairement rester quelques portions de cette substance dans les terres, et cette perte doit entrer en ligne de compte dans l'appréciation des avantages des deux méthodes;

mais on doit observer que cette perte est infiniment peu considérable, et on doute que cette considération puisse balancer les avantages de la première méthode; on croit donc devoir persister à conseiller l'emploi de la potasse dès le lessivage des terres.

XV

DU TRAITEMENT DES TERRES APRÈS QU'ELLES ONT ÉTÉ LESSIVÉES ET DES FOSSES À PUTRÉFACTION.

Si les terres n'ont point été lessivées trop tôt, si on a attendu, pour en extraire le salpêtre, que la putréfaction fût à son terme et que les matières animales et végétales qui y étaient contenues fussent entièrement décomposées, elles ne contiendront plus, lorsqu'elles auront été lessivées, assez de matières putrescibles pour que de nouveau salpêtre puisse s'y former promptement et en abondance; c'est alors qu'il est nécessaire d'introduire de nouveau dans ces terres des matières animales et végétales et de les introduire surtout dans un état de putréfaction déjà avancé.

On a imaginé, pour remplir cet objet, des espèces de réservoirs à putréfaction, des espèces de fosses où l'on amasse indistinctement et sans choix toutes sortes de matières animales et végétales susceptibles de se putréfier. On jette dans ces fosses tous les animaux morts, de quelque espèce qu'ils soient, grands et petits[1], terrestres ou aquatiques, leurs sang, os, poils, plumes, cornes et peaux; leurs excréments et leur urine, la fiente de pigeons et de volailles, le crottin de chèvre et de brebis, les rognures de cuir, d'étoffes de laine, les raclures de tanneurs et de mégissiers, les excréments des hommes et leur urine.

On y jette également toutes sortes de matières végétales, des plantes de toutes espèces, sauvages et domestiques et, par préférence, celles qui sont connues pour contenir du salpêtre, telles que la pariétaire, la

[1] Lorsqu'on voudra mettre dans ces fosses des animaux d'un volume un peu considérable, il faudra les dépecer pour qu'ils s'arrangent mieux par lits.

bourrache, les bugloses, le grand soleil, etc. On y entasse les plantes qui croissent au bord de la mer et dans la mer même; les fruits, les feuilles, les fumiers, le chaume, le tan, le marc de raisin, le vin, la lie, le tartre, la suie, les balayures des greniers de foin et de paille, celles des maisons, des celliers et des rues, les diverses saumures, les eaux de teinturiers, celles des buanderies, les eaux épaisses de lavures de vaisselles, etc.

Les matières ainsi mises en putréfaction ne doivent être que médiocrement humectées, dans la crainte que trop de fraîcheur ne retarde le mouvement de la fermentation; par la même raison, ces fosses doivent être couvertes d'un toit, afin que les matières qu'elles contiennent soient défendues des injures de l'air, qu'elles ne soient point desséchées par l'ardeur du soleil, ni détrempées par l'eau des pluies; on recharge ces fosses à mesure que les matières s'affaissent; il est nécessaire d'en établir deux, afin qu'on puisse vider l'une tandis que l'autre se reforme.

C'est dans ces fosses qu'on trouvera une masse de matières toujours fermentantes, prêtes à être mélangées avec les terres lessivées; ce mélange devra être fait le plus exactement qu'il sera possible; après quoi, on disposera de nouveau ces terres, comme il est représenté pl. I, fig. 3, en rétablissant la couche à mesure qu'elle aura été détruite pour être lessivée.

On a vu plus haut, et c'est une chose généralement reconnue, que la putréfaction n'a lieu qu'à raison du concours de l'air. Les fosses, de la manière dont on les construit communément, n'ont de contact avec l'air que par leur partie supérieure, et il arrive de là que la putréfaction des parties inférieures est retardée.

L'expérience et les méditations qu'on a été à portée de faire sur cet objet ont fait sentir combien il serait intéressant de construire des fosses dans lesquelles on pût entretenir une circulation constante d'air, autour et à travers des matières mises en fermentation. Cet objet n'est pas impossible à remplir, et voici, à cet égard, quelques idées qu'on croit devoir proposer à ceux qui voudront se livrer à des établissements en grand. Ils seront libres d'en adopter ou d'en rejeter ce qu'ils jugeront à propos, et on les exhorte surtout, avant de rien entreprendre en ce genre, à s'assurer exactement, et par des calculs sûrs, de l'objet de la dépense.

On choisira d'abord, pour établir la fosse, un coteau en pente rapide CDEF, pl. IV, fig. 1; on y creusera une fosse LMNO, même fig. 2, de vingt-quatre pieds de profondeur sur vingt-quatre pieds de diamètre, qu'on revêtira de maçonnerie. Si les circonstances permettaient de creuser cette fosse dans le roc, on épargnerait les frais du revêtement.

Cette fosse sera recouverte d'un hangar avec son toit IIII, fig. 1 et 2.

Pour arriver commodément à la partie inférieure de la fosse, on construira, dans le bas du coteau, un canal souterrain, dont la porte est représentée en A, fig. 1; on voit l'extrémité intérieure de ce souterrain également en A, fig. 2.

Le plan de cette même fosse est représenté fig. 3; on y voit le plan du hangar, les poteaux C, C, C, C, C, qui soutiennent le comble, le mur en terre qui lui sert de clôture, la maçonnerie *bbbbb*, qui soutient les terres.

Le point important étant que les matières reçoivent de toutes parts le contact de l'air, on établira intérieurement, à un pied de distance du revêtement de maçonnerie *bbbb*, fig. 3, un rang de poteaux *a, a, a, a*, lesquels seront assujettis par des traverses de bois *d, d, d, d;* on garnira l'intervalle des poteaux avec des claies solidement arrêtées; enfin, on fermera l'ouverture inférieure P de la fosse, celle qui communique avec le canal souterrain, avec des branchages d'arbres soutenus sur des poutrelles *m, m, m, m*, comme on le voit représenté fig. 4.

Il ne faudra pas manquer de creuser en dehors, autour du hangar, un fossé RRRR, fig. 2 et 3, destiné à recevoir les eaux de pluie et à leur procurer de l'écoulement.

Lorsque tout aura été ainsi préparé, on recouvrira les branches d'arbres qui forment le faux fond représenté fig. 4 d'un peu de fumier; on établira ensuite, par-dessus, les matières animales et végétales qu'on voudra putréfier, par lit d'un pied d'épaisseur environ; on séparera chaque lit par le moyen d'une petite couche de fumier sec; et on pourra encore, si on le juge à propos, saupoudrer les matières avec un peu de chaux en poudre. Lorsque la fosse sera remplie, on recouvrira toute la masse avec quelques pouces de fumier sec.

Il sera très utile, pour faire encore mieux pénétrer l'air jusqu'au milieu des matières en fermentation, de placer de distance en distance des tuyaux creux de bois *ee, ee*, fig. 2, percés de trous dans toute leur longueur; ces tuyaux communiqueront d'une part avec l'air extérieur, par la partie supérieure de la fosse, et, de l'autre, avec le canal souterrain. On pourra encore y ajuster dans la longueur des portions latérales *ff, ff*, qui communiqueront avec la partie vide qui a été ménagée entre la maçonnerie et les claies.

On voit que par cette construction on peut donner aux matières telle quantité d'air qu'on juge à propos. Craint-on que le courant d'air ne soit trop considérable et ne dessèche trop les matières, on ferme la porte A, fig. 1, ou même, si l'on veut, on recouvre avec des branches d'arbres et de fumier l'intervalle compris entre la maçonnerie et les claies; craint-on que le froid de l'hiver ou les fraîcheurs de l'automne ne suspendent le progrès de la putréfaction, on peut placer dans le canal souterrain A, fig. 2, un feu doux de charbon, même de bois, et la putréfaction se trouvera accélérée à la fois et par la chaleur et par une circulation d'air plus rapide.

Lorsque les matières contenues dans la fosse auront suffisamment fermenté et qu'elles auront été en grande partie décomposées par le progrès de la putréfaction, on dégagera les branches d'arbres qui les tenaient suspendues sur le faux fond P, fig. 3 et 4; on les tirera par en bas, c'est-à-dire par le canal souterrain A, fig. 1 et 2, et on les portera à la nitrière pour être mélangées avec les terres lessivées et entrer dans la composition de la nouvelle couche.

On pourra de plus répandre une portion de ces matières sur la couche même et en introduire par l'ouverture des claies *m, m, m, m*, pl. I, fig. 3; les arrosages qui viendront par-dessus entraîneront avec eux les parties salines et extractives contenues dans ces matières et les répartiront dans toute la masse.

Lorsque la fosse aura été vidée, on la remplira de nouveau, pour opérer de la même manière lorsque les matières auront été putréfiées.

Cette construction de fosses à putréfaction exige, comme l'on voit, un local particulièrement disposé et qu'on n'est pas maître de se procurer partout; elle serait d'ailleurs nécessairement fort dispendieuse, ainsi qu'on l'a déjà indiqué plus haut. Peut-être serait-il possible de remplir le même objet d'une manière plus économique et plus simple, et voici ce qu'on croit devoir proposer à cet égard : on construira deux bassins ronds, de quatre pieds de profondeur et de douze pieds de diamètre, revêtus en bonne maçonnerie et corroyés tout autour et sous le fond; on les couvrira avec un toit circulaire, soit en chaume, soit en planches, pour les garantir de la pluie; on jettera dans ces bassins des fumiers, des fientes d'animaux, des charognes, etc.; on y ajoutera de l'urine ou, à son défaut, de l'eau pour les remplir; enfin, on jettera dans chacun un demi-tombereau de chaux et on remuera le tout avec des ringards ou râteaux de bois. Dès les premiers instants, la chaux agira sur le fumier et sur les matières végétales et animales; il se dégagera une quantité très considérable d'alcali volatil et, en vingt-quatre heures, le tout sera atténué et divisé au point de ne former qu'une espèce de boue très propre à entrer dans le mélange des terres. S'il restait de l'eau surnageante, elle serait excellente à employer en arrosages.

La reconstruction de la couche ne différant en rien de son premier établissement, on n'entrera pas ici dans de plus grands détails et on renverra à ce qui a été dit à l'article de l'emplacement des terres sous les hangars. On observera seulement que, si les terres se trouvaient trop humides en sortant des cuveaux, il ne faudrait pas les employer dans cet état; il serait nécessaire de les remuer, de les étendre et de les faire sécher en partie avant de les faire entrer dans la composition de la nouvelle couche. On accélère la dessiccation en mêlant avec la terre un peu de menue paille.

XVI

DU PRODUIT DES NITRIÈRES ET DU BÉNÉFICE QU'ON PEUT RAISONNABLEMENT S'EN PROMETTRE.

Rien ne varie davantage que la quantité de salpêtre qu'on retire des terres naturellement salpêtrées; dans quelques provinces, elles ne rendent pas plus de deux onces de salpêtre par quintal; en Touraine, elles en rendent communément treize et quatorze; dans quelques endroits, cette quantité va jusqu'à seize et dix-huit; enfin, il y a des exemples de terre amendée sous des hangars qui ont rendu jusqu'à deux et trois livres par quintal. On ne s'arrêtera pas à ces derniers exemples qui tiennent sans doute à des circonstances locales et particulières, mais on ne croit pas porter les évaluations au-dessus de l'effectif, en supposant que la terre des hangars, conduite et soignée comme on l'a prescrit dans cette instruction, rendra seize onces par quintal ou, ce qui revient à peu près au même, douze onces par pied cube.

On a vu, article VI, qu'un hangar de cent pieds de long sur trente de large pouvait contenir jusqu'à douze et même jusqu'à quinze mille pieds cubes de terre; chaque hangar pourra donc rapporter tous les deux ans, en prenant la plus basse de ces deux évaluations, neuf milliers de salpêtre, c'est-à-dire quatre mille cinq cents livres par année, l'une portant l'autre, lesquelles, évaluées à raison de dix sous la livre, prix accordé par le Gouvernement pour le salpêtre des nouveaux établissements, formeront un objet annuel de deux mille deux cent cinquante livres en argent. Tel est le produit qu'on peut attendre des soins, de l'attention et d'un travail suivi avec toute l'exactitude possible. Cependant, comme la conduite des hangars, surtout dans des entreprises en grand, sera nécessairement abandonnée à des mains mercenaires, à des ouvriers qu'on ne peut supposer tous du même degré d'intelligence, on diminuera encore, dans les calculs suivants, de près de moitié ce produit, et on supposera que chaque hangar de cent pieds de long sur trente de large ne donnera chaque année qu'un produit de douze cents livres en argent.

Si d'après cela on suppose une nitrière composée de dix hangars, on pourra établir les calculs suivants :

DÉPENSE PREMIÈRE.

Construction de dix hangars à 2,000 livres chacun....	20,000 livres.
Prix du transport et du charriage des terres dans chaque hangar, à 600 livres pour chacun, ce qui fait pour les dix....	6,000
Construction d'un atelier d'évaporation, y compris la chaudière, les bassins et autres ustensiles....	5,000
Prix du terrain enclos de murs....	1,500
Construction d'un puits....	400
TOTAL de la dépense première....	32,900

DÉPENSE ANNUELLE.

Appointements d'un premier ouvrier....	500 livres.
Appointements de cinq autres ouvriers à trois cents livres chacun....	1,500
Achat de cendre et de potasse....	2,000
Achat d'urine et de fumier....	1,200
Quatre-vingts cordes de bois à 15 livres....	1,200
Réparations annuelles....	600
TOTAL....	7,000

On a vu que chaque hangar pouvait rapporter en argent, chaque année, 1,200 livres, ce qui donne, pour les dix, un produit annuel de 12,000 livres.

RÉCAPITULATION.

La recette montera donc à........................	12,000 livres.
La dépense à...................................	7,000
Partant, bénéfice.............	5,000

C'est-à-dire un peu plus de 15 p. 100 de l'avance primitive. On a eu soin, dans les calculs précédents, de forcer toutes les dépenses et de diminuer les produits; ainsi on peut espérer plus de bénéfice, mais on ne peut en avoir moins. On se trouve donc invinciblement conduit à conclure que l'établissement d'une nitrière fait en grand et avec l'intelligence convenable est une entreprise très avantageuse; mais on ne doit pas se dissimuler, en même temps, qu'il en est de ce genre d'établissement comme de presque tous les autres; leur succès dépend de l'économie qu'on emploie dans les constructions et dans les dépenses premières : on doit exclure des nitrières tout ce qui peut avoir l'apparence de luxe ou d'ornement, ne faire que l'indispensable et le faire de la manière la plus simple et la plus économique.

On ne croit pas devoir conseiller non plus d'établir, la première année, plus de quinze ou vingt hangars : il faut toujours, avant de mettre de gros fonds dans une entreprise, être assuré du produit, et le plus sage est de ne faire les augmentations que sur les bénéfices.

XVII

DE LA MANIÈRE D'ESSAYER LES TERRES ET DE CONNAÎTRE LA QUANTITÉ DE SALPÊTRE QU'ELLES CONTIENNENT.

Quelque procédé qu'on emploie pour la formation du salpêtre, il n'y a pas lieu de présumer qu'en moins de deux ans les terres puissent être assez salpêtrées pour mériter qu'on les lessive; on serait plutôt tenté de croire qu'il y aurait de l'avantage à différer plus longtemps et à attendre, pour lessiver, la révolution des trois années complètes. Ce délai, il est vrai, renchérirait le salpêtre; mais il y a toute apparence qu'on en serait amplement dédommagé par l'augmentation du produit. Au reste, de tous les auteurs qui ont écrit sur cet objet, il n'en est aucun qui se soit expliqué d'une manière bien formelle sur l'époque à laquelle il convient de commencer à lessiver les terres; sans doute, la différence des terres, des mélanges, des climats, des saisons, apportent une grande variété dans les résultats, et le peu de temps depuis lequel on commence à s'occuper de cet objet en France n'a pas permis de faire des expériences assez suivies pour assigner avec précision l'effet de ces différentes causes.

On conçoit, d'après cela, que le seul parti qui reste à prendre à ceux qui se proposent de produire du salpêtre par les méthodes exposées dans cette instruction est de s'assurer de temps en temps, par des essais, de l'état des terres qu'ils ont préparées, et c'est pour les mettre en état de remplir facilement et sûrement cet objet qu'on va donner les détails qui suivent.

Le premier appareil, et presque le seul dont on ait besoin pour ces sortes d'épreuves, est un filtre commode; voici la manière de le préparer : on prendra quatre morceaux de bois équarris, de la grosseur au moins de ceux qu'on emploie pour faire les treillages et les palissades des espaliers; on les assemblera de manière à former un châssis carré de quinze à dix-huit pouces sur chaque face; on attachera sur ce châssis un morceau carré de toile claire ou espèce de canevas, qu'on y fixera par le moyen de six ou huit clous d'épingles qui traverseront toute l'épaisseur du bois et qui sortiront de quelques lignes au delà pour former des espèces de crochets; enfin, on étendra sur cette toile une grande feuille de papier gris ou papier à filtrer.

Le filtre ainsi préparé, on le placera sur un baquet ou sur un autre vase quelconque destiné à recevoir la liqueur à mesure qu'elle s'écoulera.

Cette première opération faite, on prendra dix livres de la terre qu'on veut essayer; on la mettra dans un chaudron de cuivre ou de fer de la contenance de huit à dix pintes; on versera de l'eau par-

IMPRIMERIE NATIONALE.

dessus et on fera chauffer jusqu'à ce que l'eau ait donné quelques bouillons; alors on versera la liqueur encore trouble sur le filtre qu'on vient de décrire. Si l'on veut arriver à un résultat très exact, il sera nécessaire de repasser de nouvelle eau sur la même terre, de faire chauffer comme la première fois et de filtrer de la même manière.

Un point essentiel avant de faire évaporer cette eau pour en obtenir le salpêtre est de précipiter, par l'alcali fixe, la terre calcaire qui sert le plus communément de base à l'acide nitreux. Pour cet effet, on peut se servir de potasse, de sel de tartre, de cendre gravelée, de lessive de cendres et, généralement, de tel alcali fixe végétal qu'on jugera à propos et qu'on pourra se procurer à bon marché. Il est bon de faire observer que l'alcali fixe doit être préalablement dissous dans l'eau et surtout qu'il ne doit être versé que peu à peu et en petite quantité à la fois dans la lessive, dans la crainte d'outrepasser le point de saturation. Dès les premières gouttes de liqueur alcaline qui tombent dans la lessive elle se trouble, et il se forme un précipité blanc ou roussâtre qu'il faut laisser reposer; on continuera ensuite d'ajouter de nouvel alcali et ainsi successivement jusqu'à ce que la liqueur ne trouble plus par une nouvelle addition; alors on peut être assuré que la saturation est complète. Il ne s'agit plus, en conséquence, que de laisser raffermir le dépôt en tenant la liqueur tranquille et de la transvaser dans une chaudière ou chaudron, pour la faire évaporer. Si l'on s'aperçoit que le dépôt demeure trop longtemps errant dans la liqueur et qu'il ne se rassemble pas assez promptement au fond, il faudra filtrer de nouveau.

Il est bon de commencer ces épreuves au bout de dix-huit mois, de les renouveler de trois mois en trois mois et même de les répéter sur des portions de terre prises en différents endroits de la couche; mais on peut se dispenser de faire évaporer à chaque fois la lessive, et le pèse-liqueur, dont on a donné la description article XI de cette instruction, suffit pour donner une idée assez précise de l'état des terres et du progrès qu'elles ont fait.

Pour faire usage de cet instrument, on commencera par peser exactement la quantité de lessive qu'on aura obtenue, après quoi on y plongera le pèse-liqueur et on observera le degré. Pour rendre ceci plus sensible, on supposera qu'on ait essayé dix livres de terre et que, par l'opération ci-dessus, on en ait obtenu vingt-cinq livres de lessive à deux degrés du pèse-liqueur.

Il est clair, d'après ce qui a été exposé ci-dessus, article XI, qu'une lessive qui donne deux degrés au pèse-liqueur contient deux livres de matières salines par quintal; mais, comme dans l'expérience qui fait l'objet de la supposition actuelle, on n'a obtenu que vingt-cinq livres de lessive, c'est-à-dire le quart d'un quintal, il s'ensuit que la lessive contient au total le quart de deux livres, autrement dit, huit onces de matières salines; ainsi dix livres de la terre mise en expérience contiennent huit onces de matière saline, ce qui revient à cinq livres par cent.

Il est très rare de trouver des terres aussi chargées.

Quant à la proportion du sel marin ou de toute autre matière saline qui pourrait se trouver dans la terre, on ne peut en bien juger que par une évaporation actuelle ou par une évaluation fondée sur des évaporations précédentes. Si, par exemple, dans l'épreuve faite trois mois auparavant, on a reconnu que la terre des couches contenait deux cinquièmes de sel marin et trois cinquièmes de salpêtre, on conclura de l'épreuve ci-dessus faite avec le pèse-liqueur qu'elle contient trois livres de salpêtre et deux livres de sel.

EXPLICATION DES FIGURES.

PLANCHE I.

FIGURE 1.

Hangar de cent pieds de long sur trente de large, vu par dehors en perspective.

A, porte d'entrée à deux battants; elle doit être suffisamment grande pour l'entrée des voitures et un peu plus haute qu'elle n'est représentée dans la figure.

IIII, toit de chaume ou de paille.

H, H, H, etc., claies à claire-voie qui servent à clore le hangar et qui sont intérieurement revêtues de paillassons.

On peut substituer à ces claies un mur en torchis fait de terre et de paille, mais alors il faut ménager des ouvertures garnies de volets ou au moins de claies disposées de manière à pouvoir s'ouvrir et se fermer à volonté.

FIGURE 2.

Plan géométral du même hangar.

A, A, porte d'entrée.

H, H, H, H, claies à claire-voie, qui servent de clôture au hangar.

i, *i*, *i*, *i*, cuves contenant les liqueurs destinées pour les arrosages.

BCDE, parallélogramme qui forme la base de l'amas de terre destiné à se salpêtrer.

*fg*FG, partie supérieure du même amas, projeté sur le plan.

*f*B, *g*C, FD, GE, poteaux de bois placés aux quatre coins de la couche ou de l'amas de terre, pour en soutenir les angles; ils sont plantés obliquement et suivent l'inclinaison du talus de la couche.

Voir la coupe longitudinale de cette même couche DEFG, fig. 3, et sa coupe transversale G*g*E*c*, fig. 7.

FIGURE 3.

Coupe de la nitrière par un plan qui passerait par le milieu du hangar.

A, A, porte d'entrée.

IIII, toit du hangar vu par dedans.

H, H, H, H, claies vues par dedans.

DEFG, masse de terre ou couche destinée à la production du salpêtre.

m, *m*, *m*, *m*, *m*, etc., claies triangulaires qui traversent la masse de terre dans sa largeur et qui sont destinées à distribuer l'air dans toutes ses parties.

Une de ces claies *m*, *m* est représentée séparément fig. 4, et sa coupe *lmn*, fig. 5.

i, *i*, cuves contenant les liqueurs destinées pour les arrosages.

FIGURE 6.

Hangar vu par un des bouts.

Les mêmes lettres s'appliquent aux mêmes objets que ci-dessus.

FIGURE 7.

Coupe du hangar suivant sa largeur.

C*g*, EC, couche de terre destinée à se salpêtrer.

FIGURE 8.

Instrument destiné à introduire la liqueur nécessaire pour les arrosages sous les claies *m*, *m*, fig. 3.

tr, tuyau de bois ouvert en *t* et fermé en *r*.

S, entonnoir par où on verse la liqueur.

t, ouverture par laquelle elle s'écoule.

FIGURE 9.

Autre instrument destiné à porter les arrosages dans l'intérieur de la masse de terre par les ouvertures des claies *m*, *m*, *m*, fig. 3.

Cet instrument est composé : 1° d'un entonnoir S, de figure cylindrique, afin qu'on puisse mieux connaître les quantités de liqueur qu'on y introduit; 2° d'un robinet R, qui, suivant qu'il est ouvert ou fermé, permet ou ne permet pas à la liqueur de s'écouler par les tuyaux *t*, *n*, *x*, *y*; 3° de trois parties de tuyaux *tn*, *nx*, *xy*, susceptibles de rentrer les unes sur les autres, comme les tuyaux de lunettes.

b, *b*, boutons dont on se sert pour tirer les tuyaux et les faire rentrer sur eux-mêmes.

FIGURE 10.

Même instrument dont les trois tuyaux sont rentrés les uns sur les autres.

b, les deux boutons rapprochés.

FIGURE 11.

Coupe des tuyaux pour exprimer la manière dont ils s'ajustent et comment ils se fixent à un point de repos lorsqu'ils sont entièrement étendus.

FIGURE 12.

Portions des mêmes tuyaux vus séparément.

PLANCHE II.

Lessivage des terres, suivant la méthode usitée en Europe.

FIGURE 1.

Atelier pour le lessivage des terres salpêtrées et pour l'évaporation des eaux, vu par dehors.

FIGURE 2.

Même atelier, vu par dedans.

T, T, T, T, etc., cuveaux ou tonneaux défoncés par un bout, qu'on emplit de cendre et de terre.

b, *b*, bancs ou tréteaux sur lesquels sont supportés les cuveaux.

R, R, R, etc., recettes ou baquets dans lesquels tombe l'eau salpêtrée à mesure qu'elle s'écoule par les trous C des cuveaux; ces recettes sont disposées de manière à recevoir l'eau qui s'écoule de deux cuveaux.

G, tonneau défoncé ou cuveau dont on voit mieux le développement, fig. 7; il est percé à trois ou quatre doigts au-dessus de son fond, d'un trou K, garni d'une champlure; ce trou s'ouvre ou se ferme autant qu'on veut et l'ouvrier se trouve par là maître de retarder ou d'accélérer l'écoulement de l'eau contenue dans le tonneau.

FIGURE 3.

Plan de l'intérieur de l'atelier.

T, T, T, T, etc., cuveaux.

R, R, R, etc., recettes.

S, S, chaudières pour l'évaporation.

G, G, cuveaux destinés à fournir de l'eau à la chaudière à mesure qu'elle s'évapore.

A, A, marches ou degrés par lesquels on monte à la chaudière pour y porter la cuite.

BB, BB, escalier par lequel on descend au fourneau placé sous la chaudière et qui sert à échauffer la liqueur qu'elle contient.

FIGURE 4.

Cuveaux garnis de leur recette, vus séparément en perspective et sur une plus grande échelle.

Les mêmes lettres que ci-dessus indiquent les mêmes objets.

FIGURE 5.

Coupe d'un des cuveaux et d'une recette.

FIGURE 6.

Plan des cuveaux et leur recette.

FIGURE 7.

Coupe du fourneau et de la chaudière.

A, ouverture par laquelle on introduit le bois ou le charbon.

BB, foyer ou intérieur du fourneau.

D, cheminée pour le dégagement de la fumée.

SS, chaudière de cuivre soutenue sur des barres de fer B, B.

A, panier destiné à recevoir le sel qu'on tire de la cuite à mesure qu'il se forme; ce panier est soutenu sur deux barres *x*, *x*.

Le plan de cette chaudière se trouve représenté pl. III, fig. 4.

G, cuveau ou tonneau destiné à fournir de la cuite à mesure qu'elle s'évapore.

K, champlure qui se ferme avec une cheville de bois et au moyen de laquelle on fournit autant et si peu de liqueur qu'on veut.

b, *b*, supports ou tréteaux qui soutiennent le cuveau G.

FIGURE 8.

Écumoire de cuivre avec son manche de bois, dont se servent les ouvriers pour écumer la cuite.

FIGURE 9.

Grande cuiller de cuivre, appelée *puisoir*, dont les ouvriers se servent pour tirer la cuite de la chaudière quand l'évaporation est finie et pour mettre à cristalliser.

FIGURE 10.

Aréomètre ou pèse-liqueur de verre destiné à indiquer le degré de force des eaux.

Cet instrument est formé :

1° D'une tige de verre AC, scellée hermétiquement dans sa partie supérieure A et garnie intérieurement d'une division en papier;

2° D'une boule de verre soufflée D;

3° D'une seconde boule de verre *bb* soudée à la première, mais qui ne communique point avec elle; cette dernière contient une quantité de mercure *bb* suffisante pour lester l'instrument.

PLANCHE III.

Lessivage des terres à la manière de l'Inde.

FIGURE 1.

Atelier de lessivage et de fabrication vu par dehors.

FIGURE 2.

Le même vu par dedans.

A, B, C, fosses destinées à recevoir les terres.

de, de, de, canal par où l'eau s'écoule de la fosse A dans la fosse B, de la fosse B dans la fosse C et de la fosse C dans la cuve ovale R.

G, cuveau destiné à fournir de l'eau à la chaudière à mesure qu'elle s'évapore. Voir pl. II, fig. 7.

bb, tréteaux pour soutenir le cuveau.

c, tuyau ou champlure par où coule la liqueur.

FIGURE 3.

Plan du même atelier.

A, B, C, fosses destinées à recevoir la terre pour être lessivée.

R, R, R, R, R, R, cuves ou réservoirs dans lesquels se rassemble l'eau qui découle des fosses.

ghilm, chemin en pente douce pour le passage des brouettes dans lesquelles les ouvriers portent la terre dans les fosses A, B, C.

S, S, chaudières.

GG, cuveau ou réservoir qui fournit de nouvelle cuite à la chaudière à mesure qu'elle s'évapore.

FIGURE 4.

Plan de la chaudière et de ses accessoires.

S, chaudière.

A, panier à voies serrées destiné à recevoir le grain ou le sel marin qui se dépose au fond de la chaudière pendant l'évaporation.

xx, *xx*, barres qui traversent les chaudières et sur lesquelles est posé le panier.

G, cuveau ou réservoir destiné à fournir de la cuite à la chaudière à mesure qu'elle s'évapore.

*u*E*yg*, siphon destiné à vider la liqueur contenue dans la chaudière après la précipitation des eaux mères.

R, cuveau de décharge pour recevoir la liqueur qui coule du siphon.

FIGURE 5.

Coupe sur la ligne XY de la figure 4, dans laquelle on a représenté le devant de la chaudière démoli pour laisser voir le siphon *tuy*Z.

B, fourneau.

S, chaudière.

*tuy*Z, siphon destiné à faire passer la liqueur de la chaudière S dans le baquet R.

c, *c*, cordons par le moyen desquels est suspendu le siphon.

E, entonnoir par lequel on emplit le siphon.

f, clef ou robinet qui se ferme lorsque le siphon est rempli.

g, robinet qu'on ouvre lorsque le siphon a été rempli par l'entonnoir F et que le robinet *f* a été fermé.

R, baquet qui se place au pied de l'escalier qui descend de l'atelier au fourneau, et reçoit la liqueur qui coule du siphon.

FIGURE 6.

Cuve ou tonneau dans lequel on prépare la liqueur destinée pour les arrosages.

AA, cuve ou tonneau.

C, robinet ou champlure pour vider la cuve; elle se bouche avec un bondon de bois.

bb, tréteau sur lequel repose le tonneau AA.

DD, baquet dans lequel est reçue la liqueur qui coule du tonneau AA par la champlure C.

n, *n*, oreilles de bois, percées chacune d'un trou carré, destinées à recevoir la traverse de bois TT; cette traverse est coupée dans sa longueur par des coches ou entailles carrées, lesquelles reçoivent des traverses *tt*, *tt*, *tt*, croisées en angle droit sur la première.

IMPRIMERIE NATIONALE.

FIGURES 7 ET 8.

BB, petits baquets enterrés jusqu'à leur bord supérieur, lesquels sont destinés à recevoir les égouttures des bassins.

C, C, bassins de cuivre dans lesquels on met le salpêtre à cristalliser; ces deux bassins sont arc-boutés l'un contre l'autre et mis en égout sur le baquet B; ils sont maintenus dans cette position par le moyen de deux coins de bois *u*, *u*.

D, bassin en égout, le long du mur; on pratique communément une rigole pour conduire l'eau mère qui s'écoule dans un baquet B.

PLANCHE IV.

FIGURE 1.

Fosse à putréfaction vue par dehors.

CDEF, coteau escarpé sur lequel elle est placée.

A, porte d'entrée qui répond au niveau du fond de la fosse.

L, L, L, etc., poteaux de charpente qui soutiennent le toit de paille HH.

H, H, H, claies à claire-voie qui ferment les côtés du hangar élevé au-dessus de la fosse.

B, porte d'entrée du hangar.

FIGURE 2.

Intérieur de la fosse et du hangar.

LMNO, fosse circulaire de vingt-quatre pieds de profondeur et de vingt-quatre pieds de diamètre creusée dans le roc ou revêtue de maçonnerie.

A, canal souterrain qui conduit du pied du coteau au fond de la fosse.

ee, *ee*, tuyaux de bois percés de trous dans toute leur longueur et destinés à distribuer de l'air dans toute la masse de matière mise en putréfaction.

ff, *ff*, tuyaux collatéraux, également de bois, et percés de trous pour le même usage; ces tuyaux communiquent d'une part aux tuyaux verticaux *e*, *e*, et de l'autre à l'espace circulaire vide LN, MO, ménagé tout autour de la fosse entre le massif de maçonnerie et les matières en putréfaction.

aa, *aa*, *aa*, poteaux placés autour de la fosse à dix-huit pouces de distance du revêtement de maçonnerie *bbbb;* ils sont destinés à soutenir les matières mises à putréfier et à laisser un espace vide entre elles et les parois de la fosse.

B, porte d'entrée du hangar.

HH, toit de paille qui couvre le hangar.

RR, fossé pratiqué dans tout le tour de la fosse, destiné à rassembler l'eau qui s'égoutte du toit et à l'éloigner de la fosse.

FIGURE 3.

Plan géométral de la fosse à putréfaction.

R, R, R, R, ruisseau pratiqué à l'entour de la fosse pour l'écoulement des eaux.

G, G, G, G, ponts de planches pour traverser le ruisseau RRR.

C, C, C, C, C, poteaux qui soutiennent la charpente et le toit du hangar.

bbbbbb, revêtement circulaire en maçonnerie, qui soutient les parois de la fosse.

a, *a*, *a*, *a*, *a*, poteaux maintenus par des traverses de bois *d*, *d*, *d*, *d*, *d*, et dont l'intervalle est garni de claies très fortes et solidement arrêtées.

ad, *ad*, *ad*, *ad*, *ad*, intervalle de dix-huit pouces qui règne dans tout le tour de la fosse entre la maçonnerie *bbbb*, et les matières mises à putréfier et qui sert à la circulation de l'air; c'est à cet intervalle que viennent aboutir les tuyaux *ff*, *ff*, destinés à introduire de l'air dans les matières soumises à la putréfaction.

ff, *ff*, tuyaux de bois percés de trous, qui communiquent d'une part à l'intervalle *ad*, *ad*, et de l'autre avec les tuyaux montants *ee*, *ee*, de la figure 2, et qui distribuent latéralement de l'air dans les matières putrescibles.

P, ouverture circulaire qui se trouve au fond de la fosse à putréfaction; le fond de cette ouverture est représenté séparément fig. 4.

FIGURE 4.

Fond de la fosse à putréfaction représenté séparément.

mm, *mm*, *mm*, traverses de bois destinées à soutenir le poids des matières contenues dans la fosse.

Ces traverses de bois sont couvertes de menus branchages, dont l'objet est de maintenir les matières et d'empêcher qu'elles ne tombent dans l'intervalle des traverses *mm*, *mm*.

On voit aussi dans cette même figure l'extrémité des tuyaux *ee*, *ee*, de la figure 2, destinés à distribuer de l'air dans l'intérieur de la masse.

FIGURE 5.

Couches pyramidales à la manière de Suède.

DEF, coupe d'une couche de terre pyramidale à la manière de Suède.

lmn, claie triangulaire qui se prolonge dans toute la longueur de la couche, pour porter de l'air dans l'intérieur des terres.

EG, pot d'une terre cuite poreuse et en partie perméable par l'eau, qu'on enterre dans le haut de la couche jusqu'à un pouce de son bord.

C'est dans ces pots qu'on met la liqueur destinée pour les arrosages; elle se filtre insensiblement à travers les pores du vase; elle se distribue dans toute la masse et y entretient l'humidité nécessaire pour la formation du salpêtre. On remplit ces pots à mesure qu'ils se vident, autant toutefois que la couche a besoin d'humectation.

ABC, couverture ou toit, qui préserve la couche des injures de l'air; elle est composée : 1° de deux perches AB, BC, arc-boutées l'une contre l'autre et serrées par des harts; ces deux perches sont soutenues par une troisième L, qui se prolonge horizontalement dans toute la longueur de la couverture ou toit; 2° d'une traverse HI liée aux perches AB, BC en H et en I.

Ces perches AB et BC sont enfoncées, par leur extrémité A et C, de six à huit pouces dans la terre. On place de pareils assemblages de perches à quinze, dix-huit pouces ou deux pieds de distance les uns des autres, et on prolonge ainsi la couverture jusqu'à telle longueur qu'on le juge à propos. On peut donner à ces couches jusqu'à cinq cents ou six cents pieds, suivant que le terrain le permet.

L'intervalle des perches qui forment en quelque façon une ferme, en termes de charpentier, est rempli par de petites gaulettes ou menues branches d'arbres, et on couvre le tout avec des bruyères, des feuillages et, en général, avec tout ce qu'on trouve sous sa main de propre à former un toit et à empêcher l'introduction de l'eau des pluies.

DOCUMENTS ET MÉMOIRES

RELATIFS

AU PRIX DU SALPÊTRE.

Peu de temps après que Lavoisier eut été nommé régisseur des poudres et salpêtres, il suggéra à Turgot, alors contrôleur général des finances, l'idée de charger l'Académie des sciences de décerner un prix au meilleur mémoire sur la formation du salpêtre. L'Académie nomma une commission dont Lavoisier fut le rapporteur; c'est lui qui examina tous les mémoires présentés au concours, en fit l'analyse, et, quand l'Académie publia en 1786 un volume contenant l'histoire du prix du salpêtre et les mémoires présentés au concours, c'est encore Lavoisier qui en fut le rédacteur. Ce volume fait partie du *Recueil des mémoires de mathématiques et de physique présentés à l'Académie royale des sciences par divers savants et lus dans ses assemblées* (tome XI, contenant le *Recueil des mémoires sur la formation et la fabrication du salpêtre*, à Paris, de l'imprimerie Moutard, MDCCLXXXVI).

Sauf les mémoires des concurrents et un mémoire du duc de la Rochefoucault, ce volume est tout entier de la main de Lavoisier. Il est formé de deux parties; la première est intitulée : *Histoire de ce qui s'est passé relativement au prix proposé sur la formation du salpêtre;* la seconde partie comprend les mémoires présentés au concours ainsi que des mémoires de Lavoisier et Clouet, un mémoire sans signature, mais qui appartient à Lavoisier (le manuscrit autographe a été conservé), le mémoire du duc de La Rochefoucault, et les expériences de Lavoisier sur la décomposition du nitre par le charbon.

Nous reproduisons de ce volume tout ce qui appartient à Lavoisier, sauf les analyses des mémoires présentés au concours, et un extrait de l'Instruction publiée en 1777 par les régisseurs des poudres, que nous avons reproduite plus haut.

Cet immense travail a été fait entièrement par Lavoisier, comme nous avons pu le constater par les manuscrits autographes.

(*Note de l'éditeur.*)

HISTOIRE DE CE QUI S'EST PASSÉ
RELATIVEMENT AU PRIX PROPOSÉ
SUR LA FORMATION DU SALPÊTRE.

Extrait des registres de la commission nommée par l'Académie des sciences pour le prix proposé sur la formation du salpêtre.

Le 23 août 1775, M. de Fouchy, secrétaire perpétuel, fit à l'Académie royale des sciences lecture de la lettre suivante, qui lui avait été adressée par M. Turgot, contrôleur général des finances :

Versailles, ce 17 août 1775.

Sur le compte, Monsieur, que j'ai rendu au roi, de l'état actuel de la récolte du salpêtre en France, des diminutions successives qu'elle a éprouvées depuis quelques années, des moyens propres à la rétablir, enfin des différents motifs qui doivent fixer son attention sur cette branche importante d'administration, Sa Majesté a pensé que le plan qui avait été suivi jusqu'à ce jour, relativement à la fabrication du salpêtre dans son royaume, avait dû retarder le progrès de cet art, et que c'était sans doute par cette raison qu'il semblait être, dans ce moment, au-dessous du niveau des autres connaissances physiques et chimiques.

Dans ces circonstances, elle a jugé nécessaire de réveiller l'attention des savants, de diriger leurs recherches sur cet objet et de chercher à acquérir, par leurs concours, des connaissances fixes et certaines qui pussent servir de base aux différents établissements qu'elle se propose d'ordonner.

Aucun moyen ne lui a paru plus propre à remplir ses vues à cet égard que la proposition d'un prix en faveur de celui qui, au jugement de l'Académie, aurait vu de plus près le secret de la nature dans la formation et la génération du salpêtre, et qui aurait enseigné les moyens les plus prompts et les plus économiques pour le fabriquer en grand et en abondance. L'intention de Sa Majesté étant de soulager le plus tôt possible ses sujets de la gêne qu'entraînent la recherche, la fouille et l'extraction du salpêtre chez les particuliers, elle désire que l'Académie se mette en état d'annoncer ce prix dès la séance publique de la Saint-Martin prochaine. Il sera nécessaire, en conséquence, qu'au reçu de la présente ou dans le plus court délai possible, elle procède, dans la forme accoutumée, à la nomination des commissaires qui seront chargés de la rédaction du programme, et qu'ils en rendent compte à l'Académie avant les vacances.

Le programme devra contenir suffisamment de détails : 1° pour donner une idée très succincte de l'état actuel des connaissances sur la formation du salpêtre; 2° pour indiquer les ouvrages dans lesquels les concurrents pourront trouver des notions plus étendues; 3° enfin, pour les mettre sur la voie de ce qu'ils ont à faire et des expériences qu'ils ont à tenter.

L'intention du roi étant que le prix ne soit distribué qu'autant que l'expérience aura été jointe à la théorie, Sa Majesté se propose de procurer aux commissaires de l'Académie, soit à l'arsenal, soit ailleurs, un emplacement commode et suffisamment vaste pour répéter les expériences proposées dans les mémoires admis au concours. Elle désire même que les commissaires de l'Académie y joignent toutes celles qui, quoique non indiquées par les concurrents, leur paraîtront propres à éclaircir la matière. Elle attend de leur part des preuves du zèle constant de l'Académie pour tout ce qui intéresse le bien public et le service de l'État. Sa Majesté désire aussi qu'ils dressent du tout, jour par jour, un procès-verbal exact, auquel pourront assister les régisseurs des poudres et salpêtres, et qui sera signé de tous les assistants.

Le prix proposé sera de quatre mille livres, et, vu les dépenses extraordinaires qu'il exigera de la part des concurrents, il y sera joint deux accessits, de mille livres chacun, en faveur de ceux qui se seront le plus distingués. Ces fonds seront assignés sur ceux de la régie des poudres et salpêtres, et j'écris aux régisseurs pour qu'aussitôt que le temps de la proclamation sera fixé, ils remettent entre les mains du trésorier de l'Académie un ordre payable à la même époque.

Le prix distribué, je vous prierai de m'adresser toutes les pièces qui auront été admises au concours pour en faire des extraits, afin que les idées utiles qui pourront s'y trouver ne soient pas perdues pour le public.

Je vous prie de me marquer ce que l'Académie aura fait pour l'exécution du contenu de la présente, de m'envoyer le nom des commissaires qu'elle aura choisis et de me donner communication du programme aussitôt qu'il sera rédigé.

Je suis, Monsieur, etc.

Signé : Turgot.

Quoique l'usage de l'Académie des sciences soit de remettre à huitaine toute délibération d'une certaine importance, cependant, comme on était très près des vacances, et qu'il ne restait de temps que ce qu'il fallait pour rédiger le programme et le soumettre au jugement de l'Académie avant sa séparation; enfin, comme il était question d'un objet d'utilité publique sur lequel le gouvernement réclamait le concours de l'Académie des sciences, on pensa qu'elle pouvait, sans tirer à conséquence, s'écarter pour cette fois de ses usages et délibérer dès le jour même.

M. de Fouchy fit en conséquence la lecture des règlements relatifs à la proposition des prix, et on procéda, en exécution, à la nomination de cinq commissaires, par voie de scrutin, dans la forme ordinaire.

Quelques académiciens mirent en question, à cette occasion, si M. Lavoisier, en même temps membre de l'Académie des sciences et régisseur des poudres, n'était pas, en cette dernière qualité, dans le cas de l'exclusion, et s'il pouvait être du nombre des commissaires qu'on allait élire; mais sur ce qu'il fut représenté que l'administration des poudres et salpêtres n'était plus en entreprise; que, par la forme qui avait été donnée à la régie, ceux qui en étaient chargés ne pouvaient avoir d'autre intérêt ni d'autre but que le plus grand avantage de l'État et du service du roi, il fut convenu qu'il n'y avait aucun motif qui pût exclure M. Lavoisier du nombre des commissaires.

En conséquence, le choix des commissaires fut fait dans l'ordre qui suit :

M. Macquer, M. Lavoisier, M. le chevalier d'Arcy, M. Sage, M. Baumé; depuis, M. Baumé, ayant demandé à se retirer de la commission, a été remplacé par M. Cadet; M. le chevalier d'Arcy étant venu à mourir, M. de Montigny a été nommé à sa place; enfin, à la mort de M. de Montigny, il a été remplacé par M. Tillet; en sorte qu'au moment où cet ouvrage est publié, les commissaires sont : MM. Macquer, Lavoisier, Sage, Cadet et Tillet. On les range ici dans l'ordre de leur nomination.

La plus grande célérité fut recommandée aux commissaires pour la rédaction du programme, et, pour mieux remplir les vues de l'Académie, ils s'assemblèrent dès le jour même à la suite de la séance de l'Académie. Le résultat de cette première conférence fut de convenir que chacun d'eux mettrait par écrit ses idées sur la forme à donner au programme et rassemblerait tous les matériaux qu'il pouvait se procurer pour le rendre plus instructif; qu'ensuite le tout serait remis à M. Macquer, qui voulut bien, à la prière de ses confrères, se charger de la rédaction.

Le travail des commissaires ne tarda pas longtemps à être en état d'être présenté à l'Académie et, dès le 2 septembre, le programme fut lu, discuté et arrêté dans son assemblée. Régulièrement et suivant les usages de l'Académie, il n'aurait dû être publié qu'à la séance publique d'après la Saint-Martin, c'est-à-dire le 15 novembre suivant; cependant, pour donner plus de temps aux concurrents, l'Académie chargea les commissaires de le faire imprimer pendant les vacances, de le distribuer et de l'envoyer aux papiers publics, aux correspondants de l'Académie et aux académies étrangères et regnicoles.

M. le Contrôleur général, auquel le programme fut communiqué, ordonna qu'il en fût tiré trois mille exemplaires à l'Imprimerie royale, aux frais du roi; on en joint ici la copie :

PRIX EXTRAORDINAIRE

PROPOSÉ PAR L'ACADÉMIE ROYALE DES SCIENCES OUR L'ANNÉE 1778.

Sur le compte qui a été rendu au roi, par M. le Contrôleur général des finances, de l'état actuel de la fabrication du salpêtre en France et de la diminution sensible qu'elle a éprouvée, Sa Majesté, après avoir reconnu que cet inconvénient provenait des défauts du système ci-devant adopté sur cette branche d'administration, et y avoir fait les réformes et les changements qui lui ont paru nécessaires, a jugé qu'il serait encore avantageux à ses sujets de faire rechercher tous les moyens d'augmenter le produit du salpêtre dans son royaume, surtout pour les délivrer, le plus tôt qu'il sera possible, de la gêne et des torts que leur occasionnent les perquisitions, les fouilles et les démolitions que les salpêtriers ont le droit de faire dans les habitations des particuliers, et des abus qui peuvent en résulter.

Aucun moyen n'a paru plus propre à Sa Majesté, pour remplir ses vues, que de proposer sur cet objet un prix au jugement de l'Académie, et elle l'a chargée d'en publier un programme assez détaillé et assez instructif pour faciliter, le plus qu'il sera possible, les recherches de ceux qui voudront concourir.

L'Académie, pour se conformer aux intentions du roi, croit donc devoir faire les observations suivantes, en indiquant le sujet et les conditions de ce prix :

Nos connaissances actuelles sur l'origine et la génération du salpêtre se réduisent à plusieurs faits certains, sur lesquels on a établi quelques théories assez incertaines.

Il est constant, par l'observation journalière des chimistes et de tous ceux qui travaillent à l'extraction et à la fabrication du salpêtre, que ce sel ne se forme ou ne se dépose habituellement que dans des murs, des terres et des pierres tendres et poreuses, qui peuvent être imprégnés des sucs des substances végétales et animales et susceptibles de putréfaction; que le salpêtre ne commence à devenir sensible, dans ces terres et pierres, qu'au bout d'un certain temps tout à fait indéterminé et qu'il est pourtant très essentiel de connaître et d'abréger, s'il est possible; ce temps varie sans doute suivant les circonstances, et c'est probablement celui où la décomposition des végétaux et des animaux a été portée à son plus haut point.

On sait encore que les endroits les plus favorables à la production du nitre sont les lieux bas qui ne sont pas trop exposés à l'action du grand air, dans lesquels, cependant, l'air a un assez libre accès, qui sont à l'ombre, à l'abri du soleil et de la pluie, où il règne habituellement un peu d'humidité, tels que sont les caves, les cuisines, les latrines, les celliers, les granges, écuries, étables; en un mot, tous les endroits, toutes les pièces habitées par les hommes et les animaux.

On s'est assuré par l'expérience qu'en mêlant les fumiers, les litières des animaux, les plantes, même toutes seules, de quelque espèce qu'elles soient, avec des terres, surtout calcaires, marneuses et limoneuses, on peut construire des murs ou des monceaux de sept à huit pieds d'élévation, qui, lorsqu'ils sont placés dans les lieux, tels que ceux qu'on vient d'indiquer, et arrosés de temps en temps avec de l'urine, commencent à fournir une quantité sensible de salpêtre, quelque temps après leur construction; que ce salpêtre, qui est à base d'alcali fixe, quand il vient des plantes, se cristallise à la surface; qu'on peut l'enlever par le houssage; que sa quantité augmente jusqu'à un certain terme; qu'on peut en retirer de cette manière et sans lessiver les mélanges pendant sept ou huit ans, et qu'enfin on les lessive pour les achever de retirer tout le salpêtre qui s'y est formé ou rassemblé. C'est de cette manière que se construisent et s'exploitent, à ce qu'on assure, les couches ou nitrières artificielles en Suède, dans plusieurs autres pays et peut-être même aux Indes, dont on apporte en Europe une énorme quantité de salpêtre, lequel, malgré les frais du transport et le bénéfice du commerce, n'est point ici d'un plus haut prix que celui du pays.

Au rapport des salpêtriers, les terres qu'ils ont épuisées de nitre par les lessives en refournissent une nouvelle quantité après qu'elles ont séjourné sous les hangars, où ils les conservent pour cet usage. Il est vrai qu'ils répandent sur ces mêmes terres les eaux mères qu'ils obtiennent de leurs cuites, et que ces eaux contenant ordinairement encore une portion de salpêtre, et toujours du nitre à base terreuse, cette circonstance répand de l'incertitude sur la reproduction du salpêtre dans ces terres, quoiqu'elle soit bien d'accord, d'ailleurs, avec la génération de ce sel dans les couches suédoises[1].

Enfin les analyses des chimistes ont prouvé que beaucoup de plantes, telles

[1] Le peu de temps que l'Académie a eu pour rédiger et publier ce programme ne lui a pas permis de se procurer, par le moyen de ses correspondants, tous les éclaircissements qu'elle aurait désiré d'insérer ici sur ce qui se pratique dans les pays étrangers au sujet des couches à salpêtre ou nitrières artificielles; mais voici ce qu'un citoyen (M. de Chaumont), qui s'occupe avec zèle depuis un certain temps de cet objet, a bien voulu lui communiquer :

« Les couches à salpêtre établies près de Stockholm sont faites en pyramides triangulaires, avec du chaume, de la chaux, des cendres et des terres de pré; leur base est construite en briques posées de champ; sur cette base est un lit de mortier fait avec de la terre de pré, de la cendre, de la chaux et suffisante quantité d'eau mère de salpêtre ou d'urine; les lits de chaume et de mortier se succèdent aussi alternativement jusqu'au sommet de la couche.

« Pour couvrir ces monceaux et les garantir de la pluie, on pique en terre autour d'eux des perches qu'on lie par leur extrémité supérieure, et le tout est couvert avec de la bruyère; on observe qu'il y ait, entre le monceau et sa couverture, un espace assez grand pour qu'on puisse les arroser quand il convient et recueillir le salpêtre qui se cristallise à leur surface; l'arrosement se fait avec des urines et des matières fécales que des femmes de mauvaise vie sont forcées d'y transporter.

« Ces couches sont en rapport au bout d'un an et durent dix ans. On en détache le nitre avec des balais tous les huit jours et on les arrose, dès qu'elles sont balayées, avec des eaux mères étendues d'eau pure quand on n'a pas assez d'eau mère pour arroser complètement la couche.

« Le résidu de ces couches, au bout de dix ans, est un excellent engrais et très recherché pour la culture du chanvre et du lin.

« On construit aussi en Prusse des murs de terre mêlés avec la vidange des latrines, et, quand ils sont salpêtrés, on en retire le nitre par les lixiviations et les cuites ordinaires.

« Le citoyen qui a bien voulu communiquer ces détails à l'Académie dit qu'il les tient du sieur Berthelin, Français, qui a conduit en Suède une manufacture de porcelaine et qui est actuellement à sa terre pour y diriger une nitrière, à peu près sur les mêmes principes, mais avec quelques changements dont il espère de l'avantage. »

que la bourrache, la pariétaire, et surtout le grand soleil, contiennent, sans aucune putréfaction préalable, une quantité souvent considérable de salpêtre à base d'alcali fixe. On a observé que celles qui croissent aux pieds des murs ou dans des terrains remplis de fumier en contiennent beaucoup plus que leurs analogues, qui ont végété dans des terres moins nitreuses ou contenant beaucoup moins de matériaux du salpêtre, ce qui peut faire présumer, avec beaucoup de vraisemblance, qu'il se forme habituellement une grande quantité de salpêtre sur toute la surface de la terre par la putréfaction des herbes, feuilles et racines qui y restent ensevelis chaque année, mais que ce salpêtre, étant emporté et dispersé par l'eau des pluies, ne se trouve nulle part en quantité sensible dans les endroits découverts, à moins qu'il ne soit recueilli et rassemblé par des plantes qui ont, en quelque sorte, la vertu de les pomper.

On reconnaît que les terres et pierres sont bien salpêtrées à leur saveur, qui a quelque chose de salin et de piquant; de plus, ces matières, quand le salpêtre y est abondant, n'ont plus leur consistance naturelle : elles sont plus friables. Ordinairement leur surface se couvre d'une efflorescence qui se réduit en poussière dès qu'on y touche et, dans certaines circonstances, on y observe même un vrai salpêtre de houssage.

Les faits qui viennent d'être exposés, réunis avec les procédés, connus ou faciles à connaître, de l'extraction et de la purification du salpêtre, composent toutes nos connaissances certaines sur la production et l'extraction de ce sel; car, comme on l'a déjà fait observer, les chimistes n'ont encore établi aucune théorie entièrement satisfaisante sur les principes de l'acide nitreux, sur sa véritable origine et sur la manière dont il se forme.

Tout ce qui a été dit sur cet objet peut se réduire à trois sentiments principaux :

Le premier est celui des anciens chimistes; ils pensaient que l'air de l'atmosphère était le lieu natal et le grand magasin de l'acide nitreux. Suivant cette opinion, qui a même encore des partisans, cet acide nitreux de l'air se dépose dans les terres calcaires et autres matières alcalines qu'il trouve à sa portée et forme avec elles les différentes espèces de nitre qui se manifestent dans ces matières, après qu'elles ont été exposées à l'air pendant un temps convenable. Ceux qui adoptent ce sentiment se fondent principalement sur ce qu'on ne trouve point de salpêtre dans les terres et pierres, à moins qu'elles n'aient éprouvé pendant longtemps l'action et le contact d'un air tranquille; mais, outre que ce fait n'est pas bien avéré et qu'il est un de ceux qui demandent à être vérifiés, il est combattu par un autre fait indubitable, savoir que les mêmes terres et pierres qui se salpêtrent abondamment dans les habitations des hommes et des animaux ne produisent point du tout de salpêtre dans leurs carrières, lors même qu'elles s'y trouvent placées, de manière qu'elles soient accessibles à l'air, précisément comme dans les maisons et autres lieux habités.

Le second sentiment est celui de Stahl qui, n'admettant avec Becher qu'un seul acide primitif, principe et origine de tous les autres, savoir l'acide vitriolique, croit que l'acide nitreux n'est que cet acide universel, transmué par son union intime avec un principe inflammable qui se sépare des substances végétales et animales et même de l'alcali volatil, dans la décomposition que la putréfaction fait éprouver à toutes ces matières. Il y a beaucoup de faits chimiques qui déposent en faveur de cette opinion, comme on peut le voir dans les ouvrages de Stahl et particulièrement dans les *Fundamenta chimiæ dogmatico-rationalis*, dans le *Specimen Becherianum* et dans le *Conspectus chimiæ* de Juncker, *Tab. de Nitro et Acido nitri.* Cependant on ne peut pas regarder cette théorie comme suffisamment prouvée, parce qu'elle exigerait un travail expérimental suivi d'après ces vues et plus complet que tout ce qu'on a entrepris jusqu'à présent. On n'a, sur cet objet, que la dissertation du docteur Pietch, imprimée à Berlin en 1750, et qui a remporté le prix que l'Académie de Prusse avait proposé sur l'origine et la formation du nitre. Les expériences de ce chimiste, qui sont toutes en faveur du sentiment de Stahl, demandent néanmoins à être vérifiées et surtout variées et multipliées.

On croit devoir ajouter ici que Stahl avance encore dans plusieurs endroits de ses ouvrages que l'acide du sel commun peut aussi se transmuer en acide nitreux dans certaines circonstances, et il est certain qu'en différents temps plusieurs gens à secrets ont prétendu posséder celui de cette transmutation et ont offert de la réaliser; mais, soit qu'on n'ait pas accepté leurs offres, soit que leurs expériences n'aient point réussi, leurs propositions ne paraissent avoir eu aucune suite.

Le troisième sentiment sur l'origine du nitre est celui de M. Lémery, le fils; il l'a exposé dans deux mémoires imprimés dans le recueil de ceux de l'Académie, pour l'année 1717. Ce chimiste entreprend de prouver dans ces mémoires que le nitre est un produit de la végétation, qu'il se forme habituellement dans les plantes vivantes, d'où il passe dans les animaux, et que, si ce nitre ne se manifeste point, sinon en très petite quantité, dans les analyses ordinaires des substances végétales et animales, c'est parce qu'il est embarrassé et masqué par les autres principes de ces mixtes ou détruit par l'action du feu, mais que la putréfaction est le moyen que la nature emploie pour le développer et le séparer. On peut voir les preuves que M. Lémery apporte de son opinion dans ces mémoires, qui méritent d'être lus à cause des réflexions qu'ils contiennent et des vues qu'ils peuvent fournir. Au surplus, il en est de cette théorie comme de celle de Stahl; elle demande à être confirmée par des expériences beaucoup plus variées et plus multipliées que celles de l'auteur.

Les trois sentiments qui viennent d'être exposés en abrégé renferment, comme on l'a dit, toutes les idées théoriques que les chimistes ont eues jusqu'à présent sur l'origine et la production du salpêtre. Quoique aucune d'elles ne soit assez bien établie pour n'être pas sujette à de grandes difficultés, elles peuvent servir néanmoins à suggérer des plans d'expériences et à empêcher qu'on ne travaille en quelque sorte au hasard. D'ailleurs, il est très probable que les suites d'expériences, dirigées d'après chacune de ces théories et tendant à découvrir si elles sont bien ou mal fondées, répandront beaucoup de lumières sur le point de physique qu'il s'agit d'approfondir, quand même il en résulterait que ces théories sont fausses toutes ou incomplètes.

Il est facile de reconnaître si l'acide vitriolique ou l'acide marin se transmue en acide nitreux, par le concours de matières en putréfaction. Suivant l'opinion de Stahl, il ne s'agit pour cela que de mêler avec des matières végétales et animales, susceptibles de putréfaction, l'un et l'autre de ces acides séparément, soit libres, soit engagés dans différentes bases, en observant néanmoins de les proportionner ou de les combiner de manière qu'ils ne puissent retarder sensiblement la fermentation putride. Il sera à propos de laisser ces mélanges en expérience dans un lieu, tel que ceux que l'observation a fait reconnaître comme les plus favorables à la génération du salpêtre, et de mettre de plus, dans le même lieu, d'autres mélanges qui ne différeront des premiers qu'en ce qu'on n'y aura ajouté ni acide vitriolique ni acide marin, ces derniers devant servir de comparaison.

Si l'on a fait entrer en même temps dans plusieurs de ces mélanges une assez grande quantité de terres calcaires ou marneuses, bien exemptes de salpêtre, comme cela paraît assez convenable, en ce que ces terres accélèrent la putréfaction, il est bien certain qu'avec le temps il se sera formé du salpêtre dans tous ces mélanges; mais s'il y a eu en effet transmutation des acides vitriolique ou marin en acide nitreux, cela sera démontré par la quantité de salpêtre qu'on obtiendra de chacune des matières mises en expérience et qui, dans ce cas, doit être plus grande dans celle où ces acides auront été ajoutés et ne doit pas être plus considérable dans les autres.

Des expériences de ce genre, faites comme il convient, seront d'autant plus avantageuses qu'elles pourront servir en même temps à se décider sur le sentiment de Lémery qui admet la préexistence du salpêtre dans les végétaux et les animaux et son dégagement par la putréfaction; mais comme il est de la plus grande importance de prévoir tout ce qui pourrait induire en erreur sur le résultat des expériences, c'est-à-dire sur les quantités de salpêtre qu'on pourra obtenir dans ces procédés, il sera absolument nécessaire de garantir les mélanges, ou du moins une portion notable de chacun d'eux, du contact immédiat des murs et même du sol du lieu où ils seront placés; sans quoi le salpêtre, qui doit naturellement se former dans ces mêmes endroits, indépendamment de toute addition, répandrait immanquablement beaucoup d'incertitude sur le produit réel de celui qui pourrait s'être formé dans les mélanges mis en expériences.

A l'égard de l'influence de l'air dans la production du salpêtre, c'est encore un objet essentiel et auquel on ne peut se dispenser de donner la plus grande attention. Il paraît démontré, à la vérité, contre le sentiment des anciens, que l'air n'est point le réceptacle ni le véhicule de l'acide nitreux tout formé, mais il est vraisemblable qu'il contribue directement ou indirectement à la production de cet acide. On sait que le concours de l'air favorise et accélère la putréfaction, et, quand il n'y aurait que cette circonstance, il en résulterait que son influence n'est point indifférente pour la production de l'acide nitreux; mais, indépendamment de cette circonstance, il est très possible que l'air entre lui-même, comme partie constituante, dans la composition de cet acide, ou qu'il fournisse quelque substance gazeuse ou autre qui, sans être de l'acide nitreux, se trouverait cependant un des ingrédients nécessaires à la formation.

Ces considérations suffisent pour faire sentir combien il importe de déterminer si l'air contribue ou ne contribue point à la génération du salpêtre, et, en cas qu'il y influe, en quoi et jusqu'à quel point son concours est nécessaire à cette opération. Cette circonstance indique dans les recherches qu'il convient de faire une nouvelle suite d'expériences toutes dirigées vers l'action de l'air; on n'en parle ici qu'en général, parce qu'elles sont faciles à imaginer et qu'elles ne peuvent manquer de se présenter d'elles-mêmes à ceux qui voudront s'occuper de ces travaux.

Après cet exposé des connaissances sur l'origine et la production du salpêtre, l'Académie annonce que le sujet du prix qu'elle propose est *de trouver les moyens les plus prompts et les plus économiques de procurer en France une production et une récolte du salpêtre plus abondantes que celles qu'on obtient présentement, et surtout qui puissent dispenser des recherches que les salpêtriers ont le droit de faire dans les maisons des particuliers.*

Elle exige que ceux qui enverront des mémoires exposent leurs procédés avec toute la clarté et tous les détails nécessaires, pour qu'on puisse les vérifier sans aucune incertitude, comme l'Académie se propose de le faire. Elle déclare que le prix sera adjugé à celui qui aura indiqué le procédé le plus avantageux pour la promptitude, l'économie et l'abondance du produit, indépendamment de toute autre considération, et que, quand même ce procédé résulterait uniquement d'une application heureuse des observations et des pratiques déjà connues, il sera préféré aux plus belles découvertes dont on ne pourrait pas tirer aussi promptement la même utilité.

Ce prix sera de 4,000 livres et sera proclamé à l'assemblée publique de Pâques 1778. Les mémoires ne seront admis pour le concours que jusqu'au 1er avril 1777 inclusivement; mais l'Académie recevra jusqu'au dernier décembre de la même année les suppléments et les éclaircissements que voudront envoyer les auteurs des mémoires qui lui seront parvenus dans le temps prescrit.

Outre le prix de 4,000 livres, il y aura aussi deux *accessits* : le premier de 1,200 livres et le second de 800 livres.

Les savants et les artistes de toutes les nations sont invités à concourir au prix et même les associés étrangers de l'Académie; les seuls académiciens regnicoles en sont exclus.

Les mémoires seront lisiblement écrits en français ou en latin.

Les auteurs ne mettront point leur nom à leurs ouvrages, mais seulement une sentence ou devise; ils pourront, s'ils le veulent, attacher à leur mémoire un billet séparé et cacheté par eux, qui contiendra, avec la même sentence ou devise, leurs noms, leurs qualités et leur adresse. Ce billet ne sera ouvert, sans le consentement de l'auteur, qu'au cas que la pièce ait remporté le prix, ou un des deux accessits.

Les ouvrages destinés pour le concours seront adressés, à Paris, au Secrétaire perpétuel de l'Académie, et, si c'est par la poste, avec une double enveloppe, à l'adresse de M. de Malesherbes, secrétaire d'État. Dans le cas où les auteurs préféreraient faire remettre directement leur ouvrage entre les mains du Secrétaire perpétuel de l'Académie, ce dernier en donnera son récépissé, où seront marqués la sentence de l'ouvrage et son numéro, selon l'ordre ou le temps dans lequel il aura été reçu.

S'il y a un récépissé du secrétaire pour la pièce qui aura remporté le prix, le trésorier de l'Académie délivrera la somme du prix à celui qui lui rapportera ce récépissé; il n'y aura à cela nulle autre formalité.

S'il n'y a pas de récépissé du secrétaire, le trésorier ne délivrera le prix qu'à l'auteur même, qui se fera connaître, ou au porteur d'une procuration de sa part.

L'intention du Roi, suivant la lettre de M. Turgot, du 17 août, étant de procurer aux commissaires de l'Académie un emplacement commode, soit pour y répéter les expériences qui paraîtraient propres à procurer des lumières sur l'origine et sur la composition du salpêtre, les commissaires, louèrent au mois d'octobre suivant, une maison, un jardin et un grand hangar dans le faubourg Saint-Denis; et non seulement M. le Contrôleur général voulut bien approuver la location de 1,200 livres, mais il y joignit encore une somme de 1,200 livres pour subvenir aux frais des expériences.

Dans cet intervalle, M. Turgot fut instruit que l'Académie des sciences et arts de Besançon avait proposé, pour la séance publique d'août 1766, un prix sur la manière la moins onéreuse de fabriquer le salpêtre en Franche-Comté; que, quoique le prix eût été proclamé à l'époque fixée par l'Académie, les mémoires qui avaient été couronnés n'avaient point été publiés. Il crut devoir en écrire à M. Droz, secrétaire de l'Académie, et il le pria, si l'Académie n'y trouvait point d'inconvénient, de lui confier le recueil des mémoires manuscrits qui avaient concouru, afin qu'il pût faire extraire ce que ces mémoires contenaient d'utile et qu'ils ne fussent pas perdus pour la Société.

Ce recueil parvint à M. Turgot vers la fin de septembre, et il le fit passer aux commissaires de l'Académie. Il y joignit quelques détails instructifs qu'il s'était procurés sur la fabrication du salpêtre en Franche-Comté et désira qu'il lui fût fait un rapport du tout.

Les commissaires s'occupèrent de ce travail, et le rapport fut lu dans l'assemblée de tous les commissaires réunis dans la maison du faubourg Saint-Denis, le 18 novembre 1775. Comme cette pièce contient des détails intéressants, on croit devoir la donner ici avec quelques légers changements.

EXTRAIT DÉTAILLÉ

DU RAPPORT FAIT À M. LE CONTRÔLEUR GÉNÉRAL DES FINANCES PAR LES COMMISSAIRES DE L'ACADÉMIE DES SCIENCES, EN NOVEMBRE 1775, EN LUI REMETTANT LES PIÈCES QUI AVAIENT CONCOURU EN 1766 POUR LE PRIX DE BESANÇON.

L'Académie des sciences, belles-lettres et arts de Besançon avait proposé, pour sujet du prix de 1766, *de déterminer la manière la moins onéreuse de fabriquer du salpêtre en Franche-Comté.*

L'Académie, ayant été satisfaite de plusieurs des pièces qui lui avaient été adressées, a couronné d'abord le mémoire n° 8, ayant pour devise : *Arte perficitur*

IMPRIMERIE NATIONALE.

quod Natura dedit, dont l'auteur est M. de Vannes, apothicaire à Besançon. Elle a en même temps témoigné sa satisfaction aux auteurs de deux autres pièces en leur accordant à chacun un accessit. Ces deux pièces sont celles n° 1, ayant pour devise : *Il y a peu de choses impossibles d'elles-mêmes, et l'application pour les faire réussir nous manque plus que les moyens.* Réflexions morales de M. de la Rochefoucault, nombre 298, dont l'auteur est M. Puricelly, négociant, ancien juge-consul à Besançon; et celle n° 3, ayant pour devise : *Bonum publicum reperiendo opificis commodis consulere jucundum*, dont l'auteur est M. Janson, apothicaire à Besançon.

De l'examen détaillé qui a été fait par les commissaires de l'Académie, non seulement de ces trois mémoires, mais de tous ceux qui ont été admis au concours, il résulte une vérité très importante et qui doit fixer d'une façon bien particulière l'attention du Gouvernement : c'est que, quoique le salpêtre brut en Franche-Comté n'ait été payé jusqu'ici par les fermiers des poudres aux salpêtriers que 7 à 8 sols la livre, il en coûte beaucoup davantage, soit au Roi, soit aux habitants de la province, et que cet excédent forme une imposition très réelle, beaucoup plus onéreuse que ne le serait une imposition directe. Cette vérité est démontrée dans le mémoire n° 1 de M. Puricelly : si l'on s'en rapportait même à ses calculs, il en résulterait que le salpêtre de Franche-Comté coûte, tant au Roi qu'au peuple, plus de 40 sols la livre; mais sans admettre ces résultats qui paraissent exagérés, on peut au moins regarder comme à peu près certains les faits qui suivent :

Premièrement, les salpêtriers de Franche-Comté consomment au moins, l'un dans l'autre, cinquante cordes de bois par année; les communautés sont obligées de les leur fournir façonnées et rendues dans leurs ateliers sur le pied de 30 sols la corde pour le chêne, le hêtre et le soyard, et sur le pied de 24 sols pour le sapin et le bois blanc; cette fixation suffit à peine aujourd'hui pour la façon du bois, de sorte que la valeur intrinsèque et le charroi tombent entièrement à la charge des communautés. Quand on ne supposerait au bois qu'une valeur de 5 livres par corde, ce qui certainement est au-dessous de la valeur actuelle, il en résulterait encore que chaque salpêtrier coûte à la province 250 livres par an, ce qui fait pour la totalité des salpêtriers, qui sont au nombre de 130, un premier objet de dépense de............	32,500 livres.
Secondement, le nombre des communautés de Franche-Comté est de 2,000 à peu près, dont les deux tiers,	
A reporter.......	32,500 livres.

Report..........		32,500 livres.
c'est-à-dire 1,332 environ, fournissent du salpêtre; mais comme le salpêtrier ne revient qu'une fois tous les trois ans dans la même paroisse, il en résulte que le nombre des paroisses exploitées chaque année n'est que de 444. Il en coûte par an à chacune de ces communautés, en mettant tout au plus bas :		
1° Pour le logement du salpêtrier 24 livres, ci.	24 livres.	
2° Pour le transport de ses ustensiles........	10	
3° Pour le charroi du salpêtre à la raffinerie...	6	
TOTAL pour chaque communauté...	40	
Et pour les 444 exploitées chaque année par la totalité des salpêtriers..................................		17,760
La fabrication du salpêtre coûte donc évidemment à la province..		50,260
La Franche-Comté rapporte environ 350,000 livres de salpêtre brut, qui, l'une dans l'autre, sont payées aux salpêtriers 7 sols 6 deniers et qui forment une dépense totale, pour l'administration des poudres et pour le Roi, de		131,250
350 milliers de salpêtre brut coûtent donc en Franche-Comté, tant au Roi qu'aux communautés............		181,510

C'est-à-dire 10 sols 4 deniers 1/2 la livre.

On n'a point fait entrer dans ce calcul les monopoles que n'exercent que trop fréquemment les salpêtriers : les plus adroits d'entre eux ne manquent pas de placer leurs cuveaux dans la partie de la maison où ils jugent qu'ils seront les plus incommodes à ceux qui l'habitent, souvent même dans leur chambre d'habitation; ils effrayent, ils menacent de rester longtemps, de fouiller partout, et le plus souvent ils finissent par traiter pour une somme plus ou moins forte que le particulier croit devoir sacrifier à sa tranquillité; quelquefois ils composent avec la communauté tout entière, sous prétexte de non-fourniture de bois ou autrement; la communauté supporte les charges sans procurer de salpêtre à l'État, et l'objet du Gouvernement n'est point rempli. Il est impossible d'évaluer le produit de ces manœuvres; elles sont sûrement très profitables aux salpêtriers et très à charge aux particuliers; et l'on ne doute pas qu'en les estimant au plus bas, elles ne portent au moins à 13 sols par livre le prix du salpêtre brut en Franche-Comté, et à 18 sols celui du salpêtre raffiné, sans compter la gêne qui reste encore pour le compte de ceux qui ne sont point en état de composer avec le salpêtrier.

Il n'en est pas de même, il est vrai, de la fabrication du salpêtre dans les grandes villes et dans les provinces où la fouille n'est point en usage, comme dans la Touraine; mais il n'en est pas moins vrai que, même dans les cas les plus favorables, le salpêtre coûte plus au Roi qu'il n'est réellement payé par l'administration des poudres. Pour connaître, par exemple, le prix que coûte au Roi le salpêtre à Paris, il faudrait cumuler ensemble : 1° le prix de 7 sols par livre que la régie paye aux salpêtriers; 2° la gratification de 2 sols par livre qui leur est accordée par le Roi; 3° le prix du sel marin qui leur est payé par la ferme générale, à raison de 7 sols par livre; 4° enfin le tort qu'ils font à la gabelle soit par la consommation que font leurs ouvriers du sel de salpêtre, soit par les abus qu'ils commettent même à leur insu sur cet objet. En supposant que la production du salpêtre dans cette ville soit de 600,000 livres, année commune, on pourra établir le calcul suivant :

Prix de 600 milliers de salpêtre payés par l'administration des poudres à raison de 7 sols la livre..............	210,000 livres.
Gratification de 2 sols par livre accordée par le Roi......	60,000
Prix des 14 livres par 100 ou des 84,000 livres de sel marin payées par la ferme générale, à raison de 7 sols par livre, ci..................................	29,400
Évaluation de la valeur à laquelle peuvent se monter les fraudes de toutes espèces qui se commettent par les agents subalternes attachés à la fabrication du salpêtre, ci..................................	15,600
Total..................	315,000

D'où il suit que, quoique le salpêtre à Paris ne paraisse coûter à l'administration des poudres, savoir : le salpêtre brut que 9 sols, et le salpêtre raffiné que 12 sols, il coûte réellement au Roi et à l'État, le premier 10 sols 6 deniers, et le second environ 14 sols; les prix de Touraine sont un peu moindres.

Ces vérités, qui ne sont peut-être pas suffisamment développées dans les mémoires communiqués par l'Académie de Besançon, mais qu'on a cherché à présenter ici dans tout leur jour, conduisent à un grand nombre de conséquences et de réflexions auxquelles les commissaires de l'Académie croient devoir s'arrêter.

La première, c'est que, quand le salpêtre brut qu'on recueillerait en France par de nouveaux moyens reviendrait au Roi à 10 et 12 sols la livre, il en résulterait encore une économie réelle pour la nation, puisqu'il est démontré qu'elle le paye beaucoup davantage, surtout dans quelques provinces, telles que la Franche-Comté, la Bourgogne et plusieurs autres.

La seconde, c'est que, dans les objets de fabrication et d'industrie, le régime réglementaire ne conduit pas toujours au but désiré. Avec des règlements très avantageux aux salpêtriers, avec des exemptions, des privilèges, des faveurs de toute espèce, la récolte du salpêtre s'est anéantie insensiblement en France, et de 3,500,000 livres qu'elle était dans le dernier siècle, lorsque la France ne possédait encore ni la Franche-Comté, ni l'Alsace, ni la Lorraine, elle était tombée, au commencement de la présente année 1775, au-dessous de 1,800,000 livres; il est donc évident qu'il existe un vice dans le régime qui a été suivi jusqu'ici pour la fabrication du salpêtre en France; que ce n'est point avec des règlements seuls qu'on peut espérer rétablir une récolte nationale suffisante pour les besoins; que c'est en multipliant les connaissances relatives à la fabrication du salpêtre, en éclairant ceux qui s'en occupent, surtout en les payant mieux et en remplaçant les privilèges, dont on abuse par une augmentation de payement en argent, qu'on peut parvenir à ce but.

Une troisième réflexion, c'est que le rétablissement de la récolte du salpêtre en France ne peut pas être opéré par une compagnie d'entrepreneurs; quelque instruction, quelque zèle pour le bien public, quelque honnêteté qu'on leur suppose, on ne peut pas exiger qu'ils le portent jusqu'au point de faire le sacrifice de leur propre intérêt. Ils sont entraînés par une pente naturelle et nécessaire à se procurer du salpêtre au meilleur marché possible; on ne peut donc pas espérer qu'ils fassent des établissements dispendieux et difficiles, dont le résultat serait de leur procurer du salpêtre à 12 sols la livre, tandis qu'en usant de leurs privilèges, ils ne payent que 7 à 8 sols, et que celui de l'Inde, en raison de la qualité, ne leur revient pas beaucoup plus cher.

Les commissaires de l'Académie n'ont entretenu jusqu'ici le Ministre que de ce qui concerne en quelque façon la partie économique et politique des mémoires communiqués par l'Académie de Besançon; il leur reste à lui rendre compte de la partie physique.

Les moyens proposés dans les mémoires pour établir une récolte de salpêtre indépendante de la fouille se réduisent à quatre : des voûtes, des murailles, des fosses, des couches ou tas.

L'idée de former des voûtes avec des matières propres à produire du salpêtre, pour les lessiver ensuite au bout d'un certain temps, paraît remonter jusqu'à Glauber. L'auteur du n° 5 donne pour les construire la méthode suivante :

On prend 12 parties de terre à potier;
4 de chaux vive;
2 de sel marin.

On y ajoute de la fiente de pigeon et de volaille ou du crottin de brebis délayé; on pétrit le tout avec de la paille coupée très menue, et au lieu d'eau, on emploie de l'urine ou de la lessive de fumier.

On fait sécher ces briques, et on leur fait même éprouver un léger degré de cuisson, après quoi on en construit des voûtes selon l'art. Le mortier qu'on emploie pour les mastiquer se compose ainsi qu'il suit :

Argile, 8 parties;
Chaux, 8 parties;
Fiente de pigeon ou crottin de mouton, 2 parties.

On établit au-dessus de la voûte une terrasse formée également d'un mélange de terre et de matières propres à la production du salpêtre; enfin on recouvre le tout avec de la paille, laquelle sert par la suite à composer un nouveau mélange.

Ces briques, suivant l'auteur, se salpêtrent en peu de temps; les voûtes se dégradent, et, quand on s'aperçoit qu'elles sont prêtes à tomber en ruine, on les détruit, on concasse les briques et on les lessive.

Ces voûtes ont l'inconvénient d'occasionner une main-d'œuvre qui renchérit nécessairement le salpêtre, mais elles ont en même temps l'avantage d'économiser le terrain, attendu que le dessous de ces voûtes forme une espèce de hangar dans lequel on peut faire des établissements de murailles ou de couches.

On ne voit pas qu'aucun auteur ait parlé, avant M. Pietsch, de l'établissement d'une fabrique de salpêtre en murailles; il paraît cependant, d'après les ouvrages de Stahl et le cours de chimie de Junker, que cette méthode était très anciennement usitée en Saxe et en Brandebourg. Dans ces pays et dans plusieurs autres de l'Allemagne, on n'est pas dans l'usage de clore les héritages par le moyen de haies; on y supplée par de petits murs de terre franche, de glaise ou de toute autre terre, qu'on mêle avec de la paille hachée; en très peu de temps ces murs se salpêtrent, au point de pouvoir être lessivés avec avantage par les salpêtriers [1].

Le parti qu'on tire de ces murs en plusieurs endroits de l'Allemagne, pour la fabrication du salpêtre, a sans doute donné l'idée d'en construire d'artificiels et c'est un des objets de la dissertation de M. Pietsch. Ces murs se forment de terre et de paille hachée : on les humecte et on les pétrit avec de l'urine ou de la lessive de fumier, et, pour empêcher que l'eau de pluie, en lessivant ces murs, n'emporte le salpêtre, on les recouvre d'un petit toit de paille.

(1) Ce fait est contredit par le docteur Pietsch dans sa *Dissertation sur le nitre.*

Ce moyen de fabriquer du salpêtre a, comme les voûtes, l'inconvénient d'exiger une main-d'œuvre, d'occuper beaucoup de place, et d'ailleurs le petit toit de paille dont on recouvre les murailles ne suffit pas pour empêcher la pluie de frapper sur leurs parois dans les temps de vent, de sorte qu'une partie du salpêtre est entraînée aussitôt qu'elle est formée.

Les fosses ont un autre inconvénient : comme le salpêtre ne peut se former sans le contact et le renouvellement de l'air, la nitrification ne s'y fait qu'à quelques pouces de profondeur, et il est aisé de concevoir que ce moyen doit être par conséquent celui de tous qui exige le plus de terrain et qui, par conséquent, est le moins économique.

Il paraît, tout examen fait, en discutant les uns par les autres les mémoires présentés à l'Académie de Besançon et en les rapprochant des connaissances de chimie les plus certaines, que le moyen le plus économique et le plus avantageux de produire du salpêtre est de faire, sous de grands hangars, des amas de terre quelconque, pourvu qu'elle ne soit ni trop sableuse ni trop argileuse, d'y mélanger des matières animales disposées à la putréfaction, telles que des fumiers, du crottin de mouton, de la fiente de pigeon, des vidanges, etc., d'y introduire même des végétaux, en choisissant de préférence les espèces qui contiennent une plus grande quantité de nitre; de les arroser d'urine, de lessive de fumier, etc., enfin de remuer fréquemment ces terres à la pelle : premièrement, pour les entretenir toujours meubles; secondement, pour renouveler les surfaces, et pour exposer successivement toutes les parties de la masse à l'action de l'air.

Parmi les auteurs qui ont concouru, il en est plusieurs qui regardent comme suffisant d'élever de grands hangars, d'y amasser des terres quelconques qui ne soient pas trop compactes; ils se persuadent qu'elles se salpêtreront d'elles-mêmes sans addition et qu'au bout de trois ans on pourra les lessiver avec profit. Cette opinion non seulement n'est pas prouvée, mais elle est contraire même aux expériences de M. Mariotte, à celles de Lémery et à l'opinion du plus grand nombre des chimistes. Il est très probable que, s'il se forme du salpêtre dans une terre exposée à l'air, sans aucune addition, ce n'est qu'en raison des matières végétales qu'elle contenait, telles que des racines de plantes, etc., ou des matières animales qui y ont été accidentellement mêlées.

Tel est à peu près le résultat de ce que les mémoires qui ont concouru pour le prix de l'Académie de Besançon contiennent d'utile quant à la partie physique. On y trouve en général beaucoup d'assertions, mais peu de preuves : les auteurs affirment bien qu'on peut, par telle méthode, parvenir à produire du salpêtre; mais aucun ne dit précisément ni qu'il en a fait, ni combien il en a fait, et, à proprement parler, il n'y a pas dans tous ces mémoires une seule expérience.

A ce reproche on pourrait ajouter celui de ne contenir rien d'absolument neuf; presque tout ce qu'on y trouve de bon avait été publié auparavant par Stahl, par le docteur Pietsh, par M. Bertrand et par M. Grunner.

Quoique le mémoire de M. de Vannes, qui a été couronné, ne soit pas à l'abri de ces reproches, on ne peut s'empêcher d'y reconnaître beaucoup de connaissances d'histoire naturelle et de chimie : l'auteur paraît les avoir principalement puisées dans les cours de M. de Jussieu et de M. Rouelle. Ses observations sur les défauts de la manière d'opérer des salpêtriers de Paris et ceux de Franche-Comté sont conformes aux vrais principes, et les corrections qu'il propose sont presque toutes praticables et utiles. Les régisseurs des poudres et salpêtres, sans connaître les mémoires adressés à l'Académie de Besançon, avaient déjà senti la nécessité des mêmes réformes, et il y a plus de deux mois qu'ils ont commencé à établir chez les salpêtriers de Paris une suite d'expériences tendant à changer toute la forme de leur travail, à les débarrasser entièrement des eaux mères et à les convertir toutes en salpêtre par l'addition d'un alcali. Les avantages de cette nouvelle manière d'opérer leur ont déjà été démontrés par expériences, et il ne leur reste plus, pour en étendre la pratique, qu'à vaincre la résistance qu'apportent à ce nouveau travail les préjugés et peut-être l'intérêt même des salpêtriers.

Si le mémoire couronné est celui de tous qui annonce le plus de connaissances de physique et de chimie, s'il est le mieux fait et le plus savant, ce n'est pas le plus instructif quant au point principal, c'est-à-dire quant aux moyens de produire artificiellement du salpêtre. Le mémoire n° 5 traite de cet objet plus à fond, et quoiqu'il ne donne rien de précis sur le produit des fosses, des couches, etc., il n'est pas difficile de voir que ce mémoire est fait par quelqu'un qui a vu opérer et qui a opéré sans doute par lui-même. Il mérite d'autant plus d'attention qu'il est d'un habitant de Berne, membre de la Société économique, et qu'il paraît que le salpêtre ne se fabrique aujourd'hui dans cette ville que par les moyens indiqués par l'auteur.

Ce mémoire, au surplus, n'a point été perdu pour le public; il a été publié sans nom d'auteur dans le *Recueil de la Société économique de Berne*, pour l'année 1766.

Ce rapport, en faisant connaître à M. le Contrôleur général combien la nation était en retard sur les connaissances relatives à la fabrication du salpêtre, lui fit en même temps sentir la nécessité d'enrichir la France d'un grand nombre de dissertations qui n'étaient ni traduites, ni même connues des savants français. Il pria, en conséquence, les commissaires de l'Académie de s'occuper le plus tôt possible de faire traduire tout ce qu'ils pourraient rassembler d'intéressant sur cette matière dans les pays étrangers et d'en publier un recueil. Les personnes les plus distinguées par leur rang et par leurs connaissances voulurent bien les seconder. M. le duc de la Rochefoucault avait déjà reçu de Suède quelques éclaircissements sur la manière dont on fabriquait le salpêtre dans ce royaume; il avait découvert qu'il existait plusieurs instructions qui avaient été publiées par le Conseil de guerre et il écrivit pour se les procurer. D'un autre côté, M. Baër, secrétaire d'ambassade, voulut bien prendre la peine de les traduire; enfin les commissaires de l'Académie rassemblèrent tout ce que les auteurs anciens et modernes purent leur procurer des connaissances relatives à leur objet et, dès le mois de janvier 1776, ils se virent en état de commencer l'impression.

Les régisseurs des poudres ne voulurent point le céder pour le zèle aux commissaires de l'Académie et, pour rendre ce travail encore plus utile à la pratique, ils en formèrent une espèce de résumé en forme d'instruction. Telles sont les circonstances qui ont donné lieu à deux ouvrages : le premier, intitulé *Recueil de mémoires et d'observations sur la formation et sur la fabrication du salpêtre*, par MM. Macquer, d'Arcy, Lavoisier, Sage et Baumé, Paris, 1776, un volume in-8° de 622 pages, chez Panckouke, libraire, rue des Poitevins, hôtel de Thou; le second, *Instruction sur la fabrication du salpêtre*, de l'Imprimerie royale, Paris, 1777, in-4° de 85 pages avec figures, par les régisseurs des poudres.

L'objet du précis historique que publient aujourd'hui les commissaires de l'Académie étant de réunir dans un même volume et sous un même point de vue tout ce qui a été fait de plus important sur la formation et la fabrication du salpêtre, il entre dans leur plan de donner un extrait abrégé des deux ouvrages qu'ils viennent de citer [1].

[1] Ici se trouvent un extrait du Recueil de mémoires et d'observations sur la formation du salpêtre, publié en 1776 par les soins des commissaires de l'Académie, et un extrait de l'Instruction, publiée en 1777 par les régisseurs des poudres, et que nous avons donnée plus haut. Nous avons jugé inutile de reproduire ces extraits. (*Note de l'éditeur.*)

IMPRIMERIE NATIONALE.

Quoique les commissaires de l'Académie aient été occupés, pendant une partie de l'année 1776, de la publication du recueil dont on a donné plus haut l'analyse, ils ne se sont pas livrés avec moins d'activité à ce qui formait l'objet principal de leur commission. Dès le mois de décembre 1775, ils avaient adopté un plan d'expériences dont l'objet était de reconnaître si les terres simples et non mélangées de matières végétales et animales étaient susceptibles de se nitrifier, comme quelques auteurs l'avaient avancé; si certains sels favorisaient plus que d'autres la formation du nitre; si toutes les matières susceptibles de fermentation putride produisaient un effet égal et quelles étaient celles qu'on devait choisir de préférence; quelle était l'influence de chaque nature de terre; s'il pouvait se former du salpêtre dans de l'argile pure ou dans du sable, etc. D'après ces vues et beaucoup d'autres, il fut fait 225 mélanges et expériences qui ont été suivis avec beaucoup d'attention depuis l'hiver de 1776 jusqu'à celui de 1783, c'est-à-dire pendant sept années. Il suffit d'annoncer ici ces expériences, parce qu'on en rendra compte dans un volume à part, que les commissaires de l'Académie publieront aussitôt qu'ils le pourront.

Insensiblement le délai fixé pour l'envoi des pièces au concours approchait, et un nouveau genre de travail attendait les commissaires : l'examen des mémoires et la répétition des expériences qui devaient y être indiquées. Il est vrai que, sur ce dernier article, ils s'étaient procuré une avance bien considérable; en effet, comme ils avaient embrassé dans leurs expériences presque toutes les combinaisons qu'on pouvait tenter, il était impossible qu'ils n'eussent pas, pour ainsi dire, répété d'avance une partie d'expériences des concurrents, et c'est réellement ce qui est arrivé.

Quoique l'Académie soit dans l'usage de tenir secret tout ce qui est relatif au jugement des prix, qu'elle ne publie que les mémoires couronnés, qu'elle garde le silence sur les autres et qu'elle n'expose pas même les motifs de son jugement, elle a pensé qu'elle se trouvait, à l'égard des prix du salpêtre, dans une circonstance particulière et qui exigeait une exception. Le Gouvernement, en autorisant, tant pour le prix du salpêtre que pour les frais d'expériences, une dépense de près de 30,000 livres, s'est proposé un objet d'utilité publique, et c'est pour le remplir d'autant plus que le Ministre, dans la lettre du 15 août, a exigé, conformément aux intentions du Roi, qu'après la proclamation du prix, les mémoires lui fussent adressés pour qu'il en fît faire des extraits et qu'il pût faire jouir le public de tout ce qu'ils pourraient contenir d'utile. Cette lettre du Ministre ayant été imprimée à la tête du programme, les concurrents n'ont pu ignorer les conditions qu'elle contenait et, en envoyant leurs mémoires au concours, ils se sont dépouillés de leur propriété et se sont soumis à ce qu'il en fût fait tel usage qu'il plairait au Ministre d'ordonner.

D'après ces détails, les concurrents ne peuvent trouver mauvais que les commissaires de l'Académie fassent imprimer, soit par extrait, soit en entier, suivant qu'ils le jugeront utile, chacun des mémoires qui ont concouru. Ils vont, en conséquence, joindre à ce précis historique un extrait détaillé de chacun des mémoires admis au premier concours. Ils suivront la même marche à l'égard de ceux admis au second; ils joindront à la suite les mémoires qu'ils ont jugés dignes d'être imprimés en entier; ils termineront ce premier volume par quelques mémoires intéressants pour leur objet, qu'ils se sont procurés depuis l'impression du recueil publié en 1776. Enfin, dans un second volume, ils rendront compte de leurs propres expériences et des conséquences auxquelles ils auront été conduits.

Comme le plus grand nombre des concurrents n'ont pas jugé à propos de se faire connaître depuis la proclamation du prix, les commissaires s'expliqueront avec franchise et simplicité sur le mérite de chacun des mémoires admis au concours; ils n'ont eu dessein d'humilier personne, mais ils n'ont pu se dispenser d'être vrais et ils espèrent qu'on ne les soupçonnera pas de préventions vis-à-vis d'auteurs anonymes. Au reste, ils n'ont point la prétention d'être infaillibles; ils savent que leur jugement à eux-mêmes est soumis à celui du public. Ils ne trouveront donc pas mauvais que les auteurs qui se croient trop sévèrement jugés fassent leurs réclamations même par la voie de l'impression, et ils seront toujours très empressés de revenir sur les erreurs involontaires qu'ils pourraient avoir commises[1].

JUGEMENT

DE L'ACADÉMIE ROYALE DES SCIENCES

SUR LES TRENTE-HUIT MÉMOIRES ADMIS AU PREMIER CONCOURS.

Les commissaires nommés par l'Académie royale des sciences, conformément aux ordres du Roi, pour le jugement du prix relatif à la fabrication du salpêtre et pour les épreuves ordonnées par Sa Majesté, après avoir fait un examen approfondi des trente-huit mémoires admis au concours, ont reconnu que, quoique plusieurs de ces mémoires soient propres à répandre des lumières sur la théorie de la fabrication du salpêtre et puissent même, à quelques égards, donner lieu à des applications utiles dans la pratique, il n'en est aucun, cependant, qui contienne rien d'assez neuf, ni qui remplisse assez complètement les vues du programme pour avoir droit au prix. On ne peut douter que la brièveté du temps accordé aux concurrents, et l'obligation qui leur a été imposée de remettre leurs mémoires avant l'époque du 1er avril 1777, ne soit une des principales causes des imperfections qu'on y remarque : plusieurs des concurrents s'en sont expliqués, et les commissaires de l'Académie ont la certitude que nombre de personnes très instruites et capables d'inspirer de la confiance auraient concouru si le délai eût été moins court. Dans ces circonstances, l'Académie regarde comme indispensable : 1° de différer la proclamation du prix; 2° d'annoncer ce nouveau délai dès la rentrée publique de la Saint-Martin prochaine; enfin, elle est persuadée qu'il est impossible d'espérer un travail un peu complet sur la formation du salpêtre, si l'on ne se détermine à accorder au moins trois années aux concurrents, ce qui remettrait la proclamation du prix à la Saint-Martin de 1780 au plus tôt.

Cependant, avant de faire aucune annonce au public, l'Académie a désiré connaître les intentions du Ministre, et elle a arrêté de lui représenter que ce nouveau délai, en procurant aux concurrents les moyens de multiplier les expériences, donnera lieu à de nouvelles dépenses; qu'il serait, en conséquence, infiniment intéressant qu'en différant la proclamation du prix, on l'augmentât; qu'il fût porté

[1] Dans le volume de l'Académie se trouvent à cet endroit les analyses des trente-huit mémoires adressés pour le premier concours. Toutes les analyses sont également dues à Lavoisier. Nous avons pensé que cette partie de son travail ne présentait pas assez d'intérêt pour être réimprimée.

(*Note de l'éditeur.*)

à 10,000 ou 12,000 francs au lieu de 6,000 et qu'il y fût joint une somme de 4,000 livres à distribuer en accessits.

Le délai que l'Académie juge nécessaire apportera sans doute quelque retard à l'exécution des vues bienfaisantes du Roi et au désir qu'il a témoigné de soulager ses sujets de la gêne de la fouille, et des recherches qui se font chez les particuliers; mais la marche de l'Administration, en devenant plus lente, en sera plus assurée, et elle ne parviendra que plus certainement à son but.

Ce résultat ayant été unanimement arrêté, les commissaires furent chargés par délibération du 12 juin 1777 de faire auprès du Ministre toutes les démarches nécessaires pour obtenir que la somme destinée au prix fût doublée et que l'époque de la proclamation fût différée.

M. d'Ormesson, conseiller d'État et intendant des finances, avec lequel ils en conférèrent, voulut bien se charger de pressentir le Ministre et, peu de jours après, les commissaires furent convoqués chez M. le contrôleur général. Ils lui rendirent un compte sommaire des travaux des concurrents, de ceux dont ils s'étaient occupés eux-mêmes, de la nécessité d'un délai plus long, de celle d'une augmentation dans la somme destinée au prix. Ils trouvèrent le Ministre dans la disposition de proposer au roi tout ce qu'ils jugeraient de plus utile au bien de son service; il leur fut donné connaissance des intentions du roi quelques jours après et, pour s'y conformer, ils rédigèrent le programme qui suit. Il fut imprimé et publié à la rentrée de l'Académie, dans sa séance de la Saint-Martin de l'année 1777.

SECOND PROGRAMME

PUBLIÉ PAR L'ACADÉMIE ROYALE DES SCIENCES, POUR LA REMISE DE LA PROCLAMATION DU PRIX SUR LA FORMATION ET LA FABRICATION DU SALPÊTRE.

L'Académie, en annonçant pour la séance publique de Pâques 1778 la proclamation d'un prix extraordinaire sur le salpêtre, et en exigeant que les mémoires lui fussent adressés avant le 1er avril 1777, n'avait consulté que son empressement à répondre aux vues bienfaisantes du roi et au désir qu'il a de délivrer le plus tôt possible ses sujets de la gêne de la fouille que les salpêtriers sont autorisés à faire chez les particuliers, et des abus auxquels elle peut donner lieu.

L'examen des mémoires qui ont été adressés à l'Académie n'a pas tardé à lui faire apercevoir que le délai accordé aux concurrents était beaucoup trop court, relativement à l'importance de l'objet et à la nature des expériences qu'il exige. Il est arrivé de là que, dans le grand nombre des mémoires qui ont été admis au concours, quoiqu'il s'en soit trouvé plusieurs qui paraissent avoir été rédigés par de très habiles chimistes, il n'y en a aucun cependant qui contienne rien d'assez neuf, qui présente des expériences assez décisives et assez complètes, enfin, qui renferme des applications assez heureuses à la pratique, pour avoir des droits au prix.

Dans ces circonstances, l'Académie se voit forcée de différer la proclamation du prix, et elle croit devoir en reculer l'époque assez loin pour n'être plus dans le cas d'accorder de nouveaux délais.

Il aurait été à désirer sans doute qu'en faisant cette annonce au public, il lui eût été possible d'aider les concurrents des connaissances acquises depuis la publication de son programme en 1775; mais, comme la plus grande partie des notions qu'elle pourrait donner à cet égard ne pourraient qu'être puisées dans les mémoires même admis au concours, ou au moins qu'elles ne pourraient manquer d'avoir des relations très prochaines avec les expériences contenues dans ces mémoires, elle a respecté le droit de propriété des auteurs, et elle s'impose, en conséquence, le silence le plus absolu sur cet objet, jusqu'à la proclamation du prix.

L'Académie se borne donc à annoncer pour le présent que le prix qui devait être proclamé à la séance publique de Pâques 1778 sera différé jusqu'à celle de la Saint-Martin 1782, et elle propose de nouveau pour cette époque de «trouver les moyens les plus prompts et les plus économiques de procurer en France une production et une récolte de salpêtre plus abondantes que celles qu'on obtient présentement, et surtout qui puissent dispenser des recherches que les salpêtriers sont autorisés à faire dans les maisons des particuliers».

L'Académie prévient de nouveau qu'elle se propose, conformément aux intentions du roi, de répéter généralement toutes les expériences qui seront indiquées par les concurrents; elle exige donc de ceux qui lui enverront des mémoires de décrire leurs procédés avec assez de clarté et de précision pour qu'elle puisse les vérifier sans aucune incertitude; elle déclare aussi que le prix sera adjugé à celui qui aura indiqué le procédé le plus avantageux pour la promptitude, l'économie et l'abondance du produit, indépendamment de toute autre considération;

et que, quand même ce procédé ne résulterait que d'une application heureuse des observations et des pratiques déjà connues, il sera préféré aux plus belles découvertes dont on ne pourrait tirer la même utilité.

Le roi, sur les représentations qui lui ont été faites par l'Académie, a bien voulu doubler le prix : ainsi il sera de 8,000 livres au lieu de 4,000, et la somme à répartir en accessits sera de 4,000 livres au lieu de 2,000. Cette dernière somme sera distribuée en un ou plusieurs accessits, suivant le nombre des mémoires qui paraîtront avoir droit à des récompenses et suivant l'objet des dépenses utiles qui auront été faites par les concurrents relativement au prix.

Comme la vérification que l'Académie doit faire de toutes les expériences indiquées par les concurrents exigera nécessairement un temps assez considérable, les mémoires ne seront admis pour le concours que jusqu'au 1er janvier 1781 ; mais l'Académie recevra jusqu'au 1er avril 1782 les suppléments et éclaircissements que voudront envoyer les auteurs des mémoires qui lui seront parvenus dans le temps prescrit, avec cette condition, cependant, que toutes les expériences comprises dans ces suppléments seront regardées comme non avenues si elles sont de nature à ne pouvoir être répétées avant l'époque fixée pour la proclamation du prix, c'est-à-dire avant la séance publique de la Saint-Martin 1782.

Les savants et les artistes de toutes les nations et même les associés étrangers de l'Académie sont invités à concourir; les seuls académiciens régnicoles en sont exclus.

Les mémoires seront écrits lisiblement en français ou en latin.

Les auteurs ne mettront point leur nom à leurs ouvrages, mais seulement une sentence ou devise; ils pourront, s'ils le veulent, attacher à leur mémoire un billet séparé et cacheté par eux, qui contiendra, avec la même sentence ou devise, leurs noms, leurs qualités et leur adresse; ce billet ne sera ouvert, sans le consentement de l'auteur, qu'au cas que la pièce ait remporté le prix ou un des accessits.

Les ouvrages destinés pour le concours seront adressés à Paris au secrétaire perpétuel de l'Académie et si, c'est par la poste, avec une double enveloppe à l'adresse de M. Amelot, secrétaire d'État, ayant le département de l'Académie. Dans le cas où les auteurs préféreraient faire remettre directement leur ouvrage entre les mains du secrétaire perpétuel de l'Académie, il en donnera son récépissé où seront marqués la sentence de l'ouvrage et son numéro, selon l'ordre ou le temps dans lequel il aura été reçu.

S'il y a un récépissé du secrétaire, pour la pièce qui aura remporté le prix, le trésorier de l'Académie délivrera la somme du prix à celui qui lui rapportera ce récépissé sans aucune formalité.

S'il n'y a pas de récépissé du secrétaire, le trésorier ne délivrera le prix qu'à l'auteur même, qui se fera connaître, ou au porteur d'une procuration de sa part.

L'Académie, en terminant ce programme, croit devoir indiquer au public quelques observations nouvelles et peu connues sur l'existence du salpêtre naturel en France. M. Perronnet, ingénieur des ponts et chaussées, présenta en 1767, dans une de ses séances, deux échantillons d'une pierre calcaire poreuse provenant de la carrière d'Augne en Touraine; ces pierres, conservées dans un tiroir, s'étaient naturellement couvertes de salpêtre en efflorescence, et M. Cadet, qui en a fait l'examen par ordre de l'Académie, a reconnu qu'indépendamment de la petite portion de salpêtre à base d'alcali fixe végétal qu'elles contenaient, on y trouvait encore, par la lixiviation et par l'évaporation, du nitre à base de terre calcaire et du nitre à base de terre du sel de Sedlitz ou d'Epsom. Depuis cette époque, M. le duc de La Rochefoucauld a fait une autre découverte importante, plus décisive que celle de M. Perronnet, sur l'existence du salpêtre naturel, et qui a été annoncée depuis plus d'un an par M. Bucquet dans ses leçons de chimie publiques et particulières; il résulte des observations de M. le duc de La Rochefoucauld et de celles qui ont été faites d'après ses indications par MM. Clouet et Lavoisier, régisseurs des poudres et salpêtres :

1° Que les montagnes de craie des environs de la Roche-Guyon, Mousseau, etc., contiennent souvent une quantité notable de salpêtre, dans le voisinage des surfaces exposées à l'air;

2° Qu'il ne paraît pas en exister, du moins en quantité sensible, dans les parties de la montagne qui sont absolument intérieures et qui n'ont point de communication avec l'air;

3° Que ce salpêtre est à base calcaire dans tous les lieux éloignés des habitations, tandis qu'il est à base d'alcali végétal et se montre sous forme de petits cristaux à la surface de la craie, dans le voisinage des lieux habités.

MM. Clouet et Lavoisier ont constaté l'existence de semblables montagnes dans différentes parties de la France, notamment aux environs de Dreux en Normandie, à Saint-Avertin près Tours et dans plusieurs endroits d'un coteau fort étendu qui règne depuis Tours jusqu'à Saumur, etc. Une pierre tendre et poreuse, une exposition favorable, des rochers disposés en saillie qui forment un abri contre les injures de l'air, sont les circonstances les plus avantageuses à la formation de ce salpêtre, et il n'est pas rare, lorsqu'on réunit toutes ces circonstances, et surtout dans le voisinage des habitations creusées dans la craie ou dans le roc, de trouver des terres qui, traitées avec de l'alcali fixe en quantité suffisante, donnent jusqu'à 3 livres de salpêtre par quintal.

Ces nitrières naturelles ont échappé jusqu'à ce jour aux recherches des salpêtriers, par la raison que le salpêtre y est presque toujours à base terreuse, qu'il faut le traiter avec de l'alcali pour le transformer en vrai salpêtre, que les salpêtriers en ignorent la méthode, et qu'ils croient mieux trouver leur compte à traiter celui qui se forme dans les endroits habités, et qui y est naturellement, au moins pour une portion assez considérable, à base d'alcali fixe. On sent assez de quelle importance cet objet peut être pour les concurrents. En effet, il est probable, d'après les relations des voyageurs, que le salpêtre, qui vient en si grande abondance de l'Inde, se forme naturellement dans les terres; il serait donc possible que la France renfermât les mêmes richesses dans son sein.

M. le duc de la Rochefoucault a encore constaté que les craies des environs de la Roche-Guyon, à quelque point qu'elles aient été dépouillées par le lavage du salpêtre qu'elles contenaient, étaient susceptibles de se salpêtrer de nouveau d'elles-mêmes sans addition et par la simple exposition à l'air dans un lieu abrité.

L'Académie, en annonçant ces découvertes aux concurrents, invite M. le duc de la Rochefoucault, MM. Clouet et Lavoisier, à publier incessamment le travail qu'ils ont annoncé sur cet objet; elle renvoie pour le surplus à son programme de 1775 et aux différents ouvrages qui ont été publiés depuis sur cet objet[1].

JUGEMENT DE L'ACADÉMIE DES SCIENCES

SUR LES MÉMOIRES ADMIS

TANT AU PREMIER QU'AU SECOND CONCOURS.

Le Roi, désirant augmenter par tous les moyens possibles la récolte du salpêtre en France et délivrer ses sujets de la gêne de la fouille que les salpêtriers sont autorisés à faire chez les particuliers, avait chargé l'Académie des sciences, en 1775, de proposer un prix de 4,000 livres sur le sujet qui suit: «Trouver les moyens les plus prompts et les plus économiques de procurer, en France, une production et une récolte de salpêtre plus abondantes que celles que l'on obtient présentement et surtout qui puissent dispenser des recherches que les salpêtriers ont le droit de faire chez les particuliers.» Ce prix devait être proclamé à la séance publique de Pâques 1778.

Les mémoires adressés à ce premier concours, et qui étaient en grand nombre, ont fait connaître à l'Académie que le délai qui avait été accordé était trop court, relativement à l'importance du sujet et à la nature des expériences qu'il exigeait, et

[1] Le volume renferme après ce programme l'analyse des vingt-huit mémoires admis au second concours. (*Note de l'éditeur.*)

IMPRIMERIE NATIONALE.

que, d'un autre côté, l'objet du prix, quoiqu'assez considérable en lui-même, ne pouvait pas encore indemniser les concurrents des dépenses nécessaires pour remplir complétement les intentions du Gouvernement; l'Académie a été forcée, en conséquence, de différer la proclamation du prix et d'en fixer l'époque à la Saint-Martin 1782. En même temps, sur les représentations qu'elle a faites au Roi, Sa Majesté a bien voulu porter le prix à 8,000 livres et y joindre une somme de 4,000 livres pour être distribuée en un ou plusieurs accessits, suivant le nombre des mémoires qui pourraient avoir droit à des récompenses et suivant l'étendue des dépenses utiles qui paraîtraient avoir été faites par les concurrents, relativement au prix.

Ces nouvelles dispositions ont produit l'effet avantageux que l'Académie pouvait en attendre et elle a eu la satisfaction de voir que, dans les soixante-six mémoires qui ont formé tant le premier que le second concours, il y en avait un assez grand nombre qui méritaient son attention; mais celui de tous qui lui a paru le plus digne de ses suffrages est le mémoire n° X, second concours, qui a pour devise : «Après avoir lu et médité tout ce qui a été dit sur cet important sujet, ne pourrait-on pas s'écrier, avec *le vieillard* de Térence : *Incertior multo sum quam dudum?*» dont les auteurs sont M. Thouvenel, docteur en médecine, associé régnicole de la Société royale de médecine, et M. Thouvenel, commissaire des poudres à Nancy.

Ce mémoire contient une foule d'expériences, d'un genre délicat et difficile, entreprises d'après des vues nouvelles et la plupart très concluantes. MM. Thouvenel y donnent des moyens de former de l'acide nitreux, pour ainsi dire de toutes pièces, et en employant des matériaux absolument étrangers à cet acide; ces matériaux sont le gaz de la putréfaction et l'air atmosphérique. Peut-être laissent-ils quelque chose à désirer relativement à l'application de la théorie à la pratique; mais il n'en est pas moins constant que, d'après les expériences théoriques contenues dans leur mémoire, il sera facile de les ramener à des principes, pour ainsi dire à une routine aveugle. L'Académie a cru, en conséquence, devoir adjuger à ce mémoire le prix de 8,000 livres.

Après ce mémoire, le suffrage de l'Académie s'est trouvé partagé entre deux autres qui lui ont paru avoir les mêmes droits à une récompense honorable; elle a cru, en conséquence, devoir leur accorder, à titre de second prix, à chacun une somme de 1,200 livres.

Le premier de ces mémoires est celui n° XXVI, second concours, qui a pour devise : *On ne doit ni s'assurer aisément de voir ce que les plus grands hommes n'ont pas vu, ni en désespérer entièrement.* L'auteur est M. Lorgna, colonel des ingénieurs, au service de la République de Venise, et directeur de l'École militaire à Vérone, membre des académies des sciences de Saint-Pétersbourg, Berlin, Turin, Bologne, Padoue, Mantoue, Sienne, etc., et correspondant de l'Académie royale des sciences de Paris.

On trouve dans ce mémoire une suite d'expériences bien concluantes, d'après lesquelles l'auteur prouve que l'acide nitreux n'est point une modification de l'acide vitriolique, ni de l'acide marin, comme le pensaient Stahl, M. Pietsh et une partie des chimistes modernes; mais il n'est pas aussi heureux dans les expériences qu'il a faites pour découvrir les principes du nitre et le mystère de sa formation, en sorte qu'il réussit mieux à établir ce que n'est pas l'acide nitreux, que ce qu'il est en effet. Son mémoire contient d'ailleurs quelques expériences qui ne sont pas exactes : telle est la décomposition du sel marin à base d'alcali végétal, et non pas à l'égard de celui à base d'alcali minéral, comme l'annonce l'auteur.

Le second mémoire que l'Académie a jugé digne de partager le second prix a pour devise : *Nec species sua cuique manet, rerumque novatrix ex aliis alias reparat Natura figuras.*

La première partie de ce mémoire avait été admise, au premier concours sous le n° XXXIII; les auteurs sont : M. Chevrand, inspecteur des poudres et salpêtres dans les provinces de Franche-Comté et de Bresse, et M. Gavinet, commissaire des poudres et salpêtres à Besançon; la seconde a été admise, au second concours, sous le n° XVIII et sous la même devise, et avec le nom seul de M. Chevrand. L'auteur de cette dernière partie, qui a déterminé principalement le jugement de l'Académie, a parcouru, dans l'intervalle du premier au second concours, une grande partie de la France, pour y étudier les ressources relatives à la fabrication du salpêtre. Il discute les avantages et les inconvénients que présentent les différentes provinces du Royaume, considérées relativement à cet objet. Quoique son mémoire ne contienne pas de découverte proprement dite, il est plein de réflexions justes, d'observations ingénieuses et de détails intéressants; il complète, en quelque façon, ce qui manque aux deux précédents, et il ne peut être que très utile pour guider les entrepreneurs de nitrières dans la pratique de leur art.

Enfin l'Académie a cru devoir, soit à titre d'accessit, soit à titre de dédommagement des dépenses qui ont été faites, accorder une somme de 800 livres au mémoire n° XXVII, premier concours, ayant pour devise : *Credidimus spiritus acidos nitri nusquam in rerum naturâ extitisse ante inventum modum nitri parandi* : Boërhaave, et dont l'auteur est M. J.-B. Beunie, médecin à Anvers, de l'Académie impériale des arts et belles-lettres de Bruxelles, et une pareille somme de 800 livres au mémoire n° XXIX, premier concours, ayant pour devise : *Sic materiis Arte dispo-*

sitis, Naturâ duce, abundanter generabitur nitrum, dont l'auteur est M. le comte Thomassin de Saint-Omer. Il est aisé de voir que ces deux mémoires sont l'ouvrage de chimistes instruits : ils contiennent des expériences bien faites et qui ne peuvent que contribuer à avancer et à perfectionner l'art de fabriquer le salpêtre.

Indépendamment de ces cinq mémoires qui présentent un grand ensemble de faits et qui, réunis, remplissent assez complètement les vues du programme, l'Académie croit devoir faire une mention honorable de celui n° XXII, second concours, ayant pour devise : *In pace robur, et in bello ros cœli et pinguedo terræ.*

L'auteur (M. Forestier de Vereux, ancien capitaine de canonniers au corps royal d'artillerie, chevalier de Saint-Louis, à Gray en Franche-Comté) y donne une suite d'expériences très nombreuses sur le salpêtre qui se trouve, suivant lui, dans les terres végétales des champs; mais les commissaires de l'Académie, qui ont répété ces expériences avec beaucoup de soin sur un grand nombre de terres des environs de Paris, ramassées à la suite d'une grande sécheresse vers la fin de l'été 1781, n'ont trouvé que des particules presque imperceptibles de salpêtre et qui ne répondent pas à ce que l'auteur avance. Peut-être a-t-il employé, pour lessiver ses terres, de l'eau qui contenait déjà du salpêtre. Quoiqu'il en soit, l'Académie n'a pas jugé que les nitrières, découvertes et en plein air, que l'auteur propose de substituer aux hangars, pussent remplir son objet.

Les autres Mémoires qui méritent une mention honorable sont :

Celui n° XXI, second concours, ayant pour devise : *Utile au Gouvernement, funeste à l'humanité*, dont l'auteur est M. Rome, professeur royal de mathématiques à Rochefort, correspondant de l'Académie ;

Celui n° XXII, premier concours, ayant pour devise : *Sigillum veri simplex ;*

Celui n° XXIV, second concours, ayant pour devise : *Observatio et experientia docent ;*

Celui n° XXVIII, second concours, ayant pour devise : *Tandis que tous s'empressent de concourir aux projets d'un Roi bienfaisant, je veux aussi rouler mon tonneau ;*

Celui n° XXVIII, premier concours, ayant pour devise : *Non fingendum aut excogitandum, sed inveniendum quid Natura faciat aut ferat :* Bacon.

Il n'est aucun de ces mémoires qui ne contienne quelques faits nouveaux, de bonnes observations et des détails utiles. L'Académie invite, en conséquence, leurs auteurs à se faire connaître, afin qu'ils obtiennent du public la reconnaissance due à leur zèle et à leurs travaux.

L'Académie se propose, conformément aux intentions de Sa Majesté, de publier, le plus tôt qu'elle le pourra, la collection de ces mémoires, en observant cependant de retrancher ce qui pourrait se trouver de commun entre eux, et de ne donner que par extrait ceux qui contiendraient des détails trop étendus et des faits déjà connus. Elle y joindra la suite d'expériences dont elle s'occupe depuis plus de six ans, et elle s'attachera surtout à suppléer à ce qui est échappé aux concurrents, comme l'analyse du gaz putrique qui peut encore jeter de grandes lumières sur la nature et la formation de l'acide nitreux; enfin, elle terminera ce recueil par des vues générales sur la formation du salpêtre et sur la conduite des nitrières.

MÉMOIRE
SUR LA FABRICATION ARTIFICIELLE
DU SALPÊTRE[1].

On a toujours été persuadé que les méthodes de fabriquer artificiellement du salpêtre venaient d'Allemagne; cependant l'observation suivante prouve qu'il y avait des nitrières établies en France près d'un siècle avant qu'il ait été fait mention de celles d'Allemagne.

Il y a près de l'abbaye de Longpont, à deux lieues de Villers-Cotterets, à l'extrémité de la forêt du même nom, une carrière anciennement abandonnée; il paraît que c'est de là qu'ont été tirées les pierres de taille dont est bâtie une grande partie de l'abbaye. Cette carrière est ouverte dans le flanc d'un coteau; elle est peu profonde, mais les ouvertures en sont larges, de manière que l'air y circule avec assez de facilité.

Il y a environ cent quarante ans qu'il s'est établi un salpêtrier dans cette carrière et, depuis cette époque, ce sont toujours les mêmes terres qu'on y lessive et dans lesquelles le salpêtre se renouvelle dans une révolution de trois années. Aujourd'hui l'atelier se trouve, par des partages de famille, divisé en deux, et il est occupé par deux salpêtriers; ils travaillent absolument l'un comme l'autre; ainsi décrire les opérations de l'un, c'est décrire celles de tous les deux.

[1] Ce mémoire, publié sans nom d'auteur dans le volume de l'Académie consacré au prix du salpêtre, est de Lavoisier. Le manuscrit autographe existe dans les archives de l'Académie des sciences.

(*Note de l'éditeur.*)

Chaque salpêtrier n'a que six cuveaux qui ne contiennent chacun que deux pieds cubes et demi de terre salpêtrée; ainsi ils ne lessivent à la fois que quinze pieds cubes de terre : ils passent d'abord sur les terres neuves les petites eaux qui sont restées du lessivage précédent, et ils obtiennent ainsi des eaux de cuite à 8 degrés du pèse-liqueur. Ils relavent ensuite ces mêmes terres avec de l'eau pure, ce qui leur donne de petites eaux, lesquelles sont destinées à repasser à leur tour sur des terres neuves pour former de la cuite.

Ils ne mêlent point de cendres avec leurs terres, mais ils ont deux cuveaux qu'ils chargent particulièrement de cendre, et ils y passent leurs eaux de cuite avant de les mettre en évaporation dans la chaudière. Quand ils manquent de cendre, ils y suppléent par la potasse conformément aux instructions qui leur ont été données par les régisseurs des poudres; ils la mettent dans la chaudière lorsque la cuite est rapprochée environ à moitié. Chaque cuite n'est que de quatorze seaux, et ils en tirent dix livres seulement de salpêtre, ce qui revient à dix ou onze onces par pied cube.

Lorsque les terres ont été lessivées, on vide les cuveaux, on laisse égoutter les terres sur d'autres terres destinées à être elles-mêmes lessivées, afin de ne rien perdre; puis on les met en couches pour y régénérer le salpêtre.

On met d'abord sur le sol où doit être élevée la couche six à huit pouces de terre lessivée bien meuble; on met par-dessus un lit de fumier de quatre pouces d'épaisseur : c'est principalement le fumier de vache qu'on emploie; celui d'âne ou de mulet est beaucoup moins bon et donne plus de sel. On recouvre ce fumier d'un lit de terre jusqu'à ce qu'on cesse de voir le fumier, et ce lit peut être évalué à trois ou quatre pouces d'épaisseur. On remet par-dessus alternativement un lit de fumier et un de terre, jusqu'à ce que les couches aient trois à quatre pieds de haut : alors on finit par un lit de terre de six à huit pouces. Plus les couches sont basses, mieux elles réussissent; mais on est obligé, faute de terrain, de les élever souvent jusqu'à quatre pieds. On laisse les choses dans cet état au moins pendant huit mois : la couche s'échauffe dans cet intervalle, elle s'affaisse; alors on la retourne, on mêle bien les matières et on les change de place. Au bout de huit autres mois, on les remue de nouveau et on les change encore de place; enfin, huit mois après, c'est-à-dire au bout de deux ans révolus, elles sont bonnes à être lessivées. Cependant, comme on n'est point toujours exact à faire le remuement et les mélanges à l'époque des huit mois, pour plus de sûreté on ne lessive que tous les trois ans.

Jamais les couches ne sont arrosées et l'humidité des carrières les entretient dans un état de fraîcheur suffisant. Quand elles paraissent trop sèches, on y ajoute du fumier, pourvu que ce ne soit pas à l'approche du temps où l'on doit faire le lessivage; car alors, quand même elles seraient trop sèches, on n'y ajoute absolument rien. Ce sont, comme on l'a déjà dit, toujours les mêmes terres que l'on lessive ainsi; quand il s'en accumule trop, on en jette dehors et elles sont perdues.

Quelquefois aussi on mêle avec les anciennes terres quelques portions de terre de fouille, et c'est ce qui arrive lorsqu'on a négligé de remuer à temps les couches, qu'elles ne sont point encore consommées et qu'on ne les juge point assez sèches; alors, pour ne pas laisser chômer l'atelier, les salpêtriers se procurent des terres salpêtrées des environs, mais elles sont rarement la dixième partie du travail de l'année.

Le bois ne coûte aux salpêtriers que la peine de le ramasser; ils se servent de bois mort qu'ils trouvent dans la forêt de Villers-Cotterets, aux environs de la carrière où est établi leur atelier; aussi ne s'attachent-ils pas à l'économiser. Pour obtenir une médiocre quantité de 10 livres de salpêtre par jour, ils entretiennent un feu presque continuel sous leur chaudière, au moins pendant le jour, car ils ont coutume de discontinuer pendant la nuit; mais, d'un autre côté, cette manière de travailler leur procure une grande abondance de cendre qui leur épargne de la potasse. Leur fourneau est aussi très mal construit, il consomme beaucoup trop de bois; mais ils s'embarrassent peu de le mieux construire, par les motifs qu'on vient d'alléguer. La chaudière n'est, à proprement parler, que posée sur quelques pierres; il n'y a pas même de cheminée pour le dégorgement de la fumée, et elle se répand librement dans la carrière. Il arrive de là qu'elle est enfumée et noire, et qu'elle est recouverte, surtout dans le haut, d'une couche épaisse de suie.

Rien ne serait plus aisé que d'augmenter chaque année le travail de cet atelier en augmentant le fonds actuel de terre avec de la terre de fouille; mais il faudrait un emplacement plus grand : il faudrait construire des hangars, et le local ne s'y prête pas. D'ailleurs, les salpêtriers, qui ne payent à eux deux aux religieux de Longpont qu'une redevance annuelle de 6 livres, voient avec effroi la nécessité où ils seraient de faire une avance de 1,200 ou 1,500 livres; ils ne sont pas persuadés que des hangars soient aussi favorables que des carrières à la régénération du salpêtre. Enfin ils ont peu d'ambition et se bornent à un travail qui les fait vivre eux et leur famille.

On trouverait au surplus, dans beaucoup d'autres endroits, les mêmes ressources qu'à Longpont, si ce n'est l'avantage d'avoir le bois gratis et une grande abondance de cendres qui ne coûtent rien. A cela près, il n'est pas de carrière abandonnée qui, avec du fumier, ne puisse être transformée en peu d'années en un atelier de salpêtrier.

On ne peut finir sans remarquer que cette méthode, employée depuis si longtemps en France et qui n'a été connue en Allemagne que vers la fin du siècle dernier, semblerait indiquer que l'art et les principes des nitrières artificielles y ont été portés, comme tant d'autres branches d'industrie, par des Français réfugiés en 1685.

IMPRIMERIE NATIONALE.

MÉMOIRE
SUR
DES TERRES NATURELLEMENT SALPÊTRÉES
EXISTANTES EN FRANCE.

LU À L'ACADÉMIE LE 5 JUILLET 1777 PAR MM. CLOUET ET LAVOISIER, RÉGISSEURS DES POUDRES ET SALPÊTRES.

Ce n'est point à nous qu'appartient originairement la découverte que nous annonçons aujourd'hui; la reconnaissance et l'esprit de la vérité qui nous animent nous obligent d'en faire hommage à M. le duc de la Rochefoucault, et nous commencerons en conséquence par un récit exact et fidèle des circonstances qui ont donné lieu à la publication de ce mémoire.

Le château et le village de la Roche-Guyon sont bâtis sur la rive droite de la Seine, au pied d'un coteau escarpé composé de craie dans toute sa hauteur. Cette craie est souvent découverte et coupée à pic, et on l'a creusée en plusieurs endroits pour y pratiquer des caves, des écuries, des habitations.

La même disposition de terrain se retrouve à quelque distance avant et après le village de la Roche-Guyon, de sorte que depuis Vétheuil jusqu'à Berrecourt, c'est-à-dire dans l'espace de deux lieues, tout le coteau n'offre que des rochers de craie découverts, rongés par les injures de l'air et dégradés par le temps.

L'inspection du local ne permet pas de douter que la rivière de Seine n'ait autrefois miné le pied de ce coteau, qu'elle n'y ait causé des éboulements considérables et qu'elle n'y ait formé des espèces de falaises semblables à celles qui existent sur les bords de la mer. L'action des eaux pluviales, celle des ravines formées par l'écoulement des eaux de la plaine ont ensuite dégradé ces falaises; elle les a comme dentelées, et les portions détachées du haut et éboulées ont formé dans le bas des atterrissements considérables. On peut donc distinguer à la Roche-Guyon et dans les environs deux sortes de bancs composés également de craie, mais qui ont été formés à des époques très différentes : les uns qui ne sont autre chose que les falaises mêmes, les autres qui se sont formés de leurs débris.

C'est dans le pied même de ces falaises que sont creusées une partie des habitations de Vétheuil, Anthile, la Roche-Guyon et Clachalosse, et, ce qui est remarquable, c'est que les cuisines, les buchers, les buanderies, les communs du château de la Roche-Guyon, enfin l'église même d'Anthile, sont également creusés dans cette craie.

M. le duc de la Rochefoucault et M. Desmarest, membres de l'Académie des sciences, qui ont fréquemmment visité ces cantons, ont remarqué que les craies dans les environs des lieux habités étaient toutes couvertes d'efflorescences de salpêtre. Les salpêtriers établis à la Roche-Guyon étaient depuis longtemps dans l'usage d'enlever ces efflorescences avec une espèce de hachette; ils les lessivaient ensuite à la manière ordinaire et en tiraient du salpêtre qu'ils livraient aux magasins de la régie des poudres.

Ces premières observations de M. le duc de la Rochefoucault l'ont conduit à soupçonner que les craies qui composent ces montagnes pouvaient bien être naturellement salpêtrées, et, en effet, en ayant lessivé des portions prises à quelque distance de la surface et les ayant traitées avec de la cendre, il en a obtenu du vrai salpêtre à base d'alcali fixe végétal.

Un autre fait très important que M. le duc de la Rochefoucault a constaté, c'est que la craie de ces même coteaux, bien lessivée, bien épuisée de toutes les parties salines qu'elle contenait, exposée ensuite à l'air en forme de murs, couverte seulement d'un léger toit de paille, se salpêtrait à la longue et se chargeait même de différents autres sels.

M. Bucquet, compagnon zélé des travaux de M. le duc de la Rochefoucault, a annoncé ces découvertes, il y a plus d'un an, dans ses leçons publiques et particulières. M. Desmarest en a parlé lui-même à plusieurs de ses confrères, de sorte que les expériences et les observations de M. le duc de la Rochefoucault ont acquis peu à peu une espèce de publicité.

Obligés par état de veiller à tout ce qui peut contribuer à l'augmentation de la récolte du salpêtre dans le royaume, nous avons cru qu'il était de notre devoir de prendre les précautions les plus promptes pour tirer parti d'observations aussi importantes, et nous avons pensé qu'elles pouvaient être le germe de plusieurs découvertes de même genre.

M. Clouet s'est en conséquence transporté dès le mois d'octobre 1776 à la Roche-Guyon; mais la saison, qui était avancée, ne lui ayant pas permis de compléter ses recherches, nous y sommes retournés dans le mois de mai de cette année (1777), et c'est du résultat de nos expériences et de nos observations que nous allons entretenir l'Académie. Nous diviserons ce mémoire en deux parties; nous rendrons compte, dans la première, des détails de nos expériences; nous les rapprocherons et nous les combinerons dans la seconde pour en tirer des conséquences.

Ceux qui ne prennent aucun intérêt aux détails chimiques, et qui sont plus curieux d'arriver à des résultats que de suivre la route qui nous y a conduits, pourront passer toute la première partie de cet ouvrage et consulter seulement le tableau qui se trouve à la fin et qui en présente le résultat.

PREMIÈRE PARTIE.

DÉTAIL DES EXPÉRIENCES.

La manière dont nous avons opéré ayant été la même pour tous les échantillons, nous allons commencer par en donner le détail; il ne nous restera plus ensuite qu'à avertir à mesure des légères différences que les circonstances ont exigées dans la manipulation.

Les échantillons sur lesquels nous avons opéré ont été détachés des carrières ou habitations avec un pic; nous les recevions sur une grande toile étendue au-dessous de l'endroit où l'on travaillait, nous les mettions ensuite dans des sacs de toile très propres qu'on liait et qu'on étiquetait sur-le-champ; en même temps, l'un de nous écrivait sur un registre toutes les circonstances locales qui pouvaient être intéressantes. Lorsque les échantillons n'étaient que de quelques onces, on les mettait dans un cornet de papier gris.

Nous avons opéré, autant qu'il a été possible, sur 12 livres 1/2 de terre, c'est-à-dire sur un huitième de quintal; mais, lorsque les échantillons des matières que nous avons recueillies se sont trouvés peu considérables, nous avons été obligés de diminuer les doses, et nous nous sommes quelquefois trouvés réduits à opérer sur quelques onces ou sur quelques gros; c'est ce qui nous est arrivé relativement à la substance que les ouvriers nomment la *mort du salpêtre*, à celle à laquelle ils donnent le nom de *salpêtre de pigeons*, et à quelques autres dont il est souvent difficile de recueillir une grande quantité.

Quelques-unes des terres n'ont été que grossièrement concassées; d'autres, et c'est le plus grand nombre, ont été réduites en poussière très fine. On les a mises dans des terrines séparées et on a versé par-dessus une quantité connue d'eau bouillante; après quelques heures de dépôt, on a jeté la liqueur et la terre sur un filtre de toile supporté par un carré de bois et recouvert avec une grande feuille de papier gris; enfin on a pesé la liqueur obtenue par la filtration et on a déterminé le degré par le moyen du pèse-liqueur décrit dans l'article 11 de l'*Instruction sur l'établissement des nitrières*, publiée cette année (1777) par ordre du Roi; enfin on a fait évaporer.

On conçoit que, dans toutes ces opérations, on n'a point retiré par la filtration la totalité de l'eau qu'on avait employée pour lessiver; une partie de cette eau est restée dans les terres et, pour l'obtenir, il aurait fallu relaver un grand nombre de fois la terre, jusqu'à ce qu'elle eût été entièrement épuisée de toute matière saline. Cette méthode, qui peut-être aurait été la plus exacte, serait devenue très embarrassante dans une suite d'expériences aussi nombreuses que celles dont nous allons rendre compte; elle aurait exigé d'ailleurs un temps considérable pour relaver les terres, un plus considérable encore pour évaporer cette grande quantité d'eau et, d'ailleurs, il n'est pas démontré que les sels, par une ébullition trop longtemps continuée et par les collisions nombreuses qui en sont la suite, n'éprouvent pas des altérations, des décompositions et peut-être une évaporation totale ou au moins partielle. Nous avons donc préféré de laisser dans les terres la portion d'eau salpêtrée qui ne se séparait pas par la filtration et par l'égout; mais il nous a paru qu'on pouvait l'évaluer par calcul et connaître avec une grande exactitude la quantité de matières salines qu'elle contenait. En effet, lorsqu'on délaye de la craie dans l'eau bouillante, on ne saurait douter que, lorsque les matières ont été suffisamment agitées et mêlées, toutes les portions de l'eau ne soient également chargées des sels contenus dans la craie. Lors donc qu'on a séparé la majeure partie de l'eau par filtration, on a le droit de conclure que ce qu'il en reste dans la terre contient une proportion de substances salines égale à celle contenue dans la liqueur filtrée. Ainsi, par exemple, si l'on a employé 12 livres d'eau et qu'il n'en soit venu que 8 livres par filtration, on peut conclure qu'il reste dans la terre un tiers des substances salines, comme il reste un tiers de l'eau, et, en ajoutant un tiers à tous les produits obtenus, on doit avoir la quantité de sels réellement contenus dans la terre. S'il était possible de se tromper par cette méthode, ce serait plutôt en moins qu'en plus. Quant à l'évaporation, nous l'avons commencée dans des vaisseaux de cuivre au degré de l'ébullition, et quand nous soupçonnions que la liqueur approchait du degré de cristallisation, l'évaporation se continuait dans des capsules de terre et l'on transvasait fréquemment d'une capsule dans une autre, pour séparer les sels de nature différente qui cristallientisa successivement. Il est inutile de dire que ces expériences exigent un grand ordre, surtout lorsqu'on en fait marcher un grand nombre à la fois, qu'il faut étiqueter chaque capsule avec beaucoup de soin et distinguer non seulement le numéro de l'expérience, mais encore les différentes cristallisations de la même expérience.

Lorsque les sels obtenus par cristallisation étaient imprégnés d'eau mère, nous les lavions avec de l'esprit-de-vin rectifié; l'esprit-de-vin dissolvait l'eau mère ou les sels à base terreuse et laissait les sels à base alcaline blancs et purs. Cet esprit-de-vin était ensuite remêlé avec la liqueur décantée et il était enlevé par une évaporation subséquente.

Lorsque nous avions ainsi séparé les sels cristallisables et qu'il ne restait plus que l'eau mère, nous étendions cette dernière dans quatre à cinq fois son poids d'eau distillée et nous opérions la précipitation de la terre par l'addition d'une liqueur alcaline très pure, composée de cinq parties d'eau distillée et de quatre parties d'alcali; nous pesions exactement, avant et après la précipitation, le flacon qui contenait cette liqueur alcaline et, après avoir constaté la quantité de liqueur employée, nous déterminions par calcul la quantité d'alcali concret qu'elle contenait; enfin nous séparions la terre par le filtre, et la liqueur obtenue était mise de nouveau à évaporer, pour obtenir successivement les différents sels qu'elle contenait.

Après avoir déterminé, comme on vient de l'exposer, la quantité et la qualité des sels contenus dans l'eau mise à évaporer, il nous restait encore deux opérations à faire: la première, d'y ajouter la portion de ces mêmes sels contenue dans l'eau restée dans la terre; la seconde, de transformer toutes ces quantités en celles que nous aurions obtenues si nous eussions toujours opéré sur une quantité égale de terre, par exemple sur un quintal, afin de pouvoir établir des comparaisons d'une terre à l'autre; ces calculs se réduisent aux deux proportions qui suivent et qu'il faut répéter pour chaque espèce de sel.

PREMIÈRE PROPORTION, DONT L'OBJET EST DE DÉTERMINER LA QUANTITÉ RÉELLE DE CHAQUE ESPÈCE DE SEL CONTENU DANS LA TERRE MISE EN EXPÉRIENCE.

La quantité d'eau mise à évaporer est à la quantité de chaque espèce des sels obtenue, comme la quantité d'eau employée pour lessiver est au quatrième terme que l'on cherche, c'est-à-dire à la quantité réelle de chaque espèce de sel contenue dans la terre lessivée.

Ce qui se réduit à multiplier successivement les quantités de chaque espèce de sels obtenues par évaporation par la quantité d'eau employée pour lessiver et à les diviser par la quantité d'eau mise à évaporer.

SECONDE PROPORTION, DONT L'OBJET EST DE TRANSFORMER TOUS LES RÉSULTATS OBTENUS EN CEUX QU'ON AURAIT EUS EN OPÉRANT SUR UN QUINTAL DE TERRE.

La quantité de terre lessivée est à la quantité de chaque espèce de sels contenue dans la terre, d'après les résultats de la proportion précédente, comme 100 livres est au quatrième terme cherché.

Les exemples multipliés qui vont suivre faciliteront l'intelligence de tous ces calculs.

On dira peut-être qu'il aurait été préférable de faire ces expériences beaucoup plus en grand, et cette observation sans doute est fondée jusqu'à un certain point; mais nous prions de considérer en même temps que, si les expériences très en grand ont leurs avantages, elles entraînent aussi de grandes difficultés qui les compensent. Il n'est, par exemple, aucune des opérations dont nous rendrons compte que nous n'ayons faites par nous-mêmes. Nous avons ramassé les terres dans les coupes et carrières, nous les avons fait transporter sous nos yeux, enfin nous avons procédé nous-mêmes aux lixiviations et évaporations; nous n'aurions pu opérer sur de très grandes quantités sans employer un plus grand nombre d'agents, sans nous en rapporter à eux sur beaucoup d'objets, et nous n'aurions pu nous rendre garants de tous les résultats comme nous pouvons le faire d'après la méthode que nous avons adoptée.

D'ailleurs, quand, par les circonstances où l'on se trouve, on n'a qu'un temps limité à donner à un objet, l'art consiste à choisir les moyens de faire le plus de choses possibles en un temps donné et la manière la plus utile relativement à l'objet qu'on a en vue.

Notre premier projet, pour éviter de multiplier les détails, avait été de présenter en forme de tableaux le résultat de nos expériences; mais indépendamment de ce que ces tableaux auraient été nécessairement très compliqués, il aurait été impossible d'y faire entrer une infinité d'observations et de réflexions qu'il nous a paru essentiel de ne pas supprimer. En conséquence, nous nous sommes déterminés à donner le résultat de nos expériences telles que nous les avons obtenues, c'est-à-dire numéro par numéro. Cette marche aura d'ailleurs un avantage, c'est que tous ceux qui voudront travailler sur cette même matière pourront ou prendre pour modèle notre manière d'opérer ou changer, s'ils le jugent à propos, tout ce qui pourra leur paraître susceptible de perfection.

EXPÉRIENCES SUR LA CRAIE N° 1.

Cette craie a été prise au-dessus de la Roche-Guyon, en sortant par le chemin qui conduit à Gagny, dans une coupe pratiquée le long du chemin dans les bancs de craie, pour la facilité des voitures; cet endroit est fort élevé au-dessus de toute habitation. La coupe ou tranchée où a été prise la craie dont il est ici question présentait dans le haut une petite couche de terre végétale; c'est à 10 pieds environ au-dessous de cette couche de terre qu'on a fouillé; on a commencé par abattre avec un pic environ quatre pouces de la craie qui se présentait à la surface, et ce n'est qu'au-dessous de ces quatre pouces qu'a été pris l'échantillon dont il va être question dans cet article. On entrera dans des détails de manipulation un peu plus étendus pour ce premier numéro et pour quelques-uns des suivants, afin de lever les difficultés que pourraient rencontrer ceux qui voudraient s'occuper de recherches de ce genre.

On a mis 12 livres 8 onces, ou le huitième d'un quintal de la craie n° 1, dans une terrine vernissée; on a versé par-dessus 7 livres 12 onces d'eau bouillante, on a agité avec une spatule pendant assez longtemps, puis ayant filtré, comme il a été exposé plus haut, on a retiré 3 livres de liqueur qui donnait 1 degré au pèse-liqueur.

On a ensuite procédé à une évaporation lente et l'on a obtenu d'abord un peu de sélénite; après quoi il ne s'est plus montré aucun sel cristallisable, et il n'est resté qu'une petite quantité d'eau mère épaisse, mais blanche et limpide; on a étendu cette dernière de quatre à cinq parties d'eau; puis ayant précipité par une liqueur alcaline, la quantité nécessaire pour arriver au point de saturation s'est trouvée de 1 gros 18 grains d'alcali concret.

La liqueur ayant été filtrée, il est resté sur le papier gris une terre calcaire d'un blanc un peu sale, qui, séchée, pesait 66 grains.

On a ensuite procédé de nouveau à l'évaporation de la liqueur filtrée et on a obtenu :

Par une première cristallisation, 2 gros 24 grains de salpêtre qui, purifié, s'est trouvé contenir un quart de sel marin à base d'alcali végétal;

Et par une seconde et dernière cristallisation, 24 grains d'un mélange de 20 grains de sel marin à base d'alcali végétal et 4 grains de salpêtre à base d'alcali fixe.

RÉCAPITULATION

DES PRODUITS OBTENUS APRÈS LA DÉCOMPOSITION DE L'EAU MÈRE.

	livres.	onces.	gros.	grains.
Salpêtre à base d'alcali végétal	0	0	1	58
Sel marin à base d'alcali végétal	0	0	0	62

Cette quantité de matières salines était bien celle obtenue des 3 livres de liqueur mises à évaporer; mais ce n'était pas la véritable quantité des sels contenus dans les 12 livres 8 onces de terres mises en expérience. En effet, il est évident qu'il était resté dans la terre 4 livres 12 onces d'eau, c'est-à-dire plus de la moitié de celle qui avait été employée pour lessiver; mais comme, d'après la manière dont nous avions opéré, l'eau restée dans la terre devait être, comme nous l'avons déjà exposé plus haut, proportionnellement aussi chargée de matières salines que celle obtenue par filtration, il était possible de déterminer la quantité inconnue par la quantité connue, et il est évident, d'après les principes établis ci-dessus, que l'opération se réduisait à multiplier les quantités de sels obtenus par 7 livres 12 onces et à les diviser par 3 livres. Ce calcul nous a donné les résultats qui suivent :

QUANTITÉ DES MATIÈRES SALINES CONTENUES DANS 12 LIVRES 8 ONCES DE LA CRAIE MISE EN EXPÉRIENCE.

Sans addition d'alcali.

Une petite portion d'eau mère.

Avec addition de 4 gros 22 grains d'alcali fixe végétal.

	livres.	onces.	gros.	grains.
Salpêtre à base d'alcali végétal	0	0	4	48
Sel marin à base d'alcali végétal	0	0	2	16

MÊMES PRODUITS POUR UN QUINTAL DE LA MÊME CRAIE.

Sans addition d'alcali.

Une petite portion d'eau mère.

Avec addition de 4 onces 2 gros 32 grains d'alcali fixe végétal.

Salpêtre à base d'alcali végétal	0	4	5	22 $\frac{1}{4}$
Sel marin à base d'alcali végétal	0	2	1	57

En supposant qu'on voulût traiter un quintal de cette terre, il en coûterait, pour le prix de 4 onces 2 gros 32 grains de potasse à 8 sous la livre, 2 sous 2 deniers; on retirerait pour le prix du salpêtre à 10 sous la livre, 2 sous 11 deniers; ainsi il ne resterait que 9 deniers par quintal de terre pour la main-d'œuvre, pour le lessivage et pour les frais d'évaporation.

EXPÉRIENCES SUR LA CRAIE N° 2.

A peu de distance de l'endroit où a été prise la craie n° 1, presque au même niveau, en suivant le coteau vers Clachalosse, on trouve une première roche de craie découverte. Ces roches, qui sont en grand nombre dans les environs de la Roche-Guyon, paraissent être, comme nous l'avons dit au commencement de ce mémoire, les sommets dégradés d'une ancienne falaise de craie dont le pied se trouve caché par les éboulements qui se sont faits successivement; il y a donc apparence que les parties les plus élevées sont exposées à l'action de l'air depuis une longue suite de siècles.

Les endroits de cette roche qui étaient abrités de la pluie étaient recouverts d'une espèce d'efflorescence blanche, de consistance farineuse. Les pigeons sont très friands de ces efflorescences et s'assemblent de très loin pour les becqueter; aussi sont-elles désignées dans le pays sous le nom de *salpêtre de pigeon*. M. Clouet, l'un de nous, avait lessivé l'année précédente 50 livres de cette matière prise superficiellement en cet endroit, et il en avait obtenu, par lixiviation avec des cendres de bois neuf et par évaporation, du sel marin à base d'alcali végétal, du sel marin à base terreuse et environ un quart de salpêtre. Pour déterminer si les mêmes substances salines se trouvaient à une certaine profondeur, nous avons abattu 10 pouces de la superficie et nous avons trouvé dessous une craie très blanche dont nous avons pris un échantillon.

Nous avons mis 12 livres 8 onces de cette craie dans 7 livres 8 onces d'eau de rivière bouillante; nous avons remué ce mélange, nous l'avons laissé reposer un temps suffisant, puis, ayant filtré, il a passé 4 livres 8 onces de liqueur marquant 3/8 de degré faible à l'aréomètre, et qui, évaporée, n'a donné qu'une eau mère incapable de cristalliser. Ayant étendu ce résidu avec de l'eau, nous avons employé, pour précipiter la terre, 46 grains 1/5 d'alcali fixe concret; après quoi, ayant procédé de nouveau à l'évaporation, nous avons obtenu par une première cristallisation 36 grains de beau sel marin à base d'alcali végétal bien blanc et, par une seconde, 30 grains de même sel coloré et chargé de matières extractives.

En opérant comme sur le n° 1, c'est-à-dire en multipliant les produits obtenus par 7 livres 8 onces et divisant par 4 livres 8 onces, on trouve :

QUANTITÉ DE MATIÈRE SALINE CONTENUE DANS 12 LIVRES 8 ONCES DE TERRE.

Sans addition d'alcali.

Une petite quantité d'eau mère.

Après l'addition de 1 gros 7 grains 1/2 d'alcali végétal.

	livres.	onces.	gros.	grains.
Sel marin à base d'alcali végétal.............	0	0	1	44

MÊMES PRODUITS RAPPORTÉS AU QUINTAL DE TERRE.

Sans addition d'alcali végétal.

Une petite quantité d'eau mère.

Avec l'addition de 1 once 60 grains 1/2 d'alcali fixe végétal.

Sel marin à base d'alcali végétal.............	0	1	40	45 1/8

Ces résultats prouvent que la craie, à une certaine profondeur, ne contient pas les mêmes matières salines qu'à sa surface, ni en même quantité; car le produit en sel marin que M. Clouet avait obtenu l'année précédente était beaucoup plus abondant, et il avait retiré en outre une petite portion de salpêtre.

EXPÉRIENCES SUR LA CRAIE N° 3.

A peu de distance de la roche, dont on a tiré l'échantillon de craie n° 11, se trouve une autre roche de craie, connue dans le pays sous le nom de *pierre fourchée;* elle est coupée à pic des deux côtés ainsi que par devant, et forme une espèce d'éperon; mais on peut y arriver par derrière, quoique avec quelque difficulté. Nous avons trouvé vers le haut de cette roche, dans un endroit abrité de la pluie et à l'exposition du nord, la même efflorescence blanche, jaunâtre, farineuse, que ci-dessus, et que nous avons déjà désignée sous le nom de *salpêtre de pigeon.* Nous en avons pris un échantillon, peu considérable, il est vrai, que nous avons gratté à la surface, et sur lequel nous avons fait les expériences qui suivent.

Nous avons versé 3 onces d'eau bouillante sur 4 onces de cette substance; nous avons retiré par filtration 1 once 4 gros de liqueur, qui, mise à évaporer, nous a donné 6 grains de sel marin à base d'alcali minéral, assez bien cristallisé, et il nous est resté une eau mère, qui, desséchée, pesait 8 grains. Cette eau mère, d'après les expériences auxquelles nous l'avons soumise, était composée d'environ trois parties de nitre calcaire et d'environ une de sel marin calcaire. En appliquant à ces résultats les calculs rapportés au n° 1, c'est-à-dire en multipliant les produits par 3 onces et divisant par 1 once et demie, on trouvera :

QUANTITÉ DE MATIÈRES SALINES CONTENUES DANS 4 ONCES DE TERRE.

Sans addition d'alcali.

	livres.	onces.	gros.	grains.
Sel marin en cristaux réguliers	0	0	0	12
Nitre à base calcaire	0	0	0	12
Sel marin à base calcaire	0	0	0	4
	0	0	0	28

MÊMES PRODUITS RAPPORTÉS AU QUINTAL DE TERRE.

Sans addition d'alcali.

	livres.	onces.	gros.	grains.
Sel marin en cristaux réguliers	0	8	2	48
Nitre à base calcaire	0	8	2	48
Sel marin à base calcaire	0	2	6	16
TOTAUX	1	3	3	40

Il est inutile d'avertir que des opérations faites sur d'aussi petites quantités ne sont pas susceptibles d'une très grande précision; aussi ne les rapporte-t-on ici au quintal que pour mettre de l'uniformité dans les résultats et pour qu'on puisse les comparer plus aisément entre eux. On avertit donc, une fois pour toutes, qu'il n'y a dans ce mémoire de résultats très exacts que ceux qu'on a obtenus d'échantillons de terre au moins du poids d'une livre; les expériences qui ont été faites sur de moindres quantités ne doivent être regardées que comme des à peu près : au surplus, on a pris même dans les moindres expériences toutes les précautions nécessaires pour arriver à des résultats aussi exacts que ce genre d'opérations peut le comporter.

Pour traiter un quintal de cette terre, il faudrait employer environ 7 onces de potasse, qui, à 8 sous la livre, coûterait 3 sous 6 deniers; on obtiendrait environ 7 onces de nitre, qui, à 10 sous la livre, vaudrait 4 sous 4 deniers 1/2; il resterait par conséquent pour la main-d'œuvre et les frais d'évaporation 10 deniers 1/2 par quintal de terre.

On verra, par les expériences qui suivent, qu'en général l'efflorescence farineuse, nommée *salpêtre de pigeon*, contient principalement du sel marin à base terreuse, et qu'elle ne pourrait être le plus souvent traitée qu'à perte; mais l'expérience précédente prouve qu'on ne doit point en faire une loi générale et qu'elle contient quelquefois une quantité assez considérable de salpêtre.

EXPÉRIENCES FAITES SUR LA SUBSTANCE N° 5

VULGAIREMENT APPELÉE *MORT DU SALPÊTRE*.

Les salpêtriers de la Roche-Guyon sont, comme on l'a déjà dit, dans l'usage de détacher avec une espèce de hachette les efflorescences de salpêtre qui se montrent à la surface des rochers dans le voisinage des habitations. Ils reviennent au bout de six semaines ou deux mois dans l'endroit qu'ils ont précédemment travaillé, et communément ils y retrouvent à peu près autant d'efflorescences salpêtrées qu'ils en avaient enlevé la précédente fois. Quelquefois aussi, au lieu d'efflorescences salpêtrées, ils trouvent dans les places qu'ils avaient travaillées, une croûte, partie saline, partie terreuse, jaunâtre, qu'ils nomment *mort du salpêtre;* alors ils abandonnent l'atelier et le regardent comme absolument perdu.

Comme cette petite couche salino-terreuse est peu épaisse, on n'a pu en rassembler qu'une très petite quantité; on a versé sur 6 gros de cette substance 1 once d'eau bouillante; on a obtenu par filtration

2 gros de liqueur qui, ayant été mis à évaporer, ont donné 8 grains 1/2 de salpêtre très pur à base d'alcali végétal sans eau mère ni aucune autre substance saline; d'où l'on a conclu :

QUANTITÉ DE MATIÈRES SALINES CONTENUES DANS 6 GROS DE LA SUBSTANCE SUR LAQUELLE ON A OPÉRÉ.

Sans addition d'alcali.

	livres.	onces.	gros.	grains.
Salpêtre très pur à base d'alcali végétal........	0	0	0	34

MÊMES PRODUITS, DANS LA SUPPOSITION OÙ ON AURAIT OPÉRÉ SUR UN QUINTAL DE LA MÊME SUBSTANCE.

Sans addition d'alcali.

	livres.	onces.	gros.	grains.
Salpêtre très pur à base d'alcali végétal........	7	13	7	29 $\frac{1}{3}$

Il est donc évident que la croûte salino-terreuse que les salpêtriers nomment *mort du salpêtre* est encore très riche en salpêtre, et qu'ils trouveraient un grand avantage à la recueillir et à la traiter.

EXPÉRIENCES SUR LA TERRE N° 6

RAMASSÉE DANS L'ATELIER D'UN CHARRON À CLACHALOSSE.

Étant entrés à Clachalosse dans un atelier de charron creusé dans la craie, nous en trouvâmes la voûte toute couverte d'efflorescences de salpêtre; comme ce sel était si abondant qu'il était impossible qu'il n'en fût tombé par terre une assez grande quantité, nous jugeâmes que la terre qui formait le sol de cet atelier devait être prodigieusement salpêtrée, et nous en prîmes en conséquence un échantillon dans le fond sous le n° 6.

Nous avons versé sur 12 livres 8 onces de cette terre 7 livres 12 onces d'eau bouillante; nous avons retiré par filtration 3 livres de liqueur qui, ayant été mise à évaporer, a donné, sans addition d'alcali, 1 gros quelques grains de salpêtre à base d'alcali végétal bien cristallisé; ayant poussé plus loin l'évaporation, il n'est resté que de l'eau mère. Nous avons étendu cette dernière d'une suffisante quantité d'eau, nous en avons précipité la terre par l'addition d'un gros 26 grains 1/5 d'alcali concret, puis, par des évaporations successives, nous avons obtenu 1 gros de salpêtre à base alcaline, et 1 gros 36 grains de sel marin à base d'alcali végétal. Ces sels étaient imprégnés de beaucoup de matières extractives. D'après ces produits, nous avons conclu, par calcul, en multipliant, comme il a été indiqué au n° 1, par 7 livres 12 onces, et en divisant par 3 livres.

QUANTITÉ DE MATIÈRES SALINES CONTENUES DANS 12 LIVRES 8 ONCES DE LA TERRE MISE EN EXPÉRIENCE.

Sans addition d'alcali.

	livres.	onces.	gros.	grains.
Salpêtre à base d'alcali fixe végétal...........	0	0	3	0
Eau mère de salpêtre et de sel marin.				

Avec addition de 3 gros 37 grains 2/3 d'alcali fixe végétal.

	livres.	onces.	gros.	grains.
Salpêtre à base d'alcali végétal..............	0	0	2	42
Sel marin à base d'alcali végétal.............	0	0	3	63
	0	1	1	33

MÊMES PRODUITS, DANS LA SUPPOSITION OÙ ON AURAIT OPÉRÉ SUR UN QUINTAL DE TERRE.

Sans addition d'alcali.

	livres.	onces.	gros.	grains.
Salpêtre à base d'alcali fixe végétal............	0	3	0	0
Eau mère de salpêtre et de sel marin.				

Avec addition de 3 onces 4 gros 13 grains 1/2 d'alcali fixe végétal.

	livres.	onces.	gros.	grains.
Salpêtre à base d'alcali fixe végétal...........	0	2	4	48
Sel marin à base d'alcali végétal.............	0	3	7	0
TOTAL des matières salines contenues dans un quintal de terre..................	0	9	3	48

IMPRIMERIE NATIONALE.

Si l'on voulait exploiter cette terre, il en coûterait 1 sou 9 deniers par quintal pour le prix de 3 onces 4 gros de potasse, et on retirerait pour 3 sous 5 deniers 1/4 de salpêtre; il résulterait donc 1 sou 8 deniers 1/4 de bénéfice par quintal de terre, pour la main-d'œuvre et les frais d'évaporation.

EXPÉRIENCES SUR LA TERRE N° 7.

Nous avons ensuite été curieux de comparer la terre prise à l'entrée de cet atelier avec celle prise au fond, afin de reconnaître l'effet d'un air plus renouvelé. En conséquence, nous avons pris un échantillon de la terre qui formait le sol, dans l'endroit le plus près possible de l'ouverture de l'atelier, mais assez avant cependant pour pouvoir être sûrs qu'il n'avait pu être lavé par la pluie.

Nous avons versé 7 livres 12 onces d'eau bouillante sur 12 livres 8 onces de cette terre; nous avons obtenu par filtration 4 livres 8 onces de liqueur qui donnait 2 degrés 1/4 à l'aréomètre. Nous en avons mis 4 livres à évaporer, mais il ne nous a pas été possible d'en obtenir aucun sel cristallisable; il est resté seulement une eau mère brune fort épaisse; l'ayant suffisamment étendue avec de l'eau, nous avons été obligés, pour en précipiter toute la terre, d'employer 1 gros 48 grains d'alcali concret, après quoi nous avons obtenu par évaporation 4 gros 12 grains de salpêtre pur. En opérant comme on l'a indiqué ci-dessus, on trouve :

QUANTITÉ DE MATIÈRES SALINES CONTENUES DANS 12 LIVRES 8 ONCES DE LA TERRE MISE EN EXPÉRIENCE.

Sans addition d'alcali.

De l'eau mère de salpêtre.

Après l'addition de 3 gros 42 grains 2/3 d'alcali.

	livres.	onces.	gros.	grains.
Salpêtre pur	0	1	0	$70\frac{2}{3}$

MÊMES PRODUITS RAPPORTÉS AU QUINTAL DE TERRE.

Sans addition d'alcali.

De l'eau mère de salpêtre pur.

Avec addition de 3 onces 4 gros 53 grains 2/3 d'alcali.

	livres.	onces.	gros.	grains.
Salpêtre pur...........................	0	8	7	61 1/4

Il est évident que cette terre contient du salpêtre tout formé à base d'alcali fixe, quoiqu'elle n'en ait pas donné par évaporation avant la décomposition de l'eau mère par l'alcali; sans doute ce salpêtre était empâté dans l'eau mère, qui ne lui a pas permis de cristalliser. Ce qu'il y a de certain, c'est que les 3 onces 4 gros 53 grains d'alcali qu'on a employés ne pouvaient pas former, en portant tout au plus haut, au delà de 5 onces de nitre; or on a retiré près de 9; ainsi des 8 onces 7 gros 61 grains 1/4 de salpêtre que cette terre a donnés par quintal, il y en avait 4 onces au moins de tout formé à base d'alcali fixe.

Le prix de la potasse nécessaire pour exploiter 1 quintal de cette terre serait de 1 sou 9 deniers 1/4. La valeur du salpêtre qu'on obtiendrait serait de 5 sous 7 deniers 1/2; ainsi il y aurait 3 sous 11 deniers 1/4 de bénéfice par quintal de terre, pour les frais de main-d'œuvre et d'évaporation.

EXPÉRIENCES SUR L'EFFLORESCENCE N° 8.

Vers le bout du village de Clachalosse, nous avons trouvé une habitation ou cave dont l'entrée avait été bouchée pendant un grand nombre d'années par un éboulement de craie. Cette cave venait d'être débarrassée et ouverte récemment; elle était encore fort humide : la craie qui formait les murs et les voûtes était couverte d'une efflorescence terreuse, blanche, pulvérulente, farineuse, dont nous avons pris un échantillon. Il paraît qu'on trouve assez communément de ces mêmes efflorescences dans tous les souterrains du pays, dans lesquels il ne se fait pas une libre circulation d'air. Les salpêtriers confondent en général toutes ces efflorescences sous le nom de *salpêtre de pigeon*.

Nous avons lessivé 3 onces de substance avec 3 onces d'eau bouillante; nous avons retiré 1 once 1 gros de liqueur qui, mise à évaporer, a donné 4 grains d'un sel terreux d'une nature particulière. On le prendrait pour de la sélénite, s'il n'était un peu plus soluble, et si, par l'acide vitriolique, on n'en dégageait beaucoup de vapeur d'acide marin. Nous caractériserons, dans la suite de ce mémoire, ce sel sous le nom de *sel marin à base terreuse particulière*. On a obtenu ensuite, en continuant d'évaporer, 4 grains de salpêtre à base d'alcali végétal. En calculant d'après ces produits, on trouve :

QUANTITÉ DE MATIÈRES SALINES CONTENUES DANS 3 ONCES DE TERRE.

Sans addition d'alcali.

	livres.	onces.	gros.	grains.
Sel marin à base terreuse particulière........	0	0	0	$10\frac{2}{3}$
Sel marin à base d'alcali végétal............	0	0	0	$10\frac{2}{3}$
	0	0	0	$21\frac{1}{3}$

MÊMES PRODUITS RAPPORTÉS AU QUINTAL DE TERRE.

Sans addition d'alcali.

	livres.	onces.	gros.	grains.
Sel marin à base terreuse particulière........	0	9	6	$69\frac{1}{2}$
Salpêtre à base d'alcali végétal.............	0	9	6	$69\frac{1}{2}$
TOTAUX....	1	3	5	67

Comme cette substance n'exige aucun déboursé pour la potasse et que le salpêtre y est tout formé à base d'alcali fixe, on voit qu'elle pourrait être traitée avec beaucoup d'avantages par les entrepreneurs ou salpêtriers.

EXPÉRIENCES SUR LA CRAIE DU TROU DE BON-FOURQUIÈRES.

Dans le bas de la côte entre la Roche-Guyon et Clachalosse, trois fois plus loin environ du premier de ces deux endroits que du second, à 70 ou 80 pieds au-dessus du niveau de la rivière, on trouve une ouverture triangulaire qui se prolonge assez avant sous la montagne. Ce trou n'est pas une fente perpendiculaire de l'espèce de celle qu'on observe dans presque tous les bancs horizontaux; car, dans ce cas, l'ouverture devrait avoir eu lieu à peu près du haut en bas de la montagne, tandis qu'au trou de Bou-Fourquières les bancs de craie sont bien joints au-dessus du trou et n'offrent aucune apparence de fente. En rapprochant cette observation de quelques autres circonstances, il nous a paru très probable que cette ouverture avait été faite par une source ou ruisseau qui coulait autrefois en cet endroit et dont le cours a été détourné et s'est ouvert sans doute quelque autre voie souterraine.

Quoi qu'il en soit, cette ouverture, qui est assez grande à son embouchure pour laisser entrer trois ou quatre personnes de front, va en se rétrécissant au bout de quinze à dix-huit pas, au point qu'un homme de moyenne taille n'y passe qu'avec peine, encore n'y peut-il tenir que courbé. Nous avons pénétré dans cette ouverture jusqu'à soixante ou soixante-dix pas; plus loin elle se rétrécit au point qu'il est impossible d'aller plus avant. Ce trou est creusé en pleine craie, et ses parois n'offrent, dans toute l'étendue que nous avons parcourue, qu'une masse de craie mêlée de cailloux. Le sol sur lequel on marche s'élève insensiblement à mesure qu'on avance, ce qui semble confirmer l'idée que ce canal souterrain a été formé par les eaux.

Il paraît que les enfants vont jouer et pénètrent fort avant dans ce trou; on y trouve des noms écrits à une assez grande profondeur; et ce qui nous a paru singulier, c'est que, dans la partie la plus intérieure où nous ayons pénétré, la craie était tapissée d'un grand nombre d'insectes ailés ou de moucherons, dont nous n'avons pas déterminé l'espèce.

EXPÉRIENCES SUR LA CRAIE N° 9.

Nous aurions désiré sans doute pouvoir prendre un échantillon de la craie dans la partie la plus enfoncée du canal souterrain de Bou-

Fourquières; mais comme il était trop resserré et qu'il était impossible d'avoir le jeu du pic, ni même celui d'un marteau un peu fort, à cause du peu d'espace nous avons été forcés de nous borner à 40 pieds environ de l'ouverture extérieure. Cet échantillon a été pris à 1 pied 1/2 du niveau du sol. On a abattu d'abord 2 pieds de craie sur le côté, et ce n'est qu'après ces 2 pieds, et par conséquent en plein banc, qu'a été prise la craie qui fait le sujet des expériences suivantes.

On a lessivé 12 livres 8 onces de cette craie avec 7 livres 12 onces d'eau bouillante; on a filtré et on a retiré 5 livres de liqueur à 3/4 de degré de l'aréomètre. Ayant mis à évaporer, on n'a obtenu aucun autre sel cristallisable que de la sélénite. L'eau mère qui restait était très amère, mais limpide et peu foncée en couleur; on l'a étendue d'eau, et on a été obligé d'employer, pour précipiter toute la terre, 1 gros 18 grains 1/5 d'alcali concret; ayant ensuite fait évaporer de nouveau, on a obtenu 1 gros 34 grains de salpêtre à base d'alcali fixe. En opérant sur ce résultat comme sur les numéros précédents, on trouve :

QUANTITÉ DE MATIÈRES SALINES CONTENUES DANS 12 LIVRES 8 ONCES DE CRAIE.

Sans addition d'alcali.

De l'eau mère de salpêtre.

Après l'addition de 1 gros 67 grains d'alcali fixe.

	livres.	onces.	gros.	grains.
Salpêtre pur à base d'alcali végétal..........	0	0	2	$20\frac{3}{4}$

MÊMES PRODUITS RAPPORTÉS AU QUINTAL DE TERRE.

Sans addition d'alcali.

De l'eau mère de salpêtre.

Après l'addition de 1 once 7 gros 24 grains 1/2 d'alcali fixe végétal.

Salpêtre pur à base d'alcali végétal..........	0	0	2	$18\frac{1}{4}$

Il en coûterait un sou en potasse pour travailler un quintal de cette terre; on retirerait 1 sou 4 deniers 2/3 de salpêtre; ainsi il ne resterait que 4 deniers 2/3 par quintal pour les frais de la main-d'œuvre et d'évaporation.

EXPÉRIENCES SUR LA CRAIE N° 10.

Il nous a paru essentiel de comparer avec la craie précédente celle de l'entrée du même trou de Bon-Fourquières qui avait été exposée à l'air pendant une longue suite d'années. En conséquence, nous avons gratté, à une toise environ de l'ouverture du trou, un pouce de la craie superficielle qui était couverte de lichens; après quoi nous avons creusé environ de 4 pouces, pour prendre l'échantillon qui fait l'objet des expériences suivantes.

On a versé sur 6 livres 4 onces de cette craie, 3 livres 14 onces d'eau bouillante, et on a retiré par filtration 2 livres 8 onces de liqueur à 4 degrés 1/2 de l'aréomètre. Ayant mis ensuite à évaporer, on n'a retiré que de l'eau mère peu colorée, mais très épaisse; on l'a étendue d'une suffisante quantité d'eau; puis, ayant précipité, la quantité d'alcali employé s'est trouvée de 1 once 7 gros 31 grains. Ayant mis à évaporer, on a obtenu par une suite de cristallisations successives, 2 onces 3 gros 39 grains de salpêtre pur à base d'alcali et 72 grains de sel marin à base d'alcali végétal. En multipliant ces produits par 3 livres 14 onces et divisant par 2 livres 8 onces, comme on l'a enseigné ci-dessus, on trouve :

QUANTITÉ DE MATIÈRES SALINES CONTENUES DANS 6 LIVRES 4 ONCES DE LA CRAIE MISE EN EXPÉRIENCE.

Sans addition d'alcali.

Eau mère de salpêtre et de sel marin.

Avec addition de 2 onces 6 gros 56 grains 1/2 d'alcali fixe végétal.

	livres.	onces.	gros.	grains.
Salpêtre pur	0	3	6	$20\frac{1}{3}$
Sel marin à base d'alcali végétal	0	0	1	38
TOTAL des matières salines	0	3	7	$58\frac{1}{3}$

MÊMES PRODUITS RAPPORTÉS AU QUINTAL DE CRAIE.

Sans addition d'alcali.

Eau mère de salpêtre ou sel marin.

Avec addition de 2 livres 13 onces 4 gros 40 grains d'alcali fixe végétal.

	livres.	onces.	gros.	grains.
Salpêtre pur à base d'alcali végétal	3	2	1	$5\frac{4}{5}$
Sel marin à base d'alcali végétal	0	2	3	$12\frac{1}{5}$
Total par quintal de craie	3	4	4	18

Il en coûterait en potasse, pour traiter chaque quintal de cette craie, 1 livre 2 sous 9 deniers; on retirerait en salpêtre 1 livre 11 sous 4 deniers : donc il y aurait de bénéfice par chaque quintal 8 sous 7 deniers; sur quoi il y aurait à déduire les frais de main-d'œuvre et d'évaporation.

EXPÉRIENCES SUR LA TERRE N° 11.

Nous avons jugé qu'il était impossible que la craie qui forme les parois du trou de Bon-Fourquières fût imprégnée de salpêtre, sans que la terre qui forme le sol de ce même trou n'en contînt aussi plus ou moins. Cette terre était un mélange de craie, de terre végétale, de débris végétaux, etc. On y trouvait même de petits ossements d'animaux.

Nous avons versé 7 livres 12 onces d'eau bouillante sur 12 livres 8 onces de cette terre; nous avons ensuite retiré par filtration 3 livres 6 onces de liqueur qui donnait 1 degré 5/8 à l'aréomètre. Ayant mis ensuite à évaporer, nous avons obtenu, d'abord un peu de sélénite, puis une eau mère d'un assez joli vert. Ayant étendu cette dernière d'une suffisante quantité d'eau, nous avons procédé à la précipitation, et nous avons employé, pour arriver au point de saturation, 2 gros 70 grains 1/3 d'alcali concret; ayant évaporé de nouveau, nous avons obtenu 4 gros 60 grains de salpêtre pur, d'où nous avons conclu :

QUANTITÉ DE MATIÈRES SALINES CONTENUES DANS 12 LIVRES 8 ONCES DE LA TERRE MISE EN EXPÉRIENCE.

Sans addition d'alcali.

Un peu de sélénite.

Avec addition de 6 gros 60 grains d'alcali concret.

	livres.	onces.	gros.	grains.
Salpêtre à base d'alcali un peu jaunâtre........	0	1	3	7

MÊMES PRODUITS DANS LA SUPPOSITION OÙ ON AURAIT OPÉRÉ SUR UN QUINTAL DE TERRE.

Sans addition d'alcali.

Sélénite.

Avec addition de 6 onces 6 gros 47 grains d'alcali fixe végétal.

Salpêtre à base d'alcali un peu jaunâtre.......	0	11	0	56

6 onces 6 gros d'alcali représentent à peine 9 onces 1/2 de salpêtre; cependant on en a obtenu 11 onces, ce qui paraît prouver que cette terre contient un peu de salpêtre à base d'alcali tout formé, mais qui n'a pas cristallisé, parce qu'il était intimement uni avec l'eau mère et comme empâté par elle.

Il en coûterait, pour traiter un quintal de cette terre, 3 sous 5 deniers en potasse; mais on retirait pour 6 sous 11 deniers de salpêtre; ainsi il resterait 3 sous 6 deniers de bénéfice par quintal de terre, sur quoi il y aurait à déduire les frais de main-d'œuvre et d'évaporation.

EXPÉRIENCES SUR LES CRAIES SALPÊTRÉES

DE MOUSSEAU ET DES ENVIRONS.

Après avoir parcouru toute la partie comprise entre la Roche-Guyon et l'extrémité du village de Clachalose, nous nous sommes transportés à celui de Mousseau. Ce village, qui n'est éloigné de la Roche-Guyon que d'une lieue tout au plus, présente à peu près les mêmes circonstances : la craie y est également découverte et coupée à pic dans une étendue de coteau de 300 toises environ; mais cette craie est en général plus tendre que celle de la montagne de la Roche-Guyon; ses parties sont moins liées entre elles; elle est plus fendillée, elle s'altère plus facilement à l'air, et les éboulements y sont plus fréquents. L'exposition du coteau est à peu près la même qu'à la Roche-Guyon et Clachalose. Il y a de même des habitations creusées dans le bas, avec cette différence, seulement, que la montagne est beaucoup plus élevée à la Roche-Guyon et à Clachalose qu'à Mousseau.

EXPÉRIENCES SUR LA CRAIE N° 12.

Un peu après l'église de Mousseau, en descendant vers le couchant, se trouvait une espèce de resserre ou de hangar creusé dans la craie, ouvert en plein air, et qui paraissait abandonné depuis longtemps. Toutes les parois intérieures étaient couvertes d'efflorescences salpêtrées en longues et fines aiguilles entrelacées les unes dans les autres et qui formaient une couche de 3 à 4 lignes d'épaisseur. Il s'était détaché des parties considérables de ces efflorescences salpêtrées, qui étaient tombées par terre et qui y formaient une espèce de neige. Nous avons regardé comme important de constater si le salpêtre dont étaient tapissées les parois de ce hangar souterrain était purement superficiel, ou bien s'il pénétrait à une certaine profondeur dans la craie. En conséquence, nous avons abattu d'abord à l'un des côtés de la resserre ou hangar, et à 4 pieds environ du niveau du sol, 3 ou 4 pouces de la craie qui se présentait à la surface, et nous avons pris à la suite l'échantillon qui fait le sujet des expériences qui suivent :

Nous avons versé 7 livres 12 onces d'eau bouillante sur 12 livres 8 onces de cette craie; nous avons retiré par filtration 4 livres 11 onces d'une liqueur claire marquant 5 degrés 1/2 à l'aréomètre. Ayant fait évaporer, nous avons obtenu, sans addition d'alcali, 4 gros 60 grains de beau salpêtre très blanc et très pur; après quoi il n'est plus resté que de l'eau mère. Cette dernière ayant été étendue d'eau, il a fallu employer, pour en précipiter la terre, 1 once 1 gros 58 grains 2/3 d'alcali : ayant évaporé de nouveau, nous avons obtenu, par 6 cristallisations successives, 1 once 7 gros 34 grains de salpêtre très beau et très pur, et 3 gros 38 grains de sel marin à base d'alcali végétal. En multipliant ces produits par 7 livres 12 onces et divisant par 4 livres 11 onces, on trouvera :

QUANTITÉ DE MATIÈRES SALINES CONTENUES DANS 12 LIVRES 8 ONCES DE LA CRAIE MISE EN EXPÉRIENCE.

	livres.	onces.	gros.	grains.
Sans addition d'alcali.				
Salpêtre à base d'alcali fixe parfaitement pur et très blanc	0	1	0	0
Eau mère de salpêtre et de sel marin.				
Avec addition de 2 onces 0 gros 12 grains 1/3 d'alcali fixe.				
Salpêtre à base d'alcali fixe très pur	0	3	1	37
Sel marin à base d'alcali végétal	0	0	5	42 1/2

MÊMES PRODUITS RAPPORTÉS AU QUINTAL DE LA MÊME CRAIE.

	livres.	onces.	gros.	grains.
Sans addition d'alcali.				
Salpêtre à base d'alcali fixe parfaitement pur et très blanc	0	8	0	0
Eau mère de salpêtre et de sel marin.				
Avec addition de 1 livre 1 once 1 gros 25 grains 2/3 d'alcali fixe végétal.				
Salpêtre à base d'alcali fixe très pur	1	9	4	8
Sel marin à base d'alcali végétal	0	5	4	51 1/7
TOTAL des matières salines par quintal	2	7	0	59 1/7

Il en coûterait, pour traiter 1 quintal de cette terre, 8 sous 1 denier en potasse; le produit en salpêtre, à 10 sous la livre, serait de 20 sous 10 deniers 3/4; ainsi le bénéfice serait de 12 sous 9 deniers 3/4 par quintal de terre, sur quoi est à déduire la main-d'œuvre et les frais d'évaporation.

EXPÉRIENCES SUR LA CRAIE N° 13.

Près de là était un autre endroit creusé dans la craie, également ouvert à l'air, et dans lequel le salpêtre se présentait presque en aussi grande abondance. On a détaché dans cette espèce de cave un morceau de craie de 3 pouces d'épaisseur, lequel était tout couvert d'efflorescences et on a fait sur ce morceau les expériences qui suivent :

On a versé sur 4 livres de cette terre 3 livres d'eau froide, et on a tiré par filtration 1 livre 12 onces 1/2 d'eau à 5 degrés 1/2 à l'aréomètre. On a mis à évaporer, et on a obtenu par une première cristallisation 4 gros 12 grains de nitre à base d'alcali fixe. On a ensuite précipité la terre de l'eau mère par 6 gros 64 grains d'alcali fixe; puis évaporant de nouveau, on a obtenu 1 once 1 gros 28 grains de salpêtre à base alcaline, et 2 gros 32 grains de sel marin à base d'alcali végétal. En opérant sur ces produits comme ci-dessus, on trouvera :

QUANTITÉ DE MATIÈRES SALINES CONTENUES DANS 4 LIVRES DE LA CRAIE MISE EN EXPÉRIENCE.

Sans addition d'alcali.	livres.	onces.	gros.	grains.
Salpêtre pur à base d'alcali végétal............	0	0	7	$1\frac{1}{4}$
Eau mère de salpêtre et de sel marin.				
Avec addition de 1 once 3 gros 43 grains 1/3 d'alcali fixe végétal.				
Salpêtre pur à base d'alcali végétal............	0	1	7	$58\frac{1}{2}$
Sel marin à base d'alcali végétal..............	0	0	4	$8\frac{1}{10}$

MÊMES PRODUITS EN OPÉRANT SUR 1 QUINTAL DE CRAIE.

Sans addition d'alcali.	livres.	onces.	gros.	grains.
Salpêtre pur à base d'alcali végétal............	1	5	7	31
Eau mère de salpêtre et de sel marin.				
Avec addition de 2 livres 4 onces 2 gros 4 grains 1/4 d'alcali fixe végétal.				
Salpêtre pur à base d'alcali végétal............	3	1	3	24
Sel marin à base d'alcali végétal..............	0	12	6	66
TOTAL des matières salines contenues dans 100 livres de craie...........................	5	4	1	49

Pour traiter convenablement 1 quintal de cette craie, il en coûterait en potasse 18 sous 1 denier 1/2; on retirait par la vente du salpêtre 2 livres 4 sous 6 deniers 1/2. Il résulterait donc en bénéfice 1 livre 6 sous 5 deniers par quintal, ce qui surpasse de beaucoup l'avantage des terres les plus riches, même des meilleurs plâtras de Paris.

EXPÉRIENCES SUR LA CRAIE N° 14.

Sous le morceau n° 13 on en a détaché un second, également de 3 ou 4 pouces d'épaisseur, afin de constater jusqu'à quelle distance de la surface se rencontrait le salpêtre.

On a lessivé à froid 4 livres de terre par 3 livres d'eau. Il a passé 1 livre 13 onces 1/2 de liqueur à 2 degrés de l'aréomètre.

Ayant fait évaporer, on a eu, par une première cristallisation et sans addition d'alcali fixe, 2 gros de salpêtre à base d'alcali fixe assez pur; après quoi, l'eau mère ayant été décomposée par 1 gros 48 grains d'alcali, on a obtenu, en continuant d'évaporer, environ 2 gros de nouveau salpêtre également à base d'alcali fixe, et point du tout de sel marin. En tenant compte, comme ci-dessus, du salpêtre dissous par l'eau et resté dans la terre, on trouvera les résultats qui suivent :

QUANTITÉ DE MATIÈRES SALINES CONTENUES DANS LA CRAIE MISE EN EXPÉRIENCE.

	livres.	onces.	gros.	grains.
Sans addition d'alcali.				
Salpêtre à base d'alcali fixe végétal..........	o	o	3	18½
Eau mère de salpêtre.				
Avec addition de 2 gros 51 grains 1/2 d'alcali fixe végétal.				
Salpêtre à base d'alcali fixe végétal..........	o	o	3	18½
	o	o	6	36½

MÊMES PRODUITS EN OPÉRANT SUR 1 QUINTAL DE CETTE CRAIE.

Sans addition d'alcali.

	livres.	onces.	gros.	grains.
Salpêtre à base d'alcali fixe végétal...........	0	10	1	52 $\frac{1}{2}$
Eau mère de salpêtre.				

Avec addition de 8 onces 3 gros 57 grains d'alcali fixe végétal.

Salpêtre à base d'alcali fixe végétal...........	0	10	1	52 $\frac{1}{2}$
TOTAL des matières salines par quintal.....	1	4	3	33

Il en coûterait en potasse, pour traiter 1 quintal de cette craie, 4 sous 3 deniers; on retirerait pour 12 sous 10 deniers de salpêtre; ainsi il y aurait 8 sous 7 deniers de bénéfice par quintal, ce qui, déduction faite des frais de main-d'œuvre et d'évaporation, laisserait encore aux entrepreneurs un profit très considérable.

Au-dessous du niveau de la cave ou resserre souterraine dont on vient de parler, et à peu de distance, se trouvait une petite vacherie bien fermée et peu aérée. Elle était creusée et voûtée en pleine craie, cependant les parois intérieures ne présentaient aucune apparence d'efflorescences salpêtrées. La voûte, au contraire, était recouverte de lichens, sous lesquels se trouvait une espèce de craie farineuse qui avait un goût de sel marin. Par quelle circonstance ne se trouvait-il point de salpêtre dans un lieu qui paraissait si avantageusement situé pour en produire? Était-ce faute d'un courant d'air assez libre, ou bien est-ce que la craie ne peut pousser que pendant un certain temps des efflorescences salpêtrées, et qu'après qu'elle s'est épuisée, elle n'offre plus que des efflorescences farineuses, chargées de sel marin à base alcaline et terreuse? C'est ce qu'il ne nous a pas été possible de déterminer.

La cave du sieur Gritte, débitant de sel et de tabac et marchand de vin à Mousseau, située vers le milieu du village, dans sa maison d'habitation, nous a donné lieu de faire une observation singulière.

Cette cave est creusée en plein banc de craie, elle est assez bien fermée et humide; la voûte ainsi que les parois n'offraient aucune apparence de salpêtre; mais il avait été construit au milieu de cette cave un mur de séparation en moellons de craie, qui offraient un spectacle singulier; tous les moellons étaient couverts d'efflorescences salpêtrées, tandis que le mortier terreux et sableux qui fermait les joints, n'en présentait pas un atome. Il est donc clair que cette cave était suffisamment aérée et qu'elle était dans des circonstances propres à la formation du salpêtre. Il n'y a donc d'autres moyens de concevoir pourquoi la voûte et les parois n'en contenaient pas qu'en supposant que cette cave était très ancienne, qu'elle avait produit, comme toutes les autres, du salpêtre dans son temps, mais que la craie qui se présentait à la surface s'était épuisée à la longue et ne contenait plus les matériaux nécessaires pour la formation du salpêtre.

Tout près de là était une autre cave un peu plus aérée, il est vrai, mais qui se trouvait couverte de toutes parts d'efflorescences salpêtrées.

Le même sieur Gritte a une superbe cave de 70 pieds de profondeur à l'extrémité du village; elle est également creusée dans la craie et elle lui sert à conserver les vins qui font l'objet de son commerce. Cette cave, dans la partie antérieure et par conséquent la plus aérée, présentait des efflorescences salpêtrées; mais, à peu de distance de l'entrée, on cessait absolument d'en voir, et toute la craie se trouvait à la place recouverte du même lichen dont on a parlé plus haut. Cette observation semblerait indiquer la nécessité d'un courant d'air renouvelé pour la production du salpêtre. Cependant une autre observation semble détruire cette première : c'est qu'en hiver le sol de cette cave se couvre jusqu'au fond d'efflorescences salpêtrées très abondantes, qu'on balaye et qui se reproduisent au bout de quinze jours. Ce n'est donc pas faute d'air qu'il ne se forme pas de salpêtre à la voûte, puisqu'il s'en forme dans le bas, où l'air ne se renouvelle pas beaucoup mieux : il y a donc une autre cause qui s'oppose à la formation du salpêtre dans la partie la plus enfoncée de cette cave.

L'atelier du sieur Benoît, salpêtrier, qui est creusé dans la craie et qui se trouve à peu de distance de la cave dont il vient d'être question, donne lieu à la même observation; l'entrée de cet atelier était toute tapissée d'efflorescences salpêtrées, et le fond, au contraire, ne présentait qu'une matière farineuse dont nous avons rassemblé une petite quantité sous le n° 15.

EXPÉRIENCES FAITES SUR LA SUBSTANCE FARINEUSE N° 15.

Nous avons lessivé 2 onces de cette matière avec 1 once 1/2 d'eau; nous avons retiré 2 gros 1/2 de liqueur, qui, mise à évaporer, a donné 6 grains d'eau mère très épaisse, dont il s'est dégagé, par l'addition de l'huile de vitriol, des vapeurs d'eau régale très pénétrantes; cette eau mère contenait, par conséquent, 2/3 à peu près d'esprit de nitre contre 1 de sel marin.

En supposant qu'on eût opéré sur 1 quintal de la même terre, on aurait eu, d'après des calculs analogues à ceux ci-dessus indiqués, 2 livres 8 onces de la même eau mère, composée de 2/3 de nitre calcaire et de 1/3 de sel marin calcaire.

Il ne paraît pas qu'il faille un intervalle de temps très considérable pour que le salpêtre à base terreuse se transforme en salpêtre à base d'alcali fixe et se montre à la surface de la craie; car ayant examiné un endroit où la montagne s'était éboulée deux années auparavant et où de nouvelles surfaces de craie avaient été découvertes, les efflorescences de salpêtre y étaient aussi abondantes qu'en aucun autre endroit.

EXPÉRIENCES SUR LA CRAIE N° 16.

Le point important était de déterminer si la craie, prise au centre de la montagne et dans des endroits qui n'avaient jamais été exposés à l'air, contenait du salpêtre soit à base terreuse, soit à base alcaline : un endroit de Mousseau, où la montagne s'était éboulée l'année précédente et où on venait de creuser tout nouvellement une cave, nous a paru propre à fixer nos idées sur cet objet. Ce n'est pas même à l'entrée de cette cave qu'a été pris l'échantillon dont il va être question, mais dans la partie la plus profonde, et qui n'était creusée que depuis quelques jours; on a de plus abattu un bon pied de craie pour ne prendre aucune des surfaces qui pouvaient avoir été en contact avec l'air, et c'est sous ce pied de craie qu'on a pris l'échantillon qui fait l'objet des expériences suivantes :

Nous avons lessivé 12 livres 8 onces de cette craie avec 7 livres 12 onces d'eau bouillante; nous avons retiré 4 livres 6 onces de liqueur, qui marquait 1/4 de degré à l'aréomètre. Nous avons mis à évaporer, et nous avons obtenu quelque apparence de sel marin en très petite quantité; il est resté ensuite un peu d'eau mère, dont la terre a été précipitée par 21 grains 1/3 d'alcali fixe concret. Ayant ensuite évaporé de nouveau, nous avons obtenu une matière saline, partie déposée au fond du vase, partie formant pellicule, mais sans aucune figure ni cristallisation régulière; elle pesait 30 grains : la portion qui occupait le fond du vase paraissait être un sel marin à base d'alcali végétal, et, en versant dessus de l'huile de vitriol, il s'en élevait sur-le-champ des vapeurs très suffocantes d'acide marin. Quant à la pellicule, elle nous a donné, au moyen de l'huile de vitriol, des vapeurs très analogues à celles de l'eau régale; en conséquence, nous avons évalué que la portion nitreuse de ce dépôt salin pouvait peser environ 6 grains, et la portion marine 24. Ce nitre, au surplus, quel qu'il soit, ne détone pas sur les charbons, ce qui semble prouver qu'il n'est pas à base d'alcali fixe; d'un autre côté, ce sel n'était nullement déliquescent; ce qui semble écarter toute idée de nitre à base terreuse. La petite quantité de ce sel qui nous est restée ne nous a pas permis de pousser plus loin nos recherches pour en déterminer la nature. En appliquant le calcul ordinaire aux produits de cette opération, on trouvera :

QUANTITÉ DE MATIÈRES SALINES CONTENUES DANS 12 LIVRES 8 ONCES DE LA TERRE MISE EN EXPÉRIENCE.

	livres.	onces.	gros.	grains.
Sans addition d'alcali.				
Sel marin	0	0	0	4
Avec addition de 37 grains 1/2 d'alcali fixe.				
Substance saline qui paraît être presque en entier de nature marine	0	0	0	53

MÊMES PRODUITS RAPPORTÉS AU QUINTAL DE LA MÊME TERRE.

	livres.	onces.	gros.	grains.
Sans addition d'alcali.				
Sel marin ordinaire	0	0	0	32
Avec addition de 4 gros 10 grains 2/3 d'alcali.				
Substance saline qui paraît principalement de nature marine, mais qui pourrait bien contenir quelques vestiges d'acide nitreux	0	0	5	64
Total	0	0	6	24

EXPÉRIENCES SUR LA CRAIE N° 17.

Une cave voisine était encore dans les mêmes circonstances; elle venait à peine d'être ouverte dans un endroit éboulé. Cette seconde cave était plus profonde que la précédente; nous avons également rejeté un pied de la craie qui se présentait à la surface et nous avons pris par dessous l'échantillon de craie qui fait le sujet des expériences ci-après :

Nous avons versé 7 livres 12 onces d'eau bouillante sur 12 livres 8 onces de cette craie; nous avons retiré par filtration 4 livres 8 onces de liqueur, marquant 1/4 de degré faible à l'aréomètre. Nous avons mis à évaporer 4 livres de cette liqueur, et nous avons obtenu un peu de sélénite, puis il est resté un peu d'eau mère. Nous avons précipité la base terreuse de cette dernière par 10 grains d'alcali et, ayant évaporé, nous avons obtenu 5 grains de salpêtre un peu impur et 8 grains de sel marin à base d'alcali végétal. D'après ces produits, on trouvera, en calculant comme ci-dessus :

QUANTITÉ DE MATIÈRES SALINES CONTENUES DANS 12 LIVRES 8 ONCES DE CRAIE.

Sans addition d'alcali fixe.

Un peu de sélénite.
De l'eau mère de salpêtre et de sel marin.

Avec addition de 17 grains 1/5 d'alcali fixe végétal.

	livres.	onces.	gros.	grains.
Salpêtre de mauvaise qualité	0	0	0	$8\frac{1}{3}$
Sel marin à base d'alcali végétal	0	0	0	$13\frac{2}{4}$

MÊMES PRODUITS RAPPORTÉS AU QUINTAL DE LA MÊME CRAIE.

Sans addition d'alcali.

Un peu de sélénite.
Eau mère de salpêtre et de sel marin.

Avec addition de 1 gros 65 grains 2/3 d'alcali fixe végétal.

	livres.	onces.	gros.	grains.
Salpêtre de mauvaise qualité	0	0	0	$68\frac{3}{5}$
Sel marin à base d'alcali végétal	0	0	1	38
TOTAL	0	0	2	$34\frac{3}{5}$

On voit que cette terre est extrêmement pauvre en salpêtre et qu'il s'en faut beaucoup qu'elle puisse être traitée avec avantage; mais il résulte cependant de cette expérience que les craies, même à une certaine profondeur, contiennent quelques vestiges d'acide nitreux. On discutera de nouveau cet objet dans la seconde partie de ce mémoire.

OBSERVATIONS

SUR LES EFFLORESCENCES FARINEUSES OU *SALPÊTRE DE PIGEON* (N°s 18 ET 19).

Ces efflorescences farineuses ont été prises dans deux habitations abandonnées à l'extrémité du village de Mousseau, du côté du chemin de la Roche-Guyon; des éboulements qui sont successivement survenus empêchaient qu'on ne pût parvenir à ces habitations autrement que par des échelles. Ces matières, lessivées et traitées comme ci-dessus, ne nous ont donné que du sel marin à base de terre calcaire et quelques indices de salpêtre également à base terreuse, mais en très petite quantité. Une confusion arrivée dans le résultat d'une de ces deux épreuves empêche d'en donner les détails comme on l'a fait pour les autres numéros.

En général, le salpêtre à Mousseau ne se trouve que dans le bas du coteau; et, pour donner une idée de la disposition dans laquelle il se trouve, nous observerons que le sol du village est élevé de 60 ou 80 pieds environ au-dessus du niveau de la rivière et que c'est à compter du niveau de ce sol, dans un espace d'environ 30 ou 40 pieds en hauteur, que se trouvent les terres salpêtrées. On voit par là que le niveau du salpêtre s'élève d'une trentaine de pieds au-dessus des lieux habités; mais une circonstance remarquable, c'est que dans les endroits où le sol du village s'élève et où la rue principale va en montant, ce qui s'observe du côté de Méricourt, le niveau des efflorescences salpêtrées paraît s'élever aussi à peu près dans la même proportion; ce qui semble prouver que l'habitation des hommes et des animaux concourt à la formation du salpêtre.

Après avoir ainsi examiné dans un grand détail, d'une part, les craies de Mousseau, et, de l'autre, celles qui se trouvent découvertes depuis la Roche-Guyon jusqu'à Clachalosse, il ne nous restait plus qu'à visiter celles situées à l'est de la Roche-Guyon, du côté d'Anthile et de Vétheuil; et, d'après les observations que nous avons déjà faites, il nous importait principalement de fixer nos recherches sur les endroits non habités et de déterminer l'état des craies à différents niveaux. Ce coteau, étant trois ou quatre fois plus élevé que celui de Mousseau, offrait un champ plus vaste pour ce genre d'observations.

EXPÉRIENCES SUR LA SUBSTANCE FARINEUSE N° 20.

A un quart de lieue environ, à l'est de la Roche-Guyon, dans le bas du coteau, à 80 pieds du niveau de la rivière, se trouvait une coupe dans la craie, disposée de manière que le haut faisait abri pour le bas et que la craie était bien défendue de la pluie et des injures de l'air. Cette coupe ne présentait pas un seul atome de salpêtre cristallisé, mais seulement des efflorescences farineuses, blanches, salées, déjà désignées sous le nom de *salpêtre de pigeon*, dont nous avons pris un échantillon sur lequel nous avons fait les expériences qui suivent :

Nous avons versé 1 once 1/2 d'eau bouillante sur 2 onces de ces efflorescences; nous avons filtré, et nous avons retiré 4 gros 1/4 de liqueur, qui, évaporée, nous a donné environ 5 grains de sel marin à base terreuse particulière non déliquescent, qui donnait des vapeurs d'esprit de sel très suffocantes par l'huile de vitriol et qui ne paraissait contenir rien de nitreux. En appliquant à ces résultats les calculs employés pour les précédents numéros, on trouvera que ces efflorescences farineuses contiennent environ 1 livre 1 once par quintal de sel marin à base terreuse particulière.

EXPÉRIENCES SUR LA SUBSTANCE FARINEUSE N° 21.

Plus loin, à peu près aux deux tiers du chemin, entre la Roche-Guyon et Authile, une coupe naturelle de craie, ouverte au même niveau que la précédente, présentait encore les mêmes efflorescences farineuses; nous en avons également pris un échantillon sous le n° 21. 4 onces de ces efflorescences ont été lessivées par 3 d'eau bouillante; nous en avons retiré par filtration 1 once 1 gros de liqueur, qui, évaporée, nous a donné 4 grains de sel marin à base terreuse particulière non déliquescent et 12 grains de sel marin à base de terre calcaire. En appliquant le calcul ordinaire à ces résultats, on trouve :

QUANTITÉ DE SUBSTANCES SALINES CONTENUES DANS LES 4 ONCES D'EFFLORESCENCES FARINEUSES MISES EN EXPÉRIENCE.

Sans addition d'alcali.

	livres.	onces.	gros.	grains.
Sel marin à base terreuse particulière non déliquescent	0	0	0	$10\frac{2}{3}$
Sel marin à base calcaire	0	0	0	32

MÊMES PRODUITS RAPPORTÉS AU QUINTAL DES MÊMES EFFLORESCENCES.

Sans addition d'alcali.

Sel marin non déliquescent à base terreuse particulière	0	7	3	16
Sel marin à base de terre calcaire	1	6	1	48

EXPÉRIENCES SUR L'EFFLORESCENCE BLANCHE N° 22.

Ayant trouvé près d'Authile une coupe semblable couverte des mêmes efflorescences farineuses, nous en avons pris un échantillon sur lequel nous avons opéré ainsi qu'il suit :

Nous avons lessivé 1 once de ces efflorescences par 1 once d'eau bouillante; nous avons retiré 3 gros de liqueur, qui, évaporée, nous a donné 5 grains d'un sel à base calcaire, qui, par l'épreuve de l'huile de vitriol, nous a paru contenir environ 1/3 de nitre à base calcaire et 2/3 de sel marin également à base calcaire. En appliquant à ces résultats les calculs précédents, on trouvera :

QUANTITÉ DE MATIÈRES SALINES CONTENUES DANS 1 ONCE DES EFFLORESCENCES MISES EN EXPÉRIENCE.

Sans addition d'alcali.

	livres.	onces.	gros.	grains.
Sel marin à base calcaire	0	0	0	9
Nitre à base calcaire	0	0	0	$4\frac{1}{2}$

PRODUITS CONTENUS DANS 1 QUINTAL DES MÊMES EFFLORESCENCES.

Sans addition d'alcali.

Sel marin à base de terre calcaire	0	14	0	0
Nitre à base de terre calcaire	0	7	0	0

Il paraît que toutes les roches de ce canton sont couvertes de semblables efflorescences plus ou moins salées; mais on n'y trouve pas un atome de salpêtre cristallisé, si ce n'est dans le voisinage des lieux habités, comme on va le voir ci-après.

La première maison d'Authile, en venant de la Roche-Guyon, est un château ancien, appartenant à Mme la duchesse d'Enville [1]. Le sol sur lequel il est bâti est élevé environ de 80 pieds au-dessus du niveau de la rivière de Seine. Le château est situé précisément au pied du rocher ou de la falaise de craie, et on a creusé en plein banc dans la cour plusieurs hangars, resserres ou caves profondes, très ouvertes et très accessibles à l'air. Les parois de ces souterrains étaient entièrement couvertes d'efflorescences cristallines de salpêtre, en aiguilles de l'épaisseur de 3 ou 4 lignes; dans les endroits abrités, ces aiguilles formaient une espèce de givre ou de neige infiniment légère, mais, dans les endroits qui avaient été frappés par la pluie, ces aiguilles avaient été dissoutes et transformées en plaques salines qui couvraient la craie.

EXPÉRIENCES SUR DES PLAQUES OU CROÛTES JAUNES N°s 23 ET 24, NOMMÉES PAR LES OUVRIERS *MORT DU SALPÊTRE*.

On a parlé plus haut d'une croûte jaunâtre qui se forme à la surface de la craie, dans les endroits travaillés par les salpêtriers, qui empêche, suivant eux, la production du salpêtre, et qu'ils nomment en conséquence *mort du salpêtre*. On en observait de la même nature dans quelques endroits des caves ou hangars du château d'Authile; mais l'abondance de salpêtre qui se formait par-dessous était telle qu'elle soulevait la croûte en différents endroits et principalement vers les angles, la forçait de se plier et quelquefois la détachait entièrement. Dans quelques endroits, les aiguilles cristallines de salpêtre se faisaient jour, passaient par-dessus la croûte et y formaient des ramifications. Nous avons détaché de ces plaques jaunes que nous avons mises à part sous le n° 23 et, malgré l'opinion des ouvriers, elles se

[1] La terre d'Authile appartenait à M. Dongois, greffier en chef du Parlement de Paris, et avait ensuite passé à MM. Gilbert de Voisins. C'était ce M. Dongois que Boileau appelait *son respectable neveu*, chez qui il venait passer un mois tous les ans. On voit encore, au haut du parc d'Authile, les restes d'un cabinet où Boileau allait travailler; et l'on trouve une description d'Authile dans son *Épître à M. de Lamoignon*. (*Note de Lavoisier.*)

sont trouvées contenir une assez grande quantité de salpêtre à base d'alcali fixe.

Il n'est pas absolument essentiel à la substance que les ouvriers nomment *mort du salpêtre* d'être en plaques jaunes; dans le voisinage de l'endroit où ont été détachées celles n° 23, on en trouvait de très blanches qui, lessivées et évaporées, ont donné assez de salpêtre pour pouvoir être exploitées avec profit, moins cependant que les précédentes.

EXPÉRIENCES SUR LA CROÛTE JAUNE N° 25.

On observait à un pilier d'une des caves où ont été pris les échantillons précédents une grande quantité des mêmes croûtes jaunes, par feuillets appliqués les uns sur les autres. Comme ce pilier était exposé à la pluie et aux injures de l'air, nous avons jugé que la grande épaisseur des croûtes jaunes à cet endroit et leur disposition par lames ou feuillets tenaient à ce que la pluie avait dissous à différentes reprises le salpêtre qui s'était présenté à la surface de la craie; que la croûte jaune, au contraire, étant insoluble dans l'eau, s'était amassée en formant des couches successives. Nous avons pris un échantillon de cette croûte sur laquelle nous avons fait les expériences suivantes :

Nous en avons lessivé 3 onces par 3 onces d'eau bouillante; nous avons obtenu 1 once 3 gros de liqueur qui, mise à évaporer, nous a donné 6 grains de salpêtre à base alcaline, 6 grains de salpêtre à base de terre calcaire et 2 grains de sel marin également à base de terre calcaire. Ces produits donnent les résultats qui suivent :

QUANTITÉ DE MATIÈRES SALINES CONTENUES DANS 3 ONCES DE LA CROÛTE MISE EN EXPÉRIENCE.

Sans addition d'alcali.

	livres.	onces.	gros.	grains.
Salpêtre à base d'alcali fixe	0	0	0	13
Salpêtre à base de terre calcaire	0	0	0	13
Sel marin à base de terre calcaire	0	0	0	4

PRODUITS CONTENUS DANS 1 QUINTAL DE LA MÊME MATIÈRE.

Sans addition d'alcali.

Salpêtre à base d'alcali fixe..................	0	12	0	21
Salpêtre à base de terre calcaire.............	0	12	0	21
Sel marin à base de terre calcaire............	0	3	5	45

Cette expérience confirme encore que la substance nommée communément *mort du salpêtre,* loin d'être à rejeter, comme les salpêtriers sont d'usage de le faire, contient encore assez de salpêtre pour pouvoir être travaillée avec profit.

EXPÉRIENCES SUR UNE EFFLORESCENCE BLANCHE N° 26.

La roche au pied de laquelle est creusée l'église d'Authile est très escarpée et dans un état de destruction, comme toutes celles de ce canton. Le haut de cette roche forme une tête pointue détachée du corps de la montagne, et qui s'élève environ jusqu'aux deux tiers de la côte.

Nous sommes parvenus, non sans de grandes difficultés, jusqu'à la cime de cette roche, et nous y avons trouvé, dans un endroit presque inaccessible, un creux de 4 à 5 pieds de profondeur, formé naturellement, à ce qu'il paraît, dans la partie tendre de la craie. La saillie que formait le rocher au-dessus de ce creux le défendait complètement de la pluie et des injures de l'air; aussi tout l'intérieur était-il tapissé de la même substance farineuse blanche dont il a déjà été question plus haut.

On a lessivé 4 livres de cette terre avec 2 livres d'eau bouillante; on a retiré par filtration une certaine quantité de liqueur dont on n'a mis que 4 onces à évaporer. On a obtenu d'abord 15 grains de sel marin en beaux cristaux, et ensuite 10 grains d'un mélange à peu près de parties égales de nitre et de sel marin calcaire. D'après cela et en adoptant les calculs employés pour les numéros précédents, on trouvera :

QUANTITÉ DE MATIÈRES SALINES CONTENUES DANS 1 QUINTAL DES EFFLORESCENCES MISES EN EXPÉRIENCE.

Sans addition d'alcali fixe.

	livres.	onces.	gros.	grains.
Sel marin pur, en beaux cristaux	o	4	2	52
Sel marin à base de terre calcaire	o	o	6	68
Nitre à base de terre calcaire	o	o	6	68

EXPÉRIENCES SUR L'EFFLORESCENCE BLANCHE N° 27.

A 25 ou 30 pieds au-dessous du niveau du trou dont on vient de parler se trouvait, dans la même roche, une ancienne habitation creusée à l'exposition du sud-est. On voyait encore dans cet endroit les débris d'un four ruiné, et on y avait déposé quelques fagots et du marc de raisin. Quoique cet endroit eût été habité et qu'il parût être dans les circonstances les plus favorables à la formation du salpêtre, on n'y en remarquait pas un atome; mais tout était recouvert de la même efflorescence blanche salée que ci-dessus.

On a lessivé 1 once de cette efflorescence avec 1 once d'eau bouillante; on a retiré par filtration 5 gros de liqueur, qui, mise à évaporer, a fourni 17 grains de salpêtre un peu imprégné d'eau mère. En calculant ces produits, comme on a fait pour les numéros précédents, on trouvera :

QUANTITÉ DE MATIÈRES SALINES CONTENUES DANS 1 ONCE D'EFFLORESCENCE BLANCHE MISE EN EXPÉRIENCE.

Sans addition d'alcali.

	livres.	onces.	gros.	grains.
Salpêtre à base d'alcali fixe un peu imprégné d'eau mère	o	o	o	$37\frac{1}{7}$

PRODUIT CONTENU DANS 1 QUINTAL DE LA MÊME MATIÈRE.

Sans addition d'alcali.

	livres.	onces.	gros.	grains.
Salpêtre à base d'alcali fixe un peu imprégné d'eau mère	4	11	4	32

Ces efflorescences ne contenant que peu d'eau mère, il y aurait peu de dépense en potasse à faire pour les exploiter; presque tout serait bénéfice.

EXPÉRIENCES SUR L'EFFLORESCENCE BLANCHE N° 28.

Entre cette roche et la suivante, presque au haut de la côte, environ 50 pieds plus haut que la partie supérieure de la roche où a été pris l'échantillon n° 26, se trouvait une carrière ouverte à l'exposition du sud-ouest, et creusée dans la craie; on y voyait encore des auges, du fumier, et tout ce qui pouvait indiquer qu'elle avait été autrefois habitée. L'intérieur de cette carrière n'offrait cependant aucun vestige de salpêtre cristallisé; mais seulement des efflorescences farineuses comme ci-dessus. On a pris 4 onces de ces efflorescences, sur lesquelles on a versé 3 onces d'eau chaude; on a ensuite retiré par filtration 1 once de liqueur qu'on a mise à évaporer, et on en a obtenu, par cristallisation, 8 grains de sel marin imprégné d'une petite portion de sel marin à base de terre calcaire, et qui, en conséquence, était fort amère. L'eau mère, au surplus, ne paraissait rien contenir de nitreux. En appliquant à ces produits les mêmes calculs, on trouvera :

QUANTITÉ DE MATIÈRES SALINES CONTENUES DANS 4 ONCES DES EFFLORESCENCES SUR LESQUELLES ON A OPÉRÉ.

Sans addition d'alcali fixe.

	livres.	onces.	gros.	grains.
Sel marin ordinaire imprégné d'un peu de sel marin à base de terre calcaire	0	0	0	24

MÊMES PRODUITS RAPPORTÉS AU QUINTAL DE LA MÊME MATIÈRE.

Sans addition d'alcali fixe.

	livres.	onces.	gros.	grains.
Sel marin ordinaire imprégné d'une petite portion de sel marin à base de terre calcaire	1	0	5	24

EXPÉRIENCES SUR LE N° 29.

Après avoir reconnu la valeur des matières salines contenues dans les efflorescences farineuses qui se présentaient à la surface, nous avons été curieux de déterminer si ces efflorescences, une fois brossées et balayées, la craie qu'elles recouvraient contenait encore quelque chose de salin. Nous étions d'autant plus portés à le croire qu'ayant abattu quelques morceaux superficiels de cette craie, nous les avons trouvés salés, même du côté de l'intérieur.

Nous avons abattu, en conséquence, une quantité suffisante de cette craie, nous en avons mis 12 livres 8 onces dans une terrine, et versé par-dessus 7 livres 12 onces d'eau bouillante, et nous avons retiré 3 livres 12 onces de liqueur à 1 degré 5/8 de l'aréomètre. Ayant mis à évaporer, nous avons obtenu d'abord 3 gros 27 grains de sel marin bien cristallisé, après quoi il n'est plus resté que de l'eau mère. La quantité d'alcali nécessaire pour précipiter toute la terre de cette eau mère, s'est trouvé de 58 grains 2/3; après quoi, ayant évaporé de nouveau, nous avons obtenu 4 gros 16 grains de sel marin à base d'alcali végétal, et 16 grains de salpêtre à base d'alcali fixe.

En calculant d'après ces produits, on trouvera :

QUANTITÉ DE MATIÈRES SALINES CONTENUES DANS 12 LIVRES 8 ONCES DE LA CRAIE MISE EN EXPÉRIENCE.

Sans addition d'alcali.

	livres.	onces.	gros.	grains.
Sel marin à base d'alcali fixe minéral........	0	0	6	$70\frac{1}{5}$
Eau mère de nitre et de sel marin.				

Avec addition de 1 gros 49 grains 1/4 d'alcali.

	livres.	onces.	gros.	grains.
Sel marin à base d'alcali végétal............	0	1	0	$51\frac{3}{4}$
Salpêtre à base d'alcali végétal.............	0	0	0	$33\frac{1}{10}$

MÊMES PRODUITS EN SUPPOSANT 1 QUINTAL DE LA MÊME CRAIE.

Sans addition d'alcali.

	livres.	onces.	gros.	grains.
Sel marin à base d'alcali minéral..........	o	6	7	$57\frac{2}{3}$
Eau mère de nitre et de sel marin.				

Avec addition de 1 once 5 gros 34 grains d'alcali fixe végétal.

	livres.	onces.	gros.	grains.
Sel marin à base d'alcali végétal............	o	8	5	54
Salpêtre à base d'alcali végétal.............	o	o	3	$48\frac{3}{4}$

Il en coûterait 10 deniers en potasse, pour traiter 1 quintal de cette terre, et on ne retirerait du salpêtre que pour la valeur de 3 deniers 1/2, sans compter les frais de main-d'œuvre et d'évaporation; ainsi il s'en faut de beaucoup que cette terre puisse être traitée avec profit.

EXPÉRIENCES SUR LA CRAIE N° 30.

Comme cet endroit est à peu près le plus élevé de ceux auxquels nous ayons été à portée de faire des observations, et qu'il nous a paru important de connaître la nature des matières salines contenues dans la craie à différentes hauteurs, nous avons abattu 1 pied 1/2 à 2 pieds de la craie qui se présentait à la surface; puis, en continuant de creuser, nous avons pris un échantillon de craie qui n'avait eu aucune communication avec l'air.

Nous avons versé 7 livres 8 onces d'eau sur 12 livres 8 onces de cette craie; nous avons retiré, par filtration, 3 livres 12 onces de liqueur qui donnait un peu plus d'un quart de degré à l'aréomètre; ayant mis à évaporer, nous avons retiré un peu de sélénite et une petite portion d'eau mère; ayant précipité la terre par l'addition de 35 grains 1/10 d'alcali concret, et ayant mis à évaporer de nouveau, nous avons obtenu 45 grains de salpêtre assez pur, mais jaunâtre, et 5 grains de sel marin à base d'alcali végétal, d'où l'on peut conclure :

QUANTITÉ DE MATIÈRES SALINES CONTENUES DANS 12 LIVRES 8 ONCES DE LA CRAIE MISE EN EXPÉRIENCE.

Sans addition d'alcali.

Un peu de sélénite.
Un peu d'eau mère de salpêtre et de sel marin.

Avec addition de 1 gros 1/2 grain d'alcali fixe végétal.

	livres.	onces.	gros.	grains.
Salpêtre à base d'alcali fixe végétal assez pur....	0	0	1	21
Sel marin à base d'alcali végétal.............	0	0	0	10 $\frac{1}{?}$

MÊMES PRODUITS CONTENUS DANS 1 QUINTAL DE LA MÊME CRAIE.

Sans addition d'alcali.

Un peu de sélénite.
Un peu d'eau mère de salpêtre et de sel marin.

Avec addition de 1 once 4 grains 1/3 d'alcali fixe végétal.

Salpêtre à base d'alcali fixe végétal assez pur...	0	1	2	24
Sel marin à base d'alcali végétal.............	0	0	1	10 $\frac{2}{?}$

Il en coûterait 6 deniers en potasse, pour traiter 1 quintal de cette craie, et on retirerait en salpêtre une valeur de 9 deniers 1/2; ainsi il y aurait 3 deniers 1/2 par quintal de bénéfice, pour représenter les frais de main-d'œuvre et d'évaporation.

EXPÉRIENCES SUR LES EFFLORESCENCES BLANCHES N° 31 ET SUR LE SALPÊTRE N° 32.

Près de la carrière dont on vient de parler, et presque attenant, est une roche escarpée, plus élevée que celle au pied de laquelle est placée l'ancienne maison de Boileau; c'est précisément dans le pied de cette roche qu'est bâtie l'église d'Authile. Tout le haut de cette roche a été creusé pour y faire des habitations; mais elles sont devenues inaccessibles par les éboulements de craie qui se sont faits, et elles sont prêtes à s'écrouler de toutes parts. La plus élevée de ces habitations, jusqu'à laquelle il nous ait été possible de parvenir, se trouvait un peu au-dessus du niveau du pied de la tour de la Roche-Guyon, c'est-à-dire à peu près au même niveau que l'observation n° 26. Cette carrière ou habitation a 18 à 20 pieds de profondeur, 8 à 10 pieds de hauteur, et est entièrement ouverte et accessible à l'air. Quoiqu'elle parût avoir été aussi anciennement abandonnée que la précédente, on y voyait cependant une grande abondance de salpêtre, partie en efflorescences, partie en plaques. Ayant lessivé les unes et les autres, prises en différents endroits, nous avons reconnu que ces efflorescences salines contenaient 60, 75 et quelquefois jusqu'à 80 livres de salpêtre par quintal; la matière restante après la lixiviation n'était autre chose qu'une craie très fine. Les plaques ne sont pas toujours aussi riches, on n'en tire souvent que 25 ou 30 livres par quintal; ce qui reste insoluble est de la craie plus grossière que la précédente, et qui nous a paru contenir de la sélénite.

Il est inutile de faire sentir combien il y aurait d'avantage à rassembler ces efflorescences et ces plaques et à les traiter pour en obtenir du salpêtre.

EXPÉRIENCES SUR LA CRAIE N° 33.

Comme l'endroit où nous avons ramassé les efflorescences et plaques de salpêtre, n° 31 et 32, est à peu près placé à la hauteur moyenne de la montagne, nous avons pensé qu'il était intéressant d'y prendre des échantillons de craie; en conséquence, nous avons jeté bas environ 1 pied d'épaisseur de craie, puis nous avons pris un échantillon de la craie qui était absolument intérieure, et qui n'avait point éprouvé le contact de l'air.

Nous avons lessivé 12 livres 8 onces de cette craie avec 7 livres 12 onces d'eau, et nous avons retiré 1 livre 12 onces de liqueur qui marquait 1 degré fort à l'aréomètre; ayant fait évaporer, nous avons obtenu un peu de sélénite, point d'autres sels cristallisables, et il nous est resté un peu d'eau mère; ayant étendu d'eau cette dernière, et l'ayant décomposée par 56 grains d'alcali fixe concret, nous avons mis de nouveau à évaporer, et nous avons obtenu 1 gros 20 grains de salpêtre pur, et 4 grains de sel marin à base d'alcali.

En appliquant à ces produits les calculs ordinaires, tels qu'ils ont été détaillés ci-dessus, on trouve :

QUANTITÉ DE MATIÈRES SALINES CONTENUES DANS 12 LIVRES 8 ONCES DE CRAIE.

Sans addition d'alcali fixe.

Un peu de sélénite.

Avec addition de 3 gros 32 grains d'alcali fixe végétal.

	livres.	onces.	gros.	grains.
Salpêtre à base d'alcali fixe végétal..........	0	0	3	$47\frac{1}{2}$
Sel marin à base d'alcali végétal............	0	0	0	$17\frac{3}{4}$

PRODUITS CONTENUS DANS 1 QUINTAL DE LA DITE CRAIE.

Sans addition d'alcali.

Un peu de sélénite.

Avec addition de 3 onces 3 gros 40 grains d'alcali fixe végétal.

Salpêtre à base d'alcali fixe végétal..........	0	5	5	$19\frac{1}{2}$
Sel marin à base d'alcali fixe végétal.........	0	0	1	70

Il en coûterait en potasse, pour traiter cette craie, 1 sou 8 deniers 3/4; on obtiendrait en salpêtre une valeur de 3 sous 6 deniers 1/4; il resterait par conséquent 1 sou 9 deniers 1/2 pour les frais de main-d'œuvre et d'évaporation.

EXPÉRIENCES SUR LA CRAIE N° 34.

Il s'était détaché du haut de cette même carrière, à ce qu'il paraît, assez récemment, un gros quartier de craie; ce morceau avait été exposé à l'air, et il avait un goût légèrement salin; nous en avons pris un échantillon que nous avons soumis aux mêmes expériences que ci-dessus; mais l'enregistrement n'en ayant pas été fait sur-le-champ, et, craignant quelque confusion, nous préférons n'en point faire usage.

Plus bas, dans cette même roche, on rencontre encore des carrières habitées; le salpêtre y existe en si grande abondance qu'il se montre presque partout à la surface de la craie, soit en aiguilles, soit en lames.

EXPÉRIENCES SUR L'EFFLORESCENCE N° 35.

A 6 pieds du haut de la roche suivante, la première après celle dans le pied de laquelle est creusée l'église d'Authile était une espèce de trou de 3 à 4 pieds de diamètre, dans lequel se trouvait une très grande quantité des efflorescences blanches ci-dessus ayant un goût de sel marin très marqué. Cet endroit répond environ au tiers de la hauteur de la tour de la Roche-Guyon; ayant lessivé 3 livres de cette terre avec 2 livres d'eau bouillante, nous avons retiré par filtration 5 onces 6 gros de liqueur qui a été mise à évaporer; nous en avons obtenu 50 grains de sel marin à base d'alcali minéral en beaux cristaux, imprégné d'une petite quantité d'eau mère de sel marin et qui ne nous a pas paru contenir d'acide nitreux. En calculant d'après ces produits, on trouve :

QUANTITÉ DE MATIÈRES SALINES CONTENUES DANS 3 LIVRES DE LA TERRE MISE EN EXPÉRIENCE.

Sans addition d'alcali.

	livres.	onces.	gros.	grains.
Sel marin à base d'alcali minéral en beaux cristaux, seulement un peu imprégnés d'eau mère de sel marin.	0	0	3	62 $\frac{1}{4}$

MÊMES PRODUITS RAPPORTÉS AU QUINTAL DE LA DITE TERRE.

Sans addition d'alcali.

	livres.	onces.	gros.	grains.
Sel marin à base d'alcali minéral en beaux cristaux, seulement un peu imprégnés d'eau mère de sel marin.	1	0	0	63

IMPRIMERIE NATIONALE.

EXPÉRIENCES SUR L'EFFLORESCENCE BLANCHE N° 36.

Toute cette roche et la suivante présentent les mêmes résultats dans tous les endroits qui sont à l'abri de la pluie et qui n'ont pas été durcis à un certain point par l'action de l'air; on trouve des mêmes efflorescences blanches farineuses, ayant plus ou moins d'amertune et un goût de sel marin plus ou moins marqué.

Étant parvenus, non sans danger, jusqu'à une espèce de creux ou d'excavation formé dans le banc de craie tendre et où 3 ou 4 personnes pouvaient tenir couchées, nous y avons trouvé une grande abondance d'efflorescences salées farineuses. Nous avons lessivé 4 livres de ces efflorescences par 2 livres d'eau bouillante et nous avons obtenu 7 onces de liqueur qui, mise à évaporer, a donné 39 grains de sel marin en beaux cristaux, il est resté ensuite 10 grains de sel à base terreuse, dont moitié paraissait être du sel marin calcaire, moitié du nitre calcaire. D'après ces produits, on peut conclure, en opérant comme ci-dessus :

QUANTITÉ DE MATIÈRES SALINES CONTENUES DANS 4 LIVRES DES EFFLORESCENCES MISES EN EXPÉRIENCE.

Sans addition d'alcali fixe.

	livres.	onces.	gros.	grains.
Sel marin très blanc en beaux cristaux et à base d'alcali minéral	0	0	2	34 $\frac{1}{8}$
Salpêtre à base de terre calcaire	0	0	0	22 $\frac{3}{4}$
Sel marin à base de terre calcaire	0	0	0	22 $\frac{3}{4}$

MÊMES PRODUITS CONTENUS DANS 1 QUINTAL DES MÊMES EFFLORESCENCES.

Sans addition d'alcali fixe.

	livres.	onces.	gros.	grains.
Sel marin en cristaux réguliers, très blanc et à base d'alcali minéral	0	7	4	35
Salpêtre à base calcaire	0	0	7	67 $\frac{1}{2}$
Sel marin à base de terre calcaire	0	0	7	67 $\frac{1}{2}$

Cette matière, contenant autant de sel marin à base terreuse que de nitre à base terreuse, ne pourrait être exploitée avec profit. Il faudrait employer beaucoup plus de potasse qu'on ne retirerait de salpêtre, et par conséquent la dépense excéderait le bénéfice.

EXPÉRIENCES SUR L'EFFLORESCENCE BLANCHE N° 37.

La roche où a été pris l'échantillon n° 36 est séparée de la suivante par un petit ruisseau qui descend du haut de la côte et qui gagne la rivière de Seine, en laissant à gauche le hameau de Chautemelle. Cette roche qu'on trouve après le ruisseau est très découverte et très escarpée. Les parties les plus dures ayant mieux résisté que les autres aux injures de l'air, il s'est formé, d'une part, des saillies dans la partie dure et des excavations dans la tendre. Les bancs les plus tendres se trouvent, par ce moyen, à l'abri de la pluie, et on y retrouve en grande abondance les mêmes efflorescences blanches, farineuses, amères, salées, nommées *salpêtre de pigeon.*

Nous nous sommes attachés principalement à une de ces excavations, qui avait au moins 12 pieds de profondeur sur une hauteur à peu près égale, nous en avons balayé légèrement toute la surface avec un balai de bouleau et nous en avons pris un échantillon sous le n° 37.

Nous avons lessivé 6 livres 4 onces de cette substance farineuse par 3 livres 14 onces d'eau, nous avons retiré par filtration 1 livre de liqueur marquant 3 degrés à l'aréomètre. Ayant mis à évaporer, il n'a cristallisé aucun sel et nous n'avons obtenu que de l'eau mère; ayant étendu cette dernière d'eau, nous avons précipité la terre par l'addition de 1 gros 48 grains 9/10 d'alcali fixe concret.

Nous avons ensuite procédé de nouveau à l'évaporation et nous avons obtenu par plusieurs cristallisations successives 1 gros 68 grains de sel marin à base d'alcali végétal et 13 grains de salpêtre également à base d'alcali végétal. En calculant d'après ces produits, on trouve les résultats qui suivent :

QUANTITÉ DE MATIÈRES SALINES CONTENUES DANS 6 LIVRES 4 ONCES DES EFFLORESCENCES SUPERFICIELLES EN EXPÉRIENCE.

Sans addition d'alcali.

De l'eau mère.

Avec addition de 6 gros 37 grains d'alcali fixe végétal.

	livres.	onces.	gros.	grains.
Salpêtre à base d'alcali végétal	0	0	0	50 1/3
Sel marin à base d'alcali végétal	0	0	7	38 1/2

MÊMES PRODUITS CONTENUS DANS 1 QUINTAL DE LA MÊME MATIÈRE.

Sans addition d'alcali.

Point de sels cristallisables, seulement de l'eau mère.

Avec addition de 12 onces 3 gros 5 grains 1/4 d'alcali fixe végétal.

	livres.	onces.	gros.	grains.
Salpêtre à base d'alcali fixe végétal	0	1	3	41
Sel marin à base d'alcali fixe végétal	0	15	0	48

Il faudrait, pour traiter 1 quintal de cette substance, employer pour 7 sous 6 deniers de potasse, et il n'en résulterait que 10 deniers de valeur en salpêtre; ainsi il y aurait perte de 6 sous 8 deniers par quintal, sans compter la main-d'œuvre et les frais d'évaporation.

EXPÉRIENCES SUR L'EFFLORESCENCE BLANCHE FARINEUSE N° 38.

Nous avons ensuite ratissé avec un rateau de jardinier cette même surface que nous n'avions d'abord que légèrement balayée, et nous en avons enlevé une petite couche de 3 ou 4 lignes d'épaisseur. La grande étendue de la surface sur laquelle nous opérions nous ayant mis à portée de recueillir une grande quantité de cette matière, nous en avons lessivé 50 livres avec 31 livres d'eau bouillante, nous en avons retiré par filtration 12 livres de liqueur qui marquait 2 degrés 7/8 à l'aréomètre; nous avons mis à évaporer au bain de sable à une chaleur très douce, en changeant fréquemment les capsules, afin de bien séparer les sels, et nous en avons obtenu sans addition d'alcali les produits qui suivent : 1° 62 grains de sélénite; 2° 2 gros 16 grains d'un sel marin à base particulière, dont il a déjà été question plus haut et dont nous ne connaissons point la nature; 3° 34 grains de sel marin très pur à base d'alcali minéral; 4° 2 gros du même sel mais très imprégné de matières grasses et extractives; 5° une assez grande quantité d'eau mère.

Nous avons étendu cette dernière d'eau suffisante, puis nous avons précipité par un alcali fixe : la quantité nécessaire pour arriver au point de saturation a été de 1 once 7 gros, après quoi, ayant évaporé de nouveau, nous avons obtenu 2 onces 2 gros 50 grains de sel marin à base d'alcali végétal et 4 gros 50 grains de salpêtre également à base d'alcali végétal.

En appliquant à ces résultats les calculs employés pour les numéros précédents, c'est-à-dire en multipliant par 31 et divisant par 12, on trouvera :

QUANTITÉ DE MATIÈRES SALINES CONTENUES DANS 50 LIVRES DE LA CRAIE MISE EN EXPÉRIENCE.

	livres.	onces.	gros.	grains.
Sans addition d'alcali fixe.				
Sélénite	0	0	2	16
Sel marin à base terreuse particulière	0	0	5	53
Sel marin imprégné de matières extractives	0	0	5	12
Sel marin à base d'alcali fixe minéral	0	0	5	20
Eau mère de salpêtre et de sel marin	0	0	0	0
Avec addition de 4 onces 6 gros 54 grains d'alcali fixe végétal.				
Sel marin à base d'alcali végétal	0	6	0	21
Salpêtre à base d'alcali végétal	0	1	4	9

MÊMES PRODUITS RAPPORTÉS AU QUINTAL DE LA MÊME MATIÈRE.

Sans addition d'alcali fixe.

	livres.	onces.	gros.	grains.
Sélénite	0	0	4	42
Sel marin à base terreuse particulière	0	1	3	34
Sel marin imprégné de matières extractives	0	1	2	24
Sel marin à base d'alcali fixe minéral	0	7	2	40
Eau mère de salpêtre et de sel marin	0	0	0	0
Avec addition de 9 onces 5 gros 36 grains d'alcali fixe végétal.				
Sel marin à base d'alcali végétal	0	11	0	42
Salpêtre à base d'alcali végétal	0	3	0	18

Il en coûterait en potasse, pour traiter 1 quintal de cette terre, 4 sous 10 deniers et on ne retirerait en salpêtre qu'une valeur de 1 sou 11 deniers, par conséquent il y aurait une perte de 2 sous 11 deniers par chaque quintal de terre.

EXPÉRIENCES SUR LA CRAIE N° 39.

Pour avoir ensuite de la craie du même endroit, mais plus intérieure, nous avons abattu, à coups de pic, 1 pied de celle qui se présentait à la surface et nous avons pris ensuite par-dessous un échantillon sous le n° 39.

Nous avons lessivé 12 livres 8 onces de cette craie par 7 livres 12 onces d'eau et nous avons retiré 2 livres 6 onces de liqueur qui marquait 1/4 de degré faible à l'aréomètre.

Cette liqueur, évaporée, n'a laissé qu'une petite portion d'eau mère, qui a exigé pour être décomposée 32 grains d'alcali concret; après quoi ayant procédé de nouveau à l'évaporation, nous avons obtenu 24 grains de salpêtre et 18 grains de sel marin, l'un et l'autre à base d'alcali végétal; d'après quoi nous avons conclu :

QUANTITÉ DE MATIÈRES SALINES CONTENUES DANS 12 LIVRES 8 ONCES DE CRAIE MISE EN EXPÉRIENCE.

Sans addition d'alcali fixe.

De l'eau mère de nitre et de sel marin.

Avec addition de 1 gros 24 grains 4/10 d'alcali fixe végétal.

	livres.	onces.	gros.	grains.
Salpêtre à base d'alcali végétal	0	0	1	6 $\frac{1}{2}$
Sel marin à base d'alcali végétal	0	0	0	58 $\frac{3}{4}$

MÊMES PRODUITS RAPPORTÉS AU QUINTAL DE LA MÊME CRAIE.

Sans addition d'alcali fixe.

De l'eau mère de nitre et de sel marin.

Avec addition de 1 once 3 gros 43 grains 4/10 d'alcali fixe végétal.

	livres.	onces.	gros.	grains.
Salpêtre à base d'alcali fixe végétal	0	1	0	50 $\frac{1}{2}$
Sel marin à base d'alcali fixe végétal	0	0	6	37 $\frac{3}{5}$

Il en coûterait en potasse, pour traiter 1 quintal de cette terre, 8 deniers 3/4, on ne retirerait en salpêtre qu'une valeur de 8 deniers 1/4; ainsi il y aurait perte, indépendamment même des frais de main-d'œuvre, de lessivage et d'évaporation.

EXPÉRIENCES SUR LA CRAIE N° 40.

Nous n'avions opéré jusque-là que sur de la craie prise dans le haut ou dans la partie moyenne de la montagne; nous avons cru devoir prendre également un échantillon de la craie du bas de la même montagne; nous avons profité à cet effet d'une coupe faite, l'année précédente, à 50 pieds à peu près au-dessus du niveau de la rivière, entre Authile et la Roche-Guyon. La craie en cet endroit n'était point à l'abri des injures de l'air et, comme la saison avait été fort pluvieuse, il y a toute apparence qu'elle avait été lessivée en quelque façon à sa surface par l'eau du ciel. Au reste, on n'a pas pris la craie qui se présentait précisément à la surface, on a au contraire creusé environ 2 pieds et ce n'est qu'au delà qu'a été pris l'échantillon sur lequel ont été faites les expériences qui suivent :

On a lessivé 12 livres 8 onces de cette craie par 7 livres 12 onces d'eau bouillante, on a retiré 12 onces de liqueur à 1/4 de degré fort à l'aréomètre, on n'a obtenu d'abord par évaporation qu'une petite portion d'eau mère, mais, ayant précipité par 10 grains 2/3 d'alcali fixe végétal concret, on a obtenu, en évaporant de nouveau, 30 grains de salpêtre à base d'alcali végétal et 15 grains de sel marin également à base d'alcali végétal.

En appliquant à ces produits les calculs précédents, on trouvera :

QUANTITÉ DE MATIÈRES SALINES CONTENUES DANS 12 LIVRES 8 ONCES DE TERRE.

Sans addition d'alcali fixe.

Eau mère de nitre et de sel marin.

Avec addition de 22 grains d'alcali fixe végétal.

	livres.	onces.	gros.	grains.
Salpêtre à base d'alcali fixe végétal...........	0	0	0	62
Sel marin à base d'alcali fixe végétal..........	0	0	0	31

MÊMES PRODUITS EN OPÉRANT SUR 1 QUINTAL DE LA MÊME MATIÈRE.

Sans addition d'alcali fixe.

Eau mère de nitre et de sel marin.

Avec addition de 2 gros 32 grains d'alcali fixe végétal.

	livres.	onces.	gros.	grains.
Salpêtre à base d'alcali fixe végétal...........	0	0	6	64
Sel marin à base d'alcali fixe végétal..........	0	0	2	32

La quantité de salpêtre qu'on a obtenu étant environ double de celle qu'on aurait dû obtenir, d'après la quantité de potasse employée pour précipiter, il y a toute apparence qu'il existe dans cette craie au moins 3 gros par quintal de salpêtre à base d'alcali fixe tout formé.

Ce salpêtre sans doute a été empâté par l'eau mère, qui l'a empêché de cristalliser. Au reste, la quantité de salpêtre contenue dans cette terre est trop petite pour mériter d'être exploitée directement et sans bonification préalable.

EXPÉRIENCE TRÈS IMPORTANTE DE M. LE DUC DE LA ROCHEFOUCAULD.

M. le duc de la Rochefoucauld a fait tirer, dans la montagne, une quantité assez considérable de craie, et, l'ayant fait lessiver, il a jugé qu'elle ne contenait point ou au moins que très peu de salpêtre. Il a fait construire, avec cette craie, des murs de 5 à 6 pieds de haut et les a fait couvrir d'un toit de paille. Ces murs sont restés exposés à l'air depuis le mois de mars 1776 jusqu'au mois de juillet 1777; le toit de paille s'est en partie détruit et la craie a été exposée à la pluie, qui a dû en lessiver la surface et en dissoudre les sels; ils ont été en outre desséchés pendant l'été par l'ardeur du soleil; cependant, M. le duc de la Rochefoucauld en ayant fait lessiver 2 portions de 500 livres chacune, au bout de quinze mois, comme on vient de le dire, on en a retiré, par la première expérience, sans aucun mélange, un peu de salpêtre à base d'alcali végétal et de l'eau mère, et, par une seconde expérience, en y mêlant 1 livre de potasse, une quantité considérable de salpêtre aussi à base d'alcali végétal.

SECONDE PARTIE.

DES CONSÉQUENCES QUI RÉSULTENT DES EXPÉRIENCES PRÉCÉDENTES, SOIT POUR LA THÉORIE, SOIT POUR LA PRATIQUE.

Nous nous sommes bornés, dans la première partie de ce mémoire, à rassembler des observations et des faits, et nous nous sommes abstenus de les accompagner d'aucune réflexion. Il nous reste maintenant à mettre en œuvre les matériaux que nous avons rassemblés et à appliquer à la pratique les connaissances que l'observation et l'expérience nous ont procurées.

Pour éviter des transitions inutiles qui allongeraient le discours sans lui donner plus de clarté, et pour bien distinguer ce qui est de fait et d'observation d'avec ce qui est de raisonnement et de conclusion, nous allons rassembler, en un petit nombre de paragraphes : 1° tous les faits établis et prouvés dans la première partie de ce mémoire ; 2° les conséquences qu'on peut en tirer.

PREMIER FAIT.

L'acide nitreux existe dans les craies des environs de Mousseau et de la Roche-Guyon, dans des lieux éloignés de toute habitation et à plusieurs pieds de profondeur : on peut consulter, à cet égard, les expériences rapportées dans la première partie de ce mémoire : n°s 1, 3, 21, 26, 37, 38, 40. On n'apporte point ici en preuve les expériences faites sur les craies du trou de Bon-Fourquières, attendu que ce trou sert d'abri aux gens de la campagne dans les temps de pluie ; il est, de plus, probable qu'il sert de retraite à des animaux de différentes espèces.

SECOND FAIT.

L'acide nitreux en général est plus abondant à la surface ou dans le voisinage de la surface qu'à une certaine profondeur ; il paraît même prouvé que les parties de la craie absolument intérieures, et qui ne peuvent avoir aucune communication avec l'air extérieur, ne contiennent aucune portion d'acide nitreux. L'examen de l'eau des sources et des puits de ce canton fournit une preuve convaincante de cette vérité. En effet, si les craies à travers lesquelles elles coulent contenaient du salpêtre, elles devraient s'en charger elles-mêmes ; cependant, d'après les expériences auxquelles nous les avons soumises, elles ne nous ont pas paru en contenir en quantité sensible.

TROISIÈME FAIT.

L'acide nitreux existe dans deux états différents dans les craies des environs de Mousseau et de la Roche-Guyon : tantôt il est combiné avec la terre calcaire et forme ce qu'on nomme *nitre calcaire* ou, en langage de salpêtrier, *eau mère de nitre*, tantôt il est à base d'alcali fixe végétal et forme le salpêtre proprement dit.

QUATRIÈME FAIT.

Le salpêtre qui se forme dans des lieux éloignés de toute habitation est toujours à base terreuse, c'est-à-dire dans l'état d'eau mère, et on n'y rencontre jamais ou presque jamais de nitre à base d'alcali fixe; il n'en est pas de même des craies des environs des lieux habités; le salpêtre à base d'alcali fixe y existe presque partout, non seulement à la surface sous forme d'efflorescences, mais encore à 1 ou 2 pieds de profondeur, plus ou moins, suivant le local et suivant la qualité des craies.

CINQUIÈME FAIT.

Le salpêtre à base d'alcali fixe qui existe dans la craie paraît tendre continuellement à gagner la surface et à s'y montrer sous forme d'efflorescences cristallines, et voici ce qu'on observe à cet égard dans les lieux qui ont été travaillés par les salpêtriers.

On se rappelle que ces ouvriers emportent avec une espèce de hachette de maçon la petite couche de salpêtre qui s'est formée à la surface de la craie; la partie tranchante de cet instrument, surtout lorsqu'il a servi quelque temps et qu'il est usé, ne forme point une ligne droite, mais une courbe; par ce moyen chaque coup de hachette laisse dans la craie une impression plus creuse dans le milieu que vers les bords, et il en résulte qu'il reste entre chaque coup de hachette une élévation anguleuse ou espèce d'arête qui excède d'une ligne environ l'endroit où a passé le milieu de la hachette.

C'est sur cette élévation ou arête que se forment les premiers rudiments des efflorescences salpêtrées. D'abord il part un filet imperceptible de salpêtre, qui s'allonge en formant avec l'arête un angle de

40 degrés environ. Ce filet grossit peu à peu, puis, à une petite distance de l'arête, il en part un autre qui se ramifie sur le premier et sous le même angle. Ces filets, en traçant ainsi successivement et en se ramifiant, forment, en termes de naturalistes, des *dendrites de salpêtre*. Lorsque les filets et aiguilles se sont multipliés à un certain point, qu'elles se sont rejointes à celles qui partent de l'arête opposée et qu'il ne leur reste plus de place pour se propager, elles commencent à jeter des ramifications qui s'élèvent hors du plan de la surface de la craie, toujours en formant un angle d'environ 40 degrés avec le filet dont elles partent. Ces ramifications, en se multipliant et se confondant, forment un réseau qui s'épaissit de plus en plus. Chaque aiguille ou ligne droite en particulier n'a jamais plus d'une ligne de longueur en droiture, mais l'ensemble de toutes ces ramifications forment souvent, avec le temps, une épaisseur de 3 ou 4 lignes.

Cet amas d'aiguilles très fines, et qu'on ne distingue bien qu'à la loupe, est le vrai salpêtre de houssage; il est en totalité à base d'alcali végétal parfaitement pur et ne contient ni eau mère ni sel marin.

L'atelier du nommé Renoult, salpêtrier à Mousseau, présentait à cet égard une variété singulière : la hachette dont il s'était servi pour recueillir le salpêtre qui s'était formé aux parois de son atelier était usée; il s'y était fait des brèches, des dents presque comme une scie; les endroits par où la hachette avait passé présentaient en conséquence une trace sillonnée assez semblable à un ruban rayé. Chaque raie ou arête devenait l'origine d'une ramification semblable à celles qu'on vient de décrire.

SIXIÈME FAIT.

Les circonstances qui accompagnent le développement ou la formation du sel marin dans les craies de Mousseau et de la Roche-Guyon sont à peu près les mêmes que celles qui accompagnent la formation du salpêtre. En général le sel marin y existe presque toujours à base terreuse, quelquefois à base d'alcali minéral comme au n° 38, mais jamais, à ce qu'il paraît, à base d'alcali végétal.

SEPTIÈME FAIT.

Il paraît constant, d'après les observations rapportées aux nos 27, 28 et 33, que les craies s'épuisent avec le temps des principes propres à la formation du salpêtre : ainsi la même habitation creusée dans la craie qui aurait donné perpétuellement ou au moins très longtemps du salpêtre, si elle eût continué d'être habitée, cesse d'en donner au bout d'un certain temps si les environs cessent d'être habités.

De ces faits, qu'on peut regarder comme certains, on peut tirer un nombre de conséquences plus ou moins certaines, et nous allons, d'après les motifs exposés plus haut, les présenter ici d'une manière isolée comme les faits.

PREMIÈRE CONSÉQUENCE.

L'acide nitreux n'est pas préexistant dans les craies de la Roche-Guyon, mais il s'y forme par l'action de l'air et par le concours de différentes circonstances difficiles à saisir, et à peu près de la même manière que dans les nitrières artificielles. L'expérience de M. le duc de la Rochefoucauld sur la propriété qu'ont les craies, lorsqu'elles ont été lessivées, de se salpêtrer de nouveau d'elles-mêmes par leur simple exposition à l'air, forme presque une démonstration de cette conséquence.

SECONDE CONSÉQUENCE.

Non seulement il se forme de l'acide nitreux dans les craies de la Roche-Guyon, mais il paraît prouvé qu'il s'y forme de l'alcali fixe, et la formation de ce dernier ne paraît pas même très lente à s'opérer.

TROISIÈME CONSÉQUENCE.

De ce que les craies exposées à l'air dans des lieux éloignés de toute habitation se chargent de nitre à base terreuse, on peut en conclure que la seule action de l'air suffit pour former ou pour développer ce sel dans la craie. Probablement comme les montagnes de ce canton, qui sont évidemment formées de débris de corps marins, elles contiennent encore des portions de matières animales qui ne sont point entièrement décomposées et dont la putréfaction, s'achevant par l'action de l'air, donne lieu à la production du salpêtre.

QUATRIÈME CONSÉQUENCE.

Il n'en est pas de même du salpêtre à base d'alcali fixe; ce dernier ne se rencontre que dans le voisinage des lieux habités : d'où il paraît qu'on est en droit de conclure que le concours des exhalaisons est nécessaire pour sa formation.

CINQUIÈME CONSÉQUENCE.

Peut-être soupçonnera-t-on que l'alcali fixe qui sert de base à l'acide nitreux dans le voisinage des lieux habités provient de la décomposition des matières animales et végétales, qu'il s'insinue ensuite dans les craies, qu'il y grimpe et qu'il décompose le nitre à base terreuse qui s'y est formé, pour le transformer en vrai salpêtre. Cette opinion séduisante a de grandes difficultés : premièrement, les efflorescences salpêtrées s'élèvent souvent à 15 ou 20 pieds au-dessus du niveau des habitations, et il paraîtrait difficile qu'il s'élevât par la seule imbibition une assez grande quantité d'alcali jusqu'à cette hauteur; secondement, si l'alcali fixe grimpait, comme on le suppose, à travers la craie, il décomposerait chemin faisant non seulement le nitre, mais encore le sel marin à base terreuse; cependant les craies de Mousseau et de la Roche-Guyon ne contiennent jamais de sel marin à base d'alcali végétal, rarement même de sel marin à base d'alcali minéral : ce qui semble prouver suffisamment que l'alcali végétal qui sert de base au salpêtre ne vient point par imbibition de la destruction des végétaux et des animaux.

SIXIÈME CONSÉQUENCE.

Les craies, lorsqu'elles sont bien disposées et que toutes les circonstances sont favorables, n'exigent, pour donner du salpêtre même à base d'alcali fixe, qu'une très petite quantité d'exhalaisons animales.

Telles sont les conséquences que semblent présenter les faits dont nous avons rendu compte. Elles ne sont pas, il faut l'avouer, pleinement suffisantes sur l'origine et la formation de l'acide nitreux, mais elles pourront au moins nous servir de guide pour seconder la nature et nous indiquer les méthodes les plus sûres pour accélérer sa formation dans les craies et pour transformer le nitre à base terreuse, qui s'y forme presque naturellement, en salpêtre à base d'alcali végétal. C'est par ces applications de la théorie à la pratique que nous allons terminer ce mémoire.

On a vu, dans la première partie, qu'en général les craies, prises à une certaine profondeur dans la montagne, contenaient peu d'acide nitreux, qu'il y était le plus communément uni à une base calcaire; le but qu'on doit se proposer pour former des établissements utiles en ce genre, consiste donc :

1° A augmenter la quantité d'acide nitreux contenue dans les terres;

2° A transformer le nitre à base terreuse en nitre à base d'alcali fixe; or, ce moyen, la nature semble nous le présenter : on a vu que c'était principalement par l'exhalaison des matières animales qu'elle remplissait ces deux objets; il ne s'agit donc que de l'imiter, et voici le plan que nous croyons devoir tracer à cet égard.

On choisira d'abord, pour former un établissement, l'endroit de la montagne où l'acide nitreux semblera exister naturellement en plus grande abondance, et où les craies paraîtront avoir le plus de disposition à se salpêtrer; tel sera, par exemple, le trou de Bon-Fourquières ou, mieux encore, des caves ou hangars souterrains, dont les parois seront très chargées de salpêtre à base alcaline, tels que ceux de Mousseau (voyez ci-dessus nos 12, 13 et 14), les resserres ou remises situées dans la cour du château d'Authile et quelques-unes des habitations abandonnées situées entre Authile et Chantemelle.

On fermera ces souterrains avec des portes à claire-voie et on ménagera même une ouverture au-dessus des portes, afin de laisser à l'air la circulation la plus libre qu'il sera possible.

Si les caves qu'on aura choisies pour opérer contiennent déjà, comme celles de Mousseau, du salpêtre à base d'alcali fixe, on se contentera d'abattre, tant de la voûte que des parois latérales, 3 ou 4 pouces d'épaisseur de craie; on concassera le tout, puis on mettra la terre dans des cuveaux pour la lessiver, ainsi qu'il est prescrit page 28 de l'*Instruction*, pour en extraire le salpêtre. Lorsque cette craie aura été lessivée, on la laissera s'égoutter et se sécher pendant quelques jours; on accélérera cette dessication en y mêlant un peu de paille très menue; lorsqu'elle aura été suffisamment ressuyée, on l'arrosera légèrement d'urine ou d'eau de fumier putréfiée; enfin on en formera une couche qu'on garnira par-dessous d'une claie triangulaire, semblable à celle représentée planche I, figures 4 et 5, de l'*Instruction sur l'établissement des nitrières;* on fera en outre dans la couche un grand nombre de trous avec une tarière, pour ménager des accès multipliés à l'air.

Si les caves ou lieux souterrains dans lesquels on opèrera sont nouvellement ouverts, s'ils n'ont pas été exposés un temps suffisant à l'action de l'air, enfin s'il ne s'y est pas formé de salpêtre à base alcaline, alors, au lieu de lessiver sur-le-champ la craie qu'on aura abattue, on la mettra en couche en l'arrosant d'urine, et on attendra, pour la lessiver, que la quantité de salpêtre et surtout de salpêtre à base alcaline y soit suffisamment augmentée.

Au bout de deux, trois ou six mois, plus ou moins, car ce terme ne peut absolument se fixer que d'après l'expérience, on abattra de nouveau 3 ou 4 pouces de craie à la voûte et aux parois du souterrain, et on en fera une nouvelle couche séparée de la première et construite sur les mêmes principes. On conçoit que, tandis que l'urine et l'eau de fumier enrichiront, en fermentant, la couche en salpêtre, les exhalaisons de ces mêmes matières agiront sur la voûte et sur les parois du hangar souterrain, qu'on remplira par conséquent deux objets par cette méthode et qu'on mettra en action la plus grande quantité possible de craie.

On continuera d'opérer sur le même plan jusqu'à ce que le lieu souterrain soit entièrement rempli de couches à salpêtre, en ménageant cependant l'espace nécessaire pour l'emplacement des cuveaux. On augmentera ainsi de jour en jour la grandeur de l'atelier, on s'enrichira en matières salpêtrées, et ce plan, qu'on sera obligé de suivre pendant plusieurs années, n'empêchera pas que, chemin faisant, on ne lessive les couches qui paraîtront suffisamment riches et qu'on ne les rétablisse après les avoir lessivées.

On conçoit que huit ou dix ateliers, montés sur ces principes, deviendraient un jour une source immense de richesses pour les propriétaires; ils verraient leurs fonds s'augmenter de jour en jour, et leur bénéfice ne serait limité que par leur industrie.

Quoique les craies du trou de Bon-Fourquières ne fournissent que peu ou point de salpêtre à base d'alcali fixe, cet endroit peut néanmoins servir à former un atelier d'une grande importance. On a vu, en effet, nos 9 et 10, qu'elle contenait une très grande abondance de nitre à base terreuse, et que cette qualité nitreuse s'étendait fort avant dans la montagne : il serait donc possible de lessiver les craies à mesure qu'on creuserait le souterrain et, loin qu'il en coûtât pour la main-d'œuvre, il resterait probablement, au contraire, un bénéfice considérable.

Parmi les emplacements commodes pour un établissement de ce genre, on croit devoir insister sur les enfoncements ou remises creusées dans la craie dans la cour même du château d'Authile. Le salpêtre à base d'alcali fixe s'y montre de toutes parts. Ces craies sans doute en contiennent jusqu'à une certaine profondeur; ainsi on commencerait à lessiver dès les premiers instants. Les caves ou resserres souterraines, situées à l'entrée du village de Mousseau (voir nos 12, 13 et 14), présentent bien le même avantage, mais, comme elles sont environnées de toutes parts d'habitations creusées dans la craie, le travail y serait

IMPRIMERIE NATIONALE.

limité et on ne pourrait augmenter les excavations sans risquer de causer des éboulements dangereux.

Enfin, sans se borner aux seuls endroits habités, on peut former des établissements fructueux en creusant, en pleine craie, des hangars souterrains et en y formant des couches. Le coteau qui s'étend depuis Bonnecourt jusqu'à Vetheuil offre des endroits favorables pour une pareille entreprise; peut-être, dans ces terrains neufs et où l'acide nitreux n'est pas abondant, faudrait-il forcer un peu davantage en urine, en arrosage et en fumier; peut-être aussi faudrait-il un plus long intervalle de temps pour développer dans les craies une quantité suffisante de salpêtre; mais, en oubliant pendant un ou deux ans les couches qu'on aurait formées, on ne manquerait pas de les trouver très riches et prêtes à être lessivées.

Les moyens d'exploitation qu'on vient d'indiquer, pour les environs de la Roche-Guyon, sont également applicables aux craies de Dreux, qui ne sont pas moins riches en salpêtre que celles d'Ivry-sur-Eure, à un grand nombre de carrières de tuffeau situées en Touraine, enfin aux coteaux de craies découvertes qu'on rencontre fréquemment le long de la Seine, en Normandie, et dans les provinces de Champagne et de Picardie.

C'est principalement pour ouvrir les yeux du public sur cette richesse nationale et sur les moyens d'en tirer parti qu'a été rédigé ce mémoire. Nous nous proposons de faire un travail du même genre sur le salpêtre naturel de Touraine.

MÉMOIRE

SUR DES TERRES ET PIERRES

NATURELLEMENT SALPÊTRÉES

DANS LA TOURAINE ET DANS LA SAINTONGE,

PAR MM. CLOUET ET DE LAVOISIER.

Nous avons rendu compte à l'Académie, dans un mémoire qui lui a été lu le 5 juillet 1777, des observations que nous avions faites sur les craies naturellement salpêtrées des environs de la Roche-Guyon, sur la quantité et la qualité des sels qu'on obtenait en les lessivant, et nous y avons joint quelques réflexions sur la formation du salpêtre. Le mémoire que nous présentons aujourd'hui est une suite de ce travail, ou plutôt c'est le même travail appliqué à une province entière qui ne présente pas moins de richesses en salpêtre que les environs de la Roche-Guyon.

Le voyage qui a donné lieu aux observations dont nous allons rendre compte a été fait dans les mois d'avril, mai et juin 1778. Il n'était pas difficile de s'apercevoir, à cette époque, que la guerre, et surtout la guerre maritime avec l'Angleterre, était inévitable; les préparatifs qui se faisaient de toutes parts en Europe, la quantité prodigieuse de vaisseaux en armement et en construction dans nos ports, les demandes considérables de poudre que la marine du Roi avait déjà faites, tout annonçait que notre service allait devenir plus important, plus difficile, et que nous avions à nous préparer à des fournitures supérieures même de beaucoup à celles faites dans les guerres précédentes.

Les magasins de la régie étaient, il est vrai, bien approvisionnés en poudre et en salpêtre, et, quelles que pussent être les fournitures, le service des deux ou trois premières campagnes était complètement assuré; mais il était possible que la guerre durât plus longtemps, et il aurait été de la dernière imprudence de ne pas combiner d'avance les ressources nécessaires pour continuer la guerre aussi longtemps que la gloire et la sûreté de l'État pouvaient l'exiger.

Cette circonstance nous parut celle de mettre en jeu tous les ressorts de l'administration qui nous était confiée et de développer tout ce que nous avions de moyens pour augmenter la fabrication du salpêtre et pour perfectionner celle de la poudre.

Nous partîmes en conséquence, M. Clouet et moi, le 9 avril 1778, pour parcourir, à nos frais, une partie des provinces de France, celles surtout où il existe des fabriques importantes de poudres, et où nous jugions qu'on pouvait espérer d'étendre le plus la récolte du salpêtre. Nous n'avons pas pour objet de rendre compte de tout ce qui nous a occupés dans ce voyage, la plupart de ces détails ne présenteraient ni intérêt ni utilité pour le public : nous nous bornerons à exposer ce qui a le plus de rapport à notre objet, à l'existence du salpêtre naturel dans la Touraine et dans la Saintonge.

Dans les environs de la Roche-Guyon, nous n'avions à faire qu'à une seule et même substance, à de la craie, c'est-à-dire à de la terre calcaire presque pure. Il n'en est pas de même en Touraine. Les terres et pierres que nous avons trouvées salpêtrées sont des matières composées; leur nature varie suivant leur position, suivant leur niveau; en sorte que les observations minéralogiques se sont trouvées nécessairement liées à notre travail et que nous nous sommes trouvés presque indispensablement engagés à déterminer, par des expériences chimiques, la nature des pierres que nous avons été dans le cas d'observer. Cette liaison nécessaire de l'objet qui nous occupe avec la minéralogie nous oblige à présenter ici un tableau général de la minéralogie de la Touraine et des pays adjacents, et nous partons à cet effet de la plaine de Beauce qui est à peu près le point le plus élevé du canton, qui a été peu entamé par les eaux et où les bancs ne sont point déformés.

La hauteur moyenne de cette plaine, au-dessus du niveau de la Seine au pont de l'Hôtel-Dieu, est d'environ 383 pieds. Sa hauteur au contraire, au-dessus du niveau de la Loire à Orléans, n'est que de 171 : d'où il suit que le lit de la rivière de Loire est plus haut que celui de la rivière de Seine, dans les deux points que nous venons de désigner, de 212 pieds.

Il arrive de là que toutes les vallées qui descendent à la Seine sont creusées de 212 pieds plus profondément que celles qui descendent à la Loire, qu'on pénètre par conséquent plus avant dans les couches terrestres dans les environs de la Seine à Paris que dans les environs de la Loire à Orléans, et qu'indépendamment des différences qui résultent de la différente nature du terrain, il y a des différences qui dépendent de la différence du niveau.

Dans les fouilles qui ont été faites dans la plaine de Beauce, soit par la nature, soit par l'art, on observe :

1° Une couche assez épaisse de terre végétale limoneuse et très fertile;

2° Environ 150 pieds d'une espèce de marne, laquelle renferme des pierres calcaires en rognons et qui ne forment pas des bancs suivis; ces pierres sont communément fort dures, d'un grain fin : ce sont des espèces de cos;

3° Une épaisseur de sablon blanc très considérable.

Il ne paraît pas qu'on ait pénétré au-dessous de ce niveau; mais en liant les observations faites en Beauce avec celles faites dans les environs de Paris, du côté de Versailles, Sèvres et Meudon, on serait tenté de croire que le sable repose sur un second massif de pierres calcaires, ce dernier sur un banc épais de sable, enfin que le tout porte sur un massif immense de craie, dont le niveau est très variable.

Telle est la nature des couches qui composent la Beauce, d'après les observations faites sur les vallées qui la coupent et qui se jettent dans la Seine; mais, comme on l'a déjà observé, le lit de la Loire n'étant pas creusé aussi profondément et la surface de ce fleuve n'étant que de 170 pieds environ au-dessous du niveau de la plaine de Beauce, près d'Orléans, toutes les vallées qui y aboutissent sont moins profondes et toutes les ouvertures qui ont été faites, soit naturellement, soit par l'art, ne pénètrent pas dans ce canton au delà de l'épaisseur marneuse qui forme le premier des bancs de la Beauce; le lit de la Loire se creusant peu à peu à raison de 1 pied 1/2 par 1,000 toises environ, à mesure que ce fleuve chemine vers la mer, il entame la couche inférieure à la marne : c'est ce que l'on observe déjà dans les environs de Blois et ce qui devient plus sensible et plus frappant vers Chaumont, village situé entre Blois et Amboise.

Le sable se trouve donc dans cette partie à peu près au même niveau que dans les environs d'Étampes, mais avec une différence très remarquable : c'est que vers Chaumont, entre Blois et Amboise, la couche sableuse ne succède pas brusquement à la couche marneuse, elles se mêlent au contraire ensemble, et il en résulte une pierre mixte, partie calcaire, partie sableuse, qui porte le nom de *tuffeau* en Touraine et qui est très propre à être employée dans les bâtiments.

A mesure qu'on avance vers la mer, le lit de la Loire se creuse de plus en plus; le tuffeau prend peu à peu une couleur bleuâtre, et il est alors formé d'un mélange de schiste, de terre calcaire et de sable; enfin le tuffeau repose sur une masse de schiste et d'ardoise, dont la surface n'est point horizontale et qu'on ne commence à découvrir que dans les environs d'Angers.

C'est à ce tuffeau qu'est due la grande quantité de salpêtre que fournit la Touraine. La combinaison de sable et de terre calcaire ou de craie dont il est composé lui donne précisément le degré de porosité nécessaire pour que l'air et les émanations putrescibles puissent le pénétrer et pour que la fermentation s'y achève. Non seulement le tuffeau se salpêtre dans les villes et dans les lieux habités; il contient même souvent du salpêtre dès la carrière même, lorsqu'il a été exposé quelque temps à l'air.

Les carrières de tuffeau se ressemblent toutes par l'arrangement des bancs; elles diffèrent seulement un peu par la nature de la pierre et par la proportion de sable et de terre calcaire dont elle est composée.

Les premiers bancs sont communément formés de pierres anguleuses mal arrangées; à mesure qu'on descend, la pierre prend plus de consistance, alors on y trouve quelques noyaux de coquilles et de madrépores et quelques silex. Plus bas, les bancs deviennent de plus en plus épais et forment des masses considérables.

C'est dans cette masse que sont creusées les carrières de tuffeau de Touraine; on les taille en parallélogrammes allongés, toujours à peu près de mêmes dimensions. Toutes les villes situées le long de la Loire sont bâties de cette pierre. On en transporte à Nantes, à Bordeaux et même jusque dans les colonies.

Il serait difficile de déterminer quelle est l'épaisseur de la masse de tuffeau, parce qu'il n'y en a qu'une partie de découvert. On en voit souvent dans le bas des coteaux une épaisseur de 60 ou 80 pieds au-dessus du niveau de la Loire; elle est même de 120 pieds dans les environs de Saumur.

Comme toutes les fouilles qui ont été faites ne pénètrent pas au-dessous du niveau des rivières, il est impossible de savoir jusqu'où s'étend le tuffeau. Il paraît seulement qu'il est plus ou moins épais, suivant que la masse de schiste, sur laquelle il est probable qu'il repose, s'approche plus ou moins de la surface de la terre.

Notre premier projet avait été de joindre une carte à ce mémoire, et nous en aurions rendu l'intelligence un peu plus facile; mais l'étendue de terrain qu'embrassent nos observations étant fort considérable, ou nous aurions été forcés d'employer des cartes très grandes et très multipliées, ou de les faire faire sur une très petite échelle, et elles auraient été inutiles.

D'ailleurs la carte de France de l'Académie est maintenant entre les mains de tout le monde, il sera par conséquent facile à ceux qui voudront faire une étude particulière du local de nous suivre dans les lieux que nous avons parcourus; ils auront à se munir des cartes ci-après : n° 1, Paris; n° 7, Étampes et Fontainebleau; n° 8, Orléans;

n° 28, Vendôme; n° 29, Blois; n° 65, Tours; n° 66, Loudun, Richelieu et Chinon; n° 67, Poitiers; n° 69, la Rochefoucauld; n° 70, Angoulême et Aubeterre; n° 102, Saintes.

Après avoir donné des idées générales de l'arrangement des couches depuis Étampes jusqu'à l'extrémité de la Touraine, nous allons entrer dans le détail des localités.

Nous avons déjà fait observer que c'est vers Chaumont, c'est-à-dire entre Blois et Amboise, que les carrières de tuffeau commençaient à se découvrir, dans le bas des coteaux; nous avons pris un échantillon de celui que M. le Ray de Chaumont employait à Chaumont dans une nitrière qu'il avait établie, et dans des couches à la suédoise. Ayant dissous ce tuffeau dans l'acide nitreux affaibli, nous avons reconnu qu'il contenait par quintal.

	livres.	onces.
Terre calcaire	78	2
Sablon très fin, très blanc, en poudre presque impalpable, qui ne contenait pas de paillettes talqueuses	21	14
Total	100	0

Au delà de Chaumont, et après le village de Mosne, la rive gauche de la Loire ne présente plus, presque jusqu'à Amboise, qu'une suite de carrières de tuffeau, d'où l'on a tiré des pierres de taille. Nous avons observé quelques-unes de ces carrières à la Calonnière et à la Cave. La carrière où nous nous sommes le plus arrêtés se nomme Notre-Dame-de-Bonne-Cave; elle présente une coupe d'environ 60 pieds, toute de tuffeau; les premiers bancs n'ont point de continuité; vers le milieu elle forme de beau moellon, et, dans le bas, de la pierre de taille.

Le banc supérieur, à l'endroit où la pierre commence à se dessiner en pierre de taille, est rempli de coquilles fossiles; on y trouve surtout beaucoup de tuyaux marins, quelques-uns droits, d'autres vermiculaires, des cammes striées, des fragments de madrépores et d'oursins. La masse de pierres de taille a environ 20 pieds d'épaisseur, et probablement elle se continue plus avant et peut-être au delà du niveau de la rivière.

Nous avons observé que la surface de ces pierres s'altérait aisément à l'air; le sable dont elles sont composées tombe, et il reste une efflorescence calcaire qui souvent a un goût salin; du reste, on ne voit dans les carrières aucune efflorescence de salpêtre à base d'alcali fixe. Le tuffeau de tout ce coteau est à peu près de même nature que celui voisin de Chaumont; il contient 75 à 80 livres de terre calcaire par quintal, et le surplus en sable fin.

Ce n'est pas seulement dans le bas des coteaux de la vallée de la Loire qu'on observe ces carrières de tuffeau; on les trouve dans toutes les vallées voisines qui sont assez profondes, et notamment le long du Cher; et c'est dans cette partie qu'elles sont souvent salpêtrées.

On trouve quelques-unes de ces carrières ouvertes entre la Croye et Civray, ainsi qu'au village de Chissay; la pierre y est assez dure, d'un grain brillant, et ne présente pas d'efflorescence salpêtrée. Vers Chissay, la pierre commence à devenir plus tendre et plus fine; la même nature de terrain se continue après Montrichard, et on trouve à Bourré et à Vinneuil des habitations formées dans les carrières mêmes; on y remarque aussi d'anciens travaux abandonnés qui pénètrent fort avant dans la montagne. Quoique ce coteau ne soit pas fort riche en salpêtre, le salpêtrier de Montrichard y trouve l'aliment de son atelier, principalement dans les environs des carrières habitées.

C'est surtout sur les confins de la paroisse de Bourré et de celle de Monthou que les carrières sont le plus considérables. La pierre qu'on en tire est connue dans le canton sous le nom de pierre de Bourré; elle est tendre et se taille plus facilement que celle de Saint-Leu même; elle est d'une grande blancheur et la conserve longtemps; mais elle a l'inconvénient d'être trop tendre, de se décomposer aisément à l'air, et elle se salpêtre très promptement. On en transporte par la Loire à Orléans, à Tours, à Nantes, et même à Bordeaux. Souvent, à l'ouverture de ces carrières, on trouve, sur le rocher, des efflorescences qui ont un goût salin et amer; mais on n'y trouve point de salpêtre à

IMPRIMERIE NATIONALE.

base alcaline, ni en efflorescences, ni en plaques, comme à la Roche-Guyon.

Pour connaître exactement la nature de ces pierres et celle des substances salines qu'elles pouvaient contenir, nous en avons pris des échantillons dans une carrière de Monthou, sur les confins de la paroisse de Bourré. Il y avait des parties de cette carrière nouvellement exploitées, mais elle s'étendait à une grande profondeur et communiquait avec des travaux anciens. Nous allons rendre compte et du local où nous avons pris les échantillons, et des expériences auxquelles nous les avons soumis.

TUFFEAU PRIS À L'ENTRÉE DE LA CARRIÈRE DE MONTHOU, CONFINS DE LA PAROISSE DE BOURRÉ, À LA SURFACE D'UN PILIER, ET SEULEMENT À 1 POUCE DE PROFONDEUR ET À 4-5 PIEDS AU-DESSUS DU NIVEAU DU SOL.

Ayant lessivé 1 quintal de cette matière avec 1 quintal d'eau, on a obtenu, en tenant compte de l'eau restée dans la terre, les quantités de matières salines qui suivent :

Sans addition d'alcali.

	onces.	gros.	grains.
Terre calcaire	0	2	10
Sel marin	0	5	9
Salpêtre à base d'alcali fixe	0	7	50
Eau mère.			

Avec addition de 5 onces 6 gros 54 grains d'alcali fixe.

	onces.	gros.	grains.
Salpêtre	4	3	63
Quantité de terre calcaire, précipitée de l'eau mère, 3 onces 57 grains.			
TOTAL du produit salin	6	2	60

DÉBLAIS PRIS À L'ENTRÉE DE LA MÊME CARRIÈRE DE MONTHOU DANS UN LIEU EXPOSÉ À L'AIR, MAIS À L'ABRI DE LA PLUIE.

PRODUITS SALINS OBTENUS PAR LIXIVIATION.
PAR QUINTAL.

Sans addition d'alcali.

	onces.	gros.	grains.
Terre calcaire	0	3	70
Sélénite	0	2	0
Salpêtre à base alcaline	0	1	42
Eau mère.			
Avec addition de 1 once 6 gros 20 grains d'alcali.			
Salpêtre	1	6	20
Quantité de terre calcaire précipitée par l'alcali, 1 once 1 grain 38.			
TOTAL du produit salin	2	5	60

PRODUITS OBTENUS PAR L'ANALYSE AVEC LES ACIDES.
PAR QUINTAL.

	livres.	onces.	gros.	grains.
Terre calcaire	55	8	7	8
Sablon blanc très fin, très divisé, mêlé de beaucoup de paillettes talqueuses	44	7	0	64
TOTAL des produits terreux	100	0	0	0

TUFFEAU DÉTACHÉ DANS LA MÊME CARRIÈRE DE MONTHOU, SOUS LA MONTAGNE, À 480 PIEDS DE L'OUVERTURE DE LA CARRIÈRE DANS UNE PARTIE D'ANCIENS TRAVAUX ABANDONNÉS.

PRODUITS SALINS OBTENUS PAR LIXIVIATION.
PAR QUINTAL.

Sans addition d'alcali.

	onces.	gros.	grains.
Terre calcaire	0	3	50

	onces.	gros.	grains.
Report........	0	3	50
Sélénite....................................	0	3	50
Sel marin....................................	0	3	50
Salpêtre à base alcaline.........................	0	1	61
Eau mère.			
Avec addition de 5 gros d'alcali.			
Salpêtre....................................	0	5	39
Sel marin végétal............................	0	0	38
Quantité de terre calcaire précipitée par l'alcali, 3 gros 50 grains.			
Total du produit............	2	3	0

PRODUITS OBTENUS PAR L'ANALYSE AVEC LES ACIDES.

PAR QUINTAL.

	livres.	onces.	gros.	grains.
Terre calcaire.........................	60	6	5	24
Sablon blanc très fin, très divisé..........	39	9	2	46
Total...............	100	0	0	0

DÉBLAIS DE LA MÊME CARRIÈRE DE MONTHOU, PRIS SUR LE SOL AU MÊME ENDROIT, C'EST-À-DIRE À 480 PIEDS DE L'OUVERTURE DE LA CARRIÈRE.

PRODUITS SALINS OBTENUS PAR LIXIVIATION.

PAR QUINTAL.

Sans addition d'alcali.

	onces.	gros.	grains.
Terre calcaire................................	0	0	62
Sélénite....................................	0	0	50
Eau mère.			
Avec addition de 1 once 6 gros 11 grains d'alcali.			
Salpêtre....................................	2	0	48
Total du produit salin........	2	2	16

PRODUITS OBTENUS PAR L'ANALYSE AVEC LES ACIDES.

PAR QUINTAL.

	livres.	onces.	gros.	grains.
Terre calcaire	57	4	5	24
Sablon blanc, très fin, très divisé, contenant beaucoup de paillettes talqueuses	42	11	2	48
Total des produits terreux.	100	0	0	0

Nous observerons ici qu'on trouve dans le banc qui forme le ciel de cette carrière et de la plupart de celles de ce canton une grande quantité de noyaux de bivalves, de l'espèce de celles qu'on nomme cœurs. Le banc supérieur, quoique à peu près de même nature que les autres, est moins tendre et moins traitable.

Le tuffeau, dans toute cette partie, paraît avoir une grande épaisseur, par exemple de 100 ou de 120 pieds, sans compter ce qui s'étend au-dessous du niveau de la rivière, et qui est entièrement inconnu.

Nous terminerons ce que nous avons à dire sur les carrières qui sont le long du Cher, en observant qu'elles présentent souvent, surtout dans les environs de Montrichard, de grandes fentes perpendiculaires de 2 ou 3 pieds qui sont toutes remplies d'une espèce d'argile d'un jaune brun. Le salpêtrier de Montrichard nous a assuré que les blaireaux faisaient de profonds terriers dans cette glaise et qu'elle était souvent riche en salpêtre. Ce salpêtrier pénètre dans ces tanières, en retire la terre le plus avant qu'il peut, et elles produisent par lixiviation jusqu'à 1 livre 1/2 de salpêtre à base terreuse par quintal.

Le même tuffeau se retrouve le long de la Loire depuis Amboise jusqu'à Tours et dans tous les environs de cette ville.

Nous nous sommes d'abord attachés à observer avec soin les environs de Vernou et Vouvray, villages situés près de la Loire et à sa rive droite. Tout le coteau et les vallées adjacentes sont composés de tuffeau. Le niveau auquel il commence peut être de 150 à 200 pieds au-dessus du niveau de la Loire. On trouve d'abord, dans le haut, d'assez bonnes terres à blé; dans quelques endroits, elles contiennent des cailloux ou espèces de meulières pleines; ensuite vient la masse de tuffeau qui descend jusqu'au niveau de la rivière de Loire. La pierre, dans le haut, est très dure et se salpêtre difficilement; mais, lorsqu'on n'est plus qu'à une cinquantaine de pieds du niveau de la Loire, elle devient plus tendre. Nous avons trouvé aux Échenots, près Vouvray, une veine jaunâtre de ce tuffeau qui était remplie de coquilles, et principalement d'huîtres allongées. Il était tout pénétré de salpêtre à base terreuse, et l'on trouvait même, dans quelques endroits, du salpêtre à base alcaline en efflorescence et en plaques. Il y a aux Échenots même un salpêtrier qui exploite ce tuffeau et qui en tire chaque année une grande quantité de salpêtre.

En suivant ce coteau jusqu'à Vernou et Chançay, le tuffeau continue, et on trouve en plusieurs endroits des caves et resserres qu'on y a creusées. Dans presque toutes celles qui sont suffisamment aérées, on trouve du salpêtre à base alcaline en efflorescence. En pénétrant plus avant et dans les endroits où l'air circule avec moins de facilité, on ne trouve plus de salpêtre à base alcaline, mais seulement du salpêtre à base terreuse, qui est sensible au goût et que l'on obtient par lixiviation.

On a pris à Vauzel, paroisse de Vouvray, un échantillon de ce tuffeau, à 4 pouces de profondeur, à l'entrée d'une cave ou resserre, et l'on en a retiré les produits qui suivent.

PRODUITS SALINS OBTENUS PAR LIXIVIATION.

PAR QUINTAL.

	onces.	gros.	grains.
Sans addition d'alcali.			
Terre calcaire	0	4	12
Sel marin	1	4	56
Eau mère.			
Avec addition de 6 onces 4 grains d'alcali.			
Salpêtre	6	3	8
Sel fébrifuge	0	6	48
Terre calcaire, précipitée par l'alcali fixe, 3 onces 1 gros.			
TOTAL des produits salins	9	2	52

Nous avons trouvé dans ce canton, comme aux Échenots, des veines de tuffeau jaunâtre qui contiennent beaucoup de débris de coquilles; on n'en trouve point au contraire dans celui qui est blanc, et il ne contient d'autres corps étrangers que quelques cailloux de la nature de ceux qu'on rencontre dans la craie.

A un quart de lieue au sud-ouest de Chançay est une ferme nommée le verger; on trouve à peu de distance, à la croisière d'un chemin au nord, une veine de substance blanche qu'on prendrait pour une craie marneuse. Dans les endroits où elle est à l'abri des injures de l'air, elle a une amertume très décidée. On trouve une veine de la même substance dans la cour même de la ferme et dans le jardin; cette dernière est encore beaucoup plus amère que la précédente, et nous en avons pris un échantillon pour la lessiver.

PRODUITS SALINS OBTENUS PAR LIXIVIATION DE LA SUBSTANCE MARNEUSE ET SABLEUSE DU VERGER. — PAR QUINTAL.

Sans addition d'alcali.

Eau mère de salpêtre et de sel marin.

Avec addition de 3 livres 4 gros 64 grains d'alcali.

	livres.	onces.	gros.	grains.
Salpêtre	2	3	0	40
Sel fébrifuge	0	15	5	57
Quantité de terre calcaire précipitée par l'alcali, 1 livre 7 gros 51 grains.				
TOTAL des produits salins	3	2	6	25

Nous avons soumis ces deux matières à l'analyse par les acides, et nous avons reconnu que, quoique composées l'une et l'autre de terre calcaire et de sable très fin, elles différaient beaucoup par la proportion de ces deux substances.

PRODUITS OBTENUS PAR LES ACIDES DU PREMIER ÉCHANTILLON PRIS AU VERGER.

PAR QUINTAL.

	livres.	onces.	gros.	grains.
Terre calcaire	76	0	5	24
Matière douce au toucher, très fine, espèce de kaolin mêlée de paillettes talqueuses	23	15	2	48
Total	100	0	0	0

PRODUITS OBTENUS PAR LES ACIDES DU SECOND ÉCHANTILLON PRIS AU VERGER.

PAR QUINTAL.

	livres.	onces.	gros.	grains.
Terre calcaire	21	12	5	24
Substance très fine et comme impalpable, tenant cependant de la nature du sablon	78	3	2	48
Total	100	0	0	0

En suivant de Vouvray pour aller à Tours, le coteau continue à être garni de rochers de tuffeau, et cette pierre s'étend depuis le haut du coteau jusqu'au niveau de la Loire. Nous avons eu occasion de nous en assurer à Saint-Georges, dans la maison de M. Graillet; cette maison est située à 60 ou 80 pieds au-dessus du niveau de la Loire; tout auprès est une descente souterraine très rapide, qui conduit à une carrière profonde, dont les rues s'étendent fort avant sous la montagne. Le fond de cette carrière est presque de niveau avec la Loire, au point que l'eau y pénètre dans les crues de cette rivière. La pierre est à peu près de même nature que celle de Bourré; elle se laisse aisément entamer, et l'humidité seule suffit pour en détacher des particules de sable qui s'amassent par terre; et il reste en même temps sur la surface de la pierre des efflorescences calcaires blanches.

Cette pierre contient aussi de la sélénite; car l'eau qui pénètre dans la carrière en charrie, et l'on en trouve des plaques et même des feuillets très blancs et très minces accumulés sur le sol de la carrière.

On y trouve aussi quelques cailloux de la nature de ceux que présente la craie; ils sont ramifiés et branchus comme du corail ou des bois de cerf; enfin on y observe quelques noyaux de coquilles, des cœurs en substance, etc. : c'est ainsi qu'on nomme une espèce de grande camme fossile dont les deux valves réunies présentent l'apparence d'un cœur de bœuf. Nous avons remarqué dans cette carrière un filon ou fente perpendiculaire, tout semblable à ceux qu'on trouve dans les carrières des environs de Bléré et de Montrichard; cette fente avait à peu près 1 pied de large et était toute remplie de glaise; on y avait ouvert une longue galerie, sans doute pour en tirer de la glaise.

La surface du tuffeau de cette carrière ne présente aucune apparence de salpêtre à base d'alcali fixe; les circonstances paraissaient même peu favorables à la nitrification, attendu qu'il n'y a presque aucune circulation d'air dans ce souterrain. Nos expériences nous ont cependant appris, comme on va le voir, que, même dans la partie la plus profonde, la pierre de la carrière contenait une petite quantité de salpêtre.

L'échantillon sur lequel on a opéré a été pris aux parois de cette carrière à 500 pieds de l'ouverture et a donné les produits qui suivent :

PRODUITS SALINS OBTENUS PAR LIXIVIATION DU TUFFEAU DE LA CARRIÈRE SAINT-GEORGES.
PAR QUINTAL.

Sans addition d'alcali.

	onces.	gros.	grains.
Terre calcaire	0	1	69
Sélénite	0	0	35
Sel marin très amer	1	2	9
Salpêtre à base alcaline	0	1	22
Eau mère.			
Avec addition de 6 gros d'alcali.			
Salpêtre	0	4	62
Quantité de terre calcaire précipitée par l'alcali, 1 gros 69 grains.			
TOTAL des produits salins	2	2	53

PRODUITS OBTENUS PAR LA DISSOLUTION DANS LES ACIDES.

PAR QUINTAL.

	livres.	onces.	gros.	grains.
Terre calcaire	82	10	1	56
Sable en poudre impalpable	17	5	6	16
TOTAL	100	0	0	0

Cet échantillon, comme nous l'avons déjà observé, a été pris environ à 12 ou 15 pieds du niveau de la rivière de Loire tout au plus; c'est le point le plus bas où nous ayons porté nos observations dans ce canton.

Le coteau situé de l'autre côté, c'est-à-dire sur la rive gauche de la Loire, présente à peu près la même nature de terrain.

Celui qui règne derrière Saint-Avertin présente d'abord, dans le haut, de gros cailloux ou espèces de meulières pleines mêlées dans la terre végétale; ensuite commence la masse de pierres calcaires ou tuffeau; elle est quelquefois coupée dans la partie supérieure par des bancs d'une espèce d'ocre ou par du sablon gris et noir. Plus bas les bancs de pierre sont continus et ne sont plus interrompus jusqu'au niveau de la Loire. On a ouvert dans ce coteau un grand nombre de carrières qui s'étendent sous la montagne; elles sont à différents niveaux. La pierre est à peu près la même dans toutes; elle est jaunâtre et dure. On y trouve quelques noyaux de coquilles, principalement de vis et nautiles.

On avait profité d'une de ces carrières abandonnées à la Roche-Grueau, près Saint-Avertin, pour y former une nitrière; les matériaux dont on avait formé les couches consistaient : 1° dans les déblais de la carrière même, qui sont, comme on le verra bientôt, naturellement un peu salpêtrés; 2° dans des matériaux de démolition lessivés par les salpêtriers de Tours et qui avaient été charroyés dans cette carrière; 3° dans quelques matériaux de démolition non lessivés, transportés également de Tours. Toutes ces terres, tous ces décombres étaient disposés par couches de 2 pieds, et la quantité en était déjà très considérable. Cet établissement devait réussir s'il eût été bien conduit; mais on ne mêlait dans les couches aucune substance susceptible de fermentation, et des matières absolument abandonnées à elles-mêmes ne peuvent donner de salpêtre que très à la longue et en quantité très médiocre.

Pour connaître si les matériaux de cette carrière étaient naturellement salpêtrés, on a pénétré fort avant sous la montagne dans des travaux anciens très éloignés des couches et où l'on n'avait point apporté de matériaux salpêtrés; on en a obtenu les produits qui suivent :

PRODUITS SALINS OBTENUS PAR LIXIVIATION DES DÉBLAIS DE LA CARRIÈRE SAINT-AVERTIN, PRIS À 120 PIEDS DE L'OUVERTURE.

PAR QUINTAL.

Sans addition d'alcali.

	onces.	gros.	grains.
Terre calcaire et sélénite	0	2	56
Sel marin amer	1	0	24
Salpêtre à base alcaline	0	1	18
Eau mère.			
Avec addition de 1 once 7 gros 50 grains d'alcali.			
Salpêtre	1	4	36
Sel fébrifuge	0	7	51
Terre calcaire précipitée par l'alcali, 1 once 24 grains.			
TOTAL des produits salins	4	0	41

PRODUITS SALINS OBTENUS DES DÉBLAIS DE LA MÊME CARRIÈRE DE SAINT-AVERTIN, À 400 PIEDS DE L'OUVERTURE.

PAR QUINTAL.

Sans addition d'alcali.

	onces.	gros.	grains.
Terre calcaire et sélénite	2	7	64
Salpêtre	1	0	64
Eau mère desséchée	0	3	44
TOTAL des produits salins	4	4	28

PRODUITS OBTENUS PAR LA DISSOLUTION DANS LES ACIDES D'UN ÉCHANTILLON DE LA PIERRE DE LA CARRIÈRE SAINT-AVERTIN, PRISE EN PLEIN BANC.

PAR QUINTAL.	livres.	onces.	gros.	grains.
Terre calcaire	82	15	6	16
Sablon fin d'un gris jaunâtre	17	0	1	56
TOTAL	100	0	0	0

Ce dernier produit est sensiblement le même que celui obtenu du tuffeau de la carrière Saint-Georges.

Après avoir parcouru les environs de Tours et les principales carrières qui l'avoisinent, nous avons continué à suivre les coteaux qui bordent la Loire jusqu'à Saumur et au delà.

Le chemin de Tours à Vendôme, au sortir du nouveau pont, est ouvert à travers la masse de tuffeau; il est exactement semblable à celui de tout ce canton. La même nature de terrain se continue le long du coteau jusqu'à Luynes. Depuis cet endroit jusqu'à Saint-Mars, le coteau est garni d'habitations souterraines creusées dans le tuffeau; le salpêtre, principalement à base terreuse, y abonde de toutes parts. Nous nous sommes contentés de goûter les terres et les pierres; leur amertume nous a fait connaître qu'elles contenaient de l'eau mère, et nous avons trouvé le salpêtre à base alcaline en efflorescences ou en plaques en beaucoup d'endroits.

Un salpêtrier qui était établi à Luynes avait profité de cette disposition pour former dans la montagne même un bel atelier à salpêtre; on remarquait, dans l'endroit où il s'était établi, trois rangs ou étages de caves ou carrières qui étaient séparées les unes des autres par un lit de tuffeau contenant des cailloux et des noyaux de cœurs fossiles.

Un échantillon du tuffeau pris dans la cave ou carrière intermédiaire s'est trouvé contenir par quintal :

	livres.	onces.	gros.	grains.
Terre calcaire	77	15	1	56
Sablon fin	22	0	6	16
TOTAL	100	0	0	0

La cave ou carrière inférieure est située à 60 pieds environ au-dessus du niveau de la Loire; elle était ouverte dans un tuffeau fort tendre, très propre à se salpêtrer, et on y voyait même du salpêtre à base d'alcali fixe en plaques. Le tuffeau de cette carrière inférieure, analysé par la dissolution dans les acides, s'est trouvé contenir par quintal :

	livres.	onces.
Terre calcaire	79	11
Sablon fin mêlé de mica	20	5
TOTAL	100	0

On trouve à l'entrée de Langeais quelques habitations creusées dans le tuffeau; mais, à cela près, les coteaux des environs sont en pente douce, le tuffeau n'est à découvert presque nulle part, et il n'y a ni fouilles ni carrières couvertes. Lorsqu'on est arrivé près de Saint-Patrice, la grand'route qui suit le bord de la rivière s'éloigne du coteau et on entre dans une plaine basse, peu élevée, au-dessus du niveau de la Loire, qui est toute remplie de quartz, de silex, de granits roulés par cette rivière; cette vaste plaine se continue le long de la rive droite de la Loire jusqu'à cinq ou six lieues au-dessous de Saumur.

Le grand éloignement des coteaux, le long de la rive droite de la Loire, nous a naturellement engagés à porter nos observations sur les coteaux situés le long de la rive gauche. La Loire les serre de fort près de ce côté, aussi sont-ils très escarpés; le tuffeau y est fréquemment à découvert, et l'on y a ouvert un grand nombre de carrières.

Le château de Saumur est bâti lui-même sur un coteau de tuffeau de 120 à 150 pieds de hauteur; on y a creusé des caves en plusieurs endroits.

En suivant la côte en descendant la Loire, on trouve à trois quarts de lieue environ de Saumur, à un endroit nommé Pigereau, de grandes carrières de tuffeau, mais qui donnent peu d'apparence de salpêtre; on y trouve plusieurs belles sources, dont l'une dépose des incrustations spatheuses calcaires.

Plus loin, à deux lieues au-dessous de Saumur, se trouvent le village des Tuffeaux et les carrières de même nom; on ignore si c'est le village qui a donné le nom à la pierre, ou la pierre au village.

Les carrières sont en grand nombre, et on en trouve une suite qui sont ouvertes le long du coteau à un quart de lieue avant et à un quart de lieue après la paroisse des Tuffeaux; elles s'étendent très avant sous la montagne. C'est de là que se tire une grande partie des pierres qu'on emploie à bâtir à Angers et à Nantes; on les exploite par blocs de 18 pouces de longueur, sur 8, 9 et 10 pouces sur chacune des autres faces; ces blocs ainsi taillés se nomment tuffeaux.

Ceux qui sont tirés à une grande distance sous la montagne sont d'un gris cendré, ardoisé, surtout lorsqu'ils sortent de la carrière et qu'ils sont humides; mais ils deviennent presque blancs en séchant. Cette couleur grise, ou plutôt bleuâtre, est due à une petite portion de schiste ardoisé très fin qu'ils contiennent; en sorte que ces tuffeaux sont composés d'environ trois quarts de terre calcaire, d'un quart de sablon et d'une petite portion de schiste. Cette circonstance de contenir du schiste est commune à presque toutes les pierres calcaires qui avoisinent les montagnes de schiste, et c'est un motif de plus pour croire que si l'on creusait plus avant on trouverait le schiste ardoisé, ou peut-être l'ardoise elle-même au-dessous des bancs calcaires de ce canton.

Nous avons pénétré dans une de ces carrières environ à 3,000 pieds sous la montagne; la pierre n'y était pas distinguée par bancs; elle ne formait qu'une seule masse dont on détachait des blocs en les cernant tout autour avec des pics et en les faisant partir avec des coins de bois; on les débite ensuite en tuffeau ou en pierres plus ou moins fortes, et qui portent toutes un nom particulier suivant les dimensions.

Cette pierre est en général sableuse et tendre, d'un grain uniforme : il n'est pas sans exemple d'y trouver quelques corps marins, mais ils sont rares. On y trouve quelquefois du bois pourri, et le hasard nous y en a fait rencontrer un morceau. Quelquefois on observe dans l'intérieur de la masse des rognons d'une pierre plus dure, mais qui cependant est à peu près de même nature.

On transporte les tuffeaux du fond de la carrière à l'entrée sur des traîneaux conduits par des bœufs; ils se vendent 9 livres le cent. Ces pierres ne contiennent point de salpêtre dans le fond de la carrière, à moins que ce ne soit dans des travaux très anciennement abandonnés; mais ils ont une très grande disposition à s'en pénétrer.

La tour de Trèves, qui est à une demi-lieue au delà des Tuffeaux, est fondée sur une butte de tuffeau blanc qui est salpêtré dans tous les endroits où il est abrité de la pluie. L'échantillon que nous avons pris et que nous avons lessivé nous a donné les produits qui suivent :

PRODUITS SALINS OBTENUS DU TUFFEAU SUR LEQUEL EST BÂTIE LA TOUR DE TRÈVES.

PAR QUINTAL.

	livres.	onces.	gros.	grains.
Sans addition d'alcali.				
Salpêtre	0	0	2	56
Sel marin	0	1	6	58
Eau mère.				
Avec addition de.....				
Salpêtre	1	4	5	20
Sel fébrifuge de Silvius	0	3	5	12
TOTAL des produits salins	1	10	4	2

Il y a dans cette même paroisse de Trèves plusieurs caves ou habitations creusées dans le tuffeau : on y trouve presque partout des apparences de salpêtre, même à base d'alcali fixe.

Le haut de ce coteau, au-dessus des Tuffeaux, est composé d'un sable talqueux qui contient des bancs de grès horizontaux; on trouve de ces mêmes blocs de grès répandus le long de la côte entre Trèves et Saint-Hilaire.

Une carrière abandonnée près de Trèves, dans un endroit qu'on nomme Barbacanne, nous a donné lieu de faire une observation d'un autre genre; elle était peu profonde, très aérée, et toutes ses parois étaient tapissées d'une grande quantité d'efflorescences salines que nous avons ramassées et qui, par l'examen, se sont trouvées être de l'alcali fixe minéral très pur, à peu près saturé d'air fixe.

Entre les Tuffeaux et Mineroles, plus près de ce dernier endroit, nous avons trouvé une autre petite coupe faite dans le tuffeau, qui était pareillement couverte d'efflorescences, ou plutôt de plaques d'alcali fixe minéral. On a déjà annoncé que le château de Saumur était bâti sur un coteau de tuffeau blanc; la même nature de terrain se continue en remontant la Loire à Dampierre, Souzé, Parnay, Turquan, Caudes et Montsoreau : c'est en ce dernier endroit que la Vienne se jette dans la Loire, et, en remontant cette rivière jusqu'à Chinon et beaucoup par delà, on continue à trouver le même tuffeau.

Tout le coteau, au moins depuis Saumur jusqu'à Montsoreau, paraît composé comme il suit : on trouve d'abord, dans le haut, une espèce de silex plein et fort dur; c'est une espèce de meulière pleine; ces cailloux reposent sur un banc de 8 à 10 pieds d'un tuffeau sableux, sans consistance, qui contient des pierres mamelonnées, sableuses et calcaires, et souvent des coquilles fossiles de différentes espèces. Ce tuffeau paraît composé de sable plus fin, en général, que celui de la masse inférieure; les corps marins qu'on y trouve sont principalement des pointes d'oursins, des vis, etc. Ce banc est suivi d'un banc de pierre coquillière poreuse fort dure, dans laquelle, entre autres corps fossiles, on trouve des oursins; enfin viennent les bancs de vrai tuffeau blanc, qui ont environ 120 pieds d'épaisseur jusqu'au niveau de la

Loire. C'est entre Parnay et Turquan que nous avons été à portée de mieux observer ces dispositions. Après avoir donné une vue générale de la disposition des bancs, nous passons aux détails et principalement à ceux qui concernent la production du salpêtre.

On trouve à Dampierre, au fond du jardin de M. l'Évêque de Varennes, à 30 pieds au-dessus du niveau de la maison et à 80 pieds de celui de la Loire, d'anciennes carrières qui s'étendent fort avant sous la montagne; le tuffeau en est plus sableux que celui des environs de Saumr; aussi se décompose-t-il aisément à l'air, le sable tombe, et il reste sur la face des rochers une efflorescence calcaire qui est communément salpêtrée, surtout dans le bas.

Ayant fait ramasser des déblais de cette carrière et les ayant lessivés, nous avons reconnu qu'ils contenaient :

PAR QUINTAL.

Sans addition d'alcali.

	onces.	gros.	grains.
Sélénite	0	2	56
Matière extractive	0	7	29
Eau mère.			
Avec addition de 7 onces 7 gros 19 grains d'alcali.			
Salpêtre imprégné d'eau mère et de matières extractives	5	7	27
Sel fébrifuge de Silvius	1	3	8
Sel fébrifuge imprégné de matières extractives	1	0	35
Terre calcaire précipitée par l'alcali fixe, 4 onces 48 grains.			
Total du produit salin	9	5	11

Derrière et attenant la maison de M. l'Évêque, on trouve d'autres carrières ouvertes dans le tuffeau à environ 25 pieds au-dessous du niveau des précédentes, la pierre y est blanche et sableuse, les bancs

IMPRIMERIE NATIONALE.

ont jusqu'à 3 pieds d'épaisseur; ils ne contiennent point de cailloux. On y trouve quelques vestiges de salpêtre en aiguilles, mais beaucoup d'indices de salpêtre à base terreuse.

Il y a à Souzé un salpêtrier qui fait 4 ou 5 milliers de salpêtre; il emploie principalement des matériaux de démolitions et fait peu d'usage des ressources que lui présente le grand nombre des carrières abandonnées de ce canton. Nous avons entrevu que le véritable obstacle tenait à ce que presque tout le salpêtre de ces carrières est à base terreuse, et qu'il faudrait une très grande quantité d'alcali pour le décomposer. Les salpêtriers, à l'époque de notre voyage, n'employaient que des cendres, et l'usage de la potasse leur était entièrement inconnu. Or il aurait fallu des volumes énormes de cendre pour décomposer du salpêtre purement à base terreuse, et la dépense en cendre aurait absorbé le bénéfice d'autant plus qu'en lessivant la terre et la cendre ensemble, une partie de l'eau salpêtrée serait restée dans la cendre. L'usage de la potasse que nous avons introduit dans la fabrication du salpêtre lèvera cet obstacle, surtout lorsque cet alcali, dont le prix a considérablement augmenté pendant la guerre, aura repris son niveau. Cette circonstance, jointe à l'augmentation de prix accordé par le Roi, mettra avec le temps en activité toutes les ressources de la province, et l'on peut juger déjà combien elles sont considérables.

Nous avons pris dans le haut du coteau de Turquan un échantillon de tuffeau, sable jaunâtre, qui contient des coquilles fossiles; ce tuffeau, analysé par la dissolution dans les acides, s'est trouvé contenir :

PAR QUINTAL.	livres.	onces.	gros.	grains.
Terre calcaire	70	13	2	48
Sablon jaunâtre très fin contenant des paillettes talqueuses	29	2	5	24
TOTAL	100	0	0	0

La masse de tuffeau qui est au-dessous a été anciennement fouillée profondément en cet endroit, pour y tirer de la pierre. On exploite même encore une carrière qui s'étend à une demi-lieue horizontalement sous la montagne; elle est ouverte à 80 pieds environ au-dessus de la Loire; la pierre en est blanche, sableuse, et fort mêlée de paillettes talqueuses. En ayant analysé un échantillon par les acides, elle s'est trouvée composée ainsi qu'il suit :

PAR QUINTAL.	livres.	onces.	gros.	grains.
Terre calcaire	52	11	2	48
Sable blanc un peu grisâtre très fin	47	4	5	24
TOTAL	100	0	0	0

Les environs de Parnay présentent un grand nombre de carrières abandonnées qui sont loin de toute habitation; elles sont ouvertes à 100 pieds au-dessus du niveau de la Loire. On trouve fréquemment dans ces carrières des efflorescences calcaires appelées *lac lunæ;* la dissolution de cette substance dans les acides nous a fait connaître qu'elle était une terre calcaire presque pure, et la lixiviation nous a appris qu'elle contenait du salpêtre à base terreuse. Toutes les parties de ces carrières en sont pénétrées; mais on n'en obtient du salpêtre proprement dit qu'avec l'addition de l'alcali; la quantité varie entre 8 onces et 1 livre par quintal, indépendamment d'une petite portion de sel marin végétal et minéral.

Au-dessus de la masse de tuffeau on retrouve, comme à Dampierre, le tuffeau sableux coquillier, et ce tuffeau, pris dans les endroits abrités de la pluie et exposés à l'air, est lui-même salpêtré. Nous en avons lessivé et nous avons obtenu les produits qui suivent :

PRODUITS SALINS OBTENUS DU TUFFEAU COQUILLIER DU HAUT DU COTEAU DE PARNAY.
PAR QUINTAL.

	onces.	gros.	grains.
Sans addition d'alcali.			
Sélénite	3	6	27
Sel marin	4	2	36
Eau mère.			
Avec addition d'alcali.			
Salpêtre	0	4	62
Sel fébrifuge dont les dernières portions étaient imprégnées de matières extractives	4	2	2
Terre calcaire précipitée par l'alcali, 1 once 6 gros 54 grains.			
TOTAL des produits salins	12	7	55

Quoique cette quantité de salpêtre soit très petite, elle prouve cependant que ce coteau, même dans le haut et à une grande distance des lieux habités, n'en est point exempt.

Il paraît qu'on faisait très anciennement du salpêtre dans cet endroit, et c'est une tradition du pays qu'il y en avait des fabriques établies avant l'invention de la poudre à canon.

Il y a à Turquan un salpêtrier qui a établi son atelier dans des carrières abandonnées; les parois en sont presque partout couvertes de plaques de salpêtre à base d'alcali fixe, indépendamment du salpêtre à base terreuse, dont le tuffeau lui-même est pénétré. On pourra fabriquer dans cet atelier des quantités de salpêtre, pour ainsi dire illimitées, dès que le salpêtrier pourra s'approvisionner de potasse à bas prix. Au bas du coteau où est établi l'atelier du salpêtrier de Turquan, on voyait une coupe où le tuffeau était à découvert; il était tout couvert d'efflorescences d'alcali minéral, dont nous avons ramassé plusieurs onces avec les barbes de plume. Nous avions aussi pris un échantillon de tuffeau et nous l'avions lessivé; mais un accident arrivé à la terrine qui contenait la liqueur concentrée nous a empêchés de suivre notre expérience. Il paraît que c'est dans le bas du coteau que se trouve toujours l'alcali minéral, et c'est une présomption pour croire qu'il provient de matières qui sont dans la couche inférieure sur laquelle repose le tuffeau.

A Caudes nous avons quitté les bords de la Loire et suivi ceux de la Vienne; nous avons trouvé le long des coteaux les indices du même tuffeau, et nous nous sommes assurés qu'il s'étendait fort au delà de Chinon. A l'égard de la vallée où coule la Vienne, elle présente des cailloux roulés de quartz et de granits qui annoncent que cette rivière vient d'un pays où ces pierres sont communes; et on sait, en effet, qu'une partie du Limousin où cette rivière prend sa source est composée de granits. Nous avons été à portée d'examiner dans quelques détails la nature du terrain situé entre Parilly et la Roche, à une lieue de Chinon, au sud-ouest. La plaine haute qui est entre ces deux endroits est stérile et inculte; la terre en est légère et composée d'un sable fin qui contient une grande quantité de cailloux fort durs : les uns, d'un assez beau rouge; les autres, tenant le milieu entre la meulière pleine et le grès dur. Beaucoup de ces cailloux sont composés de morceaux anguleux non roulés, liés et réunis entre eux. Au-dessous de cette terre légère et de ces cailloux est une couche de sable assez épaisse, et ensuite le tuffeau blanc, même dans les endroits éloignés des habitations, présente quelques indices de salpêtre à base terreuse.

Le hameau nommé le coteau de Reuffé, paroisse de la Roche, est situé vers le haut de la côte opposée à Parilly, à peu près au niveau où finit le sable et où commence le tuffeau. Il y a dans ce hameau beaucoup de caves creusées dans le tuffeau, qui est toujours blanc et sableux; la plupart de ces caves ou carrières, surtout celles qui sont abandonnées, présentent, outre la grande quantité de nitre à base terreuse dont elles sont pénétrées, du salpêtre alcalin cristallisé en plaques.

Nous avons pris des échantillons de ce tuffeau dans deux de ces caves ou carrières, et nous avons eu les résultats qui suivent :

PRODUITS SALINS OBTENUS PAR LIXIVIATION DU TUFFEAU PRIS DANS UNE CAVE OU CARRIÈRE PEU PROFONDE, ABANDONNÉE ET AUTREFOIS HABITÉE, AU COTEAU DE BEUFFÉ, PAROISSE DE LA ROCHE.

PAR QUINTAL.

Sans addition d'alcali.

	livres.	onces.	gros.	grains.
Sélénite	0	0	3	51
Eau mère.				
Avec addition de 2 livres 3 gros 1 grain d'alcali.				
Salpêtre pur	2	8	2	16
Salpêtre imprégné d'eau mère	0	4	2	19
Quantité de terre calcaire précipitée par l'alcali, 1 livre 2 onces 1 gros 3 grains.				
Total des produits salins	2	13	0	14

PRODUITS SALINS DU TUFFEAU, PRIS DANS UNE AUTRE CAVE OU CARRIÈRE PEU PROFONDE, À LA SURFACE DE LAQUELLE IL Y AVAIT UNE GRANDE ABONDANCE DE SALPÊTRE CRISTALLISÉ DE PLAQUES, AU HAMEAU NOMMÉ *LE COTEAU DE BEUFFÉ*.

PAR QUINTAL.

Sans addition d'alcali.

	livres.	onces.	gros.	grains.
Sélénite	0	1	0	24
Eau mère.				
Avec addition d'alcali.				
Salpêtre pur	2	10	7	24
Sel fébrifuge un peu jaunâtre	0	5	6	48
Quantité de terre calcaire précipitée, 2 livres 7 onces 2 gros 32 grains.				
Total des produits salins	3	1	6	24

En tournant ce coteau pour revenir à Chinon, on trouve près d'un hameau nommé le Bas-Paye, derrière des maisons, plusieurs carrières abandonnées, ouvertes dans le tuffeau, à un niveau beaucoup plus bas que celui des caves du coteau de Reuffé. Le haut de ces carrières présente un tuffeau blanc et sableux; mais le bas est composé d'un tuffeau gris beaucoup plus doux au toucher : cette dernière espèce de tuffeau est prodigieusement imprégnée d'eau mère.

Nous avons encore été à portée d'examiner le même tuffeau sableux au château de Bertignolles, paroisse de Sazilly, appartenant à M. le marquis Turgot; ce tuffeau est en apparence à peu près de même nature que celui des coteaux de Dampierre, Parnay et Turquan. Nous l'avons soumis aux mêmes expériences, et nous avons obtenu les résultats qui suivent :

PRODUITS SALINS OBTENUS DU TUFFEAU D'UNE EXCAVATION FAITE DERRIÈRE LE CHÂTEAU DE BERTIGNOLLES.

PAR QUINTAL.

Sans addition d'alcali.	livres.	onces.	gros.	grains.
Sélénite	0	1	0	50
Sel marin	0	0	3	28
Eau mère.				
Avec addition de 1 livre 13 onces 3 gros 36 grains d'alcali.				
Sel fébrifuge	1	15	1	2
Quantité de terre calcaire précipitée par l'alcali, 1 livre 3 onces 4 gros 38 grains.				
TOTAL des produits salins	2	0	5	8

Ce tuffeau, analysé par les acides, a donné :

PAR QUINTAL.

	livres.	onces.	gros.	grains.
Terre calcaire	61	12	7	8
Sablon	38	3	0	64
TOTAL	100	0	0	0

Il y a plusieurs caves et carrières peu profondes, dépendantes du château de Bertignolles, creusées dans ce même tuffeau; partout il est très amer et pénétré d'eau mère, mais de sel marin seulement.

En montant vers le midi, à un bon quart de lieue de Bertignolles, se trouve un champ qu'on nomme Champrouy; il y a très peu de terre végétale, et au-dessous se trouve le tuffeau blanc. Au milieu de ce champ on remarquait, dans une excavation peu profonde, des veines d'une terre jaunâtre qui se trouvait par bancs horizontaux mêlés avec le tuffeau; elle avait un goût marqué. Nous avons pris un échantillon, tant de cette terre que du tuffeau qu'elle accompagnait, et ayant lessivé séparément, nous avons eu les produits qui suivent :

PRODUITS SALINS CONTENUS DANS LE TUFFEAU DE CHAMPROUY, PRÈS BERTIGNOLLES.

PAR QUINTAL.

Sans addition d'alcali.

		onces.	gros.	grains.
Terre calcaire		0	3	2
Sel marin		0	6	24
Eau mère desséchée.	partie nitreuse	"	"	"
	partie marine	2	2	12
	Total des produits salins	3	3	38

PRODUITS SALINS DE LA VEINE GLAISEUSE DE CHAMPROUY, PRÈS BERTIGNOLLES.

PAR QUINTAL.

Sans addition d'alcali.

	onces.	gros.	grains.
Terre calcaire jaunâtre	1	1	18
Sélénite	0	2	56
Eau mère desséchée, qui s'est trouvée principalement nitreuse	6	7	40
Total des produits salins	8	3	42

Comme on n'a point traité cette eau mère par l'alcali fixe pour en tirer du sel fébrifuge et du salpêtre, et qu'on n'a déterminé sa nature que par celle des vapeurs qu'on en dégageait par l'huile de vitriol, ces deux expériences ne sont pas aussi sûres que les autres.

Le château de Chinon est bâti sur une butte ou coteau peu élevé, composé de tuffeau argileux. Il contient, d'après les expériences faites par la dissolution dans les acides :

PAR QUINTAL.

	livres.	onces.	gros.	grains.
Terre calcaire	24	13	1	56
Terre jaune ocreuse mêlée de parties sableuses.	75	2	6	16
TOTAL	100	0	0	0

On a été curieux de voir si la nature argileuse du tuffeau tenait à la différence des niveaux; en conséquence, on en a pris deux échantillons dans un coteau, à un quart de lieue au-dessous de Chinon : l'un à 50 pieds au-dessous du niveau de la Vienne, l'autre à 25 pieds seulement. En voici les résultats :

PRODUITS OBTENUS PAR L'ANALYSE AVEC LES ACIDES DU TUFFEAU, PRIS À 50 PIEDS DU NIVEAU DE LA VIENNE, À 1/4 DE LIEUE AU-DESSOUS DE CHINON.

PAR QUINTAL.

	livres.	onces.	gros.	grains.
Terre calcaire	70	13	2	48
Sablon très fin avec paillettes talqueuses	29	2	5	24
TOTAL du produit	100	0	0	0

PRODUITS OBTENUS PAR L'ANALYSE AVEC LES ACIDES DE TUFFEAU, PRIS À 25 PIEDS DU NIVEAU DE LA VIENNE, À 1/4 DE LIEUE AU-DESSOUS DE CHINON.

PAR QUINTAL.

	livres.	onces.
Terre calcaire	81	2
Terre jaunâtre argileuse, sablonneuse et ferrugineuse	18	14
TOTAL	100	0

D'où nous avons conclu que le tuffeau, au-dessous d'un certain niveau et en s'approchant de celui de la rivière de Vienne, changeait de nature : au lieu d'être un mélange de terre calcaire et de sable, il devenait argileux et ferrugineux.

De Chinon, nous avons quitté la rivière de Vienne pour aller à Richelieu, et ce n'est qu'à Châtellerault que nous avons retrouvé cette rivière. Dans tout cet intervalle, la nature du terrain est la même que dans les environs de Chinon. On observe, dans le haut des coteaux, du sable avec grès et cailloux rougeâtres qui tiennent de la meulière pleine; lorsque ensuite on a descendu environ un quart ou un tiers, à compter du haut jusqu'au fond des vallées, on retrouve le tuffeau blanc. Il arrive quelquefois de trouver du sable, même dans le bas des coteaux; mais il paraît alors évidemment être éboulé d'en haut, ou avoir été charrié par les eaux. Les vallées, au surplus, qu'on traverse depuis Chinon jusqu'à Richelieu et depuis Richelieu jusqu'à Châtellerault étant moins profondes que celle de la rivière de Vienne, les observations minéralogiques y sont moins intéressantes; les tuffeaux s'y indiquent plutôt qu'ils ne s'y montrent; ils sont rarement découverts, et on n'en trouve pas de salpêtrés.

On observe cette même disposition, c'est-à-dire le sable dans le haut des coteaux, et le tuffeau au-dessous, en sortant de Châtellerault, par le chemin de la Guerche, et notamment à la Chapelle. Le haut des bancs de tuffeau, en cet endroit, est de plus de 220 à 240 pieds au-dessus du niveau de la Vienne. Les coteaux sableux s'aperçoivent ensuite à quelque distance et ils ont environ 80 pieds de hauteur au-dessus du niveau des bancs de tuffeau; ainsi la hauteur des lieux les plus élevés de ce canton peut être évaluée au moins à 300 pieds par rapport à la Vienne.

Dans les endroits où le sable manque, le tuffeau est recouvert de quartz blancs, roulés, mêlés avec une terre végétale sableuse.

On voyait à quelque distance du hameau de la Chapelle, près d'une maison, une carrière ouverte dans le tuffeau; elle va en s'enfonçant sous la montagne, par une pente douce. L'ouverture de cette carrière présentait des plaques de salpêtre à base alcaline. En s'enfonçant davantage, le salpêtre disparaissait, mais les parois de la carrière avaient encore quelque goût.

On a pris un échantillon de tuffeau de cette carrière à l'entrée; on l'a lessivé à chaud comme à l'ordinaire, et, l'ayant mis en évaporation, on a remarqué une odeur de foie de soufre très sensible.

PRODUITS SALINS OBTENUS DU TUFFEAU DE LA CARRIÈRE DE *LA CHAPELLE* PRÈS CHÂTELLERAULT.

PAR QUINTAL.

Sans addition d'alcali.

	livres.	onces.	gros.	grains.
Terre calcaire	0	2	4	27
Sélénite	0	1	1	18
Sel marin	0	4	6	64
Eau mère.				
Avec addition de 11 onces 4 gros 43 grains d'alcali.				
Sel fébrifuge	0	6	7	40
Sel particulier qui se boursoufle sur les charbons.	0	6	7	40
TOTAL des produits salins	1	6	3	45

En suivant la plaine, au-dessus de la Chapelle, vers le levant, on trouve un hameau qu'on nomme le Petit-Pot; à un demi-quart de lieue, au milieu des bruyères, est une excavation de 12 pieds de profondeur, formée dans une terre blanche. A l'un des bouts de cette excavation, qui est ouverte en plein air, se trouve un trou de 3 pieds de diamètre, qui donne entrée dans une espèce de carrière; d'abord elle s'enfonce par une pente assez rapide, à 15 pieds de profondeur. La pierre ou terre, dans cette partie, est assez dure et ne présente aucune apparence de salpêtre; elle devient plus tendre à mesure qu'on avance, et elle est de plus en plus salpêtrée jusqu'au fond de la carrière, qui a 80 pieds de profondeur horizontale. Nous avions d'abord pensé que cette pierre était du tuffeau; mais son examen par les acides nous a détrompés. Nous en avons pris deux échantillons, l'un dans la première excavation en plein air, l'autre au fond de la carrière, c'est-à-dire à 75 pieds de l'ouverture et, ayant versé dessus de l'acide nitreux, il ne s'est fait aucune efflorescence. En examinant cette matière avec plus d'attention, nous avons reconnu que c'était une espèce de sablon très fin mêlé de paillettes talqueuses; elle a, au premier coup d'œil, quelque rapport avec le kaolin; mais elle en diffère en ce qu'elle est rude au toucher, tandis que le kaolin est doux. Cette terre ou sable est précisément le même qui se trouve mêlé avec la terre calcaire dans le tuffeau; mais, ce qui nous a le plus surpris, c'est de trouver cette terre très salpêtrée.

PRODUITS SALINS OBTENUS D'UNE ESPÈCE DE SABLON FIN TALQUEUX, DE LA FOUILLE OUVERTE PRÈS *LE PETIT-POT*, PRIS À 75 PIEDS DE L'OUVERTURE.

PAR QUINTAL.

Sans addition d'alcali.

	livres.	onces.	gros.	grains.
Sélénite et terre calcaire	0	1	3	8
Eau mère.				
Avec addition de 1 livre 6 gros 48 grains d'alcali.				
Salpêtre	1	1	4	21

Voilà donc du salpêtre qui se forme en abondance dans une matière qui n'est nullement calcaire, d'où il semblerait résulter que les terres ne contribuent que mécaniquement à la formation du salpêtre; et, en effet, il s'en forme dans la craie, qui est la terre calcaire pure, dans le sablon très fin, qui ne contient point de terre calcaire, enfin dans le tuffeau, qui est le mélange de l'un et de l'autre.

La vallée de Châtellerault, dans le bas, présente des granits et des quartz roulés par la rivière. Il s'en trouve souvent de gros morceaux, et presque toutes les bornes de la ville sont composées de ces pierres.

En allant de Châtellerault à Poitiers, on traverse la partie basse de la forêt de Châtellerault; elle est principalement composée de grève et de dépôts de rivière. Ce n'est qu'à une demi-lieue par delà Nintré qu'on retrouve les coteaux; ils sont toujours du même tuffeau qu'aux environs de Châtellerault, et on les suit à Jaulnais, Chasseneuil et Grand-Pont, hameaux situés à l'endroit où la petite rivière de Vaudeloigne se jette dans le Clain. On voit encore du tuffeau dans une coupe faite le long du chemin, de l'autre côté de cette rivière; mais le terrain change tout à coup à cette même coupe, et il est remplacé par un amas de pierres calcaires roulées très menues, qui forment une espèce de grève semblable à celles que roulent quelques rivières, mais dont les différentes parties ont quelques liaisons entre elles. Un peu plus loin, cette grève qui sert, à proprement parler, de transition entre le tuffeau et la pierre dure, disparaît, et l'on voit à sa place et au même niveau une suite de rochers de pierre dure de 50 à 60 pieds de hauteur, coupés à pic, qui bordent le Clain jusqu'à Poitiers. Ces pierres sont purement calcaires et se dissolvent presque complètement dans les acides; elles laissent seulement un résidu d'une livre environ par quintal d'une espèce de terre bolaire.

Quoique la ville de Poitiers ne soit pas dans des circonstances favorables à la formation du salpêtre, parce qu'elle est presque entièrement bâtie avec la pierre dure qui se trouve dans ses environs, cette pierre se salpêtre à la longue. D'ailleurs, les cintres des portes et le tour des fenêtres sont formés d'une pierre plus tendre qui se salpêtre plus aisément.

On trouve dans cette ville les vestiges d'un ancien cirque ou amphithéâtre ovale construit en menues pierres calcaires, liées par du mortier qui est très pénétré d'eau mère, de salpêtre et de sel marin. A compter de l'endroit où la pierre calcaire commence à devenir dure, les carrières ne présentent plus aucune apparence de salpêtre.

En sortant de Poitiers, par la route d'Angoulême, on quitte la vallée du Clain, et l'on monte dans les plaines; elles sont de 150 pieds environ au-dessus du niveau du Clain à Poitiers. On y trouve une terre végétale assez fertile; au-dessous, des perres calcaires de grosseur médiocre et, à mesure qu'on descend plus profondément, de la pierre de taille. Ces bancs de pierre de taille s'observent dans toutes les vallées, et notamment le long du Clain, depuis Poitiers jusqu'à Vivonne et au-dessus.

Ayant pris un échantillon de cette pierre, à peu de distance de Vivonne, sur le Clain, elle nous a donné, par l'analyse, avec les acides :

	livres.	onces.	gros.	grains.
Terre calcaire	98	4	1	56
Terre bolaire	1	11	6	16
TOTAL	100	0	0	0

Cette pierre est dure et d'un grain serré spathique; elle est coupée en des endroits par des bancs de silex.

La même nature de pierre se trouve le long des coteaux qui bornent la Dive, et nous en avons pris un échantillon un quart de lieue avant le coucher. Cette pierre est blanche et dure; on en fait des auges, des bornes et autres ouvrages de cette nature. Analysée par les acides, elle nous a donné :

	livres.	onces.	gros.	grains.
Terre calcaire	98	12	0	0
Terre bolaire	1	4	0	0
TOTAL	100	0	0	0

A un quart de lieue avant Chaunay, la pierre calcaire change de forme sans changer beaucoup de nature. Elle se présente à la surface en feuillets minces comme du schiste; au-dessous on trouve des pierres plates calcaires d'un pouce d'épaisseur et dont on peut tirer des morceaux assez grands; sans doute, en creusant plus profondément, on trouverait de la pierre de taille.

Lorsqu'on est près d'entrer en Angoumois, le terrain s'élève insensiblement, et on monte sur un vaste plateau, élevé de 150 pieds environ au-dessus du niveau des plaines du Poitou. Ce plateau, qui comprend la forêt de Ruffec et une grande étendue de terrain adjacent, est composé d'une terre rouge grasse mêlée de pierres calcaires. La couche de cette terre est très épaisse; on y tire à 12 ou 15 pieds de profondeur, principalement dans la forêt de Ruffec, de la mine de fer.

En descendant ensuite à Ruffec, on retrouve la pierre calcaire semblable à celle des bords de la Dive et du Clain, d'abord en menues pierrailles, ensuite en pierres de taille. Il paraît que tous les coteaux de l'Angoumois et de la Saintonge sont composés d'une pierre à peu près semblable; quelquefois elle est dure et spathique; et c'est ce qu'on observe dans une carrière de pierre à meule située entre Angoulême et le moulin de Montbron. Cette pierre, analysée par les acides, a donné :

	livres.	onces.
Terre calcaire	98	12
Terre argileuse ou bolaire	1	4
Total	100	0

L'expérience précédente a été faite sur un des premiers bancs de la carrière. Ayant fait la même expérience sur la pierre du second banc, nous avons obtenu :

	livres.	onces.
Terre calcaire	99	8
Terre bolaire ocreuse	0	8
Total	100	0

Cette pierre se trouve le long des coteaux, à une certaine élévation au-dessus de la Charente; mais il paraît qu'en creusant plus profondément et à un niveau plus bas, on trouve une espèce de tuffeau, mais plus dur que celui de Touraine; en effet, en allant du faubourg de l'Houmeau, dépendant de la ville d'Angoulême, à la forerie de canons, qui en est peu éloignée, nous avons trouvé une pierre bleuâtre qui paraît composer le pied des coteaux; elle contenait :

	livres.	onces.	gros.	grains.
Terre calcaire	62	5	1	56
Sablon	37	10	6	16
Total	100	0	0	0

Une demi-lieue avant Saintes, en venant d'Angoulême par la grande route, on traverse un coteau qui est tout de pierres calcaires et dans lequel on a ouvert des carrières. Ayant analysé par les acides un échantillon de cette pierre, nous avons obtenu :

	livres.	onces.
Terre calcaire	97	8
Terre argileuse d'un gris un peu ardoisé	2	8
Total	100	0

Tous les coteaux de la Charente au-dessus et au-dessous de Saintes sont de cette même pierre; il paraît seulement qu'elle devient plus tendre à mesure qu'on approche de la mer. On trouve à Saint-Savinien, près de la Charente, à cinq lieues environ au-dessous de Saintes, une carrière très considérable ouverte dans cette pierre et très anciennement abandonnée; c'est une tradition du pays qu'elle a servi de retraite aux protestants. Nous en avons pris un échantillon à l'entrée, en plein banc, à 4 pieds de niveau du sol, et, après l'avoir lessivé, nous en avons obtenu les produits qui suivent :

PRODUITS SALINS DE LA PIERRE DE SAINT-SAVINIEN, PRISE À L'ENTRÉE DE LA CARRIÈRE, EN PLEIN BANC, À 4 PIEDS DU NIVEAU DU SOL.

PAR QUINTAL.

	onces.	gros.	grains.
Sans addition d'alcali.			
Sélénite et terre calcaire	5	1	27
Sel marin	1	6	68
Eau mère.			
Avec addition de 6 onces 1 gros 1 grain d'alcali.			
Salpêtre	4	2	62
Sel fébrifuge	2	6	68
Quantité de terre précipitée par l'alcali, 2 onces 4 gros 50 grains.			
Total des produits salins	14	2	9

Ayant soumis aux mêmes épreuves des déblais de la même carrière pris à 18 pieds de l'entrée, ils nous ont donné :

PRODUITS SALINS OBTENUS DES DÉBLAIS DE LA CARRIÈRE DE SAINT-SAVINIEN, À 18 PIEDS DE L'OUVERTURE.

PAR QUINTAL.

	onces.	gros.	grains.
Sans addition d'alcali.			
Salpêtre	0	4	30
Sel marin	3	5	32
Eau mère.			
Avec addition de 12 onces d'alcali fixe.			
Salpêtre	10	0	22
Sel fébrifuge	1	5	18
Quantité de terre calcaire précipitée par l'alcali, 5 onces 6 gros 56 grains.			
Total	15	7	30

On trouve encore d'autres carrières fort considérables à cinq lieues de Saintes, près du village de Sainte-Mesme, un quart de lieue à gauche du chemin qui conduit de cette ville à Poitiers; la pierre de ces carrières est blanche et très dure; elle n'est point, en conséquence, susceptible de se salpêtrer; aussi n'en avons-nous retiré par lixiviation rien de salin. L'ayant analysée par les acides, elle nous a donné :

	livres.	onces.	gros.	grains.
Terre calcaire	99	4	7	8
Terre argileuse grisâtre	0	11	0	64
TOTAL	100	0	0	0

Telles sont les observations que nous avons été à portée de faire sur la minéralogie de la Touraine et de la Saintonge et sur le rapport que la nature du terrain de ces deux provinces peut avoir avec la formation et la fabrication du salpêtre. Nous avons élagué tous les détails qui nous ont paru étrangers à notre objet. Nous avons supprimé, par le même motif, toutes les observations minéralogiques relatives à la Bretagne; cette province n'est composée que de schiste, de granit, de pierres quartzeuses, toutes pierres qui sont peu susceptibles de se salpêtrer; aussi cette province est-elle une de celles où l'on tenterait en vain d'établir une récolte de salpêtre.

Il ne nous reste plus, après avoir présenté nos observations d'une manière isolée, qu'à les rapprocher en terminant ce mémoire et qu'à examiner les conséquences qu'on en peut tirer relativement à l'art de fabriquer du salpêtre.

Il n'est pas étonnant d'abord que le tuffeau de Touraine soit, de toutes les pierres connues, celle qui se salpêtre le plus aisément lorsqu'on l'emploie dans les bâtiments, puisqu'elle se salpêtre même dès la carrière lorsqu'elle est longtemps en contact avec l'air. On conçoit d'ailleurs que cette pierre étant fort poreuse, fort susceptible d'imbiber l'humidité, d'être pénétrée jusqu'à un certain point par l'air et par les substances gazeuses qu'il charrie, réunit toutes les circonstances favorables à la formation du salpêtre; mais on peut regarder comme un fait constant et partout uniforme qu'il ne se forme que du salpêtre à base terreuse dans les endroits éloignés des habitations. Si quelques anciennes carrières abandonnées semblent faire exception à cette règle générale, il est à observer que le salpêtre à base alcaline n'y existe qu'en très petite quantité, et que le peu qu'on y en trouve tient à ce que ces carrières ont été fréquentées par des hommes et des animaux pendant le temps qu'on les exploitait.

Il résulte de là que, quoique la Touraine présente des ressources immenses pour la fabrication du salpêtre, les progrès en sont néanmoins arrêtés par la grande dépense à faire en alcali. La régie des poudres a fait les plus grands efforts pour lever cet obstacle, qui était devenu beaucoup plus grand pendant la guerre, en raison du renchérissement considérable des substances alcalines; elle a obtenu du Roi de fournir de la potasse à perte aux salpêtriers; elle a multiplié les instructions sur la manière d'en faire usage; enfin le prix du salpêtre a été augmenté. A l'aide de ces précautions, la fabrication du salpêtre a été dans un état de progression, même pendant la guerre, et cette progression est devenue beaucoup plus rapide depuis la paix.

On nous demandera peut-être si l'alcali fixe, qui se combine avec l'acide nitreux dans le voisinage des lieux habités, est le résultat d'une formation réelle, de la combinaison de quelques gaz particuliers qui émanent des matières animales ou végétales en fermentation; ou bien si ce n'est pas l'alcali qui était tout formé dans ces matières végétales et animales, et qui, devenu libre par la putréfaction, s'imbibe dans les pores de la pierre et va décomposer le salpêtre à base terreuse. Nous avouons que, dans l'état actuel de nos connaissances, il nous paraît impossible de répondre d'une manière précise à ces questions. Nous croyons, cependant, que les expériences de M. Thouvenel sont favorables à la première des deux opinions. Quoi qu'il en soit, on peut toujours en tirer une conséquence relative à la pratique; c'est que, par l'addition ou même l'approche de matières végétales ou animales qui se putréfient, on peut convertir le salpêtre à base terreuse en salpêtre à base alcaline. Il paraît donc que les propriétaires des carrières abandonnées pourraient faire une spéculation avantageuse : elle consisterait à mettre dans ces souterrains des fumiers, des gadoues, des excréments d'animaux, et à les y laisser pourrir et se détruire. Il est probable qu'au bout de dix, de quinze, de vingt années, ils auraient fait presque sans frais, de ces carrières, des nitrières infiniment riches. Ce conseil n'est pas seulement applicable à la Touraine et aux tuffeaux, il le serait également à toutes les carrières de pierres tendres. Ce moyen de former des nitrières a l'avantage de n'exiger aucuns frais de construction, presque aucune avance, de ne comporter aucun risque, en un mot de présenter une très grande probabilité de réussite sans presque aucun inconvénient ; dans le cas où l'on ne réussirait pas, la dépense serait d'autant moins considérable qu'il n'est pas nécessaire d'employer une grande quantité de matières végétales et animales.

EXPÉRIENCES

SUR

LA DÉCOMPOSITION DU NITRE

PAR LE CHARBON[1].

Il est nécessaire, pour l'intelligence de ce mémoire, de se rappeler les expériences nombreuses que j'ai publiées dans le volume de 1781, page 448, sur la formation de l'air fixe en acide charbonneux; il en résulte que cet acide est composé de 28 parties de charbon, ou plutôt de substance charbonneuse pure, et de 72 parties d'air vital, ou plus exactement de principe oxygine.

Il suit de là qu'étant donnée une quantité d'air fixe ou acide charbonneux provenant d'une combinaison quelconque, on peut toujours y substituer sa valeur en substance charbonneuse et en principe oxygine; il est aisé de sentir que c'est un moyen précieux pour reculer dans un grand nombre de circonstances les bornes de l'analyse chimique.

Je suppose encore qu'on admet avec moi, ce que j'ai fait voir dans les mémoires de l'Académie des années 1775 et 1777, que l'air de l'atmosphère est composé de deux fluides élastiques simplement mêlés ou légèrement combinés, savoir : d'environ 27 parties d'air vital et de 73 d'un fluide méphitique, que j'ai appelé *mofette atmosphérique*.

[1] Ce mémoire de Lavoisier a été, comme les précédents, publié dans le volume de l'Académie consacré au *Prix du salpêtre*.

Enfin, pour n'avoir plus à revenir sur les données qui serviront de bases aux expériences dont je vais présenter le détail, je supposerai qu'à la pression d'une colonne de 28 pouces de mercure et à 10° de température, les fluides élastiques dont j'ai fait usage pesaient le pouce cube, savoir :

L'air vital	0.47317 grains.
L'air commun	0.46811
L'air fixe ou acide charbonneux et aériforme	0.69500
La mofette atmosphérique	0.46624

J'ai lieu de croire ces déterminations ou très exactes ou très près de l'être; mais il serait trop long de discuter ici les expériences sur lesquelles elles sont fondées.

On sait, d'après les expériences de M. Cavallo rapportées dans son *Traité de la nature et de la propriété des airs et autres fluides élastiques permanents*, partie IV, chapitre v, que quand on fait détoner ensemble du nitre et du charbon, on obtient un mélange d'air fixe et de mofette atmosphérique. M. Bertholet a obtenu le même résultat en faisant détoner du nitre et du charbon dans un canon de fusil. (Voir *Mémoires de l'Académie, 1781*, page 231.) Quoique ces expériences jetassent déjà un grand jour sur la nature des principes constituants de l'acide nitreux, cependant, comme MM. Cavallo et Bertholet n'avaient tenu aucun compte ni du poids du nitre employé ni du volume des airs obtenus, il m'a paru nécessaire de reprendre entièrement ces expériences.

Je me suis muni à cet effet d'un tube de cuivre jaune en laiton de 8 lignes de diamètre environ, et assez long pour contenir près de 2 onces des mélanges sur lesquels je me proposais d'opérer.

Je n'ai employé que du salpêtre très pur et du charbon bien calciné. Je pesais l'un et l'autre bien secs; après quoi je les pilais dans un mortier de verre en y ajoutant un peu d'eau, pour empêcher que le charbon divisé en poudre fine ne fût chassé hors du mortier par le mouvement du pilon. Je chargeais ensuite le petit canon en comprimant légèrement la composition avec un cylindre de bois qui y entrait fort juste; et je prenais les plus grandes précautions pour qu'il ne restât rien, ni au pilon, ni au mortier, ni au petit cylindre de bois; cette opération faite, j'ajoutais une petite mèche, connue sous le nom d'*étoupille*, et, après l'avoir allumée, je plongeais brusquement le canon sous des cloches remplies d'eau ou des jarres remplies de mercure. La détonation une fois commencée se continue très bien sous l'eau, pourvu que le petit canon soit toujours maintenu la bouche en bas, afin que l'eau ne s'y introduise pas et ne soit pas en contact avec le nitre et le charbon. Elle a également lieu sous le mercure, mais alors il est nécessaire d'opérer sur de plus petites doses.

Je ne rendrai pas compte de chacune de mes expériences en détail, non plus que des tâtonnements que j'ai été obligé de faire pour reconnaître la juste proportion de nitre et de charbon nécessaire à la détonation, et je me contenterai de donner le résultat moyen des expériences qui m'ont paru mériter le plus de confiance.

Pour opérer la détonation complète de 1 once 1/2 de nitre, il m'a paru qu'il fallait 1 gros 42 grains de charbon. L'alcali qu'on obtient après la détonation est parfaitement blanc, et il ne serait pas impossible qu'il contînt encore quelques portions de nitre non décomposées; mais sûrement la quantité n'en est pas considérable. Après avoir opéré comme je viens de l'exposer et avoir recueilli avec soin les fluides aériformes résultant de la détonation, j'ai dissous l'alcali qui m'est resté dans de l'eau distillée; et, comme il s'y était formé une portion d'air fixe ou acide charbonneux aériforme, je l'ai dégagée par le moyen d'un acide et j'en ai mesuré la quantité; enfin j'ai séparé l'acide charbonneux aériforme ou air fixe obtenu pendant la détonation par l'alcali caustique, tous moyens connus, et dont j'ai donné de nombreuses applications.

Le résultat a été :

	EN VOLUME.	EN POIDS.		
	pouces.	onces.	gros.	grains.
Air fixe ou acide charbonneux aériforme	585.82	0	5	47.143
Mofette atmosphérique..............	161.76	0	1	3.419
Alcali caustique restant.		0	6	63.438
		1	5	42.000

Mais l'acide charbonneux ou air fixe est composé de 28 parties de substance charbonneuse et de 72 de principe oxygine ou air vital; je puis donc substituer dans ce résultat à l'acide charbonneux sa valeur, et j'aurai alors :

	EN VOLUME.	EN POIDS.		
	pouces.	onces.	gros.	grains.
Charbon......................		0	1	42.000
Air vital......................	619.53	0	4	5.143
Mofette......................	161.73	0	1	3.419
Alcali caustique................		0	6	63.438
		1	5	42.000

D'après cette expérience, 5 gros 8 grains 562 d'acide nitreux sec seraient composés ainsi qu'il suit, savoir :

	gros.	grains.
Air vital ou principe oxygine....................	4	5.143
Mofette....................................	1	3.419
	5	8.562

D'un autre côté, j'ai fait voir dans différents mémoires que l'acide nitreux était le résultat de la combinaison de 40 parties d'air vital et de 68 d'air nitreux. 5 gros 8 grains 562 d'acide nitreux sec sont donc composés comme il suit, savoir :

	gros.	grains.
Air nitreux	3	19.66
Air vital	1	60.90
	5	8.56

En faisant une équation de ces deux résultats, on aura : 4 gros 51 grains 43 air vital + 1 gros 3 grains 219 mofette + 3 gros 1 grain 966 d'air nitreux + 1 gros 60 grains 90 d'air vital.

D'où il est aisé de conclure pour la valeur de l'air nitreux, mofette atmosphérique, 1 gros 3 grains 42 + air vital ou principe oxygine, 2 gros 16 grains 24; ce qui donne pour l'acide nitreux :

COMPOSITION DE 5 GROS 8 GRAINS 56 D'ACIDE NITREUX SEC EN POIDS.

		gros.	grains.
Air nitreux.	Mofette atmosphérique	1	3.42
	Principe oxygine employé à former du gaz nitreux	2	16.24
Principe oxygine employé à convertir le gaz nitreux en acide nitreux		1	60.90
Total		5	8.56

COMPOSITION DE 1 QUINTAL D'ACIDE NITREUX SEC.

		livres.
Air nitreux.	Mofette atmosphérique	20.4635
	Principe oxygine employé à former du gaz nitreux	43.4771
Principe oxygine employé à convertir le gaz nitreux en acide nitreux		36.0594
		100.0000

Après avoir donné la composition de l'acide nitreux en poids, il reste à donner ce même résultat en volume des deux airs ou gaz qui le constituent, et c'est ce qui est facile, d'après la connaissance qu'on a de leur pesanteur spécifique. Le calcul donne les résultats qui suivent :

COMPOSITION DE L'ACIDE NITREUX EN VOLUME, EXPRIMÉE EN POUCES CUBIQUES.

Air nitreux.	Mofette	20.7044 pouces.
	Air vital employé à former l'air nitreux	43.3456
Air vital employé à transformer l'air nitreux en acide nitreux		35.9500
		100.0000

Les expériences dont j'ai déduit ces résultats ont été faites dans le courant de 1784, et je les ai répétées en présence de M. de la Place, de M. Meusnier et d'un assez grand nombre de personnes, le 23 septembre de cette même année.

Quelque concluants que pussent paraître ces faits, quelque lumière qu'ils jetassent sur la nature des principes qui entrent dans la composition de l'acide nitreux, je ne les regardais cependant encore que comme des aperçus dont je n'aurais pas même osé déduire des conséquences si elles n'eussent pas été appuyées et confirmées par la synthèse.

M. Cavendish est le premier qui ait publié des expériences de ce dernier genre; il a observé que, dans la formation artificielle de l'eau par la combustion de l'air inflammable et de l'air vital, quelquefois on obtenait de l'eau très pure, quelquefois de l'eau chargée d'un peu d'acide nitreux. Dans la combustion que nous avions faite à Paris le 24 juin 1783, M. de la Place et moi, l'eau ne s'était pas sensiblement trouvée acide. Mais comme l'eau que nous avions obtenue nageait sur du mercure, la petite portion d'acide nitreux, si elle en eût contenu, pouvait s'être combinée et nous avoir échappé. Dans la combustion faite à Mézières par M. Monge, l'acidité quoique faible était sensible; enfin, dans l'expérience très authentique que nous fîmes à Paris les 27 et 28 février 1785, l'eau se trouva tellement chargée d'acide qu'en la combinant avec de l'alcali fixe végétal très pur et en faisant évaporer, nous retirâmes 60 grains de nitre bien détonant. La quantité d'eau que nous avions formée dans cette expérience était de 6 onces environ; mais quelques précautions que nous eussions prises pour n'employer que de l'air vital pur, nous constatâmes par l'épreuve de l'eudiomètre, avant de commencer la combustion, qu'il contenait environ 1/8 de mofette atmosphérique.

La combustion se faisait dans un grand ballon de 17 à 18 pintes de capacité, qu'on avait d'abord rempli d'air vital, et dans lequel on faisait arriver le gaz inflammable par un tuyau très fin. Ce qui se consommait des deux airs était remplacé au moyen de deux réservoirs qui en fournissaient de nouveau, mais avec cette circonstance que l'air vital arrivait avec une pression égale à celle de l'atmosphère et que le gaz inflammable était comprimé en outre par une colonne d'eau de 2 pouces. Il est évident que, puisque la combustion se fait aux dépens de l'air vital et de l'air inflammable et que la mofette ne brûle pas, la portion de cette dernière contenue dans l'air vital a dû s'accumuler insensiblement dans le ballon, et en effet il n'est aucun des spectateurs, qui étaient en très grand nombre, qui ne se soit aperçu que la flamme diminuait peu à peu d'intensité. Enfin, quand la mofette n'a plus été mêlée d'une assez grande quantité d'air vital pour pouvoir entretenir la combustion, la flamme s'est éteinte. Le mélange de mofette, qui n'était originairement que de 1/8, et qui a toujours nécessairement augmenté pendant tout le cours de l'opération, a donc nécessairement passé par la proportion convenable pour la formation de l'acide nitreux, et l'on ne peut guère douter que ce ne soit à la combinaison de cette mofette avec l'air vital qu'est dû l'acide nitreux que nous avons obtenu. En vain prétendrait-on affaiblir cette explication en supposant que cet acide préexistait dans l'air vital que nous avons employé, et qui en effet avait été tiré du précipité rouge, les précautions que nous avions prises paraissent prévenir cette difficulté; cet air vital avait été non seulement pendant plus de quinze jours en contact avec l'eau, mais encore on l'avait fait passer avant de l'employer à la combustion : 1° à travers deux flacons d'alcali caustique en liqueur, disposés à la manière de Woulfe; 2° à travers deux longs tuyaux de verre remplis d'alcali caustique concret, grossièrement concassé. Il était donc impossible qu'il restât dans cet air le moindre vestige d'acidité, et il aurait plutôt été possible d'y soupçonner une qualité contraire. D'ailleurs M. Cavendish a levé toute incertitude à cet égard, en employant de l'air vital obtenu des plantes par la végétation, et il a également obtenu un peu d'acide nitreux. On ne peut donc pas se refuser de reconnaître qu'il s'est formé de l'acide nitreux dans les combustions faites par M. Cavendish et dans les nôtres, et puisque nous trouvons dans les circonstances de cette formation les mêmes matériaux qu'on obtient de l'acide nitreux par sa décomposition, on ne peut douter qu'ils ne soient entrés réellement dans la composition de celui que nous avons formé.

Toutes ces vérités, que nous n'avions aperçues que confusément, viennent de recevoir un très grand degré d'évidence par les superbes expériences de M. Cavendish, dont M. Blakden, secrétaire de la Société royale de Londres, vient de nous donner connaissance. M. Cavendish a mêlé ensemble dans un tube de verre 3 parties de mofette atmosphérique et 7 d'air vital; il a renfermé le tout par de l'eau de chaux, et il a ensuite tiré dans ce mélange un grand nombre d'étincelles électriques. Chaque étincelle diminuait d'une petite quantité le volume de l'air et, en continuant un temps suffisant, il est parvenu à en absorber presque la totalité. L'eau de chaux n'a point été troublée dans cette expérience, mais il s'est formé une véritable eau mère de nitre ou nitre à base terreuse. En opérant de la même manière sur de l'alcali caustique au lieu d'eau de chaux, la diminution est plus prompte et, en faisant ensuite évaporer l'alcali, on a un véritable salpêtre. L'étincelle électrique ne diminue le volume ni de l'air vital, ni de la mofette, quand ils sont seuls. Une partie de ces expériences ont été répétées dans le laboratoire de M. le président de Sarron, et l'on s'est assuré que les deux airs s'absorbaient en effet presque entièrement comme l'a annoncé M. Blakden.

Il résulte donc des expériences de M. Cavendish que l'acide nitreux est un composé de 7 parties d'air vital et de 3 de mofette atmosphérique; et il pense que, pour opérer la combinaison de ces deux airs, il faut un certain degré de chaleur; c'est ce qu'opère l'étincelle électrique ou la combustion de l'air vital et de l'air inflammable. Les expériences que j'ai rapportées au commencement de ce mémoire donneraient une proportion de mofette atmosphérique plus faible que celle déterminée par M. Cavendish; mais il ne serait pas impossible que la différence tînt à l'état de l'acide nitreux; on sait en effet que la proportion d'air vital et d'air nitreux varie beaucoup dans cet acide, depuis celui qui est blanc et sans couleur, jusqu'à celui qui est fumant, rutilant et rouge. Du reste, les expériences de M. Cavendish n'ayant été faites que sur de très petites quantités peuvent être susceptibles d'erreurs; je me propose d'ailleurs de vérifier encore les miennes, afin d'établir d'une manière de plus en plus certaine la base d'éléments aussi importants.

MÉMOIRE
SUR LES DIFFÉRENTES MÉTHODES
PROPOSÉES
POUR DÉTERMINER LE TITRE OU LA QUALITÉ
DU SALPÊTRE BRUT,
SUR LA VOLATILISATION DE CE SEL,
QUI A LIEU PAR LA SIMPLE ÉBULLITION,
ET SUR LES CHANGEMENTS QU'IL PARAÎT CONVENABLE DE FAIRE AUX OPÉRATIONS USITÉES JUSQU'À PRÉSENT POUR LE RAFFINAGE DU SALPÊTRE [1].

INTRODUCTION.

D'après les règlements relatifs à l'Administration des poudres, les salpêtriers doivent livrer, dans les magasins nationaux de la Régie, tout le salpêtre qui provient de leur fabrication.

Les décrets de l'Assemblée nationale en ont fixé le prix; ils en ont déterminé la qualité; ils ont confirmé les règlements qui ordonnent que le salpêtre ne sera recevable qu'autant que le déchet qu'il éprouvera au raffinage de brut en trois cuites n'excèdera pas 30 p. 100.

Il ne sera pas inutile, pour l'intelligence de ce rapport, de défini en peu de mots, ce qu'on doit entendre par ces mots: *déchet, raffinag salpêtre brut, salpêtre trois cuites.*

Le salpêtre, tel qu'il sort des ateliers des salpêtriers, est un mélang de différents sels; savoir :

[1] *Annales de chimie*, 1792, t. XV, p. 225, et t. XVI, p. 3.

De *salpêtre*, ou *nitrate de potasse*, qui s'y trouve dans la proportion de 70 p. 100 environ, et qui en forme, par conséquent, les deux tiers;

De *sel marin*, ou *muriate de soude*, qui s'y trouve dans la proportion de 20 p. 100;

Enfin de *sels à base terreuse*, ou *nitrates et muriates de chaux et de magnésie*, dont la quantité est d'environ 10 p. 100.

C'est le mélange de tous ces sels que l'on a coutume de désigner sous le nom de *salpêtre brut*.

Le raffinage est l'art de séparer ces mêmes sels et d'obtenir le salpêtre dans son état de pureté.

On nomme *salpêtre deux cuites* celui qui a été raffiné une première fois. On nomme *salpêtre trois cuites* celui qui a été raffiné deux fois.

Le *déchet* est ce que perd le salpêtre brut dans ces différentes manipulations; autrement dit, c'est la différence entre le poids du salpêtre brut et celui du salpêtre raffiné qu'on en retire.

Les règlements, en déclarant que le salpêtre n'est recevable qu'autant qu'il ne décheoit que de 30 p. 100 au raffinage de brut en trois cuites, c'est-à-dire qu'autant qu'un quintal de salpêtre brut rend 70 livres de salpêtre trois cuites au raffinage, ont imposé à la Régie une tâche extrêmement difficile à remplir, car il est impossible de raffiner séparément le salpêtre de chaque salpêtrier. On ne peut donc connaître par le raffinage que le déchet commun de toutes les livraisons; encore les connaissances que le raffinage peut procurer sur la qualité moyenne des salpêtres ne peuvent-elles s'acquérir que longtemps après qu'il a été livré par les salpêtriers et qu'il leur a été payé, et cette connaissance tardive est alors à peu près inutile.

Pénétrée de ces considérations, la Régie a senti, dès l'origine, combien il importait à l'ordre et au succès de son administration de découvrir une méthode abrégée et d'un usage facile pour connaître le titre du salpêtre brut au moment où il est livré à ses préposés et pour estimer la quantité de salpêtre pur qu'il contient. La recherche de cette méthode l'a constamment occupée pendant plus de quinze années.

L'objet de ce mémoire est de présenter un abrégé des tentatives pénibles et multipliées que la Régie a faites à cet égard, des obstacles qu'elle a rencontrés dans la nature même des choses, des difficultés qui ont été élevées par les salpêtriers, des pertes que le Trésor public a essuyées, enfin des inconvénients qui résultent de l'état actuel des choses, relativement à l'ordre de la comptabilité.

Ce mémoire sera divisé en cinq parties. Je rendrai compte, dans la première, des méthodes que la Régie a cru devoir successivement adopter pour déterminer le titre du salpêtre, de leurs avantages et de leurs inconvénients.

Je rendrai compte, dans la seconde, des travaux faits par les commissaires de l'Académie des sciences, des différentes sources d'erreurs et d'incertitudes qu'ils ont découvertes dans l'épreuve adoptée par la Régie, et des corrections qu'ils ont proposées.

Je rendrai compte, dans la troisième, des expériences que j'ai faites depuis le travail des commissaires de l'Académie, et je ferai voir quelle est la cause des différences qui se rencontrent entre le résultat de l'épreuve et celui du raffinage.

Je proposerai, dans la quatrième, mes idées particulières sur le règlement que les circonstances paraissent exiger, règlement dont l'Assemblée législative a reconnu la nécessité, et sur lequel elle a décrété que le Ministre des contributions publiques s'entendrait avec la Régie des poudres et avec l'Académie.

Enfin j'indiquerai, dans la cinquième, les changements qu'il conviendrait peut-être de faire dans la pratique du raffinage pour éviter ou, au moins, pour diminuer les pertes occasionnées par la volatilisation du salpêtre.

PREMIÈRE PARTIE.

DES TENTATIVES FAITES PAR LA RÉGIE POUR DÉTERMINER LE TITRE DU SALPÊTRE LIVRÉ PAR LES SALPÊTRIERS.

On a déjà vu que le salpêtre brut, tel qu'il est livré dans les magasins de la Régie par les salpêtriers, est un mélange de différents sels.

Le problème à résoudre était de trouver une méthode prompte pour les séparer, de manière qu'on pût obtenir le salpêtre pur au moment même où le salpêtre brut est présenté dans les magasins de la Régie, ou au moins qu'on pût en évaluer la quantité.

Comme les sels qui entrent dans la composition du salpêtre brut sont de degrés de solubilité différents; comme les uns, tels que les nitrate et muriate de chaux, attirent l'humidité de l'air et sont déliquescents; comme plusieurs, tels que les muriates à base d'alcali fixe, sont à peu près également solubles dans l'eau froide et dans l'eau chaude, tandis que le salpêtre est beaucoup plus dissoluble dans l'eau chaude que dans la froide, il en résulte un moyen d'en opérer la séparation par voie de cristallisation, et c'est, en effet, ce moyen qu'on emploie dans le raffinage. Mais, premièrement, ce procédé est extrêmement long, et ce n'est nullement une méthode abrégée et expéditive; secondement, il conduit bien à obtenir une portion considérable du salpêtre dans un assez grand état de pureté, mais les dernières portions de ce sel tiennent tellement aux sels muriatiques à base alcaline et terreuse qu'il est presque impossible de les en séparer complètement. Enfin cette méthode ne peut être proposée comme un moyen abrégé pour prévoir le résultat du raffinage, puisqu'elle n'est que le raffinage lui-même et que ce genre d'opération est en quelque façon plus difficile et sujet à de plus grandes erreurs, à proportion qu'on opère sur de plus petites quantités.

Ces difficultés ont obligé la Régie à se retourner du côté des réactifs, et elle a cru avoir atteint le but qu'elle s'était proposé en adoptant, en 1785, un procédé que M. Guyton-Morveau avait proposé, qu'il avait employé même avec succès, et qui se trouve imprimé dans les *Mémoires* de l'Académie de Dijon.

Ce procédé consiste à faire dessécher à une chaleur douce 100 gros du salpêtre brut qu'on veut essayer, à passer dessus de l'alcool ou esprit-de-vin en quantité suffisante pour dissoudre les nitrate et muriate de chaux, à dissoudre le restant dans 3 livres d'eau et à y verser une dissolution de nitrate de plomb. On sait que le nitrate de plomb et les sels muriatiques à base d'alcali ont la propriété de se décomposer réciproquement; que l'acide muriatique s'unit au plomb pour former un muriate de plomb ou plomb corné, sel très peu soluble qui se précipite en molécules blanches qu'on peut séparer par filtration ou par décantation, et qu'on peut faire sécher et peser. La quantité du précipité n'est pas précisément égale à celle du sel marin qui était contenu dans le salpêtre, mais elle est dans une proportion constante, facile à déterminer par expérience.

Quoique, d'après ce seul énoncé, le procédé qu'on vient de décrire fût déjà fort compliqué et d'une manipulation embarrassante, de nouvelles difficultés se présentèrent encore dans les détails. Il fut reconnu que le sel marin et même le salpêtre n'étaient pas rigoureusement indissolubles dans l'alcool; que leur dissolubilité était d'autant plus grande que l'alcool était moins déphlegmé, que les sels sur lesquels on le versait étaient moins desséchés, que la chaleur était plus grande, et il fallut, avec beaucoup de temps, de peines et d'expériences, former une table pour rétablir les quantités dissoutes.

Il fut reconnu que le muriate de plomb obtenu dans cette opération n'était pas toujours identique; que la quantité et la qualité en variaient en raison de circonstances pour ainsi dire inappréciables.

Il fut reconnu de plus que la propriété qu'a le muriate de plomb de se dissoudre dans l'eau, à la vérité en très petite quantité, rendait l'opération extrêmement difficile, car la manipulation marchait toujours entre deux difficultés impossibles à éviter complètement : si l'on ne lavait pas le précipité, il restait imprégné de sels qui en augmentaient le poids, et la quantité de sel marin que l'on concluait d'après celle du précipité se trouvait forcée; si on lavait, au contraire, on entraînait non seulement les sels, mais encore une portion plus ou moins grande du précipité, et la quantité de sel marin conclue se trouvait atténuée.

Ce n'est que successivement et par l'usage même de l'épreuve que ces causes d'imperfection ont été découvertes : elles n'ont pas empêché qu'on ne l'employât faute de meilleure, et elle a servi à évaluer la qualité du salpêtre des salpêtriers de Paris, depuis 1783 jusqu'à 1788 exclusivement.

Chaque année on faisait de nouvelles recherches pour corriger les défectuosités qu'on croyait apercevoir. On composait des salpêtres bruts factices dans lesquels la quantité de salpêtre réel était connue; puis, y appliquant l'épreuve, on apprenait à en rectifier les écarts, et on parvenait ainsi à s'approcher de plus en plus de la vérité.

Mais ce qui donna le plus d'inquiétude sur les résultats de l'épreuve, c'est que, d'après l'inventaire qui se faisait chaque année des salpêtres restants au dernier décembre à la raffinerie de Paris, le résultat du raffinage en grand se trouvait toujours en déficit d'une quantité considérable par rapport à celui de l'épreuve.

La différence, toutes corrections faites, s'est trouvée :

En 1783[1] .... 4 3/4 p. 100
En 1784 .... 10 p. 100
En 1785 .... 4 p. 100

En sorte que, sur 1 million de salpêtre brut à peu près qu'on raffine chaque année à Paris, le déficit s'élevait au moins de 40 à 50 milliers par an; c'est-à-dire qu'on payait aux salpêtriers 40 à 50 milliers de salpêtre, qu'on se trouvait, àl a fin de l'année, dans l'impossibilité de compter.

M. Baumé, qui, sur la demande des salpêtriers, fut nommé alors par le Ministre pour assister aux épreuves, proposa différentes corrections qui furent adoptées. On substitua, d'après son avis, l'*acétite de plomb* au *nitrate de plomb*, pour opérer la décomposition du *muriate de soude;* et, en effet, le précipité qui se forme alors est presque insoluble dans l'eau. Mais, d'un autre côté, l'acétite de plomb et le salpêtre ont une action réciproque; lorsqu'on mêle une solution de l'un avec une solution de l'autre, il se forme un précipité; or ce précipité joint au muriate de plomb en augmentait le poids et faisait conclure la quan-

[1] Voir les pièces justificatives à la fin de ce Mémoire.

tité de sel marin plus grande qu'elle ne l'était réellement. M. Baumé trouva encore moyen de remédier à cet inconvénient; il remarqua que le précipité formé par le mélange du salpêtre avec l'acétite de plomb était très dissoluble dans l'eau, tandis que celui obtenu par le sel marin l'était infiniment peu. On parvint donc à se débarrasser du premier par des lavages abondants, et le dernier restait pur, du moins on le supposait ainsi.

On avait lieu de s'attendre que, d'après toutes ces corrections, le résultat des épreuves cadrerait mieux avec celui du raffinage; mais le déficit, en 1786, n'en fut pas moins de 4 1/2 p. 100, et il s'éleva, l'année suivante, à 6 3/5.

Une différence aussi considérable et aussi constante aurait sans doute alarmé les régisseurs sur la gestion des préposés chargés des opérations de la raffinerie, si le caractère moral du commissaire comptable de Paris, sa probité et son exactitude scrupuleuses bien connues, n'eussent repoussé tous les soupçons. On aima donc mieux croire que l'épreuve était en défaut, quelques précautions qu'on eût prises pour la rectifier, que de suspecter sa fidélité.

Ce fut dans ces entrefaites que M. Desestres, alors contrôleur de la raffinerie de Paris, et depuis commissaire des poudres à Tours, proposa pour essayer le salpêtre une nouvelle méthode, qui parut séduisante par sa simplicité. Voici le principe sur lequel elle était fondée :

L'art de séparer chimiquement deux substances mêlées ou combinées ensemble consiste à trouver un dissolvant qui attaque l'une sans attaquer l'autre. C'est sur ce principe qu'est fondée toute la science du départ de l'or et de l'argent.

Il ne s'agissait, d'après ce principe, que de trouver un dissolvant qui attaquât tous les sels neutres mêlés dans le salpêtre brut, sans attaquer le salpêtre lui-même. Il est évident qu'avec un semblable dissolvant, il devait être facile d'opérer un véritable départ et de déterminer par conséquent avec une grande précision, et surtout avec une grande facilité, le titre du salpêtre. Or ce dissolvant existait plus près qu'on ne le soupçonnait, puisque c'était l'eau elle-même saturée de salpêtre. Et, en effet, d'après le seul énoncé, de l'eau saturée de salpêtre n'est plus en état d'en dissoudre une nouvelle quantité; mais en même temps l'expérience apprend qu'elle est encore susceptible de dissoudre tous les autres sels neutres qu'on peut lui présenter. Ainsi, en versant de l'eau saturée de salpêtre sur du salpêtre brut, elle devait s'emparer de tous les sels, et le salpêtre devait rester pur ou à peu près tel.

La théorie annonçait ce résultat et l'expérience l'a confirmé. Cependant cette grande simplicité du procédé n'était encore qu'apparente; il est bien vrai que de l'eau saturée de salpêtre n'en peut plus dissoudre de nouveau; mais M. Geoffroy a démontré que quand à de l'eau saturée de salpêtre on ajoute du sel marin, elle redevient propre à dissoudre une petite quantité de salpêtre. Ce phénomène devait avoir lieu dans la nouvelle épreuve proposée; il y existait donc une source d'erreur qu'il était essentiel de corriger, autrement la quantité de salpêtre réel évaluée d'après l'épreuve se serait trouvée diminuée au préjudice du salpêtrier. Il paraissait d'abord facile de faire une table qui indiquât la correction additive à faire pour rétablir cette quantité de salpêtre; mais l'expérience a encore démontré dans la construction de cette table des difficultés qu'on n'avait pas prévues. Ce n'est pas seulement du sel marin que l'eau saturée de salpêtre dissout, quand on la passe sur du salpêtre brut; elle dissout encore du nitrate et du muriate de chaux; or il n'en est pas de ces sels comme du muriate de soude ou sel marin; leur addition à l'eau saturée de salpêtre ne la rend pas propre à dissoudre une nouvelle portion de ce sel; au contraire même, ils tendent à en faire cristalliser une petite portion au moyen, sans doute, de l'eau dont ils s'emparent et avec laquelle ils ont beaucoup d'affinité. Il fallait donc, pour connaître la quantité de salpêtre qu'il était juste de restituer au résultat de l'épreuve, connaître non seulement la quantité totale des sels étrangers existant dans le salpêtre brut, mais encore leur proportion; c'est-à-dire que l'application de cette méthode, si simple en apparence, supposait la connaissance de ce que l'on cherchait. Cependant les régisseurs sont parvenus à lever, au moins par approximation, cette difficulté, par une suite d'expériences faites sur des salpêtres bruts factices, dans lesquels on faisait entrer la proportion de muriate de soude et de chaux, de nitrate de chaux et de potasse, qui se trouve le plus communément dans les salpêtres fournis par les salpêtriers, et en dressant la table de correction d'après ces expériences. Mais il n'en est pas moins vrai que la table n'était juste que pour ces proportions et qu'elle était plus ou moins fautive à l'égard de toutes les autres.

La nouvelle épreuve présentait dans sa manipulation un autre genre de difficultés, mais qu'il n'était pas impossible de lever, avec une grande attention et en opérant dans un local convenable; le salpêtre est beaucoup plus dissoluble dans l'eau chaude qu'il ne l'est dans l'eau froide; d'où il résulte que de l'eau saturée à un degré quelconque ne l'est plus à une température un peu supérieure. Il est donc d'une nécessité indispensable que la température du lieu où l'on opère soit constamment la même pendant tout le cours de l'opération, c'est-à-dire pendant deux ou trois heures environ; car elle ne peut être achevée dans un moindre espace de temps.

Cette difficulté influe surtout sur la préparation de l'eau saturée de salpêtre; si l'on ne prend pas des précautions multipliées, si l'on n'associe pas l'usage du pèse-liqueur à celui du thermomètre, pour déterminer le degré de l'eau saturée, enfin si l'on ne repasse pas cette eau sur du salpêtre en poudre très fine au moment même de l'opération, il est très facile de se tromper et de supposer complètement saturée de l'eau qui ne l'est qu'en partie.

Quoique la plupart de ces causes d'incertitude n'aient pas échappé aux régisseurs, il leur a paru cependant que les erreurs qu'on pouvait commettre dans ce nouveau mode d'essayer le salpêtre étaient renfermées dans des limites moins étendues que ne l'étaient celles de la méthode qu'on avait été forcé d'abandonner. Et, en effet, en l'appliquant à des salpêtres bruts factices dans lesquels on connaissait la quantité de salpêtre introduite, les différences étaient rarement de 1 p. 100, et l'avantage était assez constamment en faveur des salpêtriers.

La Régie a donc cru devoir rédiger une instruction dans laquelle ce procédé a été expliqué dans un grand détail, et dans laquelle des tables de corrections ont été insérées. Le Ministre, auquel cette instruction a été présentée, a désiré qu'avant d'en faire usage elle fût soumise au jugement de l'Académie et que cette Compagnie prononçât sur le degré de confiance qu'on devait y attacher. Le rapport des commissaires lui fut favorable, ainsi que le jugement qui intervint en conséquence.

C'est dans le cours de 1788 que cette instruction avait été rédigée; les régisseurs en firent l'application aux salpêtres livrés pendant le cours de cette même année par les salpêtriers de Paris et des environs, et avec le projet de la proposer, dans la suite, comme base d'un règlement général pour la réception du salpêtre de toutes les provinces de France.

La Régie n'aurait pas été étonnée de trouver à la fin de l'année une différence de 1 ou 1 1/2 p. 100, entre le résultat des épreuves faites suivant cette nouvelle méthode et celui du raffinage; car, en général, dans tous les cas où les expériences présentaient quelque incertitude, on avait toujours eu soin de faire pencher la balance en faveur des salpêtriers. Ainsi une différence qui n'aurait pas excédé cette proportion se serait facilement expliquée; mais la différence se trouva encore de plus de 5 p. 100 sur les salpêtres de 1788, au grand étonnement des régisseurs. L'année suivante présenta un déficit encore plus considérable, et il fut porté jusqu'à 9 p. 100. Mais, ce qui est le plus extraordinaire, c'est que, tandis que la Régie payait aux salpêtriers 40 à 50 milliers de salpêtre de plus que le raffinage n'en avait produit, les salpêtriers se plaignaient de ce qu'on ne leur rendait pas justice. Ils présentèrent même au Ministre des finances un mémoire pour obtenir réparation du tort qui leur était fait, tandis qu'il était évident, par le résultat du raffinage, que l'épreuve leur avait toujours été extrêmement favorable.

Le Ministre, embarrassé entre des rapports et des prétentions aussi contradictoires, se détermina, sur la demande des régisseurs, à renvoyer le tout à l'Académie des sciences, en l'engageant à nommer des commissaires pour comparer les résultats de l'épreuve avec ceux du raffinage, pour apprécier le mérite de l'épreuve, pour proposer les changements et modifications dont ils la jugeraient susceptible, enfin pour lui en substituer une autre plus exacte ou plus simple, s'il était possible. Le Ministre insistait surtout pour qu'il fût fait des raffinages en grand par les commissaires, afin de déterminer si les résultats de l'épreuve et du raffinage étaient aussi différents qu'on l'annonçait, et de rechercher la cause des différences après qu'elles auraient été constatées.

Cette demande du Ministre a donné lieu à un grand travail dont je vais rendre compte dans la seconde partie de ce mémoire.

DEUXIÈME PARTIE.

TRAVAUX DES COMMISSAIRES DE L'ACADÉMIE DES SCIENCES SUR LE MODE D'ÉPREUVE.

Les commissaires de l'Académie des sciences, conformément au vœu du Ministre, ont fait marcher à la fois deux classes d'expériences, les unes sur l'épreuve et en opérant par voie de dissolution, les autres sur le raffinage, par voie de cristallisation. Cette marche les aurait conduits sans doute au but qu'ils se proposaient d'atteindre, si une partie du produit d'un raffinage en grand n'eût été renversée par accident, après plus de deux mois de travail et au moment où l'opération était presque entièrement terminée. Cette circonstance a obligé les commissaires de renoncer à cette partie de leur travail, ou au moins de la remettre à un autre temps. C'est donc absolument aux expériences faites sur le résultat de l'épreuve que se bornera le compte que je me propose de rendre de leurs travaux.

D'abord, pour apprécier l'exactitude de l'épreuve, ils l'ont appliquée, comme l'avaient fait les régisseurs, à des salpêtres bruts factices qu'ils avaient composés eux-mêmes, dans lesquels ils connaissaient par conséquent la quantité réelle de salpêtre existante. Il est clair qu'en supposant l'épreuve exacte, elle devait donner une quantité de salpêtre égale à celle qui y avait été mise. Cette manière d'opérer a fait découvrir aux commissaires une source d'erreur qui s'était introduite dans le travail des régisseurs : ils s'étaient servis, pour former du salpêtre brut factice, de muriate et de nitrate de chaux complètement desséchés; or, dans cet état, ces sels donnent de la chaleur au moment où ils se dissolvent dans l'eau : cette chaleur, communiquée à l'eau saturée de salpêtre employée par les régisseurs dans les expériences qui leur avaient servi à dresser la table de corrections, avait favorisé la dissolution d'une portion du salpêtre soumis à l'expérience, et ils en avaient conclu une correction trop forte. Cette même circonstance n'a pas lieu lorsqu'on opère sur le salpêtre brut des salpêtriers, qui n'est desséché qu'à un degré de chaleur inférieur à celui de l'eau bouillante.

Les régisseurs rétablissaient donc une quantité de salpêtre supérieure à celle qui avait été dissoute, et cette circonstance de l'épreuve était entièrement à l'avantage des salpêtriers.

Ce fut aussi par une suite de ce travail que les commissaires reconnurent que les muriate et nitrate de chaux ajoutés à une eau saturée de salpêtre ne lui donnaient point la propriété de dissoudre une nouvelle quantité de ce sel, à la différence du sel marin qui favorise la dissolution du salpêtre et qui met l'eau, qui en est déjà saturée, en état d'en dissoudre une nouvelle portion. Les commissaires de l'Académie ont conclu de ces expériences qu'aucune table de corrections ne pouvait être rigoureusement exacte; qu'il n'y avait rien à rétablir, et qu'il y aurait plutôt une déduction à faire au résultat de l'épreuve, à l'égard des salpêtres bruts qui ne seraient mélangés que de sels à base terreuse; que la quantité à rétablir devait être au contraire plus considérable dans un salpêtre brut qui ne contiendrait que du salpêtre et du sel marin. Enfin, après un travail de plusieurs mois, les commissaires ont conclu, dans leur rapport à l'Académie, que l'épreuve ne pouvait pas être regardée comme un moyen rigoureusement exact pour évaluer le titre du salpêtre, et qu'on ne pouvait pas par conséquent la prendre pour base de la comptabilité des commissaires des poudres; que la table de corrections, dressée par la Régie pour rétablir les quantités de salpêtre dissoutes par l'eau saturée à l'aide du sel marin contenu dans le salpêtre brut, était trop avantageuse aux salpêtriers; ils ont proposé d'y substituer une bonification de 4 p. 100 sur tous les salpêtres indistinctement, et ils ont pensé que cette manière plus simple ne pouvait avoir beaucoup d'inconvénients, parce qu'il en résultait une sorte de prime en faveur des salpêtriers qui travaillaient le mieux. On a lieu de croire, et on en exposera les motifs dans la troisième partie de ce Mémoire, que les commissaires de l'Académie se sont trompés dans cette dernière conséquence.

Les commissaires de l'Académie ont prescrit dans le même rapport quelques changements dans la manipulation de l'épreuve; ils ont pensé surtout qu'on devait tenir l'eau saturée pendant un temps plus long sur le salpêtre brut qu'on ne l'avait fait jusqu'alors, attendu que l'action des différents sels les uns sur les autres est successive et lente.

Les précautions indiquées par les commissaires de l'Académie ont été fidèlement observées dans l'épreuve qui a été faite à l'Arsenal des salpêtres fournis en 1791 : la correction indiquée par la table a été supprimée; on y a substitué une bonification fixe de 4 p. 100, comme le portait le jugement de l'Académie; l'épreuve a été faite double sur chaque salpêtre; elle a été recommencée une seconde fois, parce qu'on avait lieu de craindre que l'eau employée dans la première n'eût pas été complètement saturée de salpêtre. Il n'est resté aucun scrupule sur l'exactitude de cette seconde épreuve, et cependant elle s'est encore écartée de 5 p. 100 du raffinage.

Cependant ces précautions multipliées n'ont pas été inutiles; elles ont clairement démontré que la différence entre le résultat de l'épreuve et celui du raffinage ne tenait pas aux erreurs de l'épreuve, car les deux expériences qu'on faisait constamment marcher ensemble sur chaque échantillon s'accordaient toujours à moins de 1/2 p. 100, ce qui ne serait pas arrivé si l'épreuve eût été susceptible de variations arbitraires.

Ces précautions ont encore fait connaître que les commissaires de l'Académie avaient accordé moins de confiance aux résultats de l'épreuve qu'ils n'en méritaient, et qu'ils avaient été trop sévères en annonçant qu'elle n'était qu'un moyen d'estime qui ne donnait le titre du salpêtre qu'à 2 p. 100 près : et, en effet, en me rappelant les circonstances des expériences multipliées qu'ils ont faites, et auxquelles j'ai presque toujours assisté, je suis porté à croire qu'ils n'ont pas pris toutes les précautions nécessaires pour obtenir de l'eau complètement saturée, et que c'est une des principales causes des écarts que l'épreuve leur a présentés. Je suis aujourd'hui convaincu, plus que je ne l'ai jamais été, qu'en prenant toutes les précautions nécessaires, en évitant les variations du thermomètre pendant le temps des expériences, en faisant passer plusieurs fois, au moment de l'opération, l'eau saturée sur du nouveau salpêtre réduit en poudre et passé au tamis de soie, on obtient des résultats, sinon constants, au moins qui diffèrent peu les uns des autres et dont les erreurs ne s'élèveront jamais à 1 p. 100. Je reviendrai au surplus sur cet article important dans la suite de ce Mémoire.

TROISIÈME PARTIE.

EXPÉRIENCES FAITES À LA RAFFINERIE DE PARIS, DEPUIS LE RAPPORT FAIT PAR LES COMMISSAIRES DE L'ACADÉMIE.

On vient de voir qu'après dix années et plus de travail de la part des régisseurs, après un an d'expériences faites par les commissaires de l'Académie, on ne se trouvait pas beaucoup plus avancé que dans les premiers instants sur les moyens de déterminer le titre du salpêtre : la différence entre l'épreuve et le raffinage était toujours la même, c'est-à-dire au moins de 5 p. 100. C'est dans ces circonstances que l'Assemblée nationale, instruite des difficultés qui s'étaient élevées, incertaine elle-même sur le parti qu'elle avait à prendre, après avoir fixé le prix du salpêtre par son décret du 14 mai 1792, a ordonné, article 6 de cette même loi, « que les salpêtres seraient provisoirement reçus dans les formes usitées jusqu'alors; mais que le Ministre des contributions publiques, de concert avec la Régie des poudres et salpêtres et l'Académie des sciences, présenterait un projet de règlement pour les formes de réception et la fixation du degré de force du salpêtre, ainsi que la qualité du salin et de la potasse qui seraient délivrés par la Régie aux salpêtriers, l'Assemblée se réservant de statuer définitivement sur ce règlement ».

Chargé spécialement par le Ministre de m'occuper des expériences qui devaient servir de base au projet de règlement demandé par l'Assemblée législative, je m'y suis livré sans réserve pendant les mois de mai, juin, juillet et août de cette année; j'y ai employé tout mon temps presque sans interruption, et lorsque j'ai donné ma démission de la place de régisseur des poudres, d'après des motifs qui ont été approuvés par le Ministre, et qui, j'espère, le seraient du public, s'il m'était permis de les lui exposer, j'ai pris l'engagement de mettre la dernière main à ce travail. Je ne puis dissimuler qu'il aurait été plus complet, si je n'eusse été obligé d'en précipiter la fin par une suite des troubles qui ont précédé et suivi l'événement du 10 août. J'ose cependant me flatter que l'objet principal en est rempli, puisque je suis parvenu à découvrir la cause des différences que présentent l'épreuve et le raffinage et à poser enfin le véritable état de la question qui divise la Régie et les salpêtriers.

J'aurais pu me contenter de présenter le résultat et les conséquences de mes expériences et abréger ainsi beaucoup de cette partie de mon Mémoire. Cependant comme d'après les dispositions du décret mon travail est en même temps destiné pour le Ministre, pour la Régie des poudres et pour l'Académie, il m'a paru essentiel d'entrer dans quelques détails et de faire connaître la marche que j'ai suivie dans mes expériences.

Mon premier objet a été de constater si réellement il se trouvait entre le résultat de l'épreuve et celui du raffinage une différence aussi considérable qu'on se l'était persuadé jusqu'alors, me réservant ensuite, en supposant que cette différence fût réelle, de faire des recherches particulières pour en découvrir la cause.

J'ai choisi, pour opérer, le moment où tous les salpêtriers de Paris venaient de faire une livraison à la Régie : le salpêtre qu'ils avaient fourni formait un tas fort élevé que j'ai fait abattre ; puis j'en ai fait mêler toutes les parties à la pelle pendant une matinée tout entière, afin de me procurer un tout parfaitement homogène. C'est sur le salpêtre ainsi mélangé qu'ont été faites toutes les expériences dont je vais rendre compte.

Je me suis d'abord assuré, par douze expériences faites avec soin, que ce salpêtre déchoyait à l'épreuve de 32 à 33 p. 100. C'est à peu près dans ces limites que le résultat des douze expériences a varié ; mais, pour n'avoir rien à me reprocher, je partirai du résultat le plus bas, c'est-à-dire d'un déchet de 33 p. 100, d'où retranchant 4 p. 100 pour la quantité de salpêtre dont la présence du sel marin favorise la dissolution, conformément au rapport des commissaires de l'Académie, on aura pour déchet réel 29 p. 100. Ainsi je pouvais regarder comme constant que le salpêtre brut sur lequel j'opérais contenait au moins 71 livres de salpêtre pur par quintal, et j'avais même une probabilité assez grande qu'il en contenait un peu davantage.

Ce premier point constaté, j'ai procédé au raffinage de 5000 livres de ce même salpêtre par la méthode ordinaire, c'est-à-dire par voie de cristallisation et en me rapprochant le plus qu'il était possible, soit pour la quantité d'eau employée, soit pour le lavage des sels, des procédés qu'on a coutume de suivre. J'ai seulement mis plus de rigueur dans mes opérations, et je me suis attaché à opérer plus scrupuleusement la séparation des sels. Enfin, après une suite de dissolutions, d'évaporations, de cristallisations, de lavages de sels, etc., qui ont duré près de quatre mois sans interruption, je suis parvenu au terme de mon travail, et pendant tout ce temps il n'est survenu aucun accident qui ait pu faire naître le moindre scrupule sur les résultats. En voici le tableau :

RÉSULTAT DU RAFFINAGE À LA MANIÈRE ORDINAIRE,
COMMENCÉ LE 10 MAI 1792 ET FINI LE 29 JUILLET SUIVANT.

DÉNOMINATION DES SELS OBTENUS.	POIDS EFFECTIF.			RÉSULTATS RÉDUITS AU QUINTAL.		
	livres.	onces.	gros.	livres.	onces.	gros.
Salpêtre dans l'état de 3 cuites, très pur	3244	15	6	64	14	3
Muriate de soude, mêlé d'un peu de muriate de potasse.	1029	6	2	20	9	3
Sulfate de chaux, carbonate de chaux et de magnésie	119	9	3	2	6	2
Nitrate et muriate de chaux en liqueur, 310 livres 3 onces 1 gros, contenant un tiers d'eau, ce qui revient en nitrate et muriate desséchés à	206	12	6	4	2	1
TOTAL	4600	12	1	92	0	1
Poids employé	5000	0	0	100	0	0
DÉFICIT	399	3	7	7	15	7

La quantité réelle de salpêtre obtenue dans le raffinage ci-dessus est à très peu près de 65 p. 100 ; on vient de voir que, d'après l'épreuve, elle aurait dû être au moins de 71 ; la différence était donc de 6 p. 100. Mais une considération attentive du tableau ci-dessus m'a bientôt éclairé sur la cause de cette différence ; car dans cette opération j'avais employé 5000 livres de salpêtre brut, d'où, déduisant 3 p. 100 d'humidité étrangère à la cristallisation,

Il devait rester en matière saline réelle	4850 livres.
Cependant je n'ai obtenu en dernier résultat, toutes matières comprises, qu'un poids de	4600
Partant, différence ou perte au raffinage	250

Cette perte revient à 5 p. 100, c'est-à-dire qu'elle est égale, à très peu près, à la différence trouvée entre le résultat de l'épreuve et celui du raffinage.

La conséquence naturelle à laquelle me conduisait ce rapprochement était qu'une portion du salpêtre s'évaporait et se dissipait en même temps que l'eau pendant le raffinage. Il était clair, dans cette supposition, que l'épreuve qui se faisait à froid devait donner la quantité réelle de salpêtre contenue dans le salpêtre brut au moment où il était livré; que le raffinage, au contraire, se faisant à chaud, il devait donner cette quantité moins celle évaporée par les nombreuses ébullitions qu'éprouvent les eaux de lavage et de rebouillage, etc., pendant les opérations du raffinage; enfin que les salpêtriers étaient fondés à dire que le salpêtre brut qu'ils livraient contenait tant de salpêtre pur, mais que la Régie ne l'était pas moins à soutenir que le même salpêtre ne produisait que tant de salpêtre pur au raffinage.

Du moment où l'on entrevoit une vérité que l'on a cherchée longtemps et qui nous a fuis, tout semble se réunir à la fois pour la confirmer et pour l'établir. Je reconnus bientôt que les anciens chimistes n'avaient point ignoré que le salpêtre se dissipait avec l'eau pendant son évaporation; que Vallerius l'avait formellement annoncé; que M. Kirwan avait été arrêté par cette circonstance dans ses expériences sur les parties constituantes des sels, si bien même qu'il avait été obligé de renoncer à opérer par voie d'évaporation et de cristallisation, pour déterminer la quantité de salpêtre contenue dans une liqueur salpêtrée. Tous ces faits que nous ignorions se sont présentés en foule presque au même instant. Cependant, quelque confiance que méritassent de si grandes autorités, je n'ai pas cru devoir me dispenser de les confirmer par mes propres expériences.

J'ai donc mis de l'eau de rivière dans une bassine d'argent, j'y ai fait dissoudre 5 livres de salpêtre; puis j'ai fait bouillir la dissolution pendant vingt-quatre heures, en ayant soin de remplacer, par de nouvelle eau, celle qui était emportée par l'évaporation. Ayant ensuite procédé à la séparation du sel d'avec l'eau, j'ai obtenu, par des cristallisations successives, 4 livres 8 onces 3 gros 19 grains de salpêtre, au lieu de 5 livres que j'avais employées. Ainsi il s'était dissipé pendant l'opération 7 onces 4 gros 53 grains de ce sel, ce qui revient à 9 livres 7 onces 6 gros par quintal.

Quelque concluante que parût cette première expérience, elle me laissait encore des inquiétudes, par plusieurs raisons. Premièrement, parce que l'évaporation ayant été rapide et la dissolution ayant toujours été entretenue à un fort grand degré de concentration, il s'était éclaboussé du salpêtre dont les parcelles mêmes s'apercevaient autour de la bassine; secondement, parce que, dans l'évaluation des quantités obtenues par voie de cristallisation, il est possible de dessécher plus ou moins le sel, et qu'il en peut résulter des erreurs. Il est vrai que le salpêtre ne contenant que peu ou point d'eau de cristallisation, il est moins susceptible que tout autre sel de cette objection; mais la certitude de l'évaporation du salpêtre était si importante à établir que j'ai cru devoir employer des moyens multipliés pour la constater.

J'ai donc pris 150 livres de salpêtre très pur que j'ai dissous dans 1350 livres d'eau. La dissolution étant à 13 degrés de température, j'y ai plongé un pèse-liqueur d'argent très sensible, construit à la manière de Fahrenheit, et qui déplaçait 1 livre 10 onces d'eau. J'ai été obligé, pour le faire plonger jusqu'à la ligne tracée sur la tige, de le charger de 1 once 5 gros 8 grains. J'ai ensuite fait évaporer cette dissolution en l'entretenant toujours bouillante dans une chaudière jusqu'à ce qu'elle fût réduite au point de marquer 40 degrés au pèse-liqueur de M. Baumé. Alors je l'ai étendue avec de l'eau jusqu'à ce qu'à température égale, je l'eusse ramenée exactement à la pesanteur spécifique qu'elle avait au commencement de l'opération, c'est-à-dire jusqu'à ce qu'à la température de 13 degrés, je fusse obligé, pour faire entrer le pèse-liqueur jusqu'à la marque, d'ajouter sur le bassin un poids de 1 once 5 gros 8 grains.

Il est clair qu'ayant ainsi tout ramené au même état, s'il n'y avait pas eu d'évaporation de salpêtre, j'aurais dû retrouver mes 1500 livres de dissolution, composées comme auparavant de 1350 d'eau et de 150 livres de salpêtre; mais il ne s'en est trouvé que 1477 livres: il y avait donc eu une perte de 23 livres.

L'évaporation du salpêtre, dans cette opération, n'avait été que de 1 livre 8 onces 4 gros par quintal; elle avait donc été moins grande de beaucoup que dans la première expérience; mais aussi les circonstances n'avaient pas été les mêmes, car, dans la première expérience, la dissolution salpêtrée avait été entretenue bouillante pendant vingt-quatre heures dans un état de concentration assez considérable; dans la seconde, au contraire, la dissolution avait d'abord été très flegmatique, puisqu'elle ne contenait qu'un dixième de son poids de salpêtre; elle s'était rapprochée ensuite par le progrès de l'évaporation; mais ce n'est que dans les derniers instants qu'elle était parvenue à 40 degrés environ du pèse-liqueur de M. Baumé. Il y avait donc lieu de présumer, d'après ces deux expériences comparées entre elles, que l'évaporation du salpêtre était plus forte dans une liqueur concentrée que dans une liqueur étendue d'eau.

Pour confirmer cette conjecture, j'ai fait une nouvelle dissolution de salpêtre dans laquelle l'eau entrait pour les 4/5 et le salpêtre pour 1/5; et ayant fait bouillir pendant onze heures, en renouvelant l'eau à mesure qu'elle s'évaporait et en l'entretenant constamment dans la proportion des 4/5, la perte s'est trouvée de 1 p. 100 environ.

Enfin, ayant répété la même expérience en faisant bouillir pendant dix-huit heures une dissolution salpêtrée au degré de concentration du raffinage de 2 en 3 cuites, c'est-à-dire dans laquelle il y avait à peine 1/5 d'eau, l'évaporation ou la perte du salpêtre a été de 3 livres 12 onces par quintal.

Il n'est plus étonnant, d'après ces expériences, qu'on ne retrouve pas au raffinage toute la quantité de salpêtre qui a été fournie par les salpêtriers; il est sensible qu'une partie doit s'évaporer pendant le cours du travail. On ne sera pas surpris que cette différence monte à 5, 6 et même jusqu'à 7 p. 100, lorsque l'on considérera la multiplicité des opérations auxquelles le salpêtre est soumis avant d'être amené au degré de pureté nécessaire pour la fabrication de la poudre.

Il subit d'abord une dissolution lors de son passage de brut en 2 cuites; mais comme le salpêtre est traité à grande eau dans cette première opération, comme on ne donne que le degré de chaleur nécessaire à la dissolution, comme enfin on ne fait bouillir qu'autant

IMPRIMERIE NATIONALE.

qu'il est nécessaire pour écumer, sans qu'on soit obligé de faire rapprocher la liqueur, ce premier raffinage ne doit pas emporter beaucoup de matières salines.

Le salpêtre est soumis ensuite à une seconde opération lors de son passage de 2 en 3 cuites; alors la liqueur est beaucoup plus rapprochée, elle subit un degré de chaleur beaucoup plus grand, et toutes les circonstances se trouvent alors réunies pour opérer une plus grande volatilisation.

Ce n'est pas tout; il faut faire rebouillir et évaporer les eaux surnageantes qui restent après la cristallisation du brut en 2 cuites, pour séparer le sel marin et obtenir du salpêtre brut; il faut faire évaporer les eaux de 2 en 3 cuites pour obtenir dans l'état de 2 cuites le salpêtre qu'elles contiennent. On est obligé de faire subir encore un et deux raffinages au salpêtre brut et de 2 cuites qu'on obtient de ces deux opérations; enfin il reste des eaux de rebouillage qui exigent une nouvelle évaporation. Il en résulte qu'il est des molécules de salpêtre qui passent et repassent un grand nombre de fois à la chaudière avant que d'arriver au degré de pureté exigé pour la fabrication de la poudre; que quelques-unes peuvent y repasser vingt fois, même davantage et toujours avec perte, toujours avec une volatilisation plus ou moins grande. Il n'est donc point étonnant que dans le cours d'un travail non interrompu, où 15 à 20 milliers de salpêtre sont habituellement en dissolution, en ébullition et sont continuellement tourmentés, il se volatilise 5, 6 p. 100 de la masse totale.

Existe-t-il des moyens de diminuer cette perte qui s'élève à 200 ou 250 milliers de salpêtre par an dans les seuls ateliers de la Régie, et qui serait beaucoup plus considérable si l'on y ajoutait celle qui a lieu dans les chaudières et les ateliers des salpêtriers? Sans doute il en existe, et il est probable que la découverte de la volatilisation du salpêtre exigera, dans la suite, quelques changements dans le mode de raffiner.

M. Baumé a déjà proposé de raffiner le salpêtre à froid par un procédé à peu près analogue à l'épreuve, c'est-à-dire en lavant le salpêtre brut avec de l'eau déjà saturée de salpêtre. Il est constant que par ce procédé on enlève, comme dans l'épreuve, les sels à base terreuse, même les muriates à base d'alcali fixe; que le salpêtre, dès le second lavage, est déjà tellement pur qu'il ne donne aucun précipité avec la potasse, et qu'il n'en donne qu'un presque insensible par la dissolution d'argent. Le raisonnement appuyé sur l'expérience indiquait donc que cette méthode devait présenter des avantages; et si M. Baumé l'a conseillée avant de connaître la propriété qu'a le salpêtre de s'évaporer avec l'eau dans laquelle il est tenu en dissolution, à plus forte raison serait-il fondé à insister sur ses avantages, depuis que cette volatilisation du salpêtre est bien prouvée.

Cependant le raisonnement et la réflexion indiquaient aussi que cette méthode n'était pas aussi avantageuse qu'elle le paraissait au premier coup d'œil. Car premièrement elle exige, pour le lavage du salpêtre, qu'on emploie de l'eau saturée de salpêtre; et quand même on y substituerait de l'eau pure, cette eau ne se saturerait pas moins pendant l'opération du lavage : or il faut toujours en venir à l'ébullition et à l'évaporation pour retrouver ce salpêtre, et cette opération, qui ne peut se faire que par le feu, équivaut au rebouillage des eaux de brut en 2 cuites.

Secondement, il ne faut pas croire que le salpêtre ainsi lavé, même deux fois, soit encore dans l'état de pureté nécessaire pour faire de la poudre : il est dans l'état de beau 2 cuites; mais il a besoin d'un nouveau raffinage pour être amené à l'état de celui de 3 cuites. L'opération du lavage ne dispenserait donc probablement que du raffinage de brut en 2, mais non de celui de 2 en 3; or, comme l'évaporation du salpêtre est plus grande dans une dissolution concentrée que dans une qui ne l'est pas, comme elle est par conséquent plus grande dans le raffinage de 2 en 3 cuites que dans celui de brut en 2, il est évident que l'opération qu'on supprime par le lavage est précisément celle qui occasionne le moins de perte.

Troisièmement, il serait difficile, dans cette méthode, de clarifier les raffinages par la colle, comme on le fait dans la manière actuelle de raffiner, parce que la dissolution du salpêtre pour la mise en 3 cuites se faisant à courte eau, la clarification se ferait mal et difficilement dans une liqueur aussi concentrée.

C'était au surplus à l'expérience à prononcer sur la valeur de ces réflexions, et j'ai cru, en conséquence, devoir entreprendre un raffinage en grand par le lavage. J'ai donc pris 5 milliers de salpêtre brut que j'avais mis en réserve le jour même que j'avais commencé le raffinage par la méthode ordinaire; il avait été pris dans le même tas après plusieurs heures de mélange à la pelle et était absolument identique. J'ai mis ce salpêtre dans une grande chaudière à froid et j'y ai fait verser 1500 livres, c'est-à-dire 30 p. 100 de son poids d'eau froide. Après que le salpêtre a été bien remué et lavé, j'ai laissé reposer; j'ai retiré l'eau de lavage et j'ai mis le salpêtre égoutter dans de grandes mannes d'osier, disposées de manière qu'il ne pût rien se perdre de ce qui s'en écoulait. Le premier lavage a emporté presque toute l'eau mère et une portion de sel marin. Le salpêtre que j'ai obtenu, après qu'il a été bien séché à l'air, était gris à peu près comme le sel marin de gabelle; il ne contenait presque plus d'eau mère, mais il contenait encore beaucoup de sel marin, parce que la quantité d'eau que j'avais employée n'avait pas été suffisante pour le dissoudre en totalité.

J'ai fait un second lavage de ce même salpêtre avec 2400 livres d'eau froide, ce qui revient à 48 p. 100. Je me suis fixé à cette quantité, parce que je m'étais assuré, par des épreuves de comparaison, qu'elle suffisait pour dissoudre tout le sel marin.

Le salpêtre que j'ai obtenu par ce second lavage, égoutté et séché, était presque pur : dissous dans l'eau, il ne donnait aucun précipité avec l'alcali, mais il en donnait un fort sensible avec la dissolution d'argent, et j'estime qu'il pouvait encore contenir 1 1/2 ou 2 p. 100 de sel marin. Son poids, déduction faite de 4 p. 100 d'humidité et de 2 p. 100 de sel marin, quantités que j'ai déterminées par des expériences faites sur des échantillons de 100 gros, s'est trouvé de 2593 livres.

J'avais employé dans ces deux lavages 3900 livres d'eau; or, comme en été, saison pendant laquelle j'opérais, l'eau froide, surtout quand elle est aidée par la présence du sel marin, dissout environ 1/5 de son poids de salpêtre :

J'avais dû dissoudre environ 780 livres de salpêtre pur, ci....	780 livres.
A quoi ajoutant le salpêtre resté après le lavage, lequel, toute déduction faite et réduit à la quantité de salpêtre pur, s'est trouvé peser..	2593
il s'ensuit que le raffinage à froid m'a donné un total de salpêtre pur de..	3373

c'est-à-dire supérieur de 128 livres, ou de 2,14/25 p. 100, à ce que j'avais obtenu par le raffinage à chaud. Il est vrai qu'une partie de cet avantage a disparu, lorsque j'ai été obligé de faire évaporer les eaux de lavage pour en retirer le salpêtre par cristallisation, et lorsque j'ai redissous le salpêtre lavé pour en former des pains de 3 cuites. Je suis retombé alors dans tous les inconvénients du raffinage à chaud; j'ai été obligé de faire un grand nombre de rebouillages, et il s'en est fallu de beaucoup que je retirasse les 780 livres qui avaient été dissoutes dans les eaux de lavage.

Dire exactement le résultat auquel je suis parvenu me serait impossible, la fin de cette opération s'étant prolongée jusqu'au commencement de septembre, et n'ayant pu en suivre par moi-même les derniers détails. Je croirais donc nécessaire que les régisseurs des poudres fissent répéter sous leurs yeux cette partie de mon travail. Quoique le salpêtre ainsi lavé approche beaucoup d'être pur, quoique peut-être il soit susceptible de faire de la poudre presque aussi bonne que le salpêtre 3 cuites raffiné par la méthode ordinaire, je n'oserais conseiller cependant de l'employer à cet usage, même pour la poudre de chasse et pour celle de traite, dans la crainte qu'il ne contînt des corps étrangers qui pourraient occasionner des accidents; mais on pourrait obtenir au moins par ce procédé un salpêtre très propre pour le plus grand nombre des usages du commerce et notamment pour la fabrication des acides minéraux. Ce qu'il y a de certain, c'est que les avantages du raffinage à froid et par le lavage seraient beaucoup plus grands, si l'on pouvait se dispenser de donner un dernier raffinage à chaud au salpêtre qui en provient.

Quoique l'expérience dont je viens de rendre compte ne soit pas entièrement complète et qu'elle laisse quelque chose à désirer, elle démontre néanmoins, d'une manière évidente, comment et à quelle époque s'opère la perte du salpêtre dans le raffinage par la méthode ordinaire. Ce n'est pas dans le passage du brut en 2 cuites, mais dans celui de 2 en 3 et surtout dans le rebouillage des eaux; or, comme ce rebouillage est une opération commune au raffinage à chaud et à celui à froid, il en résulte que les avantages du raffinage à froid, c'est-à-dire par voie de lavage, se trouvent considérablement atténués.

J'aurais désiré pouvoir insérer dans ce rapport tout le détail des faits et de mettre ainsi les commissaires de l'Académie en état de comparer les résultats des deux raffinages; mais les incertitudes, légères à la vérité, qui me restent sur les derniers résultats du raffinage à froid, ne me permettent pas d'établir cette comparaison.

QUATRIÈME PARTIE.

RÉFLEXIONS SUR LE PARTI QUE LES CIRCONSTANCES PARAISSENT EXIGER POUR LE MODE DE RÉCEPTION DES SALPÊTRES.

Jusqu'à l'époque de l'établissement de la Régie, on n'avait fait aucune tentative pour déterminer, à mesure des livraisons, la qualité du salpêtre fourni par les salpêtriers. Le salpêtre était payé au même prix, quelle qu'en fût la qualité; on exigeait seulement du commissaire comptable qu'il n'éprouvât pas un déchet de plus de 30 p. 100 au raffinage de brut en 3 cuites, et de son côté le commissaire était autorisé à refuser le salpêtre de qualité trop inférieure, c'est-à-dire celui qui, par la seule inspection, ou d'après quelques épreuves très incertaines, lui paraissait devoir perdre plus de 30 p. 100 au raffinage. Quelquefois aussi les commissaires se permettaient des déductions arbitraires, soit sur le prix, soit sur les quantités; en sorte que les salpêtriers étaient sans défense, la comptabilité des commissaires sans base, la vérification sans moyens.

C'est pour sortir de cet ordre de choses, décourageant pour les salpêtriers, inquiétant pour les administrateurs en chef, au nom desquels on pouvait commettre une foule de vexations et d'abus qu'il leur était impossible de prévenir, que les régisseurs se sont occupés, pendant plus de dix ans, des moyens de mettre entre les mains des salpêtriers et des commissaires des poudres un procédé chimique simple, sûr et d'une exécution facile, pour reconnaître le titre du salpêtre au moment où il était présenté. On a vu dans les deux premières parties de ce Mémoire les efforts qu'ils avaient faits pour arriver à ce but, les obstacles qu'ils avaient rencontrés, les difficultés qui s'étaient élevées à cette occasion entre la Régie et les salpêtriers de Paris, le déficit constant qui s'était trouvé chaque année entre le résultat du raffinage en grand et celui de l'épreuve, l'inutilité des recherches qui avaient été faites par les savants les plus distingués pour en connaître la cause, l'embarras de l'Assemblée législative elle-même et la nécessité où elle s'était trouvée d'ajourner la question et d'ordonner, par l'article 6 de la loi du 23 mai 1792, «que les salpêtres seraient provisoirement reçus dans la forme usitée jusqu'alors; mais que le Ministre des contributions publiques, de concert avec la Régie des poudres et l'Académie des sciences, présenterait un projet de règlement pour les formes de réception et la fixation du degré de force du salpêtre, ainsi que de la qualité de la potasse et du salin, l'Assemblée se réservant de statuer définitivement sur ce règlement».

Enfin j'ai rendu compte, dans la troisième partie de ce Mémoire, des expériences faites à l'Arsenal, dans la vue de mettre le Ministre des contributions publiques en état de satisfaire au décret de l'Assemblée nationale. J'y ai fait voir qu'une portion notable de salpêtre s'évaporait pendant l'opération du raffinage par l'effet de la chaleur et de l'ébullition, et que cette cause de déchet n'existant pas dans l'épreuve qui se fait à froid, il devait nécessairement se trouver, entre les résultats de l'épreuve et ceux du raffinage, une différence égale à ce qui s'est évaporé.

Tel est le précis des détails que j'ai eu pour objet de rassembler dans les trois premières parties de ce Mémoire. Mais ici se présente une question plus difficile à résoudre qu'on ne le croirait d'abord : la Régie doit-elle aux salpêtriers le prix de tout le salpêtre pur contenu dans le salpêtre brut qu'ils livrent ou ne doit-elle que le prix du salpêtre pur qu'elle retire par le raffinage ? Je suis loin de chercher à restreindre les avantages dont jouissent ces citoyens utiles : ils savent que j'ai toujours été occupé d'améliorer leur sort par tous les moyens qui pouvaient se concilier avec la justice et l'intérêt national; surtout de le rendre stable et indépendant de tout arbitraire. Je me persuade même qu'ils me rendront la justice de dire que, dans les occasions douteuses, j'ai toujours cherché à faire pencher la balance en leur faveur; mais ici ce sont les règlements qui parlent, et ces règlements ont été confirmés par les décrets de l'Assemblée nationale; ils portent que le salpêtre livré par les salpêtriers ne pourra déchoir que de 30 p. 100 au raffinage de brut en 3 cuites, c'est-à-dire que le salpêtre des salpêtriers doit être tel qu'il en sorte 70 livres de salpêtre 3 cuites par le raffinage. Les pertes que le salpêtre peut éprouver dans la manipulation, et surtout par l'évaporation, maintenant qu'il est démontré qu'elle a lieu, sont donc à la charge du salpêtrier. Peu importe au surplus, pour les salpêtriers, d'être payés d'après l'épreuve ou d'après le raffinage : il faut dans tous les cas qu'ils reçoivent le juste prix de leur travail, de leur industrie, de leurs frais, de leurs avances. Car on ne peut exiger d'eux qu'ils fabriquent à perte, et la peine d'une administration trop économe en ce genre serait de voir décliner en peu d'années et s'anéantir entre ses mains la récolte nationale du salpêtre. Si donc on se détermine à régler le prix du salpêtre fourni par les salpêtriers de Paris d'après les quantités obtenues lors du raffinage, au lieu de le régler d'après celles présentées par l'épreuve, et si la différence à leur préjudice est d'un vingtième dans ce nouveau mode, il est juste que le prix soit élevé précisément dans la même proportion : alors tout rentrera dans l'ordre, sans que personne soit lésé et sans que qui que ce soit puisse se plaindre.

Les régisseurs des poudres avaient reconnu que de l'eau chargée de salpêtre cessait d'en être saturée et redevenait propre à en dissoudre de nouveau lorsqu'elle avait dissous du sel marin; ils avaient formé une table des quantités qui devaient être ainsi rétablies suivant la qualité du salpêtre. Depuis, les commissaires de l'Académie ont reconnu que cette table était fautive, qu'elle était trop avantageuse aux salpêtriers, et ils ont proposé de substituer à la correction graduelle qu'elle indiquait une bonification fixe et moyenne de 4 p. 100. Ainsi d'un côté l'épreuve est en défaut de 4 p. 100 par la dissolution du salpêtre qui s'opère à l'aide du sel marin; de l'autre, le raffinage est en défaut de 6 p. 100 par la quantité de salpêtre qui s'évapore pendant les différents rebouillages qu'il éprouve. Il ne s'agit donc, pour faire cadrer l'une avec l'autre, que de retrancher la bonification de 4 p. 100 et d'y substituer une déduction de 2 p. 100 sous le titre de déchet à la manipulation. Mais, je le répète, il est de justice rigoureuse d'accompagner cette réforme d'une augmentation exactement proportionnelle dans le prix du salpêtre brut, et cette augmentation doit être indépendante de celle que peut exiger l'augmentation générale du prix de la main-d'œuvre et des denrées. Je proposerais de la fixer à 9 deniers par livre, et je crois pouvoir répondre que si ce plan était adopté, le résultat du raffinage cadrerait chaque année à 1 p. 100 près, tout au plus, tantôt dans un sens, tantôt dans un autre, avec celui de l'épreuve.

Mais dans cette supposition même conviendra-t-il d'étendre à tous les départements l'épreuve dont l'essai s'est borné jusqu'ici au seul salpêtre livré à la raffinerie de Paris? On ne le pense pas, ou du moins on se persuade que cette extension ne doit être que successive. On pourrait, par exemple, se borner la première année à la seule ville de Paris et aux salpêtriers des environs, comme on l'a fait jusqu'ici, appliquer ensuite la même méthode aux salpêtres qui se livrent dans les départements dépendant de la ci-devant province de Touraine. On étendrait ainsi successivement le même mode de réception au salpêtre livré dans tous les départements de la République, à mesure que le temps et l'expérience en auraient démontré les avantages et la possibilité. Je ne pense pas que des instructions imprimées, même accompagnées de planches et de gravures, pussent suffire pour donner aux commissaires des poudres et salpêtres l'intelligence du nouveau mode d'épreuve et pour les mettre en état de l'établir; il demande des précautions très délicates qui ne peuvent être observées que par des sujets instruits et exercés qu'il faudrait former à Paris.

C'est d'après ces différentes considérations qu'a été rédigé le projet de règlement ci-après, que le Ministre voudra bien peser dans sa sagesse, et qui n'est cependant destiné à être envoyé à la Convention qu'après qu'il l'aura concerté, conformément au vœu de la loi du 23 mai dernier, avec la Régie des poudres et avec l'Académie des sciences.

PROJET DE DÉCRET.

ARTICLE PREMIER.

Le salpêtre brut sera payé aux salpêtriers dans les différents départements de la République, en conformité du tarif ci-annexé[1], en supposant que le déchet au raffinage de brut en 3 cuites soit de 30 p. 100, c'est-à-dire en supposant que chaque quintal de salpêtre brut soit susceptible de produire 70 livres de salpêtre pur au raffinage en 3 cuites.

ART. 2.

Si le déchet est au-dessous de 30 p. 100, il sera tenu compte au salpêtrier de la quantité de salpêtre qui excédera 70 livres par quintal de salpêtre brut, et réciproquement il lui sera fait une retenue pour la quantité de salpêtre qui sera en déficit.

[1] Ce tarif a été projeté par le Ministre et doit être envoyé par lui à la Convention, ainsi que le porte le décret.

ART. 3.

Pour parvenir à établir le titre ou la qualité de salpêtre brut, il sera fait, dans le laboratoire attaché aux raffineries nationales, en conformité de l'instruction publiée par la Régie en juillet 1789, avec les corrections néanmoins, indiquées par le rapport des commissaires de l'Académie, une épreuve du salpêtre livré par chaque salpêtrier. Ils pourront assister à cette épreuve, s'ils le jugent à propos, même y appeler un expert nommé par eux, qui pourra faire tels dires et réquisitions que de raison, sans pouvoir cependant s'immiscer dans la manipulation, laquelle sera faite par les préposés de la Régie.

ART. 4.

Les difficultés qui pourront survenir, relativement à l'épreuve, seront portées par-devant le juge de paix de l'arrondissement de la raffinerie, lequel, après avoir entendu les parties, pourra appeler tels experts que bon lui semblera : les frais des expériences qui seront faites seront à la charge de la partie qui aura succombé.

ART. 5.

Au lieu de la bonification de 4 p. 100 qui était précédemment faite aux salpêtriers qui livrent à la raffinerie de Paris et qui était ajoutée au résultat en salpêtre obtenu par l'épreuve, conformément à l'avis des commissaires de l'Académie, il sera fait au contraire une retenue de 2 p. 100 pour perte au raffinage et dans les différentes manipulations. Mais pour indemniser les salpêtriers qui livrent à Paris de la différence de prix qui résultera de cette réduction, il leur sera accordé une augmentation de 9 deniers par livre, laquelle augmentation se trouve formellement énoncée dans le tarif ci-joint et comprise dans le total du prix porté dans la dernière colonne.

ART. 6.

Le Ministre des contributions fera incessamment publier une instruction détaillée conforme aux principes ci-dessus énoncés, laquelle sera concertée avec la Régie des poudres et l'Académie des sciences, et qui servira de règle pour les préposés chargés de la réception des salpêtres, pour les salpêtriers, pour les experts qu'ils seront dans le cas d'appeler et pour les juges de paix qui seront dans le cas de prononcer.

ART. 7.

Les instructions nécessaires pour l'exécution du présent décret ne pouvant être rédigées et envoyées que dans quelques mois dans les départements, le mode de réception usité jusqu'à ce jour continuera d'être le même pour les salpêtres qui ont été livrés en 1792; le nouveau mode sera adopté pour les salpêtres qui seront livrés en 1793 à la raffinerie de Paris par les salpêtriers, soit de Paris, soit des environs; il ne sera appliqué qu'en 1794 aux salpêtres livrés aux raffineries de la ci-devant province de Touraine. Enfin il ne sera adopté pour les autres départements qu'après que l'expérience de deux années révolues en aura démontré les avantages et la possibilité.

ART. 8.

Il sera loisible aux salpêtriers de faire faire l'épreuve de leur salpêtre à chaque livraison, à moins qu'ils ne préfèrent de faire lever un échantillon de leur salpêtre, qui sera renfermé dans des vaisseaux et dans un local convenable, pour l'épreuve n'être faite que sur le résultat commun de plusieurs livraisons, ainsi qu'il est détaillé dans l'instruction publiée par la Régie en juillet 1789.

ART. 9.

Il sera établi dans chacun des six principaux départements, où se font les réceptions de salpêtre, un contrôleur aux épreuves. Ces contrôleurs seront choisis parmi les élèves de la Régie; celui attaché à la raffinerie de Paris jouira de 1,500 livres d'appointements, trois des cinq autres jouiront de 1,200 livres et deux de 1,000 livres chacun.

Ces contrôleurs ne seront nommés qu'à mesure que le besoin le requerra, et leurs appointements ne courront que de l'époque à laquelle ils seront en activité.

CINQUIÈME PARTIE.

DE QUELQUES CHANGEMENTS QU'IL PARAÎT À PROPOS DE FAIRE DANS LE MODE DE RAFFINER LE SALPÊTRE.

Puisqu'il est constant qu'une portion notable de salpêtre s'évapore avec l'eau dans le grand nombre de manipulations auxquelles on soumet ce sel pour le raffiner, puisque cette évaporation est d'autant plus grande que la liqueur est plus concentrée et que l'ébullition est plus longtemps continuée, il en résulte qu'on doit s'attacher, toutes choses égales d'ailleurs, à n'employer dans le raffinage du salpêtre que la quantité d'eau strictement nécessaire pour dissoudre le sel marin et les sels étrangers, de manière qu'il ne reste que le moins possible d'eau de rebouillage à évaporer dans les opérations subséquentes. En cela l'économie du combustible se trouve réunie à celle du salpêtre.

Cette théorie du raffinage, qui n'est qu'une conséquence naturelle des expériences que j'ai rapportées, me ramène à un examen plus approfondi de la proposition faite par M. Baumé de raffiner le salpêtre à froid par des lavages, c'est-à-dire par une méthode analogue à l'épreuve. Cette manière d'opérer ne dispenserait pas sans doute d'un dernier raffinage à chaud, au moins pour le salpêtre destiné à la fabrication de la poudre de guerre; mais on aurait alors du salpêtre 3 cuites probablement plus pur que par la méthode ordinaire, quoique peut-être un peu moins blanc. Rien n'empêcherait d'ailleurs, comme je l'ai déjà observé, d'employer directement le salpêtre raffiné par le lavage, pour les besoins des arts : la légère teinte grise et jaunâtre qu'il conserve ne serait d'aucune importance pour les distillateurs d'eau-forte, pour les fabricants d'acides minéraux, même pour les verreries en cristal, parce que le premier coup de feu emporte cette matière colorante qui est combustible. Je suis loin de proposer de faire légèrement un aussi grand changement; je n'avais même intention de le proposer qu'autant que des expériences suivies et plusieurs fois répétées m'en auraient démontré les avantages et la possibilité; je n'en parle donc dans ce Mémoire que parce que, n'ayant plus les mêmes moyens de suivre les expériences que je me proposais de faire en grand sur cet objet, j'ai cru qu'il était de mon devoir de transmettre le résultat de mes observations au Ministre et à mes successeurs.

Si j'avais eu à monter à l'Arsenal un raffinage en grand par le lavage, j'aurais proposé de construire dans l'atelier de cristallisation de la raffinerie d'en haut une ou deux fosses doublées de plomb de 1 pied 1/2 ou 2 pieds de profondeur, de 6 à 8 pieds de largeur, et aussi longues que le local aurait pu le permettre. On aurait jeté dans ces fosses assez de salpêtre pour former un lit de 12 à 15 pouces, peut-être même de 18 pouces d'épaisseur. On aurait versé dessus 25 à 30 p. 100 d'eau, suivant la qualité du salpêtre et la quantité d'eau mère qu'il aurait contenue. On aurait remué avec des ringards jusqu'à ce que tout le salpêtre fût bien lavé; alors on l'aurait relevé en tas dans la partie haute de la fosse, car je suppose qu'on lui aurait donné une pente de quelques pouces dans sa longueur. Ce premier lavage aurait emporté toute l'eau mère et une grande partie du sel marin : le reste aurait été dissous par un second lavage également à froid, dans lequel on aurait employé 35, 40 ou 45 p. 100 d'eau suivant la quantité du sel marin. Les eaux du premier lavage contenant principalement de l'eau mère et celles du second du sel marin, on ne les aurait point confondues : à cet effet, deux robinets répondant à deux conduits auraient été adaptés à chaque fosse, et chacun de ces conduits aurait mené l'eau des lavages dans des chaudières différentes ou dans des réservoirs séparés.

On aurait par cette seule opération bien simple, qui ne coûterait aucuns frais, qui ne serait susceptible d'aucune perte, puisqu'elle se ferait à froid, 55 livres au moins de salpêtre raffiné sur les 70 livres contenues dans le salpêtre brut, et comme je l'ai déjà fait observer, ce salpêtre serait assez pur pour pouvoir être employé à presque tous les usages relatifs aux arts, peut-être même à la fabrication de quelques espèces de poudre.

L'épreuve que j'ai faite de ce mode de raffinage sur 5,000 livres de salpêtre brut n'a pas été, il est vrai, aussi satisfaisante que je m'y étais attendu; mais elle a été faite dans des vaisseaux qui n'étaient point propres à cet usage; elle a été faite au milieu des troubles, au point même qu'il ne m'a pas été possible de constater par moi-même les derniers résultats de mes expériences. Il y a donc lieu de présumer que les mêmes opérations répétées dans des circonstances plus favorables et dirigées avec intelligence dans une exploitation en grand présenteront des avantages plus prononcés et plus conformes à ce qu'annoncent les expériences dont j'ai rendu compte. Je ne puis donc qu'exhorter les régisseurs des poudres à reprendre le travail et à le compléter.

PIÈCES JUS

N°

ÉTAT DES RÉCEPTIONS DE SALPÊTRE BRUT, FAITES À LA RAFFINERIE DE L'ARSENAL DE PARIS,

ANNÉES.	LIVRAISONS EFFECTIVES DE SALPÊTRE FAITES À LA RAFFINERIE DE PARIS.			
	QUANTITÉS fournies par les salpêtriers de Paris, les 4 au 100 compris.	QUANTITÉS fournies par les salpêtriers de la campagne, les 4 au 100 compris.	QUANTITÉS FOURNIES par les entrepreneurs de nitrières.	TOTAL des livraisons effectives, compris les 4 au 100.
1783	741,924	279,104	21,323	1,042,351
1784	712,898	276,286	11,396	1,000,580
1785	722,087	291,162	26,840	1,040,089
1786	749,427	320,172	8,903	1,078,502
1787	754,930	304,820	1,334	1,061,084
1788	746,995	304,713	1,131	1,052,839
1789	774,708	267,824	"	1,042,532
1790	821,971	258,731	282	1,080,984
1791	891,368	265,658	"	1,157,026

TIFICATIVES.

1.

DEPUIS L'ANNÉE 1783, JUSQUES ET COMPRIS L'ANNÉE 1791, AVEC LE RÉSULTAT DES ÉPREUVES.

QUANTITÉS PAYÉES D'APRÈS L'ÉPREUVE À LA RAFFINERIE DE PARIS.				OBSERVATIONS.
Aux salpêtriers de la ville.	Aux salpêtriers de la campagne.	Aux entrepreneurs de nitrières.	TOTAL des quantités payées d'après l'épreuve.	
754,631	276,698	17,281	1,048,610	Le déchet moyen au raffinage a été de 32 1/2 p. 100.
741,474	275,194	10,281	1,026,949	Le déchet moyen au raffinage a été de 34 1/2 p. 100.
741,401	284,411	24,943	1,050,755	Le déchet moyen au raffinage a été de 30 p. 100; mais on a confondu avec les salpêtres livrés pendant cette année 23,000 livres de salpêtre brut, provenant du travail des eaux mères.
770,366	310,112	7,714	1,088,192	Le déchet moyen au raffinage a été de 30 p. 100; mais on a confondu avec les salpêtres livrés cette année 32,700 livres de salpêtre brut, provenant du travail des eaux mères.
790,459	301,090	1,334	1,092,883	Le déchet a été de 30 p. 100; mais on a confondu avec le salpêtre brut livré pendant cette année 20,500 livres de salpêtre brut, provenant du travail des eaux mères.
775,557	293,880	1,131	1,070,568	Le déchet a été de 30 p. 100; mais on a confondu avec le salpêtre brut livré pendant cette année 37,600 livres de salpêtre brut, provenant du travail des eaux mères. — C'est cette même année qu'a commencé le nouveau mode d'épreuve par l'eau saturée de salpêtre.
840,748	267,580	″	1,108,328	Le déchet moyen au raffinage a été de 30 p. 100; mais on a confondu avec le salpêtre brut livré cette année à la raffinerie de Paris 30,000 livres de salpêtre brut, provenant du travail des eaux mères et du lessivage des terres.
865,247	256,848	282	1,122,377	Le déchet moyen au raffinage a été de 30 p. 100; mais on a confondu avec le salpêtre livré à la raffinerie pendant cette année 29,000 livres de salpêtre brut, provenant du travail des eaux mères.
937,779	250,124	″	1,187,903	Le déchet moyen au raffinage a été de 30 p. 100; mais on a confondu avec les salpêtres livrés à la raffinerie 28,176 livres de salpêtre brut, provenant du travail des eaux mères.

IMPRIMERIE NATIONALE.

N° 2.

CALCULS DONT L'OBJET EST D'ÉTABLIR LA COMPARAISON ENTRE LES RÉSULTATS DU RAFFINAGE ET CEUX DE L'ÉPREUVE, DEPUIS 1783, JUSQUES ET COMPRIS 1791.

Pour l'intelligence de l'état ci-contre et des calculs auxquels il sert de base, il est nécessaire de savoir :

1° Que, jusqu'à l'année 1792, le déchet du raffinage de brut en 3 cuites était fixé à 25 p. 100 pour les salpêtriers de la campagne et les entrepreneurs de nitrières qui livraient à la raffinerie de Paris, tandis qu'il était fixé à 30 pour les salpêtriers de Paris;

2° Que, de 1783 à 1788, on n'a tenu compte aux salpêtriers de Paris et de la campagne du salpêtre qu'ils livraient au-dessus de 70 livres par quintal, d'après l'épreuve, qu'au prix du salpêtre brut, quoique ce salpêtre excédant fût véritablement dans l'état de salpêtre pur ou de 3 cuites; mais que, depuis cette époque, c'est-à-dire à partir de 1788, on a reconnu qu'il était juste d'augmenter cet excédent de 30 p. 100, pour le réduire fictivement à l'état de salpêtre brut, ce qui a augmenté de près d'un tiers la bonification faite aux salpêtriers;

3° Que le déchet de la raffinerie de Paris étant établi à la fin de chaque année confusément sur le salpêtre des salpêtriers de Paris et de la campagne, il a fallu, pour les distinguer et pour connaître la portion de déchet produite par les salpêtres de Paris, faire des calculs compliqués dont on a cru nécessaire de donner les détails;

4° Que, depuis 1785, le déchet porté par les comptes n'est pas le véritable déchet de la raffinerie de Paris, attendu que le produit des eaux mères se trouve confondu en tout ou en partie avec celui du raffinage.

On a eu pour objet dans les calculs suivants, faits pour chaque année, depuis 1783 jusqu'en 1792, de parvenir à démêler l'influence de toutes ces causes d'incertitudes, et à connaître le déchet réel qu'ont éprouvé au raffinage de brut en 3 cuites les salpêtres fournis par les salpêtriers de Paris, sans les confondre ni avec ceux fournis par les salpêtriers de la campagne, ni avec ceux provenant du travail des eaux mères. On a rapproché pour chaque année le résultat de celui donné par l'épreuve, afin d'établir la différence ou le déficit.

Il est possible que le résultat de ces différents calculs ne cadre pas rigoureusement avec les registres et les comptes de la raffinerie de Paris. Il aurait fallu faire un travail immense pour se raccorder, et ce travail aurait été sans objet, comme sans utilité. Les différences au surplus ne doivent pas être fort considérables.

ANNÉE 1783.

Calculs d'après le raffinage.

La quantité de salpêtre brut livrée cette année à la raffinerie de Paris par les salpêtriers de la ville, par ceux de la campagne et par les entrepreneurs de nitrières a été de 1,042,351 livres,

Savoir :

Par les salpêtriers de Paris	741,924	
Par ceux de la campagne	279,104	
Par les entrepreneurs de nitrières	21,323	1,042,351 livres.
Le déchet moyen de tous les salpêtres a été de 32 1/2 p. 100, et pour le total des livraisons, de		338,764
Ainsi la totalité du salpêtre fourni à la raffinerie a donné en 3 cuites ou en salpêtre pur		703,587

Comme les salpêtres des salpêtriers de la campagne et des entrepreneurs de nitrières ont éprouvé cette même année, d'après l'épreuve, une réduction de près de 2 p. 100, et comme l'épreuve elle-même leur était encore trop favorable au moins de 4, on peut raisonnablement supposer que le déchet que ces salpêtres ont éprouvé au raffinage a été de 31 p. 100, au lieu de 25 fixé par le règlement.

Par conséquent les 300,427 livres de salpêtre brut qu'ils ont fournies ont dû produire en salpêtre pur......	207,295 livres.
La quantité totale produite par le raffinage a été de....	703,587
Partant, reste pour la quantité fournie par les salpêtriers de Paris..........................	496,292

Ce qui établit un déchet de 33 p. 100.

Calculs d'après l'épreuve.

L'épreuve a donné, pour le produit du salpêtre des salpêtriers de Paris :

1° Salpêtre pur excédant à l'épreuve...............	12,707 livres.
2° Salpêtre brut à 30 p. 100, 741,924 livres qui contenaient : salpêtre pur......................	519,347
Total du salpêtre fourni par les salpêtriers de Paris	532,054

Ce qui établit le déchet, d'après l'épreuve, à 28 1/4 p. 100.

Récapitulation pour 1783.

Salpêtre pur fourni par les salpêtriers de Paris d'après l'épreuve................................	532,054 livres.
Produit du raffinage...........................	496,292
Déficit au raffinage........................	35,762

Déchet d'après le raffinage......................	33 p. 100
Déchet d'après l'épreuve........................	28 $\frac{1}{4}$
Différence..............................	4 $\frac{3}{4}$

ANNÉE 1784.

Calculs d'après le raffinage.

La quantité totale de salpêtre livrée pendant cette année à la raffinerie de Paris a été de 1,000,580 livres,

Savoir :

Par les salpêtriers de Paris	712,898	
Par ceux de la campagne	276,286	
Par les entrepreneurs de nitrières	11,396	1,000,580 livres.
Lesquelles, à raison de 34 1/4 p. 100 de déchet au raffinage de brut en 3 cuites, ont éprouvé en totalité une réduction de		342,699
Et ont rendu en salpêtre pur		657,881
Sur cette quantité doit être déduite celle provenant des salpêtriers de la campagne et des entrepreneurs de nitrières. Leurs salpêtres n'ont éprouvé en 1784, d'après l'épreuve, qu'une réduction de 2,207 livres, sur une quantité de 297,609 livres, ce qui revient à 3/4 p. 100; en ajoutant à cette quantité l'erreur de l'épreuve qu'on peut évaluer à 4 1/4 p. 100, on aura 30 p. 100 environ pour le déchet éprouvé par les salpêtres de la campagne et par ceux des entrepreneurs de nitrières, ce qui, sur une quantité de 287,682 livres, donne en salpêtre pur		201,377
Reste, pour la quantité de salpêtre pur contenue dans le salpêtre des salpêtriers de Paris		456,504
La quantité de salpêtre brut fournie par les salpêtriers de Paris ayant été de		712,898
Il en résulte que le déchet au raffinage de brut en 3 cuites a été de		256,394

Ce qui revient à 36 p. 100.

Calculs d'après l'épreuve.

L'épreuve a donné, pour le produit du salpêtre brut des salpêtriers de Paris :

1° Salpêtre pur excédant 30 p. 100, trouvé à l'épreuve.	28,576 livres.
2° Salpêtre pur contenu dans 712,898 livres de salpêtre brut à 30 p. 100 de déchet	499,029
Total	527,605

Ainsi le déchet, d'après l'épreuve, a été de 26 p. 100.

Récapitulation pour 1784.

Quantité de salpêtre d'après l'épreuve	527,605 livres.
Quantité d'après le raffinage	456,504
Différence ou déficit au raffinage	71,101
Déchet d'après le raffinage	36 p. 100
Déchet d'après l'épreuve	26
Différence	10

ANNÉE 1785.

Calculs d'après le raffinage.

La quantité de salpêtre brut livrée à la raffinerie de Paris pendant l'année 1785 a été de 1,040,089 livres,

Savoir :

Par les salpêtriers de Paris, de	722,087 livres.
Par ceux de la campagne	291,162
Par les entrepreneurs de nitrières	26,840
Total	1,040,089

Le produit en salpêtre pur, en y comprenant 23,000 livres de salpêtre brut provenant du travail des eaux mères, a été de		728,062 livres.
Sur quoi il y a à déduire :		
1° Salpêtre pur provenant des 23,000 livres de salpêtre brut résultant du travail des eaux mères	16,100	
2° Produit en salpêtre pur de 318,000 livres de salpêtre brut fournies par les salpêtriers de la campagne et entrepreneurs de nitrières, dont le déchet peut être évalué à 32 p. 100	216,241	232,341
Reste, pour la quantité de salpêtre pur provenant du raffinage du salpêtre brut des salpêtriers de Paris		495,721

Ce qui établit le déchet au raffinage à 31 1/3 p. 100.

Calculs d'après l'épreuve.

L'épreuve a donné, pour le produit du salpêtre brut des salpêtriers de Paris :

1° Salpêtre pur trouvé en excédent d'après l'épreuve	19,314 livres.
2° Salpêtre pur contenu dans 722,087 livres de salpêtre brut à 30 p. 100	505,461
Total	524,775

Ce qui établit le déchet, d'après l'épreuve, à 27 1/3 p. 100.

Récapitulation pour l'année 1785.

Quantité de salpêtre d'après l'épreuve	524,775 livres.
Quantité de salpêtre d'après le raffinage	495,721
Différence ou déficit au raffinage	29,054
Déchet d'après le raffinage	31 $\frac{1}{3}$ p. 100
Déchet d'après l'épreuve	27 $\frac{1}{3}$
Différence	4

ANNÉE 1786.

Calculs d'après le raffinage.

La quantité de salpêtre livrée à la raffinerie de Paris pendant l'année 1786 a été :

Par les salpêtriers de Paris, de	749,427 livres.
Par ceux de la campagne, de	320,172
Par les entrepreneurs de nitrières	8,903
Total	1,078,502

Le produit en salpêtre pur, y compris 32,700 livres de salpêtre brut provenant du travail des eaux mères, a été de		754,951
Sur quoi il y a à déduire :		
1° Salpêtre pur provenant des 31,700 livres de salpêtre brut résultant du travail des eaux mères	22,890	
2° Produit en salpêtre pur de 329,075 livres de salpêtre brut fournies par les salpêtriers de la campagne et les entrepreneurs de nitrières, dont le déchet peut être évalué à 33 p. 100	220,480	243,370
Reste, pour la quantité de salpêtre pur provenant du raffinage du salpêtre brut des salpêtriers de Paris		511,581

Ce qui établit le déchet, d'après le raffinage, à 31 3/4 p. 100.

Calculs d'après l'épreuve.

L'épreuve a donné, pour le produit du salpêtre brut des salpêtriers de Paris :

1° Salpêtre pur excédant les 30 p. 100 d'après l'épreuve	20,939 livres.
2° Salpêtre pur contenu dans 749,427 livres de salpêtre brut à 30 p. 100 de déchet	524,599
Total	545,538

Ce qui établit le déchet, d'après l'épreuve, à 27 2/10 p. 100.

Récapitulation pour l'année 1786.

Quantité de salpêtre d'après l'épreuve	545,538 livres.
Quantité de salpêtre d'après le raffinage	511,581
Différence ou déficit au raffinage	33,957

Déchet d'après le raffinage	$31\frac{3}{4}$ p. 100
Déchet d'après l'épreuve	$27\frac{2}{10}$
Différence	$4\frac{11}{20}$

ANNÉE 1787.

Calculs d'après le raffinage.

La quantité de salpêtre livrée à la raffinerie de Paris pendant l'année 1787 a été :

Par les salpêtriers de Paris, de	754,930 livres.
Par ceux de la campagne	304,820
Par les entrepreneurs de nitrières	1,334
Total	1,061,084
Le produit en salpêtre pur, en y comprenant 20,500 livres de salpêtre brut provenant du travail des eaux mères, a été de	742,759
À reporter	742,759

IMPRIMERIE NATIONALE.

Report		742,759 livres.
Sur quoi il y a à déduire :		
1° Salpêtre pur provenant du raffinage de 20,500 livres de salpêtre brut produit par le travail des eaux mères	14,350	
2° Produit en salpêtre pur de 306,154 livres de salpêtre brut fournies par les salpêtriers de la campagne et les entrepreneurs de nitrières, à un déchet qui peut être évalué à 30 p. 100	214,308	228,658
Reste, pour la quantité de salpêtre pur provenant du raffinage du salpêtre brut des salpêtriers de Paris		514,101

Ce qui établit le déchet au raffinage à 31 9/10 p. 100.

Calculs d'après l'épreuve.

L'épreuve a donné, en 1787, pour le produit du salpêtre brut des salpêtriers de Paris :

1° Salpêtre pur trouvé en excédent d'après l'épreuve	35,529 livres.
2° Salpêtre pur contenu dans les 754,930 livres de salpêtre brut livrées par les salpêtriers de Paris	528,451
Total	563,980

Ce qui établit le déchet, d'après l'épreuve, à 25 3/10 p. 100.

Récapitulation.

Quantité de salpêtre d'après l'épreuve	563,980 livres.
Quantité de salpêtre d'après le raffinage	514,101
Différence ou déficit au raffinage	49,879
Déchet d'après le raffinage	31 $\frac{9}{10}$ p. 100
Déchet d'après l'épreuve	25 $\frac{3}{10}$
Différence	6 $\frac{6}{10}$

ANNÉE 1788.

Calculs d'après le raffinage.

C'est sur les salpêtres de l'année 1788 qu'on a commencé à employer la nouvelle méthode d'épreuve, celle par l'eau saturée de salpêtre. C'est aussi pour cette même année qu'on a commencé à bonifier aux salpêtriers le résultat de l'épreuve en salpêtre brut.

Les quantités livrées cette année à la raffinerie de Paris ont été :

Par les salpêtriers de Paris, de	746,995 livres.
Par ceux de la campagne	304,713
Par les entrepreneurs de nitrières	1,131
Total	1,052,839

La quantité de salpêtre pur obtenue, y compris le produit de 37,600 livres de salpêtre brut provenant du travail des eaux mères, qui a été confondu dans le raffinage, a été de		736,987
Sur quoi il y a à déduire :		
1° Pour le produit des 37,600 livres de salpêtre brut provenant des eaux mères, lequel, à 30 p. 100 de déchet, a dû être de	26,320	
2° Le produit des livraisons des salpêtriers de la campagne et des entrepreneurs de nitrières, lesquels ont fourni 305,844 livres de salpêtre brut, dont le déchet a été de 32 p. 100, et qui ont produit en salpêtre pur	207,405	233,725
Reste, pour la quantité de salpêtre pur fournie par les salpêtriers de Paris		503,262

Ainsi le déchet au raffinage a été de 32 1/2 p. 100.

Calculs d'après l'épreuve.

L'épreuve a donné 775,557 livres de salpêtre brut à 30 p. 100 de déchet, et par conséquent salpêtre pur.	542,890 livres.

Le déchet a donc été, d'après l'épreuve, de 27 1/3 p. 100.

Récapitulation.

Quantité de salpêtre pur d'après l'épreuve..........	542,890 livres.
Quantité de salpêtre d'après le raffinage............	503,262
Différence..............................	39,628
Déchet d'après le raffinage......................	32 ½ p. 100
Déchet d'après l'épreuve........................	27 ⅓
Différence..............................	5 ⅙

ANNÉE 1789.

Calculs d'après le raffinage.

Les quantités livrées en 1789 à la raffinerie de Paris ont été :

Par les salpêtriers de Paris......................		774,708 livres.
Par ceux de la campagne.......................		267,824
Par les entrepreneurs de nitrières.................		néant.
Total..................................		1,042,532
La quantité de salpêtre pur obtenue, y compris 30 milliers de salpêtre brut produit par les eaux mères, a été de.................................		729,772
Sur quoi il y a à déduire :		
1° Le produit des 30 milliers de salpêtre brut provenant des eaux mères et de l'atelier, lesquels ont dû donner en salpêtre pur.....................	21,000	
A reporter.......	21,000	729,772

Report.........	21,000	729,772 livres.
2° Le produit des 167,824 livres de salpêtre brut livrées par les salpêtriers de la campagne, lesquelles, à raison de 29 p. 100 de déchet, ont dû donner.	190,155	211,155
Reste, pour la quantité de salpêtre pur fournie par les salpêtriers de Paris..................		518,617

Ainsi le déchet, d'après le raffinage, a été de 33 p. 100.

Calculs d'après l'épreuve.

La quantité de salpêtre brut déterminée par l'épreuve a été de 840,748 livres, lesquelles, à raison de 30 p. 100 de déchet, ont donné en salpêtre pur 588,524 livres.

Ce qui donne, pour le déchet déterminé par l'épreuve, 24 p. 100.

Récapitulation.

Quantité de salpêtre d'après l'épreuve..............	588,524 livres.
Quantité de salpêtre d'après le raffinage............	518,617
Différence..............................	69,907
Déchet d'après le raffinage......................	33 p. 0/0
Déchet d'après l'épreuve........................	24
Différence..............................	9

ANNÉE 1790.

Calculs d'après le raffinage.

Les quantités livrées à la raffinerie de Paris ont été :

Par les salpêtriers de Paris, de..................	821,971 livres.
Par ceux de la campagne, de....................	258,731
Par les entrepreneurs de nitrières.................	282
Total..................................	1,080,984

La quantité de salpêtre pur obtenue, en y comprenant 29,000 livres de salpêtre brut provenant du travail des eaux mères qui ont été confondues dans le raffinage, a été de		756,647 livres.
Sur cette quantité il y a à déduire :		
1° Le produit des 29,000 livres de salpêtre brut provenant du travail des eaux mères, et qui ont rendu en salpêtre pur	20,300	
2° Le produit des 259,015 livres de salpêtre brut des salpêtriers de la campagne et entrepreneurs de nitrières, lesquelles, à raison de 26 p. 100 de déchet, ont dû donner	191,370	211,670
Reste, pour la quantité de salpêtre pur provenant du salpêtre brut des salpêtriers de Paris		544,977

Ainsi, d'après le raffinage, le déchet a été de 33 7/10 p. 100.

Calculs d'après l'épreuve.

La quantité de salpêtre brut livrée par les salpêtriers de Paris, d'après l'épreuve, a été de 867,247 livres, lesquelles, à raison de 30 p. 100 de déchet, répondent, en salpêtre pur, à 605,673 livres. Ce qui établit le déchet à 26 1/4 p. 100.

Quantité de salpêtre d'après l'épreuve	605,673 livres.
Quantité de salpêtre d'après le raffinage	544,977
Différence ou déficit au raffinage	60,696

Déchet d'après le raffinage	$33\frac{7}{10}$ p. 100
Déchet d'après l'épreuve	$26\frac{1}{4}$
Différence	$7\frac{9}{20}$

ANNÉE 1791.

Calculs d'après le raffinage.

La quantité de salpêtre brut livrée pendant cette année, tant par les salpêtriers de Paris que par ceux de la campagne, a été de 1,157,026 livres.

Lesquelles, au déchet moyen de 30 p. 100, ont donné au raffinage en salpêtre de 3 cuites..............	809,918 livres.
Sur quoi il y a à déduire :	
Le produit en salpêtre brut des eaux mères, montant à 28,176 livres, ce qui donne en salpêtre pur, à raison de 30 p. 100 de déchet......................	19,723
Reste pour le produit du raffinage, en total......	790,195
Les salpêtriers de la campagne ont éprouvé cette année, d'après l'épreuve, des réductions qui se sont élevées à 15,534 livres, sur une fourniture de 265,658 livres, ce qui porte leur déchet de 25 p. 100, auquel il aurait dû monter, à près de 29 p. 100, et à 33, en évaluant à 4 p. 100 seulement l'erreur de l'épreuve. Ainsi les salpêtriers de la campagne ont fourni en salpêtre pur, d'après le raffinage................	177,991
Donc reste fourni par les salpêtriers de Paris....	612,204

Ainsi le déchet au raffinage a été de 31 1/3 p. 100.

Calculs d'après l'épreuve.

L'épreuve a donné 937,779 livres de salpêtre brut, à 30 p. 100 de déchet, c'est-à-dire, salpêtre pur, 656,445 livres.

Ce qui établit un déchet de 26 1/3 p. 100.

Récapitulation.

Quantité de salpêtre d'après l'épreuve	656,445 livres.
Quantité de salpêtre d'après le raffinage	612,204
Différence ou déficit au raffinage	44,241

Le déchet du salpêtre des salpêtriers de Paris, d'après le raffinage, a été cette année de	31 $\frac{1}{3}$ p. 100
Celui donné par l'épreuve, de	26 $\frac{1}{3}$
Différence	5

MÉMOIRE

SUR

LA CESSATION DE LA FOUILLE

ORDONNÉE

PAR LE RÉSULTAT DU CONSEIL DU 30 MAI 1775

POUR LE 1er JANVIER 1778,

ET SUR LE PLAN QUE LA RÉGIE DES POUDRES DOIT SE FORMER

POUR CETTE ÉPOQUE[1].

Le Roi, en substituant, par résultat de son Conseil du 30 mai 1775, une régie pour son compte à l'entreprise générale des poudres et salpêtres, a eu en vue trois objets principaux : le premier, de faire des dispositions utiles à ses finances; le second, de rétablir la récolte du salpêtre dans son royaume, récolte qui diminuait de jour en jour et qui semblait menacée d'un anéantissement prochain; enfin le troisième, de ramener les privilèges des salpêtriers dans leurs justes bornes, de soulager les peuples de la fourniture des bois, de la gêne de la fouille et de toutes les charges inséparables de la manière actuelle de fabriquer le salpêtre.

Le premier de ces deux objets a été complètement rempli, puisque, en moins de deux années, la Régie s'est trouvée en état de rembourser les deux tiers des fonds de l'ancienne Compagnie et qui montaient à plus de 4 millions, de faire des achats assez considérables

[1] Manuscrit autographe (juillet 1777).

de salpêtre à l'étranger, de supporter la charge de l'augmentation de prix du salpêtre ordonnée par l'arrêt de son établissement et par des décisions postérieures, enfin de verser, à compter du 1er janvier dernier, au Trésor royal, une somme de 40,000 livres par mois.

Le second objet, l'augmentation de la récolte du salpêtre dans le royaume, ne peut être rempli que successivement et à la longue; elle sera l'effet de l'instruction, des établissements qui en seront la suite et surtout de l'espérance du bénéfice que présentera, aux entrepreneurs et salpêtriers, la fabrication du salpêtre. Or les opinions à cet égard ne peuvent s'établir qu'avec le temps, et tout ce qu'ont pu faire les régisseurs des poudres a été d'établir une progression marquée et dont l'effet s'augmentera, à ce qu'ils espèrent, d'année en année, si les choses demeurent dans l'état où elles sont aujourd'hui.

Quant au troisième objet, la suppression de la fourniture du bois et celle de la fouille, le Roi a jugé qu'il était de sa prudence de différer, jusqu'au 1er janvier 1778, l'exécution de ses vues bienfaisantes, et ce n'est qu'à compter de cette époque qu'elle doit avoir lieu, aux termes de l'arrêt d'établissement de la Régie.

Quels seront les effets de cette suppression si elle a lieu? — Qu'en résultera-t-il relativement à la récolte du salpêtre en France, relativement au produit en argent de la Régie, enfin relativement à la sûreté du service du Roi? C'est ce qu'on s'est proposé d'examiner et de discuter dans ce Mémoire; mais, avant d'entrer en matière, il est nécessaire de dire un mot de l'état actuel de la récolte du salpêtre et des besoins du royaume.

Des relevés exacts faits sur des années antérieures établissent qu'il faut, par année, pour la consommation du royaume, environ 3 millions 500,000 livres de salpêtre brut; la récolte nationale n'en produit pas 2 millions, d'où il suit que dans l'état actuel il existe un vide de 1,500 milliers par an.

Mais d'un autre côté il paraît s'établir une progression annuelle de plus de 50 milliers dans la récolte du royaume, et d'après les soins que les régisseurs ne cessent de donner à cet important objet, d'après les instructions qu'ils répandent et qui commencent à germer, d'après les établissements qu'ils ont faits dans plusieurs provinces et ceux qu'ils sont au moment de faire, enfin d'après ceux qui seront faits par des entreprises particulières et surtout d'après l'augmentation de prix du salpêtre, ils ne doutent pas que cette progression ne puisse monter à 100 ou 150 milliers par année. La Régie des poudres peut donc se flatter que, s'il n'est rien changé à ce qui existe, elle portera, dans l'espace de douze ou quinze années, tout au plus, la récolte du royaume, au point de pouvoir faire face à tous ses besoins.

Les dépenses à faire pour parvenir à ce but seront chaque année :

1° Pour établissement des celliers et dépenses relatives aux progrès de la récolte....................	150,000 livres.
2° Pour augmentation de prix du salpêtre dans quelques provinces	150,000
Et en joignant à ces deux sommes les assignations tirées par le Trésor royal montant à.................	480,000
On aura pour la totalité des charges à supporter par la Régie des poudres la somme de............	780,000

La Régie des poudres pourra faire face à cette dépense surtout lorsqu'elle sera libérée entièrement par le remboursement des fonds de l'ancienne Compagnie, des intérêts dont elle est chargée, de sorte que les régisseurs auront à offrir dans quinze ans au Gouvernement le tableau du succès de leurs opérations.

1° Le remboursement de 4,500,000 livres fait à l'ancienne Compagnie, ci....................	4,500,000 livres.
2° Plus de 2 millions employés en établissements de nitrières et en améliorations de tous genres....	2,000,000
3° 7,200,000 versés au Trésor royal, ci...........	7,200,000
Total de ce que la Régie aura produit au Roi en quinze années........................	13,700,000

Tels sont les avantages que présentera infailliblement, dans quinze ans, l'administration des régisseurs, si les choses restent dans l'état où elles sont, c'est-à-dire si la fouille n'est pas supprimée. Les avantages sont d'autant plus grands que l'affaire des poudres, avant l'époque de l'établissement de la Régie, n'avait jamais rien produit au Roi et qu'elle formait plutôt une charge qu'un objet de ressource.

On ajoutera, pour compléter ce tableau, que dans la supposition de la continuation de la fouille et d'une progression de 100 milliers de salpêtre par an, la Régie des poudres se trouve suffisamment approvisionnée de salpêtre, pour atteindre l'époque à laquelle la récolte du royaume suffira pour faire face à ses besoins, de sorte qu'à compter de cet instant, il sera presque inutile de faire aucun achat de salpêtre à l'étranger.

Il est donc prouvé qu'en supposant la continuation de la fouille, la Régie des poudres aura rempli complètement les deux premiers objets de son établissement : utilité pour les finances, sûreté pour le service du Roi; mais il faut convenir, en même temps, que si la fouille subsiste, le troisième objet n'aura pas été rempli, ou que plutôt il aura été sacrifié aux deux autres, de sorte qu'on pourra reprocher un jour à la Régie d'avoir perdu de vue le véritable objet de son fondateur et de s'être occupée de tout, excepté du soulagement du peuple.

On ne doit pas se dissimuler que les fournitures de bois que les salpêtriers ont droit d'exiger dans quelques provinces, le droit qui leur est accordé, dans tout le royaume, de fouiller les maisons de tous les particuliers, enfin que les privilèges de toute espèce et les abus inséparables de la manière actuellement en usage d'obtenir du salpêtre, ne soient une charge très onéreuse pour la nation et très contraire au droit de propriété et de liberté naturelle que l'Administration doit à tout citoyen. On croit avoir évidemment démontré, dans un autre Mémoire, que cette charge est telle que le salpêtre, qui ne coûtait à l'ancienne Compagnie que 7 à 8 sols la livre, en coûtait, dans certaines provinces, 15 ou 20 à la nation, sans compter encore la gêne et les vexations qui sont à la charge des particuliers et qui peuvent se calculer.

Le salpêtre se paye donc réellement, dans ce moment, au salpêtrier, en plusieurs monnaies, savoir : partie en argent, partie en fournitures de bois, partie en privilèges de différentes espèces, enfin par le droit qu'ils ont d'exercer des monopoles et des vexations, et par la facilité qu'ils ont de le faire racheter à prix d'argent.

Il est évident que si l'on retranche la portion du prix du salpêtre qui se paye en privilèges, il faut nécessairement y suppléer par une augmentation de paye en argent, autrement le salpêtrier ne pourra plus vivre dans son état et il sera bientôt forcé de l'abandonner; d'où il résulte que les vues patriotiques que le Gouvernement a dans l'établissement de la Régie des poudres ne peuvent être remplies qu'aux dépens de la partie fiscale, c'est-à-dire par un sacrifice en argent; mais de combien faudra-t-il augmenter le prix du salpêtre en argent pour dédommager les salpêtriers du tort qu'ils éprouveront par le défaut de fourniture du bois et par la suppression de la fouille, c'est ce qu'il est difficile de calculer avec exactitude. En effet, la quantité de bois qu'on emploie pour l'évaporation des eaux salpêtrées varie en raison de la qualité des terres, de la meilleure construction des chaudières et du degré d'intelligence de celui qui opère; sa valeur est encore plus incertaine : elle varie dans la proportion de 1 à 10, d'une province à l'autre. On conçoit donc qu'il est impossible de déterminer avec précision l'objet du supplément de prix qu'il faudrait accorder aux salpêtriers, pour les dédommager du défaut de fourniture du bois. L'augmentation relative à la suppression de la fouille n'est pas plus facile à déterminer. Cependant, autant qu'on peut statuer sur des évaluations qui n'ont pas de bases absolument fixes, on croit qu'en portant à 13 sous le prix moyen du salpêtre brut dans toutes les provinces, les salpêtriers se trouveraient amplement dédommagés du défaut de fourniture du bois et qu'ils auraient encore un excédent de bénéfice assez considérable pour pouvoir acheter de gré à gré du particulier le droit de fouiller chez eux.

La récolte du salpêtre, dans ce moment, est de 2 millions de livres environ, dont moitié se fait par la fouille et l'autre moitié par des moyens indépendants de la fouille. Il ne faut pas se persuader, au moins pour la première année, même en supposant que le salpêtre soit payé à raison de 12 sous la livre, que la récolte atteigne les 2 millions; mais on ne peut pas supposer non plus que le haussement du prix ne produira aucun effet, et il est certain, au contraire, que si les salpêtriers ne peuvent obtenir, à prix d'argent, tout ce qu'ils obtiennent aujourd'hui par force, ils en auront au moins une portion très notable.

La récolte du royaume ne sera donc pas réduite, comme on l'a supposé dans des mémoires remis à l'Administration, à 1 million de livres par la suppression de la fouille; elle sera nécessairement entre 1 et 2 millions, et on croit pouvoir répondre qu'elle approchera plus près de cette dernière fixation; que, dès la première année, elle ne sera pas au-dessous de 1,800 milliers et que bientôt elle sera supérieure à ce qu'elle est aujourd'hui, non seulement en raison de ce que les salpêtriers regagneront chaque année sur la fouille, mais encore par les établissements nouveaux qui se feront dans les provinces où il n'en existe pas aujourd'hui, et où il ne peut en exister à cause du trop bas prix du salpêtre.

Bien plus, au moyen non seulement de la liberté, mais des invitations et des encouragements accordés aux habitants de la campagne pour fabriquer du salpêtre, un grand nombre s'attacheront à en favoriser la production, et ils trouveront très agréable de payer une partie du loyer de leur chaumière, de leur écurie, etc., par la petite rétribution qu'ils tireront du salpêtrier.

On est donc bien entièrement convaincu :

1° Que, dans la supposition de la suppression de la fouille, si le Gouvernement se détermine à payer 12 sous le salpêtre, la récolte, dès la première année, ne tombera pas au-dessous de 1,800 milliers;

2° Qu'au bout de trois ou quatre ans, elle atteindra 2,400 milliers tout au moins;

3° Enfin qu'il s'établira une progression annuelle, au moins de 100 milliers, qui, dans l'espace de dix à douze ans, amènera la récolte du royaume au degré d'abondance nécessaire pour fournir à tous ses besoins. On objectera, peut-être, qu'on ne donne ici que des assertions sans preuves et qui, peut-être, seront démenties par l'expérience. On répondra que dans tout objet d'administration, il est impossible d'arriver à des démonstrations rigoureuses; mais en même temps on croit que tous ceux qui voudront bien approfondir cet objet avec impartialité se convaincront aisément que l'instruction, le bon prix et la liberté de fabriquer conduiront beaucoup plus sûrement à l'abondance que tous les moyens forcés qu'on pourrait employer.

En vain voudrait-on prétendre que la Régie des poudres ne peut supporter une augmentation de dépense aussi considérable sans devenir à charge au Roi, le calcul le plus simple détruira cette assertion. Porter à 12 sols par livre le prix du salpêtre brut, c'est en augmenter le prix d'environ de 4 sols par livre, mais cette augmentation ne tombera pas sur les 3 millions 500 milliers nécessaires à la consommation du royaume. Celui fourni par les salpêtriers de Paris pourra rester à 20 sols et celui de Touraine sera suffisamment payé à raison de 10 à 11 sols; d'où il suit que l'augmentation de charge pour la Régie ne sera que de 1 sol à Paris, qu'elle n'excédera pas 3 en Touraine et qu'elle sera de 4 environ dans tout le reste du royaume.

La nouvelle dépense que la Régie des poudres s'impose en renonçant à la fouille peut donc être évaluée ainsi qu'il suit :

1° Augmentation de 1 sol par livre sur 700 milliers de salpêtre livré par les salpêtriers de Paris.........	35,000 livres.
2° Augmentation de 3 sols sur les 400 milliers de salpêtre qui se récolteront dans la Touraine............	60,000
3° 4 sols d'augmentation sur tout le surplus du salpêtre fabriqué dans le royaume, c'est-à-dire sur 2 millions 100,000 livres.........................	420,000
TOTAL de l'augmentation de dépenses......	515,000

Quelque considérable que soit cette dépense, la Régie peut encore la supporter pourvu qu'on cesse de la regarder comme une affaire de finance et qu'on la dispense de remettre 480,000 livres par année au Trésor royal.

On objectera peut-être que si la Régie emploie la totalité de ses bénéfices en augmentation de prix du salpêtre, il ne lui restera plus aucuns fonds à employer en établissements.

On répondra :

1° Que la Régie ne doit faire d'établissements que pour servir de modèles aux particuliers et qu'il suffira que le salpêtre soit bien payé pour qu'on en fabrique d'une manière quelconque, soit par la fouille de gré à gré, soit par quelque autre moyen que ce soit;

2° Que la Régie ne peut espérer de former par elle-même et avec ses propres forces des établissements assez nombreux pour remonter la récolte du salpêtre dans le royaume : en effet la quantité de salpêtre qui lui manquera au moment de la suppression de la fouille sera au moins de 1,500 milliers; or un hangar de 100 pieds de long sur 30 de large ne peut guère fournir plus de 3,600 livres de salpêtre tous les trois ans, c'est-à-dire environ 1,200 livres par an; il faudrait donc commencer, pour compléter la fourniture du royaume, par élever au moins 1,200 hangars à 2,000 livres pièce, ce qui, indépendamment du transport des terres et des autres avances indispensables, formerait une dépense première au moins de 3 millions; la Régie est bien éloignée de pouvoir faire une entreprise de cette espèce, elle ne peut espérer d'obtenir du salpêtre par des manufactures très en grand qu'autant qu'elle sera appuyée par des établissements particuliers.

Enfin on répondra troisièmement que ce n'est que dans dix ou douze ans que la récolte du royaume pourra être portée à 3 millions ou 3,500,000 livres; ce n'est donc qu'à cette époque que la Régie supportera la totalité de l'augmentation du prix; en attendant elle consommera l'approvisionnement qu'elle a en magasin et qui ne lui revient qu'à 11 ou 12 sols la livre; elle pourra acheter du salpêtre de l'Inde qui ne lui reviendra pas beaucoup plus cher; cette différence de prix fournira pendant nombre d'années une économie qu'elle pourra employer à faire des établissements et des avances.

Pour résumer les observations qu'on vient d'exposer, il paraît évident que si l'établissement de la Régie a eu trois objets : l'avantage des finances du Roi, l'augmentation de la récolte du salpêtre dans le royaume et le soulagement du peuple, la prorogation de la fouille ne remplira que les deux premiers; qu'elle manquera le véritable but de son institution, de sorte qu'une opération digne de l'attention paternelle du Roi pour ses sujets se trouvera transformée en une opération purement bursale, et que Sa Majesté, qui a eu en vue de faire une opération utile à son peuple, n'en aura fait qu'une avantageuse seulement pour ses finances.

IMPRIMERIE NATIONALE.

INSTRUCTION POUR LES EMPLOYÉS DE LA FERME GÉNÉRALE[1].

La fabrication, la vente et le débit de la poudre et du salpêtre sont un droit royal dont Sa Majesté s'est réservé le privilège exclusif dans toute l'étendue des provinces sujettes à son obéissance. Pour l'exercice de ce privilège, la Régie des poudres a des magasins qu'on peut assimiler aux entrepôts de tabac de la ferme générale, et elle a établi en outre, dans chaque ville, bourg et paroisse considérable du royaume, un nombre de débitants proportionné à celui des habitants et à la consommation de poudre qui s'y fait.

La Régie des poudres ayant été renouvelée par arrêt du Conseil du 5 septembre 1779, elle a reconnu par les comptes qu'elle s'est fait rendre que le nombre des débitants s'était excessivement multiplié dans certains départements, et elle a jugé qu'il était du bon ordre et de l'intérêt du Roi d'en fixer le nombre dans toutes les villes et bourgs du royaume et de les revêtir de nouvelles commissions...

En conséquence, toute commission de débitant de poudre qui n'aurait pas été délivrée par les régisseurs des poudres, ou qui aurait été délivrée par eux antérieurement au 1er décembre 1779, est nulle et de nul effet.

Le premier soin des employés vis-à-vis d'un débitant qu'ils ont lieu de regarder comme suspect doit être de constater qu'il vend et qu'il débite de la poudre; ils se présenteront ensuite chez lui, demande-

[1] Manuscrit en partie autographe.

ront la représentation de la commission dont il doit être pourvu; s'il n'en a point ou s'il n'en a qu'une antérieure au 1er décembre 1779, la poudre qui se trouve chez lui est saisissable quand même elle serait originaire des magasins de la Régie, et il y a lieu de conclure contre lui à une amende de 300 livres.

Si au contraire le vendant poudre est revêtu d'une commission en bonne forme, les employés procéderont à la visite de sa poudre. Il n'est permis aux débitants d'en vendre que d'une seule espèce, celle à giboyer. Cette poudre étant lissée et d'un grain toujours le même, elle est aisée à distinguer de toute poudre étrangère ou faussement fabriquée. Dans le cas de contravention sur cet article, ils en verbaliseront, ainsi qu'ils y sont autorisés par l'ordonnance du 1er février 1669 et par l'article 11 de l'arrêt du Conseil du 5 septembre 1779, et ils concluront en l'amende de 300 livres pour la première fois, et en toutes les peines prononcées contre les faux sauniers en cas de récidive. Tout débitant doit être muni d'un livret sur lequel le commissaire ou le garde-magasin doit enregistrer les levées de poudre à mesure qu'elles sont faites par le débitant; les employés pourront encore se faire représenter ce livret dans le cas de suspicion contre le débitant; ils pourront y faire note de la quantité de poudre qu'ils auront trouvée restante chez lui et si, dans une visite subséquente, ils en trouvaient une quantité plus grande sans qu'il eût été fait aucune levée intermédiaire, ils en verbaliseront.

La poudre de guerre, quoique délivrée des magasins du Roi ou de ceux de la Régie, est du nombre de celles dont les débitants ne peuvent avoir chez eux et dont ils ne peuvent vendre au public. Ce n'est même que depuis l'arrêt du Conseil du 12 avril 1701 qu'il est permis d'en tenir dans les magasins principaux. Comme la Régie n'en délivre jamais de cette espèce aux débitants, elle ne peut provenir que de soustractions faites des magasins du Roi ou des exercices militaires auxquels elle était destinée, et alors les débitants rentrent dans le cas prévu par l'article 17 du marché général fait à Primard le 18 décembre 1736, dont l'exécution est ordonnée par l'article 20 du résultat du Conseil du 30 mai 1775 et par l'article 19 de l'arrêt du Conseil du 5 septembre 1779, et il y a lieu, en conséquence, de procéder à la saisie et de conclure contre eux en l'amende de 300 livres.

Tout particulier qui achète ou qui fait usage à la chasse ou même qui tient chez lui de la poudre de guerre est également en contravention, d'après le principe qu'elle a nécessairement été soustraite des magasins du Roi. Il n'y a d'exception, à cet égard, qu'en faveur des directeurs de mines, des entrepreneurs de fortifications et des ponts et chaussées auxquels la Régie des poudres a fourni quelquefois de la poudre de mine ou de guerre pour les travaux dont ils sont chargés; mais il ne leur est pas permis de les employer à d'autres usages que ceux auxquels elles sont destinées et de s'en servir à la chasse. Les employés des fermes dans le cours de leurs fonctions peuvent visiter les chasseurs; dans le cas où ils seraient porteurs de poudre de guerre, ils peuvent en verbaliser. La quantité de poudre dont ils seraient porteurs est même indifférente, et il y a des exemples de condamnations prononcées à toute rigueur pour 1 once et demie ou 2 onces de poudre de guerre.

Il n'y a pas lieu d'user d'une aussi grande rigueur à l'égard de la poudre de chasse étrangère; il ne doit être verbalisé qu'autant que la quantité colportée ou trouvée à domicile est de 3 ou 4 onces : l'amende prononcée par les règlements est également de 300 livres; on conçoit combien les saisies de cette espèce, surtout celles faites sur les chasseurs, exigent de prudence et de circonspection de la part des employés ; ils ne doivent point insister pour les désarmer et sans user de voies de fait, ils doivent se borner à déclarer la saisie des armes et à verbaliser de la résistance opposée à leurs fonctions, ainsi que des mauvais traitements qu'ils pourraient éprouver.

Il est encore de l'essence du privilège exclusif que le Roi s'est réservé que les poudres et salpêtres ne puissent être transportés qu'accompagnés de pièces qui justifient de leur origine, mais on conçoit en même temps que cette formalité ne doit point être exigée pour des quantités médiocres, telles que de 1 livre et au-dessous. Le marché fait à Primard (art. 24) et les règlements qui l'ont confirmé ordonnent que tout salpêtre et toute poudre seront accompagnés de passeports et qu'à défaut de cette formalité ils seront saisis et arrêtés. Ce principe s'applique même aux poudres transportées par les débitants des magasins de la Régie à leur domicile : ils doivent, pour justifier de son origine, être porteurs de leur livret sur lequel la quantité de poudre qu'ils ont levée doit être inscrite avec la date et la signature du commissaire ou garde-magasin.

La sortie à l'étranger de toute munition de guerre est sévèrement défendue par les règlements et la poudre, même celle sortie des magasins du Roi et de la Régie, se trouve comprise dans cette prohibition, mais les employés doivent soigneusement distinguer ce qui est véritablement munition de guerre d'avec ce qui n'est qu'une simple provision de chasse, et quelques livres de poudre qu'un particulier connu sortirait du royaume dans sa voiture ne sont pas dans le cas de la saisie.

L'article 21 du marché de Primard défend aux salpêtriers de vendre ni de raffiner leur salpêtre; ils doivent se borner à le fabriquer brut et ils ne peuvent le livrer que dans les magasins de la Régie. S'il s'en trouvait quelques-uns en contravention à cet égard, la loi les range dans la classe des faux poudriers et les condamne en toutes les peines encourues par les faux sauniers conformément à l'ordonnance des gabelles de 1680 et autres règlements postérieurs; les employés, dans ce cas, sont autorisés, outre la saisie des matières et effets, à emprisonner les délinquants. Il y aurait lieu de tenir la même conduite vis-à-vis d'un ouvrier raffineur ou poudrier qui aurait volé et vendu du salpêtre ou de la poudre des magasins ou fabriques de la Régie.

Il s'établit quelquefois de faux poudriers qui fabriquent des poudres, soit dans les moulins reculés sous des meules et des pilons, soit dans des mortiers portatifs en les battant à la main. Cette fraude, qui a principalement lieu dans les forêts, intéresse l'ordre public; elle attaque le privilège du souverain, et la Régie des poudres a le plus grand intérêt de la réprimer et de la punir. Les employés ne doivent rien négliger pour découvrir et pour constater les contraventions de cette espèce, ils doivent procéder à la saisie des matières, des moulins, mortiers et de tous les ustensiles et arrêter les faux poudriers.

Les procès-verbaux de saisie doivent être faits à la requête des régisseurs généraux des poudres et salpêtres demeurant à Paris, à l'Arsenal, paroisse Saint-Paul, poursuites et diligence du commissaire particulier du département. Toutes les formalités prescrites par les règlements et en usage pour les autres parties des droits du Roi doivent y être observées; les assignations doivent être données par-devant MM. les intendants et commissaires départis, seuls juges sur le fait des poudres et salpêtres, et c'est en conséquence par-devant MM. les subdélégués que doivent être affirmés les procès-verbaux.

Sitôt que les procès-verbaux auront été rédigés et que les différentes formalités auront été remplies, ils doivent être adressés au commissaire particulier du département pour en faire suite ou pour transiger s'il y a lieu. Il est expressément défendu aux employés de recevoir dans aucun cas, de la part des contrevenants, aucune somme d'argent à titre de consignation ou d'accommodement, à moins qu'ils n'y aient été autorisés par le commissaire des poudres du département, et à son défaut par le directeur des fermes. Dans le cas où ils recevraient des soumissions, ils doivent les faire signer par une caution solvable et ne les recevoir que sous le bon plaisir de la Régie. La contravention à cette règle sera regardée comme une faute grave et tous ceux qui s'en seront rendus coupables seront punis de révocation, ainsi que ceux qui auraient touché arbitrairement des sommes sans avoir préalablement constaté la fraude par un procès-verbal.

L'intention du Roi est que les employés jouissent en entier du produit des amendes, confiscations et accommodements qui seront dus à leurs soins, qu'il leur soit payé 10 sols par livre de poudre de capture qui sera remise dans les magasins de la Régie et 6 sols par livre de salpêtre, les frais de procédure prélevés. Enfin les preuves particulières de zèle qu'ils auront données à cet égard pour les intérêts de

Sa Majesté seront mises sous les yeux de l'Administration pour être statué sur les gratifications et récompenses particulières qu'ils pourront avoir méritées.

MM. les directeurs et contrôleurs généraux des fermes voudront bien s'entendre pour l'exécution des différents articles de cette instruction qui pourraient leur paraître susceptibles de difficultés avec les commissaires des poudres du département. L'état ci-joint leur fera connaître leurs noms et leurs résidences.

Les passeports qui accompagnent les poudres et le salpêtre sont signés de quatre régisseurs des poudres et sont conformes au modèle ci-joint, et ils sont délivrés par le commissaire des poudres du lieu du départ et signés par lui.

OBSERVATIONS IMPARTIALES

SUR

LA RÉCOLTE DU SALPÊTRE EN FRANCE

ET SUR LA FABRICATION DE LA POUDRE[1].

La fabrication et le commerce de la poudre en France comme dans la plupart des États de l'Europe sont entièrement dans la main du souverain et forment l'objet d'un privilège exclusif. Depuis plus de cent ans l'exercice de ce privilège est en entreprise ou ferme, et ce n'est que depuis un an que le ministère a pensé qu'il était plus avantageux pour l'État et pour le Roi de mettre ce droit en régie. Ce changement était-il nécessaire? était-il utile? c'est ce que va discuter ici en peu de mots un citoyen qui proteste n'avoir eu aucune part à cette révolution, qui n'a eu connaissance de cette affaire que lorsqu'elle a été arrêtée et conclue par le ministre, enfin qui est connu pour savoir sacrifier son propre intérêt à l'avantage de l'État et à l'amour de la vérité.

Le Roi, en accordant à un adjudicataire général le privilège exclusif de la vente des poudres et salpêtres, a fixé en même temps par différents arrêts et résultats de son Conseil le prix auquel il pourrait vendre au public les matières qui faisaient l'objet de son privilège : il lui est permis, par exemple, de vendre la poudre de chasse ou poudre fine 29 et 30 sols la livre, tandis qu'elle ne lui revient qu'à 12 sols

[1] Manuscrit en partie autographe. — Ce manuscrit est de 1776.

ou 12 sols 6 deniers; il en résulte un bénéfice d'environ 17 sols par livre. A ce bénéfice qui est le plus considérable doit être ajouté celui du commerce avec l'étranger, la vente de la poudre de guerre, celle de la poudre de traite pour le commerce de Guinée, celle de la poudre de mine, enfin la vente du salpêtre en nature. Ces différents objets réunis forment dans l'état actuel des choses un produit net au moins de 1 million par année.

Tout privilège exclusif sans doute est une exception faite à l'ordre des choses; c'est une atteinte portée à la liberté naturelle des citoyens, et cet inconvénient ne peut être balancé qu'autant qu'il en résulte un avantage pour le Gouvernement. Il fallait donc que le Roi, en affermant le privilège exclusif de la vente et de la fabrication des poudres, en tirât un prix de bail quelconque, et c'est en effet ce qui a été stipulé. Il est ordonné dans le dernier marché que l'entrepreneur général des poudres sera tenu de fournir chaque année aux départements de la guerre et de la marine 1 million pesant de poudre de guerre au prix de 6 sols la livre. L'adjudicataire, suivant ce qui vient d'être dit, perdait moitié sur cette fourniture, c'est-à-dire environ 6 sols par livre, de sorte que le prix de son bail était réellement de 300,000 livres. Une première réflexion qui se présente est la disproportion énorme entre le prix du bail et le bénéfice de l'entreprise. Il est vrai que dans les années malheureuses le produit du privilège exclusif n'a pas été de 1 million, qu'il a été quelquefois beaucoup moindre, mais aussi pendant l'année dernière a-t-il été beaucoup plus considérable et on peut espérer de l'y soutenir; or c'est sur le produit actuel que doit être calculé le bénéfice de l'affaire.

Ce n'était rien encore que la disproportion entre le prix du bail et celui du bénéfice. Les baux faits à l'adjudicataire des poudres avaient un autre vice plus essentiel, c'est que le prix même du bail ne se payait pas ou au moins ne se payait qu'en partie, et que ce payement même était à la disposition d'un tiers; jamais ou presque jamais en temps de paix les départements de la guerre et de la marine ne levaient la totalité de la poudre portée dans le marché, de sorte qu'après que

IMPRIMERIE NATIONALE.

le bail avait été calculé sur un pied, l'adjudicataire jouissait sur un autre, et qu'il appartenait en quelque façon aux commis de la Guerre ou de la Marine de décider jusqu'à quel point le marché serait exécuté. Le privilège exclusif ne tournait donc au profit du Roi que pour une très petite partie, et il est de fait que d'un produit de près de 1 million, Sa Majesté ne retirait souvent pas 150 ou 200,000 livres.

Si d'une part la Compagnie des poudres et salpêtres avait trouvé moyen de s'affranchir d'une partie du prix de son bail, elle était parvenue d'une autre à se soulager des augmentations de prix que le renchérissement naturel des denrées l'aurait obligée de payer aux salpêtriers. Le même salpêtre, qu'elle payait 7 à 8 sols la livre, en coûtait à l'État plus de 12, et cet excédent de prix se reversait soit sur le public, soit sur l'adjudicataire général des fermes du Roi. Ce dernier point ayant besoin de quelques explications, on y procédera le calcul à la main et on prendra d'abord pour exemple la province de Franche-Comté.

Si les salpêtriers de cette province étaient réduits au seul prix qui leur est payé par l'adjudicataire des poudres et salpêtres, il est évidemment démontré qu'il ne leur serait pas possible de subsister, et bientôt la fabrication du salpêtre serait abandonnée; mais : 1° les communautés seront tenues de leur fournir le bois tout façonné et tout rendu dans leurs ateliers sur le pied, savoir : de 30 sols la corde pour le chêne, le hêtre et le foyard, et sur le pied de 24 sols pour le sapin et le bois blanc : cette fixation suffit à peine, aujourd'hui, pour la façon du bois, de sorte que la valeur intrinsèque et le charriage tombent entièrement à la charge des communautés. Il est évident que cette obligation de fournir le bois à porte est un impôt direct en nature, et il est aisé d'en évaluer l'objet. Chaque salpêtrier en Franche-Comté consomme au moins 60 cordes de bois par an; quand donc on ne supposerait au bois qu'une valeur intrinsèque de 6 livres par corde, ce qui certainement est au-dessous de la véritable proportion, il en résulterait encore que chaque salpêtrier coûte à la province 360 livres par an :

Ce qui fait, pour la totalité des salpêtriers qui sont au nombre de 130, un premier objet de dépense de.. 46,800 livres.

2° Le nombre des communautés de Franche-Comté est de 2,000, à peu près, dont les deux tiers au moins, c'est-à-dire 1,332 environ, fournissent du salpêtre; mais comme le salpêtrier ne revient qu'une fois tous les trois ans dans la même paroisse, il en résulte que le nombre des paroisses exploitées n'est que de 444 chaque année; il en coûte par an à chacune des communautés exploitées en mettant tout au plus bas :

1° Pour le logement du salpêtrier........ 24 livres.
2° Pour le transport de ses meubles et ustensiles.......................... 15
3° Pour le charriage du salpêtre à la raffinerie. 11

TOTAL pour chaque communauté...... 50

Et pour les 444 exploitées chaque année par la totalité des salpêtriers................................ 22,200

La fabrication du salpêtre coûte donc évidemment à la province.................................... 69,000

La Franche-Comté rapporte environ chaque année 300,000 livres de salpêtre, qui l'une dans l'autre sont payées aux salpêtriers à raison de 7 sols 6 deniers la livre; il en résulte une dépense pour le Roi, pour l'adjudicataire ou pour la Régie de.................. 112,500

D'où il suit que 300,000 livres de salpêtre brut coûtent en Franche-Comté tant au Roi qu'à la province...... 181,500

Il est aisé de calculer d'après cela que le salpêtre brut en Franche-Comté coûte un peu plus de 12 sols la livre, et, quand il ne déchoirait que d'un quart au raffinage, le prix du salpêtre raffiné serait encore de 17 sols environ.

On n'a point fait entrer dans ce calcul les monopoles qu'exercent habituellement la plupart des salpêtriers : les plus adroits ne manquent pas de placer leurs tonneaux, leurs cuves dans l'endroit de la maison où ils jugent qu'ils seront le plus incommodes à celui qui l'habite, souvent même dans sa chambre d'habitation; ils menacent de rester longtemps, de fouiller toutes les parties de la maison, et le plus souvent ils finissent par traiter avec le particulier pour une somme plus ou moins forte que ce dernier croit devoir sacrifier à sa tranquillité. Quelquefois le salpêtrier compose avec la communauté tout entière sous prétexte de non-fourniture de bois ou autrement. La communauté supporte les charges et l'objet du Gouvernement n'est point rempli.

Ce calcul du prix que coûte le salpêtre à l'État serait peut-être plus effrayant encore, si au lieu de l'appliquer à la Franche-Comté on l'appliquait à une province sujette à la gabelle. Alors il faudrait ajouter aux frais ci-dessus les 4 sols par livre de sel marin que la ferme générale est tenue de payer aux salpêtriers. Cette somme, en augmentant les frais de régie des fermes du Roi, diminue d'autant le prix de leur bail, et la charge tombe en dernière analyse sur le Roi. Il faudrait de plus évaluer le tort que font, au produit de la gabelle, les ventes de sel que font les salpêtriers en fraude : il en est dont toute la fabrication n'a pour objet que de faire du sel, qui font beaucoup plus de sel que de salpêtre, de sorte qu'au milieu des provinces sujettes à la gabelle, il existe une infinité de fabriques de sel au préjudice du privilège exclusif. En réunissant toutes ces considérations, on apercevra aisément qu'il est telle province où il est possible que le salpêtre coûte plus de 20 sols par livre à l'État.

On répondra peut-être que ces calculs effrayants ne sont point applicables aux grandes villes ni à plusieurs provinces de France où la fouille n'est pas en usage, et cela est vrai; mais il n'en est pas moins certain que, dans les circonstances les plus favorables, le salpêtre coûte à l'État beaucoup plus cher qu'il ne paraît : prenons la ville de Paris pour exemple.

Pour connaître le véritable prix de la livre de salpêtre à Paris, il faut cumuler ensemble :

1° Le prix de 7 sols par livre que l'adjudicataire des poudres paye aux salpêtriers; 2° la gratification de 2 sols par livre qui leur est payée par le Roi; 3° le prix du sel marin qui leur est payé par la ferme générale à raison de 7 sols par livre; 4° enfin le tort qu'ils font à la gabelle par les ventes frauduleuses du sel qu'ils font dans l'intérieur de Paris. En supposant la production du salpêtre dans cette ville de 600,000 livres, année commune, on pourra établir le calcul suivant :

Prix de 600,000 livres de salpêtre payées par la Régie à raison de 7 sols la livre, ci	210,000 livres.
Gratification de 2 sols par livre accordée par le Roi	60,000
Prix des 14 livres par 100 ou des 84,000 livres de sel payées par la ferme générale à raison de 7 sols par livre.	29,400
A ces différentes sommes il convient d'ajouter le prix de 10 livres au moins de sel par quintal que les salpêtriers vendent en fraude dans Paris et qui font tort aux droits du Roi au moins de 10 sols par livre, ci	30,000
	329,400

En divisant cette somme par le produit de la ville de Paris en salpêtre, c'est-à-dire par 600,000 livres, on aura près de 11 sols pour le prix de chaque livre de salpêtre brut, et environ 16 sols pour le prix du salpêtre raffiné. Ce prix serait un peu moindre en appliquant le même calcul à la Touraine. Il est donc constant que l'Administration des poudres ne supporte, dans le plus grand nombre des cas, que moitié ou tout au plus les deux tiers du prix du salpêtre, que le surplus est ou à la charge du Roi, ou tourne en imposition sur la nation.

Ces vérités encore presque ignorées en France étaient connues il y a plus de trente ans dans différents États de l'Europe, et notamment en Suède. Dès 1745, le Conseil de guerre avait reconnu la nécessité de changer la forme de l'Administration des poudres et salpêtres dans ce royaume, de soulager le peuple de la gêne de la fouille et de le décharger des impositions indirectes qui en étaient une suite : les personnes les plus instruites sur la formation du salpêtre ayant été consultées, ce même Conseil publia en 1747 une instruction sur la manière de faire artificiellement du salpêtre; on y indiquait les terres les plus propres à la production de ce sel, la manière de les travailler, la nature des matières qu'il fallait y mélanger; enfin on invitait les particuliers à se livrer à ce genre d'entreprise, et on promettait des encouragements et des gratifications à ceux qui établiraient des ateliers de fabrication. Cette instruction fut distribuée par le Gouvernement dans toutes les provinces du royaume. Dès l'année suivante, le roi de Prusse suivit cet exemple, mais il parvint au même but par une méthode différente. Il fit élever par la plupart des communautés de ses États des murs composés de terre et de paille; il parvint également, par cette méthode, à établir une récolte de salpêtre indépendante de la fouille.

Ces nitrières artificielles établies originairement en Suède et en Prusse se sont multipliées dans plusieurs endroits de l'Allemagne. Il a été fait des établissements près de Varsovie, près de Nuremberg, à Berne, à Hesse-Cassel, dans l'île de Malte et sans doute dans beaucoup d'endroits dont on n'a point connaissance en France.

On conçoit que des établissements de cette espèce, qui exigent des avances considérables et dont le bénéfice est modique, abandonnés aux particuliers, ne peuvent se multiplier que lentement, et c'est ce qu'on a éprouvé principalement en Suède : quoiqu'une très grande quantité du salpêtre qui se consomme dans ce royaume provienne aujourd'hui des nitrières artificielles, on n'y a pas encore cependant renoncé entièrement à la fouille, du moins dans toutes les provinces; mais l'avantage qui a résulté des nouveaux établissements, c'est une abondance de salpêtre telle que la Suède fournit, non seulement à ses besoins, mais qu'elle exporte encore une quantité de poudre très considérable. Il est nécessaire de faire observer ici que pendant tout l'intervalle qui s'est écoulé depuis la première instruction publiée en 1747 jusqu'à ce jour, la fabrication du salpêtre en Suède n'a pas été en entreprise; on va sentir bientôt qu'une entreprise ou une ferme aurait été incompatible avec les vues du Gouvernement, et qu'elle aurait nécessairement gêné les établissements qu'on avait l'intention de favoriser.

Tel était l'état des choses en Allemagne lorsqu'au commencement de 1775, une compagnie, qui se présenta pour affermer le privilège exclusif de la vente et de la fabrication des poudres et salpêtres en France, fit ouvrir les yeux du ministre sur les bénéfices énormes de cette affaire et sur les vices qui s'y étaient successivement introduits. Il vit d'une part une lésion d'outre moitié dans le prix du bail et telle par conséquent que les tribunaux n'auraient pu se dispenser d'en prononcer la résiliation; en vain l'adjudicataire opposerait-il les risques de la guerre : la quantité de salpêtre qu'il avait en magasin, ou qu'il ne tenait qu'à lui d'y avoir jointe au produit habituel du royaume, suffisait pour faire face aux besoins de l'État pour tout le cours de son bail; ainsi il traitait à coup sûr et les risques n'étaient point à sa charge; il vit de l'autre peu de connaissances et un obstacle invincible au succès de tous les établissements qui tendraient à la suppression de la fouille. Cet obstacle tenait, comme on le verra bientôt, à la nature de la chose, et il était très indépendant des membres qui composaient la Compagnie et qui sont tous très estimables. Il conçut dès lors la nécessité d'opérer en France la même révolution qui avait été faite trente ans auparavant en Suède, en Prusse et successivement dans différents autres États pour la fabrication du salpêtre, et pour se rendre maître de l'affaire, pour la connaître et pour la rendre susceptible des changements qu'il projetait, il crut indispensable de commencer par la mettre en régie. Un fait très singulier et qui prouve combien la forme anciennement adoptée en France nuisait à la progression des connaissances sur cet objet, c'est que, ce qui, en 1747, était généralement répandu dans toute la Suède, était encore entièrement ignoré en France en 1775. L'Académie des sciences elle-même savait à peine à cette époque qu'on faisait artificiellement du salpêtre en Allemagne et dans plusieurs endroits de l'Europe.

M. Turgot, d'après cela, pour réparer le temps perdu, pour ramener nos connaissances au niveau de celles des nations voisines et pour les surpasser s'il était possible, se détermina : 1° à faire proposer par l'Académie des sciences un prix sur la fabrication du salpêtre; 2° à engager cette compagnie à nommer des commissaires pour rassembler toutes les connaissances possibles sur cet objet, pour faire de nouvelles expériences sur la génération et la plus prompte production du salpêtre; 3° à faire venir de Suède les instructions publiées en différents temps par ordre du Gouvernement, à les faire traduire; 4° enfin à charger les commissaires de l'Académie de rassembler tout ce qui avait été publié de meilleur et de plus utile sur ce même objet dans toutes les langues, de le joindre aux instructions de Suède et de former du tout un recueil pour être donné incessamment au public. Ce recueil est presque fini d'imprimer et ne tardera pas à paraître[1].

Pendant que l'Académie était occupée de recherches et d'expériences sur les productions du salpêtre, M. Turgot désira que les régisseurs des poudres en fissent faire de leur côté dans les provinces par leurs commissaires; un grand nombre de hangars ont été élevés de toutes parts, les uns aux frais de la Régie, les autres aux frais des particuliers, et, malgré le court espace de temps, les ateliers ont déjà fourni une quantité assez considérable de salpêtre.

La possibilité de faire artificiellement du salpêtre sans le secours de la fouille est donc démontrée par le fait, et il n'y a pas de doute qu'on ne puisse avec le temps former des établissements assez nombreux pour faire face à tous les besoins du royaume; mais en même temps que cette fabrication artificielle est possible, elle présente de grandes difficultés dans les détails, elle exige des avances considérables, des sacrifices à faire et surtout un système d'opérations suivi et non interrompu pendant nombre d'années, beaucoup de patience et de tranquillité.

Il est sensible, d'après cet exposé, que la suite d'une semblable opération ne peut être confiée : 1° qu'à des personnes très instruites qui marchent directement à leur objet, qui ne le perdent pas un instant

[1] Il fut publié en 1776, sous le titre de : *Recueil de mémoires et d'observations sur la formation et la fabrication du salpêtre, par les commissaires nommés par l'Académie pour le jugement du prix du salpêtre*, in-8°. (*Note de l'éditeur.*)

de vue pendant une longue suite d'années, qui soient appuyées par le ministre et surtout qui ne soient point contrariées; 2° à des personnes sûres, qui méritent une confiance absolue de la part du Gouvernement; 3° qu'elle ne peut être faite par une compagnie d'entrepreneurs, mais seulement par des régisseurs et pour le compte du Roi. Les détails suivants porteront cette dernière vérité jusqu'à la démonstration.

On a déjà vu que le salpêtre du royaume coûtait à la Compagnie des poudres et salpêtres, savoir : 7 à 8 sols le salpêtre brut, et 11 à 12 sols le salpêtre raffiné, tandis que la valeur intrinsèque de ce même salpêtre, en cumulant ce qu'il coûte tant au Roi qu'à la nation, était au moins de 11 à 12 sols pour le salpêtre brut, et au moins de 15 à 16 sols pour le salpêtre raffiné; mais d'après toutes les expériences qui ont été faites jusqu'ici, il paraît constant que le salpêtre des nitrières artificielles ne pourra être pendant les premières années à meilleur marché que celui qu'on retire de la fouille. Son prix brut sera donc au plus bas de 11 sols, et il reviendra raffiné à 15 sols environ; mais comment pourra-t-on exiger d'une compagnie d'entrepreneurs de fabriquer du salpêtre à 15 sols, tandis qu'en usant de ses privilèges elle peut l'avoir à 11 ou 12 sols, et quand on en ferait une condition de son marché, comment pourait-on confier à une compagnie la suite d'une opération dont le succès diminuerait ses bénéfices, et quelque zèle, quelque désintéressement qu'on pût supposer dans ses membres, n'y aurait-il pas à craindre qu'elle ne mît pas tout le soin qui dépendrait d'elle pour accélérer l'époque de la révolution ? Ce n'est pas qu'avec le temps, le salpêtre des nitrières artificielles ne puisse tomber au même prix que celui payé aux salpêtriers par la Compagnie : l'édification des hangars et le transport des terres étant une dépense une fois faite, et qui ne se répète pas ou au moins qui ne se répète qu'après un grand nombre d'années, il est constant que le commencement des établissements sera le plus lourd, et que lorsque les fabrications seront en vigueur, elles pourront fournir un salpêtre d'un prix moindre que celui même du marché des poudres et salpêtres; mais cette perspective est éloignée, tandis qu'une compagnie n'a qu'une

IMPRIMERIE NATIONALE.

existence momentanée, et tout ce qui s'éloigne au delà du terme de cinq à six ans ne présente aucun intérêt pour elle.

On a dit plus haut que l'établissement des nitrières artificielles était une affaire de temps et d'argent, et qu'après trente années expirées, l'opération de Suède n'était point encore à sa perfection. De ce qu'il a fallu plus de trente ans pour établir en Suède une récolte de salpêtre indépendante de la fouille, il ne faut pas croire que cette révolution exige en France un intervalle de temps si considérable. La fabrication du salpêtre était un objet absolument neuf lorsqu'on a commencé à opérer en Suède; aujourd'hui nous avons l'avantage de pouvoir profiter des connaissances acquises et nous débutons réellement avec une expérience de trente années. Cette assertion mérite d'autant plus d'être développée qu'elle fournit encore de nouvelles preuves que la production artificielle du salpêtre ne peut être établie en France que sous une administration quelconque pour le compte du Roi et une régie longtemps continuée.

Un hangar de 100 pieds de long sur 30 à 40 de large, conduit avec toute l'intelligence qu'on peut désirer, ne peut, suivant les épreuves faites en Suède et à Varsovie, donner chaque année plus de 2 à 3 milliers de salpêtre. Ce produit est à peu près l'extrême de ce qu'on peut espérer d'après les méthodes connues; mais comme dans un établissement auquel un grand nombre d'agents doivent concourir, on ne peut pas les supposer tous du même degré d'intelligence, on ne peut compter chaque hangar que pour une quantité de 1,800 livres de salpêtre environ par an. La France, pour faire face aux ventes et aux fournitures de toute espèce, a besoin de 3,600,000 livres de salpêtre environ, d'où il suit que pour faire la fourniture totale par le moyen des hangars, il faudrait qu'il en fût construit 2,000; quand on ne supposerait à chacun de ces hangars qu'une valeur intrinsèque de 1,000 livres, leur construction seule formerait une avance de 2 millions, et il faudrait encore y ajouter 1 million pour le transport et le traitement des terres : une pareille avance pour un objet dont l'événement à la vérité est certain, mais dont le succès est en même temps peut-être plus ou moins complet en raison de l'influence du sol, du climat et des saisons, est beaucoup trop considérable pour qu'on puisse l'exiger d'une compagnie, ni même pour que le Roi puisse se déterminer à la faire pour son compte : le seul plan raisonnable, le seul qu'on puisse suivre, est donc de faire en France ce qu'on a fait en Suède, d'encourager les particuliers à faire des établissements, de faire des avances à quelques-uns, d'assurer aux autres un prix fort considérable sur les premiers quintaux ou milliers de salpêtre qu'ils fourniront, et d'attendre le reste du temps; or toutes ces dépenses ne pouvant par leur nature être ni calculées ni prévues, il est évident qu'elles ne peuvent servir de base ni à un bail, ni à un marché quelconque avec une compagnie ou avec un entrepreneur.

Pour résumer les observations contenues dans ce Mémoire, il paraît constant qu'on ne peut remettre la fabrication des poudres et salpêtres en entreprise comme elle était avant l'époque du 1er juillet 1775 sans renoncer aux avantages qui suivent :

1° A un bénéfice actuel au moins de 600,000 livres par année jusqu'à ce que les fonds d'avance soient remboursés, et de 1 million au moins après que le remboursement sera effectué, c'est-à-dire dans quatre ou cinq ans;

2° A un bénéfice beaucoup plus considérable si la vente de la poudre se soutient dans des proportions aussi avantageuses que cette année, ou si les départements de la guerre et de la marine n'exigent pas la totalité des fournitures complètes;

3° A l'espérance d'établir dans l'intérieur du royaume, presque sans frais, et en sacrifiant à peine un dixième du bénéfice de l'affaire, une récolte plus que suffisante pour les besoins de l'État, et ce qui est beaucoup plus important encore, un approvisionnement assuré à l'abri des influences de la guerre, tandis que dans l'état actuel des choses, le royaume ne rapportant qu'environ moitié du salpêtre qui s'y consomme et l'Administration des poudres étant obligée de le tirer de l'Inde, elle se trouve exposée au premier bruit de guerre, ou à en manquer absolument, ou à le tirer à très grands frais et avec de très grands risques des nations commerçantes de l'Europe;

4° A l'avantage d'éviter aux habitants de la campagne les gênes de la fouille et les vexations de toute espèce qui en sont la suite;

5° Enfin de les soulager des impôts indirects auxquels l'Administration actuelle donne lieu sous prétexte de fourniture de bois, logement de salpêtriers, transports de salpêtres, meubles, ustensiles, etc.

MÉMOIRE

SUR L'ÉTABLISSEMENT, LES PRODUITS ET LA SITUATION DE LA RÉGIE DES POUDRES ET SALPÊTRES.

(AVRIL 1789[1].)

Le droit de fabrication, vente et distribution des poudres et salpêtres est un attribut inséparable de la souveraineté, comme celui de lever des troupes, de fortifier les places, fondre les canons, battre monnaie, etc.

PRODUIT EN SALPÊTRE DANS LE ROYAUME.

La France doit se procurer dans son intérieur tout ce qui est nécessaire à sa sûreté, à sa défense et à la gloire de ses armes, sans dépendre, en ce point capital, des secours ni de la bonne ou mauvaise volonté de l'étranger, qui pourrait avoir des motifs politiques pour se refuser à ses besoins dans certaines circonstances et qui ne manquerait pas d'en abuser habituellement pour lui vendre à des prix excessifs des matières sans lesquelles il n'y a plus de moyens de défense ni d'attaque.

Le nitre ne se forme avec quelque abondance, avec certitude et régularité régénérative, que dans les terres couvertes, imprégnées de

[1] Copie du temps.

matières végétales et d'urine des animaux ou dans les plâtras, craies et les pierres tendres et calcaires qui se décomposent facilement.

Les bergeries, écuries, colombiers, granges, caves, celliers, autres lieux bas des maisons, les vieux bâtiments et les démolitions sont les mines naturelles et inépuisables d'où l'on tire le salpêtre à mesure qu'il s'y forme et s'y régénère; les essais multipliés pour s'en procurer par le secours de l'art seul n'ont eu que peu de succès; l'acide nitreux paraît être, comme tant d'autres productions, l'ouvrage de la nature et du temps.

Le travail du salpêtre occupe, dans le royaume et très utilement, un grand nombre de citoyens; il assure aujourd'hui toutes les consommations de l'État, de nos armées et du commerce national; il n'enlève rien à la propriété particulière puisque les matières qu'il emploie n'ont de valeur que par lui et que les terres lessivées sont encore très propres à l'engrais des terres labourables, seule destination qu'elles pouvaient avoir, après comme avant le lessivage; les pierres salpêtrées qui proviennent des démolitions ou qui se trouvent dans les vieux murs nuisent à la solidité et à la durée des bâtiments et vicient tellement les pierres voisines que les règlements de police défendent d'en faire usage dans les constructions ou reconstructions.

La faculté qui a été laissée aux salpêtriers de travailler les terres des écuries, bergeries, colombiers, les granges vides et autres lieux bas des maisons, le droit de se faire remettre les démolitions, la liberté d'enlever, en les remplaçant, les pierres déjà nitrifiées, ne laissent donc aucune charge réelle et sensible aux citoyens; et le léger embarras qui résulte de leurs recherches, dans des lieux toujours ouverts, ne peut présenter aucun motif de réclamation au peuple français puisqu'il a pour objet la conservation de l'État; puisqu'il produit une matière indispensable qui n'existe que par cette opération; puisqu'il ne coûte pas un sol aux propriétaires; puisqu'il fait rester l'argent du peuple dans le royaume qui s'appauvrirait en renonçant à cette production naturelle; puisqu'enfin il faudrait de nécessité imposer sur la nation le prix du salpêtre qu'elle serait obligée de tirer de l'étranger pour remplacer celui qu'elle perdrait dans son sein; ce serait substituer une charge effective, continuelle et difficile à évaluer, à un simple assujettissement sans frais ni dépense, qui ne se renouvelle que de trois ou quatre années et que la raison et le patriotisme rendront insensible, dès que la nation aura reconnu le tort qu'elle se ferait en se livrant à la cupidité ou à la malveillance de ses voisins.

On ne peut se dissimuler que la recherche du salpêtre n'ait été ci-devant très onéreuse au peuple : sous les grands maîtres de l'artillerie et sous la direction des ministres de la guerre qui leur ont succédé dans cette partie de l'administration des poudres, les salpêtriers jouissaient de privilèges très étendus, pesaient sur les communautés et les particuliers, souvent en exigeaient des contributions exactives qui nuisaient également à la récolte et aux intérêts des peuples; ils travaillaient dans les caves et habitations personnelles au risque de gâter le vin ou de détériorer les meubles; ils avaient même obtenu des règlements qui obligeaient les communautés à leur fournir *gratis* ou à *vil prix* des voitures, des bois et des logements, et leur travail, lors même qu'ils ne recueillaient que 1,600 milliers de salpêtre, coûtait aux campagnes au moins 600,000 livres par an, indépendamment de ce qu'on leur donnait pour être dispensé de la fouille; en sorte que les particuliers payaient des sommes très considérables à ces ouvriers sans que l'État reçût le salpêtre que ses besoins exigeaient.

C'est sous le règne de Louis XVI, après le renvoi des fermiers, que l'amour du meilleur des rois pour son peuple et pour le rétablissement de l'ordre a réformé ou détruit ces charges et ces abus. Peu de temps après la formation d'une régie des poudres, toutes les fournitures aux salpêtriers par les communautés ont été supprimées; l'entrée dans les caves et habitations personnelles leur a été interdite autrement que de gré à gré et par convention avec les particuliers, et il leur a été ordonné de payer, au prix courant de chaque lieu, tout ce qui serait nécessaire à leur fabrication; en sorte qu'il ne résulte plus de l'extraction du salpêtre absolument aucune charge pour le peuple et les particuliers, et qu'une production indispensable de près de

3,600,000 livres de cette matière si précieuse qui occupe 1,100 à 1,200 familles, et qu'il faudrait remplacer à grands frais, ne coûte pas aujourd'hui un sol au peuple; la nation ayant à choisir, pour assurer sa défense, entre la durée d'une gêne presque insensible et établie et entre une imposition nouvelle, indéfinie, au profit de l'étranger, pour remplacer une production naturelle qui serait anéantie, n'hésiterait sûrement pas sur le choix.

La suppression de la ferme et l'établissement d'une régie pour l'exploitation du service des poudres avait précédé, comme on vient de le dire, celle de toutes les charges imposées sur le peuple pour favoriser la récolte du salpêtre et en avait fourni les moyens. Le plan en avait été présenté par un citoyen patriote à un ministre véritablement ami de la nation; le Roi en saisit avec empressement les avantages et son envie constante de soulager son peuple de tous les impôts inutiles ou abusifs lui en fit ordonner l'exécution dès la seconde année de son règne.

Pour mettre la nation en état d'apprécier ce bienfait du meilleur des rois, il suffit de lui présenter par un tableau court et exact la comparaison de l'exploitation par une ferme avec l'exploitation par une régie confiée à quatre personnes qui n'ont et ne peuvent avoir d'autre intérêt que celui de l'État.

EXPLOITATION PAR LA FERME AVANT 1775.

Avant cette époque, le droit déclaré incommunicable de la fabrication, vente et débit des poudres et salpêtres, était abandonné à une compagnie de finance; elle recevait et payait tout le salpêtre recueilli en France, en usant rigoureusement de la fouille et en imputant sur le prix qu'elle donnait aux salpêtriers les privilèges dont ils jouissaient, les fournitures imposées en leur faveur et peut-être même les exactions qu'ils se permettaient.

Lorsque le salpêtre de l'Inde était moins cher, la récolte intérieure était négligée; le fermier achetait à l'étranger et laissait le royaume sans produit, le citoyen sans travail, pour enrichir nos voisins en appauvrissant la France.

Tout le bénéfice à la vente des poudres et salpêtres appartenait à la Compagnie, tandis que l'État restait chargé du payement des gratifications aux salpêtriers qui devenaient plus fortes à mesure que les denrées augmentaient de prix, de l'abonnement pour les sauts de moulins, des pertes par force majeure, de l'imposition sur les communautés et de tous les autres événements, d'où il résultait que la ferme faisait de gros profits aux dépens du peuple et des particuliers.

Tout bail pour abandon de droits suppose une redevance du fermier; celui des poudres n'en avait point d'autre que l'engagement de fournir chaque année une quantité déterminée de poudre de guerre pour le service de l'artillerie et de la marine, non *gratis*, ce qui aurait assuré le prix de bail, mais seulement à un prix un peu au-dessous du prix coûtant : la perte qu'il pouvait faire sur cette fourniture était le seul dédommagement que le Roi recevait de l'abandon total de son droit, et, malgré l'erreur grossière qui s'est glissée à cet égard dans la collection imprimée des comptes rendus, il est certain que depuis plus de soixante ans il n'est pas entré un sol au Trésor royal du produit de la ferme des poudres, il en est au contraire sorti chaque année beaucoup d'argent pour acquitter les poudres fournies et les charges restées au compte du Roi sur cette partie des revenus publics.

MM. les contrôleurs généraux faisaient les baux parce que le droit du Roi sur la fabrication et vente des poudres et salpêtres devait faire partie des impôts productifs; ils en arrêtaient les conditions, fixaient le prix des poudres à fournir relativement à la quantité demandée et à la perte que le fermier devait faire dans la supposition d'une fourniture complète, et ils composaient les compagnies dans lesquelles la protection plaçait les sujets qu'elle voulait enrichir.

L'exécution du bail, quant aux fournitures spitulées, c'est-à-dire quant à la redevance du fermier, était dans la dépendance absolue des ministres de la guerre et de la marine, du premier surtout; dans tous les baux, le prix de la poudre a varié suivant la quotité des fournitures

IMPRIMERIE NATIONALE.

demandées, suivant l'état de la récolte en salpêtre dans le royaume, suivant le prix du salpêtre à tirer de l'étranger et suivant le degré de faveur des compagnies; la quantité convenue qui ne pouvait jamais être excédée et le prix arrêté mettaient le fermier en état de calculer son bénéfice avec précision; mais le Ministre des finances ne pouvait jamais évaluer la perte que le fermier devait faire pour prix de bail, parce qu'il ignorait si les fournitures seraient complétées.

D'après l'examen des trois derniers baux de la ferme des poudres, il paraît que la perte des fermiers a pu être de 4 sols par livre de poudre qu'ils devaient fournir sur le million auquel la fourniture avait été réduite, ce qui présentait un prix de bail de 200,000 livres par an; mais dans un espace de vingt-cinq à trente années la fourniture annuelle n'a guère excédé 500 milliers, attendu les dispenses accordées aux fermiers par les ministres de la guerre qui n'étaient pas pressés par les besoins ou qui faisaient un autre emploi de leurs fonds; la redevance n'a donc été effectivement que de 100,000 livres pour chacune de ces vingt-cinq ou trente années.

Lorsqu'en 1778, un ministre aussi respectable qu'éclairé fit la tentative de répéter, en sa qualité de directeur général, le montant des non-fournitures aux fermiers qui avaient joui des poudres dans les derniers baux, ils lui opposèrent un ancien bail très antérieur et portant des engagements excessifs, dans lequel il avait été inséré la dispense de fournir au delà des demandes qui seraient faites annuellement pendant sa durée; et cette exception fut accueillie dans un comité des ministres! L'opinion particulière de quatre personnes favorablement disposées fit perdre en un jour au Roi plus de 3 millions de livres qui semblaient très légitimement dues.

On verra par un état ci-joint que sous la ferme, pour se procurer 1 million de livres de poudre chaque année, il en coûtait aux finances et au peuple 1,877,000 livres, ce qui donnait pour chaque livre de poudre de guerre un prix de 1 livre 18 sols 6 deniers peu plus quand la fourniture était complète, un prix de 3 livres 7 sols quand il n'était fourni que 500 milliers et que la dépense de l'exploitation du droit sur les poudres montait encore pour la nation à 1,477,000 livres, lors même que le fermier ne fournissait pas une seule livre de poudre pour le service des arsenaux.

Dans les dernières années de la ferme, la récolte intérieure en salpêtre était tombée à 1,600 milliers et devait être bientôt réduite à 1,200 milliers qui seraient provenus de Paris et des provinces chargées de la soutenir à leurs dépens; tout le reste du salpêtre nécessaire à la consommation du royaume était acheté à l'étranger avec l'argent du peuple.

EXPLOITATION PAR LA RÉGIE DEPUIS LE 1er JUILLET 1775.

Depuis le 1er juillet 1775 où le projet d'une régie présenté à M. Turgot fut agréé et réalisé par le Roi régnant, la récolte du royaume a remonté successivement et s'est élevée en 1788 à 3,770,000 livres, malgré la rigueur de l'hiver; elle suffit aujourd'hui à tous les besoins sans aucun secours étranger et occupe utilement un grand nombre de citoyens.

La fouille a été restreinte aux écuries, bergeries, colombiers, granges vides et autres lieux bas des maisons qui sont des nitrières naturelles, les seules sur lesquelles l'État puisse compter pour la défense; l'entrée des caves, celliers à vin et habitations personnelles a été interdite aux salpêtriers autrement que de gré à gré et par composition avec les particuliers patriotes.

Toutes les fournitures imposées sur les communautés qui pesaient réellement sur le peuple et donnaient lieu à des vexations ont été supprimées.

Les privilèges de ces ouvriers ont été modérés, leur travail surveillé, leurs livraisons fixées, et ils portent de l'argent dans les provinces auxquelles ils étaient à charge ci-devant.

Les poudres de France sont devenues les meilleures de l'Europe; celles de guerre donnent aujourd'hui aux épreuves des portées de 115 à 130 toises au lieu de 70 à 80 qu'elles donnaient autrefois sous la ferme de qui on n'exigeait que 60 toises de portée sur celles qu'elle devait fournir; la poudre de chasse destinée au service personnel du Roi et des princes a acquis depuis cinq ans 10 degrés de force de plus à l'éprouvette des porte-arquebuses de Sa Majesté.

Toute la poudre de guerre nécessaire au service de l'artillerie et de la marine, sans fixation de quantité, n'a coûté à l'État que 13 sols la livre.

Le royaume s'est trouvé en situation de fournir, dans la guerre dernière, des poudres à tous les amis et alliés du Roi : on peut dire avec vérité que c'est à elles que l'Amérique septentrionale doit sa liberté, et ces mêmes matières, dont l'importation précaire et humiliante présentait une perte annuelle pour la France, sont devenues une branche d'exportation favorable à l'industrie et à la balance du commerce national.

La fabrication du salpêtre a été éclairée par les travaux, les instructions et les exemples des régisseurs; tous les sujets qui se dévouent à la partie des poudres et salpêtres sont obligés de faire des cours de chimie et de mathématiques, et de subir des examens sur les connaissances nécessaires, non seulement à la composition du salpêtre et des poudres, mais encore à la construction des moulins et raffineries; tous les bâtiments destinés à l'exploitation ont été réparés et entretenus avec soin; il a été construit des raffineries et magasins en proportion de l'augmentation de la récolte intérieure; la Régie a fait construire sur ses bénéfices deux fabriques nouvelles qui rendent le service de la marine plus assuré, plus économique, plus prompt et qui facilitent les fournitures à faire au commerce.

Les manufactures de salin et de potasse ont été encouragées dans le royaume par des instructions imprimées et par les travaux des régisseurs qui en ont établi dans les provinces boisées; et les sacrifices que le Roi a bien voulu faire sur cet objet pour suppléer à l'acide nitreux l'alcali qui lui manque en France ont contribué à l'augmentation des produits et aux progrès de l'art.

A ces avantages politiques qu'on vient d'indiquer sommairement, on doit ajouter ceux qui ont résulté pour les finances de l'établissement d'une régie en faisant tourner au profit de l'État tous les bénéfices abandonnés ci-devant à la ferme.

Le tableau ci-joint sous le n° 2 prouvera que, depuis le 1er juillet 1775 jusqu'au dernier décembre 1788, les produits réels de la Régie des poudres se sont élevés à près de 14 millions de livres, dont 5 millions 500,000 livres ont été versées au Trésor royal, près de 1 million 300,000 livres sont entrées en poudre dans les magasins de la marine et de l'artillerie à 6 sols la livre, 1,200,000 livres ont été employées en acquisitions ou constructions indispensables et à l'amélioration du service, près de 800,000 livres en dédommagement aux fermiers renvoyés et le reste en payement à la décharge du rTésor royal ou en approvisionnements de précaution existant dans les magasins de la Régie qui la mettent en état de fournir au premier besoin 5 millions de livres de poudre de guerre pour la France ou ses alliés, sans entamer la récolte annuelle qui suffira à l'avenir à toutes les consommations.

Ce tableau justifie pleinement l'assertion du vertueux et habile ministre qui a porté à 800,000 livres le produit annuel de la Régie des poudres et démontre jusqu'à l'évidence que la sagesse du Roi, en établissant ce nouveau régime, a soulagé le peuple ou déchargé ses finances de plus de 2,400,000 livres chaque année.

Pour ne rien laisser à désirer au Gouvernement ni à la nation sur l'objet de ce Mémoire, il reste à présenter le traitement des régisseurs et des autres sujets qui se sont dévoués au service des poudres et aux dangers affreux et continuels qui y sont attachés; il consiste, pour les quatre régisseurs chargés de l'exploitation dans tout le royaume, en une remise de 9 deniers par livre de salpêtre provenant des ateliers du Roi et des établissements nouveaux qui n'emploient que les démolitions; une remise de 2 sols par livre de poudre fine vendue au delà de 700 milliers par an; une remise de 3 deniers par livre sur les poudres de mine et traite vendues; une remise d'un denier seulement sur toute la poudre de guerre vendue au commerce extérieur; toutes ces remises, partagées entre les quatre régisseurs, forment avec 4,000 livres de droits de présence attribués à chacun d'eux un traitement éventuel de 16 à 17,000 livres par an pour prix du sacrifice de leur vie et de tout leur temps qui suffit à peine à leurs travaux : l'année dernière a offert un exemple terrible de la réalité des risques dont ils sont environnés[1].

Le traitement des commissaires est établi sur les mêmes bases et composé de remises sur les réceptions et les ventes; on y en a ajouté une très intéressante sur les salins et potasse qu'ils achètent ou fabriquent pour les engager à donner des soins à cette partie essentielle.

Par la forme, généralement approuvée, de ces traitements divers, il n'y a pas un seul sujet dans la Régie des poudres qui ne soit personnellement intéressé à ses succès et qui ne partage les avantages qu'elle procure au Roi, au peuple, aux armées et au commerce; on a même excité la sollicitude des commissaires à fabriques sur la bonne qualité des poudres de guerre destinées au service de l'État, en leur accordant une gratification lorsque les portées à l'épreuve atteignent ou excèdent 115 toises.

On ose espérer que ce compte rendu avec la plus scrupuleuse vérité, des produits, des effets et de la situation de la Régie des poudres sera aussi agréable à la nation qu'il l'a été au Roi et au Conseil dont la satisfaction s'est constamment manifestée par des témoignages publics; qu'il méritera à Sa Majesté la reconnaissance de son peuple, et qu'il obtiendra quelque estime aux quatre citoyens qui ont été chargés de cette exploitation infiniment dangereuse.

[1] Lavoisier fait ici allusion à l'explosion survenue en 1788 à la poudrerie d'Essonnes, dont on trouvera plus loin le récit. (*Note de l'éditeur.*)

MÉMOIRE
SUR
LE SERVICE DES POUDRES
ET SALPÊTRES[1].

Depuis que l'usage des armes à feu a été généralement établi en Europe, la fabrication et la distribution des poudres, la recherche et l'amas du salpêtre sont devenus un attribut incommunicable de la souveraineté, non seulement en France, mais encore dans tous les autres gouvernements, sous quelque forme qu'ils existent : si cette loi de sûreté, de défense et de politique souffre quelques exceptions en Angleterre, c'est pendant la paix seulement et toute liberté est suspendue à cet égard, dès que la guerre est déclarée ou que le besoin se fait sentir.

Les poudres et les salpêtres sont de bonne prise sur les vaisseaux neutres, parce qu'ils sont regardés comme munitions de guerre et qu'ils le sont réellement.

Le premier devoir de tout Gouvernement, de toute société, est de pourvoir à sa propre défense et à ses consommations intérieures.

La disette, l'exportation ou le mauvais emploi des poudres, aujourd'hui de première nécessité, exposeraient une nation entière à succomber sous les attaques de ses ennemis.

Il est donc de la sagesse de l'administration publique de garder

[1] Copie du temps. — Ce mémoire paraît avoir été rédigé à la fin de 1789 ou en janvier 1790.

dans sa main, non seulement les poudres nécessaires à sa conservation et au service de ses armées de terre et de mer, mais encore celles qui se débitent aux particuliers, afin de s'assurer dans tous les temps qu'il n'en sera fait ni usage ni amas contre l'autorité et l'exécution des lois, contre la tranquillité publique, ni contre la propriété, la sûreté et la liberté personnelles des citoyens.

Un État tel que la France, très étendu, environné de voisins jaloux de sa puissance, rivaux de son commerce, toujours prêts à troubler ses succès et son repos, forcé par sa situation même et par ses possessions éparses à prendre intérêt à tout ce qui se passe en Europe, en Amérique et en Asie, doit surtout trouver dans son propre sein, sans aucune dépendance de l'étranger ni des événements, tout le salpêtre, toute la poudre nécessaires à l'armement de ses flottes, au service de ses armées de terre, à la défense de ses frontières, à la conservation de ses moissons, à l'activité de ses manufactures, à l'exploitation de ses mines, aux travaux publics et aux spéculations de son commerce.

La consommation de ces matières est très considérable pendant la paix; il serait impossible de la déterminer pendant la guerre, surtout si c'est une guerre maritime ou de siège. Dans les dernières années du règne de Louis XIV, dans les dernières campagnes de la guerre de 1741, plus particulièrement encore dans toutes celles de 1757 jusqu'en 1762, on a vivement senti l'inconvénient de manquer de salpêtre en France; cette disette a coûté des sommes énormes à la nation, qui a payé en 1759 aux Hollandais jusqu'à 23 sols la livre ce qu'un meilleur régime adopté par M. Turgot en 1775 a procuré abondamment depuis à 10 sols, dans l'intérieur du royaume, par les soins et les travaux de la Régie.

En faisant une année commune de paix et guerre, la consommation du salpêtre en France s'élève à environ 3,600,000 livres; on est parvenu à les recueillir dans le royaume, en employant utilement les bras des citoyens, en excitant et propageant l'industrie nationale, et en donnant de la valeur à des matières qui, sans ce travail, ne présenteraient aucun produit.

Avant cette époque, qui en fera une dans le règne de Louis XVI, la dépense annuelle et forcée pour les achats de salpêtre à l'étranger était excessive; elle tombait directement sur le peuple et augmentait sensiblement les charges publiques qu'il supportait seul, et la livre de poudre fournie aux arsenaux coûtait alors au Gouvernement et à la nation 30, 40 sols et jusqu'à 3 livres, suivant les circonstances, au lieu que depuis elle ne lui a coûté constamment qu'entre 13 ou 14 sols; mais cette ancienne situation, quelque onéreuse qu'elle fût à la France, pouvait devenir pire encore, s'il fût arrivé ce que les événements ont amené de nos jours, que les Hollandais ne pussent ou ne voulussent plus vendre du salpêtre à la nation, qui se fût ainsi trouvée désarmée et à la merci de ses ennemis.

La Régie a dissipé à jamais la crainte d'une position aussi malheureuse, en portant à 3,700,000 livres la récolte intérieure qu'elle avait trouvée à 16 ou 1,700 milliers au plus. On doit observer, pour la gloire et la bénédiction du meilleur des rois et pour l'honneur de l'administration, que cette augmentation étonnante a été procurée en même temps qu'une imposition sur les communautés pour fournitures aux salpêtriers de plus de 600,000 livres par an et la fouille dans les caves et habitations personnelles ont été totalement supprimées.

La récolte en salpêtre dans le royaume, qui fait vivre 700 à 800 familles de salpêtriers et occupe 1,200 à 1,500 ouvriers, est le produit: 1° des démolitions; 2° du travail des terres salpêtrées qui se trouvent dans les écuries, bergeries, colombiers et autres lieux ouverts où le séjour des bestiaux forme successivement le nitre, par des procédés que la nature semble s'être réservés et que l'on n'a pu encore imiter avec le succès que les chimistes étrangers avaient annoncé; ces sources toujours régénérées sont les seules où le salpêtrier puisse puiser l'acide nitreux auquel il fournit la base alcaline qui lui manque, par une addition proportionnelle de sel de cendre, de salin et de potasse, dont la Régie lui a appris l'usage. Ce travail est réellement une création qui donne une valeur très intéressante pour l'État à des matières qui, sans lui, n'en auraient aucune, même pour le propriétaire chez lequel le remplacement des terres doit être exactement fait; par ces deux moyens le service public se trouve rempli, sans qu'il en coûte 1 sol aux particuliers, ni aucune charge aux communautés. Loin que l'argent sorte du royaume, comme ci-devant, il entre en circulation dans les provinces, et il en est quelques-unes où ce travail répand environ 4 à 500,000 livres par an.

Il ne reste de charge sur le peuple pour sa contribution à la défense commune que celle de recevoir le salpêtrier, qui vient donner, par le lessivage des terres salpêtrées, l'existence à une récolte qui n'a coûté au propriétaire du sol ni culture, ni semence, et ce que cet ouvrier recueille est le prix de ses journées, du bois qu'il consomme, de l'alcali qu'il fournit et des ustensiles qu'il emploie pour l'extraction du nitre. S'il eût été possible d'évaluer le produit de chaque pied cube de terre qu'il travaille, d'établir une juste proportion entre la dépense et la recette de cette fabrication; s'il pouvait y avoir quelque autre moyen de pourvoir à la défense de l'État que celui de prendre le salpêtre dans les lieux mêmes où la nature le compose; s'il n'était pas imprudent et de la plus dangereuse conséquence d'abandonner le sort d'une nation entière à la bonne ou mauvaise volonté de chaque individu; si enfin on n'avait dû craindre que les bâtiments des riches et des grands ne restassent à jamais fermés aux besoins publics, le même amour de la liberté qui a déchargé les communautés de toute imposition, relativement au travail des salpêtriers, et leur a interdit la recherche dans les caves et habitations personnelles, n'aurait pas manqué d'ordonner que l'entrée même dans les écuries et autres lieux où le séjour des bestiaux forme et régénère le nitre ne fût permise que de gré à gré et par traité avec les propriétaires et locataires; mais cette loi n'eût laissé pour toute ressource aux armées et aux besoins de la France que les maisons peu productives des pauvres, et les riches eussent cessé de contribuer à une récolte indispensable, qui les intéresse cependant beaucoup plus que le peuple, puisqu'ils ont plus de possessions à conserver et à défendre; le royaume serait resté sans munitions et l'autorité sans appui; car, on ne peut trop le répéter, le remplacement de ce qu'on eût perdu eût été impossible et les ouvriers auraient manqué de matières : il est des portes que l'argent n'ouvre point, le patriotisme seul sait imposer des gênes qui deviennent insensibles à sa voix et il oblige les grands et les riches comme les petits et les pauvres; c'est un léger sacrifice que tout bon Français fera sans peine à la chose publique, surtout quand il considérera qu'il ne coûte rien à sa fortune, à sa personne, ni à sa liberté, qui n'est jamais blessée lorsque c'est la nation elle-même qui détermine le règlement et que la nécessité le dicte. On avait proposé de dédommager le propriétaire par un dixième du produit du salpêtre fabriqué chez lui; mais ce parti a présenté des inconvenients de toute espèce et il donnerait lieu à des difficultés et à des procès qui fatigueraient beaucoup plus le peuple qu'une rétribution prise sur le Trésor de la nation ne pourrait le satisfaire.

Tel est le véritable point de vue sous lequel le droit exclusif du Gouvernement sur la fabrication et le débit des poudres et salpêtres doit être envisagé par la nation, par le peuple et par l'administration sous le régime actuel.

Si la vente de ces matières à un prix proportionné à celui où elles sont dans le reste de l'Europe fournit quelques secours en espèces et en décharges au Trésor royal, sur un bénéfice qui a monté de 8 à 900,000 livres par an depuis l'établissement de la Régie et qui peut s'accroître encore, cet avantage pécuniaire, précieux sans doute dans la circonstance où il a été enlevé à la ferme et dans les besoins présents, n'est qu'un accessoire au bien fondamental de cette exploitation; il ne peut entrer en comparaison avec celui d'assurer les fournitures des armées de terre et de mer, toutes les consommations de la France, toutes les opérations du commerce intérieur et extérieur; avec celui de surveiller et affermir la tranquillité publique en ne débitant les poudres que par petites parties, pour les besoins journaliers et à des personnes connues; avec celui d'occuper utilement des citoyens; avec celui de se procurer des poudres de guerre supérieures à toutes celles des autres puissances; enfin avec celui de faire rester en France l'argent qui en sortait autrefois pour l'achat précaire et honteux du salpêtre étranger et d'y en faire entrer par les ventes, quelquefois très considérables, de poudre faite par la Régie, sous l'autorisation du Gouvernement, aux amis et alliés de la couronne et particulièrement aux États-Unis de l'Amérique pour le recouvrement de leur liberté.

Tous ces objets sont en effet de la plus grande importance pour la nation et plus propres à frapper fortement ses représentants que le produit annuel de 8 à 900,000 livres, qui a cependant sur tous les autres impôts l'avantage marqué de ne porter que sur la classe la plus aisée des citoyens qui en trouve le dédommagement dans le plaisir et le fruit de la chasse et dans les profits du commerce; c'est une sorte de contribution libre, insensible et d'une perception douce et facile, qui acquitte des charges et créances publiques sans grever aucun particulier. On a vu, dans ces derniers temps de cessation des ventes, les chasseurs payer jusqu'à 12 livres la livre de poudre étrangère entrée en contrebande et de faible qualité, tandis que celle de la Régie n'aurait été vendue que 36 sols la livre aux magasins et 40 sols par les débitants commissionnés.

La prohibition absolue de l'entrée dans le royaume des poudres et salpêtres venant de l'étranger et de la sortie de ces deux matières n'est pas une loi fiscale, c'est une loi de sûreté publique nécessaire pour prévenir les troubles dans l'État et pour pourvoir à la défense du royaume.

Après avoir mis sous les yeux de l'Assemblée nationale les motifs et les effets des ordonnances qui, depuis plus de quatre siècles, ont réservé au Gouvernement la fabrication et la distribution des poudres et salpêtres pour la *tuition de l'État sans souffrir qu'aucun s'y immisce*, car c'est ainsi que s'expriment les plus anciennes ordonnances rédigées aux États généraux et enregistrées dans tous les tribunaux, il est du devoir de la Régie de rendre compte de la situation actuelle du service qui lui a été confié.

Depuis la Révolution, la plus grande partie des municipalités a cru devoir arrêter la libre circulation des poudres et salpêtres, du soufre et de la potasse; le peuple a paru craindre de manquer de munitions ou de les voir passer dans des mains qui s'en serviraient contre lui; il s'est emparé des magasins à poudre dans plusieurs villes; il en a disposé pour s'armer; il a mis des gardes aux fabriques, et dans quelques provinces il a interrompu le travail des salpêtriers. Dans des moments d'effervescence aveugle, excité par des inquiétudes suggérées, par des délations calomnieuses, par des animosités particulières et par des hommes qui désirent et font naître le trouble pour en profiter, il s'est porté contre les régisseurs et leurs préposés à des violences désavouées par les municipalités et par la réflexion qui ramène toujours, mais quelquefois trop tard, à la raison et à la justice; des poudres destinées pour le commerce seul, attendues dans les ports pour le service pressant des armateurs, ont été arrêtées et retenues en route; d'autres, envoyées des fabriques dans les villes qui en manquaient pour leur propre sûreté, ont été enlevées et gardées contre le vœu des officiers municipaux, même par le peuple, dans des villes surabondamment pourvues de cette munition; toutes les portes ont été ouvertes à la contrebande; des quantités de poudre considérables ont été versées en France, au profit de l'étranger, sans qu'il fût possible de suivre leur destination, et tandis que le débit de la poudre nationale productive pour le Trésor public était défendu, la poudre étrangère se vendait publiquement à des prix excessifs et emportait le numéraire qui devait alimenter des citoyens.

Le peuple de Cambrai a retenu un convoi de 4,200 livres de poudre fine, demandée instamment par la ville de la Fère, et sa municipalité n'a pu encore parvenir à la faire rendre.

Celui de Saint-Omer s'est constamment opposé à la sortie des poudres de la fabrique d'Esquerdes pour Amiens, Lille et Valenciennes qui en manquaient totalement.

Celui de Lyon ne permet pas encore ni la distribution ordinaire, ni les envois de poudre de cet entrepôt dans les villes et provinces voisines; son inquiétude s'est étendue jusque sur la potasse qui n'est qu'un sel extrait des cendres et le préposé de la Régie a été exposé aux plus grands dangers lorsqu'il a essayé de l'éclairer sur cet objet.

Celui de Caen n'a pas permis que sur 14 milliers de poudre qui y existent depuis la Révolution, il en fût envoyé une seule livre aux villes de Granville, Falaise et autres municipalités voisines qui en demandaient pour leur défense, ni qu'il en fût délivré à aucun particulier, et on a tout lieu de penser que cette résistance lui a été inspirée par un bourgeois qui désirait la place de commissaire de ce département, vieillard honnête, estimable et qui a été très maltraité.

Les régisseurs tirent le rideau sur les violences et les injustices que leur service et leurs personnes ont éprouvées de la part du peuple de Paris; ils connaissent les auteurs des calomnies absurdes dont ils ont presque été les victimes; la municipalité les a justifiés; leur conduite a toujours été celle du patriotisme; ils n'ont jamais cessé un seul instant de se montrer Français et bons citoyens, et de remplir tous les devoirs que leur imposent ces deux titres glorieux; leur attachement à la chose publique n'a pas attendu les événements; leur vie tout entière a été et sera consacrée au service de la France; tous ceux qui se dévouent au travail dangereux des poudres doivent en avoir fait le sacrifice à la nation, et des exemples récents prouvent qu'ils n'hésitent jamais à l'exposer dès qu'il s'agit d'être utiles à l'État ou de mériter l'estime et la confiance de leurs concitoyens; ils se bornent à désirer que le service dont ils sont chargés soit dégagé des entraves que les circonstances du moment peuvent exiger, mais dont la durée serait également nuisible à la défense du royaume, aux véritables intérêts de la France, à l'égalité de droits que toutes les villes, tous les départements, tous les citoyens ont sur le produit des 17 fabriques de poudre.

Ils ont fait et feront constamment tous leurs efforts pour soutenir et améliorer une exploitation sans laquelle il ne pourrait plus exister ni force publique et politique, ni moyens de préserver les moissons contre les malveillants et les animaux qui les dévasteraient, ni d'aliments pour les manufactures, ni de secours pour l'extraction des minéraux et des matières nécessaires à la construction des édifices et des chemins et canaux publics, ni de ressources pour le commerce extérieur, à moins de rendre encore la France honteusement tributaire de l'étranger, comme ci-devant, en laissant sans travail des bras et des terres qui contribuent aujourd'hui à la sûreté, à la gloire et à la richesse du premier royaume de l'Europe.

Le service des poudres et salpêtres a été sous la protection et sauvegarde spéciales de nos rois, pendant plus de quatre cents ans; son extrême importance, prouvée par les sollicitudes mêmes des municipalités et des peuples depuis six mois de liberté, mérite qu'il soit plus particulièrement encore sous la protection et sauvegarde générale de la nation, et semble exiger qu'un décret de l'Assemblée nationale *ad hoc* lui rende la liberté et l'activité qui lui sont absolument nécessaires pour lui donner une utilité générale, en ordonnant à tous les départements, à toutes les municipalités, à tous les citoyens, de se conformer aux règlements et aux lois qui le dirigent, non seulement en France, mais encore dans les autres parties qui sont sous la domination de la couronne.

SUPPLÉMENT AU MÉMOIRE

SUR LES POUDRES ET SALPÊTRES.

Depuis très longtemps la France sent vivement tous les inconvénients du voisinage onéreux d'Avignon et du comtat Venaissin; cette possession étrangère, mal acquise, enclavée dans le royaume, refuge des banqueroutiers, des mauvais sujets expulsés de nos provinces, foyer continuellement alimenté d'une contrebande nuisible à notre commerce, à nos finances, rivale de toutes nos manufactures, occasionne des désordres, des pertes et des dépenses qu'il serait difficile d'apprécier.

Le moment semble favorable pour rentrer dans un domaine illégalement aliéné, qui n'est qu'un démembrement de la Provence que nous avons rendu trop légèrement sous le règne dernier et dont le dédommagement, en supposant qu'il en soit dû au Pape, serait très modique sans doute, s'il était proportionné à son produit réel à la Chambre apostolique.

La réunion de cette souveraineté à la France mérite toute l'attention de l'Assemblée nationale et ne serait qu'une suite de son décret sur les biens ecclésiastiques; elle n'appauvrirait pas Sa Sainteté pour qui cette propriété précaire est plutôt une charge qu'un avantage réel; elle n'enrichirait pas sensiblement le domaine de la couronne; elle n'augmenterait pas la puissance de la France de manière à déranger l'équilibre de l'Europe, ni à exciter la jalousie de nos voisins, mais elle tranquilliserait et améliorerait le royaume, elle rétablirait l'ordre dans les provinces voisines et diminuerait les frais de garde et de surveillance qu'exige la disposition constante des Contadins à en troubler le régime par des versements illicites. Ils se permettent habituellement une contrebande très inquiétante en poudres de toute espèce qui passent dans des mains que le Gouvernement ne peut connaître ni suivre et qui en ont souvent abusé contre l'autorité et contre la tranquillité publique et particulière; ils ajoutent une autre contravention plus odieuse et plus répréhensible encore à celle du débit de leurs poudres en France, c'est celle de séduire les salpêtriers français pour se procurer le salpêtre nécessaire à leur fabrication de poudre, d'où il résulte qu'en même temps qu'ils fournissent des munitions aux malintentionnés, ils enlèvent à l'administration les moyens de se procurer celles qui sont nécessaires à la défense de l'État et des municipalités.

La Régie des poudres a déjà présenté au ministre ces deux objets de plainte contre les Contadins; ils ont été pris en considération et il avait été entamé une négociation avec la Cour de Rome pour obtenir de Sa Sainteté l'établissement dans le Comtat du régime des poudres et salpêtres tel qu'il était exercé en France; différents motifs ont suspendu l'effet de cette démarche par laquelle on présentait un dédommagement raisonnable et relatif à l'objet qui, dans la vérité, n'est d'aucun produit pour le trésor apostolique; on est sans doute fort loin de proposer des voies de fait pour le recouvrement entier du Comtat, mais, en attendant que la France le retire par un traité et une convention amiables, la Régie demande que la négociation pour y porter la même forme d'exploitation des poudres et salpêtres que dans le reste du royaume soit reprise avec la Cour de Rome et suivie avec activité, sans la faire dépendre d'aucun autre intérêt étranger à cette partie du service public, et qu'il soit ordonné aux départements voisins du Comtat de tenir sévèrement la main à l'exécution des règlements qui défendent l'entrée et la sortie des poudres et salpêtres dans le royaume.

IMPRIMERIE NATIONALE.

MÉMOIRE
DE LA RÉGIE DES POUDRES[1].

Depuis quelque temps, la Régie et les régisseurs des poudres ont été calomniés dans plusieurs papiers publics et dans des sociétés respectables, avec un acharnement qui semble déceler des projets sinistres et qui leur impose le triste devoir de défendre leur honneur et de justifier aux yeux du public l'estime et la confiance que l'administration leur a constamment accordées.

Un particulier isolé, dont les relations sont concentrées dans un cercle étroit, peut attendre sans inquiétude ni inconvénient que le temps et la force de la vérité détruisent les fausses inculpations qui l'attaquent; mais des fonctionnaires publics chargés d'un service national et difficile ont besoin à chaque instant de la confiance du peuple et doivent être environnés de l'estime de leurs concitoyens; plus leur dévouement à la nation est sans réserve, plus ils sont exposés aux dangers attachés à leur place, plus aussi ils sont sensibles à l'injustice et plus il leur importe de préserver l'opinion publique des impressions désavantageuses qu'on voudrait lui donner de leur exploitation et de leurs personnes.

C'est pour parvenir à ce but que les régisseurs croient devoir exposer à tous les yeux avec la franchise, la modération et la modestie qu'il est si difficile de conserver dans sa propre cause, ce qu'ils ont fait et ce qu'ils sont.

[1] Manuscrit en partie autographe, en partie de la main d'un secrétaire. — Ce mémoire a été imprimé dans le format in-4°; un exemplaire se trouve dans la bibliothèque de Lavoisier. — Il paraît être de janvier 1791.

Le droit de fabrique et vente des poudres et salpêtres avait été longtemps abandonné à des fermiers; la même compagnie l'exploitait depuis près de cinquante ans, lorsqu'en 1775, un ministre vertueux, ami du peuple, ami de l'ordre et de la liberté (M. Turgot), crut devoir accueillir une nouvelle compagnie dont les propositions lui parurent avantageuses au peuple et à l'État; on lui fit observer alors que laisser les poudres en entreprise serait laisser dans le service important un autre intérêt que celui de l'État et qu'un attribut de la souveraineté déclaré incommunicable devait rentrer enfin dans la main du Gouvernement et de la nation.

Un des régisseurs actuels lui présenta un plan de régie infiniment économique et propre à procurer aux peuples un soulagement qu'on ne pouvait espérer sous le régime d'une entreprise quelle qu'elle fût.

Ce plan formé par le patriotisme fut adopté par un ministre patriote; son exécution fut confiée à quatre citoyens dont trois existent encore; le quatrième a péri malheureusement à l'épreuve d'une poudre nouvelle que la Régie faisait faire à Essonnes en 1788 : voici en seize années les résultats de cette régie successivement surveillée par MM. d'Ormesson, d'Ailly, Vergennes et Blondel, qui tous l'ont honorée de leurs suffrages et peuvent certifier les faits.

Dès 1778, elle a déchargé le peuple d'une imposition de plus de 600,000 livres par an très inégalement répartie et qui excitait de vives réclamations.

Elle a restreint la fouille du salpêtre aux écuries, bergeries, colombiers et autres bâtiments toujours ouverts dans les campagnes, où elle se fait sans frais; elle en a dispensé les caves, celliers à vin et les lieux d'habitation personnelle qui y étaient assujettis depuis quatre cents ans et elle a préparé, pour l'avenir, la possibilité de se passer entièrement de toute espèce de fouille.

Elle a successivement fait monter à 3,700,000 livres et plus la récolte en salpêtre dans le royaume qu'elle avait trouvée réduite à moins de 1,700 milliers en 1775.

Elle a tiré la France de la dépendance incertaine, humiliante et très onéreuse où elle était de l'étranger depuis près de cent ans par une matière indispensable à sa défense et à ses consommations, en lui assurant à jamais un produit annuel qui suffit à tous les besoins sans rien coûter au peuple, qui fait circuler une somme de plus de 2 millions de livres par an dans l'intérieur de l'empire et qui fait travailler et vivre un grand nombre de familles.

Elle a perfectionné les raffinages du salpêtre et la fabrication des poudres nécessaires aux arsenaux de terre et de mer, au point que ces poudres qui, sous la ferme, étaient recevables à 70 toises de portée, ne le sont plus que de 80 à 90 toises, et que toutes celles qui ont été fournies depuis six à sept ans, tant à l'artillerie et à la marine qu'aux municipalités et gardes nationales, ont donné des portées de 110 à 130 toises qui prouvent que la force en est à peu près doublée.

Elle a également amélioré la poudre de chasse; celle d'élite, connue sous le nom de *poudre royale*, s'est élevée de 12 à 14 degrés jusqu'à 24 à l'éprouvette du porte-arquebuse du Roi; et il n'y a point de poudre en Europe qui lui soit supérieure, ni peut-être égale.

Elle a, depuis la paix dernière, pourvu à tous les besoins du commerce extérieur qui était ci-devant alimenté par l'étranger, et depuis 1786 seulement, il a été exporté de ses magasins près de 3 millions de livres de poudre qui ont fait entrer ou rester en France environ 2,400,000 livres au profit de l'industrie nationale.

Elle a, par ses instructions, son exemple et des encouragements, dirigé les bras et le travail des regnicoles vers la fabrication du salin et de la potasse qui était presque étrangère à la France; et c'est du royaume seul qu'elle a tiré en 1790 plus de 1,200 milliers de ces matières qui ont porté 300,000 à 400,000 livres dans les provinces qui les ont fournies.

Elle a procuré au Trésor public en versements de fonds ou en décharge de payements qu'il faisait, ou en constructions nouvelles nécessaires au service, qui eussent été à sa charge, ou en matières existantes et approvisionnements au moins 20 millions de livres, sans y comprendre les 8,400,000 livres que le peuple des campagnes a payées de moins pour les salpêtriers depuis 1778.

Ces effets de la Régie des poudres sont publics, notoires et à l'abri de toute contradiction; ils lui ont mérité des marques de la satisfaction du Roi, l'estime et la confiance du Gouvernement et semblent lui donner quelques droits à la reconnaissance de la nation. Le bien qu'elle a fait durera autant que l'empire même et survivra longtemps aux quatre citoyens que la calomnie poursuit et qu'il faut enfin faire connaître tels qu'ils sont.

L'un (le sieur Faucheux) est un vieillard de soixante-dix ans, infirme et paralysé, fatigué par cinquante années de travaux, simple dans sa manière de vivre, qui, en proposant la régie, s'est montré patriote, dans un temps où le mot de patrie frappait rarement les oreilles et le cœur; peu occupé de fortune et de détails d'intérêt, à peine a-t-il dans sa longue et laborieuse carrière augmenté de 30,000 livres un patrimoine exigu; plus jaloux d'obtenir des preuves de son attachement à la chose publique que de s'enrichir, il a désiré le cordon de Saint-Michel, particulièrement destiné à indiquer les sujets qui se sont rendus utiles par des services réels; il a constamment professé l'amour de la liberté, de la vérité; il n'a flatté aucun grand et il est resté concentré dans l'exploitation qu'il connaissait, sans désir et sans distraction.

Un autre (le sieur Lavoisier), choisi par M. Turgot en considération de ses connaissances en chimie et en physique, très nécessaires dans la partie des poudres et salpêtres, s'est empressé de répondre aux vues du sage ministre dont il s'était concilié l'estime, indépendamment des services importants qu'il a eu le bonheur de rendre à l'État dans différentes parties d'administration, services qui ont influé plus qu'on ne pourrait le penser sur le succès de la Révolution; il a publié des ouvrages qui, traduits dans presque toutes les langues, sont devenus dans beaucoup d'endroits la base de l'instruction publique en chimie, et qui lui ont mérité l'honneur de devenir membre de presque toutes les sociétés savantes des deux mondes. Le recueil de l'Académie des sciences de Paris contient une suite de mémoires qui, presque tous, tendent plus ou moins directement à faire connaître la nature du salpêtre et les moyens d'en perfectionner la fabrication et celle de la poudre. Avant la Révolution et depuis la Révolution, il n'a cessé de donner comme électeur, comme représentant de la commune, comme suppléant à l'Assemblée nationale, comme adjoint à plusieurs comités de l'Assemblée nationale, des preuves du patriotisme le plus épuré et de l'activité la plus infatigable.

Le troisième (le sieur Clouet) avait eu longtemps la direction d'une fabrique de poudre considérable; il connaissait les détails pratiques de cette grande manufacture; il avait fait une étude particulière de la construction des fabriques et des raffineries, de la forme des ateliers à salpêtre; il avait prouvé son patriotisme en réduisant sensiblement les frais de perception des recettes des tailles de Romans et de Paris qu'il avait successivement exercées; et l'ordre dans la comptabilité, le perfectionnement de la poudre de guerre, plusieurs établissements nouveaux sont les moyens utiles à la nation par lesquels il a cherché à justifier le choix que M. Turgot avait fait de lui.

Entraîné par la conviction intime des heureuses suites de la Révolution, son zèle n'a pas été refroidi un seul instant par la diminution de fortune qu'elle lui faisait éprouver, ni rebuté par les mauvais traitements dont le peuple l'avait accablé le 14 juillet 1789, en le prenant, sur une fausse dénonciation, pour le gouverneur de la Bastille. Guéri de vingt blessures qu'il reçut alors, il s'est dévoué sans réserve au service de la municipalité, et malgré l'affreux et nouveau danger auquel la Régie fut exposée le 6 août suivant, danger que le sieur Faucheux fils vint volontairement partager avec le courage de l'innocence, en se rendant à la Ville où le sieur Faucheux père et Lavoisier avaient été conduits, le sieur Clouet n'a pas cessé de servir dans la garde nationale, comme simple soldat, comme grenadier, comme capitaine, avec une activité et une constance vraiment civiques, et sa bonne volonté même ne pouvant le renfermer dans l'enceinte de la capitale, il s'est déclaré soldat de l'empire.

Le quatrième (le sieur Faucheux fils), après avoir passé par toutes les places de la Régie qui pouvaient contribuer à son instruction, après avoir rempli, à la satisfaction de l'administration, celle d'inspecteur général, qui exige toutes les connaissances de la partie, la probité la plus sévère, la justice la plus scrupuleuse et l'esprit d'économie, a été nommé pour remplacer le sieur Le Tort, cruellement emporté et mutilé en 1788, à l'épreuve d'une nouvelle espèce de poudre dont l'excessive violence, le danger de l'emploi et le prix exorbitant ont fait abandonner la fabrication. Livré sans réserve aux fonctions civiques à l'époque de la Révolution, son zèle et son patriotisme lui ont mérité d'être élu une fois secrétaire et deux fois président du district de l'Arsenal.

Tels sont les hommes que des malveillances particulières cherchent à rendre suspects à leurs frères et à une société célèbre qui doit être l'amie de l'ordre et des bons citoyens puisqu'elle l'est de la Constitution.

Après cet exposé qui est la justification des âmes honnêtes et irréprochables, la Régie pourrait abandonner au mépris public les inculpations insérées, sur parole, dans les feuilles imprimées; mais la haine ne manquerait pas de présenter le silence comme un aveu; et la réputation est bien chère à ceux qui n'ambitionnent pas d'autre bien. Les régisseurs vont donc répondre le plus sommairement possible aux accusateurs anonymes qui ont pris cette voie pour les diffamer.

Ils affirment et sont en état de prouver que les 5 milliers de poudre de traite trouvés le 14 juillet 1789 au port Saint-Nicolas étaient chargés pour Rouen et le Havre avant qu'il fût question de la Révolution et qu'ils étaient demandés et annoncés aux négociants depuis longtemps.

Que les poudres de traite qui, le 12 juillet, engorgeaient encore le magasin de la Régie et exposaient les quartiers de l'Arsenal, de Saint-Paul et du faubourg Saint-Antoine, étaient venues de Metz et Mézières à Paris pour passer à Rouen et à Nantes par Orléans, pour être fournies aux armateurs qui les attendaient avec impatience.

Que, depuis le 15 mai jusqu'au 14 juillet 1789, il n'a été délivré par ordre du Gouvernement, du magasin de Paris, où il y avait habituellement peu de poudre de guerre, que 3,400 livres de cette poudre, savoir : 1,200 livres le 15 mai pour la caserne de Saint-Denis, 1,000 livres le 10 juin pour les exercices du régiment de Salis et 1,200 livres le 3 juillet pour le régiment des gardes suisses. Ces fournitures étaient d'usage; elles n'étaient point d'un objet qui pût alarmer et ne pouvaient être refusées à l'autorité existante. Il est de toute fausseté que les régisseurs aient envoyé d'autres quantités pour les troupes du camp, qui sans doute avaient apporté leurs poudres avec elles.

Que l'enlèvement des poudres du magasin de l'Arsenal et le transport à la Bastille s'est fait la nuit du dimanche à lundi, c'est-à-dire du 12 au 13 juillet, par un détachement de la garnison de la Bastille, en vertu d'un ordre supérieur adressé au gouverneur. Que cet ordre fut notifié le 12 à 11 heures du soir aux régisseurs par l'officier qui commandait à l'Arsenal, que deux des régisseurs étaient absents dans le moment, qu'un troisième était déjà couché et qu'on le fit relever pour qu'il eût à faire faire l'ouverture du magasin. Que la cause ou le prétexte de cet enlèvement était de soustraire les poudres et les quartiers voisins aux dangers qu'ils auraient courus, si, dans un moment de désordre, le feu eût pris au magasin. Les régisseurs ne pouvaient résister à l'exécution de cet ordre; mais ils demandèrent et obtinrent qu'il restât dans le magasin les quantités de poudre nécessaire au débit journalier d'une semaine au moins, et ces quantités y ont été trouvées le 14.

Que le gouverneur de la Bastille, qui avait négligé de faire placer cette grande quantité de poudre avec la sûreté convenable, alarmé des risques que couraient sa garnison, ses prisonniers et lui-même, avait le 14, avant 6 heures du matin, envoyé chercher le sieur Clouet par un officier major pour l'engager à choisir dans l'intérieur le lieu le plus sûr pour la loger; que celui-ci avait indiqué un souterrain plus éloigné des cuisines et des communications domestiques où les poudres avaient été effectivement arrangées; qu'après cette opération intéressante pour tout le voisinage, le sieur Clouet était sorti de la Bastille vers les 9 à 10 heures du matin; que loin que les régisseurs eussent des liaisons particulières avec le gouverneur, ils ne le voyaient pas deux fois par an; que le sieur Clouet n'était sorti ce même mardi, jour ordinaire de travail de la Régie, avec l'intendant des finances chargé de la partie, que pour se rendre vers midi chez ce magistrat, rue Sainte-Avoye, et que ce fut au retour dans la rue Beautreillis, au commencement de l'insurrection, qu'il fut assailli par le peuple indignement abusé. Tous ces faits sont constants et aisés à prouver.

Que les poudres de traite arrêtées, sur une fausse dénonciation, le 6 août, qui ont failli coûter la vie à trois régisseurs, étaient destinées à passer à Nantes; qu'elles étaient embarquées pour Essonnes, d'où la même barquette devait ramener à Paris 10 milliers de poudre de guerre demandés par la municipalité de Paris; qu'elles avaient été chargées en plein jour et qu'elles étaient sous la garde d'une escorte fournie par le bataillon de Saint-Louis de la Culture; qu'il n'y avait avec elles ni mitraille, ni pierre à fusil, ni biscaïen; que la calomnie a été constatée par un procès-verbal fait en présence de 500 personnes, et dont la publication et l'impression faites sur-le-champ ont conservé les jours de trois patriotes et l'honneur du peuple de Paris, qui se serait éternellement reproché leur mort.

Ils peuvent prouver que dès le 14 au matin, époque à laquelle la garde nationale parisienne a été formée, l'un d'eux s'est transporté à l'Hôtel de Ville pour se concerter avec les électeurs sur les quantités de poudre qui seraient nécessaires pour le nouveau service dont dépendaient la sûreté et la tranquillité de la capitale; qu'il leur offrit les poudres qui restaient en magasin et d'en faire venir d'Essonnes s'il était nécessaire. Que depuis les régisseurs n'ont cessé d'être aux ordres de la municipalité pour ses fournitures de poudres; que non seulement ils ont pourvu à tous ses besoins, mais qu'ils les ont souvent prévenus; qu'ils ont particulièrement recommandé cette fourniture et cette fabrication aux soins du commissaire d'Essonnes qui est un excellent citoyen; qu'ils regardent la défense de la liberté et de la Constitution contre les

IMPRIMERIE NATIONALE.

antirévolutionnaires du même œil que la défense de l'empire contre ses ennemis extérieurs, et que la poudre qu'ils livrent et livreront aux gardes nationales sur les demandes régulières des municipalités a été et sera toujours pareille et soumise à la même épreuve que celle qu'ils fournissent aux arsenaux de terre et de mer.

Que la bonne qualité de ces poudres ne peut être équivoque puisque, depuis les épreuves multipliées qui en ont été faites, tant à Essonnes qu'au Champ de Mars à Paris, en présence du commissaire de l'Académie, de la commune, de la municipalité et du public, il est constaté que ces poudres donnent 110 à 112 toises de portée, tandis que celles destinées à l'artillerie et à la marine sont recevables à la portée de 80 à 90 toises.

Après avoir démontré que tous les faits articulés contre les régisseurs portent l'empreinte de la calomnie et de l'absurdité; après avoir défendu leur patriotisme et leur honneur; après avoir présenté les services qu'ils ont eu le bonheur de rendre au peuple, à l'État, aux armées, aux finances, à la classe laborieuse de la nation et au commerce en général, la Régie croit qu'il est de son devoir d'ajouter ici quelques observations sur le régime actuel des poudres et salpêtres, et sur les inconvénients d'en rendre la fabrication et le débit libres à tous les particuliers.

La loi qui retire du commerce et de la circulation les salpêtres et poudres, qui en réserve l'amas, la fabrication et la distribution à la souveraineté sous quelque dénomination qu'elle soit établie, qui en prohibe l'entrée et la sortie sans passeports du Gouvernement, remonte à l'époque même où l'usage des armes à feu est devenu général en Europe.

Elle est plus respectable encore par ses motifs que par son ancienneté, puisqu'elle a pour objet d'assurer la défense des États, de prévenir les troubles intérieurs, de surveiller la destination et l'emploi des munitions de guerre et de réunir la force à l'autorité légale et conservatrice.

Ce n'est point une loi fiscale, c'est une loi de sûreté publique et particulière; elle a été faite contre les grands et les hommes puissants, les seuls qui pussent faire des accaparements de poudre et dont le peuple peut redouter l'oppression.

La puissance législative serait nulle si elle était sans force pour réprimer la désobéissance, ou si la désobéissance pouvait multiplier à son gré les moyens de résistance.

L'amas des armes par quelques particuliers troublerait la tranquillité de tous; celui des poudres serait bien plus dangereux et plus inquiétant, puisqu'il pourrait produire des effets terribles sans attendre l'ordre ni l'aveu de ceux mêmes qui se le seraient permis.

Le pain n'est pas plus nécessaire à la subsistance des individus que la poudre l'est devenue à la durée et au repos des empires.

L'Europe produit peu de salpêtre, sa récolte en ce genre ne suffit pas au quart de ses consommations et elle est, pour cette matière indispensable, comme pour les épiceries, très onéreusement tributaire de l'Asie; le sol et le climat de l'Espagne sont plus favorables à sa production et les Espagnols commencent à s'en occuper avec fruit; la Russie et la Turquie pourvoient à leurs besoins par leurs possessions asiatiques; mais toutes les autres puissances reçoivent le salpêtre de l'Inde où la prépondérance des Anglais est telle que c'est par leurs mains que passe presque tout celui qui se vend en Europe; leur intérêt ou leur politique peuvent y mettre un prix arbitraire; c'est une espèce d'impôt qu'ils perçoivent sur toutes les nations; et, lorsque les circonstances l'exigent, ils peuvent en priver plusieurs des moyens de défense et d'attaque.

La France elle-même a été longtemps dans leur dépendance et dans celle des Hollandais; aveugle sur ses véritables intérêts, livrée à une exploitation financière, elle avait négligé des produits intérieurs qui occupaient utilement des citoyens, qui conservaient le numéraire, qui assuraient le service de ses armées et toutes ses consommations, pour aller à quatre mille lieues d'elle chercher à grands frais une matière qu'elle avait dans son sein, dont les besoins étaient journaliers et les retours très incertains.

Les travaux de la Régie ont tiré le royaume de cette situation effrayante, ruineuse et passive, mais il y retombera promptement si le régime actuel est abandonné et si la nation renonce au droit inséparable de sa souveraineté, de faire recueillir, fabriquer, emmagasiner et distribuer les salpêtres et poudres.

Mettre dans les mains de tout le monde, sans choix, sans moyens de surveillance, des munitions qui pourraient être employées contre l'autorité, contre la sûreté générale et particulière, contre la Constitution même, ce serait compromettre la défense du royaume, l'exécution des lois et la tranquillité publique; ce serait l'exposer à manquer de munitions dans un besoin imprévu et, lorsque les arsenaux seraient dégarnis, comme cela serait arrivé au service de la marine en 1790, si la Régie n'avait pas eu 1 million de livres de poudre de guerre en approvisionnement de précaution dans ses magasins.

Ce serait faire tomber totalement la récolte de salpêtre et laisser sans travail ni subsistance un grand nombre de citoyens utiles, parce que la liberté et la persuasion que la recherche tournerait au profit de quelques particuliers, au lieu d'être destinée au salut de tous, fermeraient la porte des riches à toute extraction et que les salpêtriers ne se présenteraient pas à celle des pauvres chez lesquels ils ne trouveraient rien à extraire.

Ce serait augmenter la dépense publique et par conséquent la charge du peuple, parce qu'il faudrait acheter de l'étranger, à tout prix, le salpêtre nécessaire au service de terre et de mer; augmentation qui monterait annuellement à près de 3 millions et qui deviendrait indéfinie en cas de guerre avec l'Angleterre, dans la supposition très hasardée qu'on pût s'en procurer alors.

Ce serait faire perdre au Trésor national plus de 1 million de livres par an de versements ou décharges que les bénéfices de la Régie ont fournis depuis son établissement.

Ce serait arrêter les exportations de poudres que la récolte intérieure permet de faire à l'étranger, et qui, depuis quatre années seulement, ont fait entrer ou rester en France, au profit du commerce et de l'industrie nationale, plus de 2,200,000 livres.

Ce serait ouvrir un débouché de plus aux importations déjà si nuisibles des Anglais qui font aujourd'hui presque exclusivement le commerce de l'Inde, qui s'enrichiraient de nos pertes et qui s'applaudiraient sans doute de voir la France se dépouiller d'un de ses produits les plus précieux et se désarmer en quelque façon pour contribuer à la prospérité de sa rivale.

Ce serait à la fois sacrifier le fruit présent de seize années d'expérience et la plus belle perspective qui puisse flatter une grande nation : en effet, si l'Inde cessait un jour de fournir du salpêtre à l'Europe et si la puissance précaire des Anglais s'affaiblissait en Asie, qui mieux que la France, dont la récolte peut être infiniment accrue par les mêmes moyens, qui l'ont plus que doublée depuis 1775, pourrait espérer de devenir la dispensatrice du salpêtre ou de la poudre aux autres États de l'Europe? L'exemple vient déjà à l'appui du raisonnement, puisque dans la guerre dernière elle a fourni des quantités de poudre très considérables à l'Espagne, à l'Amérique septentrionale et aux Hollandais même, alors ses alliés. Cette branche de commerce, dont elle seule pourrait s'emparer, lui rendrait au centuple l'argent qu'un mauvais régime lui a coûté ci-devant, et augmenterait sensiblement son influence politique.

Il serait inutile de s'étendre davantage sur les inconvénients de tout genre qui résulteraient d'un changement majeur dans cette partie importante du service public; la dépendance honteuse où retomberait l'empire suffirait seule pour en défendre tous les amis de la patrie. On se bornera à ajouter que, dans ce moment-ci, la Régie a un approvisionnement et de quoi faire 5 millions de livres de poudre, et que les 18 moulins, dans l'état où elle les a mis, pourraient en fabriquer 4 millions par an. C'en est assez, sans doute, pour prouver à la législature que la sûreté et la tranquillité de la France, le maintien des lois, le respect pour l'autorité constitutionnellement établie, l'avantage du Trésor public, l'intérêt du commerce national, la nécessité d'occuper utilement le plus grand nombre de bras possible, concourent également à la conservation d'un droit appartenant à la nation, spécialement réservé à la souveraineté dans tous les États de l'Europe et exercé par les républiques même, toutes les fois que le besoin l'a exigé, depuis que les armes à feu décident du sort des empires.

SITUATION DE LA RÉGIE DES POUDRES AU 1er JANVIER 1790 TANT EN MATIÈRES QU'EN DENIERS.

MATIÈRES.

Salpêtre brut à raffiner	610,333 livres.
Salpêtre étranger	1,584
Salpêtre de deux cuites	130,949
Salpêtre parfaitement raffiné	2,098,696
Poudre fine	727,163
Poudre de guerre	802,275
Poudre de mine et traite	663,863
Soufre	573,868
Charbon de bourdaine	331,619
Potasse et salin	373,594

OBSERVATIONS.

Ces différentes matières, après le raffinage et la conversion en poudre, donneraient une quantité de 5,700,000 livres de poudre qui assure la défense et toutes les consommations extraordinaires dans le cas d'une guerre, indépendamment de la récolte annuelle du royaume, qui suffit aux besoins ordinaires, sans aucun achat à l'étranger.

DENIERS EN VALEURS.

Actif.

En matières détaillées ci-dessus, au prix coûtant seulement, ci	3,617,916l	19s	10d
En effets et ustensiles, au moins	800,000		
En bâtiments et acquisitions, depuis l'établissement de la Régie seulement	1,000,000		
En avances aux salpêtriers, saliniers, voituriers, ouvriers.	130,000		
Dû par l'artillerie et la marine	395,000		
Dû par les villes et municipalités	48,750		
Dans la Caisse générale, à Paris	373,181	6	11
TOTAL de l'avoir de la Régie au 1er janvier 1790	6,364,848	6	9

Report..................		6,364,848l	6s	9d
Passif.				
Fonds d'avance des régisseurs, par forme de cautionnement de leur gestion, à raison de 125,000 livres chacun...	500,000l			
Cautionnements des comptables et du caissier général..................	540,000			
Sommes dues par billets au porteur exigibles à chaque échéance par engagements des régiments............	850,000	1,890,000		
Reste en bénéfices libres, en matières, effets, espèces et créances..................................		4,474,848	6	9

RÉSULTAT DE L'EXPLOITATION

DE TREIZE ANNÉES ET DEMIE DES QUATRE RÉGISSEURS.

Restant en magasin et en caisse au 1er janvier 1790, comme ci-dessus..................................		4,474,848l	6s	9d
Versements au Trésor royal en espèces jusqu'au 1er janvier 1790 à sa décharge......................	6,112,180l			
En pensions portées sur la Caisse des poudres et supprimées depuis par M. Necker..................	50,000			
Prix accordés aux mémoires sur la formation du salpêtre et épreuves faites par l'Académie des sciences........	50,000			
Payement des intérêts à 11 p. 100 sur les fonds des fermiers, que le Roi a bien voulu garder par forme d'indemnité de la résiliation de leur bail...	500,000			
Gratification aux salpêtriers de Paris payée ci-devant par le Trésor royal, à raison de 60,000 livres par an, au moins, pendant 13 années 1/2.....	810,000			
A reporter......	7,522,180	4,474,848	6	9

Report........	7,522,180^{l}	4,474,848^{l}	6^{s}	9^{d}
Aux salpêtriers des provinces, à raison de 30,000 livres..................	405,000			
Abonnement pour les sauts de moulins avec la Compagnie, payé ci-devant par le Trésor royal, à raison de 27,000 livres par an....................	364,500			
Pertes par forces majeures, restées au compte du Roi et remboursées par le Trésor royal, sous les compagnies, à raison de 10,000 livres par an, au moins.......................	135,000	8,426,680		
		12,901,528	6	9
Si à ce bénéfice fait par le Trésor royal, on ajoute la décharge du peuple des 600,000 livres par an supportées ci-devant par les communautés, pour les fournitures aux salpêtriers supprimées peu après, l'établissement de la Régie montant en douze années à		7,200,000		
Le résultat de l'exploitation des poudres et salpêtres par une régie au lieu d'une ferme, adoptée par M. Turgot, confirmée par M. Necker et confiée à quatre citoyens qui y ont consacré leurs travaux, leur temps et leur vie même, sera pour l'État et la nation, en 13 années 1/2, un bénéfice ou économie de...		20,101,528	6	9

LA RÉGIE DES POUDRES[1].

Tant que la France a été soumise à des volontés arbitraires, les ministres et les courtisans ne voyaient dans les affaires de finances que des moyens d'enrichir leurs créatures et leurs protégés. On mettait tout alors en entreprise ou ferme ; les entrepreneurs n'étaient le plus souvent que les prête-noms des personnes les plus puissantes de l'empire et le genre de corruption s'étendait jusque sur les bureaux des ministres, jusque sur les administrateurs eux-mêmes.

La perception des droits, les fournitures de toute espèce, l'exercice des affaires de police et de finance dans les temps de désastre et de déprédation, ont été mis en entreprise ou ferme, et l'exploitation des poudres et salpêtres a suivi le même sort.

Les abus, dans aucune partie d'administration, n'avaient été portés aussi loin; le privilège de vendre de la poudre était exercé au nom de l'État, par des entreprises qui s'en partageaient le bénéfice sans en rien rendre au Trésor de la nation, et la partie des poudres qui pouvait être un objet de bénéfice était devenue une charge publique. Le service des arsenaux de terre et de mer n'était pas mieux assuré, ou du moins il ne l'était que pour la courte durée d'un bail, et le fermier pouvait, à la fin de sa jouissance, laisser ses magasins vides et le royaume sans récolte de salpêtre. Enfin, les privilèges les plus onéreux et les plus vexatoires avaient été accumulés en faveur des salpêtriers, et les privilèges mêmes, le plus souvent, ne remplissaient pas leur objet; ils dégénéraient en exactions pécuniaires auxquelles les communautés consentaient à se soumettre pour se réduire de la charge et de la barbarie des salpêtriers.

[1] Manuscrit autographe (1790).

Un ministre vertueux, appelé par l'opinion publique auprès du jeune prince, ami de l'ordre, uniquement occupé du bonheur du peuple et devenu depuis le restaurateur de la liberté française, eut le courage d'entreprendre la réforme de tous les abus. Il aurait de même porté la lumière dans toutes les autres parties de l'administration, si l'aristocratie des grands, celle des magistrats, celle des hommes de finance, dont les citoyens français portaient alors les fers, ne fût parvenue à renverser le ministre populaire.

Quatre régisseurs du choix de ce ministre furent substitués aux anciens entrepreneurs des poudres et chargés, sous la surveillance de M. d'Ormesson, de la récolte et du raffinage du salpêtre, de la fabrication de la poudre, de la fourniture des arsenaux de terre et de mer, de la vente de la poudre de chasse et de celle destinée pour le commerce.

Le succès de cette nouvelle administration a passé toutes les espérances que M. Turgot lui-même en avait conçues. Des instructions ont été répandues dans les provinces sur la fabrication du salpêtre, sur le traitement des eaux, même sur l'emploi de la potasse. Les salpêtriers ont été mieux payés et la récolte nationale qui, sous l'ancien régime, diminuait d'année en année, s'est successivement élevée de 1,700 milliers, auxquels elle était réduite en 1775, à 3,800,000 livres.

La poudre de guerre qui, dans l'origine, était recevable lorsqu'elle lançait le globe à 50 toises, qui, sous l'ancien régime, excédait si rarement 80 et 90 toises, a été portée à 110, 120 et 130, et les Anglais eux-mêmes ont été forcés de rendre hommage à la supériorité de nos poudres.

Tout ce que les privilèges des salpêtriers avaient d'onéreux a été supprimé. Il ne leur a plus été permis de réclamer des fournitures de bois, de logements, de voitures, autrement qu'à prix défendu, et les différentes communautés du royaume ont éprouvé un soulagement de plus de 600,000 livres.

Une partie jusqu'alors onéreuse au Trésor public est devenue un objet utile, et la Régie des poudres qui, sous la forme de ferme, coûtait 200,000 à 300,000 livres, entre aujourd'hui pour 800,000 livres dans les revenus de l'État.

Le service des arsenaux de terre et de mer a été complètement assuré sans aucune ressource extérieure, sans aucune dépendance de l'étranger.

Les poudres sont devenues un objet de commerce pour la France, et elle a été en état de fournir des poudres à ses alliés pendant la guerre, et au commerce d'exportation pendant la paix.

La France est, de toutes les puissances de l'Europe, la seule qui soit en état de se suffire à elle-même pour sa défense, la seule qui ne soit pas dans la dépendance de l'Inde.

MÉMOIRE
SUR
LA RÉGIE DES POUDRES[1].

La Régie des poudres fournit au commerce de la poudre de guerre au prix de 20 sols la livre. Le prix qui a été fixé par des règlements suffit à peine pour rembourser la Régie de la valeur des matières premières qui entrent dans la composition de la poudre, de la main-d'œuvre de la fabrication, de l'intérêt des avances premières faites pour l'acquisition et la construction des fabriques, en sorte que le prix de 20 sols auquel est fixée la poudre de guerre peut être regardé comme le prix coûtant et ne comprend pas même le bénéfice légitime auquel a droit tout fabricant.

La Régie des poudres, d'après des arrangements particuliers convenus entre les ministres, fournit cette même poudre à 13 sols la livre aux départements de la guerre et de la marine; mais cette fixation ne comprend que la valeur stricte des matières premières qui entrent dans la composition de la poudre. Le prix de la main-d'œuvre et l'intérêt des avances, le loyer des fabriques, les frais généraux d'administration n'y sont point compris, en sorte que la Régie fournit réellement à un tiers de perte la poudre aux arsenaux de terre et de mer.

Ce sacrifice que fait la Régie des poudres n'est, au surplus, susceptible d'aucun inconvénient, parce que les poudres se fabriquent pour le compte de la nation : ce qui se trouve en perte sur un département se trouve en économie sur un autre.

[1] Manuscrit autographe. — Ce mémoire paraît être de 1790 ou 1791.

Dans l'état des choses, la question s'élève à l'occasion de la municipalité de Rennes, de savoir à quel prix doivent être payées les poudres fournies aux différentes municipalités du royaume, pour le service de la garde nationale. Est-ce au prix du commerce fixé à 20 sols la livre? Est-ce au prix de 13 sols que payent les départements de la guerre et de la marine?

Le Ministre des finances, auquel la question a déjà été soumise, a pensé que c'était au prix de 20 sols, et voici les motifs qui paraissent avoir déterminé son opinion :

Il a considéré qu'aux termes des décrets de l'Assemblée nationale, les municipalités devaient être regardées comme des associations particulières qui avaient leurs revenus et leurs charges; que les dépenses relatives à la garde nationale et à la sûreté des villes avaient été déclarées par l'Assemblée nationale dépenses municipales; que, par une suite de ce principe, le Gouvernement avait rempli ses obligations envers les municipalités toutes les fois qu'il avait à leur disposition toutes les poudres nécessaires à leurs besoins; mais que les frais de ces fournitures devaient être supportés par les municipalités comme toutes les autres dépenses relatives à la garde nationale.

Les municipalités pourraient peut-être opposer à ces principes que les gardes nationales ne sont pas seulement établies pour la défense et pour la sûreté particulière des villes; qu'elles garantissent la liberté de tous et que, plus d'une fois, elles ont marché en corps d'armée, concurremment avec les troupes de ligne, pour la défense commune. On ne peut douter que, dans ce cas, elles ne forment une armée véritablement nationale, dont l'entretien doit être à la charge du Trésor public; les poudres, alors, doivent leur être fournies, non par la Régie des poudres, au prix des fournitures faites aux troupes de ligne, mais par le département de la guerre qui doit en supporter les frais.

Ainsi, pour résumer en deux mots : les municipalités ne semblent pas pouvoir se prévaloir d'un arrangement fait entre le département de la guerre et la Régie des poudres. Tant que les gardes nationales ne concourent qu'à la sûreté de leur foyer, les munitions doivent être à *leur charge*, c'est-à-dire à celle des municipalités, et elles doivent payer les poudres ce qu'elles valent, c'est-à-dire au prix déterminé pour les fournitures au commerce. Lorsqu'elles marchent, au contraire, pour la défense commune, les poudres doivent leur être fournies gratuitement par le département de la guerre.

Telles sont les réflexions qui paraissent pouvoir éclairer la question sur laquelle le Comité des finances demande des éclaircissements; on n'y fait point entrer les considérations relatives à l'intérêt du Trésor public. Le Comité de l'imposition, dans ses différents rapports, a compté pour 800,000 francs le produit annuel de la Régie des poudres. Cependant ce produit s'anéantirait si, d'une part, elle était obligée de livrer des poudres à perte et si, de l'autre, l'abus de ces poudres qu'on pourrait faire au préjudice de la vente de la poudre à giboyer, que la Régie vend au public au prix de 36 sols la livre, diminuait ses bénéfices.

Peut-être le Comité des finances pensera-t-il qu'un examen plus approfondi de ces différentes questions serait prématuré dans le moment. Ce n'est que lorsque l'Assemblée nationale aura définitivement organisé la garde nationale, lorsqu'elle aura fixé ses fonctions et ses services, ses relations nationales et municipales, qu'elle pourra statuer définitivement sur le prix des poudres qui leur seront délivrées et sur le mode de ces livraisons.

MÉMOIRE

SUR

LES POUDRES ET SALPÊTRES

ADRESSÉ AU COMITÉ DES FINANCES

DE L'ASSEMBLÉE NATIONALE[1].

L'article 46 de la loi du 19 octobre 1791 charge le pouvoir exécutif de veiller à ce qu'il y ait toujours dans les magasins de la Régie, soit en poudre fabriquée, soit en salpêtre, soufre et charbon, de quoi compléter un approvisionnement de 4 millions de livres de poudre de toute espèce, et le Ministre des contributions publiques est responsable de l'exécution de cet article.

La Régie des poudres est au moment de toucher à ce minimum d'approvisionnement qu'il lui a été prescrit de maintenir. Les fournitures considérables que demande le Ministre de la guerre et auxquelles il est instant de satisfaire le réduiront bientôt au-dessous, en sorte que la responsabilité du Ministre se trouverait exposée, s'il n'était pris de promptes précautions pour assurer cette partie importante du service public.

La France n'a que deux manières de se procurer du salpêtre : ou en le tirant de l'étranger, ou en excitant l'industrie nationale à l'extraire des terres et décombres dans lesquels il se forme.

[1] Manuscrit autographe (1792).

Le premier de ces deux moyens est absolument impraticable; dans le moment actuel il n'existe plus de partie considérable ni à Lorient, ni dans aucun port de France; celui de Hollande a déjà augmenté de prix, et en supposant, ce qui même est douteux, qu'on pût s'en procurer des parties considérables au prix de 15 sols la livre, la perte sur le change qui est maintenant de 86 p. 100 environ, jointe aux frais de transport et de commission, le porterait à plus de 30.

La valeur du salpêtre provenant de la récolte du royaume ne peut jamais, quelque sacrifice que l'on ferait pour l'augmenter, être portée à un prix aussi considérable. L'Administration d'ailleurs, en dirigeant vers cette ressource ses efforts et ses dépenses, a au moins l'avantage d'augmenter la masse des richesses nationales par une production nouvelle qui ne coûte aucuns frais, de faire vivre des familles industrieuses, d'éviter la sortie du numéraire et l'augmentation de perte du change, qui est une suite nécessaire des achats à l'étranger. Ce n'est pas par de nouveaux privilèges et de nouveaux droits accordés aux salpêtriers qu'on peut espérer de favoriser la récolte nationale du salpêtre. Les principes de la civilisation répugneraient à ces moyens, et l'expérience, d'ailleurs, a appris à connaître leur insuffisance. Il suffit de bien définir ceux qui existent, ceux que la nécessité commande, ceux qu'il a été évidemment dans l'intention de l'Assemblée nationale de leur accorder, et le pouvoir exécutif a besoin du concours du pouvoir législatif.

L'article 2 de la loi du 19 octobre 1791, n'étant point assez précis, est devenu, pour les salpêtriers, une source de difficultés. Cet article porte qu'il ne pourra être fait aucune fouille dans les lieux d'habitation, sans la permission des citoyens. Or que doit-on entendre par les lieux d'habitation? Comprennent-ils les enclos, les écuries, les bergeries, les granges, les murs de clôture? Alors le salpêtrier serait exclu de tous les lieux habités. Or ce n'est que là que la nature le forme, ce n'est que là qu'il est possible de le recueillir.

Le mot d'habitation a donc besoin d'être défini. Sans doute la loi n'a entendu désigner, par ce mot, que l'habitation personnelle, que l'habitation des hommes et non celle des animaux; c'est même ainsi que la plupart des départements l'ont entendu; mais quelques-uns ont adopté une acception plus rigoureuse, et ils ont été jusqu'à refuser aux salpêtriers les gravats et décombres de bâtiments qui, non seulement sont inutiles, mais qu'il serait même dangereux de faire entrer dans des constructions nouvelles.

Cette première difficulté ne peut être levée que par un décret interprétatif et il est instant qu'il soit rendu, autrement la récolte s'anéantirait insensiblement, l'approvisionnement de la Régie tomberait au-dessous de la proportion fixée par l'Assemblée nationale, et la sûreté de l'État serait compromise.

Il restera ensuite à prendre une autre mesure, non moins importante, celle de venir au secours des salpêtriers par une augmentation du prix du salpêtre. Les assignats perdant 30 à 40 p. 100 dans les départements et cette perte s'augmentant de jour en jour, les dépenses de fabrication sont augmentées à peu près dans la même proportion, et cependant le salpêtre est resté au même prix; le Ministre des contributions avait bien été chargé par l'article 3 de la loi du 19 octobre de donner ses vues sur le mode de payement et sur la fixation du prix du salpêtre fourni par les salpêtriers; mais il s'est trouvé dans l'impossibilité de mettre la dernière main à ce travail jusqu'à ce que l'Assemblée nationale eût fixé les droits des salpêtriers sur les terres et décombres salpêtrés; on ne peut donc présenter encore, à cet égard, que des aperçus.

Il paraîtrait qu'en général et pour concourir aux vues d'ordre que l'Assemblée nationale s'est prescrites, l'augmentation de prix du salpêtre que les circonstances exigent devrait être divisée en deux parties : la première, qu'on pourrait considérer comme habituelle et permanente, aurait pour objet de couvrir les salpêtriers de la perte qu'ils ont faite à l'époque de la suppression de la gabelle par le non-payement des sels, par la suppression de quelques privilèges dont ils jouissaient encore, enfin par la progression naturelle des prix. Cette augmentation, qu'on pourrait évaluer à 1 sol par livre, s'élèverait à 150,000 livres environ, et elle serait à la charge de la Régie; mais à cette augmentation devrait en être ajoutée une autre, beaucoup plus considérable, déterminée d'après la perte des assignats. Cette dernière pourrait être alléguée sur un prix moyen de 3 sols par livre et le total serait environ de 450,000 livres. Cette dernière augmentation ne pouvant être regardée que comme une dépense extraordinaire et relative aux circonstances, l'ordre établi par l'Assemblée nationale exigerait qu'elle fût à la charge de l'extraordinaire qui en ferait fonds à la caisse des poudres, à la charge des comptes, et pour être employée en augmentation du prix du salpêtre d'après les ordres du Ministre des contributions publiques.

Enfin, comme il est important de prévenir toute contestation entre les commissaires chargés de la réception et du payement du salpêtre fourni par les salpêtriers, il paraîtrait nécessaire que le pouvoir législatif détermine par un décret le titre auquel le salpêtre serait recevable, le maximum du déchet à la garde et au raffinage qui pourrait être passé aux commissaires comptables dans les départements, en sorte que les salpêtriers ne pussent jamais être exposés à aucun arbitraire et que la comptabilité porte sur des bases fixes.

Quant aux précautions à prendre pour assurer l'exécution de la loi qui subviendra à cet égard, quant au mode de réception du salpêtre et aux méthodes qui seront jugées les plus propres à en déterminer le titre, comme ce sont des objets de pure administration, ils paraîtraient devoir être renvoyés au pouvoir exécutif, qui rédigerait les instructions nécessaires après avoir pris l'avis de l'Académie des sciences.

C'est dans cet esprit qu'a été rédigé le projet de décret ci-joint :

PROJET DE DÉCRET.

L'Assemblée nationale, mettant au rang de ses premières obligations d'assurer le service de toutes les parties qui doivent concourir à la défense de l'État; convaincue de la nécessité de venir au secours des salpêtriers par des encouragements et des augmentations de prix que les circonstances rendent nécessaires, et désirant remplir cet objet par des moyens qui se concilient avec les droits des citoyens et avec la division des dépenses qui a été suivie jusqu'ici, a décrété et décrète ce qui suit :

ARTICLE PREMIER.

Conformément à l'article 2 de la loi du 19 octobre dernier, les règlements faits sur la fabrication des poudres et salpêtres, notamment ceux qui donnent aux salpêtriers le droit d'enlever, sans en donner aucun prix, les terres, plâtres, décombres et matériaux de démolition, continueront d'être exécutés; cependant il ne pourra être fait aucune fouille dans les lieux d'habitation personnelle, sans la permission des citoyens.

ART. 2.

La Régie des poudres sera autorisée à prélever, sur ses produits, une somme de 150,000 livres qui sera employée, sous les ordres du Ministre des contributions publiques, en augmentation du prix du salpêtre; il sera, en outre, versé pendant le cours de l'année 1792, par la caisse de l'extraordinaire dans celle des poudres, pour le même usage, une somme de 450,000 livres à l'effet d'indemniser les salpêtriers de l'augmentation momentanée qui s'est établie dans le prix des denrées et matières servant à leur fabrication.

ART. 3.

Le salpêtre fourni par les salpêtriers dans les magasins de la Régie ne sera recevable qu'autant que le déchet au raffinage, en 3 cuites, n'excédera pas 30 p. 100; le déchet à la garde et au raffinage ne pourra jamais excéder 2 p. 100, en sorte que les commissaires seront rigoureusement comptables de 68 p. 100 de salpêtre raffiné en 3 cuites, pour tout le salpêtre brut qu'ils auront reçu.

ART. 4.

Le mode de réception et de payement du salpêtre, les gratifications qui pourront être accordées aux salpêtriers qui auront fourni du salpêtre à un titre supérieur à celui de 30 p. 100 de déchet, ainsi que les épreuves qui serviront à déterminer ce titre, seront réglés par le pouvoir exécutif d'après l'avis de l'Académie des sciences.

SUR L'ACCIDENT D'ESSONNES[1].

Après la découverte du chlorate de potasse (muriate suroxygéné de potasse) par Berthollet, des essais furent faits à la poudrerie d'Essonnes pour substituer ce sel à l'azotate de potasse dans la fabrication de la poudre. La trituration du mélange amena une explosion qui tua deux personnes, et dont Berthollet, Lavoisier et Mme Lavoisier faillirent être victimes.

Un récit anonyme de cet accident fut publié dans le numéro du 31 octobre 1788 du *Journal de Paris*, dirigé par Cadet de Vaux. L'auteur de ce récit est Lavoisier lui-même, auquel Cadet de Vaux s'était adressé pour demander des détails. La minute autographe de Lavoisier et la lettre de Cadet de Vaux ont été conservées. Ces pièces ont été publiées en 1887, dans la *Revue scientifique*, par M. Ch. Truchot.

(*Note de l'éditeur.*)

DÉTAIL DU FUNESTE ÉVÉNEMENT

ARRIVÉ À LA FABRIQUE DE POUDRE D'ESSONNES

LE 27 OCTOBRE 1788.

Les régisseurs des poudres ayant appris que M. Berthollet avait découvert un nouveau sel propre à remplacer le salpêtre dans la fabrication de la poudre, et ayant reconnu d'après les premiers essais encore très imparfaits que la poudre fabriquée avec ce sel était fort supérieure en force même à la poudre royale qui est la plus forte que l'on connaisse, ils ont cru qu'il était de leur devoir de suivre cette nouvelle fabrication et de s'assurer des avantages qui pouvaient en résulter pour la défense de l'État.

[1] Manuscrit autographe.

Quoique, par un premier aperçu, cette poudre dût revenir à un prix très haut, cependant on entrevoyait déjà des moyens de simplifier les opérations, et comme les matières premières qui entrent dans la fabrication du nouveau sel ne coûtent pas cher, on pouvait espérer, en tirant parti des résidus, de ramener cette poudre à un prix peut-être proportionné à la supériorité de sa force.

C'est un problème de savoir si les découvertes de ce genre sont avantageuses ou non à l'humanité; mais ce qui n'est pas équivoque, c'est qu'il peut en résulter de grands avantages pour la nation qui fait la première usage de nouveaux moyens d'attaque.

Les régisseurs prirent, en conséquence, dans le courant de septembre, les ordres du Ministre des finances, et il approuva le plan d'expériences qu'ils lui proposèrent.

La fin de septembre et presque tout le mois d'octobre furent employés à faire du nouveau sel à l'Arsenal.

M. Berthollet voulut bien même venir s'y établir pour suivre de plus près les opérations et lever les difficultés qu'elles avaient d'abord présentées.

Le 25 octobre, une quantité du nouveau sel suffisante pour les épreuves se trouvant fabriquée, deux des régisseurs, M. Lavoisier et M. Le Tort, partirent le 26 pour Essonnes avec M. Berthollet que le Ministre avait chargé de concourir aux épreuves. M. Le Tort, qui quelques jours auparavant y avait fait un voyage, avait fait construire en plein air un petit moulin à bras à un seul pilon destiné à la fabrication de la nouvelle poudre. L'arbre de la levée passait à travers un assemblage de planches solidement assurées, derrière lequel devaient se placer les ouvriers destinés à tourner la manivelle afin de les garantir en cas d'accident.

Tout étant ainsi préparé, on se disposa à commencer l'épreuve le 27 octobre à 6 heures du matin. On pesa avec soin les matières pour un dosage de 16 livres, on mouilla le charbon dans la vue de prévenir les accidents et on commença à battre à 7 heures précises. On ne tarda pas à s'apercevoir que la matière, quoique médiocrement humectée, se pelotait dans le mortier et qu'elle se retournait mal sous le pilon. M. Le Tort essaya quelque temps de la faire retomber avec un bâton; mais cet expédient n'ayant que médiocrement réussi, on résolut de porter la composition à 20 livres au lieu de 16, en ajoutant un cinquième de chaque matière, ce qui fut exécuté sur-le-champ; on eut encore pour ce second dosage la précaution de mouiller le charbon.

Comme, malgré l'addition de matières, la composition ne se retournait pas beaucoup mieux, M. Le Tort, malgré les représentations qui lui furent faites, continua à faire retomber la matière avec un bâton à chaque coup de pilon, et il assura que la poudre n'étant point encore fort avancée, cette manœuvre ne présentait aucun danger. Pendant que les choses se passaient ainsi, M. Lavoisier, Mme Lavoisier, M. Chevraud, commissaire des poudres, M. Berthollet, M. Mallet, élève des poudres, et Aledin, maître poudrier, étaient immédiatement à côté de M. Le Tort et l'entouraient, et il plaisantait même avec gaieté sur les effets que produirait une explosion.

A 8 heures et un quart, on suspendit le battage pour faire une rechange, et en examinant la poudre, on la trouva plus avancée qu'on ne s'y attendait. Alors M. Lavoisier insista pour qu'on cessât de remuer la poudre avec un bâton pendant le battage; il représenta qu'il était inutile d'avoir fait construire des assemblages de planches pour se garantir des accidents si on se plaçait en avant au lieu de se placer en arrière; qu'il fallait donner l'ordre aux ouvriers de tourner huit ou dix coups et de s'arrêter; que, pendant qu'ils battraient, on se retirerait avec eux derrière les planches et qu'on viendrait remuer la matière dès qu'ils auraient cessé de tourner. Cet ordre de travail fut convenu, non pas cependant d'une manière absolument formelle; après quoi on proposa de descendre déjeuner, laissant M. Mallet, élève, et Aledin, maître poudrier, pour continuer le travail, avec promesse de venir les relever promptement. M. Lavoisier insista encore en quittant pour que le travail fût fait comme il le prescrivait, pour qu'on ne s'exposât pas à remuer pendant le battage et qu'on ne passât en avant des planches que dans les moments d'interruption. Pendant le chemin du lieu de l'épreuve au logement du commissaire où le déjeuner était préparé, M. Le Tort observa qu'il était fâché d'avoir laissé à la suite de l'épreuve le maître poudrier qui était marié et père de famille; qu'il aurait été préférable d'y placer un garçon. M. Lavoisier répondit que, pourvu qu'on eût soin de se tenir derrière les planches pendant le battage, il n'y avait aucun danger.

Le déjeuner ne dura pas plus d'un quart d'heure, après quoi on s'achemina pour aller reprendre la suite de l'opération. M. Le Tort devança les autres de quelques instants avec Mlle Chevraud, sœur du commissaire des poudres.

M. Lavoisier, Mme Lavoisier, M. Berthollet et M. Chevraud, avant de s'y rendre, entrèrent un moment dans un des moulins à poudre pour le faire voir à M. Berthollet, qui ne connaissait point encore ce genre de fabrication. Ils en sortirent presque aussitôt et se remirent en chemin pour se rendre au lieu de l'épreuve; il était alors 8 heures 45 minutes. Ils avaient à peine fait quelques pas qu'une forte explosion se fit entendre et qu'une épaisse colonne de fumée s'éleva du lieu de l'épreuve. On y courut et on trouva toute la machine en pièces, le mortier en éclats, les moises brisées, le pilon lancé au loin, le malheureux M. Le Tort et Mlle Chevraud jetés l'un et l'autre à 30 pieds de distance et fracassés contre un mur de pierre meulière qui les avait retenus. M. Le Tort avait une jambe emportée, une cuisse fracassée, un œil crevé, une main brûlée, la peau du bras enlevée. Ses habits avaient été déchirés et lancés au loin au delà du mur. L'assemblage des planches derrière lequel étaient les ouvriers avait résisté et aucun d'eux n'avait été blessé. M. Mallet et le maître poudrier venaient de quitter l'instant d'avant. On courut au secours de M. Le Tort et de Mlle Chevraud; cette dernière expirait, et M. Le Tort n'a survécu qu'une demi-heure environ.

Telle a été la triste fin d'un confrère qui réunissait tout ce qu'il est possible de qualités personnelles, et que la Régie regrettera à jamais. Et si l'explosion fût arrivée une demi-heure plus tôt ou trois minutes plus tard, quatre ou six personnes de plus auraient probablement partagé le même sort, et la Régie aurait encore d'autres regrets à former.

Ces funestes événements n'intimident point les régisseurs des poudres. Ils connaissent les risques auxquels leur devoir et leurs fonctions les exposent; ils les rempliront toujours sans trouble et sans effroi, parce que leur existence est dévouée au service du Roi et à celui de l'État.

IMPRIMERIE NATIONALE.

TABLE

DES

MATIÈRES CONTENUES DANS CE VOLUME.

CHIMIE.

POUDRES ET SALPÊTRES.

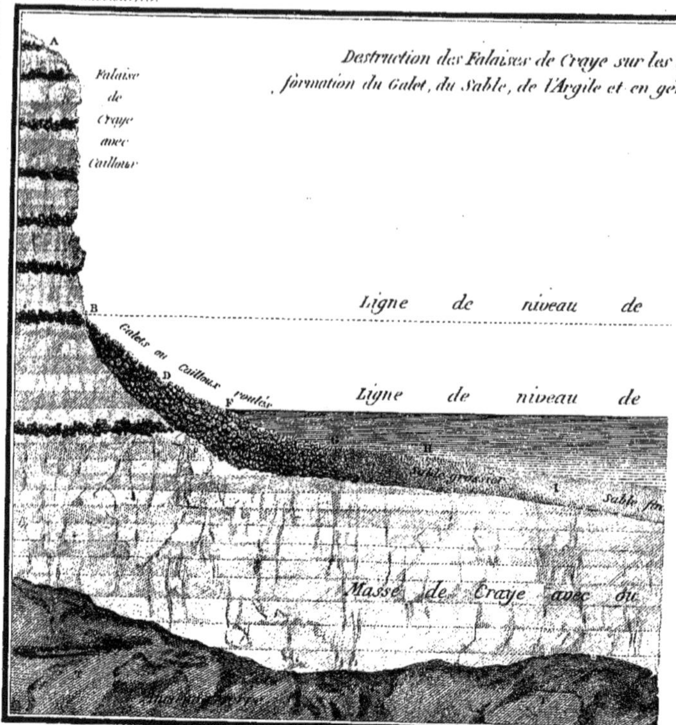

SUR LES COUCHES MODERNES HORIZONTALES QUI O

(Planche I).

Falaises de Craye sur les bords de la Mer,
Sable, de l'Argile et en général des Bancs littoraux.

niveau de la haute Mer. c

niveau de la basse Mer.

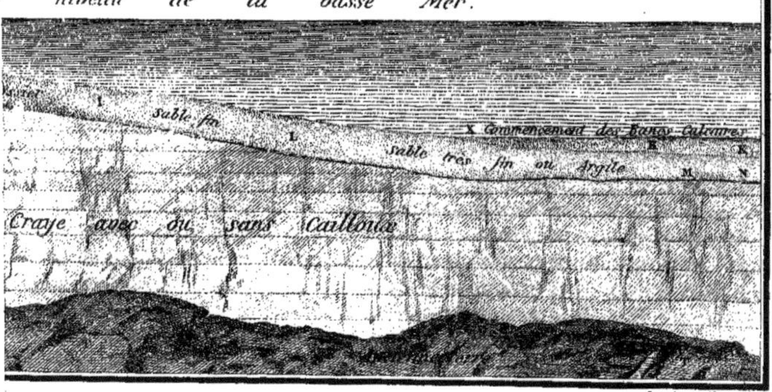

Imprimerie Nationale.

IES HORIZONTALES QUI ONT ÉTÉ DÉPOSÉES PAR LA MER.

(Planche I).

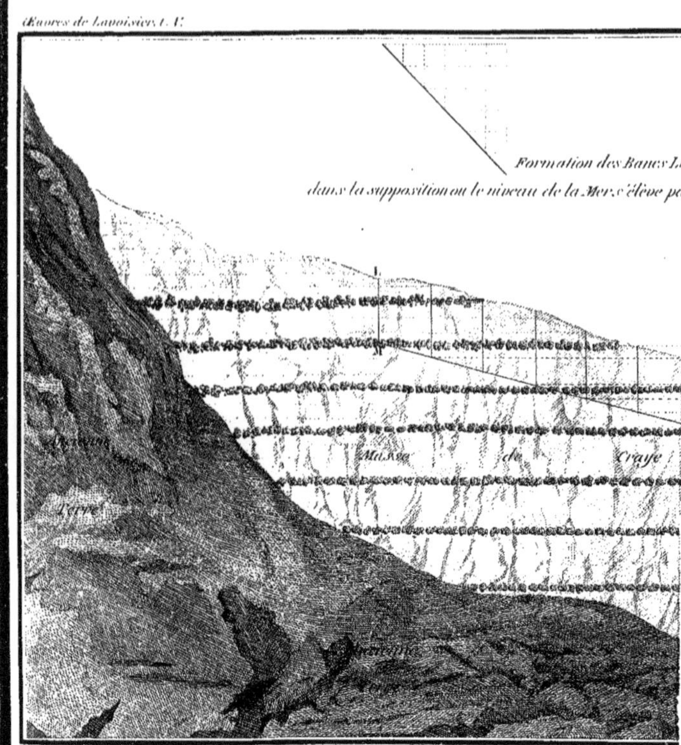

SUR LES COUCHES MODERNES HORIZONTALES QUI ON

(Planche II).

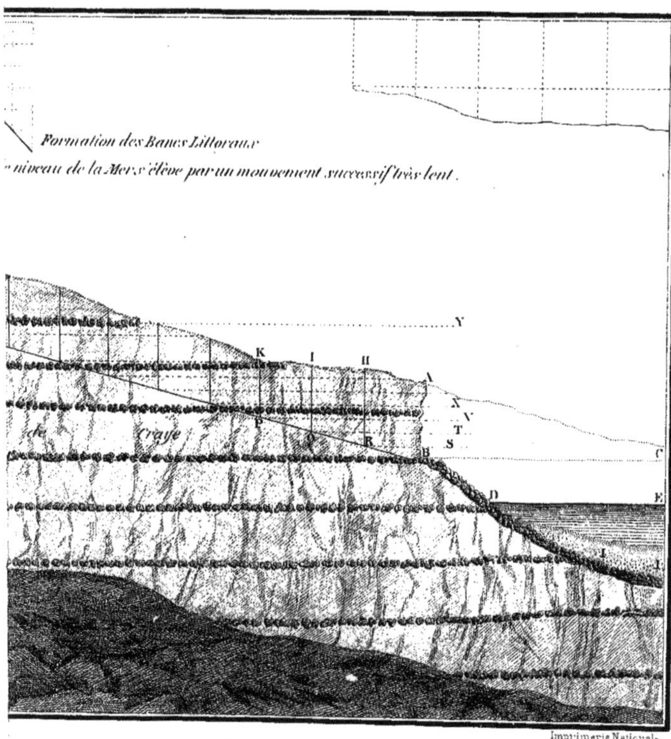

NES HORIZONTALES QUI ONT ÉTÉ DÉPOSÉES PAR LA MER.

(Planche II).

État dans le quel se trouvent les Bancs Littoraux formés aux
à l'époque ou la Mer parvient au pied des Montagn

T

B

V

Bancs littoraux, formés à la Mer montante

Ba

P

T

SUR LES COUCHES MODERNES HORIZONTALES QUI ONT

(Planche III).

les Bancs Littoraux formés aux dépens des Falaises de Craye
parvient au pied des Montagnes de l'ancienne Terre.

V

C

montante

Bancs Pelagiens Calcaires horisontaux supérieurs

I

P

K

N

K

N

P

Imprimerie Nationale.

NES HORIZONTALES QUI ONT ÉTÉ DÉPOSÉES PAR LA MER.

(Planche III).

Formation des Bancs Littoraux aux dépends des Montag

...CES COUCHES MODERNES HORIZONTALES QU'ON

(Planche IV).

…vaux aux dépends des Montagnes de l'ancienne Terre.

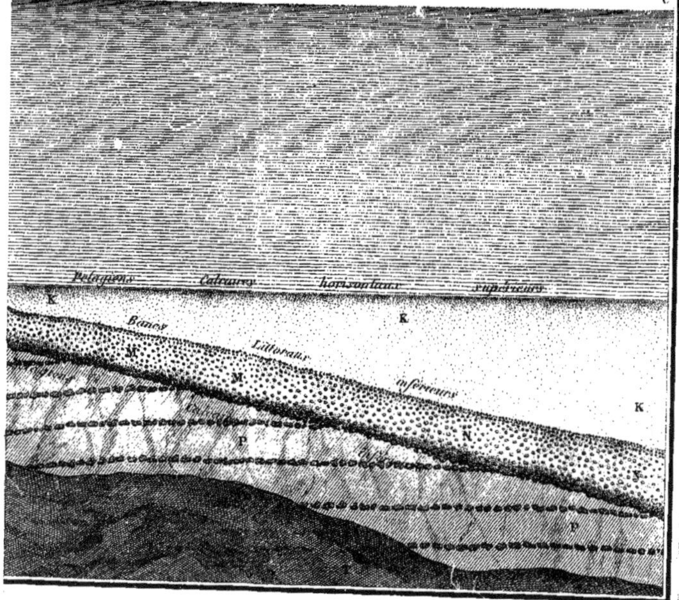

Imprimerie Nationale.

…NES HORIZONTALES QUI ONT ÉTÉ DÉPOSÉES PAR LA MER.

(Planche IV).

SUR LES COUCHES MODERNES HORIZONTALES QUI ON

(Planche V).

s Bancs Littoraux par le lavage des matieres
opéré par la Mer descendante.

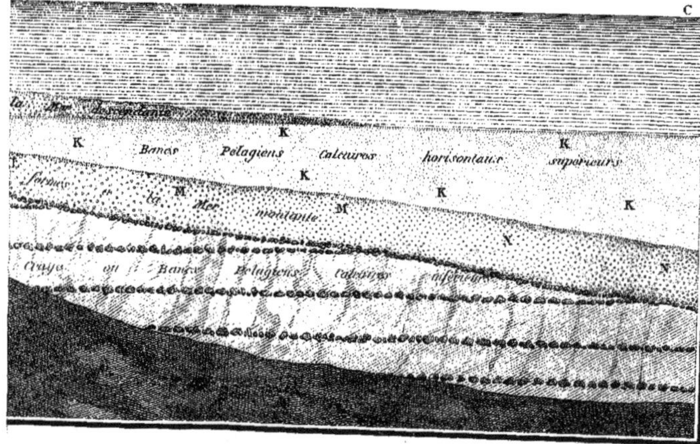

RNES HORIZONTALES QUI ONT ÉTÉ DÉPOSÉES PAR LA MER.

(Planche V).

Etat dans le quel se presentent les Bancs Litt

dans une partie de la France.

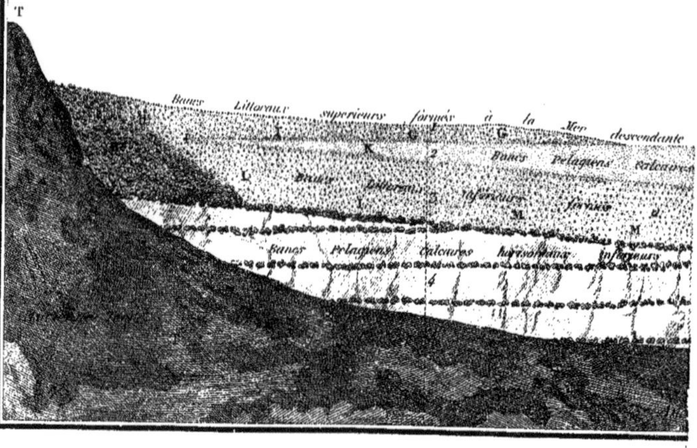

SUR LES COUCHES MODERNES HORIZONTALES QUI ONT

(Planche VI).

' se presentent les Bancs Littoraux et Pelagiens
dans une partie de la France.

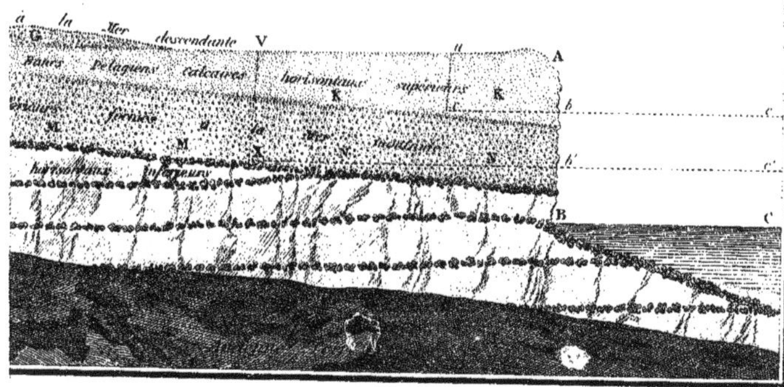

ES HORIZONTALES QUI ONT ÉTÉ DÉPOSÉES PAR LA MER.
(Planche VI).

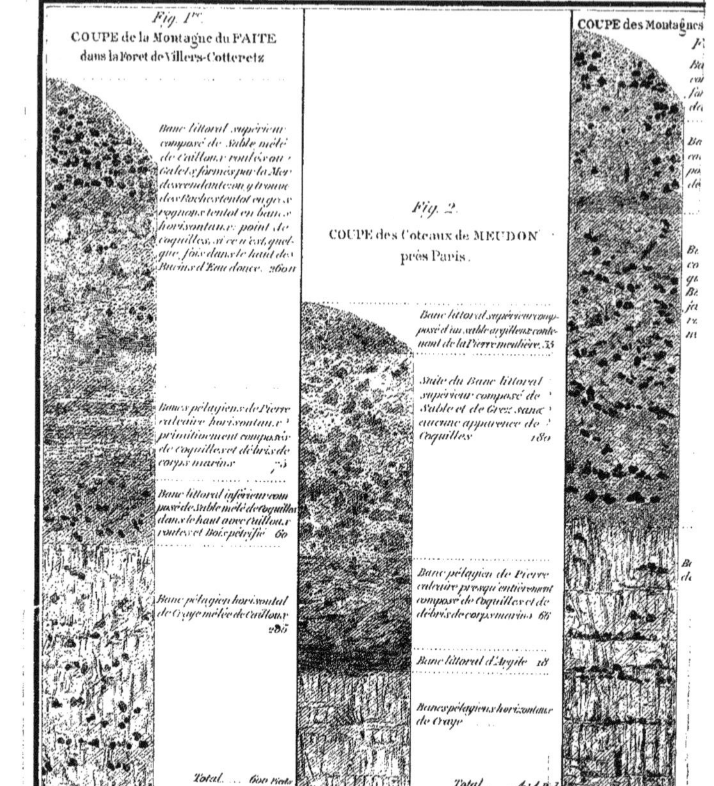

SUR LES COUCHES MODERNES HORIZONTALES QUI ONT ETÉ DÉPOSÉES

(Planche VII.)

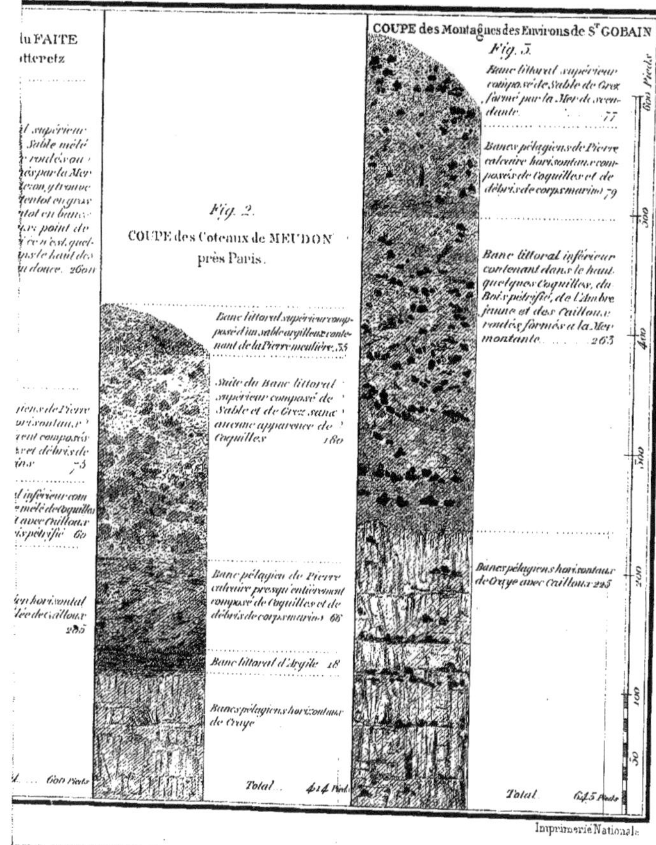

HES MODERNES HORIZONTALES QUI ONT ÉTÉ DÉPOSÉES PAR LA MER.

(Planche VII.)

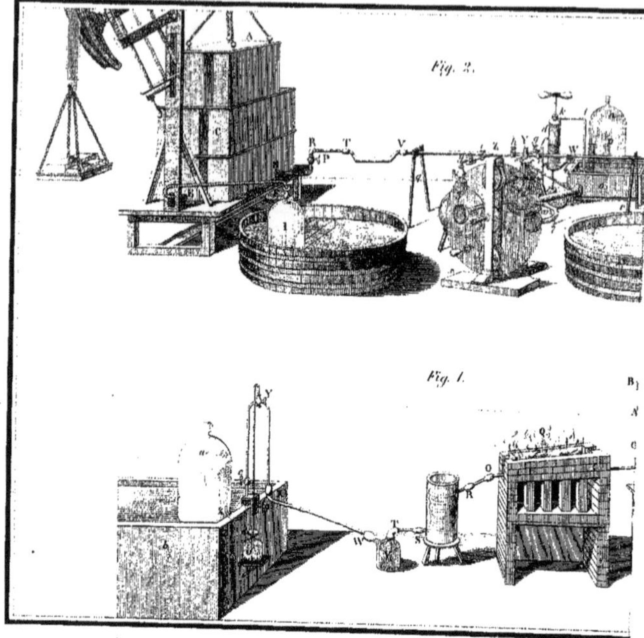

SUR LA DÉCOMPOSITION ET LA RECOMPOSITION DE L'E

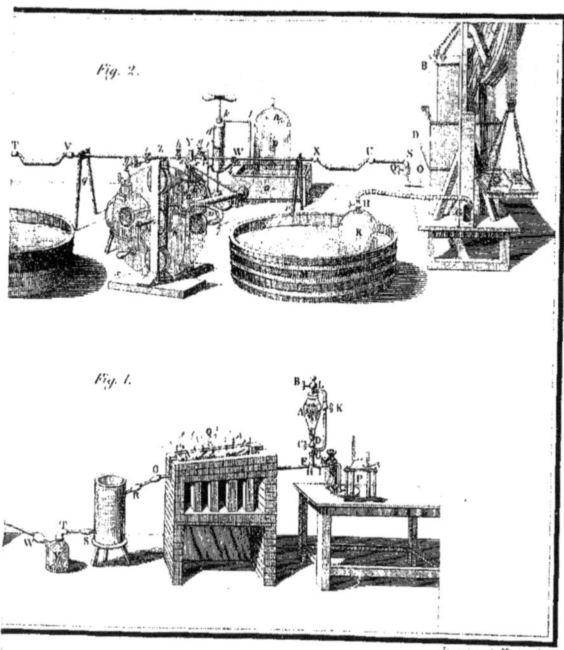

Imprimerie Nationale

...MPOSITION ET LA RECOMPOSITION DE L'EAU.

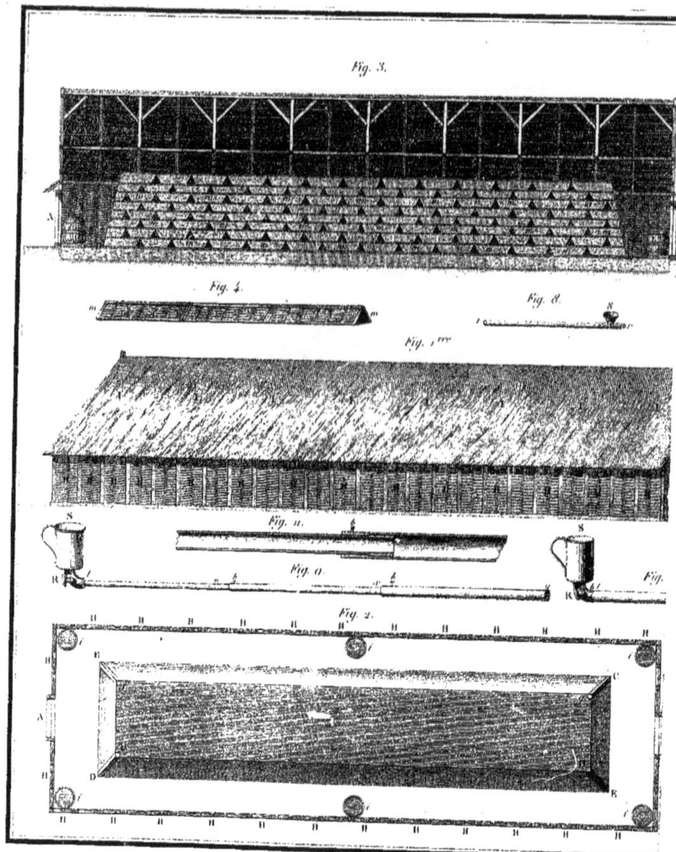

INSTRUCTION POUR L'ETABLISSEMENT DES NI

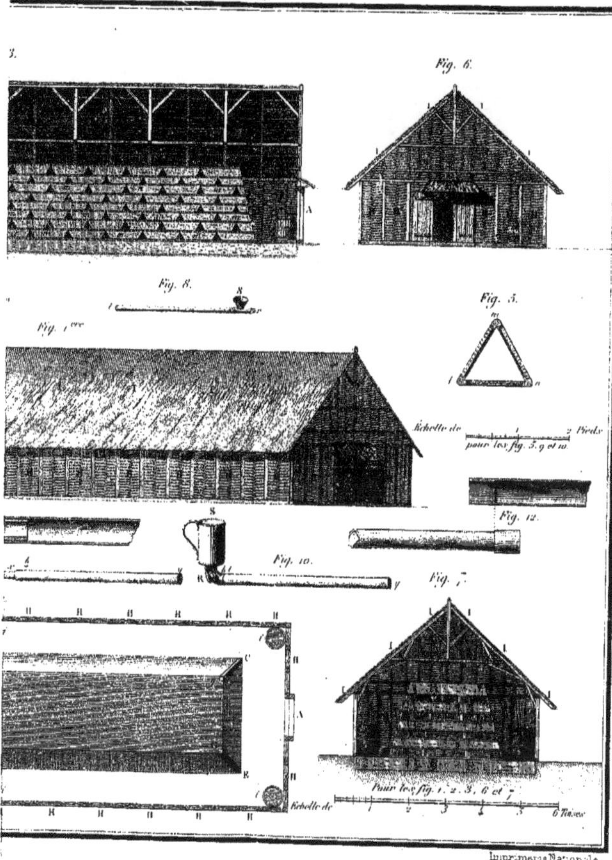

… POUR L'ÉTABLISSEMENT DES NITRIÈRES.

INSTRUCTION POUR L'ÉTABLISSEMENT DES NIT

(Planche II.)

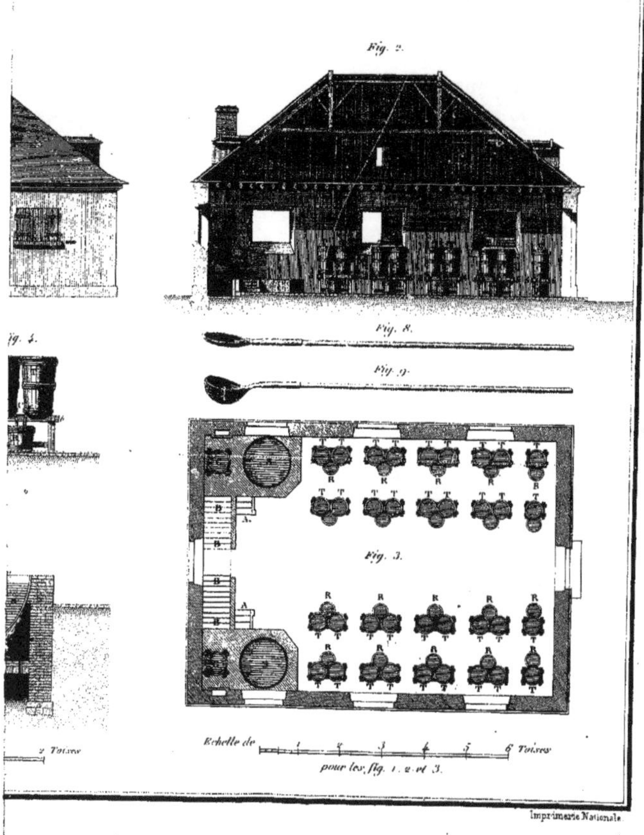

ON POUR L'ÉTABLISSEMENT DES NITRIÈRES.

(Planche II.)

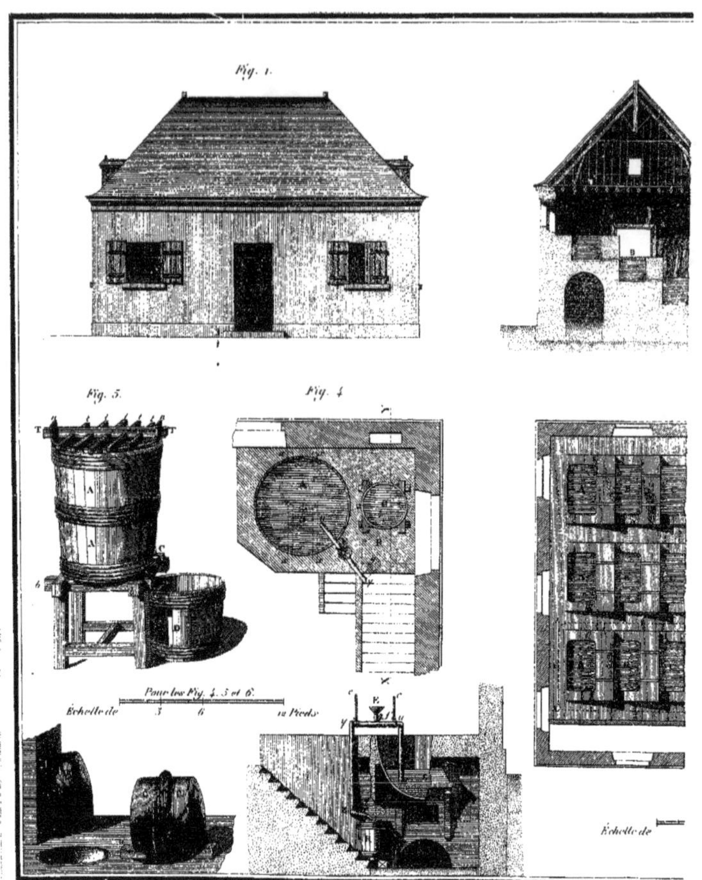

INSTRUCTION POUR L'ÉTABLISSEMENT DES NIT

(Planche III.)

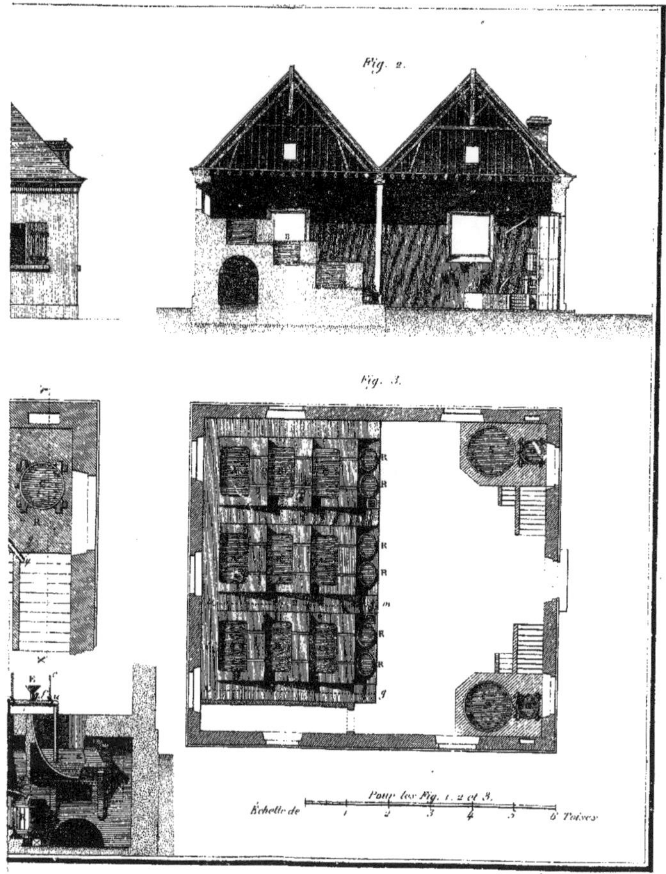

ION POUR L'ÉTABLISSEMENT DES NITRIÈRES.

(Planche III.)

INSTRUCTION POUR L'ÉTAB

Imprimerie Nationale

BLISSEMENT DES NITRIÈRES.

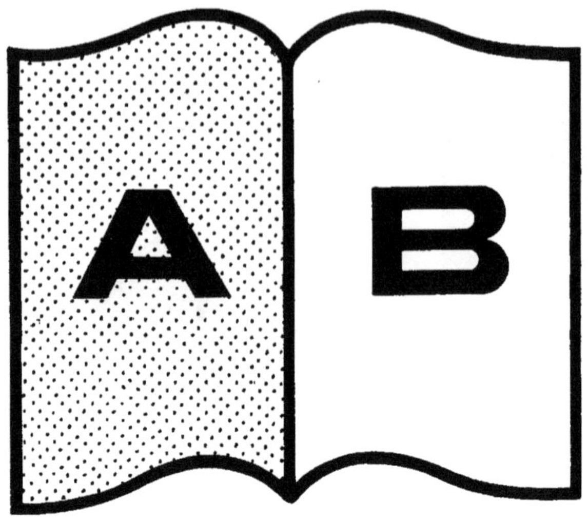
A
B

www.ingramcontent.com/pod-product-compliance
Ingram Content Group UK Ltd.
Pitfield, Milton Keynes, MK11 3LW, UK
UKHW020147250726
13967UKWH00002B/913